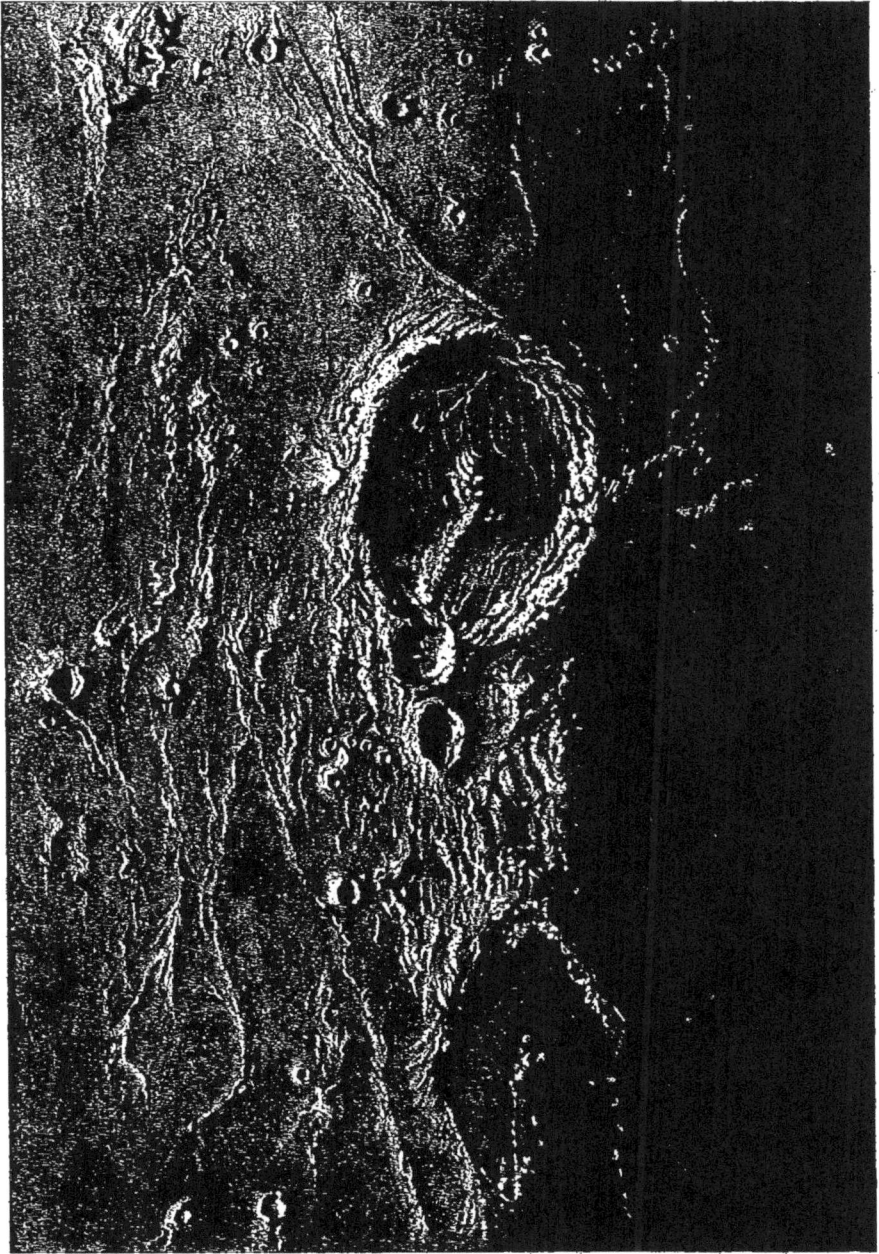

M. Rapine sc

GASSENDI

Montagnes Lunaires, d'après un dessin de J Nasmyth
du 7 Nov 1867 à 10h T M G

LE
MONDE PHYSIQUE

PAR

AMÉDÉE GUILLEMIN

TOME PREMIER

I. — LA PESANTEUR ET LA GRAVITATION UNIVERSELLE
II. — LE SON

CONTENANT

26 GRANDES PLANCHES TIRÉES A PART DONT 3 EN COULEURS
ET 445 VIGNETTES INSÉRÉES DANS LE TEXTE

PARIS
LIBRAIRIE HACHETTE ET Cie
79, BOULEVARD SAINT-GERMAIN, 79
—
1881

INTRODUCTION GÉNÉRALE

Le présent ouvrage a pour objet, comme l'indique son titre, la *Description physique du monde*. Mais, comme le sens que comportent ces expressions est généralement vague, comme le lecteur, selon le point de vue où il se placerait tout d'abord, pourrait croire que je veux ou bien embrasser l'universalité des phénomènes observables, ou bien me borner aux phénomènes particuliers au globe terrestre, ce qui dans le premier cas dépasserait de beaucoup mon programme, et dans le second cas le restreindrait outre mesure, il me semble nécessaire de bien définir et de limiter clairement le domaine que je me propose de parcourir.

C'est ce que je vais essayer de faire dans cette introduction générale

I

Deux mots servaient, chez les anciens, à représenter l'ensemble des choses, mots synonymes d'ailleurs, comme on va le

voir. Les Grecs disaient *cosmos* (κόσμος), les Latins *mundus*, que
nous traduisons également par le mot français *monde*. Cette
expression, pour nous, a en partie perdu sa signification première : inséparable chez les anciens de l'idée de beauté, d'ornement, d'harmonie, elle se rapporte plutôt, chez les modernes,
à la conception d'un ensemble, d'un tout, dont les parties sont
liées par une mutuelle dépendance[1]. L'étendue de la signification de ce mot *monde* dépend d'ailleurs, on le sait, des circonstances où il est employé. Tantôt c'est la Terre tout entière,
mais isolée du reste de l'Univers ; tantôt c'est l'ensemble des
corps célestes qui composent le système dont le Soleil est l'astre
dominateur, et alors on peut l'appliquer aussi à tout autre
système semblable : on dit, en ce sens, les *mondes sidéraux*.
Dans cette dernière acception tout astronomique, nous disons
encore l'*Univers*, pour désigner la réunion de tous les systèmes,
de tous ceux du moins qui sont accessibles à la vue aidée des
instruments d'optique.

Enfin, souvent, pour désigner l'ensemble des choses, nous
employons le mot *nature* (*natura*, φύσις). La Nature est tantôt
prise en ce sens, c'est-à-dire comme synonyme de l'Univers ou
du Monde ; tantôt le même mot reçoit une acception philosophique, et signifie l'ordre ou le système des lois qui président
à l'existence des choses, à la succession des êtres ; ou bien
encore, c'est une sorte de personnification de la cause universelle, la puissance ou force active en vertu de laquelle se dérou-

---

1. *Quem* cosmon *Græci*, dit Pline, *nomine ornamenti appellaverunt, eum nos, à perfectâ
absolutâque elegantiâ, mundum.* « Les langues, dit M. Littré en citant ce passage de
l'écrivain latin, ont parfois de bien grands bonheurs d'expression. Peut-on trouver appellation
qui, mieux que ces mots de *cosmos* et de *monde*, qui signifient ordre, parure, ornement, témoigne de l'impression ressentie par les Hellènes et les Latins à la vue de ce vaste ensemble
qui se meut avec une régularité suprême, et qui, la nuit, déploie son manteau d'étoiles ?
Dans nos langues dérivées le sens primitif est perdu, et le monde, quelle que soit l'idée
fondamentale que les anciens Latins y aient attachée, n'est plus que l'ensemble total des
choses de l'univers. » (LA SCIENCE *au point de vue philosophique.*)

lent, dans leur succession ordonnée, tous les phénomènes observables. C'est à ce dernier point de vue que s'est placé Schelling,
pour donner la belle définition qui nous sert d'épigraphe, et
qu'Humboldt s'est justement appropriée dans son *Cosmos*.

Ainsi, Monde ou Cosmos, Nature, Univers, telles sont les
dénominations généralement adoptées pour désigner l'ensemble
des choses et des êtres, des phénomènes, de leurs lois ou même
de leurs causes. Quelle que soit celle à laquelle nous nous arrê-
tions, si c'est le mot Monde, par exemple, il reste toujours à
savoir à quel point de vue nous nous plaçons ici pour en entreprendre la description. La science dans son universalité se
propose un double objet : la connaissance du monde et la connaissance de l'homme, et, comme conséquence, la connaissance
des rapports de l'homme avec le monde. Problèmes redoutables
par leur immensité, énigmes toujours mystérieuses, obscurités
profondes, dont les ombres reculent sans doute à mesure que,
par les connaissances acquises, la lumière de la science s'étend
dans la durée et dans l'espace, mais qui fatalement demeurent
à l'état de problèmes, d'énigmes et d'obscurités, parce que
dans tous les sens l'infini nous enveloppe. Un Descartes, un
Leibniz, un Kant d'une part, un Newton, un Laplace, un
Cuvier d'autre part, ont bien pu s'attaquer à ces vastes questions, tenter de les résoudre, sans que la disproportion paraisse
trop choquante entre les résultats obtenus par ces génies puissants et la grandeur de l'entreprise. Nul cependant, aujourd'hui
encore, ne peut se flatter d'être parvenu à une solution intégrale, même dans un ordre partiel de recherches. Plus la
science grandit, plus il semble que le champ de l'inconnu
s'étende, précisément par le fait de l'extension du domaine ainsi
livré à l'investigation de l'esprit humain. Qui pourrait même
avoir la prétention de posséder, et à plus forte raison d'exposer

l'ensemble des résultats acquis dans l'une quelconque des grandes branches de la science?

Heureusement toute une moitié (et c'est la plus abstruse, la plus difficile et la plus complexe) de ce domaine est en dehors du programme de cet ouvrage. Je veux dire celle qui a l'homme, individuel ou collectif, pour objet. En outre, dans l'autre moitié, ce n'est encore qu'un fragment que nous aurons à considérer, laissant de côté l'étude des êtres vivants, et nous bornant aux phénomènes qui ne dépendent point directement de la vie.

C'est donc en ce sens très restreint qu'il faut entendre ici le *monde physique*, mais en comprenant bien cependant qu'il embrasse tous les phénomènes de même ordre, en quelque point de l'espace, ou à quelque époque de la durée qu'ils se manifestent, que leur siège soit un astre ou un système d'astres, un corps brut ou un être organisé et vivant, dès que d'ailleurs les phénomènes observés ou étudiés ne sont point eux-mêmes des phénomènes vitaux. Au reste, afin d'enlever à ces généralités ce qu'elles pourraient avoir de vague et d'obscur, je vais, dans une rapide esquisse, résumer en un tableau concret le monde physique, tel que je me propose de le décrire.

II

Qu'est-ce que l'Univers, quelle conception pouvons-nous nous faire de ce vaste ensemble, dans l'état actuel des sciences? C'est l'Astronomie qui va répondre à cette première question. L'univers est l'assemblage des corps célestes, des astres, groupés en une multitude de systèmes. Ces corps, isolés les uns des autres, ou du moins séparés par des intervalles considérables eu égard à leurs propres dimensions, sont animés de mouvements divers, généralement périodiques, qu'ils effectuent indéfiniment au sein d'un milieu en apparence vide de matière, et qu'on nomme le Ciel. La Terre elle-même est un de ces corps, et, comme les autres astres, elle se meut perpétuellement dans l'éther céleste. L'étude des mouvements des astres, de leur périodicité, de leur réciproque dépendance, a été longtemps l'unique et est encore aujourd'hui le principal objet de la science astronomique. C'est cette étude, patiemment prolongée pendant des siècles, qui a fait reconnaître dans un petit nombre d'astres, les plus voisins de nous et les plus intéressants pour nous, un groupe ou système (celui-là même dont la Terre fait partie), et non pas seulement des corps jetés au hasard et sans ordre dans l'espace qui nous entoure. Qui dit système dit liaison, dépendance, harmonie. Or notre système planétaire, ou mieux solaire, est en effet caractérisé par la dépendance commune qui fait de toutes les planètes, des comètes et des agrégations quelconques de matière dont il se compose, autant de satellites d'un corps central et prépondérant, foyer de lumière et de chaleur, qui est le Soleil. Une même loi préside aux mouvements particuliers de tous ces corps, une même force, la gravitation, les maintient dans leurs orbites, et cause toutes les variations périodiques ou séculaires que subissent les éléments de ces orbites ; une même hypothèse hautement probable sur l'origine et la formation du Soleil, des planètes et de leurs satellites tend à les faire regarder comme les enfants d'une même famille, comme les produits d'une lente évolution, dont les âges se comptent par centaines de millions d'années.

Les phénomènes célestes bornés au monde solaire sont ramenés aujourd'hui par une science perfectionnée à des lois d'une précision qui permet d'en calculer longtemps à l'avance toutes les phases. L'astronomie planétaire est devenue ainsi le plus

grandiose monument élevé à la gloire de l'esprit humain par le
génie des sciences mathématiques : géométrie, mécanique et
analyse. Mais, parallèlement à cette branche transcendante de
l'astronomie, une autre branche, l'Astronomie physique, a

Fig. 1. — Amas stellaire de la constellation d'Hercule.

poussé depuis trois siècles des rameaux de plus en plus floris-
sants. La physique s'est attaquée à l'étude de la constitution
intime des corps célestes, et l'optique a apporté un contingent
considérable d'observations, relatives à des régions du ciel
jusqu'alors inexplorées.

Les étoiles, si prodigieusement éloignées de notre système, que la lumière met des années à franchir le plus court des intervalles qui nous en séparent, n'avaient été longtemps, pour l'astronomie planétaire, que des points de repère, bien précieux il est vrai, puisque, sans leur fixité apparente, on ne fût peut-être jamais parvenu à connaître le système des mouvemens réels dont les corps planétaires sont animés. Mais le télescope, appliqué à l'étude du ciel sidéral, a fourni les plus étonnantes révélations sur la constitution même de l'univers. Non seulement il a centuplé, pour les yeux de l'homme, le nombre des soleils dont la lumière poudroie dans l'espace infini, mais il a permis de reconnaître l'existence de groupes de soleils, gravitant les uns autour des autres, et formant de la sorte des systèmes binaires, ternaires, multiples ; il a montré ainsi que l'ordre et l'harmonie qui ont présidé à l'arrangement de notre monde planétaire se retrouvent dans des systèmes supérieurs, merveilleux témoignage de cette grande loi universelle de la variété dans l'unité, qui caractérise tous les phénomènes de la nature.

Des systèmes d'étoiles doubles et multiples on passe aux associations plus vastes, à ces amas stellaires, où les individus se comptent par milliers. Resserrés par la distance dans des espaces imperceptibles, ces nébuleuses ne forment à l'œil, et souvent même dans des lunettes puissantes, que des nuages confus, des lueurs incertaines ; mais des pouvoirs optiques plus grands finissent par les résoudre en points lumineux. La pensée se confond et se perd à dénombrer de tels systèmes de soleils, à pénétrer à ces insondables profondeurs des abîmes célestes, à calculer leurs dimensions, à se représenter ces myriades de mondes, à se figurer que chacun d'eux est le foyer d'autres corps invisibles, analogues à nos planètes et portant comme elles à leur surface le mouvement, la végétation, la vie.

Qu'est-ce qui nous apporte la connaissance de ces lointains univers? La lumière, dont les ondulations rapides, excitées par les vibrations des sources, soleils et nébuleuses, ébranlent l'éther, puis s'y propagent sans se confondre et sans s'altérer, à de telles effroyables distances. Ce sont les mêmes ondes éthérées, émanées de chacun de ces mondes, qui, délicatement analysées par une méthode admirable, permettent à la science de

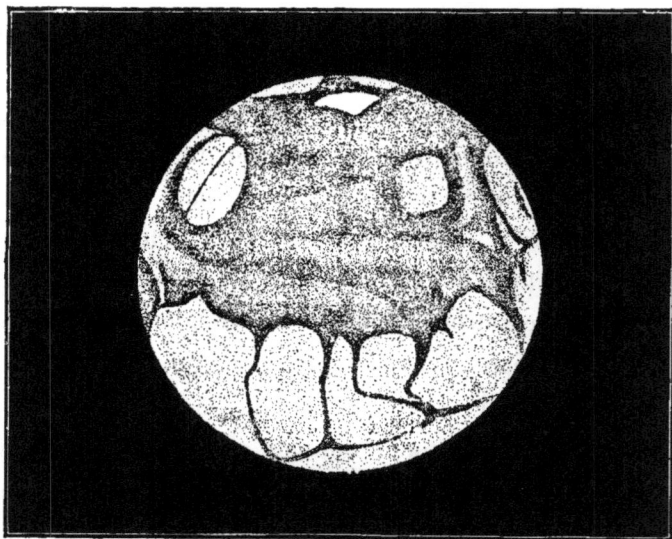

Fig. 2. — Mars; ses continents et ses mers. Neiges du pôle austral.

dire quel est l'état physique et même chimique de la source lumineuse, quelles sont les substances métalliques ou autres en incandescence dans ces foyers.

Ainsi, les phénomènes astronomiques, grâce aux profondes investigations des observateurs, des géomètres et des physiciens, d'une part nous initient à la structure générale de l'univers, composé d'une agrégation sans fin de mondes groupés par systèmes de divers ordres; d'autre part ils nous permettent de scruter chacun de ces mondes, pour y trouver tantôt des analogies, tantôt des différences tranchées avec le nôtre. De la Lune, dont la topographie, dont les montagnes, les volcans, nous sont mieux connus aujourd'hui que certaines régions de la Terre même, le télescope nous fait passer à la structure des planètes et du Soleil; nous y découvrons les satellites multiples de Jupiter, ceux de Saturne et d'Uranus, les anneaux du second de ces globes gigantesques, les terres et les mers et les neiges des pôles

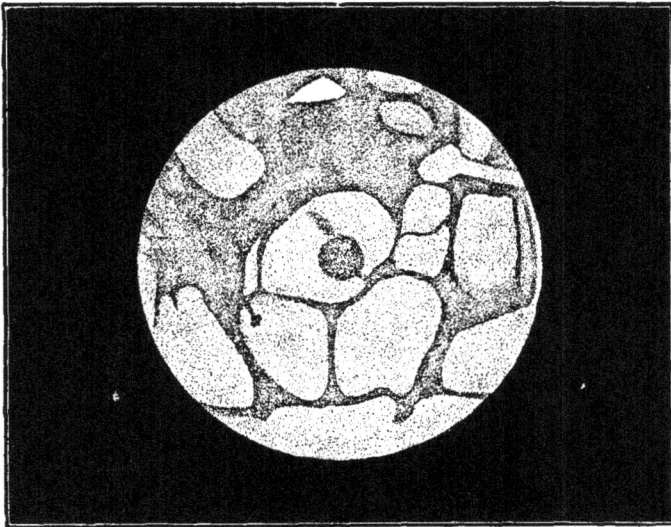

Fig. 5. — Mars; configuration géographique, d'après Schiaparelli.

de Mars. Les ouragans formidables, les éruptions et explosions hydrogénées de l'océan enflammé du Soleil n'auront bientôt plus pour nous de secrets. Quelle conception grandiose, quels admirables aperçus la science nous permet d'avoir dès maintenant sur l'ensemble des choses, c'est ce qui ressort de la description détaillée du ciel, à laquelle nous avons déjà consacré un volume, qu'on peut considérer à volonté comme l'introduction ou comme le complément du MONDE PHYSIQUE.

En revenant de ces excursions dans l'espace sans bornes

sur le globe où nous vivons et qui nous sert d'observatoire mobile, nous retrouvons toute une série de faits qui nous sont sans doute plus familiers, mais dont il y aura lieu de montrer la liaison avec les mouvements des corps célestes et les lois qui les régissent. Tels sont ceux que détermine le double mouvement de la Terre, celui de rotation sur son axe et celui de translation

Fig. 4. — Le monde de Saturne.

autour du Soleil. En y combinant les mouvements de notre satellite la Lune, nous aurons à rendre compte des alternatives du jour et de la nuit, de celles des saisons, des variations causées par les différences de latitude aux diverses époques de l'année, à expliquer la succession des éclipses; puis, en revenant sur le sol même de la planète, à donner les raisons astronomiques du phénomène des marées.

Du ciel nous passerions ainsi sur la Terre, qui après tout

E. Guillemin del et lith.

Imp. Fraillery.

PROTUBÉRANCES SOLAIRES
ÉRUPTIONS HYDROGÉNÉES DE LA CHROMOSPHÈRE DU SOLEIL
D'après les observations et dessins de L. Trouvelot.

vogue dans le ciel même, si d'autres phénomènes temporaires, les uns accidentels, les autres périodiques, ne nous retenaient encore dans le domaine de l'astronomie. Il s'agit des étoiles filantes, de ces traînées de lumière sillonnant, de temps à autre, le ciel de nos nuits, isolément parfois, à certaines autres époques par troupes pressées, par essaims ou averses : fugitives apparences dont la nature a été longtemps méconnue, mais que l'astronomie a fini par revendiquer, qu'elle démontre aujourd'hui provenir du passage périodique de longues traînées de corpuscules. Des recherches toutes récentes ont fait connaître le lien qui unit ces phénomènes singuliers aux apparitions des comètes : ces météores ne seraient en effet que des fragments de la substance cométaire, dispersés ou détachés par l'influence des masses des planètes.

A une origine analogue, sinon identique, il faudrait enfin rattacher les pierres qui tombent du ciel, les aérolithes ou météorites, dont l'histoire curieuse est un des plus intéressants chapitres d'une science à peine ébauchée; on pourrait appeler cette science la *Physique intercosmique*, parce qu'elle constituerait une sorte de transition entre l'astronomie ou physique céleste, et la physique du globe ou physique terrestre.

III

Peu à peu, dans cette énumération rapide, et fort incomplète d'ailleurs, des phénomènes du monde physique, nous nous trouvons ramenés à ceux qui intéressent notre planète, dont ils forment l'histoire naturelle spéciale. Là, à mesure que la généralité des conceptions décroît, et va se resserrant, pour ainsi dire, croît aussi l'intérêt que nous sommes portés à prêter à tout ce

qui nous touche plus intimement : il s'agit en effet de la Terre
même, de l'astre qui nous porte, de cette *alma parens*, notre
berceau des temps primitifs et la tombe future de l'humanité
tout entière. Parviendrons-nous jamais, avec le flambeau de la
science, à jeter quelques lueurs sur les premières origines de
ce monde, sur les phases successives par où il a dû passer
avant d'être en état de recevoir le premier souffle de vie, le
premier germe des êtres organisés ou vivants, la vie progressive, embryon des faunes et des flores que nous voyons s'épanouir aujourd'hui à sa surface, et dont les couches profondes
de l'écorce terrestre contiennent des traces si nombreuses? En
reconstituant péniblement, patiemment, avec les rigueurs et la
réserve de la vraie science, les matériaux de cette histoire,
l'esprit humain arrivera-t-il jamais à retracer, dans cette longue
suite des âges géologiques, les linéaments de l'histoire même
de l'homme, de sa première apparition sur la Terre? C'est là un
problème que l'on peut espérer résoudre, mais dont l'étude
exigera certainement le concours des progrès simultanés de
nos connaissances dans toutes les branches des sciences physiques et naturelles. Il échappe donc, en son ensemble, à notre
programme restreint, mais il est bon de donner un aperçu de
ce qui, dans la description du Monde physique, se rapporte plus
particulièrement à l'histoire de la Terre et, par suite, à notre
propre histoire.

Dans les cieux, l'ordre, la régularité, la permanence, semblent être un caractère particulier aux phénomènes qui s'y
passent. Nous ne les observons que de loin, et leur lente succession ne permet qu'à la longue la constatation des perturbations ou variations qu'ils subissent : les détails nous échappent.
C'est tout le contraire quand nous considérons les faits physiques, dont la surface de la Terre est le théâtre ; la continuelle

LE VOLCAN DE L'ÎLE HAVAÏ
vu de jour (d'après une photographie).

variété, les changements incessants, offerts par chacun d'eux, se trouvent accrus encore par l'enchevêtrement inévitable des effets dus à des causes diverses, et par les innombrables détails que la proximité nous oblige à observer à la fois. Cela est vrai surtout pour tout ce qui regarde l'enveloppe gazeuse ou aérienne du globe ; ce l'est encore, mais déjà à un moindre degré, pour la partie liquide ou les mers ; le sol seul, avec ses assises à peu près stables, offre un sujet d'études moins mouvant. Tout cela forme le domaine de la science qu'on nomme *physique du globe* ou *météorologie,* science bien imparfaite encore, en raison de la complexité des faits qu'elle étudie, des faibles moyens d'observation dont elle a disposé jusqu'ici, et aussi de la période relativement courte écoulée depuis les premières recherches systématiques effectuées dans cet ordre.

C'est encore l'astronomie qui fournit la première base solide de cette histoire du globe terrestre. La forme de ce globe, ses dimensions, sa masse et sa densité en forment comme le point de départ. Sans exposer en détail les procédés qui ont rendu possible la détermination de ces données importantes, nous aurons cependant à dire ce qu'on en sait dans l'état actuel de la science. Il sera intéressant de montrer comment, peu à peu, le globe terrestre, de sphérique qu'on le supposait, a été reconnu aplati aux pôles de sa rotation ; comment sa forme, voisine de celle d'un ellipsoïde de révolution, est loin toutefois d'avoir, dans tous les sens, la régularité de ce solide géométrique, ayant des méridiens inégaux, des parallèles plus ou moins éloignés, comme son équateur même, de la forme circulaire.

Viendrait ensuite l'étude de la configuration des masses continentales, des proportions relatives des terres et des océans, du relief des unes et des dépressions ou profondeurs des autres, de la forme et de l'étendue des versants des mers et des

bassins des fleuves, etc. ; mais les faits relatifs à ces questions
sont plutôt du ressort de la géographie physique[1]; ils ne peuvent
entrer dans notre cadre que dans leurs rapports avec les lois
générales qui ont présidé à la formation du sol de la planète.
Il en est de même de la description détaillée de la structure

Fig. 5. — Le volcan de l'île Havaï, vu de nuit

interne de ce sol, de la composition et de la succession des
couches qui forment l'écorce solide de la Terre : à plus forte
raison de l'analyse des roches et des terrains, de leur étude au
point de vue des restes de végétaux et d'animaux qu'ils renferment. La géologie, la minéralogie et la cristallographie, la

1. Le bel ouvrage d'Élisée Reclus, LA TERRE, traite avec une ampleur magistrale toutes les
questions que nous n'énumérons ici que fort sommairement.

paléontologie enfin, sont les sciences spéciales qui étudient tous ces faits, et qui, se basant sur leur comparaison, s'efforcent de remonter de l'état présent aux âges anciens, de manière à reconstituer l'histoire du passé de notre globe. Nous nous contenterons de leur emprunter les données nécessaires à la

Fig. 6. — Le volcan de l'île Havaï; la vague de feu.

solution de ces problèmes encore si controversés : quel est l'âge de la Terre? par quelles évolutions a-t-elle passé? quelle est sa structure interne actuelle, et quelles conjectures peut-on former sur ses transformations à venir?

Bien que le globe terrestre, dans son ensemble, paraisse avoir atteint une phase de stabilité au moins relative, les changements qu'il subit encore, soit sous l'action des forces internes, soit sous l'action beaucoup plus lente, mais continue, des agents extérieurs, serviront certainement à construire les fondements de la science du passé de notre planète. Combien n'est-il pas intéressant, à cet égard, d'étudier les volcans en activité, d'analyser les liquides et les gaz qu'ils rejettent dans leurs convulsions intermittentes! Bien des doutes subsistent encore sur les conséquences qu'il faut tirer des phénomènes volcaniques, relativement à la question toujours controversée de l'état physique actuel du noyau terrestre. Est-il en fusion ignée dans toute sa masse, à partir d'une faible profondeur, comme on l'a soutenu longtemps, et comme beaucoup le pensent encore? Ou bien, le sol, la croûte solidifiée sur laquelle nous nous appuyons a-t-elle, ainsi que le soutiennent depuis quelque temps un certain nombre de savants, astronomes, géologues et physiciens, une épaisseur considérable? Dans cette dernière hypothèse, il faudrait admettre pour expliquer les laves des volcans — ces accumulations quelquefois énormes de matière vitrifiée, fondue, incandescente — qu'il existe, çà et là, sur les alignements des volcans, des lacs intérieurs de cette matière : resterait toujours à rendre compte de la chaleur intense capable de maintenir ces lacs en un tel état. Toutes ces questions si intéressantes, mais encore si obscures, sont toujours l'objet des controverses de la science, mais elles ne sont pas seulement du domaine de la géologie. La physique, la chimie, l'astronomie elle-même, et cette partie de la physique qui a été l'objet récent de découvertes importantes, la thermodynamique, devront être mises à contribution pour l'examen de ces problèmes.

Un terrain plus solide est celui où la science se place pour décrire les phénomènes actuels : nous entendons toujours parler des phénomènes purement ¦physiques qui ont la Terre

entière pour théâtre; leurs causes sont multiples, et leurs
effets se trouvent nécessairement confondus dans la réalité.
Mais la Physique a su les séparer, de manière à rendre facile
la distinction des phénomènes aussi bien que celle des causes.
La pesanteur, la chaleur, la lumière, l'électricité et le magnétisme forment ainsi les divisions naturelles de notre sujet;
mais c'est dans le globe terrestre tout entier, à sa surface ou
dans son enveloppe aérienne, qu'il y aura lieu d'étudier ces
agents ou du moins les phénomènes qu'ils engendrent selon
leur distribution naturelle, les variations périodiques ou accidentelles qu'ils subissent, les lois de cette distribution et de ces
variations, tout ce qui, en un mot, constitue, comme on l'a dit
déjà, la *physique terrestre* et la *météorologie*.

En quoi la pesanteur, semble-t-il au premier abord, peut-
elle intéresser notre curiosité vis-à-vis des questions qui sont
relatives à la constitution du globe terrestre? Cette force n'agit-
elle point d'une façon constante, invariable, uniforme? Sans
doute, en un même lieu, il en est ainsi. Mais d'un point à un
autre point plus élevé ou plus bas à la surface de la Terre, d'une
latitude à une autre, la gravité varie; son intensité est d'ailleurs inégalement contrebalancée par la force centrifuge due à
la rotation de la Terre. D'autre part, la forme même du sphéroïde terrestre est liée à ces variations, et il est intéressant
de connaître en vertu de quelle loi la matière dont la Terre est
formée s'est agrégée, pour donner des densités inégales aux
régions centrales et aux couches du sol, pour accumuler dans
le voisinage de l'équateur et à l'équateur même le bourrelet
ou renflement constaté par les mesures géodésiques.

Parmi les corps célestes, il en est un certain nombre dont
la forme est aussi sphéroïdale; Mars, surtout Jupiter et Saturne,
sont aplatis à leurs pôles de rotation. En comparant les formes

de ces globes à celle de la Terre, et en tenant compte des différences de rotation, de densité, etc., on se trouve conduit à d'intéressantes analogies entre les états physiques actuels de ces diverses planètes.

N'est-ce pas une chose d'un haut intérêt que de connaître la liaison physique qui fait dépendre les marées de l'action de la gravité du Soleil et de celle de la Lune sur la masse fluide de l'Océan, qui montre de même une raison de cause à effet entre la précession des équinoxes, la nutation et cette même action de la pesanteur sur le bourrelet équatorial? D'autres perturbations dans les éléments astronomiques de l'orbite terrestre proviennent de causes analogues, et résultent de l'action de la même force de la gravitation exercée par les planètes : telles sont celles qui affectent l'excentricité de l'orbite de la Terre, et aussi l'inclinaison de son axe. Ces lentes variations ont évidemment pour conséquences des variations correspondantes dans les saisons et les climats, et l'on a cru, non sans raison, y trouver une explication tout au moins partielle de certaines révolutions du globe, par exemple des périodes glaciaires.

La distribution de la chaleur à la surface de la Terre, à l'intérieur des couches du sol accessibles à l'observation, les probabilités qui en résultent pour l'état thermique du noyau, se déduisent d'une nouvelle série de phénomènes qui ne sont pas moins intéressants que la pesanteur pour l'histoire du passé de la planète, mais qui, en tout cas, sont de la plus haute importance pour déterminer sa constitution physique actuelle. C'est surtout la chaleur étudiée dans les parties fluides, dans les océans et l'atmosphère, qui joue un grand rôle à ce dernier point de vue. Les courants marins, les grands mouvements de l'atmosphère, les perturbations locales ou temporaires dont ces masses si mobiles sont le théâtre pour ainsi dire perpétuel,

UNE AURORE POLAIRE.

orages, cyclones, vents et pluies, trombes, grêle, avec tout leur cortège de phénomènes électriques, éclairs, foudres et tonnerre, quel admirable sujet d'études et d'observations pour le savant, quel spectacle varié pour le peintre ou pour le poète ! Des solitudes glacées du pôle où brillent les aurores aux zones tropicales où resplendit une magnifique et exubérante végétation, on rencontre, par des transitions presque insensibles, tous les climats, en passant par ces régions tempérées si gracieuses, où tout semble disposé pour le séjour privilégié des sociétés humaines et pour le développement le plus complet de la civilisation.

La part que la chaleur et la lumière solaire, les courants électriques et magnétiques, la distribution des continents et des mers, la nature du sol et sa configuration, peuvent avoir dans cette variété des climats, de leurs flores et de leurs faunes, est certainement, parmi les questions que la science de la physique du globe permet d'aborder, une des plus propres à piquer notre curiosité. C'est aussi une des plus intéressantes à résoudre pour la satisfaction de nos besoins, et pour la direction à donner à notre activité collective en vue des progrès sociaux. Aussi sera-ce une partie essentielle du programme que nous nous sommes tracé en vue de la description du Monde physique et de ses lois.

IV

En météorologie, comme d'ailleurs dans toutes les autres sciences naturelles, il y a deux manières de considérer les faits, deux points de vue sous lesquels les phénomènes peuvent et doivent être envisagés, sans quoi la science resterait incomplète.

Ces phénomènes peuvent être observés, étudiés, décrits dans

leur ensemble, dans leur succession ou leur distribution à la surface du globe, dans leurs rapports de simultanéité ou de concordance avec les phénomènes voisins, ou encore dans leurs relations apparentes ou réelles avec les phénomènes extérieurs à la Terre.

Voilà le premier point de vue, qu'on pourrait appeler le point de vue géographique, ou mieux *cosmique :* il constituerait la première partie de la science particulière que nous examinons.

Mais, si nous pouvons ainsi découvrir les lois générales de la météorologie, cela ne nous renseigne point sur la nature des phénomènes, c'est-à-dire sur les conditions physiques ou mécaniques de leur production. Déterminer ces conditions, pénétrer le sens intime des faits, arriver à en connaître la cause, à les rattacher dans tous leurs détails aux agents physiques connus, en un mot faire la théorie de chaque ordre de phénomènes, tel est le second point de vue à considérer. Non moins essentiel que le premier, il mène à la découverte d'une série de lois spéciales, dont l'ensemble constitue la seconde branche de la science météorologique, celle qu'on pourrait appeler la météorologie physique. La *physique du globe* ou physique terrestre est la réunion de ces deux sciences qui se complètent l'une l'autre.

Prenons un ou deux exemples propres à rendre sensibles ces généralités.

Considérons la pluie, je suppose.

On peut d'abord étudier les pluies sous le rapport de leur distribution annuelle à la surface du globe, soit sur les continents, soit sur les mers ; puis cette même distribution aux diverses époques de l'année. On peut les étudier encore sous le rapport de la quantité d'eau tombée en chaque lieu, ou dans leur coïncidence avec les autres phénomènes météorologiques, tels que les vents régnants. Dans tout cela, on ne considère la

UN CYCLONE DANS L'ATLANTIQUE.

pluie que comme phénomène général, comme une donnée de l'histoire météorologique de la planète : c'est le premier point de vue, le point de vue *cosmique*.

Si, au contraire, on envisage la pluie comme un phénomène particulier, qu'on cherche à déterminer les conditions physiques de sa production, et, pour cela, qu'on ait égard à l'influence de la pression atmosphérique, de l'état hygrométrique et de la température de l'air, abstraction faite de toute considération locale, c'est alors la théorie physique de la pluie qu'on se propose d'établir, et l'on se place dès lors au second point de vue dont nous parlions plus haut, qui est le point de vue *physique*.

Nous pourrions faire une distinction pareille pour les aurores boréales ou polaires, dont on peut observer la périodicité, la fréquence, la coïncidence avec d'autres phénomènes météorologiques ou même cosmiques, ou dont on se propose, au contraire, de connaître la nature physique, en étudiant le phénomène en détail, et en cherchant les rapports qu'il peut avoir avec le magnétisme terrestre, l'électricité, etc. Et ainsi de la plupart des phénomènes qu'on étudie en météorologie : les vents et la pression barométrique, les orages et bourrasques, les variations de la température, etc., etc.

V

Si le lecteur veut bien retracer dans sa pensée le tableau des phénomènes naturels qui viennent de se dérouler sous ses yeux, il verra que l'ordre que nous avons suivi procède du général au particulier, de l'ensemble qui embrasse l'univers entier aux détails les plus circonstanciés, descendant des mondes sidéraux au monde solaire, puis aux planètes, à la

Terre enfin. De même, sur notre globe, nous avons d'abord considéré les faits physiques généraux, pour procéder à une analyse de plus en plus minutieuse des phénomènes. Mais il est clair qu'arrivés là nous tombons sur le domaine d'une science nouvelle, ayant pour objet la recherche des lois qui régissent tous les phénomènes jusque-là passés en revue, non plus comme faisant partie de tel ou tel système de corps, mais en tant qu'ils sont des manifestations des agents ou des forces naturelles, en un lieu quelconque de l'univers et à une époque quelconque du temps. Cette science ne se propose plus la description ou l'histoire naturelle du monde physique : elle a pour objet d'en découvrir le mécanisme, c'est-à-dire, après avoir établi les lois universelles de la matière, de chercher à en connaître les causes, en les rattachant d'abord à un petit nombre d'agents. Ces agents, qu'ils soient essentiellement différents les uns des autres, ou qu'au contraire ils puissent se ramener à une cause unique ou à un moindre nombre de causes, sont : la *Pesanteur* ou *Gravitation*, les *Forces moléculaires*, la *Chaleur* et la *Lumière*, le *Magnétisme* et l'*Électricité ;* et tout le monde sait qu'on donne tout particulièrement le nom de PHYSIQUE[1] à la science qui en étudie les phénomènes et les lois.

Cette dénomination, dont l'étymologie stricte indiquerait un sens beaucoup plus général (φύσις, en grec, désigne la nature tout entière), a pour nous le mérite, avec la signification restreinte que lui donnent les modernes, de correspondre au titre général de cet ouvrage et d'en préciser la portée. Tous les phénomènes, en effet, que nous avons à décrire, se ramènent d'une

---

1. En France du moins, en Allemagne et dans les pays de langue latine. En Angleterre, on comprend sous la dénomination générale de *Philosophie naturelle* toutes les sciences auxquelles nous donnons le nom de *sciences physiques :* Mathématiques appliquées, astronomie, physique, chimie, géologie, etc. *Physic* se dit de la médecine ; *physician* désigne un médecin.

façon ou d'une autre à une loi de physique, se rattachent à l'un quelconque des agents, pesanteur ou gravitation, attraction moléculaire, chaleur ou lumière, magnétisme ou électricité.

On peut voir du même coup qu'en descendant des phénomènes qui embrassent le plus vaste ensemble à l'analyse des faits de détail les plus particuliers on arrive inversement à des lois de plus en plus générales. Si, par un progrès inespéré de la science, on pouvait atteindre à un degré d'abstraction plus grand, pénétrer le mécanisme le plus intime de la matière ou des corps, on finirait peut-être par découvrir la loi universelle qui régit le monde physique. Plus d'un philosophe ou d'un savant a tenté de résoudre cette grande énigme ; mais jusqu'ici on n'a fait en ce sens que des hypothèses ; l'observation et la méthode expérimentale, aidées de l'analyse mathématique, se sont en vain heurtées aux difficultés, sinon aux impossibilités du problème. Le résoudra-t-on jamais ? Personne aujourd'hui ne pourrait légitimement l'affirmer, pas plus que le nier.

En tout cas, pénétrons-nous bien de cette idée que l'étude précise, l'analyse rigoureuse des phénomènes en apparence les plus simples, les plus insignifiants quelquefois (du moins les croyons-nous tels), peut conduire aux vues les plus élevées sur le monde, sur sa constitution présente et son histoire passée ou future. Rien ne nous semble plus banal que de voir une pierre se détacher d'un rocher et se précipiter dans le ravin qu'il surplombe. Voilà cependant un fait dont l'étude scientifique a conduit Galilée à la découverte des lois de la pesanteur terrestre, et Newton à celle de la gravitation universelle. Des astronomes observant minutieusement les situations respectives des composantes d'une étoile double arrivent à reconnaître que ces deux soleils gravitent l'un autour de l'autre, et que les lois de leurs mouvements sont celles qui régissent les mouvements planétaires, ou celui de la Lune autour du globe terrestre. Or c'est encore la même loi qui détermine la trajectoire d'un corps pesant à la surface de la Terre. Ces phénomènes grandioses, dont l'accomplissement dans les régions lointaines du monde sidéral demande des siècles, et qui se mesurent dans l'espace par des milliards de lieues, ont le même principe, la même cause que le flux et le reflux des marées, que la chute d'une pierre ou l'écoulement des eaux d'un fleuve.

On admet aujourd'hui comme hautement probable que l'incandescence des étoiles, celle du Soleil, ce foyer prodigieux de chaleur et de lumière, est un phénomène de même nature que la chute d'une pierre : cela est vrai, en effet, si l'on prouve que l'incandescence du Soleil et celle des étoiles ont pour origine la transformation en chaleur de la force de la gravitation elle-même. La matière qui forme ces mondes, disséminée au début, il y a des millions de siècles, en nébulosités qui occupaient dans l'éther d'immenses espaces, se condensant peu à peu, se précipitant avec une vitesse croissante vers le centre principal de la condensation, toute la force vive dont la gravitation animait ses diverses parties s'est progressivement transformée en chaleur, en vibrations calorifiques ou lumineuses. Et alors, à son tour, la masse condensée et incandescente, répercutant ces vibrations dans l'éther, rayonne de toutes parts ; elle renvoie à l'infini, sous une forme différente, la force vive qui a la gravitation pour origine : la nébuleuse s'est changée en soleil.

N'est-ce pas aussi par l'analyse minutieuse de la lumière des sources, par la comparaison du spectre solaire aux spectres des corps simples ou composés, que la science est parvenue à ce résultat merveilleux de pouvoir, à des millions, à des milliards de lieues de distance, pénétrer dans la constitution chimique des corps célestes? Pouvoir affirmer que l'atmosphère solaire est de l'hydrogène incandescent, que tels ou tels métaux entrent dans la composition de l'astre, que Sirius contient du sodium, du fer, etc...., n'est-ce pas une étonnante conséquence d'une simple observation de physique, effectuée avec les moyens les plus précis, mais aussi les plus restreints, dans l'enceinte d'un laboratoire?

Les plus petits faits bien observés, rigoureusement analysés, ont donc souvent une importance immense au point de vue du problème que les sciences concourent, sinon à résoudre intégralement, du moins à élucider de plus en plus : connaître le monde, en donner l'explication raisonnée, faire, en un mot, la théorie de l'Univers.

Cette conception va en s'agrandissant de siècle en siècle, à mesure que progresse la science. Mais elle n'a pris un caractère vraiment positif que depuis que la physique s'est constituée sur le solide terrain de la méthode d'observation expérimentale. Sans les théories de la physique moderne contrôlées par les sciences mathématiques, nous serions encore dans le champ si vague des hypothèses, ou plutôt des systèmes, mieux encore, des pures rêveries.

C'est donc par l'exposition de la Physique générale, par la description des phénomènes que cette science étudie, et par la démonstration des lois qui les régissent, que doit s'ouvrir le tableau du Monde physique. De là, par une série d'études dont l'ordre sera précisément l'inverse de celui que nous venons de suivre, nous remonterons peu à peu à la physique du globe terrestre, à la description du monde dont la Terre fait partie, et finalement à celle de l'univers visible.

I

LA PESANTEUR

ET LA GRAVITATION UNIVERSELLE

LE

MONDE PHYSIQUE

LA PESANTEUR

ET LA GRAVITATION UNIVERSELLE

PREMIÈRE PARTIE

LES PHÉNOMÈNES ET LEURS LOIS

Chacune des forces physiques dont nous nous proposons de tracer les modes d'action dans le monde, peut être envisagée et le sera, dans cet ouvrage, à deux points de vue. Nous commencerons par l'exposé des phénomènes, par la description des procédés d'observation ou d'expérimentation qui ont conduit à la découverte de leurs lois : cette première partie formera le côté exclusivement scientifique du MONDE PHYSIQUE. Mais il en est un autre, trop important à l'époque où nous sommes, pour que nous le négligions ou le passions sous silence : c'est celui des innombrables applications que l'homme a su tirer des conquêtes de son intelligence. Ces applications embrassent tout : la science elle-même, dont elles accroissent indéfiniment la puissance, en lui fournissant des moyens de recherches ; les arts et l'industrie, dans l'infinie variété de leurs productions utiles ou précieuses. Les applications formeront donc une seconde partie de chaque étude spéciale, un appendice ou corollaire obligé de la première partie. Il nous a semblé préférable de séparer ces deux exposés : en les réunissant nous eussions risqué de rompre à chaque instant le fil des idées et des déductions, comme de perdre de vue l'enchaînement des expériences.

C'est ainsi qu'à la première partie de la Pesanteur et la Gravitation universelle, que nous intitulons les *Phénomènes et leurs lois*, succèdera la seconde partie, les *Applications de la pesanteur*.

Cela dit, entrons en matière.

LIVRE PREMIER

LA PESANTEUR

CHAPITRE PREMIER

NOTIONS PRÉLIMINAIRES SUR LES PROPRIÉTÉS GÉNÉRALES DES CORPS

Avant d'aborder les phénomènes propres à la Pesanteur, nous devons encore arrêter l'attention du lecteur sur quelques notions préliminaires, indispensables à la complète intelligence des lois physiques. Quand nous aurons exposé tout l'ensemble de ces lois, il sera intéressant de revenir à ces notions générales, et de montrer quelle interprétation elles peuvent recevoir de la combinaison des forces dont les phénomènes physiques sont l'incessante manifestation.

Dès ce premier Livre, où c'est la force de pesanteur qui est en action, nous aurons l'occasion de profiter de ces notions préliminaires et aussi de les compléter sur des points importants.

§ 1. CE QU'ON DOIT ENTENDRE PAR PHÉNOMÈNES PHYSIQUES. — DISTINCTION ENTRE LA PHYSIQUE ET LA CHIMIE.

Tous les corps de la nature, quelles que soient les apparences variées sous lesquelles ils se manifestent à nos sens, qu'ils appartiennent aux êtres organisés, ou à la matière inorganique ou brute, sont doués de propriétés multiples dont l'étude est l'objet propre de la physique générale.

Ainsi tous les corps sont pesants, et, en vertu de leur pesanteur, sont sujets à des modifications qui affectent leur état de mouvement ou d'équilibre; tous sont, à des degrés divers, élastiques, et, par les vibrations qu'on peut exciter dans leurs masses, susceptibles de produire des sons ou des bruits; ils affectent, selon les circonstances, la forme solide, ou liquide ou gazeuse, et même un grand nombre d'entre eux peuvent successivement passer par ces trois états, lorsqu'ils sont soumis à l'action d'une chaleur plus ou moins intense; dans des conditions particulières, ils acquièrent des propriétés nouvelles, deviennent électriques ou magnétiques; tous, en recevant la lumière d'une source, manifestent leur présence par la réflexion des rayons lumineux qui les rend visibles et colorés, ou par d'autres phénomènes sensibles; un grand nombre, quand on les porte à une haute température, deviennent incandescents et jouent alors eux-mêmes le rôle de sources de lumière.

Toutes ces propriétés et les innombrables modifications qu'elles subissent dans un même corps, selon les circonstances, ou qui varient d'un corps à l'autre, sont des propriétés *physiques*, et ce sont leurs lois qu'il s'agit de déterminer dans la science que nous allons aborder.

Mais auparavant il y a une importante restriction à faire, une distinction nécessaire entre les phénomènes qui sont du ressort de la physique et ceux dont s'occupe la chimie. Rendons cette distinction aisée à comprendre par des exemples.

On sait — et c'est la chimie qui nous l'apprend — que tous les corps matériels sont formés d'un nombre limité de substances simples, irréductibles, indécomposables, du moins dans l'état actuel de la science et par les moyens qui sont aujourd'hui à sa disposition. C'est l'association intime ou la combinaison de ces corps simples, en des proportions variées mais définies, qui donne lieu à la prodigieuse diversité qu'on observe dans les matériaux constitutifs de tous les corps, organisés ou bruts, vivants ou inanimés. Mis en présence, dans des conditions physiques spéciales, les éléments ou leurs composés se transforment, se modifient, c'est-à-dire se combinent ou se décomposent, en donnant lieu ainsi à tout un ordre de phénomènes dont la chimie étudie les lois. Or ces phénomènes chimiques se trouvent le plus souvent liés à des phénomènes physiques de chaleur, de lumière, d'électricité, avec lesquels il ne faut pas les confondre. En physique, les phénomènes généraux des corps sont étudiés abstraction faite des altérations qu'ils peuvent produire dans la constitution de ces corps, ou bien en tant qu'ils ne déterminent point de telles altérations. En chimie, au contraire, ce sont ces altérations ou changements de nature, ce sont leurs lois, c'est l'étude des propriétés nouvelles et spéciales résultant de tels changements, qui font l'objet propre de la science. La différence à cet égard est donc fondamentale. Ainsi que nous venons de le dire, éclaircissons cela par des exemples.

Prenons une certaine quantité d'eau. A la température ordinaire, l'eau est liquide. Refroidissons-la au-dessous du degré 0 du thermomètre ; elle va se contracter ou diminuer de volume jusqu'à ce que sa température soit abaissée à $+4$ degrés, puis se dilater jusqu'au point où elle prendra la forme solide d'une masse neigeuse ou d'un morceau de glace : à 0 degré ou au-dessous, l'eau est donc à l'état solide. Au contraire, échauffons-la et portons-la à $100°$; elle finira par se réduire en vapeur.

Dans ces trois états physiques, bien différents à certains égards, aucune des molécules qui constituaient la masse totale n'aura cessé d'être de l'eau, c'est-à-dire une certaine combinaison définie de deux gaz, l'hydrogène et l'oxygène. Sa constitution chimique n'aura été altérée dans aucune de ses parties ; tous les phénomènes qui auront pu se manifester sous ces trois formes, seront et resteront des phénomènes physiques.

Maintenant, supposons la même goutte d'eau traversée par le courant d'une pile. Des bulles de gaz vont se dégager de sa masse, les unes se portant au pôle positif, les autres au pôle négatif de la pile; et si on les recueille jusqu'à décomposition complète de la goutte, on trouvera d'un côté deux volumes d'hydrogène, et de l'autre un volume d'oxygène. Cette décomposition aura bien eu pour cause un phénomène physique, la

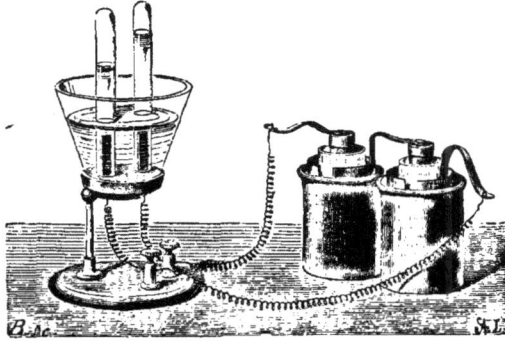

Fig. 7. — Décomposition de l'eau par la pile électrique.

production du courant électrique; mais elle-même est un phénomène d'un autre ordre, dont l'étude appartient à la chimie.

Continuons la métamorphose. Reprenons et faisons passer

Fig. 8. — Synthèse de l'eau par l'eudiomètre.

dans l'eudiomètre l'oxygène et l'hydrogène en lesquels s'était décomposée la goutte d'eau. Puis faisons passer dans le mélange gazeux une étincelle électrique. Qu'arrive-t-il? Les deux gaz reprennent les liens de leur première association ; ils disparaissent sous cette forme, pour renaître sous celle d'une gouttelette liquide. C'est encore un phénomène physique, la décharge électrique, qui a déterminé la recomposition de l'eau, sa synthèse, comme on dit en chimie ; mais cette dernière modification est elle-même un phénomène chimique.

Si l'on mélange, à la température ordinaire, trois parties en poids de fleur de soufre avec huit parties de limaille ou de tournure de cuivre, la masse pulvérulente n'aura acquis aucune propriété nouvelle, différente de celles des particules qui la composent. Vue à la loupe, on distinguera fort bien les parcelles de soufre de celles de cuivre, et rien n'empêche d'imaginer que, par un triage mécanique, on sépare à nouveau les deux portions du mélange. Mais qu'on place le tout dans un creuset, et qu'on soumette celui-ci à l'action de la chaleur, et l'on va être bientôt témoin d'un phénomène des plus brillants. Une vive lumière se produit ; une grande quantité de chaleur se dégage, et l'on trouve au fond du creuset une substance nouvelle, n'ayant plus aucune des propriétés caractéristiques ni du cuivre ni du soufre. C'est du *sulfure de cuivre*, combinaison chimique définie, qu'on trouve dans la nature, soit pur sous le nom de covelline ou de cuivre bleu, soit combiné avec du sulfure de fer, et formant, sous le nom de cuivre pyriteux, l'un des minerais de cuivre les plus communs.

Le phénomène de cette combinaison est encore un phénomène chimique, déterminé par l'action de la chaleur, laquelle est un phénomène physique.

Un morceau de fer doux, en contact avec un aimant, acquiert lui-même, temporairement, la propriété magnétique ; de sorte que, comme l'aimant, il attire les parcelles de fer placées à proximité de ses pôles. Si, au lieu de fer doux, on employait un barreau d'acier, la propriété magnétique pourrait devenir permanente. Mais dans les deux cas la constitution du métal resterait la même qu'avant l'aimantation. C'est là un phénomène purement physique.

Nous pourrions multiplier les exemples. Ceux qui précèdent nous paraissent suffire à faire comprendre la distinction des deux ordres de faits, et par suite la différence d'objet des deux sciences la Physique et la Chimie.

Mais si la physique et la chimie ont des domaines séparés, ces deux sciences n'en ont pas moins un caractère commun, de sorte qu'Ampère les a, avec raison croyons-nous, considérées comme deux branches de la Physique générale, c'est-à-dire de la science qui étudie les lois des phénomènes généraux des corps, en tant que ces phénomènes sont indépendants de l'organisation ou de la vie [1]. Maintenant, pour conclure, est-il bien nécessaire de donner ici une définition de la physique, en mettant en regard une définition de la chimie? Presque tous les auteurs de traités le font, au début de leurs ouvrages, comme nous venons nous-mêmes de définir la physique générale; mais ces formules, nécessairement vagues, et qui d'ailleurs sont loin d'être concordantes, n'ont pas grande utilité pour ceux qui sont au courant de la science, et risquent de donner des idées inexactes ou incomplètes à ceux qui ne l'ont point encore étudiée. Il nous semble préférable d'aborder les faits, et de décrire avec quelques détails tous ceux qui seront propres à caractériser les diverses branches de la physique, et par conséquent à en préciser le programme.

§ 2. PROPRIÉTÉS GÉNÉRALES DES CORPS. — QU'EST-CE QUE LA MATIÈRE?

Ce sont les corps, ou agglomérations quelconques de matière, qui sont les matériaux de la physique [2]. Qu'est-ce donc que

1. Encore cette restriction, pour être juste, doit-elle être bien comprise. Il y a une partie de la chimie, et non la moins importante, qui s'occupe spécialement des combinaisons et décompositions propres aux corps organiques; mais ce n'est pas l'organisation ou la vie dont se préoccupe le chimiste. De même, les corps vivants manifestent une série de phénomènes physiques, chaleur, électricité, etc, qui leur sont particuliers. Considérés en eux-mêmes, ces phénomènes peuvent être étudiés par le physicien; mais c'est à la physiologie que revient la tâche de déterminer leurs rapports avec les phénomènes vitaux. Les sciences naturelles sont pleines de ces rapprochements, où la confusion n'est d'ailleurs qu'apparente.

2. Les mathématiciens étudient les propriétés des corps *géométriques*, c'est-à-dire de l'éten-

la *matière?* Voilà une question que les métaphysiciens et physiciens de tous les temps ont tournée et retournée sous mille faces, et qui peut donner lieu encore aujourd'hui aux controverses les plus délicates et les plus difficiles. Laissons là toutes les subtilités de la métaphysique, et appelons *matière* tout ce qui est capable d'exciter en nos organes une sensation, de quelque nature qu'elle soit; ce qui revient au même, tout ce qui cause une impression sur nos sens.

Cette faculté de déterminer une sensation correspond à une *propriété* de la matière, qui a ainsi autant de propriétés différentes qu'elle peut produire de sensations différentes en nous. Nous avons connaissance de l'existence des corps et de leurs propriétés par la vue, le toucher, l'ouïe, le goût, l'odorat; mais il est possible que certaines propriétés nous restent inconnues. si elles n'ont aucune action sur nos sens, ou si elles ne sont pas susceptibles d'être déduites par voie de raisonnement ou d'induction des propriétés sensibles [1].

Nous n'avons l'idée de la matière qu'autant qu'elle occupe un certain lieu de l'espace, c'est-à-dire qu'elle est *étendue;* en outre, qu'elle occupe ce lieu à l'exclusion de toute autre matière: ce qu'on exprime en disant que la matière est *impénétrable.* L'étendue et l'impénétrabilité sont, en d'autres termes, les deux propriétés essentielles de la matière; mais, tandis que la première nous est donnée par l'observation, la seconde échappe à toute vérification expérimentale, et n'est pour ainsi dire qu'une conception nécessaire de l'esprit.

Pourquoi dit-on que l'étendue et l'impénétrabilité sont essentielles à la matière? On comprend d'abord, sans qu'il soit

due figurée, ou d'une portion de l'espace terminée par des bornes idéales. La géométrie fait abstraction de la matière, qui constitue, au contraire, les corps *physiques.*

1. L'observation expérimentale a mis en évidence, depuis trois siècles, une multitude de propriétés qui étaient auparavant ignorées, parce que les conditions de leur manifestation n'avaient été suggérées par rien : ne citons que les propriétés électriques et magnétiques. La science en découvre chaque jour de nouvelles. Mais ajoutons qu'il est possible que certaines propriétés existent, sans que nous arrivions à les connaître jamais. Il suffirait pour cela d'admettre que nos sens ne sont pas assez parfaits, ou que certain sens spécial nous manque.

nécessaire de l'expliquer, qu'une portion de matière, si petite
soit-elle, occupe forcément une portion de l'espace qui n'est
pas nulle ; mais, seule, l'étendue serait une abstraction qui ne
correspondrait à aucune réalité sensible. Nous verrons en
optique que les miroirs concaves donnent, en avant de leur surface, des images d'un objet qui ont toute l'apparence extérieure
de l'objet même, étendue, forme, couleurs. Ces images, qui sont
étendues, ne sont cependant pas matérielles ; il leur manque la
seconde propriété de la matière, l'impénétrabilité. Non seulement on y peut plonger la main sans les faire disparaître, sans
en déplacer les parties, mais on peut faire coïncider avec elles
d'autres images analogues, en disposant convenablement un
second ou un troisième miroir. Comme le dit M. Biot, « ce sont
des *formes* et non de la *matière sensible*[1]. »

La matière étant essentiellement impénétrable, en est-il de
même des corps, qui sont des composés de matière ? Cela va de
soi ; mais là il faut s'entendre, sous peine de faire une confusion, qui du reste n'est qu'apparente.

Un clou, frappé d'un coup de marteau, pénètre dans un
morceau de bois ; la main plongée dans un liquide en occupe la
place ; notre corps se meut sans résistance bien sensible dans
l'air. Ce sont là autant d'exemples grossiers d'une pénétration
qui n'a rien de commun avec la propriété dont il est ici question :
quand un corps prend la place d'un autre corps, il est trop
évident que tous deux n'occupent pas à la fois le même espace.
Dans tous ces cas d'ailleurs, il est aisé de constater, ou que le
volume total des corps qui se sont ainsi pénétrés, est égal à la

---

1. Cependant, si l'on voulait pousser plus loin l'analyse de ce fait, on pourrait dire que
les images en question, que les physiciens nomment des *images réelles*, sont des réalités sensibles, et qu'elles sont telles parce que, là où elles se forment par la convergence des rayons
lumineux, disons mieux, des ondes émanées de l'objet, il y a un milieu matériel. Sans l'éther,
il n'y aurait pas de lumière, pas d'images ; or qu'est ce que l'éther, sinon de la matière,
de la matière impondérable, il est vrai, mais de la matière, un substratum capable, par ses
ondulations, d'affecter nos sens ? Il faudrait donc se demander si l'éther est impénétrable.
On peut, on doit même, croyons-nous, le concevoir tel ; mais alors il est évident que toute
preuve expérimentale de cette impénétrabilité, qui nous échappe déjà pour la matière pondérable, nous échappe *à fortiori* pour l'éther.

somme des volumes qu'ils occupaient séparément; ou bien, si,
comme dans le cas du clou, ce volume est moindre, c'est que
par un effort plus ou moins violent, le corps le plus dur a
refoulé, a comprimé l'autre.

Qu'on place dans une soucoupe un morceau de craie reposant
sur une couche d'eau; en quelques instants l'eau est absorbée,
la craie s'en est imbibée entièrement, et son volume n'a pas
changé; il y a pénétration apparente des deux corps : ce qui
tient aux vides qui existent entre les molécules de la craie.

On pourrait citer des exemples plus embarrassants de péné-

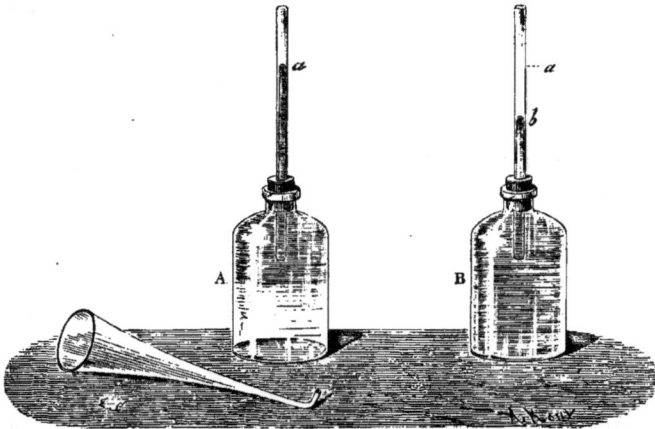

Fig. 9. — Pénétration apparente de l'eau et de l'alcool.

tration apparente. Dans un grand nombre de phénomènes
chimiques, on constate que le corps formé par la combinaison
de deux autres offre un volume tantôt moindre, tantôt plus
grand que la somme des volumes des corps composants. C'est
le premier cas qui se réalise lorsqu'on mélange de l'eau avec
de l'acide sulfurique ou avec de l'alcool concentré. Voici comment M. Daguin met ce phénomène en évidence. Il remplit
d'eau à moitié un flacon, puis, au moyen d'un entonnoir dont
le bec effilé est recourbé à angle droit, il verse sur l'eau du
flacon de l'alcool, qui se répand à la surface et emplit le reste
du vase, sans se mêler à l'eau. Alors il y plonge, sans remuer

les liquides, un tube muni d'un bouchon qui entre bien juste dans le col du flacon. L'alcool déplacé par le bouchon et par la portion immergée du tube monte à un niveau *a*, qu'on marque sur le tube. Si alors on fait tourner le flacon sur lui-même en l'inclinant, les liquides se mélangent, et à mesure on voit baisser le niveau dans le tube jusqu'en *b*. Le volume total a donc diminué; les liquides semblent s'être réciproquement pénétrés.

Mais à quoi tiennent ces dernières pénétrations apparentes? A deux propriétés que possèdent tous les corps, la *divisibilité*, la *porosité*. En réalité, la matière qui les compose n'est point continue; ses diverses parties, qu'on peut, par des procédés divers, isoler les unes des autres, ne se touchent pas; il y a entre les plus petites d'entre elles des intervalles vides de matière, des interstices ou *pores*. Étudions les diverses formes sous lesquelles se manifestent ces deux propriétés dans les solides, les liquides et les gaz; nous comprendrons mieux ensuite dans quel sens doit s'entendre l'impénétrabilité de la matière. Mais commençons par définir les trois états physiques sous lesquels se présentent à nous tous les corps de la nature.

§ 3. ÉTATS PHYSIQUES DES CORPS. — LES SOLIDES, LES LIQUIDES ET LES GAZ.

Les corps, tels du moins que l'expérience nous les fait connaître, se présentent à nous sous trois états principaux, affectent trois formes ou apparences caractérisées par des propriétés distinctes.

Les uns, comme la plupart des minéraux, pierres, roches, métaux, sont constitués de parties dont l'adhérence est telle, que leur forme est permanente; du moins, pour modifier cette forme, à plus forte raison pour détacher les unes des autres les parties constituantes de ces corps, il faut exercer une force, le plus souvent considérable. Ce sont les *solides*, et tout le monde sait qu'on nomme dureté, ténacité, la résistance qu'ils opposent aux efforts qu'on fait pour les diviser en parties, les

rayer avec des corps plus durs qu'eux-mêmes, les briser ou
les rompre. Il résulte de ces propriétés des corps solides des
conditions particulières relatives à leur état d'équilibre et de
mouvement.

L'état *liquide* est celui des corps dont les plus petites parties
cèdent aisément aux pressions les plus faibles, glissent ainsi
avec une mobilité plus ou moins grande les unes sur les autres,
sans cesser toutefois d'être unies et en apparence continues.

L'eau, diverses substances d'origine animale et végétale,
comme la sève, le lait, le sang, le vin, l'huile, un métal à la
température ordinaire, le mercure, sont des corps liquides, et
l'on sait que la propriété commune à tous ces corps et caractéristique de leur état physique est qu'une masse quelconque,
un peu grande toutefois [1], n'a point par elle-même de forme
déterminée : cette masse prend la forme des vases solides qui
la renferment, se moulant spontanément pour ainsi dire sur
cette forme. Mais les liquides ont aussi avec les solides une propriété commune, à savoir que, si les uns et les autres ne sont
soumis à aucune variation dans leur température et dans les
pressions qu'ils supportent, leur volume reste constant.

Enfin, d'autres corps, comme l'air, ont dans leurs molécules
une mobilité analogue à celle des liquides, généralement même
beaucoup plus grande : ce sont *les gaz ;* mais, tandis que les
molécules liquides conservent encore entre elles une adhérence
qui les unit en un tout de volume invariable, les molécules des
gaz, au contraire, ont une tendance à s'écarter les unes des
autres, à se séparer. Il en résulte qu'une masse gazeuse presse
dans tous les sens les parois des vases où elle est contenue, de
sorte que, si le volume de ces vases augmente, la masse le remplit néanmoins tout entier, en augmentant elle-même de
volume. L'expansibilité des gaz se constate par des expériences
fort simples. On prend par exemple une vessie, on y laisse

---

1. En petites masses, la plupart des liquides prennent une forme sphérique, lorsqu'ils
restent suspendus dans l'air, ou en contact avec les surfaces de corps qu'ils ne mouil-
lent point.

pénétrer une certaine quantité d'air ou d'un autre gaz quelconque, et l'on en ferme hermétiquement l'ouverture. En cet état, la vessie conserve sa forme ; le volume d'air ou de gaz qu'elle contient reste le même ; en un mot elle ne se gonfle pas, parce que la force expansive du gaz intérieur est contrebalancée par la pression de l'air extérieur. Mais si on la place sous le récipient d'une machine pneumatique, et qu'on y fasse le vide, on voit la vessie se gonfler peu à peu, jusqu'à ce que ses parois soient complètement tendues. En laissant rentrer l'air dans le récipient, la pression extérieure aux parois de la vessie reprend peu à peu sa force première, et l'on voit la vessie diminuer progressivement de volume, jusqu'à ce qu'elle ait repris son apparence primitive. Cette expérience démontre à la fois l'expansibilité et la compressibilité des gaz, c'est-à-dire la propriété qu'ils ont d'augmenter ou de diminuer de volume, selon les variations de la pression à laquelle ils sont soumis.

Les mêmes phénomènes se constatent lorsque, sans modifier la pression, c'est la température du gaz qui change ; son volume augmente à mesure que la chaleur s'accroît ; il diminue dans le cas contraire.

Tels sont les trois états physiques sous lesquels nous voyons les différents corps de la nature ; mais ces corps ne conservent pas toujours la même forme, leur état physique n'est pas permanent ; un grand nombre d'entre eux peuvent se présenter successivement à l'état solide, à l'état liquide et à l'état gazeux, et c'est principalement sous l'influence des variations plus ou moins grandes de leur température qu'ils passent d'un état à l'autre. Qui ne sait que l'eau, liquide à la température ordinaire ou moyenne de nos climats, se congèle ou devient solide dès qu'elle est soumise à un froid suffisamment intense? qu'elle se vaporise ou prend l'état aériforme ou gazeux même à la température ordinaire? Une température qui dépasse un certain degré la réduit tout entière à l'état de vapeur. Les métaux se liquéfient par la chaleur et se vaporisent aussi ; le mercure, ordinairement liquide, se solidifie à 40° au-dessous de zéro. Nous étudierons plus tard ces divers changements d'état et les phénomènes dont ils sont accompagnés. Aujourd'hui tous les corps, ou du moins tous les éléments matériels qui composent les corps peuvent être regardés comme susceptibles de prendre les trois états. Toutes les matières solides ont pu être liquéfiées ou fondues ; tous les gaz, même ceux que l'on considérait comme permanents, ont été réduits à l'état liquide, puis à l'état solide. Nous verrons plus tard les curieuses et toutes récentes expériences qui ont démontré l'universalité de ces intéressantes transformations.

Un grand nombre de corps, du reste, sont composés de parties liquides et de parties solides si intimement unies, qu'ils ont l'apparence des corps solides : telles sont nombre de substances appartenant aux corps organisés, animaux et végétaux. Il en est de même de certains minéraux : telle est l'argile par exemple, lorsqu'elle n'a pas été soumise à une dessiccation complète. Tous ces corps sont plus ou moins mous, c'est-à-dire se déforment avec une facilité plus ou moins grande, sans l'intervention de forces plus ou moins considérables. La liquidité n'est donc pas plus que la solidité une propriété absolue des corps : la mobilité de leurs molécules varie énormément depuis la consistance pâteuse de certains d'entre eux jusqu'à l'extrême mobilité de certains autres, par exemple des éthers. Dans des circonstances particulières enfin, il est des gaz qu'on amène à un état intermédiaire entre l'état gazeux et l'état liquide.

De nos jours, un physicien distingué, M. Boutigny, s'appuyant sur de nombreuses et intéressantes expériences, dont nous parlerons plus loin, a proposé de considérer un quatrième état physique des corps, auquel il a donné le nom d'*état sphéroïdal*, parce que, dans des circonstances spéciales, les très petites masses liquides, au lieu de prendre la forme du corps sur lequel elles reposent, se maintiennent sous la forme d'une sphère. Mais cette manière de voir n'a pas été adoptée par les physiciens, qui n'ont vu là que des cas particuliers des autres

états. Enfin, tout récemment, un physicien anglais, M. Crookes,
a également proposé d'admettre un quatrième état des corps,
qui se manifeste lorsque le vide a été fait dans un vase clos,
à un degré extrème de raréfaction. La matière qui reste dans le
vase ne jouit plus, prétend-il, des propriétés qui constituent
l'état gazeux. L'appareil où se passent les phénomènes propres
à ces conditions spéciales ayant reçu le nom de radiomètre,
M. Crookes appelle *état radiant* ce quatrième état de la matière.
Nous reviendrons sur ses expériences dans un chapitre spécial
du MONDE PHYSIQUE.

§ 4. LES SOLIDES, LES LIQUIDES ET LES GAZ SUR LA TERRE.

En considérant dans son ensemble la Terre, nous voyons que
notre planète est formée de trois parties affectant, l'une l'état
solide, l'autre l'état liquide, la troisième l'état gazeux[1]. Le
globe terrestre proprement dit, c'est-à-dire la partie de la
planète terminée extérieurement par une enveloppe solide, est
la première partie; les océans et mers qui recouvrent les trois
quarts de sa surface en constituent l'élément liquide, et l'enveloppe aérienne ou atmosphère en forme la partie gazeuse. En
considérant la sphère terrestre comme limitée par son enveloppe gazeuse, et en supposant la hauteur de l'atmosphère
égale à 200 kilomètres, on trouverait que le volume solide
dépasse les 96 centièmes du volume total; la partie gazeuse

---

1. Il est probable que parmi les corps célestes un grand nombre sont constitués de la
même manière; mais il n'est pas moins vraisemblable qu'il y a aussi des différences notables. Ainsi Mars a des continents, des mers et une atmosphère comme la Terre; Vénus et
Mercure sont sans doute dans le même cas; mais sur la Lune, actuellement du moins, il n'y a
ni eau ni atmosphère; c'est un globe qui semble entièrement solidifié, à moins que le noyau
intérieur ne soit encore, comme on le suppose pour le noyau intérieur de la Terre, à l'état de
fusion incandescente. D'autre part, l'immense globe de Saturne, dont la densité est si faible,
pourrait bien n'être qu'une sphère liquide enveloppée d'une atmosphère; le Soleil paraît lui-
même constitué par une masse de matières fluides, en grande parties gazeuses, maintenues à
cet état par une excessive température, et toutes les étoiles dont le spectre a une constitution
analogue à celle du spectre solaire, sont vraisemblablement des soleils comme le nôtre.

n'en est guère que les 5 centièmes, et le volume liquide réduit à celui des océans n'en serait que les 2 dix-millièmes.

Mais peut-on regarder le globe comme entièrement solide? N'est-il pas formé d'un noyau à l'état de fusion ignée, par conséquent liquide? Ce sont des questions qu'il est inutile de soulever ici, parce qu'elles ne sont pas du domaine de la physique proprement dite. Nous y reviendrons en temps et lieu.

Les proportions que nous venons d'indiquer entre les parties solides, liquides et gazeuses du globe terrestre, sont celles qui conviennent à l'âge actuel de notre planète, lequel dure probablement depuis des centaines de milliers d'années. Mais tout fait présumer que, dans les âges antérieurs, le noyau solidifié était beaucoup moindre, et surtout l'atmosphère considérablement plus étendue et d'une composition plus complexe. On peut se rendre compte de la probabilité de ces vues, en examinant ce que deviendrait la Terre si la température générale venait soit à augmenter, soit à diminuer dans des limites étendues.

Notre grand Lavoisier a publié sur ce sujet un mémoire d'un haut intérêt, qu'on trouvera dans l'édition de ses *OEuvres complètes*, et dont nous allons extraire quelques passages.

« Les considérations que je viens de présenter sur la formation des fluides aériformes[1], dit-il, jettent un grand jour sur la manière dont se sont formées, dans l'origine des choses, les atmosphères des planètes, et notamment celle de la Terre. On conçoit que cette dernière doit être le résultat et le mélange : 1° de toutes les substances susceptibles de se vaporiser, ou plutôt de rester dans l'état aériforme, aux degrés de température et de pression dans lesquels nous vivons habituellement ; 2° de toutes les substances fluides ou concrètes susceptibles de se dissoudre dans cet assemblage de différents fluides aériformes.

« Pour mieux fixer nos idées relativement à cette matière, sur laquelle on n'a point encore assez réfléchi, considérons un

---

1. Le Mémoire de Lavoisier fait suite à un Mémoire qui a pour titre : *De quelques substances qui sont constamment à l'état de fluide aériforme.*

moment ce qui arriverait aux différentes substances qui composent le globe, si la température en était brusquement changée. Supposons, par exemple, que la Terre se trouvât transportée tout à coup dans une région beaucoup plus chaude du système solaire, dans une région, par exemple, où la chaleur habituelle serait fort supérieure à celle de l'eau bouillante : bientôt l'eau, tous les liquides susceptibles de se vaporiser à des degrés voisins de l'eau bouillante, et plusieurs substances métalliques même, entreraient en expansion et se transformeraient en fluides aériformes, qui deviendraient parties de l'atmosphère. Ces nouveaux fluides aériformes se mêleraient avec ceux déjà existants, et il en résulterait des décompositions réciproques, des compositions nouvelles, jusqu'à ce que, les différentes affinités se trouvant satisfaites, les principes qui composeraient ces différents fluides arrivassent à un état de repos. Mais une considération qui ne doit pas échapper, c'est que cette vaporisation même aurait des bornes : en effet, à mesure que la quantité des fluides aériformes augmenterait, la pesanteur de l'atmosphère s'accroîtrait en proportion ; or, puisqu'une pression quelconque est un obstacle à la vaporisation, puisque les fluides les plus évaporables peuvent résister, sans se vaporiser, à une chaleur très forte, quand on y oppose une pression proportionnellement plus forte encore ; enfin, puisque l'eau elle-même, et probablement plusieurs autres liquides, peuvent éprouver, dans la machine de Papin, une chaleur capable de les faire rougir, on conçoit que la nouvelle atmosphère arriverait à un degré de pesanteur tel, que l'eau qui n'aurait pas été vaporisée jusqu'alors cesserait de bouillir et resterait dans l'état de liquidité ; en sorte que, même dans cette supposition, comme dans toute autre du même genre, la pesanteur de l'atmosphère serait limitée et ne pourrait pas excéder un certain terme. On pourrait porter ces réflexions beaucoup plus loin et examiner ce qui arriverait, dans cette hypothèse, aux pierres, aux sels et à la plus grande partie des substances fusibles qui composent le globe : on conçoit qu'elles se ramolliraient, qu'elles entreraient en fusion et formeraient des liquides ; mais ces dernières considérations sortent de mon objet, et je me hâte d'y rentrer.

« Par un effet contraire, si la Terre se trouvait tout à coup placée dans des régions très froides, par exemple de Jupiter et de Saturne, l'eau qui forme aujourd'hui nos fleuves et nos mers, et probablement le plus grand nombre des liquides que nous connaissons, se transformeraient en montagnes solides, en rochers très durs, d'abord diaphanes, homogènes et blancs, comme le cristal de roche, mais qui, avec le temps, se mêlant avec des substances de différentes natures, deviendraient des pierres opaques diversement colorées.

« L'air, dans cette supposition, ou au moins une partie des substances aériformes qui le composent, cesserait sans doute d'exister dans l'état de fluide invisible, faute d'un degré de chaleur suffisant ; il reviendrait donc à l'état de liquidité, et ce changement produirait de nouveaux liquides dont nous n'avons aucune idée. »

Les deux hypothèses extrêmes dont on vient, avec Lavoisier, de suivre les conséquences, ont-elles pu ou pourront-elles se réaliser un jour pour la Terre même ? Rien n'autorise à l'affirmer d'une façon absolue. Cependant, d'une part, à une époque considérablement éloignée des âges géologiques, on peut regarder comme probable que le rayonnement calorifique du Soleil a été assez puissant pour produire à la surface de notre globe, si notre globe existait déjà, une température capable de vaporiser des substances aujourd'hui liquides, d'en fondre d'autres qui sont maintenant solides. On peut penser aussi que, dans un nombre de millions d'années indéterminé, la radiation du Soleil, peu à peu amoindrie, se trouvera si faible que les effets de la seconde hypothèse seront réalisés, et que la surface de la Terre sera constituée de roches nouvelles et recouverte de liquides qui, présentement gazeux, forment son atmosphère. Cette atmosphère elle-même n'existera peut-être plus.

Des effets semblables, mais beaucoup moindres, peuvent être dus aussi aux variations de l'excentricité de l'orbite de la Terre.

Prenons pour exemple l'état actuel, et comparons-le à ce qu'il deviendrait à l'époque de l'excentricité maximum. Aujourd'hui, la quantité de chaleur reçue par la Terre au périhélie dépasse de 0,0335 environ celle de la distance moyenne, qui elle-même surpasse d'autant la chaleur reçue à l'aphélie : c'est en tout 0,0770, soit à peu près le douzième ou le treizième de la chaleur totale, pour la différence de chaleur rayonnée aux deux positions extrêmes.

L'excentricité maximum étant, selon Le Verrier, égale à 0,077747, on calcule aisément que la chaleur rayonnée au périhélie surpassera de 0,3655 celle de l'aphélie, aux époques où l'orbite terrestre a atteint ou atteindra ce maximum d'excentricité. Ici la différence de chaleur entre les saisons extrêmes s'élève à près du tiers de la chaleur totale. Évidemment, une variation aussi considérable établit, entre les saisons hivernale et estivale de l'hémisphère dont l'hiver coïncidera avec l'aphélie, des contrastes de température qui peuvent expliquer certaines périodes géologiques, telles que les périodes glaciaires. Mais on est encore loin là des états extrêmes supposés par Lavoisier.

Ces états hypothétiques ont été ou seront réalisés à des époques excessivement éloignées de nous, à la naissance ou à la fin de notre planète. Mais peut-être aussi existent-ils actuellement dans notre monde solaire, pour la période de chaleur excessive dans Mercure ou dans Vulcain, pour celle de froid dans Uranus ou dans Neptune. En ce qui nous concerne, à moins d'évènements cosmiques impossibles à prévoir, la composition présente du globe terrestre et la proportion des liquides, des solides et des vapeurs ou des gaz qu'on y observe, resteront constantes pendant un nombre de siècles qui peut se compter par milliers.

§ 5. DIVISIBILITÉ DES CORPS.

L'observation, l'expérience journalières nous montrent que tous les corps sont formés de parties qui se séparent avec plus

ou moins de facilité les unes des autres; les solides, aussi bien
que les liquides et les gaz, se subdivisent en fragments, en parcelles de plus en plus petites. Cette séparation s'obtient, soit
par l'emploi de moyens mécaniques, soit par la mise en jeu des
forces physiques; mais, pour tous les corps, elle peut atteindre
un tel degré de ténuité, que les particules les plus fines

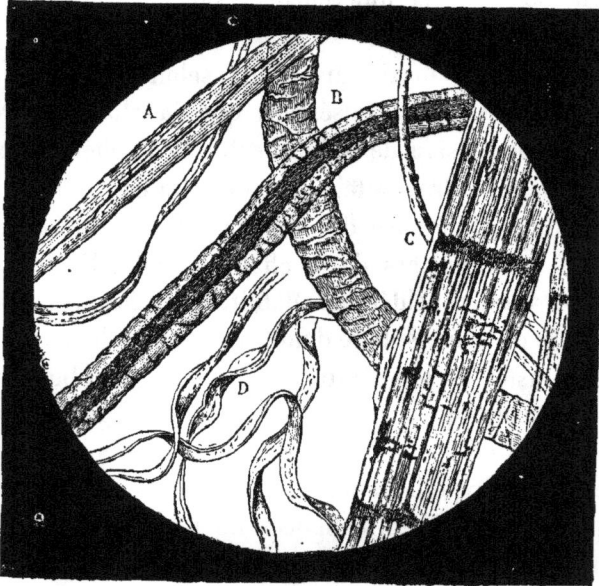

Fig. 10. — Fibres végétales : A, soie ; B, laine ; C, chanvre ; D, coton.
(Grossissement = 120 diamètres.)

échappent à nos sens et deviennent même invisibles au microscope.

Cette propriété des corps est-elle indéfinie? En d'autres
termes, la divisibilité est-elle, non seulement une propriété
générale des corps, mais une propriété de la matière même qui
les compose? C'est une question qui ne peut se résoudre expérimentalement; les théories physico-chimiques y répondent
négativement dans l'état actuel de la science; plus tard, nous
essayerons d'exposer les raisons qui militent en faveur de l'exis-

tence réelle des atomes[1], c'est-à-dire des parties les plus petites dans lesquelles puissent se subdiviser les corps simples, dont tous les corps de la nature se trouvent formés. Ici nous nous bornerons à présenter les faits de divisibilité les plus remarquables, propres à nous renseigner sur la structure intime des corps, sur leur constitution moléculaire.

Les corps solides les plus durs se réduisent en poussières impalpables : les pierres, le verre, le marbre, sous le choc du marteau ; les métaux sous l'effort de la lime ; le diamant lui-même se convertit en une poudre d'une ténuité extrême, l'*émeri* (poussière du corindon), qui sert, comme on sait, à la taille et au polissage de ses facettes. Grâce à leur malléabilité et à leur ductilité, les métaux tels que l'argent, l'or, le platine peuvent être réduits en lames d'une épaisseur extrêmement petite, ou en fils d'une finesse excessive. Les batteurs d'or parviennent à obtenir des feuilles de ce métal si minces, qu'il en faut superposer plus de 10 000 pour former une épaisseur d'un millimètre. Une feuille d'or laminé d'un décimètre carré de surface, et d'un dix-millième de millimètre carré d'épaisseur, pèse 19 milligrammes environ ; en supposant cette surface partagée en parties d'un millième de millimètre de côté, il y en aurait en tout dix milliards ; chacune de ces parties, visible au microscope, pèserait donc moins de 2 billionièmes de milligramme.

Fig. 11. — Un fragment de cheveu vu au microscope. (180 diam.)

Qui ne connaît l'ingénieux procédé par lequel le docteur Wollaston a étiré un fil de platine, dont le diamètre était si petit, que mille mètres en longueur de ce fil ne pesaient que 4 ou 5 centigrammes, bien que le platine soit le plus dense des

---

[1] *Atome* vient du grec ἄτομος, qui lui-même a pour étymologie *à primitif*, et τέμνω, couper. Atome a donc pour signification *ce qui ne peut plus être divisé*.

CASCADE.

Division des nappes liquides sous l'influence de la résistance de l'air.

corps connus? Ce physicien fixa, dans l'axe d'un moule cylindrique d'un cinquième de pouce anglais de diamètre, un fil de platine dont le diamètre n'avait qu'un centième de pouce ($0^{mm},254$); puis il remplit le moule d'argent en fusion, de manière à obtenir un cylindre d'argent, dont l'axe était en platine. Passé à la filière, le cylindre composé s'allongea jusqu'à se réduire à un fil très fin, et comme les diamètres durent conserver, dans l'opération, leurs rapports de grandeur, le fil de platine intérieur, cent fois plus fin que le fil d'argent, se trouva réduit à un douze-centième de millimètre d'épaisseur. Pour l'isoler, Wollaston traita le fil composé par l'acide nitrique faible, qui, dissolvant l'enveloppe d'argent, laissa à nu le fil de platine.

Les fils d'argent doré, qu'on emploie dans la passementerie, fournissent un exemple analogue d'une divisibilité matérielle poussée à l'extrême. Un cylindre d'argent recouvert de lames d'or, du poids de 30 grammes, donne à la filière un fil de 144 kilomètres de longueur. Le verre s'étire aussi en fils d'une grande finesse, souples et flexibles comme des fils de soie : on les obtient en chauffant à blanc un tube fin de verre, qu'on étire ensuite, de sorte que le filament a lui-même la forme d'un tube, à l'intérieur duquel on peut faire passer des liquides.

Les liquides se réduisent en gouttelettes impalpables; dans les chutes d'eau, comme les cataractes du Niagara et du Zambèse, la division produite par la résistance qu'oppose l'air à la chute du liquide et celle que détermine le choc est telle, qu'on aperçoit en tout temps des colonnes de vapeur, ou plutôt des brouillards, puisque la vapeur proprement dite est tout à fait transparente ou invisible.

La transformation des liquides en vapeur est encore un exemple beaucoup plus frappant de cette divisibilité.

Les matières organiques fournissent elles-mêmes une multitude d'exemples naturels de la divisibilité de la matière qui forme les corps. Les brins des fils de laine et de soie ont des diamètres qui varient entre un vingtième et un centième de millimètre. Or, si l'on examine au microscope (fig. 10) les fils de ces substances, on voit que la largeur de ces faibles diamètres est composée d'un nombre très grand de particules organiques. Les poils des animaux sont parfois d'une grande finesse. Un cheveu (fig. 11) est, comme le fil de verre dont il vient d'être question, un tube ayant ses parois, son canal intérieur. Le microscope nous le fait paraître sous une forme assez grossière; on vient de voir que bien d'autres substances organiques ou inorganiques le dépassent d'ailleurs en petitesse.

Les plus petites parcelles de matière échappent souvent à

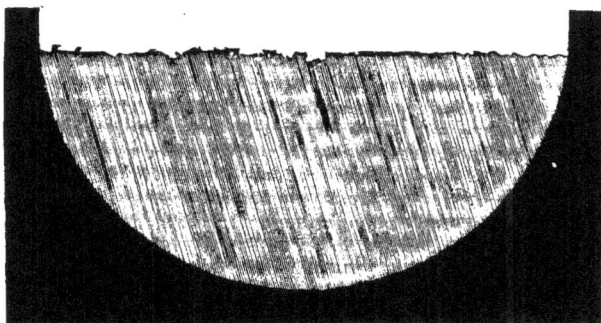

Fig. 12. — Le tranchant d'un rasoir, vu au microscope (120 diam.).

nos sens. Quand nous jugeons, par la vue ou par le toucher, du poli d'une surface, nous ne sentons ni ne distinguons les irrégularités, les saillies de ces surfaces, qui deviennent perceptibles à l'aide du microscope. Pour obtenir ce poli, on se sert généralement de fines poussières, avec lesquelles on frotte les métaux, les marbres, les pierres précieuses : or chaque grain de ces substances, telles que le tripoli, l'émeri, agit en détruisant les aspérités du corps, mais aussi en le rayant de stries d'une grande finesse, qui échappent aussi bien à l'œil qu'à la main qu'on promène à la surface. Le microscope révèle l'existence de ces stries, de ces inégalités, de même qu'il nous permet de distinguer dans les substances organisées des parties d'une petitesse qui les rend invisibles à la vue simple. Examinez le tranchant d'un rasoir, la pointe d'une aiguille à la vue simple, puis comparez l'aspect grossier que leur donne la vue microscopique (fig. 12 et 13).

Mais ces plus petites parties, dont le microscope nous révèle

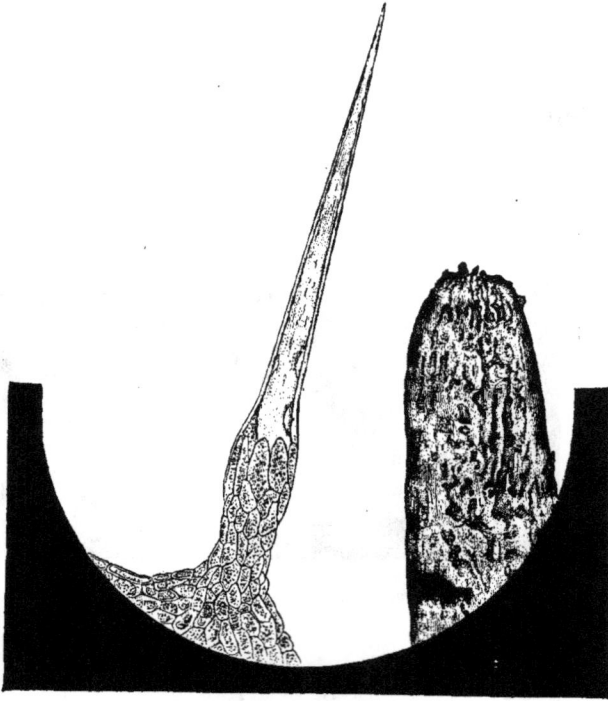

Fig. 13. — Un poil et la pointe d'une aiguille, vus au microscope.
(Grossissement = 1 50 et 120 diamètres.)

l'existence, sont loin d'être indivisibles : ce sont souvent des organes complexes, des agrégations de molécules, qui elles-mêmes sont formées de parties, puisque la chimie nous indique leur composition. Dans ces infusoires, vorticelles et monades (fig. 15), qui vivent et se meuvent, il y a nécessairement des organes très simples quelquefois, mais enfin des organes, les uns destinés à la locomotion, d'autres à la nutrition, à la reproduction. Chacun des globules du sang, si petits, qu'un millimètre cube du liquide qu'ils colorent en contient près d'un million, est une sorte de disque excavé sur les deux faces, composé sans nul doute d'un nombre incalculable de molécules organiques.

Nous avons vu plus haut les métaux se réduire en lames d'une excessive minceur, par une opération toute mécanique. Les bulles de savon montrent les liquides sous des épaisseurs

Fig. 14. — Plumules de divers papillons. Écailles de la forbicine.
(Grossissement = 100 à 150 diamètres.)

encore plus petites : on verra, en effet, quand on étudiera les phénomènes de l'optique, que les brillantes couleurs dont elles paraissent irisées, tiennent, comme Newton l'a le premier démontré, à l'épaisseur même de la pellicule liquide qui les forment. Ces couleurs apparaissent dès que cette épaisseur est réduite à la dix-millième partie d'un millimètre. A mesure qu'elle diminue, d'autres nuances succèdent aux premières; et, à la fin, un moment avant que la bulle ne crève, des taches noires apparaissent à la surface. A ce moment, la

minceur de la bulle atteint sa limite extrême : elle n'est plus
que de la cent-millième partie d'un millimètre. Là aussi est
la limite du sens de la vision ; une bulle de savon qu'on pourrait former aussi mince dans toute sa périphérie, ne pourrait
réfléchir à l'œil aucune onde lumineuse : elle resterait invisible.
Les couleurs de la nacre, celles des ailes des papillons sont
dues, comme celles de la bulle de savon, à des phénomènes

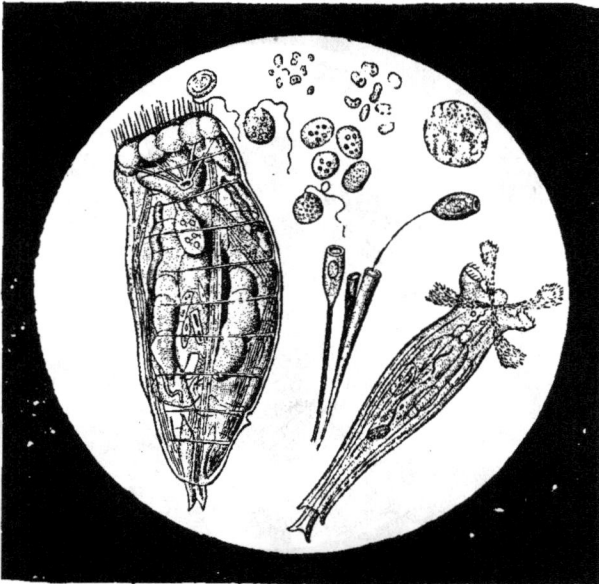

Fig. 15. — Vorticelles et monades, vues au microscope.

de diffraction, produits par l'excessive petitesse des stries ou
des écailles microscopiques revêtant la surface de ces objets
(fig. 14).

L'analyse spectrale permet également de constater la présence de parcelles infinitésimales de la matière. La raie jaune
du spectre qui caractérise le sodium, apparaît très visible dans
le spectroscope alors que la flamme qui la détermine ne contient qu'une fraction insensible de ce métal. D'après Kirchhoff

et Bunsen, il suffit d'un trois-millionième de milligramme pour la voir apparaître aussitôt[1].

Ce qui échappe au toucher, à la vue, même aidée du microscope ou du spectroscope, même favorisée par les phénomènes si brillants de dispersion et de diffraction, peut donc encore être accessible à nos sens, et nous donner l'idée de l'excessive divisibilité de la matière. L'odorat paraît, sous ce rapport, encore plus subtil que la vue.

En effet, certains parfums laissent des traces perceptibles au bout d'un temps extrêmement long. Un très petit morceau de musc répand une odeur d'une grande intensité dans toutes les parties de la salle où il se trouve placé. S'il est posé en équilibre dans un des plateaux d'une balance très sensible, et que pendant une année entière on le laisse dans une chambre dont l'air se renouvelle constamment, l'équilibre persistera au bout de l'année. Cependant l'odeur qui s'est ainsi répandue à tout instant dans un volume d'air considérable, n'est perçue par notre odorat que grâce à la présence des particules matérielles émanées du grain de musc. Le poids de toutes ces parties de matière en nombre si prodigieux est presque nul : on peut juger par là, à la fois, de la sensibilité de notre organe olfactif et de l'excessive divisibilité dont certaines substances sont douées[2].

1. « Nous avons fait détoner, disent-ils, 3 milligrammes de chlorate de soude, mélangés avec du sucre de lait, dans l'endroit de la salle le plus éloigné possible de l'appareil, tandis que nous observions le spectre de la flamme non éclairante d'une lampe à gaz ; la pièce dans laquelle s'est faite l'expérience mesure environ 60 mètres cubes. Après quelques minutes, la flamme, se colorant en jaune fauve, présenta avec une grande intensité la raie caractéristique du sodium et cette raie ne s'effaça complètement qu'après dix minutes. D'après la capacité de la salle et le poids du sel employé pour l'expérience, on trouve facilement que l'air de la salle ne contenait en suspension qu'un vingt-milllionième de son poids de sodium. En considérant qu'une seconde suffit pour observer très commodément la réaction, et que, pendant ce temps, la flamme emploie 50 centimètres cubes ou 0^{gr},0647 d'air ne contenant qu'un vingt-millionième de milligramme de sel de soude, on peut calculer que l'œil perçoit très distinctement la présence de moins d'un trois-millionième de milligramme de sodium. »

2. « Une simple trace d'huile essentielle de rose vaporisée suffit à nous faire percevoir une odeur agréable. Une quantité infinitésimale de musc communique à nos habits l'odeur spéciale qui caractérise cette substance et qui persiste pendant plusieurs années sans pouvoir être enlevée par les courants d'air les plus forts. Valentin a calculé que nous pouvons encore percevoir l'odeur de deux millionièmes d'un milligramme de cette substance. Notre odorat surpasse donc en sensibilité tous les autres organes des sens. » (Bernstein, *les Sens.*)

Dans tous les exemples que nous venons de citer pour mettre en évidence la divisibilité des corps, on n'a fait intervenir que des actions mécaniques ou physiques, de sorte que les plus petites particules pondérables auxquelles on est arrivé de la sorte, conservent jusqu'à la fin les propriétés des corps qu'elles composaient. Que ces corps soient simples eux-mêmes, selon la définition que la chimie donne des *corps simples,* ou qu'ils soient formés par la combinaison de deux ou plusieurs corps simples, les particules en question restent physiquement et chimiquement identiques, avant comme après la division.

Tous les corps de la nature sont donc constitués par le groupement, la réunion, l'association de parties extrêmement petites. C'est aux plus petites de toutes ces parties qu'on donne le nom de *molécules;* mais, si l'expérience prouve l'existence des molécules, on ne peut assurer qu'on puisse arriver jamais à les apercevoir : on verra plus loin que ces dernières parties des corps doivent être infiniment plus petites encore que celles dont les sens ou les instruments ont révélé l'existence.

Ici se présente cette question qui a si souvent et si longtemps été agitée dans les écoles de philosophie, et dont plus haut nous avons déjà dit un mot, à savoir si la matière est susceptible ou non d'une divisibilité indéfinie. Les plus grands esprits ont été partagés à cet égard : les uns, tels que Anaxagore, Aristote dans l'antiquité, Descartes dans les temps modernes, admettaient que la matière est divisible à l'infini ; les autres, tels que Démocrite, Épicure, Lucrèce, Gassendi, ont professé l'opinion contraire.

A la vérité, les premiers soutenaient leur thèse en géomètres ou en métaphysiciens. A ce point de vue, on conçoit bien que, si petite que soit l'étendue d'une parcelle de matière, cette étendue peut être partagée en deux parties, puis chacune de celles-ci en deux autres et, ainsi de suite, et qu'il n'y a pas de terme à cette division idéale. Mais dans la réalité une telle division est-elle possible? Ce n'est pas là, répétons-le, une question susceptible d'être résolue expérimentalement, puisque,

quelque loin qu'on pousse la division effective, elle est toujours
arrêtée à un point. C'est par des considérations théoriques,
appuyées sur des faits, sur les faits de la chimie, sur les lois
des combinaisons des corps, que les physiciens contemporains
sont arrivés à admettre l'existence des *atomes*, c'est-à-dire de
parties de la matière qui résistent nécessairement à toute division ultérieure. Quand nous reviendrons sur les questions si
intéressantes, mais encore si obscures, de la constitution de la
matière, dans les chapitres de cet ouvrage consacrés à la physique moléculaire, nous essayerons d'exposer les raisons qui ont
fait adopter l'hypothèse des *atomes*. En ce moment, un tel examen serait prématuré, et nous revenons dès lors à notre sujet,
qui est l'étude des propriétés générales des corps.

§ 6. POROSITÉ.

Il est intéressant de savoir, puisque tout corps est divisible
en un nombre très grand de parties très petites, si ces parties
forment un tout continu, si elles se touchent sur toutes leurs
faces, ou si elles sont seulement groupées à distance, de
manière à laisser entre elles des intervalles non occupés par
la matière, du moins par une matière identique à celle du corps
lui-même.

Voici un bloc de marbre, un morceau de verre, de cuivre
ou d'un métal quelconque. A en juger par les apparences, la
matière qui compose ces corps est si unie, si compacte, les
molécules si resserrées, qu'on ne distingue entre elles aucun
intervalle appréciable. Au contraire, du bois, de la craie,
certaines pierres ou roches paraissent constitués de telle sorte
que des vides nombreux existent entre leurs molécules : ces
intervalles sont quelquefois assez grands pour être visibles à
l'œil nu; d'autres exigent l'intervention du microscope; d'autres
encore, bien qu'absolument invisibles, se manifestent par la
pénétration des fluides ou des liquides à l'intérieur du corps.

On dit que les corps de cette sorte sont *poreux*, et les intervalles ou vides dont on parle ici se nomment des *pores*.

La *porosité* est-elle une propriété générale des corps? Avant de répondre à cette question, il importe de faire une distinction que quelques exemples feront mieux comprendre.

Il y a une première espèce de porosité grossière, dont l'éponge nous donne l'idée, et qu'on rencontre assez fréquemment dans les substances organiques. Dans une éponge, on aperçoit une multitude de trous de toutes grosseurs (fig. 16). Dans ces vides, où manque absolument la matière du corps, il ne faut voir que des solutions de continuité tout accidentelles. D'autres corps, les liquides notamment, y prennent place avec facilité, et, en remplissant les plus gros comme les plus petits de ces sortes de pores, sont cause de l'accroissement du volume apparent de l'éponge même. Mais leur existence ne prouve nullement que de tels intervalles séparent les molécules constituantes, c'est-à-dire les plus petites particules divisibles de la matière de l'éponge. Le microscope fait voir en effet l'éponge constituée par une multitude de fils ou plutôt de canaux entrelacés dans tous les sens (fig. 17) : les vides qui les séparent n'ont rien de commun avec les pores véritables.

C'est une semblable porosité qu'on trouve dans les tissus de toute espèce, dans les feuilles de papier, dans les étoffes, dans le feutre, qu'on utilise dans les filtres. Les tissus des végétaux, des organes des animaux, examinés au microscope, montrent une structure du même genre, qui les rend essentiellement perméables aux liquides et aux gaz (on compte plus de 50 000 cellules dans une diatomée qui mesure 1/2 millimètre); et là où la vue ne distingue plus de pores, la circulation de la sève dans les plantes, du sang et des autres liquides de l'organisme dans les animaux, montre assez que de tels vides existent.

Cette première sorte de porosité pourrait être définie en disant qu'elle consiste dans la propriété qu'ont les corps d'être perméables aux fluides, liquides ou gaz. Or l'expérience prouve que cette perméabilité n'est pas absolument générale.

Nombre de corps, il est vrai, qu'on pourrait croire non poreux, le sont en effet. Nous avons plus haut cité le marbre,

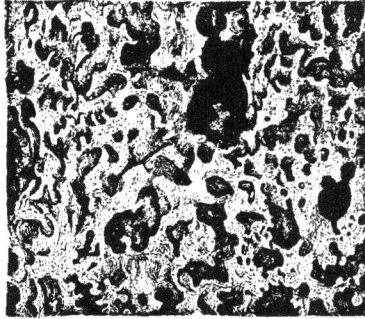

Fig. 16. — Trous et pores apparents d'une éponge.

les métaux ; un morceau de marbre semble imperméable à l'eau

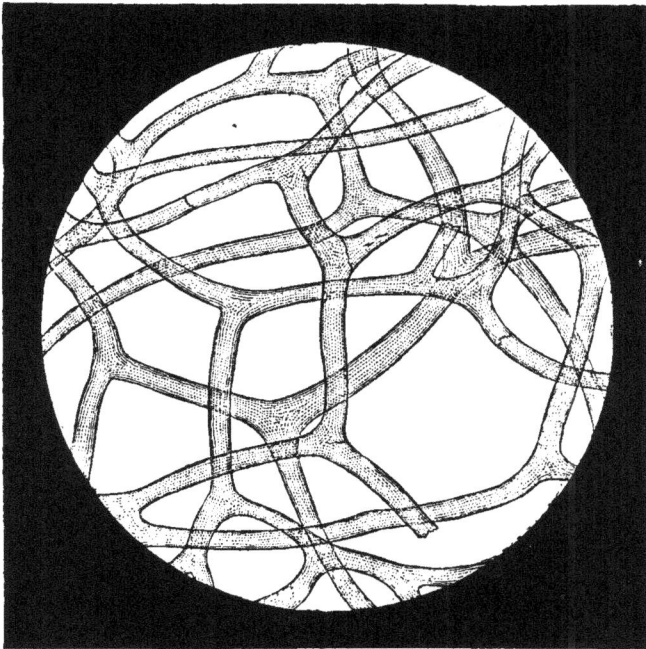

Fig. 17. — Fragment d'une éponge vue au microscope (80 diam.).

par exemple. Bien qu'ayant la même composition chimique que la craie, il ne s'imbibe point comme celle-ci ; quand on le plonge dans l'eau, on n'aperçoit pas les bulles d'air se dégager à la surface, comme il arrive d'un morceau de craie dans les mêmes circonstances. Cependant à la longue, et sous l'action d'une forte pression, les pierres les plus dures sont réellement imbibées et humides à leur intérieur : elles ont donc cette première sorte de porosité.

On peut citer aussi l'exemple de l'*hydrophane blanche* ou *opale*. C'est une variété de quartz à demi transparente quand elle est sèche, et qui devient tout à fait translucide quand elle est plongée dans l'eau. Si on la pèse avant et après l'immersion, on trouve une différence de poids qui marque la quantité d'eau

Fig. 18. — Cellules d'une Diatomée (100 diam.).

absorbée. Les bulles qui se dégagent comme dans le cas de la craie, prouvent d'ailleurs que cette substance est réellement poreuse, bien que les pores soient trop petits pour être visibles.

On ne manque pas de donner comme un exemple de la porosité des métaux la fameuse expérience des savants florentins de l'Académie *del Cimento*. Cette expérience, faite en 1661, avait pour objet de s'assurer si l'eau est compressible; elle consistait à emplir d'eau une sphère creuse d'argent, hermétiquement fermée par un bouchon à vis, et à exercer sur sa surface une pression assez forte pour la déformer, et par conséquent pour en diminuer le volume[1]. Or les expérimentateurs s'aperçurent que

_____

1. La sphère est, parmi les solides de même surface, celui qui a le volume maximum.

le liquide suintait à travers le métal, et se déposait sous forme de rosée à la surface de la sphère. Depuis, l'expérience a été maintes fois répétée avec divers métaux, des sphères d'or, de cuivre, etc., toujours avec le même résultat. Toutefois on est assuré que le liquide ne passe point par les pores de l'enveloppe, mais bien par des déchirures ou fissures imperceptibles, que détermine la forte pression exercée.

En tout cas, il ne s'agirait toujours là que de la perméabilité de la matière, non de la porosité intermoléculaire dont il va être question. Ce qui est certain aussi, c'est que tous les corps ne possèdent point cette propriété d'être perméables aux fluides, au moins dans les conditions d'expérimentation où ont pu se placer jusqu'ici les physiciens, et cela est bien heureux. Si le verre ne jouissait pas, par exemple, de cette imperméabilité parfaite, s'il ne résistait pas jusqu'à la rupture à toutes les pressions exercées sur sa surface, par les fluides ou les gaz qu'on y enferme, un grand nombre d'expériences physiques et la plupart des expériences des chimistes eussent été impossibles. La science serait encore dans l'enfance de ses premiers âges.

La structure poreuse de la plupart des corps résulte donc des faits que nous venons de passer en revue. Presque tous sont criblés d'une infinité de vides, de petits trous, les uns visibles à l'œil nu, les autres visibles au microscope, les autres enfin imperceptibles. Il en résulte que, dans des conditions convenables de pression, les corps dont il s'agit sont perméables aux liquides et aux gaz. Quelques autres, comme les métaux, les substances cristallines ou vitreuses, le verre surtout, ne sont pas perméables. Ainsi comprise, la porosité n'est donc pas une propriété générale, universelle des corps.

Il n'en est pas de même de la *porosité intermoléculaire ;* celle-ci s'entend des intervalles qui séparent les dernières ou les plus petites molécules divisibles des corps, ou les atomes, s'il s'agit de corps chimiquement simples. Dans les corps poreux dont nous venons de parler plus haut, les vides ou pores séparent des parcelles plus ou moins petites de matière, mais ces parcelles sont encore formées de l'agrégation d'innombrables molécules. Ces dernières sont-elles contiguës, se touchent-elles ou bien sont-elles placées à distance les unes des autres? Voilà la question à résoudre, et elle s'entend aussi bien des molécules des corps perméables aux fluides que des molécules des corps que nous avons reconnus imperméables.

Eh bien, tout prouve que cette porosité intermoléculaire existe dans tous les corps, dans les solides et les liquides comme dans les gaz. Comment en démontre-t-on la réalité? Non plus par des expériences directes, ainsi qu'on l'a pu faire pour la porosité vulgaire ou perméabilité, mais par des expériences qui l'impliquent nécessairement.

§ 7. DILATABILITÉ DES CORPS.

C'est une propriété commune à tous les corps de changer de volume toutes les fois que leur température varie : si cette température augmente, le volume s'accroît, le corps se dilate; si, au contraire, elle vient à diminuer, le volume diminue lui-même, le corps se contracte. C'est là un phénomène qui se vérifie pour les solides, les liquides et les gaz, et qui ne souffre pas d'exception, si ce n'est dans le voisinage des températures où certains corps changent d'état physique; alors il peut arriver, sous l'influence des modifications que ces changements d'état déterminent dans l'arrangement moléculaire, qu'il y ait contraction au lieu de dilatation ou inversement : tout le monde sait que l'eau refroidie au-dessous de + 4 degrés centigrades se dilate jusqu'à 0 degré, point de sa congélation. Quoi qu'il en soit, il ressort de ces phénomènes que le volume des corps est essentiellement variable. Dès lors il est nécessaire d'admettre que la matière dont ils sont formés n'est pas continue, que les molécules ou atomes ne s'y touchent point : nous avons déjà vu que c'est là un fait certain pour un grand nombre de corps qui sont poreux, ou, si l'on veut, perméables aux fluides, aux liquides et aux gaz ; mais cela n'est pas moins évident pour ceux qui ne jouissent pas de cette perméabilité, puisqu'ils subissent aussi bien que les autres ces phénomènes de dilatation et de contraction qui seraient inexplicables dans l'hypothèse de la continuité absolue de la matière.

La *contractilité* s'entend de la propriété des corps de diminuer de volume par le fait d'un abaissement de température ; mais le même effet se produit aussi quand on les soumet à un accroissement de pression extérieure : seulement, dans ce cas, on dit *compressibilité*. La compressibilité et la contractilité sont d'ailleurs très variables d'un corps à l'autre, et aussi dans un même corps, selon son état physique. Par exemple les gaz, pour chaque degré de refroidissement, diminuent de la 273e partie de leur volume ; pour le mercure liquide, la contraction n'est déjà plus que de la 5550e partie du volume ; pour le cuivre à l'état solide, ce n'en est que la $20\,000^e$ partie. Ce ne sont là que des exemples isolés ; ces phénomènes seront décrits et étudiés complètement en leur lieu.

Ce que nous voulons ici, c'est donner une première idée de la structure des corps, par quelques aperçus sur leurs propriétés générales. On voit déjà qu'il y a lieu de les considérer comme des agrégations de particules isolées, excessivement petites, que les forces mécaniques ou physiques éloignent ou rapprochent les unes des autres, et dont l'état d'équilibre varie pour ainsi dire incessamment. Quelles sont les dimensions véritables de ces particules des molécules et des atomes ? A quelles distances sont-elles placées les unes des autres dans les divers corps, soit en raison de leur composition ou de leur nature chimique, soit en raison de leur état physique ? Quels mouvements les animent, quelles forces les maintiennent rapprochées ? Qu'est-ce que la cohésion, qu'est-ce que l'affinité ? qu'est-ce que l'attraction moléculaire, la chaleur, etc. ?

Répondre à ces questions n'est point chose facile, ni même peut-être possible dans l'état actuel de la science. En tout cas, c'est l'objet même de la physique et nous essayerons d'en indiquer au fur et à mesure les solutions partielles.

Pour en revenir aux changements de volume que produisent dans les corps les variations de la pression et de la température, on voit qu'il ressort de ces changements mêmes que nous ne connaissons point le *volume réel, absolu*, d'un corps ; nous ne pouvons jamais en mesurer que le *volume apparent.* Sans doute, la contraction doit avoir une limite, puisque la diminution de température en a une elle-même, et qu'il y a, comme on le verra ailleurs, un zéro absolu. Mais si jamais l'expérience nous permet d'atteindre cette limite, si on arrive alors à déterminer le volume minimum des divers corps, s'ensuivra-t-il nécessairement que ce volume sera celui de la matière même dont il est formé, c'est-à-dire égal à la somme des volumes des atomes constituants? Cela revient à demander si ces atomes sont susceptibles d'arriver au contact et de former un tout continu, ou si, au contraire, ils ne conservent pas nécessairement, de l'un à l'autre, des distances qu'ils ne peuvent franchir et qui marquent la limite extrême de leur rapprochement. On ne peut guère espérer que l'observation résolve un jour ce problème. Les théories les mieux établies de la chimie et de la physique pourront seules, par voie de déduction, parvenir à jeter quelque jour sur ces mystères de la constitution de la matière.

En attendant, il y a un grand intérêt à interroger la nature dans ce qu'elle nous offre de perceptible à nos organes. Les pores visibles nous ont donné une idée de ce que sont les pores invisibles. La structure apparente des solides, des liquides et des gaz pourra nous aider à comprendre la structure cachée de leurs dernières molécules : ce qu'un savant contemporain a appelé, en employant une image hardie, *l'architecture des atomes*[1].

Dans les corps solides, organiques ou inorganiques, il faut, sous ce rapport, commencer par distinguer les parties homo-

---

1. *L'architecture du monde des atomes dévoilant la structure des composés chimiques et leur cristallogénie*, par M. A. Gaudin, lauréat de l'Académie des sciences. Paris, 1873.

gènes de celles qui ne le sont point. Nous parlons ici de l'homogénéité de structure. Les premières seules sont à étudier isolément, puisqu'on peut considérer un corps de structure hétérogène comme formé de parties homogènes différentes,

Fig. 19. — Spath d'Islande.

groupées ou associées d'une façon quelconque. Considérons d'abord les corps inorganiques ou bruts. Ils présentent deux aspects bien tranchés, qui permettent de les ranger en deux classes distinctes : dans la première sont les solides à structure

Fig. 20. — Cristaux de quartz.

régulière, géométrique ou cristalline; la seconde comprend les solides à structure irrégulière ou amorphe.

Il semble, au premier abord, que les corps solides que l'on rencontre dans la nature sont en grande majorité de la seconde

classe, et que les corps cristallisés sont une exception ; mais une
étude plus minutieuse des nombreux minéraux qui constituent
la masse du sol, amène à reconnaître que tous ou presque tous
ont, ou peuvent prendre, dans des circonstances particulières,
une structure cristalline. Nombre de corps qui, sous leur apparence ordinaire, semblent formés de matériaux amorphes, irréguliers, vus au microscope se montrent sous la forme de

Fig. 21. — Cristaux de chlorhydrate d'ammoniaque. (Grossissement = 12 diam.)

parcelles géométriques, qui sont évidemment les débris de cristaux de plus grandes dimensions. En examinant de la même
façon les cassures récentes de certaines roches, on y reconnaît
sur les bords une texture cristalline, de sorte qu'on peut dire
au contraire, semble-t-il, que les solides naturels amorphes sont
l'exception et que la texture cristalline embrasse la généralité
des substances.

Rien de plus intéressant que l'étude de ces formes, que les
anciens naturalistes et physiciens regardaient à l'origine comme

des jeux, des curiosités de la nature, et dont le génie des Romé de Lisle, des Bergmann, des Haüy a découvert les lois. La cristallographie est aujourd'hui une des branches de la science les plus indispensables aux minéralogistes, aux physiciens, aux chimistes. Elle nous apprend que cette multitude innombrable de formes variées que revêtent les cristaux naturels (fig. 19 et 20), ou les cristaux obtenus artificiellement (fig. 21), est réductible à un petit nombre de types ou de formes simples; que le plus souvent on peut passer des unes aux autres par le *clivage*, opération qui consiste à séparer les parties d'un cristal en parcelles minces, en lames dont la direction est en rapport avec celle des faces du cristal primitif.

Nous en donnons ici quelques figures, ainsi que quelques

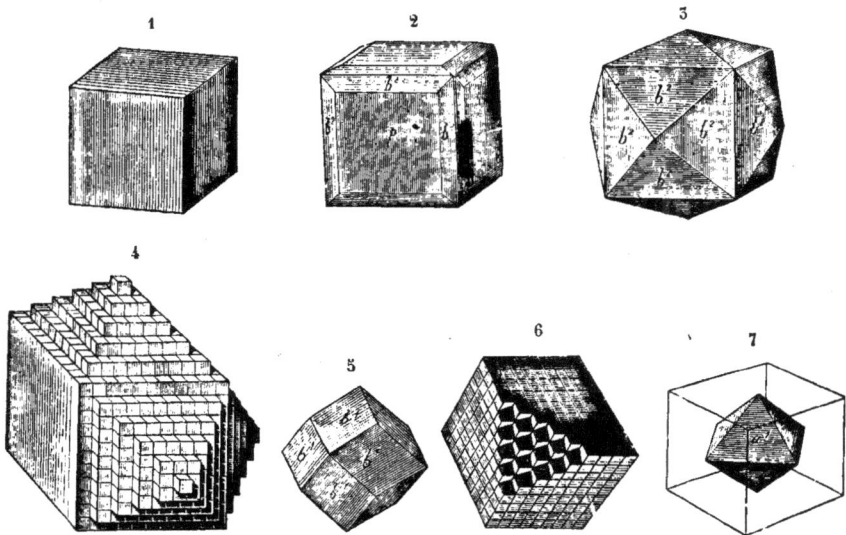

Fig. 22. — Cristal cubique, formes primitives et formes dérivées : 1, cube primitif; 2, cube passant à l'hexatétraèdre ; 3, hexatétraèdre ; 4, cube donnant le dodécaèdre rhomboïdal; 5, dodécaèdre rhomboïdal; 6, cube donnant l'octaèdre; 7, octaèdre.

formes dérivées. Il est aisé de voir comment les unes peuvent donner naissance aux autres, soit par l'altération des faces, soit par celle des arêtes. Dans la nature, du reste, les cristaux sont loin de présenter la forme régulière ou plutôt complète que l'étude a fait reconnaître comme l'élément de la substance cristalline ; l'enchevêtrement des individus, de grosseur et de positions variées, produit une foule d'altérations qui ne sont qu'apparentes. C'est ce qu'il est aisé de vérifier en comparant ensemble les figures représentatives des cristaux naturels et de leur forme géométrique.

Les modes de formation des cristaux se ramènent à deux ou trois au plus. C'est d'ailleurs toujours en passant de l'état liquide à l'état solide qu'un corps cristallise. Mais l'état liquide lui-même s'obtient de deux manières, selon que l'on emploie l'action du feu, ou que la substance dont on veut obtenir la cristallisation est dissoute dans un liquide convenable : dans le premier cas, la cristallisation se fait par voie de fusion ou par la *voie sèche;* dans le second cas, par la *voie humide.* Il y a une troisième méthode qui consiste à combiner les deux premières. Mais ce serait dépasser les bornes de notre programme et sortir de notre sujet que d'entrer à cet égard dans des détails plus complets. Ce que nous avons voulu ici, répétons-le, c'est donner une idée de la structure moléculaire des corps, dont nous allons maintenant étudier les propriétés physiques.

CHAPITRE II

LA PESANTEUR A LA SURFACE DE LA TERRE

§ 1. UNIVERSALITÉ ET CONSTANCE APPARENTE DE LA PESANTEUR.

De toutes les forces dont les sciences physiques et naturelles étudient les effets, il n'en est pas une dont l'action semble plus universelle et plus constante à la fois que la pesanteur.

Et d'abord plus universelle.

En effet, tous les corps que nous voyons et touchons, avec lesquels nous sommes en relation quelconque à la surface de la Terre, sont pesants. C'est un fait d'expérience.

Une pierre ou toute autre masse solide qu'on abandonne à elle-même à une certaine hauteur dans l'air, se précipite, et ne s'arrête dans son mouvement qu'après avoir rencontré un obstacle matériel, touché le sol par exemple; un corps de forme arrondie, comme une boule, roule le long d'un plan incliné à l'horizon; si c'est une masse liquide, comme l'eau d'un ruisseau, d'un fleuve, on la voit couler sur la surface en pente qui lui sert de lit. En un mot, tous les corps solides ou liquides, non soutenus, ont une tendance à se mouvoir de haut en bas, en laquelle consiste précisément la pesanteur. Tout le monde sait que la tendance opposée, qui se manifeste dans les corps plongés à l'intérieur d'un fluide plus lourd, telle que l'ascension du liège dans l'eau, de la fumée, de la vapeur dans l'atmosphère, ne sont que des exceptions apparentes, dont l'explication, qu'on verra bientôt, est précisément basée sur les lois mêmes de la pesanteur.

Hors de la Terre, au sein des espaces célestes, cette action s'exerce-t-elle sur les corps dont ces espaces sont peuplés? Oui, on peut l'affirmer, bien que là l'expérience directe ne soit plus possible ; mais les déductions de la théorie et du calcul ne permettent pas le doute. Nous essayerons plus loin de faire comprendre comment cette généralisation, l'une des conquêtes les plus hardies que la science ait jamais faites dans le domaine du monde physique, est devenue l'une des vérités scientifiques les mieux établies.

Ainsi la force que nous connaissons à la surface du globe terrestre sous le nom de *pesanteur*, qui prend dans le ciel, lorsqu'elle s'exerce entre les astres, le nom de *gravitation*, est universellement répandue dans la nature.

Cela semble si vrai, qu'aux yeux de bien des gens, pesanteur et matière sont deux notions inséparables, l'un des termes ne pouvant se concevoir sans l'autre. Il y a lieu cependant de faire dès maintenant, à un double point de vue, une réserve nécessaire.

D'abord, si l'on entend par matière, selon la définition généralement adoptée, tout ce qui est accessible à nos sens, toute matière n'est pas pondérable[1]. Faut-il, en effet, refuser le nom de matière au milieu qui transmet les radiations calorifiques et lumineuses, et dont les mouvements ondulatoires agissent directement sur nos organes en y déterminant les sensations de chaleur et de lumière, à l'éther en un mot? Par la définition même, cela ne nous semble pas possible. Or l'éther est impondérable.

D'autre part, si, faisant abstraction de l'éther ou de tout autre agent ou milieu analogue, nous ne considérons que la matière des corps pondérables, de ceux que l'expérience ou

---

1. « Le physicien, dit Biot, s'appuyant uniquement sur l'expérience, appelle *corps matériel* tout ce qui produit sur les organes un certain ensemble de sensations déterminées. » En ce sens l'éther, dont les ondulations se communiquent à nos nerfs sans l'intermédiaire d'aucune autre substance matérielle, doit être rangé parmi les corps matériels. En tout cas l'éther est matière.

l'observation nous fait connaître sous l'un des trois états, de
solide, de liquide ou de gaz, est-il bien vrai que la pesanteur,
à laquelle ils sont tous incontestablement soumis, y persiste
constante, invariable?

Cela n'est exact, n'est rigoureux qu'à une condition : c'est que
ces corps restent au même lieu, à la même latitude et à la même
altitude. Alors seulement le poids du corps, résultante des
actions de la pesanteur sur toutes les molécules qui le composent, est invariable; alors seulement la pesanteur agit avec
une intensité constante sur une même quantité de matière.
Transportée à l'intérieur des couches profondes du sol, ou à
une latitude différente, ou à une hauteur suffisante dans
l'atmosphère, cette même quantité de matière verrait son poids
varier, augmenter ou diminuer. Ce poids aussi serait tout autre
si la masse était, par hypothèse, transportée dans la Lune,
dans le Soleil ou dans tout autre corps céleste.

Ce n'est pas le poids, ce n'est pas la force de la pesanteur,
qui est invariable dans un corps, c'est la masse, et c'est à la
masse qu'il serait permis d'appliquer cette identification avec la
notion de matière.

En faisant ces réserves importantes, qui d'ailleurs seront
bientôt plus nettement précisées, on voit dans quel sens il faut
entendre que la pesanteur est constante et universelle : aucun
corps, en aucun temps, n'est soustrait à l'action de cette force,
Il est loin d'en être ainsi des autres forces physiques, telles
que la cause de la lumière ou de la chaleur, de l'électricité, du
son, l'expérience nous montrant que ces forces se manifestent
par des phénomènes généralement intermittents et fréquemment variables. Et c'est sans doute là une des raisons principales qui font que, dans les cours et dans les traités de physique,
c'est par les phénomènes et les lois de la pesanteur que débute
toujours le professeur ou l'auteur.

> « Ce n'est pas sans raison que les philosophes
> s'étonnent de voir tomber une pierre, et le peuple,
> qui rit de leur étonnement, le partage bientôt lui-
> même, pour peu qu'il réfléchisse. »
> (D'ALEMBERT, *Encyclopédie*.)

Il y a une autre raison néanmoins de cet ordre généralement adopté. C'est que, de toutes les parties de la physique, c'est la science de la pesanteur qui a été la première constituée. Il n'y a pas très longtemps toutefois, puisque les expériences de Galilée sur le pendule et sur la chute des corps graves remontent à peine à trois siècles. Il serait sans doute excessif de dire que pour la première fois alors on substituait aux *à priori* de l'École la méthode sûre et féconde de l'observation expérimentale, puisque dix-huit cents ans plus tôt Archimède avait donné un mémorable exemple, malheureusement peu suivi. Mais c'est bien aux dernières années du seizième siècle qu'il faut faire remonter la physique moderne et les premières observations, les premières expériences qui ont fourni au calcul des éléments assez précis pour servir de fondements solides à la théorie de la pesanteur.

Avant Galilée, on répétait dans les écoles tout ce qu'Aristote avait écrit, dans son traité *de Cœlo*, sur la pesanteur, c'est-à-dire une foule de formules vagues, creuses quand elles n'étaient point fausses, et elles l'étaient le plus souvent. Il serait fastidieux de les répéter, même en les résumant. Retenons-en seulement quelques points.

Pour Aristote, comme pour bien des gens qui n'ont aucune notion de physique, la pesanteur et la légèreté étaient des qualités appartenant absolument à certaines substances. Est *pesant* tout ce qui est porté vers le centre, et il entendait par là le centre du monde qu'occupe la Terre; est *léger* tout ce qui s'éloigne du centre. La *terre* (l'un des quatre éléments, celui qui résumait la solidité) est pesante; le *feu* est léger, car le feu se porte naturellement hors du centre, vers le haut, vers la circonférence ou le ciel. Quant aux éléments intermédiaires, l'eau et l'air (c'est-à-dire les liquides, les gaz ; pour les anciens le feu était d'une nature toute spéciale), ils ne sont ni légers, ni pesants d'une manière absolue ; c'est un mélange de légèreté et de pesanteur, où prédomine tantôt l'une, tantôt l'autre qualité : ainsi l'eau, pesante dans l'air, est légère dans la terre, etc. [1].

L'accélération de la chute des graves n'était pas inconnue des anciens. Ils avaient observé, sans la mesurer, la vitesse croissante d'un corps qui tombe dans l'air. Aristote dit nettement : « La terre (l'élément solide) est animée d'un mouvement d'autant plus rapide qu'elle se rapproche davantage du centre[2]. » Il est vrai qu'il en dit autant du feu, « à mesure qu'il se rapproche du haut », et que rien ne prouve que les anciens aient eu une idée bien nette de cette accélération. Ils l'attribuaient probablement au poids des corps, comme semble le prouver cet autre passage : « …. De même que le corps entraîné plus bas qu'un autre par sa vitesse *acquiert de la vitesse par son propre poids.* » Du reste, ils admettaient, et l'on a persisté dans cette erreur jusqu'à Galilée, que la vitesse de chute était proportionnelle aux masses : « Une masse plus grande de terre, dit Aristote, va d'autant plus vite au lieu qui lui est propre. » Lucrèce toutefois a le premier suggéré l'idée que la différence de vitesse des corps de masses inégales qui tombent d'une même hauteur, était due à la résistance de l'air ; parlant du mouvement des atomes, il dit que « tous doivent tomber également vite dans le vide, bien qu'ils aient des poids inégaux[3] ».

---

1. On ne peut s'empêcher de remarquer, en faisant les réserves nécessaires, l'analogie de cette classification de la matière par les anciens avec celle des savants modernes. Nous disons maintenant les solides, les liquides, les gaz, l'éther. Mais il est vrai que les trois états ne sont pas pour nous des éléments.

2. Virgile a dit, en parlant de la Renommée qui se précipite dans les airs :

Mobilitate viget, viresque adquirit eundo.

Ce vers peint admirablement le mouvement accéléré d'un corps qui tombe.

3.   « Omnia quapropter debent per inane quietum
        « Atque ponderibus non æquis concita ferri. »
                        (*De naturâ rerum.* II.)

Quant à l'idée que les corps célestes sont eux-mêmes soumis à la pesanteur, elle était en contradiction avec les systèmes des anciens, qui considéraient la substance de ces corps comme un feu pur, comme un élément incorruptible. On cite toutefois l'opinion d'Anaxagore, qui, frappé de la chute d'un aérolithe, regardait les astres comme des corps pesants, que la rapidité du mouvement circulaire empêche seule de tomber sur la Terre. C'est la même pensée exprimée nettement par Plutarque dans la vie de Lysandre, et aussi dans ce passage de l'ouvrage intitulé : *De facie in orbe Lunæ* (*de la face qui paraît dans le disque de la Lune*) : « La Lune a pourtant un secours contre la force qui la sollicite à tomber : c'est son mouvement même et la rapidité de sa révolution, comme les objets placés dans une fronde ne peuvent tomber, grâce au mouvement gyratoire qui les entraîne. »

Une pierre qui tombe, le mouvement périodique d'un fil à plomb qui oscille autour de son point de suspension, un jet de fumée ou de vapeur qui s'élève dans l'air, ou encore un morceau de liège qu'on laisse échapper du fond d'un vase et qui remonte à la surface du liquide où il est plongé, voilà autant de faits d'une simplicité, j'allais dire d'une banalité telle, que nous sommes naturellement portés à les considérer comme nécessaires. Qui songe à se demander pourquoi les corps pèsent, quelle est la cause de leur chute, de leur ascension dans l'air ou dans l'eau, de la pression qu'ils exercent sur leurs appuis? Qui ne verrait un miracle dans le fait d'une masse de matière soustraite à la pesanteur, persistant à demeurer en l'air, quand on l'abandonnerait à elle-même?

La plupart d'entre nous, en présence de telles questions, justifieraient volontiers le mot de d'Alembert. On s'étonne cependant quand, pour la première fois, on aperçoit le mouvement qui entraîne une parcelle de fer vers le pôle d'un aimant, ou la répulsion que ce même aimant produit sur l'une des pointes d'une aiguille aimantée. Alors même que ces attractions et répulsions magnétiques nous sont devenues familières, n'est-il pas vrai que notre esprit reste en suspens devant ces phénomènes? Nous nous demandons quelle force mystérieuse leur donne naissance, quel invisible lien unit à distance le pôle d'un aimant à la masse de fer qu'il attire, la pointe de l'aiguille de la boussole au point du globe terrestre vers lequel elle se dirige. On ne peut empêcher la pensée de scruter ce phénomène singulier : on en cherche la cause.

Or, à moins d'avoir étudié, réfléchi longtemps, personne n'est porté à se faire des questions pareilles au sujet de la chute d'un corps, de cette attraction non moins mystérieuse qui précipite toute masse matérielle sur le sol, suivant une direction non moins invariable que celle de l'aiguille magnétique. Pourquoi cette différence? L'esprit ne se trouve-t-il point, dans les deux cas, en présence de phénomènes qui, scientifiquement et philosophiquement, sont assurément de même ordre, et aussi étonnants l'un que l'autre? Cela nous semble de toute évidence. Seulement, les phénomènes de pesanteur paraissent affecter universellement tous les corps, toutes les parcelles de matière que nous rencontrons à la surface du globe terrestre, et nous les étendons volontiers par la pensée à tous les corps qui échappent, par leur distance, à notre investigation directe. Au contraire, l'aimantation, les phénomènes de répulsion ou d'attraction magnétique sont relativement rares, semblent attachés à une seule espèce de substances peu répandues dans la nature, ou bien exigent des préparations ou opérations spéciales, quand on veut les obtenir artificiellement. Les phénomènes magnétiques, en un mot, presque inconnus du vulgaire, nous surprennent précisément parce qu'ils se manifestent comme d'apparentes dérogations à la loi générale de la pesanteur.

C'est donc une question d'un haut intérêt que celle-ci : Pourquoi les corps tombent-ils? En d'autres termes, qu'est-ce que la pesanteur, ou quelle est la cause de la pesanteur? Il n'est pas prouvé que la science soit en état, même aujourd'hui, de résoudre un tel problème. Les causes des phénomènes nous

échappent ; c'est beaucoup d'en connaître toutes les particularités ; c'est plus encore d'en déterminer les lois ; c'est tout ce
que nous pouvons faire de rattacher ces lois multiples à une
loi plus générale, dont le principe est considéré par nous
comme la cause de tous les faits particuliers. Voilà précisément
ce qui est arrivé pour la pesanteur. On a longtemps spéculé
en vain, parce qu'on n'étudiait pas, ou qu'on n'observait qu'imparfaitement les phénomènes. Peu à peu on a réussi à les
mieux connaître, à en trouver et formuler les lois ; on a étendu
ces lois ; par la plus hardie des généralisations, on a rattaché
les phénomènes de pesanteur terrestre aux mouvements des
astres. De la pesanteur, on a conclu la gravitation universelle.

Pour résoudre des questions aussi importantes, il a fallu
abandonner les hypothèses stériles, observer et expérimenter
au lieu d'imaginer. A la question : pourquoi les corps tombent-
ils ? on a heureusement substitué la question plus simple, plus
accessible en tout cas : comment les corps tombent-ils ? Même
ainsi restreinte, la question n'était pas d'une solution facile.

Tout d'abord on se heurtait à des préjugés pour ainsi dire
invincibles.

Aujourd'hui, on considère la pesanteur comme une propriété
de toute matière, sinon essentielle, du moins générale, et pour
tout dire universelle. Or, dans l'antiquité et jusqu'à Galilée,
c'est-à-dire jusqu'à la naissance de la physique expérimentale,
on distinguait entre les corps : on voyait les uns tomber, les
autres au contraire s'élever ; il y avait donc des corps *lourds* et
des corps *légers* d'une façon absolue. On a vu, dans le paragraphe qui précède, que telle est la manière de voir d'Aristote.

Ces notions nous paraissent bizarres aujourd'hui et enfan-
tines. Qu'était-ce autre chose qu'une interprétation de faits
incomplètement observés, qu'un mélange incohérent d'idées
justes et d'hypothèses arbitraires ? Il y avait des vues exactes
dans la théorie d'Aristote sur la pesanteur : entre autres,
celle qui définissait la pesanteur comme une tendance des corps
lourds vers le centre de la Terre, dont il admettait d'ailleurs la

sphéricité. Or c'est précisément cette double vérité que l'ignorance et le préjugé repoussèrent pendant de longs siècles.
Comment concilier la forme arrondie de la Terre, son isolement
dans l'espace avec l'universalité de la pesanteur à sa surface?
Comment la réunion de tous les corps pesants, le point d'appui
universel ne tombe-t-il pas lui-même, si cette masse est isolée,
non soutenue? Les hommes, même ceux qui passaient leur vie
à étudier, plus souvent, il est vrai, dans les livres que dans la
nature, ont été longtemps des enfants; combien le sont encore?
Or interrogez un enfant qui réfléchit, avant qu'il ait reçu de
telles notions de son professeur, essayez de lui faire comprendre que la Terre est ronde, et qu'elle est, sur tout son pourtour,
constituée de la même manière, avec de l'eau, la mer, les
rivières et les fleuves, les rochers et les montagnes à sa surface;
dites-lui qu'elle est partout habitée par des animaux et des
hommes. Comment se peut-il faire, vous objectera-t-il (que de
fois ne l'avons-nous pas entendu dire à de grandes personnes),
que ces hommes se tiennent les pieds en haut, la tête en bas,
comment l'eau ne se dissipe-t-elle point dans l'air... etc.? C'est
la fameuse question de l'existence des antipodes, si controversée
au moyen âge, et qui n'a été bien affirmativement résolue que
par les preuves expérimentales, par les témoignages réitérés
des voyageurs et des marins ayant accompli les premières
circumnavigations.

Ainsi se tiennent toutes les vérités de l'ordre scientifique. La
rondeur de la Terre démontrée, il fallut se rendre à l'évidence,
et admettre que toutes les directions de la pesanteur convergent
vers le centre du globe. Le mot *tomber* prit un sens plus général;
le *haut* et le *bas* devinrent des expressions toutes relatives. La
Terre étant sphérique, ou du moins sphéroïdale, c'est vers un
point intérieur, vers son centre que tendent toutes les particules
matérielles sous l'influence de la pesanteur. Là est le siège
apparent ou réel (peu importe) d'une force qui contraint tout
atome de matière à tendre vers ce point, en s'y dirigeant
suivant une ligne droite (la verticale) si rien ne s'oppose à son

mouvement, et, dans le cas où ce mouvement est rendu impossible par la présence d'un obstacle, qui l'oblige à exercer une pression dans le même sens.

Cette vérité nous paraît si simple aujourd'hui, qu'on serait tenté de la considérer comme puérile ; mais il n'est pas douteux, si l'on veut bien y réfléchir, que c'est une des grandes conquêtes de la physique expérimentale, puisqu'elle a redressé en effet une opinion fausse, un préjugé enraciné chez les savants d'autrefois comme chez les ignorants de tous les temps.

§ 3. LES PHÉNOMÈNES DE PESANTEUR A LA SURFACE DE LA TERRE.

On peut définir la pesanteur en disant que c'est la cause de la chute des corps abandonnés à eux-mêmes, dans le vide, dans l'air ou dans un fluide de moindre densité ; mais on la pourrait définir encore en disant que c'est la force en vertu de laquelle les corps en repos ou en équilibre pressent sur ceux qui leur servent d'appui. Ces deux modes d'action correspondent aux termes de *force vive* et de *force morte*, termes qui « distinguent, selon l'expression de d'Alembert, la force d'un corps actuellement en mouvement d'avec la force d'un corps qui n'a que la tendance au mouvement ».

La pression dont nous parlons peut être rendue manifeste et mesurée par la tension d'un ressort ; elle devient sensible à nos organes par l'effort qu'ils font pour soutenir ou maintenir en équilibre les corps pesants ; tel est le cas d'une pierre que nous soulevons et que nous soutenons avec la main. Prenons une masse solide, un morceau de plomb ou de fer, et suspendons-le à l'extrémité inférieure d'un fil, d'une corde flexible que nous fixons par un procédé quelconque à son extrémité supérieure : le fil ou la corde resteront tendus ou en ligne droite, que le système soit ou non en équilibre ; cette tension, qui persiste tant que le fil suspenseur n'est point coupé ou ne casse pas sous l'effort, est un autre mode d'action de la pesanteur et un témoignage de la continuité de cette action.

La chute verticale d'une masse solide, la pression d'un corps sur son appui, ajoutons-y le mouvement oscillatoire d'une masse pesante suspendue à un fil dévié de la verticale, voilà sous leur forme la plus simple les phénomènes dus à la pesanteur, et dont les lois, rigoureusement déduites de l'observation expérimentale et du calcul, ont conduit à de si importantes conséquences sur l'ordre de l'univers. Nous nous proposons d'exposer les unes et les autres dans les chapitres qui vont suivre. Mais auparavant il ne sera peut-être pas sans intérêt de résumer dans un tableau rapide les formes variées sous lesquelles la pesanteur se présente à l'observateur à la surface du globe terrestre, dans ses relations nécessaires avec l'action des autres forces naturelles.

Puisque toutes les molécules matérielles, solides, liquides ou gazeuses, formant tous les corps dont se compose la masse de la Terre, tant à sa surface que dans les profondeurs de ses couches internes et dans les hauteurs aériennes de son atmosphère, sont soumis à l'action continue de la pesanteur, il est clair que cette force a joué et joue encore un rôle prépondérant dans l'état général d'équilibre qu'affecte cette masse. La portion de la charpente terrestre accessible à l'observation, c'est-à-dire l'ensemble des couches solides qui en constituent l'écorce, forme un tout à peu près permanent, stable, sauf les lentes variations, les mouvements d'oscillation séculaire constatés en diverses régions par les géologues. Cette stabilité relative est le résultat des pressions mutuelles dues à la force de la pesanteur qui s'exerce entre toutes les particules matérielles du globe, mais qu'on peut considérer comme ayant son siège ou sa résultante générale à son centre. Cette tendance est contrebalancée d'un côté par la réaction des masses solides contre une compression indéfinie, de l'autre par la force centrifuge due au mouvement du globe sur son axe.

S'il paraît démontré que la Terre a été fluide à son origine, d'abord à l'état de nébuleuse diffuse, puis condensée en un noyau liquide ; s'il est probable que des millions d'années ont été nécessaires à la réalisation des condensations successives grâce auxquelles notre globe est devenu ce qu'il est aujourd'hui ; si enfin ces condensations proviennent du refroidissement graduel de la masse, on voit que la genèse du globe est le résultat d'une lutte entre deux forces opposées, l'une tendant à la réunion, à la concentration des molécules de la nébuleuse primitive, l'autre, au contraire, tendant à l'expansion, à la répulsion. La première de ces forces est la pesanteur ou gravité, la seconde est la chaleur.

Cette lutte n'est d'ailleurs pas terminée, comme le prouvent les mouvements fréquents de trépidation connus sous le nom de tremblements de terre, ainsi que les éruptions des volcans, éruptions de laves dans les uns, de matières boueuses dans les autres, jets de nappes aqueuses tels que sont les colonnes liquides des geysers d'Islande, ou encore les gerbes jaillissantes de la vallée de la Firehole.

On ne sait encore pas d'une manière positive quel est l'état physique du noyau intérieur du globe dans les profondeurs qui dépassent celles où ont pu pénétrer les travaux des mines. On n'a pu déterminer cet état par l'expérience, et deux théories se partagent aujourd'hui les physiciens et les géologues, dont les uns persistent à admettre la fluidité de ce noyau, l'incandescence des matières dont il est formé, tandis que les autres regardent le globe comme solidifié jusqu'aux trois quarts au moins de son noyau à partir du centre, ou même ne pensent pas qu'il y ait des couches fluides continues. Mais on verra néanmoins qu'il est permis d'affirmer que la disposition des couches du noyau s'est faite dans l'ordre de leurs densités, c'est-à-dire les plus lourdes étant au centre, les plus légères à la surface. Ce sont les conditions mêmes que l'expérience a montrées nécessaires à la stabilité des liquides, à leur équilibre sous l'action de la pesanteur.

Au reste, dans les parties du globe accessibles à l'observation, tel est précisément l'ordre de succession des matériaux qui les composent. A la base, la masse *solide* ou le *sol* ; vient

ensuite sur les trois quarts de la surface, à des profondeurs
variables, la partie *liquide* ou l'*océan;* puis, surmontant les
terres et les mers, les substances *gazeuses* ou l'*air.*

Ces diverses parties pèsent les unes sur les autres, chaque
couche pressant celle qui est immédiatement au-dessous d'elle.
Mais si le sol et les couches sous-jacentes sont dans un état
presque permanent d'équilibre, grâce à la cohésion moléculaire
qui constitue la solidité, il n'en est déjà plus de même dans la
partie liquide, dont les couches supérieures sont sans cesse agitées par les marées, les vents, les courants; et la partie gazeuse
ou l'atmosphère est presque constamment troublée par l'action
incessante et variable d'agents distincts de la pesanteur. Si aucune cause extérieure n'agissait sur l'eau des mers, des lacs,
ces masses liquides resteraient en repos dans leurs lits, dans
leurs bassins; mais les variations de température, l'action des
vents, celle des marées luni-solaires déterminent des mouvements irréguliers et des oscillations périodiques d'où résulte,
au lieu du repos, une agitation perpétuelle. A la vérité, l'équilibre constamment troublé est ramené constamment, ou du
moins est maintenu entre des limites restreintes, qui dépendent
de la densité des eaux de la mer, des frottements qu'éprouvent
leurs molécules. Circonstance remarquable! Laplace, ayant
cherché quelles sont les conditions de la stabilité de l'équilibre
des mers, a prouvé qu'il suffisait que la densité des eaux de
l'Océan fût moindre que celle de la Terre, condition précisément réalisée dans la nature : plus légères, les eaux de la mer,
seraient dans un perpétuel état de mobilité; plus lourdes, les
écarts d'équilibre produits par des causes accidentelles pourraient devenir considérables, et occasionner sur les continents
et les îles d'effroyables catastrophes.

C'est dans l'atmosphère que la lutte des forces opposées
donne lieu aux variations les plus rapides et les plus étendues.
Supposons les masses fluides de l'air soumises uniquement à
la pesanteur : le calme le plus profond y règnerait perpétuellement; toutes les couches de l'air superposées en couches

LA GROTTE.

Geysers ou gerbes jaillissantes de la vallée de la Firehole (États-Unis).

concentriques de densité décroissante resteraient en équilibre permanent, appuyées les unes sur les autres et sur le sol par leurs mutuelles pressions. Des marées s'y produiraient toutefois comme dans l'océan, et les seuls courants qu'on y pourrait constater proviendraient des résistances inégales que les reliefs continentaux opposeraient à la propagation de l'onde gazeuse, et peut-être aussi des mouvements que l'onde liquide des marées océaniques déterminerait dans les couches aériennes surplombantes. Un tel équilibre est, en réalité, constamment rompu par l'action incessamment variable de la chaleur solaire, qui change l'état hygrométrique, thermique et électrique, provoque des courants ascendants ou descendants, et tous ces phénomènes variés dont l'ensemble est l'objet de la partie physique du globe connue sous le nom de météorologie. Du reste, sans l'action de la pesanteur sur les couches gazeuses de l'atmosphère, aucun obstacle ne s'opposant à une expansion indéfinie, l'atmosphère terrestre aurait bientôt disparu, dissipée dans l'espace par la force centrifuge qui naît du mouvement de rotation. Ainsi, c'est la gravité qui maintient l'équilibre à la surface de notre planète, et qui le rétablit lorsqu'il a été troublé par l'action des autres forces physiques.

Donnons encore quelques exemples de cette lutte incessante d'où naît l'ordre que nous voyons présider aux phénomènes du monde physique terrestre, lutte sans laquelle ou bien ce serait un repos, un silence perpétuels, l'absence en un mot du mouvement, c'est-à-dire de la vie, ou au contraire le chaos résultant d'une instabilité sans limites.

La force calorifique des rayons solaires produit, comme on sait, l'incessante évaporation des couches superficielles des mers et de toute autre masse liquide exposée à son action. La vapeur ainsi formée s'élève dans l'air, grâce à la densité plus faible de ses molécules comparées à celle de l'air ambiant ; et ce mouvement ascensionnel est produit par la pression des couches aériennes, c'est-à-dire est un effet de la pesanteur. De là naissent, par une condensation dont on a étudié les causes, les nuages, puis leurs mouvements sous l'influence de courants d'origine variable, et en dernier lieu les pluies, neiges, grêles, etc., c'est-à-dire en définitive le retour des eaux évaporées à la surface du sol. Des eaux pluviales ainsi précipitées par l'action de la pesanteur, une partie s'écoule sur les pentes des terrains, forme les ruisseaux, rivières et fleuves; une autre partie s'infiltre dans le sol, et donne lieu aux cours d'eau souterrains, aux sources, etc., de sorte que c'est encore la gravité terrestre qui ramène les masses liquides à leur réservoir commun, l'Océan.

Dans cette circulation à la fois périodique et continue, dont l'origine est la radiation solaire ou la chaleur d'une part, la pesanteur de l'autre, que de phénomènes variés, curieux, ayant leur siège soit au sein de l'atmosphère, soit à la surface du sol, et qu'il serait trop long de décrire! Bornons-nous à quelques-uns des plus remarquables, où nous voyons la force de pesanteur intervenir avec une puissance destructive étonnante. L'action des eaux sur le sol, incessamment répétée pendant de longues accumulations de siècles, a creusé les lits des fleuves, en ronge tous les jours les berges, entraînant les matériaux désagrégés qui se déposent plus loin en atterrissements, en bancs de sable ou de limon. L'infiltration des eaux de pluie dans le sol, infiltration due à la pesanteur au moins pour une grande part, désagrège les terrains et les roches; souvent elle les mine et donne ainsi lieu aux éboulements qui dénudent les flancs des montagnes et des collines, et, à la longue, comblent les vallées. Souvent un tel travail de désagrégation reste inaperçu jusqu'au jour où éclate la catastrophe. Des masses considérables de roches, minées à leur base, tout à coup perdent l'équilibre et, en glissant ou se précipitant, détruisent tout sur leur passage. Des montagnes entières ont ainsi recouvert de leurs débris des villages et des villes, et l'histoire a enregistré de nombreux exemples de ces terribles évènements. Au treizième siècle, le mont Grenier, dont le sommet domine encore les montagnes qui bordent au sud la vallée de Chambéry, s'écroula en partie, et ensevelit la petite ville de Saint-André et plusieurs villages : on montre encore les *abîmes de Myans*, sous lesquels gisent les débris et les victimes. En 1806, un éboulement non moins terrible précipita, des flancs du mont Ruffi dans la vallée de Goldau, une masse énorme de rochers qui ensevelirent complètement plusieurs villages et comblèrent une partie d'un petit lac voisin. Il serait superflu de montrer par des calculs quelle est la puissance destructive de semblables masses, précipitées par la pesanteur, d'une hauteur souvent prodigieuse, et dont la vitesse s'accélère avec la distance.

Les avalanches sont des phénomènes du même ordre, d'ailleurs beaucoup plus fréquents que les éboulements de roches et de montagnes. Les masses de neige, accumulées sur le flanc incliné d'une montagne, ou sur le bord d'un précipice, glissent sous leur propre poids, puis se détachent et tombent, broyant tout dans leur chute. Souvent il suffit d'un faible choc, d'un coup de pistolet, d'un cri même, pour déterminer la rupture de l'équilibre et provoquer le phénomène. Dans les icebergs, ou montagnes de glace des régions polaires, la pression des blocs les uns sur les autres donne lieu à des phénomènes analogues, où la force irrésistible de la pesanteur manifeste encore sa puissance. Les glaciers, ces fleuves de neige solidifiée, passée à l'état de glace compacte, descendent les pentes des montagnes sous la pression du poids des couches supérieures qui les forment : ce mouvement de progression lente est si énergique, que les roches latérales et sous-jacentes sont striées et polies par la masse cristalline et par les débris de pierres et de cailloux qu'elle entraîne[1].

---

1. Quand on se reporte par la pensée aux époques si éloignées où les continents actuels se sont formés, où le relief des chaînes de divers âges s'est modelé, on se demande quelles furent les forces internes capables de soulever ces masses en surmontant l'action toujours présente de la pesanteur. Pourquoi le sol n'est-il pas formé d'assises horizontales, régulières, nivelées, indice d'un équilibre qui se serait peu à peu établi en suivant les lois de la statique des corps solides ou liquides? Est-ce par une action brusque, ou par de lents et progressifs soulèvements que les forces internes dont nous parlons sont parvenues à vaincre la gravité terrestre? En tout cas, cette dernière reprend peu à peu sa prépondérance et reconquiert son empire. Elle profite de tout ce que les agents atmosphériques, la chaleur solaire et l'humidité,

Dans les éruptions volcaniques, les forces explosives des gaz intérieurs projettent souvent dans l'atmosphère des cendres, des fragments de pierre et de véritables rochers. Mais si ces masses sont en apparence soustraites, pour quelques instants, à l'action de la gravité, la lutte des deux forces n'est pas de longue durée, et les projectiles, obéissant à l'invincible loi de tous les corps terrestres, viennent retomber à la surface du sol.

Tous ces faits sont si connus, si à la portée de l'observation de tous, qu'il serait presque puéril de les rappeler à la mémoire, sans l'intérêt qu'ils offrent au point de vue de la physique terrestre ou de l'histoire de notre planète. N'est-il pas en effet curieux d'assister, au moins par la pensée, au spectacle des changements qui s'opèrent, d'une façon continue, dans la structure extérieure de la planète, sous l'action des forces opposées dont nous n'avons fait d'ailleurs qu'une énumération imparfaite? L'ouvrage des réactions dues sans doute à la chaleur interne, c'est-à-dire le soulèvement des reliefs continentaux, des chaînes de montagnes, des cônes volcaniques, se trouve peu à peu détruit par l'influence des agents météoriques. Lentement, de siècle en siècle, des fragments de ce relief sont entraînés ou s'écroulent, et cette désagrégation où nous avons vu que la pesanteur terrestre intervient d'une façon active, est encore accrue par l'action de la gravité de la Lune et du Soleil, laquelle produit les phénomènes périodiques des marées. Un jour peut-être la science aura fait de tels progrès, qu'on pourra à la fois lire dans le passé de la planète et deviner quelques-unes de

---

détachent des roches, de la désagrégation incessante qui en est la conséquence, pour charrier ces résidus par mille ruisselets du sommet des montagnes dans les rivières, puis dans les fleuves et finalement dans la mer. Ainsi la pesanteur détruit peu à peu tout ce que les forces opposées avaient soustrait à son action ; et avec le temps elle efface ces reliefs. D'autre part, l'action des marées attaque les falaises, mine peu à peu les côtes, et c'est encore la pesanteur, sous une manifestation différente, qui contribue à ramener la Terre à son niveau primitif. En accumulant les millions d'années, on pourrait calculer l'époque où cette œuvre de nivellement serait terminée, à supposer toutefois que les puissances ennemies ou internes n'aient pas contrebalancé la pesanteur et soulevé de nouvelles îles au sein de l'océan, formant ainsi de nouveaux continents, de nouvelles chaînes de montagnes.

ses futures transformations. En attendant, de telles hypothèses ne doivent être considérées que comme des conjectures, dont le degré de probabilité sera en rapport avec la somme des faits positifs et des lois établies qui leur serviront de base. En ce qui concerne les faits et les lois de la pesanteur, on peut affirmer qu'il reste peu de chose à désirer en fait de précision et de démonstration expérimentale ou théorique : c'est ce que nous espérons faire voir clairement dans les chapitres qui vont suivre.

CHAPITRE III

LOIS DE LA PESANTEUR — CHUTE DES GRAVES

§ 1. LE FIL A PLOMB. — LA VERTICALE.

Un fil fin et flexible, qu'on attache à un point fixe par son extrémité supérieure, et auquel on suspend une masse assez pesante pour tendre le fil, se maintient en équilibre, après quelques oscillations : c'est le *fil à plomb*, dont l'usage est si répandu dans les arts et métiers.

Si l'air ambiant est calme, si aucune autre force que la pesanteur n'agit sur le fil à plomb, sa direction marque celle de la pesanteur même, qui est détruite par la résistance du fil. Tout le monde sait que cette direction, en un lieu quelconque du globe, est ce qu'on nomme la *verticale* du lieu. Imaginons que l'on vienne à couper le fil : le corps suspendu tombera suivant le prolongement de la verticale.

Supposons le fil à plomb suspendu au-dessus d'une surface liquide en repos, d'un bain de mercure par exemple, où l'on verra se refléter l'image du fil : une expérience fort simple, faite à l'aide d'un autre fil à plomb que l'observateur tient à la main, prouve que les deux lignes formées par le fil lui-même et par son image réfléchie sont sur le prolongement l'une de l'autre, dans quelque direction qu'on effectue la visée (fig. 23). Il résulte de là et des lois de la réflexion de la lumière que la direction du fil à plomb est perpendiculaire ou normale à la surface du liquide. Ce fait est d'ailleurs, ainsi qu'on le verra plus loin, une conséquence des conditions d'équilibre d'une masse liquide soumise à la seule pesanteur.

Des faits d'observation aussi simples, aussi aisés à vérifier, ont dû être et ont été en effet connus de tout temps, comme le démontrent les applications qu'on en a faites dans les arts de la construction depuis la plus haute antiquité. La direction constante de la verticale en un lieu donné, perpendiculaire ou normale au plan de l'horizon de ce lieu, les points opposés

Fig. 23. — Direction du fil à plomb ou de la verticale, normale à la surface des liquides en repos.

du ciel où va passer cette verticale prolongée, zénith en haut et nadir à l'opposé, sont des notions et des termes connus de tout le monde et sur lesquels il est superflu d'insister.

Ce qu'on sait moins, ce qu'on ignorait aux époques où la forme sphérique ou plutôt sphéroïdale de la Terre n'était point connue, c'est que les verticales des différents lieux ne sont point parallèles, c'est qu'elles forment entre elles des angles d'autant plus grands, que la distance des lieux est plus considérable (fig. 24). Ce défaut de parallélisme est sans doute

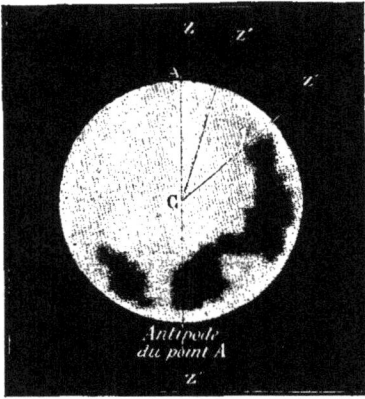

Fig. 24. — Concours des verticales au centre de la Terre.

difficile à constater à de faibles distances. Deux verticales dont les pieds sont éloignés de 31 mètres dans un sens horizontal ne forment qu'un angle d'une seconde (1″); il faut supposer une grande précision dans les moyens de mesure pour déterminer une aussi faible différence. Mais à 1860 mètres de distance les verticales forment déjà un angle d'*une minute;* enfin, il faut s'éloigner de 111 kilomètres pour voir cet angle atteindre un degré (fig. 25; Az et Az′ forment, sur la figure, un angle d'environ 5 degrés, correspondant à une distance de 555 kilomètres). Quand les deux points sont sur un même méridien, ont même longitude géographique, c'est la différence de leurs latitudes ou leur somme[1] qui donne l'angle des verticales, et alors le calcul est fort simple; si la longitude diffère, il est plus compliqué. Donnons deux exemples : La verticale qui passe au sommet de la lanterne du Panthéon et

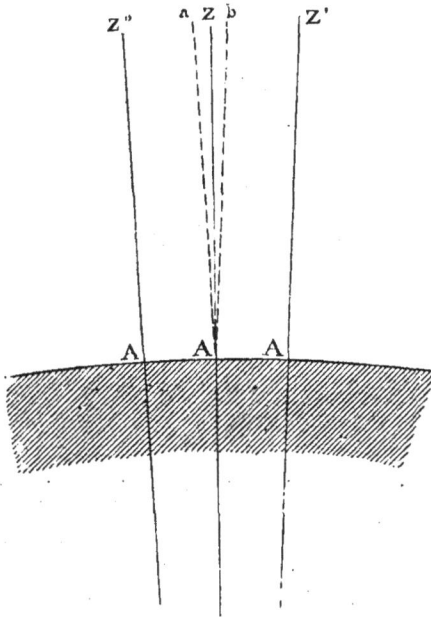

Fig. 25. — Angles des verticales successives.

---

1. Selon que les lieux sont tous deux au nord, tous deux au sud de l'équateur, ou bien que, l'un étant dans l'hémisphère boréal, l'autre est dans l'hémisphère austral.

celle qui aboutit à la flèche de la cathédrale de Saint-Denis, font déjà le petit angle, fort appréciable toutefois, de 5′25″. De Paris à Dunkerque, on trouverait 2°12′ pour l'écart des directions de la pesanteur en chacun de ces points.

On comprend qu'il y a une relation immédiate entre les dimensions et la forme de la Terre, soit dans le sens de ses méridiens, soit dans celui de ses parallèles, et les variations de direction des verticales, c'est-à-dire de la pesanteur en chacun des points de sa surface. Une première et grossière approximation avait fait d'abord supposer la Terre sphérique : dans cette hypothèse, toutes les verticales concouraient au centre de la sphère. C'était déjà l'opinion d'Aristote, pour qui le centre de la Terre était le centre du monde ; aussi définissait-il la pesanteur la tendance que les corps lourds ont à se réunir au centre[1]. Les mesures des géodésistes modernes et contemporains ont peu à peu modifié cette première manière de voir. On a d'abord reconnu l'aplatissement du sphéroïde terrestre à ses deux pôles de rotation, assimilé ses méridiens à des ellipses égales, son équateur et les parallèles à des cercles[2]. Puis une étude plus rigoureuse, qui est loin d'être achevée, a fait reconnaître des anomalies, des irrégularités de forme, soit dans les méridiens, soit dans les parallèles. On verra plus loin que la verticale, dans le voisinage des montagnes et de certains massifs continentaux, subit des déviations locales qui ont pu être mesurées, et dont la cause est l'action attractive de ces masses. La même cause affecte naturellement, dans les mêmes lieux, le niveau des mers, des lacs et de toutes les masses liquides en repos.

Il en résulte que les directions de la pesanteur ne concourent pas en réalité au même point de l'intérieur du globe.

---

1. « Les corps graves sont portés vers le centre de la Terre, mais c'est indirectement qu'ils sont portés vers elle, et seulement parce qu'elle a son centre au centre du monde. La preuve que les corps graves sont ainsi portés vers le centre de la Terre, c'est que les corps pesants qui tombent à sa surface *ne suivent pas des lignes parallèles*, mais descendent selon des angles égaux. Par conséquent ces corps sont emportés vers un centre unique, qui est également le centre de la Terre. » (Aristote, *de Cœlo*.)

2. Considérons la Terre comme un ellipsoïde de révolution aplati aux pôles. En ce cas, les

Est-ce suivant la verticale, telle que la détermine le fil à plomb, que tombent en réalité les corps pesants abandonnés à eux-mêmes?

Oui, s'il s'agit de faibles hauteurs de chute, et si l'air est en repos. Tout le monde sait combien il est rare que les gouttes de pluie, les grains de grésil ou de grêle tombent verticalement. Cela tient, en premier lieu, à ce que les nuages d'où ces gouttes

normales à l'ellipse méridienne ou les verticales successives concourent en des points dont le lieu est une courbe de forme *ab a'b'*. Les verticales consécutives *uu*, à l'équateur, concourent en un point *b* du grand axe : au pôle, les verticales *vv'* concourent en *a*, au delà du centre sur le petit axe ; enfin, les verticales intermédiaires entre l'équateur et le pôle, telles

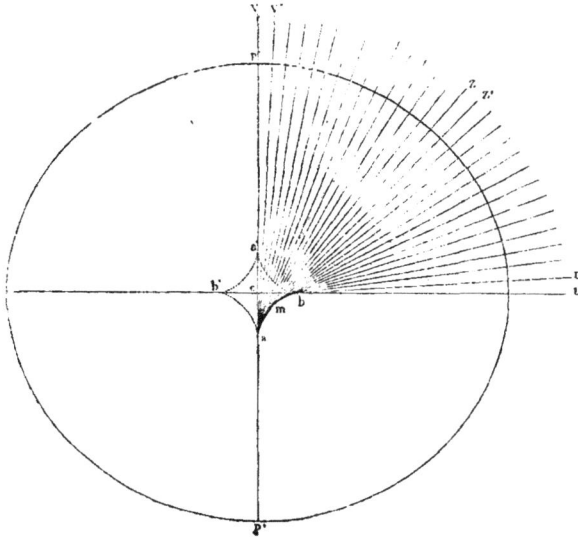

Fig. 26. — Points de concours des verticales dans l'hypothèse de la forme ellipsoïdale de la Terre.

que *zz'*, vont concourir en des points tels que *m ;* l'ensemble de ces points de concours est la courbe que nous venons d'indiquer. La surface engendrée par cette courbe marquera, dans cette hypothèse, l'ensemble des points de rencontre des verticales de tout le globe (fig. 26). Mais ce n'est pas encore là leur lieu vrai, parce qu'il faudrait tenir compte des déviations dues à l'irrégularité de forme du sphéroïde et à certaines causes locales.

et ces grains émanent, sont le plus souvent chassés par le vent,
et qu'ainsi la direction suivie dans la chute est une résultante
de la direction et de la vitesse du nuage d'une part, et de celle
de la pesanteur, ou de la verticale, de l'autre. Il arrive encore
que des corps aussi légers, même s'ils partent verticalement,
sans vitesse initiale, rencontrent dans leur chute des courants
d'air dont l'action les fait dévier : ils tombent donc avec plus
ou moins d'obliquité à la surface du sol.

Que faut-il pour que la direction de la chute soit celle de la
verticale? Qu'aucune force autre que la pesanteur n'intervienne;
que le corps partant du repos et abandonné à lui-même sans
impulsion tombe dans le vide, ou du moins dans une masse
d'air parfaitement calme.

Mais, dira-t-on, la Terre étant animée d'un mouvement de
rotation, tous les corps qui lui appartiennent, dans le sol ou au
sein de l'atmosphère, sont nécessairement animés d'une certaine vitesse, vitesse considérable à l'équateur où elle atteint
465 mètres par seconde, et graduellement décroissante jusqu'aux deux pôles, où elle devient nulle. Comment ce mouvement, dont la direction est celle de la tangente au cercle de
latitude, ne se compose-t-il point avec celui que lui imprime
verticalement la pesanteur?   .

Pour répondre à cette question, considérons un corps A
animé, avant qu'on l'abandonne à l'action de la pesanteur,
d'une vitesse horizontale telle, qu'il parcoure la ligne AA′ pendant le temps de la chute. Si le pied de la verticale B est animé
d'une vitesse égale, il est évident qu'il sera venu se placer
en B′ au bout du même temps, c'est-à-dire au pied de la verticale du point A′. Le corps aura, en réalité, suivi dans l'espace
la diagonale, ou plus rigoureusement la portion de parabole AB′, mais il n'y aura lieu de constater aucune déviation
(fig. 27). C'est ce qu'on remarque quand on fait l'expérience
du haut du mât d'un navire en marche : la balle de plomb
qu'on laisse tomber ainsi, vient tomber au pied du mât,
comme si le navire était resté immobile. Pendant le court

instant de la chute, le sommet et le bas du mât ont parcouru des lignes sensiblement égales.

Cependant il y a une déviation orientale, qu'indique la théorie, mais qui est trop faible pour être constatée lorsque le corps tombe d'une petite hauteur; d'ailleurs les agitations de l'air en rendraient difficile la vérification. En effet, le raisonnement précédent suppose que le pied A de la verticale est animé de la même vitesse que le point a qui est à son sommet (fig. 28). Or il n'en est rien. Le point a décrit,

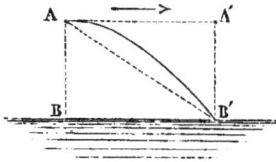

Fig. 27. — Absence de déviation dans la chute d'un corps tombant d'une très faible hauteur.

en une seconde par exemple, un arc aa' plus grand que l'arc AA décrit par le pied A de là verticale, bien que ces arcs soient mesurés angulairement par le même nombre de secondes, car le rayon de la circonférence que décrit le premier autour de l'axe de la Terre (fig. 29) est Aa, plus grand que Bb, rayon

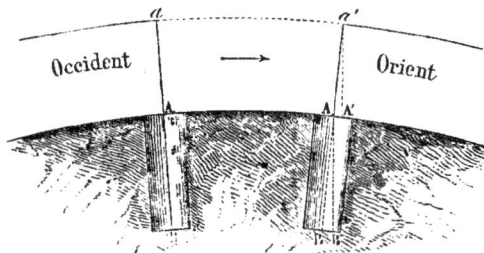

Fig. 28. — Déviation orientale dans la chute d'un corps.

du cercle décrit par le second. Dès lors le corps, abandonné à lui-même, conservera pendant tout le temps de sa chute sa vitesse d'impulsion primitive; il tombera donc en A' (fig. 28), à l'orient de la verticale de son point de départ, d'une quantité égale à la différence de longueur des deux arcs en question.

Cette déviation doit être maximum à l'équateur pour une même hauteur de chute, puis aller en décroissant à mesure que croît la latitude; enfin elle devient nulle aux pôles, où le mouvement de rotation est nul lui-même. Nous avons dit que, dans l'atmosphère extérieure, il était difficile de faire une vérification expérimentale de ce fait, à cause des agitations de l'air, et aussi parce que les hauteurs de chute verticale sont trop petites. Il n'en est plus de même pour les puits de mines. C'est ainsi qu'à Freiberg (Saxe) M. Reich a pu mesurer une déviation de **28** millimètres pour une profondeur de 158^m,5. A l'équateur, la déviation théorique serait de 33 millimètres pour une hauteur de chute de 100 mètres.

Du reste, cette cause de déviation n'est pas la seule. Le mouvement de rotation de la Terre en indique une autre qui s'exerce dans la direction du sud, et qui provient de la différence entre la force centrifuge au sommet et au pied de la verticale. Le

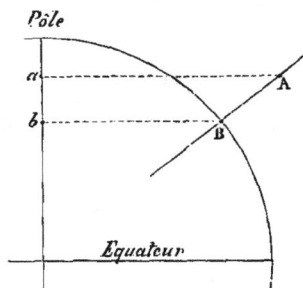

Fig. 29. — Déviation méridionale dans la chute des graves.

rayon Aa étant plus grand que le rayon Bb (fig. 29), le corps A, à son point de départ, a une tendance à s'échapper à l'opposé, non de la direction de la pesanteur, mais de la direction du rayon Aa; cette force surpasse la force centrifuge au point B; donc le corps à son arrivée sur le sol, conservant cet excès de vitesse, tombera au sud du pied de la verticale, ou, pour parler plus exactement, ayant éprouvé une double déviation, l'une orientale, l'autre méridionale, tombera en réalité au sud-est de ce pied.

C'est à Newton que revient l'honneur d'avoir suggéré la première de ces expériences : il voulait ainsi constater directement le mouvement de rotation de la Terre. Hooke, en la réalisant d'après son conseil, fit la remarque que la déviation devait se faire au sud-est; mais Biot doute qu'il ait voulu parler d'un écart compté à partir du pied de la verticale, « car dans ce cas, dit-il, d'après les formules de Laplace, l'écart vers le sud est du second ordre, relativement à la déviation absolue; et, dans les observations de Hooke, ce faible écart devait être bien difficile à constater, puisque ces expériences étaient faites en plein air. »

En résumé, s'il est vrai, comme le prouvent les mesures des dimensions et de la forme du globe terrestre, que les verticales des différents lieux concourent, sinon vers un même point intérieur, du moins vers une région limitée voisine du centre, il en résulte que telle est, en effet, la direction générale de la pesanteur. Mais, quant à la ligne décrite par un corps grave dans sa chute, elle n'est pas rigoureusement la verticale ; il y a des déviations provenant, tant de causes accidentelles comme la résistance de l'air, que de causes permanentes comme la vitesse de rotation terrestre et la force centrifuge. Nous verrons plus loin quelle est la forme vraie de la trajectoire, quand on tient compte de ces deux dernières causes de déviation.

§ 3. CHUTE DES CORPS GRAVES. — LOI DE L'ÉGALITÉ DE VITESSE DES CORPS TOMBANT D'UNE MÊME HAUTEUR.

Les anciens, et même les modernes jusqu'à Galilée, n'avaient que des idées confuses sur les lois de la vitesse des corps graves dans leur chute. Le manque d'observations précises et d'expériences bien faites, c'est-à-dire faites dans des conditions propres à éliminer toutes les causes perturbatrices, explique suffisamment l'incertitude des notions qu'on possédait alors sur ce point.

Il y a lieu de distinguer deux questions différentes en ce qui concerne la vitesse des corps qui tombent. En premier lieu, tous les corps, quels que soient leurs volumes et leurs masses, tombent-ils avec une vitesse égale ou commune s'ils sont abandonnés à la même hauteur? Deuxièmement, la vitesse de chute est-elle constante pour toute la durée du phénomène? est-elle au contraire accélérée, et, dans ce cas, quelle est la loi de l'accélération?

Les anciens croyaient que plus un corps est lourd, plus sa vitesse de chute est considérable, toutes autres choses étant égales. Telle était l'opinion généralement adoptée en ce qui concerne la première question. D'autre part, ils avaient constaté l'accélération de la vitesse de chute, mais sans parvenir à la mesurer, ni à en découvrir la loi. Nous avons rappelé à ce sujet les idées d'Aristote, de Lucrèce, opinions qui ne pouvaient être rectifiées ou précisées que par les procédés rigoureux de la méthode expérimentale.

Galilée fit le premier des expériences propres à démontrer que, si l'on observe une différence dans les temps de chute des corps tombant d'une même hauteur, cette différence est due uniquement à la résistance de l'air.

En un mot, il établit cette loi, que :

Dans le vide, tous les corps mettent des temps égaux à tomber d'une égale hauteur.

Du haut de la tour penchée du campanile de Pise, le savant florentin fit tomber des corps inégalement pesants, des boules d'or, de plomb, de cuivre, de marbre, de cire, mais de même volume. Il reconnut que tous ces corps arrivaient sensiblement à terre au même instant; seule la boule de cire, la plus légère, éprouva un retard marqué. Toutefois la différence était faible, et loin d'être en rapport avec la différence de poids de cette boule et des autres. Il en conclut que les idées d'Aristote étaient fausses[1]. La vitesse des corps qui tombent sous l'action de la pesanteur, n'est point proportionnelle à leurs masses ou à leurs poids. Galilée considéra les inégalités (que tout le monde peut observer) dans la vitesse de chute des corps très lourds et très légers comme dues uniquement à la résistance de l'air, laquelle, pour des masses égales, dépend évidemment de la forme et du volume du corps. Il fut confirmé dans cette manière de voir par des expériences comparatives faites dans l'air et dans l'eau, d'où il concluait enfin que la résistance des milieux était sensiblement en rapport avec leurs densités respectives.

---

1. Et il osa le dire publiquement. Une telle hardiesse souleva contre lui les docteurs de l'université de Pise. Leur hostilité fut telle, que Galilée dut quitter Pise. Telle était, il y a à peine trois cents ans, la liberté de la science.

Les expériences faites à Pise par Galilée furent répétées plus tard par Mariotte en France, puis en Angleterre, en présence de témoins illustres, Newton, Halley, Derham, par Désaguliers, physicien français que la révocation de l'édit de Nantes avait forcé à s'expatrier. Les corps que ce savant fit tomber du haut de la coupole de Saint-Paul de Londres, étaient des sphères de masses et de volumes différents, depuis des sphères de plomb de deux pouces de diamètre, jusqu'à des vessies desséchées et gonflées d'air, de cinq pouces. La résistance de l'air à la chute de ces corps fut d'autant plus grande qu'ils avaient plus de volume et moins de masse : tandis que la sphère de plomb mit quatre secondes et demie à parcourir la hauteur totale de **272** pieds, il fallut 18 secondes et demie aux vessies pleines d'air.

Nous parlerons plus loin des expériences que Newton fit, dans le but de démontrer la même loi, à l'aide du pendule. C'est à lui qu'est due l'expérience directe et décisive par laquelle est mise en pleine évidence l'égalité d'action de la pesanteur sur les corps de toute nature, quels qu'en soient la densité ou le poids, le volume ou la forme. Elle consiste à éliminer la cause des inégalités constatées, c'est-à-dire à observer dans le vide. Voici comment se fait cette expérience dans les cours de physique.

On prend un long tube de verre muni à ses deux extrémités de deux montures en cuivre, l'une fermant hermétiquement, l'autre terminée par un robinet qui permet d'ajuster le tube sur le plateau d'une machine nommée *machine pneumatique*, propre à retirer d'un vase quelconque l'air qu'il contient. On commence par introduire dans le tube des corps de densités très variées : de petits morceaux de bois, de métal, de plume, de papier, de liège, etc., qu'on maintient vers l'un des bouts de l'instrument. En renversant brusquement le tube pour lui donner une position verticale, tous les petits corps introduits partent à la fois du sommet et tombent à l'intérieur même, dans la direction de l'axe du cylindre (fig. 50). Si l'on opère le renverse-

TOUR PENCHÉE DE PISE
où Galilée fit ses expériences sur la chute des corps.

ment du tube avant l'extraction de l'air, on constate l'inégalité de vitesse connue de tout le monde. Mais si l'on répète l'expérience à plusieurs reprises, en enlevant progressivement l'air du tube, on observe que cette inégalité décroît avec la raréfaction du milieu où s'effectue la chute. Quand le vide est aussi complet que possible, tous les corps de densités diverses viennent à la fois frapper la paroi inférieure de l'appareil.

C'est donc bien la résistance du milieu qui est cause de l'inégalité de vitesse dans la chute des corps plus ou moins lourds, ou plus ou moins denses. Cette résistance, non seulement ralentit les mouvements, mais encore produit des déviations dans la direction de la chute des corps légers. Une feuille de papier, abandonnée dans l'air, parcourt une ligne sinueuse souvent très accidentée avant d'arriver au sol. Prenez un petit disque de papier et une pièce de monnaie de dimension un peu plus forte : laissez-les tomber séparément de la même hauteur, la pièce touchera le sol bien avant le papier. Posez ensuite le disque sur la pièce, de manière que celle-ci déborde tout autour et laissez-les tomber ensemble, bien horizontalement; ils ne se sépareront point dans leur chute, et au même instant tous deux viendront frapper le sol. C'est que, dans ce cas, la résistance de l'air, vaincue par la pièce métallique, ne peut se faire sentir sur la face inférieure du disque de papier.

Fig. 30. — Expérience démontrant l'égalité de vitesse des corps qui tombent dans le vide.

Si deux corps ont des masses inégales, mais la même surface dans un sens normal à la pesanteur, la résistance à vaincre sera la même; mais, devant se répartir entre un nombre plus grand de molécules dans le corps le plus lourd, elle diminuera moins la vitesse commune que dans le corps le plus léger : ce dernier doit donc mettre un temps plus long que l'autre à tomber d'une même hauteur.

Plus au contraire, pour des masses égales, la surface offerte à la résistance de l'air est grande, plus le mouvement de chute est retardé : des feuilles d'une substance quelconque tomberont beaucoup plus lentement si on les abandonne sans les déformer, que si on les comprime préalablement de façon à leur donner la forme d'une boule, par exemple. La division en petites parcelles ou particules produit un effet analogue. C'est ainsi qu'on observe une différence énorme entre la vitesse de chute d'une masse d'eau congelée, solidifiée et tombant d'un bloc, et celle de la même masse à l'état liquide. Dans ce dernier cas, la résistance de l'air, jointe à la mobilité des molécules liquides, donne lieu à la formation d'une multitude de gouttelettes très fines et comme pulvérulentes. Si la hauteur de chute est considérable et la masse d'eau peu forte, il peut même arriver que la masse n'arrive au sol que sous la forme d'un brouillard ténu. Des phénomènes de ce genre s'observent dans les jets d'eau, les cascades, ou nappes d'eau naturelles tombant d'une très grande hauteur. Dans le vide au contraire, la résistance étant nulle, on voit les masses liquides tomber en bloc. Pour en faire l'expérience, on prend un tube cylindrique en verre effilé à l'un de ses bouts ; on y verse de l'eau qu'on soumet à l'ébullition (fig. 51 et 52). La vapeur en s'échappant entraîne l'air du tube au dehors. On ferme alors ce dernier à la lampe et on laisse refroidir le liquide : dès que la vapeur est condensée, on a au-dessus de l'eau un espace vide d'air. Qu'on retourne alors brusquement l'appareil sens dessus dessous, et la masse d'eau, retombant sans se diviser, vient frapper le fond du tube comme si c'était une masse solide : le coup sec que produit le choc a fait donner à cette curieuse expérience le nom d'expérience du *marteau d'eau*.

Voilà donc un premier point acquis : c'est la résistance de l'air qui est cause de l'inégalité qu'on observe dans la durée de chute des différents corps tombant d'une même hauteur. Une première loi est démontrée expérimentalement :

Les corps quelconques, tombant dans le vide, franchissent dans le même temps des espaces égaux, à partir de l'origine de la chute. La nature de la substance, la diversité des masses

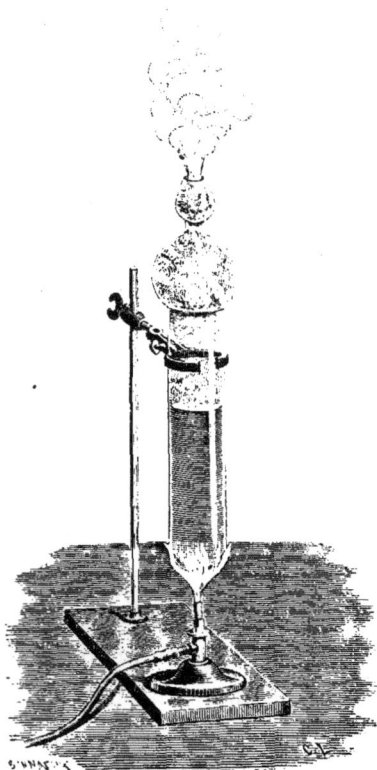

Fig. 51. — Expérience du marteau d'eau.
Préparation.

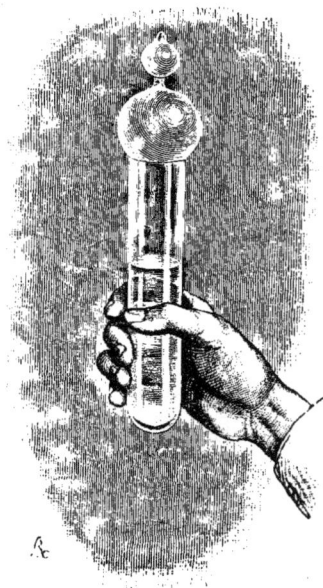

Fig. 52. — Expérience du marteau d'eau
Réalisation.

ou des poids, celles des densités, des volumes, n'ont aucune influence sur cette durée.

On en déduit la conséquence, que la pesanteur est une force qui s'exerce avec une intensité égale sur les plus petites parcelles des corps : elle agit sur les molécules comme si chacune d'elles était isolée ou indépendante des autres. Si l'on considère un corps d'une faible étendue, il est permis de

regarder les actions de la pesanteur, sur chacune des molécules
dont il est formé, comme des forces parallèles et égales. C'est
la résultante ou la somme de ces forces, de ces actions élémentaires de la pesanteur, qui constitue le *poids* du corps, lequel
varie nécessairement soit avec le volume, soit avec la nature de
la substance, tandis que la pesanteur, dans le même lieu ou
dans le même corps, a une intensité invariable, et la même
pour des particules de même masse. Il ne faut donc pas confondre le poids avec la pesanteur, ainsi qu'on le fait souvent
dans le langage vulgaire. Nous aurons du reste l'occasion de
revenir sur cette distinction fondamentale.

CHAPITRE IV

CHUTE DES GRAVES

§ 1. LOIS DES VITESSES ET DES ESPACES.

Le mouvement accéléré, ou de progression, des corps qui tombent, a dû être reconnu de tout temps à la simple observation. Avec une hauteur de chute un peu grande et des corps un peu lourds, l'œil peut suffire à constater l'accroissement de vitesse, qui se manifeste d'ailleurs aussi par la violence du choc, violence d'autant plus grande que ces corps tombent de plus haut. En effet, l'intensité du choc de deux corps de même masse serait la même pour toute hauteur de chute, si la vitesse restait constante.

On trouve, dans Aristote, une mention formelle de cette accélération : « De même, dit-il, que le corps entraîné plus bas qu'un autre par sa vitesse acquiert de la vitesse par son propre poids ; » et ailleurs : « La terre (élément) est animée d'un mouvement d'autant plus rapide, qu'elle se rapproche davantage du centre..... » (*De Cœlo*, I, viii, 13.)

Mais suivant quelle loi la vitesse s'accroît-elle ? Voilà ce que les Anciens ignoraient et ne pouvaient connaître, n'ayant fait aucune expérience, pris aucune mesure précise. Aristote laisse entendre que la vitesse dépend des masses, comme l'indiquent les mots cités plus haut, « acquiert de la vitesse par son propre poids. » Avant Galilée, on enseignait dans les écoles, au nom des doctrines péripatéticiennes, que « la vitesse des corps qui

tombent librement est proportionnelle à l'espace parcouru »
Par exemple, la vitesse de chute, quand le corps a parcouru
20 pieds, serait 20 fois aussi grande que celle acquise après le
premier pied parcouru, double de celle qu'il avait après avoir
parcouru 10 pieds, etc. C'était une pure hypothèse, non vérifiée
bien entendu. Du temps de Galilée, qui la combattait, cette pré-

Fig. 55. — Galilée.

tendue loi était communément appelée *loi de Baliani*, du nom
de son défenseur le plus autorisé. (V. Hoefer, *Histoire de la
physique.*)

C'est encore Galilée qui découvrit la loi véritable. Il est intéressant de savoir comment il y est parvenu. Nous avons dit par
quelles expériences il s'assura d'abord que les inégalités de chute
des corps sont dues à la résistance de l'air, non aux différences

de poids et de densité. D'autres expériences lui prouvèrent que la vitesse croissait avec les hauteurs de chute, que dès lors le mouvement des graves était un mouvement accéléré. Là il quitta un instant l'observation pour recourir à l'hypothèse. « Il supposa que la cause, quelle qu'elle soit, qui fait la *pesanteur*, agit également à chaque instant indivisible, et qu'elle imprime aux corps qu'elle fait tomber vers la terre un mouvement également accéléré en temps égaux, en sorte que les vitesses qu'ils acquièrent en tombant sont comme les temps de leur chute. C'est de cette seule supposition si simple que ce philosophe a tiré toute sa théorie de la chute des corps. » (*Encyclopédie méthodique*, art. PESANTEUR.)

Il ne suffisait pas d'avoir émis une hypothèse : il fallait vérifier que la réalité est en conformité avec elle, que les faits la confirment. En cela, Galilée donna un mémorable exemple de l'emploi de la méthode, de cette méthode féconde d'observation et d'induction expérimentale d'où est sortie la physique moderne, et, avec elle, tout le cortège des sciences naturelles.

La vitesse de chute des graves étant supposée croître proportionnellement aux temps, la conséquence directe en est que les espaces parcourus par les corps à partir de l'origine du mouvement sont entre eux comme les carrés des temps employés à les parcourir. Telles sont les deux lois des vitesses et des espaces qu'il s'agissait de vérifier, et la démonstration de l'une d'elles suffisait à entraîner celle de l'autre.

L'expérience directe n'était guère possible, ni pour les vitesses ni pour les espaces, et d'ailleurs la rapidité de la chute, les perturbations dues à la résistance de l'air sont telles, que, comme nous l'avons déjà dit plus haut, les mesures exactes ne seraient pas l'expression de la loi.

Il fallait donc trouver un moyen de ralentir le mouvement de telle façon que l'observation fût rendue facile, et la résistance de l'air amoindrie sans que la loi fût changée. C'est à quoi Galilée parvint dans la fameuse expérience à laquelle son nom est resté attaché, celle du *Plan incliné*. Abandonnant à lui-même, à la seule action de la pesanteur, un corps lourd, une boule par exemple, le long d'un plan incliné à l'horizon, il vit que le mouvement de cette boule serait soumis aux mêmes lois que celui du même corps tombant verticalement, avec cette seule différence que la pesanteur s'y trouverait diminuée dans un rapport constant, celui des deux lignes AC et AB, qui mesurent la hauteur et la longueur du plan incliné [1].

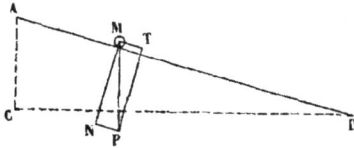

Fig. 54. — Plan incliné. Mouvement des graves.

Ayant, par cet artifice, ralenti autant qu'il le voulait le mouvement accéléré de la pesanteur, Galilée put mesurer les espaces parcourus pendant les secondes successives composant la durée de la chute. Il se servit, pour la réalisation de cette expérience, d'une boule de métal poli roulant dans une gorge ou rainure creusée à la face supérieure d'une poutre; en soulevant par une extrémité cette dernière, il marquait le temps que mettait la boule à parcourir toute la longueur du plan incliné ou ses diverses parties. Il faisait encore la même expérience en tendant par un poids une corde bien glissante, inclinée à l'horizon; un petit chariot, formé de deux poulies maintenues elles-mêmes par une masse pesante suspendue à leur système, était abandonné à lui-même du point le plus élevé de la corde.

Galilée reconnut ainsi que les espaces parcourus sont entre eux comme les carrés des temps employés à les parcourir.

La vérification expérimentale de cette loi a été, au dix-septième siècle et depuis, répétée sous des formes diverses. Riccioli et Grimaldi n'avaient rien imaginé de mieux que de laisser tomber des corps pesants du haut de tours inégalement élevées, et de mesurer les temps de chute à l'aide des oscillations du pen-

---

1. La force MP, ou la pesanteur dirigée dans le sens vertical, est en effet décomposable en deux forces, l'une MN normale au plan et que la résistance du plan détruit, et l'autre MT parallèle au plan lui-même. Celle-ci est seule cause du mouvement, et il est visible que son rapport à la pesanteur est celui de AC à AB.

dule. La comparaison des durées de chute aux espaces parcourus leur donna approximativement la loi du carré des temps.
L'*Encyclopédie* cite du P. Sébastien « une machine composée de
quatre paraboles égales qui se coupaient à leurs sommets, et au
moyen de cette machine il démontrait aux yeux du corps, du
témoignage desquels les yeux de l'esprit ont presque toujours
besoin, que la chute des corps vers la terre s'opère selon la
progression découverte par Galilée ».

Enfin, au siècle dernier, un physicien anglais du nom de
G. Atwood imagina un moyen ingénieux de ralentir le mouvement accéléré de la chute des graves et de constater les deux
lois des vitesses et des espaces[1].

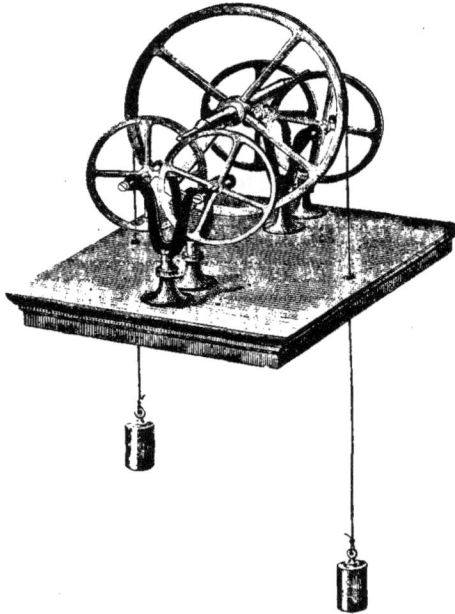

Fig. 35. — Poulie de la machine d'Atwood.

L'artifice imaginé par Atwood pour ralentir le mouvement
des corps qui tombent est celui-ci : Un fil de soie très fin s'enroule autour de la gorge d'une poulie très mobile (fig. 35), et

1. Ce moyen est basé sur un principe de mécanique, dont voici l'énoncé : Lorsqu'une
même force (il reviendrait au même de considérer deux forces égales) agit sur deux masses

porte à ses deux extrémités deux cylindres métalliques ayant
rigoureusement le même poids. En cet état, la poulie, le fil et
les poids restent immobiles, parce que les deux poids égaux se
font constamment équilibre. Si l'on charge alors l'un des corps
pesants d'un poids additionnel, le système se mettra en mouvement; les deux portions du fil se mouvront en sens inverse
en conservant chacun leur direction verticale. Mais on conçoit
que la vitesse de la chute sera d'autant plus ralentie que la
masse du poids additionnel sera une fraction plus faible de la
somme des deux poids égaux. Supposons que chacun de
ceux-ci pèse 124,5 grammes, et le poids additionnel 1 gramme
seulement. Le poids total de 250 grammes étant mis en mouvement par une force qui n'en est que la 250ᵉ partie, on démontre
que la vitesse sera ralentie de la même manière que si l'intensité de la pesanteur était 250 fois moindre. L'observation est
ainsi rendue facile, sans que les lois du mouvement soient
changées.

La figure 56 montre quelle est la disposition de la machine.
À la partie supérieure d'une colonne, on voit la poulie mobile,
dont l'axe repose entre les circonférences de deux systèmes de
roues parallèles; puis le fil qui s'enroule sur sa gorge et dont
les deux portions sont tendues par les poids égaux. Une règle
verticale, divisée avec soin, est disposée derrière l'un des poids
et permet de lire, à chacune de ses positions, la distance de sa
base au zéro de l'échelle, c'est-à-dire au point de départ du
mouvement.

Cette règle porte deux curseurs mobiles, qu'on peut fixer
par des vis de pression à l'une quelconque de ses divisions. Le
curseur inférieur C est plein, et par conséquent permet d'arrêter
à volonté le mouvement du système. L'autre curseur C' est de

differentes, pendant le même temps, les vitesses sont en raison inverse des grandeurs des
masses. Si donc, pour déterminer la chute verticale d'un système de masse donnée, on emploie
seulement pour force motrice la partie de la pesanteur qui s'exerce sur une fraction de la
masse totale, la vitesse du système sera diminuée dans la proportion du rapport entre cette
fraction et la masse totale En un mot, le mouvement s'effectuera comme si l'intensité de la
pesanteur était elle-même diminuée dans cette proportion.

forme annulaire, et l'ouverture a des dimensions telles qu'elle
laisse passer le poids suspendu au fil avec le poids additionnel p',

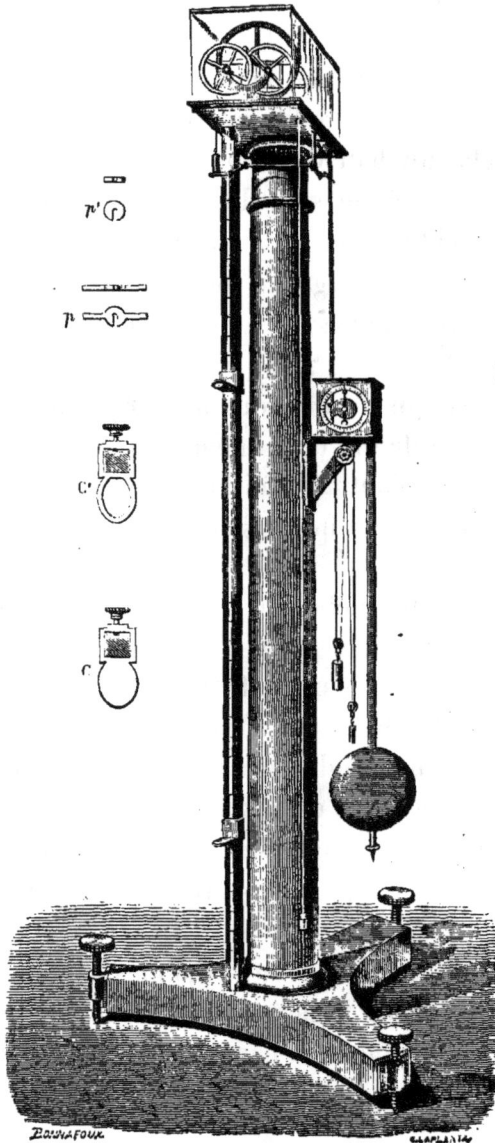

Fig. 56. — Étude expérimentale des lois de la chute des corps. Machine d'Atwood.

mais au contraire arrête le poids additionnel p à cause de sa
forme allongée. Un pendule battant les secondes est joint à

l'appareil : chaque mouvement de l'aiguille fait entendre un bruit net et sec, grâce auquel on peut compter les secondes écoulées, sans observer le cadran. Un mécanisme dépendant de l'horloge permet en outre de commencer chaque expérience au moment précis où l'aiguille des secondes se trouve occuper le zéro du cadran, à la partie supérieure de ce dernier. Le poids additionnel, d'abord soutenu au-dessus du poids qui occupe la division 0 de l'échelle verticale, est abandonné brusquement grâce à l'action du mécanisme, et le mouvement commence.

Voici maintenant comment on fait l'expérience. Par tâtonnement, on place le curseur plein de manière que le poids cylindrique surmonté du poids p' vienne le toucher précisément au commencement de la deuxième seconde : ce qu'on reconnaît à la coïncidence du second battement de la pendule avec le choc du poids sur le curseur : soit à la douzième division de la règle (fig. 37). Si la chute dure 2 secondes entières, le poids tombe sur le curseur alors qu'il est placé à la division 48. On reconnaît alors; en recommençant successivement l'opération pendant 3 secondes, puis pendant 4 secondes, 5 secondes..., etc., que le curseur plein doit être placé aux divisions suivantes : 108, 192, 300, etc., pour que le choc du poids coïncide à chaque fois avec le battement des secondes de l'horloge.

Ainsi les espaces parcourus sont :

Après 1 seconde.	12 centimètres ;	
— 2 —	48 ou	12×4
— 3 —	108 ou	12×9
— 4 —	192 ou	12×16
— 5 —	500 ou	12×25, etc.

On le voit, il faut multiplier l'espace que parcourt un corps tombant pendant 1 seconde par les nombres 4, 9, 16, 25, pour obtenir les espaces parcourus pendant 2, 3, 4, 5 secondes de chute. Si le poids additionnel changeait, les nombres qui mesurent les espaces changeraient : leurs rapports resteraient les mêmes, et ce sont ceux des *carrés des temps*.

Voilà donc une première loi expérimentalement démontrée,

et c'est celle qu'avait trouvée Galilée par ses expériences du plan incliné :

Les espaces parcourus par les corps, tombant librement sous

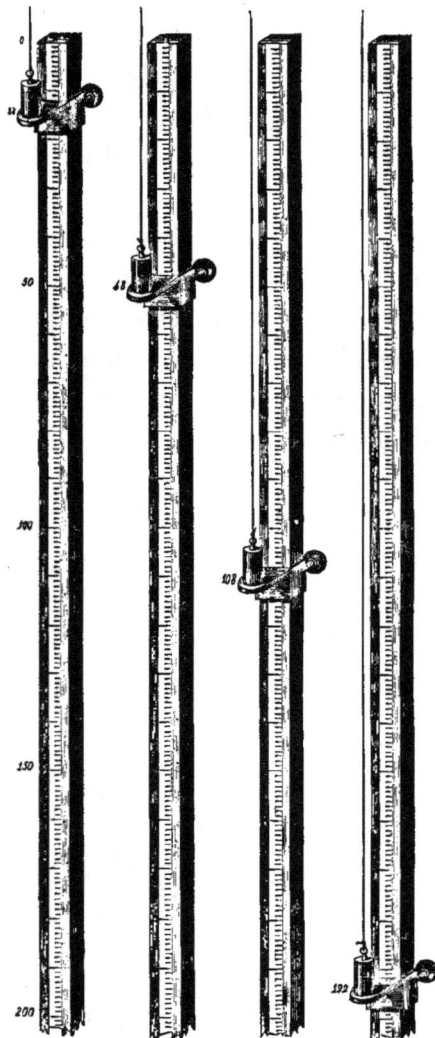

Fig. 37. — Étude expérimentale de la chute des corps. Loi des espaces parcourus.

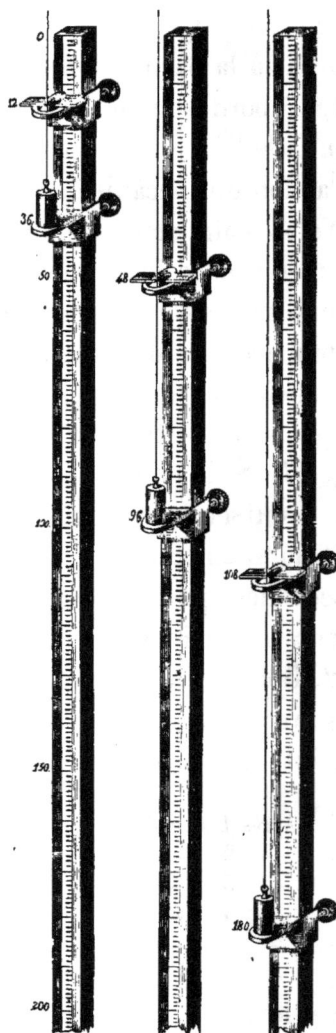

Fig. 38. — Étude expérimentale de la chute des corps. Loi des vitesses.

l'action de la pesanteur, sont proportionnels aux carrés des temps écoulés depuis l'origine de la chute.

Il reste à trouver la loi des vitesses, c'est-à-dire à savoir quelle est la vitesse acquise après 1, 2, 3, etc., secondes de chute. Tant que le corps qui tombe reste soumis à l'action de la pesanteur, cette vitesse va s'accroissant sans cesse à chaque instant de la durée, et par conséquent ne peut s'observer. Il faut, pour que cette observation soit possible, que l'action incessante de la pesanteur soit supprimée au moment même où commence la seconde suivante, et que le corps continue à se mouvoir ; mais alors il se meut uniformément et en vertu de la seule vitesse acquise.

Il importe de se bien pénétrer de ce qu'on entend par vitesse d'un corps qui tombe, ou en général d'un corps qui est entraîné par un mouvement accéléré. Cette vitesse, à un moment donné du mouvement, est l'espace que parcourrait le corps uniformément, dans chacune des secondes suivantes, si l'action de la force cessait de se produire et dès lors le mouvement de s'accélérer. Le curseur annulaire *p* de la machine d'Atwood permet de réaliser cette hypothèse. Il suffit de le fixer aux divisions que la première expérience a indiquées, puis de chercher par tâtonnements à quels endroits de la règle il faut successivement placer le curseur plein, pour que le poids débarrassé de son poids additionnel vienne le frapper au début de la seconde suivante.

L'expérience, en supposant que *p* ait la même masse que *p′*, donnera les nombres suivants : 36, 96, 180, etc. (voy. la fig. 38). Il résulte de là que la vitesse uniforme du corps grave, acquise après 1, 2, 3, etc., secondes de chute, est :

Après 1 seconde. . . . . de 24 centimètres;
   — 2   — 48   —
   — 7   — 72   —   etc.

La vitesse va en augmentant proportionnellement aux temps; la seconde loi qui régit la chute des corps graves s'énoncera donc ainsi :

Quand un corps tombe librement sous l'action de la pesanteur, sa vitesse s'accélère ; elle est, à un moment quelconque de la chute, *proportionnelle au temps écoulé depuis l'origine du mouvement*.

Il résulte aussi des mêmes expériences que la vitesse acquise après une seconde de chute est double de l'espace parcouru

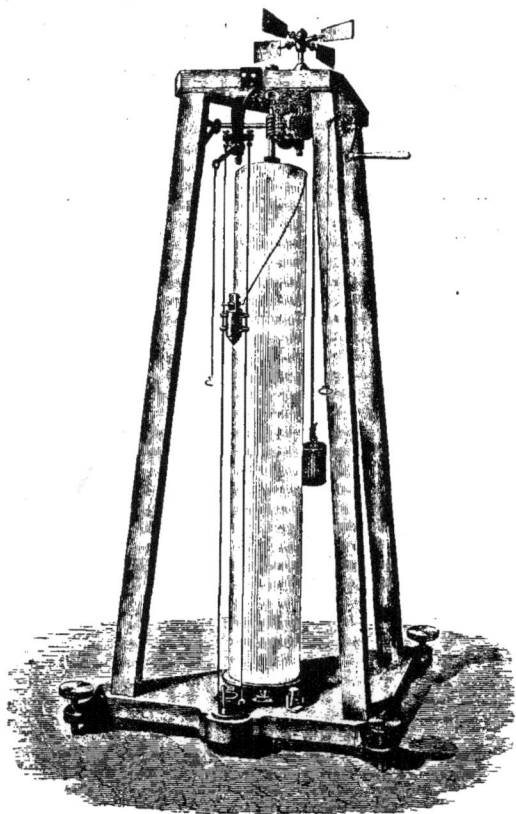

Fig. 39. — Étude expérimentale de la chute des corps. Machine de M. Morin.

pendant la première seconde; il est aisé de voir que cette conséquence est indépendante de l'unité de temps choisie.

Les mêmes lois se vérifient encore expérimentalement au moyen de la machine dite *à indications continues*, dont l'idée première est due à M. Poncelet, et qui a été réalisée par M. Morin. La figure 39 en représente une vue d'ensemble. Un poids de forme cylindro-conique descend librement le long de deux tringles verticales ; il est muni d'un crayon qui trace un trait continu sur une colonne recouverte d'une feuille de papier.

Si la colonne était immobile, le trait marqué par le poids dans sa chute serait une ligne droite verticale qui n'indiquerait rien sur les espaces parcourus pendant les secondes successives. Mais la colonne cylindrique tourne uniformément autour de son axe à l'aide d'un système de roues dentées mues par la descente d'un poids, et l'uniformité de la rotation est produite par un régulateur à palettes dont l'axe s'engrène avec les roues du système. Grâce à ce mouvement du cylindre et, par suite, du papier qui le recouvre, le crayon trace une courbe sur le papier, et c'est l'étude de cette courbe qui démontre la loi des espaces parcourus par le corps dans sa chute.

Or, en déroulant le papier, on trouve que la ligne tracée par le crayon est ce qu'on nomme en géométrie une moitié de *parabole* (fig. 40), dont la propriété fondamentale peut s'énoncer en ces termes :

Les distances des points successifs de la courbe à une perpendiculaire à l'axe, menée par son sommet, sont proportionnelles aux carrés des distances de ces mêmes points à l'axe lui-même.

La perpendiculaire à l'axe étant partagée en 5 parties égales, les 5 distances du sommet 0 aux points de division, 1, 2, 3, 4, 5, seront dans le rapport des nombres 1, 2, 3, 4 et 5 ; mais les cinq verticales parallèles seront dans le rapport des nombres 1, 4, 9, 16 et 25, c'est-à-dire proportionnelles aux carrés des premiers nombres.

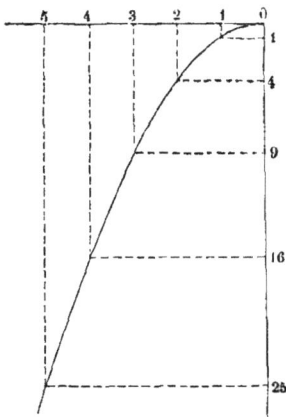

Fig. 40. — Parabole décrite par le poids dans sa chute.

Or, le cylindre ayant tourné uniformément, les portions égales de circonférence qui séparent les points de division de la ligne horizontale marquent les temps successifs de chute du poids de l'appareil, et les lignes verticales sont les espaces parcourus.

La loi des espaces se trouve ainsi vérifiée. Quant à la loi des vitesses, on démontre qu'elle est une conséquence directe de celle des espaces[1].

Le plan incliné de Galilée et la machine d'Atwood rendent possible l'observation et la constatation des lois de la chute des corps par des procédés qui ont pour objet de ralentir le mouvement du mobile. La machine de M. Morin laisse au mobile

---

1. Nous trouvons dans l'*Étincelle électrique* de M. Cazin la description d'une machine où le mouvement du corps pesant est enregistré graphiquement comme dans la machine Morin ; seulement, la courbe parabolique y est décrite par points successifs correspondant à autant de décharges électriques.

En voici, à titre de curiosité, la description :

« Un cylindre de métal, recouvert d'une feuille de papier, est placé verticalement, et reçoit d'un mouvement d'horlogerie une rotation uniforme autour de son axe (fig. 41). Ce cylindre communique avec l'un des pôles de la bobine de Ruhmkorff, munie de son interrupteur à vibrations rapides. Le corps pesant est un petit cylindre de plomb, terminé en cône à sa partie inférieure ; il est traversé par un fil de cuivre isolé, tendu verticalement à une petite distance du cylindre, et muni d'une pointe de platine qui est très près de la feuille de papier ; ce fil communique avec le second pôle de la bobine.

« Supposons que le corps pesant soit en repos, l'interrupteur fonctionnant : les étincelles vont se succéder rapidement entre la pointe et la surface du cylindre ; elles produiront une série de petits trous dans le papier, sur une circonférence horizontale.

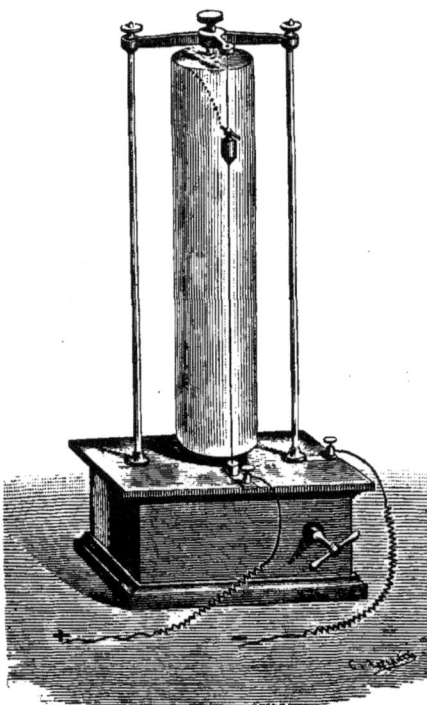

Fig. 41. — Application de l'*indicateur par étincelle* à la vérification de la loi de la chute des corps.

« Abandonnons le corps pesant à lui-même ; il tombera en glissant très légèrement le long du fil vertical, qui lui sert de guide, et la série de petits trous dessinera sur toute la hauteur parcourue une courbe parabolique qui résout le problème. »

toute sa vitesse, mais enregistre graphiquement les observations. Un autre appareil, dû à M. Bourbouze, participe aux avantages de ces deux procédés : il emprunte à la machine d'Atwood le principe du ralentissement de la chute, et à la machine de M. Morin celui de l'enregistrement des observations, sans toutefois que le procédé graphique soit le même. Il serait superflu d'insister sur cette invention ingénieuse, s'il ne s'agissait que de démontrer une fois de plus au lecteur quelles sont les lois de la chute des graves ; seulement il nous paraît éminemment utile de faire connaître les méthodes spéciales de démonstration imaginées par les physiciens, lorsqu'elles sont susceptibles d'être appliquées à la recherche et à la constatation des lois de phénomènes plus généraux.

La machine de M. Bourbouze est celle d'Atwood, légèrement modifiée en ce qui concerne la chute du corps grave, lequel est une masse additionnelle jointe au système de deux poids qui s'équilibrent dans toutes les phases de la chute. Mais la poulie ou roue à gorge, autour de laquelle s'enroule le fil qui supporte les deux poids, est montée sur le même axe qu'un cylindre entouré de papier noirci au noir de fumée.

Une lame élastique en fer doux L est pincée à son extrémité inférieure, de manière à pouvoir vibrer horizontalement, quand elle est écartée momentanément de sa position d'équilibre : en ce cas, on sait que ces oscillations, toutes isochrones, peuvent servir, par leur nombre, à mesurer le temps. Une pointe fine et flexible, dont l'autre extrémité de la lame est munie, trace, comme celle-ci, alternativement de droite à gauche et de gauche à droite, des lignes horizontales qui s'impriment en blanc sur le cylindre. Si ce cylindre tourne autour de son axe, les lignes dont nous parlons formeront à sa surface une série de sinuosités continues, dont le nombre sera le même que celui des oscillations : un même nombre quelconque de ces sinuosités correspondra donc toujours au même temps écoulé.

Si le cylindre a un mouvement de rotation uniforme, les sinuosités seront également espacées, ou, si l'on préfère, auront toutes même amplitude. Si, au contraire, ce mouvement n'est pas uniforme, s'il s'accélère, l'écartement des sinuosités s'agrandira

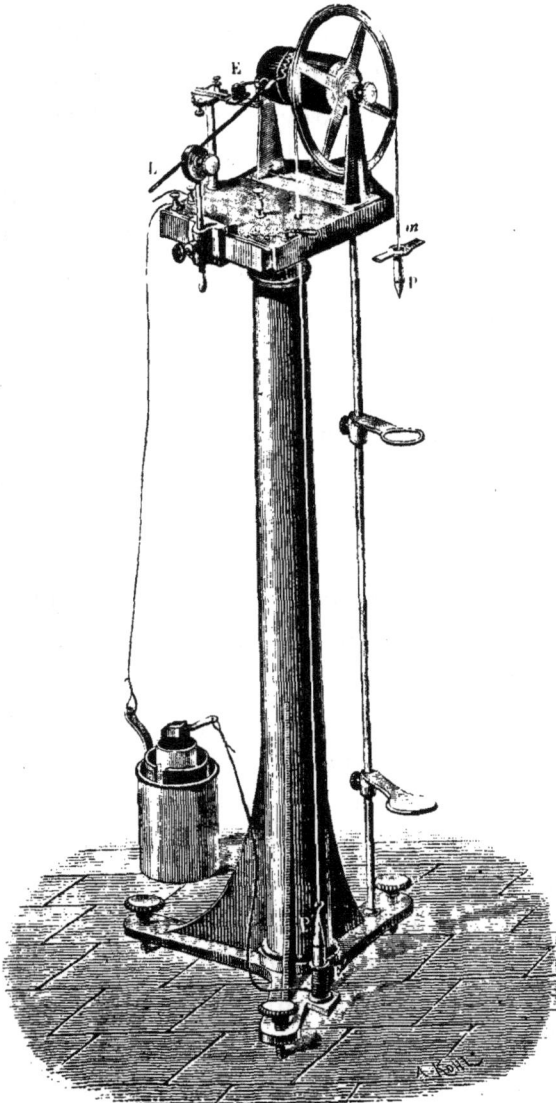

Fig. 42. — Machine de M. Bourbouze pour la vérification expérimentale des lois de la chute des corps.

en restant toujours proportionnel à la vitesse de rotation du cylindre. Or la vitesse de rotation est la même que celle de la poulie, qui elle-même varie avec la vitesse du mobile qui l'entraîne. Les espaces parcourus par un point de la circonférence du cylindre seront ainsi dans le même rapport que les espaces parcourus par le corps dans sa chute, et les lois des deux mouvements seront identiques.

Un mot maintenant de la façon dont on opère quand on veut vérifier les lois de la chute des graves, et des résultats graphiques qui les traduisent aux yeux et permettent d'en conserver les traces.

Le courant d'une pile passe dans deux électro-aimants situés l'un E à la partie supérieure de l'appareil, l'autre E′ à la partie inférieure. Sur ce dernier s'appuie la masse de fer P′ qui forme l'un des deux poids en équilibre suspendus au fil enroulé sur la gorge de la poulie. L'action attractive de cet électro-aimant retient le poids, l'empêche d'obéir au mouvement commun que donnerait au système PP′ la masse additionnelle *m*. L'autre électro-aimant E maintient la lame vibrante écartée de sa position d'équilibre.

Lorsqu'on veut commencer l'expérience, on interrompt brusquement le courant. Alors, d'une part, la masse P′ n'est plus retenue par l'aimant E′ ; le système est entraîné par l'action du poids additionnel, et la chute commence sous l'influence de la pesanteur diminuée. D'autre part, la lame vibrante, en revenant à sa position d'équilibre, la dépasse et exécute la série de ses oscillations : le temps, comme nous l'avons dit, est mesuré par la distance qui sépare, sur le cylindre, l'origine et la fin de chaque sinuosité ou oscillation enregistrée.

Supposons qu'on ait opéré de manière à laisser la chute s'accomplir, sous l'action continue du poids additionnel, dans toute la hauteur de l'appareil. En déroulant le papier du cylindre, la ligne sinueuse tracée par la lame vibrante va rendre aisée la vérification de la loi des espaces, ainsi que le montre la figure 43. On y constate que, pour des durées successives de la chute correspondant chacune à trois vibrations entières de la lame, les espaces parcourus sont comme les nombres 1, 3,

5, 7..... Donc ces espaces, comptés ou additionnés depuis l'origine du mouvement, sont comme les nombres 1, 4, 9, 16....., c'est-à-dire proportionnels aux carrés des temps.

S'agit-il de vérifier la loi des vitesses ou de leur proportionnalité aux durées de chute, alors on emploie le procédé d'Atwood, en interposant au point voulu l'anneau qui reçoit le poids moteur additionnel. A partir de ce moment, les vibrations enre-

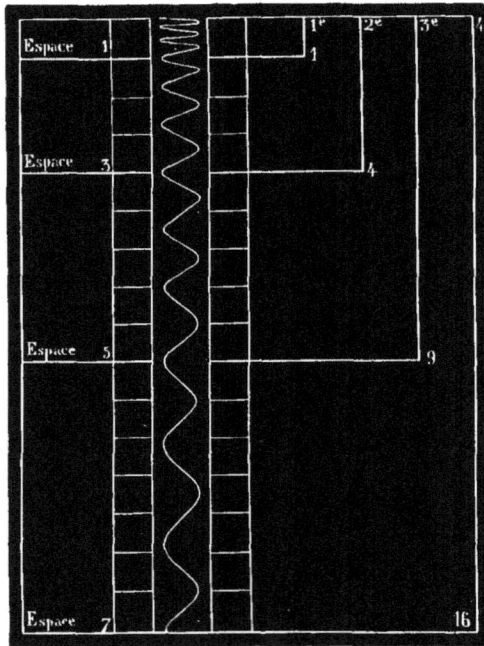

Fig. 43. — Tracé graphique de la loi des espaces dans le mouvement uniformément accéléré des graves.

gistrées conservent toutes la même amplitude, ce qui indique que le cylindre prend un mouvement de rotation uniforme. En comparant les séries ainsi obtenues après des temps de chute quelconques, on voit que les espaces qui correspondent à un même nombre de vibrations, sont proportionnels à ces temps. On peut, de plus, reconnaître que l'espace parcouru uniformément pendant un temps égal à celui de la chute est précisément double de celui que le corps pesant avait franchi pendant son mouvement accéléré. En un mot, la vitesse acquise à un instant donné est constamment double de l'espace par-couru depuis l'origine de la chute jusqu'à cet instant même.

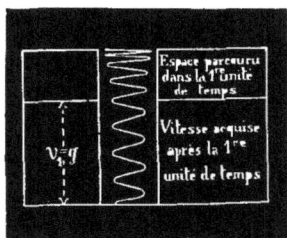

Fig. 44. — Loi des vitesses. Tracé graphique de la machine Bourbouze. Vitesse au bout de 1 seconde.

Les figures 44 et 45 sont la représentation graphique de la loi des vitesses.

M. Buignet, après avoir décrit les expériences qu'on peut faire avec l'appareil de M. Bourbouze, résume ainsi qu'on va le voir les avantages propres à ce mode ingé-nieux de vérification des lois de la chute des graves. Nous ne pouvons mieux faire que de nous appuyer ainsi sur l'auto-rité d'un savant et regretté physi-cien :

« L'appareil de M. Bourbouze, dit-il (dans ses *Manipulations de physique*), diffère de la machine d'Atwood et des autres appareils par quatre points essentiels qui le rendent éminemment précieux au point de vue pratique :

« 1° Il établit une coïncidence aussi parfaite qu'on puisse le dé-sirer entre l'origine du temps et l'origine de l'espace ;

« 2° Il permet de faire varier à volonté l'unité de temps, en don-nant toujours l'espace parcouru qui correspond à l'unité choisie. On peut ainsi, dans une même expérience et sur le tracé d'un même sillon, obtenir deux, trois

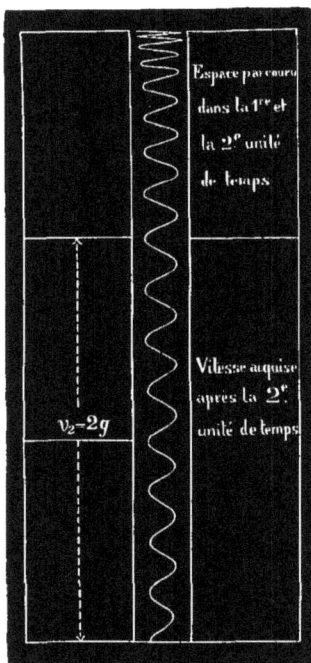

Fig. 45. — Loi des vitesses de la chute des graves. Vitesse au bout de 2 se-condes.

et même quatre vérifications de la loi qu'il s'agit de contrôler ;

« 3° En donnant à l'opérateur le moyen de réduire l'unité de temps, il lui donne par cela même le moyen de réduire la hauteur de l'appareil, circonstance qui le rend à la fois plus pratique et plus maniable ;

« 4° Enfin, il ne se borne pas à donner la démonstration expérimentale des lois de la chute des corps ; il inscrit lui-même ces lois sur le papier destiné à en recevoir l'empreinte, de telle sorte qu'une fois l'expérience terminée, on peut conserver de ces lois une image fidèle et parfaitement exacte[1]. »

1. Voici comment on procède pour cela. Chaque expérience terminée, on détache du cylindre le papier qui porte l'empreinte des vibrations de la lame, on le plonge dans l'éther pour fixer cette empreinte, que le frottement sur le noir de fumée effacerait bientôt, et on le colle sur une feuille de papier blanc, où l'on peut tracer les mesures nécessaires aux vérifications.

CHAPITRE V

LOIS DE LA PESANTEUR — LE PENDULE

§ 1. ISOCHRONISME DES OSCILLATIONS DU PENDULE.

Newton, assis un jour dans son jardin de Woolstrop, vit une pomme se détacher du sommet d'un arbre voisin et tomber à ses pieds. C'est ce fait si familier qui lui suggéra, dit-on, ses recherches profondes sur la nature de la pesanteur, et qui lui fit demander si cette action mystérieuse, à laquelle sont soumis tous les corps terrestres, quelle que soit leur hauteur dans l'atmosphère, au fond des vallées comme au sommet des plus hautes montagnes, ne s'étendait point jusqu'à la Lune. La solution de ce grand problème fut le résultat des efforts et des méditations de ce puissant génie; mais ce n'est que vingt années plus tard que fut enfin construit, dans sa majestueuse beauté, l'édifice dont Kepler, Galilée et Huygens avaient préparé les bases, que les successeurs de Newton achevèrent, et qui porte à son frontispice cette formule aujourd'hui triomphante : *gravitation universelle.*

L'anecdote, racontée par les biographes du grand homme, est-elle véridique? Il importe peu[1] : l'essentiel est qu'elle soit vraisemblable. Mais on se tromperait si l'on s'imaginait qu'elle fut de nature à diminuer la gloire du savant. De tels hasards

---

1. Bien qu'elle ait été contestée, elle a pour elle l'attestation d'un contemporain de Newton et d'un de ses amis particuliers, Pemberton. On trouve dans Voltaire (*Éléments de philosophie de Newton*) les lignes suivantes : « Un jour, en l'année 1686, Newton, retiré à la campagne, et voyant tomber des fruits d'un arbre, *à ce que m'a conté sa nièce* (madame Conduitt), se laissa aller à une méditation profonde sur la cause qui entraine ainsi tous les corps.... » Ces deux témoignages donnent évidemment au fait cité une grande vraisemblance.

s'étaient présentés des millions de fois avant Newton, à ses ancêtres comme à ses contemporains : un fait aussi banal que la chute d'une pomme ne pouvait susciter de telles pensées que chez un esprit rompu aux plus hautes spéculations, et mû par une volonté assez puissante pour *y penser toujours*.

Un fait analogue servit de point de départ aux recherches de Galilée sur le mouvement du pendule. C'est vers 1582 qu'à peine âgé de dix-huit ans, celui qui devait donner une si forte impulsion à la physique expérimentale, préludait à ses découvertes futures par l'observation suivante[1] : « Un jour qu'il assistait, peu attentif, il faut le croire, à une cérémonie religieuse dans la cathédrale, ses regards furent frappés par une lampe de bronze, chef-d'œuvre de Benvenuto Cellini, qui, suspendue à une longue corde, oscillait lentement devant l'autel. Peut-être, les yeux fixés sur ce métronome improvisé, mêla-t-il sa voix à celle des officiants : la lampe s'arrêta peu à peu, et, attentif à ses derniers mouvements, il reconnut qu'elle battait toujours la même mesure. » (J. Bertrand, *Galilée et ses travaux*.) C'est cette dernière circonstance qui frappa Galilée. La lampe, à mesure qu'approchait la fin de son mouvement, décrivait dans l'espace des arcs de plus en plus petits, et la durée des oscillations restait la même. Le savant philosophe italien répéta à plusieurs reprises l'expérience, et finit par découvrir le rapport qui existe entre cette durée et la longueur de la corde supportant le poids oscillant. Plus tard (en 1673), Huygens compléta cette belle découverte, et donna la loi mathématique des mouvements du pendule, en basant sa démonstration sur les lois de la chute des graves, telles que les avait formulées Galilée.

Cherchons à faire comprendre quelle est cette loi, et comment elle se rattache à la théorie de la pesanteur.

Concevons un point matériel et pesant, M', suspendu dans

---

1. Il étudiait alors la médecine à Pise, où quelques années plus tard, devenu professeur de mathématiques à l'Université, il entreprit la série d'expériences que nous avons relatées plus haut sur la pesanteur et découvrit la loi de la chute des graves.

le vide à l'une des extrémités d'un fil inextensible et sans pesanteur. Ce sont là des hypothèses irréalisables dans la pratique, mais accessibles à la théorie. Le fil étant fixé par son
extrémité supérieure, l'action de la pesanteur sur le point
matériel tendra le fil dans la direction de la verticale, et le
système tout entier restera en repos. Supposons maintenant
qu'on écarte le fil de sa position verticale, sans qu'il cesse
d'être en ligne droite, puis qu'on l'abandonne à lui-même dans
un espace vide d'air. Que se passera-t-il alors ?

La pesanteur, dans cette position nouvelle du fil, en AM,
continue d'agir sur le point matériel ; mais comme cette force
est toujours dirigée selon la verticale
et qu'il n'en est plus de même du
fil, la résistance de celui-ci ne peut
la détruire tout entière. Le point
matériel, sollicité, tombera donc ;
mais comme, d'autre part, le fil est
par hypothèse inextensible, la chute
ne pourra s'effectuer que le long
d'un arc de cercle ayant son centre
au point A de suspension, et pour
rayon la longueur AM du fil (fig. 46).

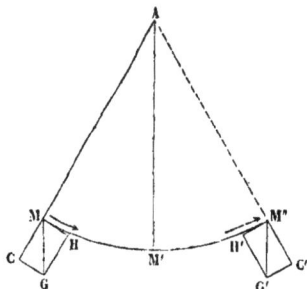

Fig. 46. — Mouvement oscillatoire
d'un pendule simple.

C'est comme si le point se trouvait sur un plan incliné, ayant
en M son sommet et d'une inclinaison de plus en plus petite :
le mouvement aura donc lieu sous l'impulsion d'une force continue mais non constante, puisqu'elle diminuera jusqu'au point
M', où, le fil coïncidant de nouveau avec la verticale, la composante de la pesanteur sera devenue nulle. Néanmoins la vitesse
du mobile n'aura cessé de s'accroître jusqu'à cette position
en M'. A partir de ce point, c'est en vertu de la vitesse acquise
que le mouvement continuera. Mais alors le point, remontant
le long de l'arc, la composante de la pesanteur exercera son
action en sens contraire du mouvement, et la vitesse repas-
sera, dans un ordre inverse, par des valeurs décroissantes,
jusqu'à ce que le point ait décrit un arc M'M'' égal au premier.

Arrivé en M″, à la hauteur du point M, la vitesse redeviendra nulle, et le mouvement cessera pour reprendre aussitôt. Il est maintenant aisé de comprendre, en effet, que le point matériel recommencera, en sens inverse, un mouvement analogue et parfaitement égal au premier, puisque les circonstances seront les mêmes. Ce serait le mouvement perpétuel, si les conditions supposées pouvaient être remplies.

L'instrument idéal que nous venons de décrire se nomme le *pendule*. On l'appelle *pendule simple*, par opposition aux pendules réels, mais *composés*, qu'on peut construire, et dont il est possible d'observer le mouvement. Le mouvement total de M en M″ se nomme une *oscillation*[1], et sa durée est naturellement le temps que met le mobile à parcourir l'oscillation entière. L'angle MAM″ des deux positions extrêmes, ou l'arc parcouru MM′M″, se nomme l'*amplitude* de l'oscillation.

Il est à peine besoin de dire que la perpétuité des oscillations ou du mouvement du pendule est purement théorique. Dans la réalité, il existe des causes multiples qui peu à peu détruisent le mouvement et finissent par arrêter le mobile : le corps suspendu n'est pas, en effet, un point matériel unique, mais une lentille ou une boule métallique, et la tige elle-même a un volume et une masse qui sont loin d'être nuls, de sorte que la résistance de l'air détruit une partie du mouvement du pendule à chaque oscillation. Ajoutez à ces causes de ralentissement et d'arrêt le frottement de la tige ou du couteau sur le plan de suspension. Néanmoins on est parvenu à rendre les lois du mouvement du pendule simple applicables aux oscillations des pendules composés, et à tenir compte des résistances qui proviennent de l'imperfection relative des appareils, exécutés d'ailleurs avec toute la précision possible.

Formulons donc ces lois, si importantes à connaître, et qui,

---

1. En Angleterre et en Allemagne les physiciens entendant par *oscillation* le double mouvement d'aller et de retour qui ramène le pendule à la même position : chaque oscillation est donc double de l'oscillation telle qu'elle est définie en France. On retrouvera la même différence de définition dans les vibrations sonores ou les ondulations lumineuses.

on le verra bientôt, font du pendule l'instrument par excellence pour la mesure du temps, l'indicateur le plus précis des irrégularités du sphéroïde terrestre ou des inégalités de structure de sa masse, et la balance à l'aide de laquelle on a pu peser notre planète et tous les corps de notre monde solaire.

C'est l'observation, nous l'avons vu, qui a fait connaître à Galilée l'isochronisme des oscillations pendulaires. Cet isochronisme est nécessaire dans l'hypothèse du pendule simple, puisque alors, l'amplitude ne variant point pendant toute la durée du mouvement, les arcs égaux sont évidemment parcourus pendant des temps égaux. Mais quand l'amplitude originelle n'est pas très petite, comme, dans la réalité, elle va en décroissant sous diverses influences, la durée des oscillations est elle-même variable et l'isochronisme disparaît.

Heureusement, la théorie démontre et l'expérience confirme la persistance de l'égalité de durée des oscillations quand leur amplitude est extrêmement petite. Voici en quels termes peut se formuler cette loi :

La durée des oscillations pendulaires infiniment petites est indépendante de leur amplitude : elle ne varie qu'avec la longueur du pendule et avec l'intensité de la pesanteur.

Supposons cette longueur et cette intensité constantes. Alors la loi précédente s'énonce ainsi :

Les oscillations très petites d'un pendule sont isochrones[1].

---

1. Cette égalité de durée pour des oscillations dont l'amplitude diminue de plus en plus, c'est-à-dire pour des chemins inégaux parcourus sous l'influence d'une force invariable, semble singulière au premier abord. Comme nous ne pouvons aborder ici la démonstration mathématique de la loi, il est bon de chercher à donner, approximativement du moins, la raison de l'égalité en question. Si l'on y réfléchit un peu, on comprendra qu'au moment où l'amplitude est double, par exemple, les fractions de l'arc total parcouru sont doubles en longueur de celles de l'arc correspondant à une amplitude moitié moindre. Mais les composantes de la pesanteur et les vitesses acquises en chaque point sont doubles aussi. Le pendule les décrit donc successivement les unes et les autres en des temps égaux. Dès lors la somme de ces durées élémentaires, en même nombre dans les deux cas, reste la même. Le raisonnement s'applique à des amplitudes inégales quelconques, mais à la condition que ces amplitudes soient très petites, parce que c'est dans cette hypothèse seule qu'il est permis de confondre l'arc avec son sinus, et qu'il y a proportionnalité entre les vitesses acquises ou les composantes de la pesanteur et les arcs à parcourir.

Qu'entend-on par très petites oscillations? Celles dont l'angle ne dépasse pas trois à quatre degrés.

§ 2. LOIS DES OSCILLATIONS DU PENDULE. — RAPPORT ENTRE LA LONGUEUR DU PENDULE ET LA DURÉE DES OSCILLATIONS.

La seconde loi qui régit les mouvements du pendule établit un rapport entre la durée des oscillations et la longueur du pendule. Imaginons une série de pendules dont le plus petit batte les secondes, et dont les autres effectuent chacune de leurs oscillations en 2, 3, 4.... secondes. Les longueurs de ces derniers seront 4 fois, 9, 16.... fois plus grandes que la longueur du premier. Des pendules qui marqueraient les 1/2, 1/3, 1/4 de seconde seraient, au contraire, 4, 9, 16.... fois moins longs que le premier. En un mot, les temps suivant la série des nombres simples, les longueurs suivent la série des carrés de ces nombres. C'est ce qu'on exprime d'une manière plus générale, en disant :

Les longueurs des pendules sont en raison directe des carrés des durées de leurs petites oscillations [1].

La théorie et l'observation s'accordent pour démontrer cette loi importante. Enfin, pour achever l'énoncé complet de la loi ou des lois des mouvements pendulaires, ajoutons que les durées des très petites oscillations varient quand l'intensité de la pesanteur varie (et nous verrons bientôt comment ont lieu ces variations). *Ces durées sont en raison inverse des racines carrées de l'intensité de la pesanteur.* Mais puisque nous venons de parler des vérifications expérimentales, et que nous savons qu'il est impossible de réaliser un *pendule simple,* il est temps de dire de quelle manière les lois de ce pendule idéal s'appliquent aux pendules réels ou *composés.*

Les pendules de ce genre sont ordinairement formés d'une lentille ou d'une boule sphérique en métal et d'une tige ajustée

---

1. Ou, ce qui revient au même, les durées des oscillations des pendules sont entre elles comme les racines carrées de leurs longueurs.

dans la direction du centre de figure de la sphère ou de la lentille. Cette tige vient s'encastrer, à sa partie supérieure, dans un couteau métallique tranchant qui repose par son arête horizontale, légèrement arrondie, sur un plan dur et poli, d'agate ou d'acier par exemple. Le plus souvent, la tige est terminée par une mince lame métallique flexible et élastique serrée dans une sorte d'étau fixe (fig. 47). Tels sont les pendules dont les oscillations donnent le mouvement aux horloges.

Dans un pareil système, ce qu'on entend par la longueur du pendule, n'est pas la distance du point ou de l'axe de suspension à l'extrémité inférieure de la boule pesante, mais, à peu de chose près, la distance entre ce point et le centre de figure de la boule, quand la tige du pendule est déliée, et que la boule est une sphère de métal très dense, par exemple une sphère de platine. Ce dernier point prend alors le nom de *centre d'oscillation*. Au lieu d'un point, c'est une ligne parallèle à l'axe de suspension, et qu'on nomme *axe d'oscillation*, si le pendule oscille, comme d'habitude, autour de l'arête

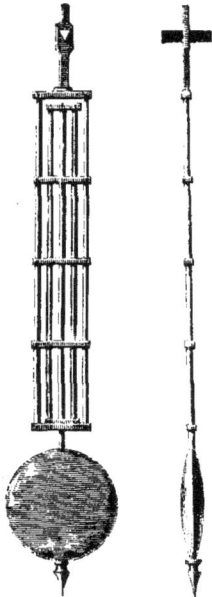

Fig. 47. — Pendule composé.

d'un couteau. Voici la raison de la distinction fondamentale relative à la définition de la *longueur du pendule* :

Dans le pendule simple, un seul point est matériel. Dans le pendule composé, il y en a une infinité, soit dans la tige, soit dans la boule métallique. C'est comme si l'on avait une suite de pendules simples de longueurs différentes, et assujettis à exécuter d'ensemble toutes leurs oscillations. Si tous ces pendules étaient libres, les durées des oscillations varieraient de l'un à l'autre, d'après la loi qui lie les longueurs à ces durées. Mais comme ils sont liés ensemble, le mouvement de chaque molécule se trouve accéléré pour les plus éloignées, ralenti pour les plus voisines du point ou de l'axe de suspension. Entre les unes et les autres il en est donc dont les durées d'oscillation sont précisément celles d'un pendule simple d'égale longueur. Le calcul apprend à trouver la position de ces molécules, c'est-à-dire le point ou la ligne que nous venons d'appeler centre ou axe d'oscillation.

Huygens a démontré une propriété curieuse du pendule composé, dont nous verrons bientôt l'application, et qui peut servir à trouver par expérience l'axe d'oscillation. Cette propriété est la suivante : Si, après avoir fait osciller un pendule composé autour de son axe de suspension, on détermine la durée d'une oscillation, et qu'ensuite on renverse le pendule en le faisant osciller autour de l'axe d'oscillation, la durée reste la même, de sorte que l'axe de suspension primitif est devenu l'axe d'oscillation, et réciproquement.

Le capitaine anglais Kater a le premier construit des pendules pouvant osciller à volonté autour de deux couteaux jouant alternativement le rôle d'axe de suspension et d'axe d'oscillation, leur distance étant la longueur du pendule simple ayant la même durée d'oscillation. L'un des couteaux étant mobile, on comprend qu'on trouve par expérience ou par tâtonnement la position précise où les durées d'oscillation sont égales. Un tel pendule a reçu le nom de *pendule réversible*.

Les relations qu'expriment les lois énoncées plus haut, supposent que le mouvement pendulaire a lieu dans le vide. Comme les observations se font dans l'air, il restait à savoir si la résistance de ce fluide modifie les durées d'oscillation et l'isochronisme. Or le calcul prouve que, si les amplitudes ou les écarts vont en diminuant par le fait de cette résistance, celle-ci ne change point la durée de l'oscillation. Chaque demi-oscillation descendante est accrue en durée, par le fait d'une diminution dans la vitesse, mais la demi-oscillation ascendante qui suit est réduite d'autant par la diminution d'amplitude, qui provient de la même résistance. L'isochronisme subsiste, ainsi que le rapport entre la durée d'oscillation, la longueur du pendule et l'intensité de la pesanteur.

La présence de l'air, à la vérité, altère d'une autre façon le mouvement du pendule, tel qu'il aurait lieu dans le vide. On verra en effet, par la suite, que tout corps plongé dans un fluide[1] perd une certaine partie de son poids, sous l'action d'une poussée agissant de bas en haut, de sorte que c'est comme si l'intensité de la pesanteur se trouvait diminuée. De plus, cette perte de poids n'est pas la même pour un corps à l'état de mouvement que pour un corps en repos. Il y aura donc une correction à faire, pour rendre comparables les observations des pendules en les ramenant *au vide*, et cette correction dépendra de la densité de la matière formant le pendule, comparée à celle de l'air.

Nous verrons plus loin quelles importantes applications ont été faites des lois des oscillations pendulaires à divers problèmes de physique terrestre, tels que la détermination de l'intensité de la pesanteur et de ses variations, celle de la densité du globe, la vérification des mesures géodésiques, et enfin la constatation du mouvement de rotation de la Terre. Quant aux applications du pendule à la mesure du temps, elles seront l'objet d'un paragraphe spécial dans la seconde partie de ce volume.

Les anciens et les modernes jusqu'à Galilée avaient sur la pesanteur et sur son mode d'action, comme sur les phénomènes de mouvement auxquels cette action donne lieu, des idées erronées : nous avons eu l'occasion de les rappeler. On a vu aussi comment les expériences du savant florentin ont rectifié ces notions, comment il est parvenu à reconnaître que l'inégalité de vitesse, dans la chute, était due à la résistance du milieu. Newton, par sa fameuse expérience de la chute des corps dans le vide, a confirmé l'induction tirée d'observations nécessairement grossières et imparfaites. Mais dans le tube où l'on peut observer le fait de la vitesse égale de masses inégales et de substances fort différentes, il n'est pas aisé de montrer avec

1. Voyez le chapitre VI, § 5, sur le *principe d'Archimède*.

une grande précision les petites inégalités qui pourraient caractériser des mouvements très rapides. L'observation du pendule permit à Newton de lever cette difficulté. Il se servit, dans ce but, de boules de bois creuses de même diamètre, qu'il suspendit à des fils de même longueur; puis il les fit osciller après y avoir introduit des poids égaux de diverses substances, bois, fer, or, verre, sel, etc. Dans ces conditions, la résistance de l'air au mouvement des pendules ainsi formés est partout la même, et si la pesanteur agissait sur les corps suivant une autre raison que celle des masses, il est clair que la durée des oscillations eût été différente pour chaque sorte de pendule. Or l'expérience faite par Newton fit voir que le nombre d'oscillations en un même temps était toujours le même.

Des expériences analogues ont été reprises depuis par le célèbre Bessel, qui trouva, toutes corrections faites, que des pendules synchrones, fabriqués avec les substances les plus diverses, métaux, minéraux, ivoires, ont identiquement la même longueur.

Une des premières applications scientifiques de l'isochronisme des oscillations pendulaires est due à Galilée lui-même, qui s'en servit pour la mesure des petites durées, pour comparer celle des pulsations du pouls. Le *pulsilogue* — tel est le nom donné au petit appareil qu'il construisit dans ce but — précéda de beaucoup la belle invention d'Huygens [1] dont nous parlerons plus loin.

---

1. « La première application à laquelle songea Galilée, a dit M. Bertrand, fût inspirée par ses études de médecine. On tâtait depuis longtemps le pouls aux malades, et pour désigner le résultat de cet examen, la langue médicale, Molière nous l'apprend, était même d'une grande richesse ; mais on ne mesurait pas, faute d'instruments convenables, la durée exacte d'une pulsation. Galilée songea à la comparer à celle des oscillations d'un pendule. Une disposition facile à imaginer permettait d'allonger ou de raccourcir le fil de suspension pour obtenir l'accord désiré, et lorsqu'un malade avait la fièvre, au lieu de dire comme aujourd'hui : Son pouls bat cent quarante pulsations par minute, on disait : Il marque six pouces trois lignes au pulsilogue. Plusieurs médecins célèbres s'empressèrent d'adopter cette idée, et quelques-uns lui firent même l'honneur de se l'approprier. » Le métronome qui sert à marquer les divers degrés du mouvement dans l'exécution des morceaux de musique, a la plus grande analogie avec le pulsilogue de Galilée.

CHAPITRE VI

LA PESANTEUR DANS LES LIQUIDES

§ 1. PROPRIÉTÉS DES CORPS A L'ÉTAT LIQUIDE.

Les phénomènes les plus curieux, les plus dignes d'attirer notre attention, se passent journellement sous nos yeux, sans que nous y prenions garde, à plus forte raison sans que nous cherchions à nous rendre compte des circonstances susceptibles de les produire. Telles sont, par exemple, les diverses apparences sous lesquelles nous voyons les corps, tantôt solides, tantôt liquides ou gazeux, quelquefois passant successivement par ces trois états. En quoi la glace diffère-t-elle de l'eau, et comment cette dernière se transforme-t-elle en vapeur? Quelle différence y a-t-il entre les arrangements des molécules qui constituent ces trois formes d'une même substance? Ce sont là des questions d'une solution très difficile, sur lesquelles la science possède un petit nombre de données que nous aurons l'occasion de passer en revue dans les divers chapitres de cet ouvrage : bornons-nous maintenant à compléter ce que nous avons dit déjà des propriétés spéciales aux corps liquides comparées à celles des corps solides, et à préciser les notions nécessaires à l'intelligence des phénomènes que nous allons décrire.

Ce qui distingue un corps solide, avons-nous dit, c'est la constance de sa forme, quand ce corps n'est pas soumis à des forces mécaniques ou physiques susceptibles de le briser, ou de le faire passer à un nouvel état. Considérons une pierre ou un morceau de métal. Ses molécules sont tellement solidaires, qu'elles conservent leurs mutuelles distances, ne se séparant les unes des autres que sous un effort extérieur plus ou moins énergique. Il en résulte que la position du centre de gravité du corps reste invariable, et que si la pierre reçoit un mouvement quelconque, est lancée dans l'espace, ou tombe sous l'action de la pesanteur, toutes ses molécules participeront à la fois et de la même manière au mouvement. On nomme *cohésion*[1] la force qui réunit ainsi les unes aux autres les diverses molécules d'un corps.

Il arrive bien, quand un corps solide est réduit en particules très fines, en poudre très ténue, que la cohésion dont il s'agit paraît, sinon annulée, du moins diminuée considérablement. C'est ainsi qu'on a de la peine à maintenir un monceau de sable en forme de cône un peu élevé : les grains glissent les uns sur les autres, et leur mouvement le long des talus de la masse a quelque analogie avec l'écoulement d'un liquide sur une pente. Cette analogie paraît plus sensible encore quand on emplit d'une poudre fine un vase dont le fond est percé d'un trou. L'écoulement se fait comme s'il s'agissait d'une masse liquide (fig. 48). Mais la ressemblance n'est qu'apparente, car chaque grain, quelque petit qu'il soit, est une masse qui jouit de toutes les propriétés des corps solides, et qui, en effet, n'en diffère nullement.

Fig. 48. — Écoulement des matières pulvérulentes.

Quel est donc, au point de vue physique, le caractère spécial qui différencie les liquides et les solides?

C'est que, tandis que, dans ces derniers, la cohésion moléculaire est assez forte pour empêcher le

1. La cohésion doit être avec soin distinguée de cette autre force qui unit entre eux les atomes des substances hétérogènes. Ainsi, les particules les plus ténues d'un morceau de craie sont réunies par la *cohésion*; mais c'est l'*affinité* qui a produit l'union chimique des atomes d'acide carbonique et de chaux dont les particules de craie sont formées; et c'est encore l'affinité qui a produit l'union de l'oxygène avec le carbone pour donner naissance à l'acide carbonique, et de l'oxygène avec le calcium pour former la chaux.

mouvement de leurs diverses parties, dans les liquides, au contraire, cette force est nulle ou presque nulle. De là l'extrême mobilité de leurs molécules, qui glissent ou roulent les unes sur les autres sous l'action de la plus petite force. Grâce à cette mobilité, une masse liquide n'a par elle-même aucune forme définie : elle prend, dès qu'elle est en équilibre, la forme du vase ou du bassin naturel qui la contient, et dont les parois l'empêchent de se mouvoir sous l'action de la pesanteur.

Ce n'est pas à dire pour cela que la cohésion soit tout à fait nulle. En effet, quand une masse liquide est en mouvement, ses molécules changent de place, mais ne sont point isolées, séparées, comme dans une masse pulvérulente ; les distances des molécules ne changent pas, et si la forme se modifie, le volume reste invariable. Quand on applique un disque solide à la surface d'un liquide qui le mouille (fig. 49), il faut un certain effort pour les séparer, et la couche liquide que le disque emporte avec lui montre bien que cet effort a été nécessité par

Fig. 49. — Cohésion des molécules liquides.

la force qui unissait entre elles les molécules liquides. Il en serait de même si l'on trempait une baguette dans un liquide susceptible de mouiller la substance dont la baguette est formée. En la retirant, on verrait qu'une goutte liquide reste suspendue à son extrémité. Enfin, la forme sphérique que présentent les gouttelettes de rosée déposées sur les feuilles, ou de petites gouttes de mercure répandues sur une surface solide (fig. 50 et 51), ne s'explique que par la prépondérance de la cohésion moléculaire sur la pesanteur, qui tendrait sans cela à étaler les petites masses liquides dont nous parlons, sur les surfaces qui les soutiennent. Toutefois la cohésion est très faible, comme le prouvent la mobilité des molécules et la facilité avec laquelle cette cohésion est vaincue : une masse d'eau pro-

jetée d'une certaine hauteur tombe sur le sol sous une forme
pulvérulente, due, comme nous l'avons déjà dit, à la résistance
de l'air. Du reste, il y a une grande différence, sous ce rapport,
entre les divers liquides. Les uns sont visqueux, et leurs molécules ne se déplacent qu'avec lenteur, mettant un certain temps
à prendre la forme des vases qui les renferment : telles sont les
résines, tel est le soufre à certaines températures. Les corps
mous forment ainsi comme une transition entre les solides et
les liquides[1]. D'autres corps, les éthers, les alcools, possèdent
un très haut degré de liquidité, et même passent avec la plus
grande facilité à l'état de vapeur. Enfin, il en est un certain

Fig. 50. — Forme sphérique
des gouttes de rosée.

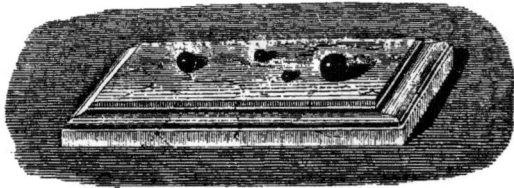

Fig. 51. — Cohésion des molécules : gouttelettes
de mercure.

nombre, comme l'eau, dont le degré de liquidité est moyen
entre ces deux extrêmes. Nous verrons plus loin que la chaleur ou la pression ont sur ces divers états une influence très
importante. Quoi qu'il en soit de ces différences, les phénomènes que nous allons passer en revue se manifestent dans
tous les corps liquides, à des degrés qui varient avec leur
liquidité plus ou moins parfaite.

1. La cohésion des molécules qui forment les corps solides peut être vaincue par une
pression suffisante. Des expériences d'un grand intérêt, dues à M. Tresca, ont mis en évidence ce fait, en apparence paradoxal, que les solides les plus durs, les plus denses, peuvent,
sans changer d'état, s'écouler à la manière des liquides, quand on les soumet à de très fortes
pressions.

Tout le monde connaît les célèbres expériences exécutées à la fin du dix-huitième siècle par les physiciens de l'Académie del Cimento de Florence sur la compressibilité des liquides. L'eau, ou en général une masse liquide quelconque, change-t-elle de volume quand on la soumet à une pression mécanique suffisamment considérable? Telle est la question que ces savants se posèrent et crurent avoir résolue négativement. Ils firent fabriquer une sphère d'argent creuse, la remplirent d'eau et la fermèrent ensuite hermétiquement. L'ayant alors énergiquement comprimée, ils virent l'eau suinter à travers ses parois. Ils firent d'autres expériences qui aboutirent au même résultat, et ils en conclurent que les liquides ne diminuent pas de volume sous l'action des forces mécaniques les plus grandes, ou, ce qui revient au même, sont incompressibles.

Mais des expériences plus récentes ont infirmé celles des académiciens de Florence. La compressibilité de l'eau et de plusieurs autres liquides a été constatée. Canton en 1761, Perkins en 1819, Œrstedt en 1823, et depuis, Despretz, Colladon et Sturm, Wertheim, Regnault, ont mesuré avec une précision de plus en plus grande la diminution de volume qu'éprouvent divers liquides soumis à une pression déterminée. Toutefois nous verrons plus tard que cette diminution est extrêmement faible, de sorte qu'on peut n'en pas tenir compte dans l'étude des phénomènes d'hydrostatique. Arrivons donc à la description des principaux de ces phénomènes.

Imaginez deux cylindres inégaux en diamètre et communiquant à leurs bases par un tube (fig. 52). Deux pistons parfaitement calibrés peuvent se mouvoir librement à l'intérieur de chacun d'eux, et toute la capacité du tube et des cylindres comprise au-dessous des pistons est remplie d'eau. En cet état, pour qu'il y ait équilibre dans l'appareil, l'expérience prouve que, si la charge du piston du petit cylindre, jointe à son propre poids, est par exemple de 1 kilogramme, le piston le plus grand devra être chargé, son poids compris, d'autant de fois 1 kilogramme que la surface de section du grand cylindre vaudra de fois la surface de section du petit. Dans l'exemple représenté par la figure 52, 1 kilogramme fait équilibre à 16 kilogrammes.

Les choses ne se passent-elles pas exactement ici comme si la pression exercée sur la surface du petit cylindre s'était transmise, sans changer d'énergie, à travers le liquide sur chaque élément égal de la surface du grand cylindre?

Tel est en effet le principe sur lequel repose la construction d'une machine

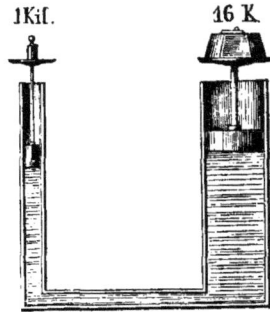

Fig. 52. — Principe de la presse hydraulique.

d'une grande utilité dans l'industrie, que nous décrirons dans les applications de la pesanteur, et qui est connue sous le nom de *presse hydraulique*.

C'est à Pascal qu'est due la découverte de ce principe, conséquence de la mobilité et de l'élasticité des molécules liquides[1]. En voici l'énoncé général :

Toute pression exercée sur un liquide enfermé dans un vase clos de toutes parts se transmet avec la même énergie dans tous les sens. Il faut entendre par là que, si l'on prend dans le liquide ou sur les parois intérieures du vase une surface égale à celle par laquelle s'exerce la pression, cette surface éprouvera une pression rigoureusement égale à la première ; si la surface qui reçoit la pression est double, triple, quadruple, etc., de celle qui la transmet, elle supportera une pression double, triple, quadruple.

1. Pascal se proposait d'écrire un grand traité où toutes les questions relatives à l'équilibre des liquides, au vide et à la pression de l'air, devaient être exposées. Il n'est resté que deux petits traités, qui ont été publiés en 1663, un an après la mort de Pascal. L'un est le *Traité de l'équilibre des liqueurs;* c'est celui où se trouvent exposés le principe et les expériences dont il est question ici. L'autre est intitulé : *Traité de la pesanteur de la masse de l'air.*

Dès lors, si l'on ouvre dans les parois du vase des orifices de dimensions quelconques, il faudra, pour maintenir l'équilibre, exercer sur les pistons qui ferment ces orifices des pressions proportionnelles à leur superficie (fig. 55). L'énoncé du principe suppose que le liquide n'est pas pesant, ou qu'on fait abstraction de la pesanteur. Pour qu'il soit vérifiable par l'expérience, il faut, en évaluant les pressions exercées ou transmises, tenir compte des pressions qui proviennent de la pesanteur, pressions que le liquide exerce sur lui-même ou sur les parois du vase par son propre poids. L'expérience indiquée plus haut (fig. 52), et réalisée industriel-

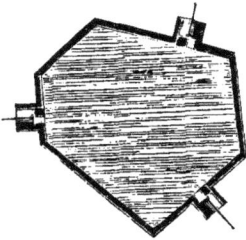

Fig. 55.—La pression exercée en un point d'une masse liquide se transmet également dans tous les sens.

lement dans la presse hydraulique, est une conséquence évidente du principe de Pascal.

Nous avons vu, et c'est un fait d'observation que tout le monde peut vérifier, que la direction du fil à plomb est perpendiculaire à la surface d'un liquide en repos. Il est facile de comprendre qu'il n'en pouvait être autrement.

En effet, quand, par une cause quelconque, la surface d'une masse liquide n'est point plane et horizontale, une molécule telle que M (fig. 54) se trouve placée comme sur un plan incliné, et, en vertu de la mobilité propre aux liquides, elle tend à glisser le long de ce plan sous l'influence de son propre poids ; l'équilibre sera impossible jusqu'à ce que, la cause de l'agitation du liquide venant à cesser, peu à peu sa surface se

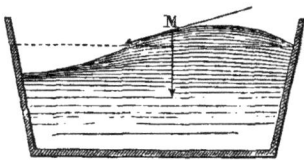

Fig. 54. — La surface des liquides en équilibre est horizontale.

nivelle, et devienne rigoureusement plane et horizontale. Les grandes surfaces liquides des mers, des lacs et même des étangs sont rarement en repos. Les agitations de l'air, grands vents ou brises légères, suffisent pour produire cette multitude de proéminences mobiles qu'on nomme vagues, lames ou simples rides. Mais si, au lieu de ne considérer qu'une portion restreinte, on embrasse par la vue ou par la pensée une étendue d'un rayon suffisant, ou si l'on contemple cette étendue d'une distance un peu considérable, les inégalités s'effacent dans l'ensemble, la masse liquide reste en repos, et sa surface paraît sensiblement un plan horizontal.

Il faut toutefois nous rappeler que la Terre est sphéroïdale, que les verticales des différents lieux ne sont pas parallèles, que la surface véritable des mers et des grands lacs participe de sa courbure, ainsi que le témoignent divers phénomènes optiques que nous avons décrits dans un de nos précédents ouvrages (LE CIEL). Mais cela même ne fait que confirmer la condition essentielle de l'équilibre d'une masse liquide contenue dans un vase et soumise à la seule action de la pesanteur.

La surface extérieure du liquide en équilibre est donc toujours de niveau, ou, si l'on veut, plane et horizontale. Voilà pour l'extérieur. Voyons maintenant ce qui se passe à l'intérieur.

§ 3. PRESSION DES LIQUIDES SUR LE FOND DES VASES.

Chaque molécule liquide étant pesante, son poids peut être considéré comme une pression s'exerçant verticalement, et devant se transmettre dans tous les sens aux autres parties du liquide, ainsi qu'aux parois du vase qui le contient. Quelle est la résultante des pressions de toutes les molécules? L'expérience va nous répondre.

Prenons un vase cylindrique, sans fond, supporté par un trépied d'une certaine hauteur (fig. 55). Un disque plat soutenu par un fil attaché à l'un des bras d'une balance, en guise de plateau, vient s'appliquer exactement sur les bords inférieurs du cylindre, de manière à lui servir de fond. On établit dans l'autre plateau une tare égale à la différence de son poids avec celui du disque; enfin on ajoute des poids marqués qui pressent alors le disque ou obturateur sur les bords du cylindre;

puis on verse de l'eau dans ce dernier. La pression du liquide
sur le fond mobile peu à peu augmente ; quand elle est devenue
égale aux poids ajoutés, le moindre excès de liquide fait détacher l'obturateur, et l'eau s'écoule. Mais la pression diminue
par cet écoulement, et le disque vient se coller de nouveau au
cylindre. Une pointe qui affleure la surface de l'eau marque
son niveau au moment de l'équilibre.

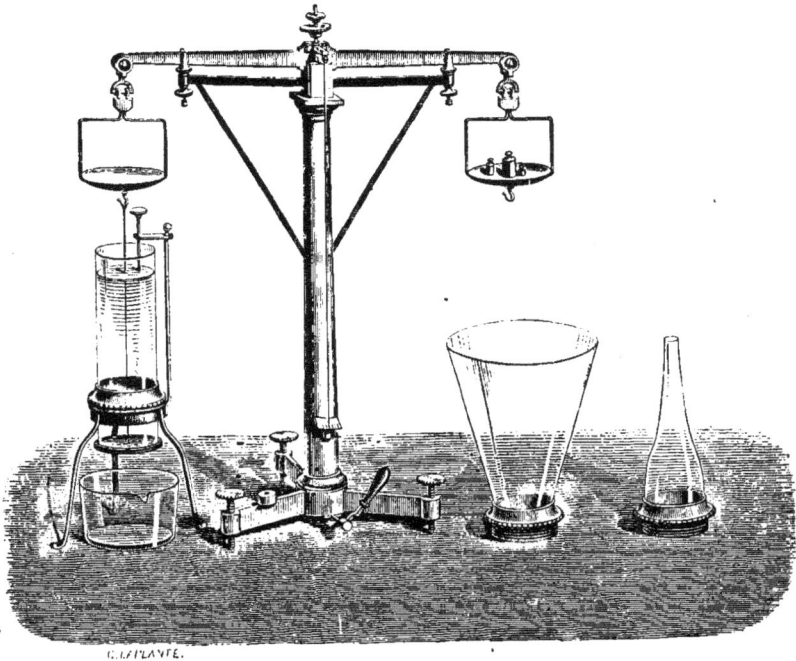

Fig. 55. — Pression d'un liquide sur le fond du vase qui le contient.

On trouve, par cette première expérience, comme on devait
s'y attendre d'ailleurs, que *la pression exercée sur le fond du
vase est précisément égale au poids du liquide.*

Si maintenant on répète l'expérience avec un vase de même
fond que le cylindre, mais évasé par le haut, et par conséquent
d'un beaucoup plus grand volume, on trouve identiquement le
même résultat, c'est-à-dire que les mêmes poids font équilibre
à une colonne de liquide de même hauteur. Le résultat est en-

core le même si le vase est évidé par le haut, pourvu que la
surface de la base ou du fond reste la même.

Ainsi, la pression exercée par le poids d'un liquide sur le
fond du vase qui le contient, est indépendante de la forme du
vase, proportionnelle à la hauteur du liquide, égale enfin au
poids d'un cylindre liquide ayant pour base le fond et même
hauteur.

La démonstration expérimentale de la première partie de cette

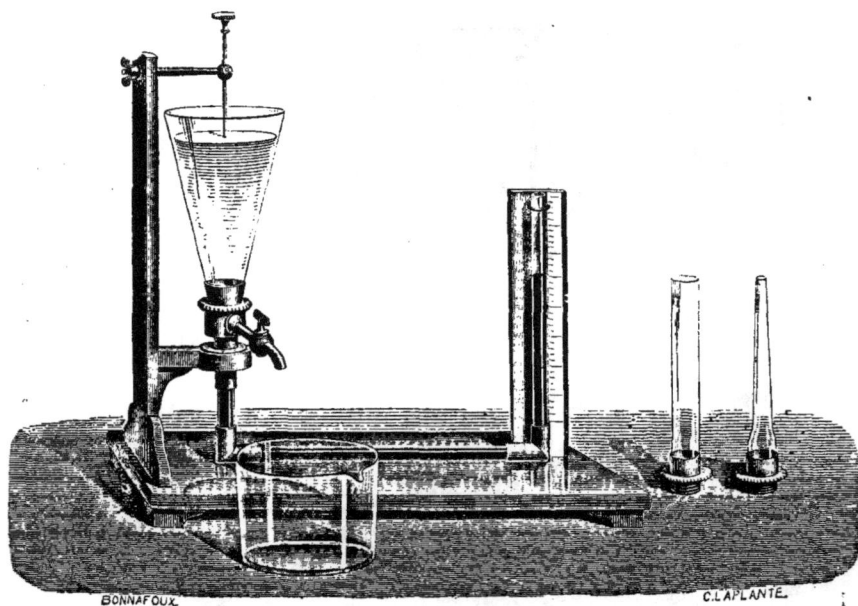

Fig. 56. — Pression d'un liquide sur le fond d'un vase ; appareil de Haldat.

loi se fait encore à l'aide de l'appareil de Haldat ; mais la mesure
de la pression n'est pas donnée directement, comme dans la
première méthode. Cette pression se manifeste alors par l'élévation d'une colonne de mercure dans un tube recourbé verticalement, comme le montre la figure 56.

Si, au lieu de chercher la valeur de la pression sur le fond
du vase, on voulait connaître celle exercée à la surface d'une
couche liquide intérieure, ou contre les parois latérales du vase,
on trouverait que cette pression est la même, à égalité de sur-

face, et à la même profondeur; elle se mesure aussi par le poids d'une colonne liquide verticale, ayant la surface pressée pour base, et pour hauteur celle du liquide.

L'expérience suivante démontre la loi pour le cas d'une surface prise sur une couche horizontale intérieure.

Un cylindre ouvert aux deux bouts et muni d'un disque ou obturateur mobile qui lui sert de fond, est plongé verticalement dans un vase plein d'eau (fig. 57). La main est obligée d'exercer un effort pour introduire le cylindre, ce qui montre que le liquide exerce, de bas en haut, une pression ou *poussée* qui maintient l'obturateur contre les bords du cylindre, et empêche l'eau de s'y introduire. Si alors on verse de l'eau dans le tube, l'équilibre persiste tant que le niveau intérieur est moins élevé que le niveau extérieur. Au moment où l'égalité de niveau est atteinte — un peu auparavant toutefois, à cause du poids du disque — ce dernier cède, et l'équilibre est rompu. Le même résultat se produit toujours, quelle que soit la profondeur à laquelle le cylindre plonge. De là cette loi :

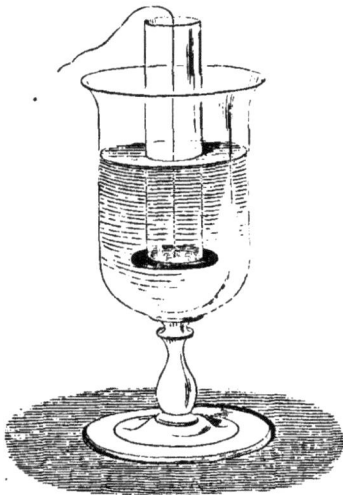

Fig. 57. — Pression d'une masse liquide sur une couche horizontale.

Dans un liquide en équilibre sous la seule action de la pesanteur, la pression en un point quelconque d'une même couche horizontale est constante; elle se mesure par le poids d'une colonne liquide ayant pour base l'élément de surface pressé, et pour hauteur la profondeur verticale de la couche.

Les pressions latérales sur les parois se mesurent de la même manière. Il faut ajouter que leur effort s'exerce toujours normalement, c'est-à-dire perpendiculairement à la surface de ces parois, de sorte qu'elles s'exercent en sens inverse de la pesanteur si la paroi est horizontale et supérieure au liquide. Voici des expériences qui constatent l'existence et le sens de ces pressions. Un cylindre (fig. 58) est terminé par une sphère métallique très mince percée de trous dans toutes les directions. Si on le remplit d'eau, on voit celle-ci jaillir par tous les orifices, et la direction du jet est toujours normale à la portion de surface d'où il s'échappe. Dans les pompes d'arrosoir, l'eau jaillit en vertu de cette propriété qu'ont les liquides de presser latéralement les parois des vases qui les renferment.

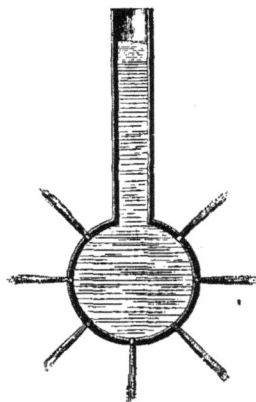

Fig. 58. — Pression des liquides normale aux parois des vases.

Le tourniquet hydraulique montre à la fois la pression latérale s'exerçant dans deux sens opposés et aux deux extrémités d'un tube horizontal doublement coudé (fig. 59). Si ce tube n'était point ouvert, la pression latérale sur le bout serait contre-balancée par une

Fig. 59. — Tourniquet hydraulique.

pression égale et contraire sur le coude : le tube resterait mimobile. Mais l'orifice pratiqué à chaque extrémité détermine deux jets de liquide, et la pression sur chaque coude n'est plus contre-balancée, de sorte qu'il en résulte un mouvement de recul et par suite de rotation du tube.

Les pressions, latérales ou autres, exercées normalement aux parois, expliquent ce qu'on pourrait trouver de singulier dans l'égalité de pression sur les fonds de vases de différentes formes. Dans un vase conique évasé, ce sont les parois latérales qui supportent l'excès du poids total du liquide sur celui du cylindre mesurant la pression sur le fond. Dans un vase évidé, les parois subissent des pressions dans une direction opposée à celle de la pesanteur, et dont la somme est précisément égale

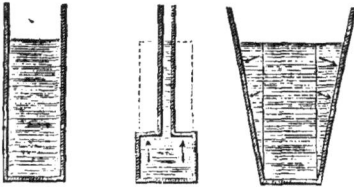

Fig. 60. — Paradoxe hydrostatique.

à ce qui manque au volume liquide pour former le cylindre dont le poids équivaut à la pression sur le fond horizontal du vase (fig. 60).

Ainsi s'explique ce phénomène, qui paraît singulier au premier abord, de colonnes liquides, si différentes de poids quand on les évalue sur le plateau d'une balance, et donnant la même pression sur l'unité de surface du fond des vases, à égalité de hauteur des liquides. Pascal a mis en évidence ce fait, qu'on nomme le *paradoxe hydrostatique*, par une curieuse expérience : il fit éclater les douves d'un tonneau solidement construit et rempli d'eau, dont la bonde était surmontée d'un tube très étroit et très élevé, et cela simplement en remplissant d'eau ce tube, c'est-à-dire en ajoutant au poids total un poids insignifiant (fig. 61). Les parois du tonneau se trouvaient supporter alors les mêmes pressions que si elles eussent été surmontées d'une masse d'eau ayant même base que la surface du tonneau et même hauteur que le niveau du tube. Un kilogramme d'eau peut produire de la sorte le même effet que des milliers de kilogrammes.

Si dans un même vase on introduit des liquides de densités

diverses, non susceptibles de se mélanger, par exemple du
mercure, de l'eau, de l'huile, ces liquides se rangent par ordre
de densité. De plus, quand l'équilibre est établi (fig. 62), les
surfaces de séparation sont planes et horizontales. Ce fait d'ex-

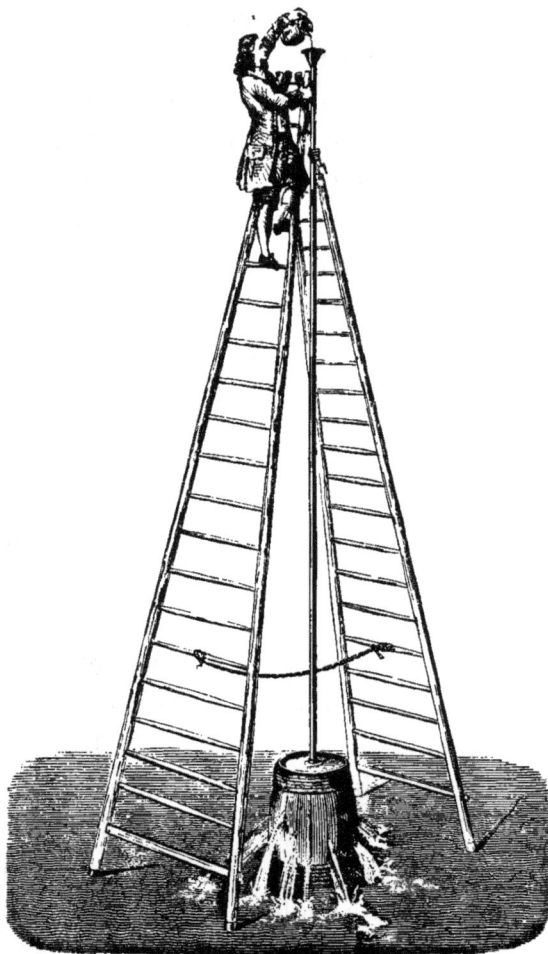

Fig. 61. — Paradoxe hydrostatique, crève-tonneau de Pascal.

périence pouvait se prévoir par le raisonnement, car l'équilibre
d'un liquide isolé exigeant, comme nous l'avons vu, l'horizontalité de la surface, cet équilibre n'est pas rompu quand cette
surface supporte en outre en tous ses points les pressions dues
au liquide superposé. On peut, avec quelques précautions,

obtenir l'équilibre de deux liquides de densité presque égale
en plaçant le plus lourd à la partie supérieure; mais alors l'é-
quilibre est instable, et la moindre agitation rétablit l'ordre des
densités.

L'eau de mer est plus pesante que l'eau douce. Aussi arrive-
t-il que l'on constate l'existence, dans les *fiords* ou golfes des
côtes de Norvège, de bancs d'eau douce amenés par les rivières;
l'eau douce se maintient à la surface de l'eau salée sans se mélanger avec elle. Vogt raconte que,
dans un fiord, l'un de ces bancs avait
1^m,50 de profondeur. Ce phénomène
n'est possible que dans les endroits
calmes, et l'agitation causée par les
vents a bientôt mélangé l'eau douce
et l'eau salée. On a observé le même
fait dans la Tamise, les marées amenant les eaux de la mer à une assez
grande distance dans le lit du fleuve.

L'équilibre d'un liquide contenu
dans un vase et soumis à la seule
action de la pesanteur est indépendant de la forme du vase. De là cette

Fig. 62. — Équilibre des liquides
superposés, de densités différentes.

conséquence toute naturelle, qu'un liquide s'élève à la même
hauteur dans deux ou plusieurs vases qui communiquent entre
eux. L'expérience confirme, en effet, que le niveau est toujours
le même dans les différents tubes ou vases reliés entre eux
par un tube de forme quelconque, pourvu toutefois que le
diamètre de chacun d'eux ne soit pas très petit (fig. 63).

C'est ce principe qui sert de base à la théorie des puits
artésiens, à la construction des fontaines jaillissantes de nos
jardins publics ou privés, et à la distribution des eaux dans
les villes. Nous reviendrons sur ces applications intéressantes
dans la seconde partie de ce volume. C'est le principe seul qui
nous intéresse ici. L'eau qui arrive à l'orifice d'un puits artésien
provient souvent de nappes liquides très éloignées, formant

comme des fleuves souterrains, dont le niveau est à l'origine plus élevé qu'au point d'arrivée. Les pressions se transmettent ainsi à distance, et le jet qui en résulte monterait précisément

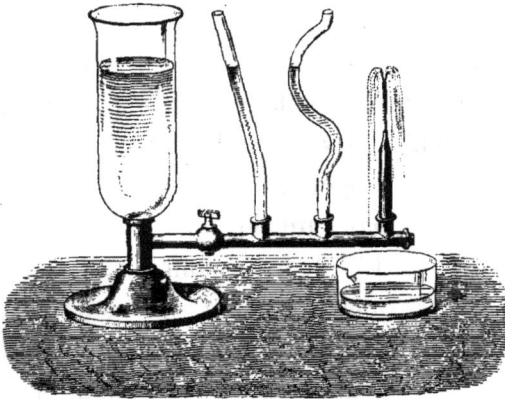

Fig. 65. — Égalité de hauteur d'un même liquide dans des vases communiquants.

à la même hauteur que la source originelle, sans la résistance de l'air et les frottements que la colonne ascensionnelle subit

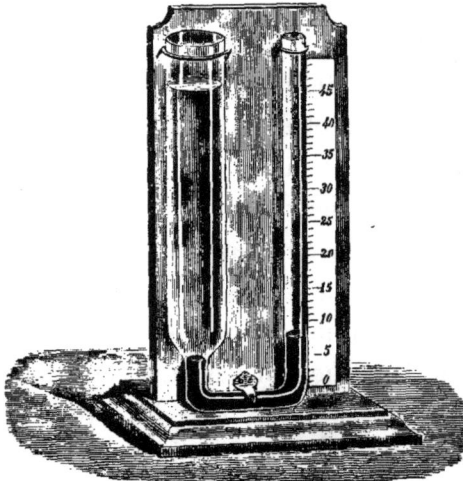

Fig. 64. — Vases communiquants. Hauteurs de deux liquides de densités différentes.

dans son trajet. Il en est de même des jets d'eau approvisionnés par un réservoir plus élevé que le bassin, et communiquant avec lui par des conduites souterraines.

Si deux vases communiquants sont pleins de liquides de densités différentes, les hauteurs ne sont plus égales (fig. 64).

Versons d'abord du mercure. Le niveau s'établira dans les les deux tubes à la même hauteur. Dans le tube de gauche, versons maintenant de l'eau : le mercure montera dans le tube de droite, sous l'influence de la pression du nouveau liquide. L'équilibre établi, on constate aisément que les hauteurs des niveaux de l'eau et du mercure, mesurés au-dessus de leur commune surface de séparation, sont en raison inverse de leurs densités. Par exemple, si le mercure s'élève de 3 millimètres, la colonne d'eau aura une longueur de $40^{mm},8$, c'est-à-dire 13,6 fois plus considérable. Or l'eau à volume égal pèse 13,6 fois moins que le mercure.

§ 4. ÉQUILIBRE DES CORPS PLONGÉS DANS LES LIQUIDES. — PRINCIPE D'ARCHIMÈDE.

Quand on plonge dans l'eau une substance plus légère que ce liquide, un morceau de bois ou de liège, tout le monde sait qu'il faut un certain effort pour l'y maintenir. Si on abandonne l'objet à lui-même, il s'élève verticalement, monte à la surface, où il flotte, en partie plongé, en partie hors de l'eau.

Quelle est la cause de ce phénomène si connu? La pesanteur. Dans l'air, le même corps abandonné à lui-même tombe verticalement; dans l'eau, les pressions latérales, les pressions de haut en bas et de bas en haut se détruisent en partie, en se réduisant à une poussée qui s'exerce en sens inverse de la direction de la pesanteur : nous avons constaté l'existence de cette poussée dans une expérience décrite plus haut (fig. 57). On démontre, et l'expérience confirme la théorie, que la poussée est précisément égale au poids du liquide déplacé. Le point d'application de cette force, point qu'on nomme, le *centre de pression*, est le centre de gravité du liquide dont le corps tient la place.

La perte de poids dont nous parlons étant supérieure, pour
les corps plus légers que l'eau, au poids du corps lui-même,
on conçoit que ce dernier doit prendre un mouvement opposé à
celui que lui donnerait la pesanteur : de là l'ascension d'un
morceau de bois ou de liège à la surface du liquide. Mais cette

Fig. 65. — Archimède.

perte existe aussi pour les corps plus lourds que l'eau, et pour
les liquides de nature quelconque. Personne n'ignore que c'est
Archimède, l'un des plus grands géomètres et physiciens de
l'antiquité, qui a eu la gloire de découvrir ce principe, qui
porte son nom, et dont voici l'énoncé général :

Tout corps plongé dans un liquide subit une perte de poids
précisément égale au poids du liquide déplacé.

La démonstration expérimentale du principe d'Archimède se fait à l'aide de la balance hydrostatique.

Soit un cylindre creux, dont la capacité intérieure soit rigoureusement égale au volume d'un cylindre massif, de sorte que ce dernier puisse remplir exactement le premier. L'un et l'autre sont munis de crochets, de sorte qu'on peut suspendre le cylindre plein surmonté du cylindre creux au-dessous de l'un des

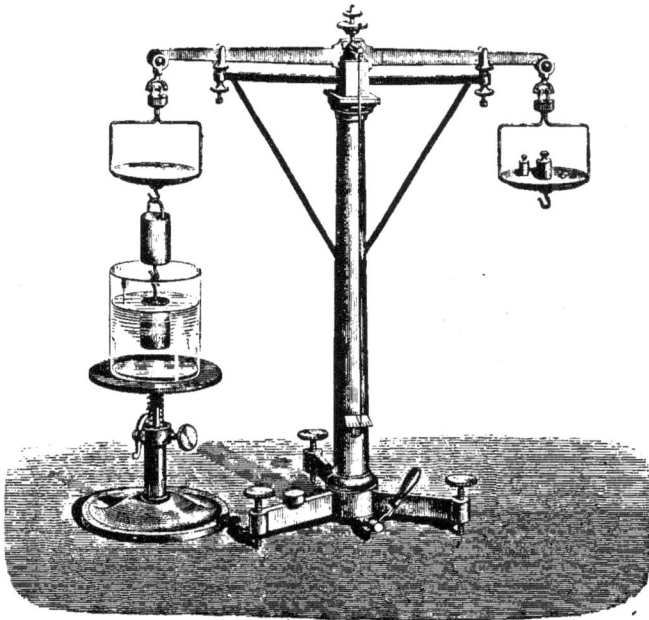

Fig. 66. — Démonstration expérimentale du principe d'Archimède.

plateaux de la balance hydrostatique (fig. 66). Cela fait, on relève le fléau par le moyen de la crémaillère adaptée à la balance, assez haut pour qu'un vase plein d'eau puisse être placé au-dessous du système des deux cylindres, quand le fléau est horizontal.

En cet état, on établit l'équilibre à l'aide d'une tare mise dans l'autre bassin. Si l'on abaisse alors le fléau de la balance, le cylindre plein s'enfonce dans l'eau, et l'équilibre est rompu : le bassin chargé de poids l'emporte. Cela seul suffirait pour constater la poussée verticale, ou la perte de poids du corps plongé. Pour mesurer cette poussée, on immerge entièrement le cylindre massif; puis on cherche à rétablir l'équilibre en versant peu à peu de l'eau dans le vase cylindrique. On reconnaît ainsi que le fléau redevient horizontal dès que le cylindre creux se trouve entièrement rempli de liquide.

Ainsi la perte de poids est justement égale au poids de l'eau qu'on a versée, c'est-à-dire de l'eau déplacée par le corps immergé. L'expérience qui précède démontre donc le principe d'Archimède avec une pleine évidence.

Comment dès lors se fait-il que l'équilibre ne soit pas rompu quand, après avoir équilibré un vase plein de liquide et un corps solide placés l'un à côté de l'autre sur le plateau d'une balance, on immerge le corps solide dans l'eau? Ce dernier perd de son poids : on vient de le démontrer. Cependant l'équilibre subsiste. Il faut de toute nécessité que le vase et son contenu aient augmenté d'un poids équivalent, ou, si l'on veut, que l'eau subisse de haut en bas une pression égale à la poussée exercée par elle de bas en haut. C'est en effet ce qui a lieu, et ce qu'on peut vérifier à l'aide de l'appareil décrit plus haut.

On pèse un vase en partie rempli d'eau. Puis on y plonge le cylindre plein, supporté extérieurement, comme le montre la figure 67. L'équilibre est rompu : le fléau penche du côté du vase. De combien le poids de l'eau se trouve-t-il augmenté par l'immersion? Précisément du poids de l'eau déplacée : ce qui le prouve, c'est qu'il suffit, pour rétablir l'équilibre, d'enlever du vase un volume d'eau juste assez grand pour remplir le cylindre creux de même capacité extérieure que le corps immergé.

Le principe d'Archimède est d'une grande importance théorique. Il a permis de trouver les conditions d'équilibre des corps plongés ou des corps flottants, d'expliquer nombre de phénomènes d'hydrostatique, et aussi de résoudre une foule de problèmes d'un grand intérêt pratique. Donnons quelques exemples de ces divers genres d'intérêt, en les empruntant aux observations les plus familières.

Nous avons à chaque instant, dans les phénomènes qui se passent au sein des liquides, des témoignages de l'existence de la poussée. Quand nous prenons un bain, si nous comparons l'effort que nécessite le soulèvement d'un de nos membres au sein de l'eau, avec celui qu'il nous faut faire pour l'élever hors du liquide, nous sommes frappés de la différence en faveur du premier mouvement. Des pierres très lourdes, que nous aurions de la peine à soutenir hors de l'eau, sont remuées et soulevées avec facilité quand elles sont immergées. Enfin, quand nous avançons dans l'eau d'une rivière dont la profondeur augmente insensiblement, nous sentons diminuer peu à peu la pression de nos pieds sur le fond de

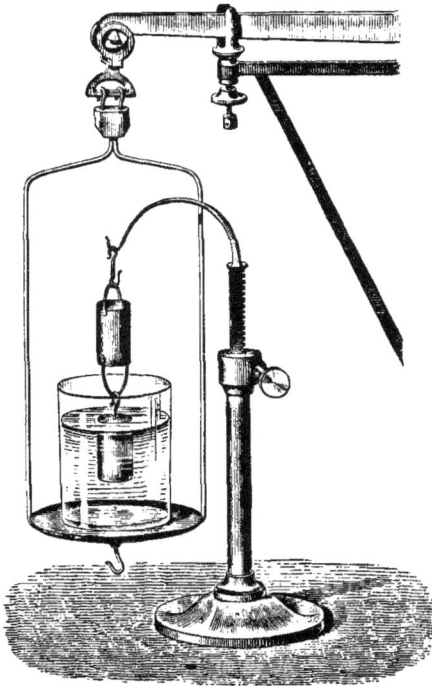

Fig. 67. — Principe d'Archimède. Réaction d'un corps plongé sur le liquide qui le contient.

la rivière ; et un moment arrive où nous n'avons plus prise pour marcher en avant. Notre corps, dont le poids est presque annulé par la poussée du liquide, tend à prendre une position horizontale, nécessitée par l'équilibre instable où il se trouve alors.

Ceci nous amène à dire quelques mots des conditions d'équilibre des corps plongés dans les liquides, ou susceptibles de flotter à leur surface.

Il est d'abord évident qu'un corps immergé ne peut être en équilibre, si son poids surpasse celui d'un égal volume de liquide. Dans ce cas, il tombe sous l'action de l'excès de ce poids sur la poussée. Il ne restera pas davantage en équilibre, si son poids est moindre qu'un égal volume de liquide; dans cette hypothèse, il remontera à la surface, sollicité par l'excès de la poussée sur son poids. C'est ainsi que le liège, le bois, du moins certaines espèces de bois, la cire, la glace surnagent à la surface de l'eau, tandis que la plupart des métaux, des pierres, et une multitude de substances tombent au fond. Le mercure étant un liquide d'une grande densité, la plupart des métaux peuvent flotter à sa surface. Une balle de plomb, un morceau de fer, de cuivre, ne s'y enfoncent point; mais l'or et le platine, au contraire, tombent au fond d'une masse de mercure.

Il reste à examiner le cas d'un corps dont le poids est précisément égal à celui du liquide, à égalité de volume. Si sa substance est parfaitement homogène, le corps reste en équilibre, dans quelque position qu'on le place au milieu du liquide. Dans ce cas, le poids et la poussée, non seulement sont égaux et contraires, mais encore s'appliquent tous deux au même point, c'est-à-dire que le centre de gravité et le centre de pression coïncident.

Les poissons montent et descendent à volonté au milieu de l'eau. On a cru longtemps, et nous l'avons répété après maint savant physicien ou physiologiste, que ce qui rend possible ces divers mouvements, c'est la faculté qu'ont ces animaux de comprimer ou de gonfler une sorte de poche élastique remplie d'air, placée dans l'abdomen. Suivant le volume de la *vessie natatoire* — c'est le nom de cet organe — le corps du poisson serait, tantôt plus léger, tantôt plus lourd que le volume d'eau qu'il déplace : dans le premier cas il s'élève, il descend au contraire dans le second. Or il semble démontré maintenant que tel n'est point le rôle de la vessie natatoire. Il est bien vrai qu'elle se dilate et se comprime; mais ce changement de volume n'est point un phénomène volontaire, que commande l'animal selon ses besoins de locomotion. En réalité, la vessie se dilate, lorsque le poisson s'élève au-dessus d'un certain niveau où il se trouve en équilibre, grâce à l'égalité de sa densité avec celle de l'eau. Alors en effet, s'il s'élève, la pression du liquide diminue, et c'est sous l'influence de cette diminution que l'expansion du gaz contenu dans l'organe a lieu. Le poisson, au contraire, descend-il au-dessous du niveau d'équilibre, la pression extérieure augmente, la vessie se contracte; et, devenu plus dense que l'eau, l'animal tomberait jusqu'au fond s'il restait immobile; il ne remonte que grâce à ses efforts musculaires. Les expériences récentes d'un physiologiste français, M. A. Moreau, ont montré avec évidence ce fait, que les poissons ne peuvent à volonté, comme on le croyait, augmenter ou diminuer le volume de leur vessie. Mais ce qui reste vrai, et à notre point de vue cela nous suffit ici, c'est que si, par une circonstance quelconque, le volume de la vessie change, la densité de l'animal variant en sens inverse, il en résulte des mouvements qui sont une confirmation du principe d'Archimède. Si un poisson, par exemple, est placé dans un appareil où la pression atteint cinq ou six atmosphères, il s'alourdit au point de tomber au fond du vase et de ne pouvoir s'élever ensuite que par des efforts musculaires énergiques. Inversement, quand un poisson a mordu à l'hameçon à de grandes profondeurs, il remonte malgré lui à la surface, alors même qu'il serait parvenu à se détacher en route. Il arrive alors que la vessie, sous l'effort d'une expansion excessive, éclate, chassant les viscères hors du corps. Tout ceci, bien entendu, ne s'applique pas à tous les poissons, puisque certains, tels que les raies, requins, lamproies, le maquereau de l'Océan, etc., ne possèdent pas de vessie. Enfin, il ressort de là que l'épithète de *natatoire* appliquée à la vessie des poissons est inexacte.

M. Delaunay cite, dans son *Cours de mécanique*, un phénomène assez curieux qui s'explique très aisément par le principe d'Archimède : « Lorsqu'on introduit, dit-il, un grain de raisin

dans un verre plein de champagne, ce grain tombe immédiatement au fond du verre. Mais l'acide carbonique, qui se
dégage continuellement de la liqueur, vient bientôt s'arrêter
sous formes de petites bulles tout autour du grain. Ces bulles
de gaz, faisant corps pour ainsi dire avec le grain de raisin, en
augmentent le volume, sans que son poids augmente notablement; la poussée du liquide, qui était d'abord plus petite que
le poids du grain, ne tarde pas à devenir plus grande que ce
poids, et le grain monte jusqu'à la surface du liquide. Si alors
on donne une petite secousse au grain, pour en détacher les
bulles d'acide carbonique qui étaient adhérentes à sa surface,

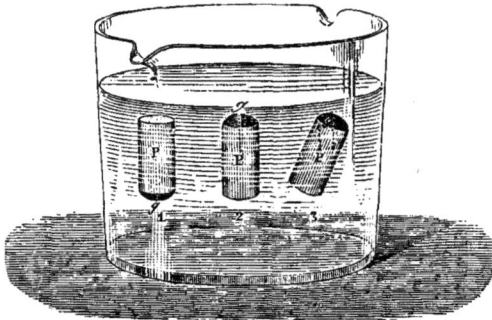

Fig. 68. — Équilibre d'un corps plongé dans un liquide de même densité que la sienne.

on le voit redescendre au fond du verre; puis, au bout de
quelque temps, il remonte de nouveau. L'expérience peut être
ainsi continuée, tant que dure le dégagement de l'acide carbonique. »

Si le corps plongé n'est pas homogène, si, par exemple,
c'est un assemblage de liège et de plomb, dont le poids total
soit celui de l'eau déplacée (fig. 68), sans que le centre de
gravité soit commun aux deux corps, le centre de gravité g de
l'ensemble et le centre de pression P ne coïncident plus. Il
faut donc, pour l'équilibre, que ces deux points soient sur une
même verticale, comme dans les positions 1 et 2; et d'ailleurs
l'équilibre sera instable, si c'est le centre de gravité qui est à
la partie supérieure. Dans la position 3, cette condition n'étant

pas réalisée, l'équilibre n'aura lieu que lorsque les oscillations du corps lui auront fait prendre la position 1.

Quand un corps déplace un volume de liquide dont le poids est supérieur au sien — ce qui peut provenir de la différence des densités, ou de la forme du corps — il flotte à la surface.

Dans ce cas, l'eau que déplace la partie plongée mesure précisément, par son poids, celui du corps et de la charge qu'il supporte : ainsi la coque d'un navire, son chargement en hommes, en matériel, en marchandises, pèsent réunis juste autant que le volume d'eau de mer déplacée au-dessous de la flottaison. D'ailleurs la seconde condition d'équilibre est encore la même, c'est-à-dire que le centre de gravité du corps et le centre de pression doivent être sur une même verticale. Mais il n'est plus indispensable, pour la stabilité, que le premier point soit au-dessous de l'autre. D'ailleurs, selon la position du corps flottant et sa forme, la forme du volume déplacé change elle-même, et le centre de pression change également, de sorte qu'à chaque instant les conditions d'équilibre varient.

Pour les navires, l'équilibre parfait n'existe jamais rigoureusement, même lorsque la mer est unie et calme. Des oscillations d'une amplitude plus ou moins grande ont lieu à tout instant; l'essentiel, on le conçoit, est que, dans les circonstances les plus défavorables, les mouvements du navire ne soient pas assez prononcés pour le faire chavirer.

Dans les mers qui avoisinent les pôles, on rencontre fréquemment des masses de glace considérables, connues des marins qui naviguent en ces régions sous le nom d'*icebergs* (montagnes de glace). Ce sont généralement des blocs détachés des banquises, ou qui, des glaciers polaires, ont glissé dans la mer.

Il n'est pas rare de trouver de ces masses flottantes qui s'élèvent, sous des formes tantôt régulières (fig. 69), tantôt découpées en arceaux fantastiques (pl. IV), à des hauteurs de 30 à 60 mètres au-dessus du niveau de la mer. Or, en partant de la loi d'équilibre des corps flottants, et en considérant que la densité de la glace ne dépasse pas 0,918, tandis que celle

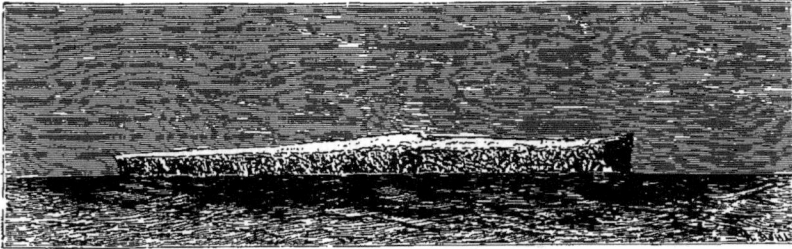

Fig. 69. — Icebergs des régions australes.

de l'eau de mer est 1,026, on doit en conclure que la partie immergée de l'iceberg a un volume sept ou huit fois aussi fort

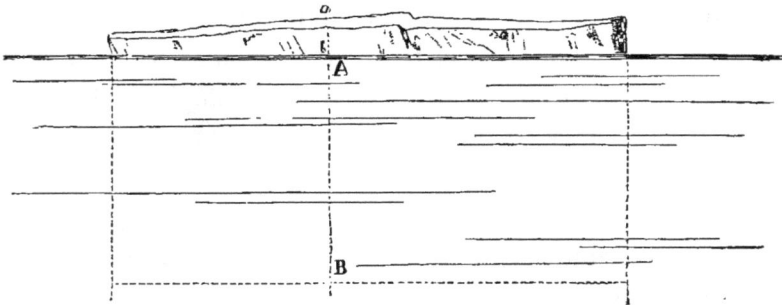

Fig. 70. — Rapports des hauteurs de la portion immergée et de la partie flottante d'un iceberg.

que celui du bloc émergé. Pour un bloc de forme régulière de 30 à 60 mètres de hauteur, l'épaisseur totale serait donc de 250 à 500 mètres (fig. 70).

CHAPITRE VII

PESANTEUR DE L'AIR ET DES GAZ

§ 1. L'AIR ET LES AUTRES GAZ SONT PESANTS, ÉLASTIQUES ET COMPRESSIBLES.

Nous habitons le fond d'un océan fluide, dont la profondeur moyenne est au moins cent fois aussi grande que celle des mers, et qui enveloppe de toutes parts le sphéroïde terrestre. La substance dont cette mer est formée, est l'air, mélange de diverses substances gazeuses, dont les deux principales sont l'oxygène et l'azote : le gaz acide carbonique, la vapeur d'eau, quelquefois l'ammoniaque, s'y trouvent aussi, mais dans des proportions variables, tandis que les deux premiers gaz y sont partout dans le même rapport. Ce rapport est, à peu de chose près, sur un volume égal à 100, de 21 pour l'oxygène et de 79 pour l'azote.

L'air est, comme on sait, l'aliment indispensable de la respiration des animaux ; ceux mêmes qui vivent habituellement dans l'eau ne peuvent s'en passer ; il n'est pas moins nécessaire aux végétaux, qui, sous l'influence de la lumière, décomposent l'acide carbonique de l'air, fixent le charbon et restituent l'oxygène, qu'absorbe au contraire la respiration animale.

La transparence de l'air ne permet pas de constater sa présence par la vue, du moins dans un intervalle d'une faible étendue. Mais à de grandes distances l'interposition des couches gazeuses est très sensible ; elle donne aux corps éloignés, aux montagnes qui bornent l'horizon, une teinte bleuâtre qu'on retrouve très éclatante et très pure dans la couleur du ciel, quand l'atmosphère est sans nuages. Sans la couleur bleue de l'atmosphère, le ciel serait incolore, c'est-à-dire entièrement noir ; et les étoiles s'y détacheraient brillantes en plein jour. Pendant la nuit, l'enveloppe aérienne n'étant plus éclairée par les rayons du soleil, mais seulement par les faibles lueurs de la lune ou des étoiles, paraît d'un bleu sombre ; et si l'on s'élève le jour sur une très haute montagne, le même phénomène se produit, parce que les couches d'air qui la surplombent, moins épaisses et moins denses, n'absorbent plus qu'une faible portion des rayons bleus de la lumière solaire.

L'existence de l'air nous est d'ailleurs révélée par d'autres phénomènes, que nous percevons à l'aide de l'organe de l'ouïe et de celui du toucher. Quand l'air est en repos, il suffit que nous nous mettions nous-mêmes en mouvement pour sentir sa présence. Sa masse résiste au déplacement que nous lui imprimons, et cette résistance est sensible sur nos mains ou sur notre visage. Mais la matérialité de l'air se manifeste bien plus vivement encore par les mouvements dont il est lui-même animé : depuis les brises les plus légères jusqu'aux vents violents des ouragans et des tempêtes, toutes les agitations atmosphériques sont des preuves continuelles de son existence.

Enfin, c'est grâce aux vibrations communiquées à l'air par les corps sonores que le son se propage jusqu'à notre oreille. L'air lui-même, quand il est mis en vibration dans des conditions convenables, devient un producteur du son, comme nous le verrons dans la seconde partie de ce volume. La plupart de ces propriétés de l'air ont été utilisées : nous en décrirons plus tard de nombreuses et très intéressantes applications.

Ce qui va faire l'objet de ce chapitre, c'est l'étude des propriétés de l'air considéré comme corps pesant, ce sont les phénomènes dus à la pesanteur de l'air ou des autres substances gazeuses ; car *l'air est pesant*, comme il est aisé de s'en rendre compte par une expérience très simple.

Nous décrirons bientôt l'instrument qui sert à enlever d'un

vase ou récipient l'air qu'il contient, à y *faire le vide*, comme disent les physiciens. C'est ce qu'on nomme la machine pneumatique. Or, si l'on prend un ballon de verre muni d'un col métallique à robinet, et qu'on le pèse après y avoir fait le vide (fig. 71), il suffit d'ouvrir le robinet et d'y laisser rentrer l'air,

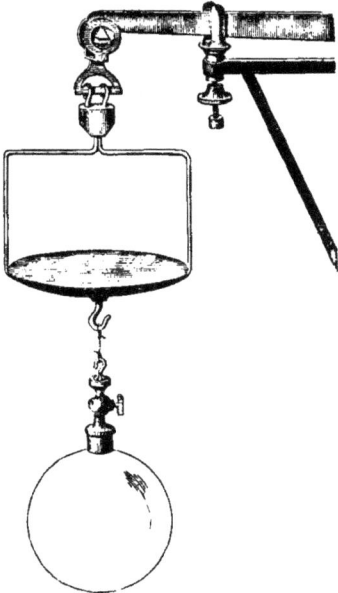

Fig. 71. — Démonstration expérimentale de la pesanteur de l'air et des gaz.

pour constater que le fléau de la balance penche alors du côté du ballon. Pour rétablir l'équilibre rompu, on doit ajouter des poids marqués, environ $1^{gr},29$ pour chaque litre dont se compose la capacité du ballon.

Voilà donc la pesanteur de l'air directement démontrée. La même expérience, faite à l'aide d'autres gaz, démontrerait de la même manière que les corps à l'état gazeux sont, comme les liquides et les solides, soumis à l'action de la pesanteur. Galilée a le premier démontré cette vérité si importante que l'air est pesant[1]; mais l'expérience que nous venons d'indiquer est due à Otto de Guericke, l'inventeur de la machine pneumatique.

Si l'air contenu dans un vase est pesant; si son poids est susceptible d'être évalué au moyen de la balance, l'immense volume d'air qui repose sur le sol doit presser celui-ci en proportion de la masse atmosphérique, et cette pression, sans aucun doute énorme, doit se manifester par des phénomènes

---

1. Les anciens avaient soupçonné la pesanteur de l'air, mais sans pouvoir la constater par l'expérience. Dans son traité *de Cælo*, Aristote dit : « Tous les corps, quand ils sont en leur lieu propre, ont de la pesanteur, excepté le feu. *L'air lui-même est pesant*. La preuve, c'est qu'une outre, quand elle est gonflée, a plus de poids que quand elle est vide..... » Malheureusement cette preuve était impossible à réaliser, puisque, pesée dans l'air, l'outre pleine ou vide ne pouvait que donner le poids de son enveloppe.

sensibles. C'est ce qui arrive en effet; mais, avant d'étudier ces phénomènes, disons quelques mots des propriétés des gaz, tant de celles qui leur sont communes avec les liquides, que de celles qui les caractérisent d'une façon spéciale.

Comme les liquides, les gaz sont formés de parties, de molécules douées d'une extrême mobilité. Aussi voit-on les masses gazeuses céder aux moindres efforts, se diviser pour laisser tous les mouvements des corps liquides ou solides s'effectuer dans leur sein, et ne leur opposer de résistance appréciable que si la vitesse et le déplacement de leurs molécules devien-

Fig. 72. — Expansibilité et compressibilité des gaz.

nent considérables, ou si la masse du corps en mouvement est faible relativement à celle du gaz déplacé.

Les gaz sont éminemment élastiques et expansibles. Prenons en effet une vessie aplatie et comprimée, ne renfermant dès lors qu'un faible volume d'air en comparaison de la capacité que possèderait la même vessie gonflée (fig. 72). En cet état, l'air intérieur n'augmente pas de volume, parce que la force élastique dont ses molécules sont douées, et que nous allons mettre en évidence, est équilibrée par la pression de l'air extérieur. Plaçons cette vessie sous la cloche d'une machine pneumatique. A mesure que le vide se fait, on voit la vessie augmenter de volume, se gonfler et même se rompre sous la pression intérieure qui en distend les parois. Fait-on rentrer l'air, elle revient promptement à son volume primitif, ce qui prouve à la fois que l'air — tout autre gaz se conduirait de même — est *élastique* et *compressible*.

Ces deux propriétés se vérifient aussi à l'aide du *briquet pneumatique*. En enfonçant un piston bien calibré et graissé dans un tube de verre plein d'air (fig. 73), on éprouve une résistance faible mais croissante, et l'on voit le volume de l'air diminuer de moitié, des deux tiers, etc., première opération qui prouve la grande compressibilité du gaz. Le piston, parvenu au bas de sa course et abandonné à lui-même, remonte spontanément à sa position primitive, preuve non moins évidente de l'élasticité de l'air. Comme cette compression dégage de la chaleur, on se sert de cet instrument pour allumer un morceau d'amadou placé au-dessous du piston ; seulement la compression doit alors être très brusque. De là le nom de *briquet pneumatique* donné à ce petit instrument.

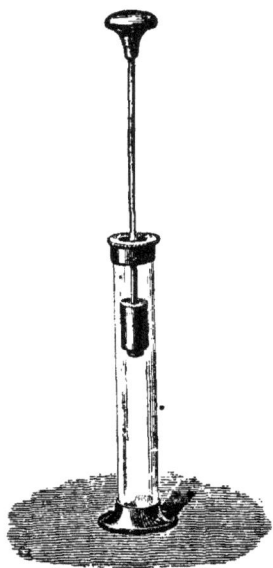

Fig. 73.—Briquet pneumatique.

Ainsi, comme les liquides, les gaz sont élastiques et compressibles : mais, tandis que cette dernière propriété est très faible dans les premiers, elle est au contraire extrêmement considérable chez ceux-ci.

Notons en outre que si les molécules liquides ont une cohésion presque nulle, dans les gaz cette cohésion n'existe plus ; tout au contraire, leurs molécules ont une tendance à se repousser qui n'est contre-balancée que par une pression étrangère. Il résulte de là que, cette pression venant à diminuer, le volume de gaz augmente ; dans les liquides, le volume reste constant, tant du moins que le corps conserve le même état.

Enfin, ce qui distingue encore les liquides des gaz, c'est la très faible densité comparative de ces derniers : tandis que le poids d'un litre de liquide s'élève à 13 596 grammes (poids d'un litre de mercure), et ne s'abaisse point au-dessous de 715 grammes (éther), le poids d'un litre de gaz ou de vapeur ne dépasse pas 20 grammes et s'abaisse à 9 centigrammes.

Du reste, dans les gaz comme dans les liquides, le principe d'égalité de pression et celui de l'égalité de transmission des pressions dans tous les sens sont également indiqués par la théorie et vérifiés par l'expérience ; nous aurons l'occasion d'en donner bientôt des exemples. Revenons aux phénomènes dus à la pesanteur de l'air.

§ 2. PRESSION ATMOSPHÉRIQUE.

Nous avons vu que Galilée est le premier qui ait démontré cette pesanteur : l'histoire de cette importante découverte est bien connue. C'était en 1640. Des fontainiers de Florence, chargés de construire une pompe dans le palais du grand-duc, furent fort étonnés de voir que l'eau, malgré le bon état où ils avaient mis l'appareil, ne voulût pas s'élever jusqu'à l'extrémité supérieure du tuyau du corps de pompe, c'est-à-dire au delà de 32 pieds (10^m,3 environ). Les savants, ingénieurs et académiciens florentins, consultés sur cette anomalie, ne surent que répondre. On s'adressa à Galilée, alors âgé de soixante-seize ans, et dont l'immense réputation de savoir n'avait point été ébranlée par les persécutions. Galilée fit d'abord une réponse évasive, mais la question posée le fit réfléchir ; il soupçonna que la pression de l'air était la cause qui fait monter l'eau jusqu'à cette hauteur, et que l'*horreur de la nature pour le vide* était une explication oiseuse, puisqu'il eût fallu supposer que cette horreur ne se manifestait pas au delà d'une hauteur donnée. Il vérifia d'abord la pesanteur de l'air, en pesant une bouteille dont l'air avait été expulsé par la vapeur provenant de l'ébullition d'une certaine quantité d'eau. Puis il laissa à son disciple Torricelli le soin de pousser plus loin la vérification de ses conjectures.

Un an après la mort de Galilée, Torricelli eut l'idée d'examiner comment se comporterait, dans le vide, un liquide beaucoup plus dense que l'eau, le mercure.

Il prit un long tube fermé par un bout, qu'il emplit de ce liquide ; puis, fermant avec le doigt l'extrémité ouverte du tube, de manière à empêcher le liquide de tomber et l'air de

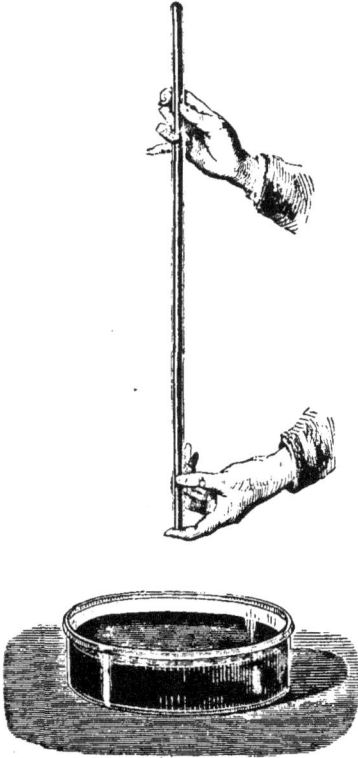

Fig. 74. — Expérience de Torricelli.

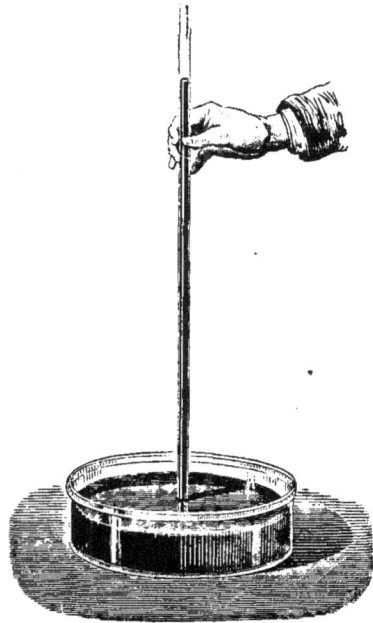

Fig. 75. — Expérience de Torricelli ; effet de la pesanteur de l'atmosphère.

pénétrer, il plongea cette extrémité dans un vase plein de mercure ; abandonnant alors le liquide à lui-même, il maintint le tube dans une position verticale (fig. 74 et 75). Torricelli vit alors le liquide descendre du sommet, et, après quelques oscillations, s'arrêter à un niveau qui demeura à peu près invariable, à **28** pouces (76 centimètres) environ au-dessus du niveau du mercure dans le vase.

Si l'idée de Galilée était juste, et que la colonne d'eau de
32 pieds fût bien maintenue par la pression de l'atmosphère,
la même pression devait élever le mercure, qui est 13 fois et
demie plus lourd que l'eau, à une hauteur 13 fois et demie
moindre. Or 28 pouces sont en effet une longueur 13 fois
et demie moindre que 32 pieds.

Telle est, dans sa simplicité, cette grande découverte; tel est
le tube de Torricelli, ou, comme on le nomme de nos jours,
le *baromètre*, instrument servant à mesurer la pression de
l'atmosphère.

Ce ne fut pas sans résistance que les explications de Torricelli sur l'élévation de l'eau et du mercure triomphèrent auprès
des savants de son époque[1]. Mais de nouvelles expériences,
imaginées par Pascal, ne permirent plus aucun doute. Il se dit
que si la pesanteur de l'air est réellement la cause des phénomènes observés, la pression devait être moindre à mesure
qu'on s'élèverait dans l'atmosphère, ou que la colonne gazeuse
superposée au niveau extérieur du liquide serait moindre. La

---

1. « La nature fuit le vide, ne peut souffrir le vide, a horreur du vide. *Fuga vacui; non
datur vacuum in rerum naturâ.* » Telles étaient les formules par lesquelles on croyait expliquer, avant Pascal, le mouvement ascensionnel de l'eau dans les pompes, l'introduction de
l'air dans un soufflet que l'on manœuvre, celle de l'air dans les poumons, et nombre d'autres
phénomènes dont la cause mécanique est la pression de l'air. On assure que Descartes, dès
1638, attribuait au poids de l'air l'ascension de l'eau dans les pompes. Ce qui est certain,
c'est que l'expérience du tube de Torricelli, qui date de 1643, connue en France l'année
suivante, fut communiquée à Pascal par le P. Mersenne. Ce dernier avait essayé d'abord de
la reproduire sans y réussir, mais un voyage qu'il avait fait à Rome lui permit d'en connaître
exactement les conditions. Pascal, dès qu'il les connut en 1646, répéta à diverses reprises
les expériences d'Italie, et en fit d'autres qui lui révélèrent de la véritable cause du phénomène, à savoir la pesanteur de l'air. Il employa à cet effet divers liquides de densités différentes, l'huile, l'eau, le vin, et il trouva que les hauteurs étaient en raison inverse des densités. Enfin, il conçut et il exécuta ou fit exécuter les fameuses expériences qui prouvent que
la pression de l'air diminue à mesure qu'on s'élève dans l'atmosphère. C'est après avoir
donné le récit de l'expérience du Puy de Dôme que Pascal conclut en ces termes contre les
traditions invétérées de la routine scolastique : « Mon cher lecteur, le consentement universel
des peuples et la foule des philosophes concourent à l'établissement de ce principe, que la
nature souffriroit plutôt sa destruction propre que le moindre espace vide. Quelques esprits
des plus élevés en ont pris un plus modéré : car encore qu'ils aient cru que la nature a de
l'horreur pour le vide, ils ont néanmoins estimé que cette répugnance avoit des limites, et
qu'elle pouvoit être surmontée par quelque violence ; mais il ne s'est encore trouvé personne
qui ait avancé ce troisième : que la nature n'a aucune répugnance pour le vide, qu'elle ne
fait aucun effort pour l'éviter, et qu'elle l'admet sans peine et sans résistance. »

hauteur du mercure, dans le tube de Torricelli, doit donc être plus petite au sommet d'une montagne que dans la plaine. De là les expériences célèbres qu'il fit faire à Périer, son beau-frère, sur le Puy de Dôme, et celles qu'il exécuta lui-même au bas et au sommet de la tour Saint-Jacques la Boucherie. Les résultats furent de tout point conformes aux prévisions tirées de la théorie nouvelle [1].

La hauteur du mercure dans le tube de Torricelli est indépendante du diamètre du tube, pourvu toutefois que ce diamètre ne soit pas très petit; car alors d'autres forces, que nous étudierons, ont une grande influence sur les niveaux des liquides. Ce résultat est une conséquence toute naturelle de l'égale transmission des pressions dans les liquides : la colonne de mercure agit par son poids sur tout le mercure de la cuvette, de sorte que chaque élément de surface égal à la section du tube est pressé également par ce poids. Et comme il est en équilibre, c'est que la pression de l'air sur ce même élément est précisément égale à la première. Que faut-il conclure de là? C'est que la masse de l'atmosphère pèse sur la surface du sol comme si cette surface était partout recouverte d'une couche de mercure d'environ 76 centimètres de hauteur.

Ajoutons que la pression dans l'air se transmettant également et dans tous les sens, le poids de l'atmosphère se fait sentir partout où l'air pénètre et reste en communication avec l'atmosphère même, à l'intérieur des maisons, des cavités, comme à l'air libre et sur la périphérie des corps. C'est ce qui explique pourquoi tous les corps situés sur le sol ne sont point écrasés par cette énorme pression, qui n'est pas, en moyenne, moindre de 10 333 kilogrammes sur chaque surface d'un mètre carré.

1. « J'ai imaginé, écrivait Pascal à Périer, une expérience qui pourra lever tous les doutes, si elle est exécutée avec justesse. Que l'on fasse expérience du vide plusieurs fois, en un même jour, avec le même vif-argent, au bas et au sommet de la montagne du Puy qui est auprès de notre ville de Clermont. Si, comme je le pense, la hauteur du vif-argent est moindre en haut qu'en bas, il s'ensuivra que la pesanteur ou pression de l'air est la cause de cette suspension, puisque, bien certainement, il y a plus d'air qui pèse sur le pied de la montagne que sur son sommet, tandis qu'on ne saurait dire que la nature abhorre le vide en un lieu plus que l'autre. »

La surface du corps humain étant à peu près d'un mètre carré et demi pour une personne de moyenne taille et de moyenne corpulence, chacun de nous supporte en tout temps une charge qui vaut environ 15 500 kilogrammes. Que cette charge ne nous écrase pas sur le sol, nous venons d'en donner

Fig. 76. — Pascal.

la raison : toutes les pressions exercées sur chaque point de notre corps se font équilibre. Mais, que nous ne soyons pas broyés sous l'effort de ces pressions contraires, c'est ce qui semble au premier abord incompréhensible. La raison en est simple : tous les fluides contenus dans notre organisme réagissent contre la pression de l'atmosphère, et c'est cette incessante réaction qui explique l'insensibilité naturelle où nous sommes, et l'absence des phénomènes que la pression de l'air ferait tout d'abord supposer. Cette réaction n'est d'ailleurs pas une simple hypothèse, comme le prouve l'application des ventouses. Ce sont de petits vases en métal ou en verre, qu'on applique sur la peau; le vide étant fait à leur intérieur, la peau se gonfle, les petites veines crèvent, et le sang afflue, parce qu'il n'est plus maintenu dans les vaisseaux par la pression atmosphérique.

On fait dans les cours de physique, pour rendre évidente l'énergie de la pression atmosphérique, quelques expériences intéressantes que nous allons rapidement décrire.

L'une des plus anciennement connues est celle des deux hémisphères de Magdebourg; elle est due à Otto de Guericke.

Deux hémisphères en cuivre pouvant s'emboîter l'un dans l'autre, de manière à former une sphère creuse, s'adaptent par un robinet au conduit de la machine pneumatique (fig. 77). Tant qu'ils sont pleins d'air, il suffit du plus léger effort pour les séparer. Mais quand le vide est fait à l'intérieur de la sphère, il faut un effort considérable pour déterminer la séparation, comme il est aisé de s'en rendre compte, puisque la pression sur deux hémisphères de 2 décimètres seulement de diamètre est déjà sur chacun d'eux de 324 kilogrammes. Dans une de ses expériences, l'illustre bourgmestre de Magdebourg fit tirer chaque hémisphère par quatre forts chevaux, sans parvenir à les séparer : le diamètre étant de 65 centimètres, la pression était de 3428 kilogrammes sur chacun d'eux, soit 6856 kilogrammes de pression totale. La pression totale sur les surfaces des hémisphères est deux fois plus grande que ne le marquent ces nombres; mais il ne s'agit ici que de la somme de celles qui s'exercent dans la direction de la résistance, lesquelles équivalent de chaque côté à la pression sur un cercle de même diamètre que la sphère.

Fig. 77.—Hémisphères de Magdebourg.

Si l'on emplit d'eau jusqu'à l'extrême bord un verre, et qu'on applique à la surface une carte ou une feuille de papier, on peut, sans que le liquide s'écoule, le tenir renversé, comme le montre la figure 78 : la pression atmosphérique maintient le papier contre le liquide et soutient le poids de ce dernier sans difficulté aucune, le papier ne jouant ici d'autre rôle que celui d'empêcher la division des molécules de la colonne liquide.

L'expérience du crève-vessie consiste à faire le vide dans un vase dont l'ouverture a été recouverte d'une membrane tendue, qui empêche l'air d'y pénétrer. A mesure que le vide se fait, on voit la membrane se

Fig. 78. — Expérience constatant la pression atmosphérique.

déprimer sous le poids de l'air extérieur, et à la fin elle finit par se briser (fig. 79). Une forte détonation, semblable à celle d'un coup de pistolet, accompagne la rupture : cette détonation est due évidemment à la rentrée subite de l'air dans la capacité vide du vase.

Un fruit, une pomme par exemple, appliqué sur le contour aminci d'un tube métallique à l'intérieur duquel on fait le vide, pressé par le poids de la colonne atmosphérique, est coupé par les bords du tube et pénètre ainsi à l'intérieur. C'est l'expérience du *coupe-pomme*.

Enfin, on fait encore une expérience curieuse qui démontre la pression de l'air sur la surface des liquides. Une cloche cylindrique en verre, montée sur une garni-

Fig. 79. — Expérience du crève-vessie.

ture métallique, est munie d'un tube à robinet, qui permet de la visser sur la machine pneumatique et de faire le vide à son intérieur. Le vide fait, on plonge l'extrémité inférieure du tube dans une cuvette remplie d'eau, et l'on ouvre le robinet qui permet la communication de l'intérieur du vase avec le liquide. La pression atmosphérique qui s'exerce sur l'eau de

Fig. 80. — Jet d'eau dans le vide.

la cuvette, fait alors jaillir un jet qui va frapper les parois supérieures de la cloche (fig. 80).

§ 3. LE BAROMÈTRE.

Dans tout ce qui précède, nous avons supposé que le poids de la colonne d'air était la seule cause de la pression atmosphérique, que cette pression était constante et équivalait, sur une surface donnée, au poids d'une colonne d'eau de $10^m,33$ ou à celui d'une colonne de mercure de 76 centimètres, ayant même section que la surface. Mais l'expérience prouve que cette pression est sujette à des variations, même quand l'altitude du lieu ne change pas. Nous étudierons plus tard ces variations dans leur rapport avec les phénomènes météorologiques; mais il faut pour cela posséder un instrument qui les constate. Cet instrument, qui en principe n'est autre que le tube de Torricelli, et qu'on nomme le *baromètre*, mérite d'être décrit en détail. Il a reçu des dispositions diverses, selon l'usage auquel il est destiné.

Le plus simple et en même temps le plus exact des baromètres n'est autre chose qu'un tube de verre ou de cristal, qu'on choisit bien droit, régulièrement cylindrique et parfaitement homogène, d'un diamètre un peu grand, de 2 à 3 centimètres par exemple. On le plonge, après l'avoir rempli de mercure, dans une auge en fonte remplie du même liquide. L'auge et le tube sont fixés contre un support vertical et restent à demeure dans le lieu où doivent se faire les observations. Ce n'est pas autre chose, on le voit, qu'un tube de Torricelli. Mais, pour l'établir, on prend diverses précautions dont l'importance est aisée à saisir, et qui du reste sont également nécessaires pour la construction des autres baromètres.

Ainsi, il est essentiel que le mercure employé soit d'une grande pureté : on y parvient en dissolvant, à l'aide de l'acide azotique, l'oxyde de mercure ou les parcelles de métaux hétérogènes que le liquide pourrait contenir. Il faut aussi, et surtout, qu'il ne contienne pas de bulles d'air, que leur légèreté spécifique ferait monter le long des parois du tube, dans l'espace vide qu'on nomme la *chambre barométrique*. La vapeur d'eau et l'air, étant des gaz élastiques, presseraient le niveau supérieur du tube, de sorte que la hauteur du mercure n'indiquerait plus la pression de l'atmosphère. Pour cela, on commence par sécher et parfaitement nettoyer le tube avant de l'emplir. Le tube une fois plein de mercure, on fait bouillir le liquide en plaçant le tube sur une sorte de gril incliné contenant dans toute sa longueur des charbons allumés. Le tube s'échauffe progressivement, ainsi que le mercure, dont la température est amenée à un point voisin de l'ébullition ; alors, progressivement à partir de la base, on fait bouillir le mercure en suréchauffant le foyer, jusqu'à ce que toutes les bulles d'air que contient le liquide, ou qui restent adhérentes au tube, soient expulsées. A ce moment, l'aspect du mercure doit être celui d'un miroir de la plus grande netteté, d'un éclat vif et métallique, indice d'une pureté parfaite, indispensable en pareille circonstance.

La grandeur du diamètre du tube qui forme le baromètre *fixe* ou *normal*, offre sur les tubes plus étroits l'avantage de

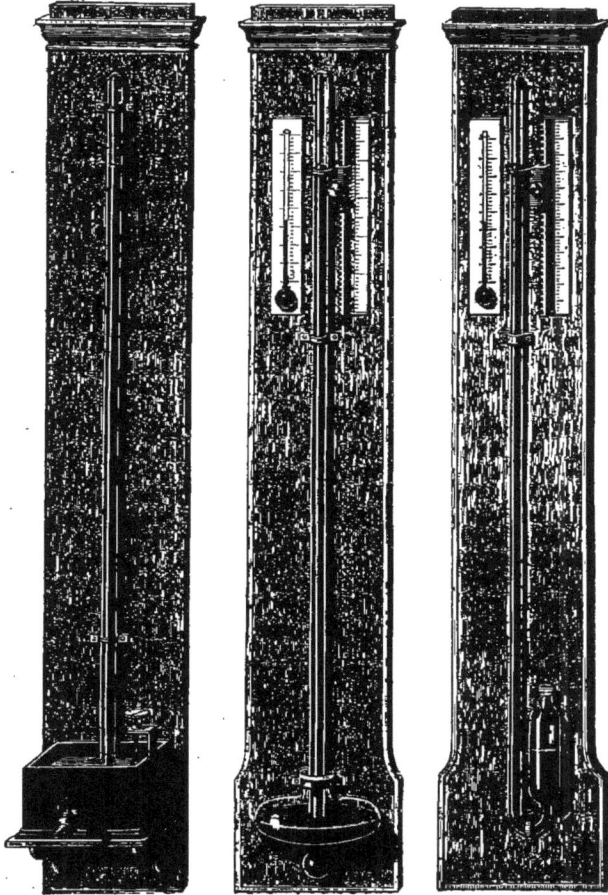

Fig. 81. — Baromètre   Fig. 82. — Baromètre   Fig. 83. — Baromètre
normal ou fixe.   à cuvette ordinaire.   à siphon ordinaire.

donner à la colonne mercurielle un niveau que n'altèrent point les forces moléculaires, qui constituent la *capillarité*. Dès lors, pour obtenir la hauteur du baromètre, il suffira de mesurer la distance verticale qui sépare ce niveau de celui du mercure dans la cuvette. C'est ce qu'on fait à l'aide du *cathétomètre* (fig. 84), qui se compose essentiellement d'une règle divisée, sur laquelle se meut une lunette horizontale.

On peut voir, sur la figure 81 qui représente le baromètre fixe, une vis à double pointe adaptée à la cuvette. La pointe inférieure doit affleurer le mercure, ce qu'il est aisé de réaliser à l'aide de la vis, et c'est la distance de la pointe supérieure — pointe que le dessinateur a oublié de figurer — au niveau du tube que donne le cathétomètre. En y ajoutant la longueur constante de la vis, on a la hauteur ou la pression atmosphérique cherchée.

Le baromètre à cuvette se distingue du précédent en ce que la cuvette (fig. 82), offrant une grande surface, le niveau du mercure y est considéré comme constant. La planche contre laquelle l'instrument est fixé, est munie d'une échelle divisée en millimètres, sur laquelle glisse un anneau curseur, qu'on place de manière que son arête supérieure affleure au niveau du mercure. Le zéro de l'échelle étant, par hypothèse, le niveau de la cuvette, la lecture de la hauteur se fait sur l'échelle même. Enfin, l'échelle est munie d'un vernier, qui permet d'apprécier les fractions de millimètre.

Ce qui rend cet instrument moins parfait que le précédent, c'est que le niveau de la cuvette ou le zéro de l'échelle est supposé constant; or, sous l'influence des variations de la chaleur, le verre et le mercure se dilatent, ce qui produit des variations dans la position du zéro. Le plus souvent, après un certain temps, ces variations accidentelles finissent par déterminer une altération permanente, et l'échelle est à rectifier.

On construit aussi des *baromètres à siphon*, ou à deux branches recourbées, dont la plus petite a un diamètre beaucoup plus large que l'autre (fig. 83); mais l'inconvénient dont nous venons de parler y est encore plus sensible, à moins qu'on ne s'astreigne à prendre toujours pour hauteur la différence des niveaux du mercure dans les deux branches.

Les baromètres de Fortin, de Gay-Lussac et de Bunten n'of-

frent pas ces inconvénients. Mais, comme ils sont principalement construits dans le but d'être aisément transportables, le
diamètre du tube est moins large que dans le baromètre fixe,
de sorte que la capillarité déprime le niveau supérieur du mer-

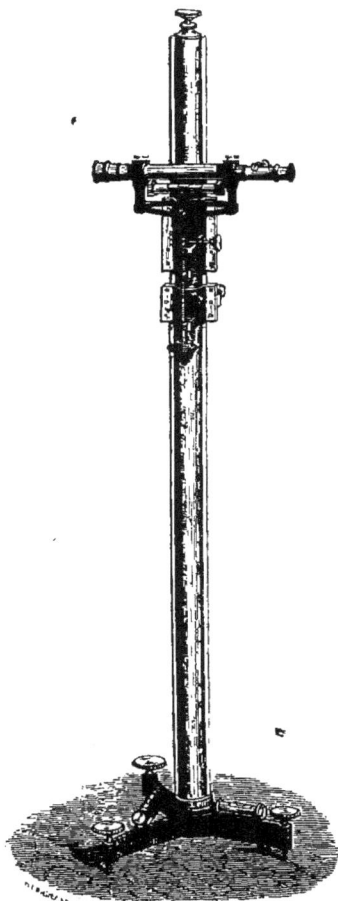

Fig. 84. — Cathétomètre.

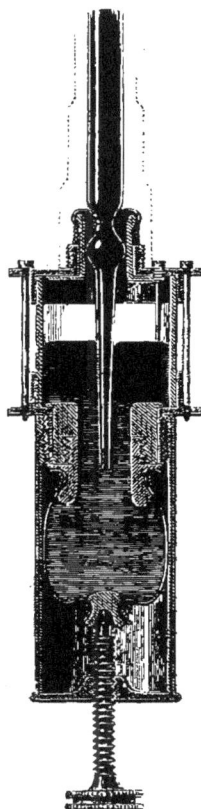

Fig. 85. — Cuvette du
baromètre de Fortin.

cure. Les observations qu'on fait avec ces instruments exigent
donc une correction relative à ce genre d'influence. Mais, dans
les baromètres de Gay-Lussac et de Bunten, comme dans le
baromètre fixe, la hauteur se mesure par deux lectures correspondant aux deux niveaux du liquide, de sorte que la diffé-

rence exprime, toutes corrections faites, la véritable pression atmosphérique. Dans celui de Fortin, le zéro est maintenu constant par une disposition ingénieuse que la figure 85 fera aisément comprendre.

On y voit une coupe de la cuvette cylindrique qui renferme le mercure où la partie effilée du tube vient plonger. La partie supérieure du cylindre est en verre et laisse voir le niveau du liquide. Une pointe métallique intérieure indique la position du zéro de l'échelle et le niveau que doit atteindre le mercure, toutes les fois qu'il s'agit de faire une observation. Comme le mercure repose sur un sac en peau imperméable lié aux parois inférieures de la cuvette, et que le fond métallique se trouve traversé par une vis dont l'extrémité appuie sur ce sac mobile, il en résulte qu'on peut à volonté monter ou baisser le fond du liquide, ou, ce qui revient au même, élever ou abaisser le niveau, et enfin obtenir l'affleurement. En voyage, pour que les mouvements du mercure ne brisent pas le tube, on monte la vis jusqu'à ce que la cuvette soit entièrement pleine à sa partie supérieure.

Comme tout l'appareil est enveloppé d'un cylindre de bronze qui le garantit des chocs, le niveau du mercure dans le tube s'observe à travers deux fentes longitudinales opposées qui laissent

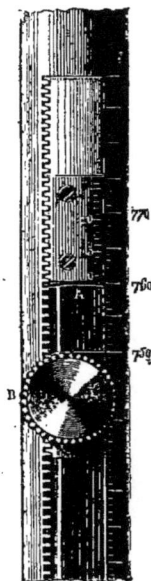

Fig. 86. — Vernier du baromètre de Fortin.

à nu le verre du tube; c'est sur les arêtes de ces fentes que se trouvent gravées les divisions en millimètres de l'échelle, qui a son zéro au niveau constant marqué par la pointe de la cuvette. Un curseur, muni d'un vernier (fig. 86) et d'un bouton qui permet de le mouvoir à l'aide d'une crémaillère, donne la position précise du niveau sur l'échelle, et la hauteur en dixièmes de millimètre.

A l'aide d'un pied à trois branches, l'appareil s'installe sur le sol, et l'on doit toujours avoir soin de placer le tube dans une

position verticale, ce qui est rendu aisé par son mode de suspension dit *à la Cardan* (fig. 87).

Le baromètre de Fortin est commode pour les explorations
scientifiques, parce que l'air ne peut s'y introduire, et que les

Fig. 87. — Le baromètre de Fortin; installation en voyage.

mouvements et les agitations de la route ne risquent guère de le
briser. Les lectures doivent être corrigées de la capillarité. De
plus, comme le degré de température fait varier la densité du
liquide et par suite la hauteur de la colonne qui mesure la pres-

sion atmosphérique, il faut encore faire une correction relative
à cette influence.

La figure 88 montre quelle est la disposition du baromètre de
Gay-Lussac modifié par Bunten. Deux portions d'un même tube
sont reliées par un tube de diamètre très étroit ou capillaire.
Une petite ouverture laisse pénétrer l'air au-dessus du niveau

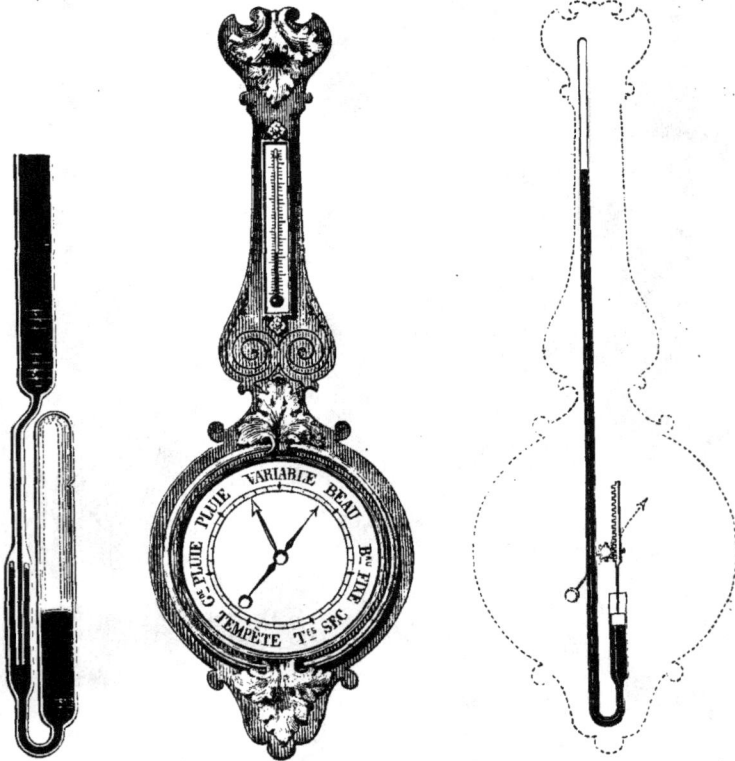

Fig. 88. — Baromètre de Gay-
Lussac, modifié par Bunten.

Fig. 89. — Baromètre à cadran. Vue d'ensemble
et mécanisme.

inférieur. Pour noter la hauteur barométrique, on mesure, sur
une échelle divisée en millimètres, la hauteur du niveau supérieur, et l'on en soustrait la hauteur du niveau inférieur : la
différence exprime évidemment la pression cherchée. Comme les
tubes ont même diamètre, Gay-Lussac avait pensé qu'il serait
inutile de corriger l'influence de la capillarité ; malheureuse-

ment on a reconnu que cette influence n'était pas la même dans
le vide barométrique et dans le tube inférieur au contact de
l'air. Cette circonstance est fàcheuse : l'instrument est facile
à transporter, peu volumineux, et l'air ne peut que difficilement
pénétrer dans la chambre barométrique, à cause du faible diamètre du tube intermédiaire. En voyage, on le retourne de
haut en bas. La modification imaginée par Bunten rend plus
difficile encore l'introduction de l'air ; les bulles, s'il en pénètre
le long des parois du tube, vont se loger dans un espace étroit
ménagé dans la partie renflée du tube capillaire, et n'ont aucune action sur le niveau du mercure.

Fig. 90. — Baromètre anéroïde de Bourdon.

On sera peut-être curieux de savoir par quelle disposition les variations de la pression atmosphérique peuvent se transmettre à une aiguille mobile sur un cadran divisé. Le *baromètre à cadran* n'a pas grande valeur scientifique, parce qu'il est rarement construit avec une précision suffisante : on s'en sert dans les appartements comme objet d'ornement. Il se compose d'un tube à siphon, dont la branche ouverte (fig. 89) supporte un flotteur en ivoire. Ce flotteur monte et descend en faisant tourner, au moyen d'un fil de soie ou quelquefois d'une crémail-lère, une poulie à l'axe de laquelle l'aiguille est fixée. L'aiguille tourne dans un sens ou dans l'autre, suivant que le niveau monte ou descend ; le cadran est divisé par comparaison avec un baromètre fixe.

Depuis quelques années, on a substitué avec avantage à ces instruments les baromètres métalliques ou *anéroïdes*.

Ces derniers instruments sont basés sur l'élasticité de flexion des métaux contournés en lames minces. Un tube aplati, en laiton, dont la section est elliptique, est vide d'air et rigoureusement fermé (fig. 90). Il est courbé en forme d'arc de cercle et fixé en son point milieu, de sorte que les extrémités libres des deux moitiés du tube peuvent osciller de part et d'autre du point fixe. Quand la pression barométrique augmente, le tube s'aplatit davantage, la courbure des deux arcs s'accroît, et leurs extrémités libres se rapprochent; le phénomène inverse a lieu

Fig. 91. — Baromètre anéroïde de Vidi.

si la pression diminue. Or les extrémités libres du tube s'articulent à des leviers qui font mouvoir la tige d'un secteur à engrenage. L'aiguille du cadran qui s'engrène elle-même par un pignon au secteur, se meut dans un sens ou dans l'autre, et parcourt de la sorte les divisions du cadran qui ont été réglées par comparaison avec un baromètre fixe.

Dans le baromètre anéroïde que représente la figure 91, la pression de l'air s'exerce sur la base cannelée d'un tambour en mailléchort, à l'intérieur duquel on a fait le vide. Quand la pression augmente, cette base s'affaisse ; elle se relève au contraire si la pression diminue, et ses mouvements se transmettent à l'aiguille par un mécanisme particulier dont la légende de la figure 92 suffira à donner une idée. L'invention de ce baro-

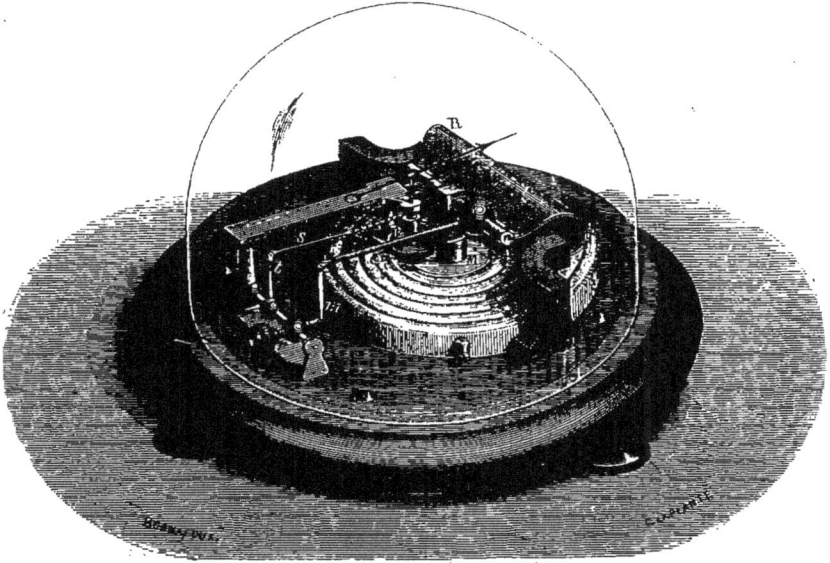

Fig. 92. — Mécanisme du baromètre de Vidi : M, boîte à l'intérieur de laquelle a été fait le vide; R, ressort antagoniste auquel sont communiqués les mouvements d'oscillation de la boîte; *l, m, r, t,* système de leviers articulés qui transmettent les mouvements à une chaîne *s; s,* chaîne qui s'enroule sur l'axe de l'aiguille indicatrice du baromètre.

mètre est due à M. Vidi. Il a été récemment perfectionné par un opticien anglais, M. Cooke.

Ce genre de baromètre est préférable de beaucoup aux baromètres à cadran, bien qu'on ait reconnu la nécessité de modifier de temps à autre la graduation, à cause des variations que subit l'état moléculaire du tube dans le baromètre Bourdon, ou celui de la caisse métallique et du ressort antagoniste qui se trouve dans le baromètre de Vidi.

CHAPITRE VIII

PESANTEUR DE L'AIR ET DES GAZ

§ 1. LA MACHINE PNEUMATIQUE. — MACHINE PNEUMATIQUE ORDINAIRE. MACHINE BIANCHI A UN SEUL CORPS DE POMPE.

La découverte de la pesanteur de l'air et de la pression atmosphérique remonte seulement, nous l'avons vu plus haut, à un peu plus de deux siècles. Mais, bien avant Torricelli et Galilée, l'application du principe avait devancé la théorie, comme le prouve le récit même que nous avons donné et que nous a transmis l'histoire. C'est en effet la pression de l'air qui est la cause du mouvement ascensionnel de l'eau dans les pompes. Or on attribue généralement l'invention de ces appareils si utiles à Ctesibius, géomètre et mécanicien célèbre, qui vivait à Alexandrie 150 ans avant J.-C., ou un siècle environ après Archimède.

Nous renvoyons naturellement aux chapitres qui seront consacrés spécialement aux applications de la pesanteur, la description des diverses sortes de pompes usitées dans les arts industriels. Mais nous ne pouvons nous dispenser de décrire ici deux sortes de pompes qui sont d'un constant usage dans les recherches scientifiques, l'une destinée à faire le vide dans un récipient rempli d'air ou d'un gaz quelconque, ou tout au moins à le raréfier ; l'autre, au contraire, à condenser ou à comprimer un gaz dans un espace fermé. La *machine pneumatique* et la *machine de compression* sont les deux noms sous lesquels ces pompes spéciales sont connues.

L'expérience du tube de Torricelli donnait un moyen fort simple de faire le vide, et un vide aussi parfait que possible. Tel est en effet l'espace situé au-dessus de la colonne de mercure, espace auquel on donne le nom de *chambre barométrique*. Mais, si le procédé est simple, il est loin d'être pratique, puisqu'il nécessiterait l'emploi d'une énorme quantité de mercure dès que la capacité qu'on voudrait raréfier serait un peu considérable, et qu'à chaque opération les précautions à prendre seraient fort gênantes. Aussi a-t-on dès longtemps cherché d'autres moyens.

C'est en 1654 que fut imaginée et construite la première machine pneumatique. Otto de Guericke en était l'inventeur, et nous avons cité plusieurs expériences curieuses dues à cet observateur ingénieux. Bientôt cette machine reçut des perfectionnements importants, auxquels Boyle, Papin, Muschenbroek, 'S Gravesande, attachèrent leurs noms. Elle n'était, à l'origine, formée que d'un seul corps de pompe; mais on reconnut la nécessité d'en employer deux, pour annuler la résistance considérable que l'on éprouvait pour la manœuvrer.

Voici quelles sont les dispositions principales de la machine actuelle. Imaginons deux corps de pompe, munis à la paroi inférieure d'une soupape qui s'ouvre de bas en haut, et d'un piston percé d'un orifice, que ferme une soupape de même sens. Les deux orifices inférieurs communiquent, par un canal commun, à une plaque bien dressée, sur laquelle on pose le récipient, et au centre de laquelle vient aboutir l'orifice du canal en question. La figure 93 montre en coupe l'un des corps de pompe, ses deux soupapes et le canal de communication. Le jeu de cette moitié de l'appareil étant bien compris, il sera facile de comprendre comment fonctionne l'ensemble.

Partons du moment où le piston touche la base inférieure du corps de pompe. La cloche est remplie d'air à la pression

atmosphérique. Au moment où l'on soulève le piston, le vide se
fait dans la partie inférieure du corps de pompe. L'air de la
cloche qui remplit le canal de communication soulève par sa
force élastique la soupape inférieure *b* (fig. 94), puis se répand
dans le vide ainsi formé. Quant à la soupape du piston *a*, elle
est maintenue fermée par la pression de l'air qui s'exerce extérieurement sur toute la surface du piston. Ce passage de l'air,
de la cloche dans le corps de pompe, a lieu jusqu'à ce que le
piston ait atteint sa position la plus élevée. Il est clair qu'en ce
moment la quantité d'air contenue dans la cloche a diminué, et

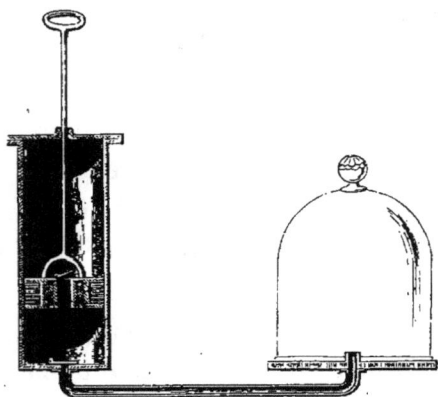

Fig. 93. — Jeu du piston et des soupapes dans la
machine pneumatique (mouvement descendant).

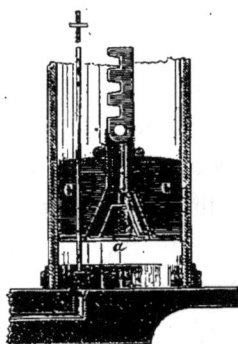

Fig. 94. — Détail du piston et des
soupapes (mouvement ascendant).

qu'elle a diminué *de moitié*, si le volume du corps de pompe est
précisément égal au volume du récipient.

Faisons maintenant parcourir au piston un chemin inverse.
Au moment où il commence à descendre, la capacité du corps
de pompe diminue, la pression de l'air qui s'y trouve contenu
augmente, dépasse celle de l'air du récipient, et la soupape
inférieure se ferme. Alors, à mesure que la descente du piston
diminue la capacité inférieure, l'air contenu augmente de densité : dans notre hypothèse, cette densité sera redevenue égale à
celle de l'air atmosphérique, dès que le piston atteindra la moitié
de sa course. Plus loin, la pression intérieure augmente, soulève la soupape du piston (fig. 93), et l'air s'est échappé en

totalité à l'extérieur dès que le piston touche de nouveau la
paroi inférieure du cylindre.

Ce seul mouvement de va-et-vient, analysé dans ses effets,
comme nous venons de le faire, explique toute la suite de
l'opération, puisqu'il a suffi à raréfier de moitié l'air de la
cloche. Le gaz qui reste sera raréfié de nouveau dans la même
proportion à une seconde, puis à une troisième manœuvre, et

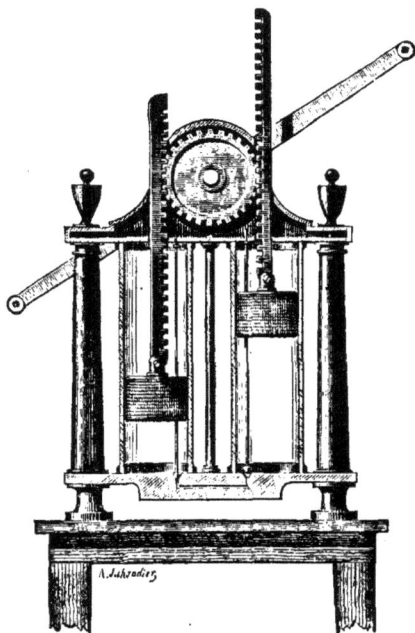

Fig. 95. — Machine pneumatique à deux corps
de pompe. Coupe transversale.

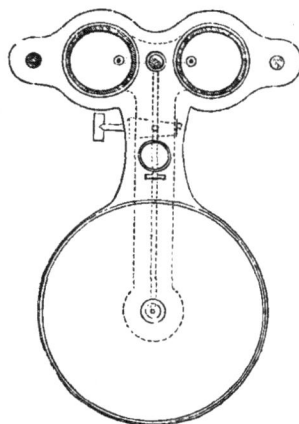

Fig. 96. — Plan de la machine pneumatique à deux corps de pompe.

ainsi de suite. Sa pression deviendra le quart, le huitième, le
seizième de la pression primitive, ainsi que nous le verrons
bientôt en démontrant la loi de Mariotte. La progression chan-
gerait, bien entendu, si le rapport entre la capacité du cylindre
et celle du récipient changeait lui-même.

Les figures 94 à 97 vont maintenant expliquer la disposition
réelle de la machine, et montrer quelle est l'utilité du second
corps de pompe. La première fait voir comment sont disposées les deux soupapes, celle du piston et celle de la partie

inférieure du corps de pompe. La soupape du piston est une petite plaque *a*, qu'un ressort à boudin très léger presse sur l'ouverture, et qui cède dès lors à une très faible pression en sens inverse. La soupape *b* du corps de pompe est conique; une tige qui passe à frottement dans le piston la soulève ou l'abaisse, mais à une très faible distance. La figure 95 montre que les tiges des pistons sont formées de crémaillères qui s'en-

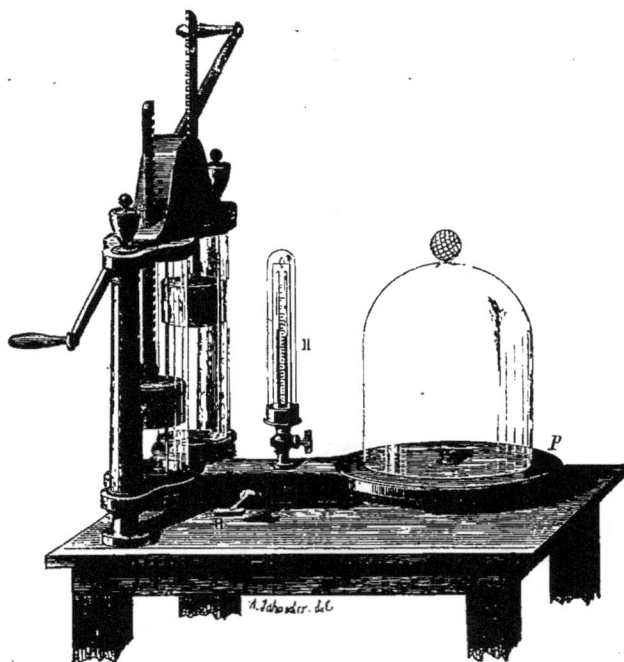

Fig. 97. — Vue extérieure de la machine pneumatique.

grènent à une roue dentée, de sorte que, par l'aide d'une ma-nivelle à deux bras, on fait à la fois descendre un des pistons et monter l'autre. Grâce à cette disposition, le travail est doublé pour une même manœuvre, de sorte que l'opération durera moitié moins, pour un même degré de vide, que s'il n'y avait qu'un seul corps de pompe; mais, et c'est surtout le but qu'on s'est proposé, la résistance est réduite à son minimum; car, à mesure que le vide se fait, chaque piston en montant doit, il est vrai, supporter la pression atmosphérique qui agit sur sa base, mais d'autre part cette pression aide l'autre piston à descendre. De la sorte il y a compensation ou équilibre entre ces deux forces qui agissent à la vérité dans le même sens, mais dont la résultante est appliquée à l'axe de la manivelle; cette résultante se trouve contrebalancée ou vaincue dès lors par la résistance de la machine, sans fatiguer l'opérateur.

Les figures 96 et 97 donnent le plan et la vue extérieure de la machine pneumatique à deux corps de pompe.

On y voit comment le canal commun, qui relie les deux corps de pompe par un tuyau, communique au centre de la *platine :* on nomme ainsi une plaque circulaire P de verre dépoli, parfaitement dressée ou plane, sur laquelle on fixe, en enduisant leurs bords de suif, les cloches où l'on veut faire le vide. Si les récipients ont la forme de tubes, de ballons, etc., on les visse sur l'orifice du canal, au centre de la platine.

Un robinet R ajusté vers le milieu du tube de communication est percé de conduits qui permettent, soit d'établir ou de supprimer la communication entre la machine et le récipient, soit de laisser l'air extérieur pénétrer dans les corps de pompe, ou dans la cloche seule.

Sur le trajet du même conduit, on aperçoit un manchon de verre H (fig. 97) contenant un tube barométrique, ou manomètre, qui sert à indiquer à quel degré le vide est obtenu sous le récipient, c'est-à-dire quelle est la pression de la faible quantité d'air que ce dernier contient encore.

Enfin, les bonnes machines sont munies d'un appareil dont l'invention est due à M. Babinet. C'est un robinet au moyen duquel on peut, par un conduit spécial, ne laisser le récipient communiquer qu'avec un seul corps de pompe. L'air qu'il contient encore, après la manœuvre prolongée de la machine, est refoulé par un autre conduit sous le piston du second corps de pompe; et là, grâce à l'accroissement de pression qui résulte de ce refoulement, il finit par soulever la soupape. Le degré de vide est ainsi reculé à une limite telle, que la pres-

MACHINE PNEUMATIQUE DE BIANCHI
(vue d'ensemble).

sion de l'air qui reste encore dans le récipient est à peine appréciable au manomètre.

La machine pneumatique de Bianchi n'a qu'un seul corps de pompe. Mais le piston divise le cylindre en deux compartiments qui alternativement reçoivent et expulsent l'air : c'est, à proprement parler, une pompe à double effet. La figure 98 fera comprendre la manière dont cette pompe fonctionne. Une même tige supporte les deux soupapes coniques mobiles qui se ferment ou s'ouvrent alternativement d'après le jeu du piston, ouvrant ou fermant ainsi la communication de chaque compartiment avec le récipient. L'air du compartiment inférieur, comprimé quand le piston s'abaisse, soulève une soupape maintenue par un ressort à boudin sur l'orifice d'un conduit ménagé dans la tige du piston ; il s'échappe au dehors par ce conduit. L'air du compartiment supérieur s'échappe par une soupape du même genre adaptée au couvercle du corps

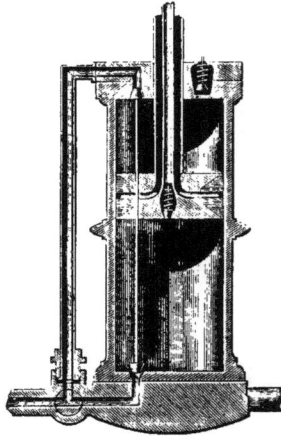

Fig. 98. — Machine pneumatique de Bianchi ; vue extérieure du corps de pompe.

de pompe. Un système d'engrenage est mis en mouvement par une manivelle ; et comme le corps de pompe a la liberté d'osciller dans un plan vertical, le mouvement alternatif du piston se trouve commandé par un mouvement continu de rotation, dont la vitesse est réglée par un volant très pesant (pl. IX). Cette machine permet de faire rapidement le vide dans des récipients dont la capacité s'accroît avec les dimensions du corps de pompe.

§ 2. NOUVELLES MACHINES PNEUMATIQUES. — POMPE A MERCURE.

Peut-on, à l'aide des machines que nous venons de décrire, obtenir dans un récipient quelconque le vide absolu ? Évidemment non : le calcul, ou même un raisonnement très simple, prouve que le degré de vide est nécessairement limité, puisque chaque manœuvre, chaque coup de piston, n'expulse jamais qu'une fraction de l'air ou du gaz qui reste sous le récipient : c'est ce qu'on exprime en disant que le nombre des coups de piston, pour arriver au vide parfait, devrait être *infini*.

Mais, en outre, il faut nécessairement compter avec les imperfections de la machine, fût-ce la plus soigneusement construite. Entre les pistons et les cylindres, dans les soupapes, dans tous les joints, il y a forcément des fissures, fissures imperceptibles il est vrai, mais qui suffisent à laisser passer l'air extérieur. En résumé, une machine bien faite peut faire le vide à 1 ou 2 millimètres près : c'est une fraction d'atmosphère assez notable encore, un millième au moins. Or, dans des expériences délicates de physique ou de physiologie, on a quelquefois besoin d'obtenir un vide plus parfait. On y est parvenu, dans ces dernières années, à l'aide d'appareils où la communication du récipient avec l'air extérieur est plus complètement obstruée, grâce à l'interposition d'une couche liquide, peu évaporable, de mercure[1].

Décrivons deux de ces machines.

L'une, la machine de M. Kravogl, est représentée dans la

---

1. Un habile constructeur, M. Deleuil, a fabriqué une machine pneumatique plus spécialement destinée aux usages industriels, dont le piston ne touche pas les parois du corps de pompe. La mince couche d'air qui reste dans l'intervalle sert de garniture au piston, de sorte que la résistance due au frottement des pistons dans les corps de pompe ordinaires est annulée. M. Deleuil obtient, dans une cloche de 14 litres, un degré de raréfaction mesuré par 5 millimètres seulement. Nous décrirons cette machine en traitant des applications des lois de la pesanteur.

figure 99. La disposition générale est celle d'une machine ordinaire à deux corps de pompe et se manœuvrant de la même manière. Mais la partie supérieure A des cylindres (fig. 100) se termine par un cône où le piston d'acier C, de même forme, vient

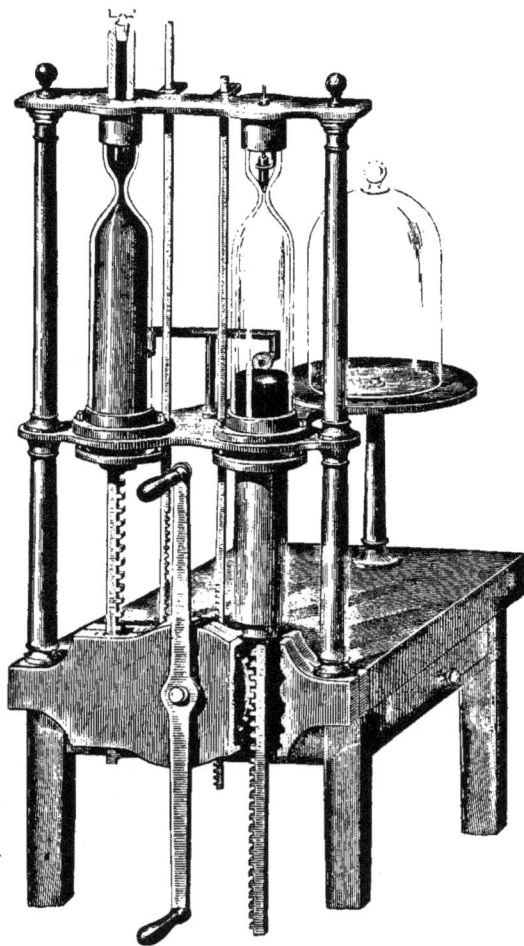

Fig. 99. — Machine pneumatique Kravogl.

s'emboîter, lorsqu'il a terminé son ascension. Au-dessus du
piston, une couche de mercure en baigne le sommet, qu'elle
dépasse d'un demi-millimètre environ, lorsque le piston est au
bas de sa course. Par en haut, chaque cylindre se prolonge sous
forme d'un entonnoir avec lequel il communique par une partie

étranglée. C'est par là qu'est expulsé l'air refoulé par le piston ou par la couche de mercure qu'il surmonte. Une soupape mobile *c*, mise en mouvement automatiquement par la manœuvre de la machine, se soulève, l'air s'échappe; mais en même temps le mercure lui-même pénètre dans l'entonnoir et empêche toute introduction d'air extérieur. Au début du mouvement descendant, la même soupape *c* se lève à nouveau et laisse retomber le mercure, une partie du liquide restant d'ailleurs d'une façon permanente au-dessous de la soupape.

On voit à droite, en *i*, la soupape par laquelle l'air du récipient arrive dans le corps de pompe.

D'après M. Privat Deschanel, à qui nous empruntons la figure de la machine Kravogl, « si le mercure de l'appareil est bien sec, on peut faire le vide à 1/10 de millimètre près. L'état de sécheresse du mercure est fort important; car aux températures ordinaires la force élastique de la vapeur d'eau a une valeur très sensible. Lorsque l'on veut utiliser toute la puissance de raréfaction de la machine, il convient d'établir entre le vase où l'on veut faire le vide et le corps de pompe, un appareil dessiccateur. »

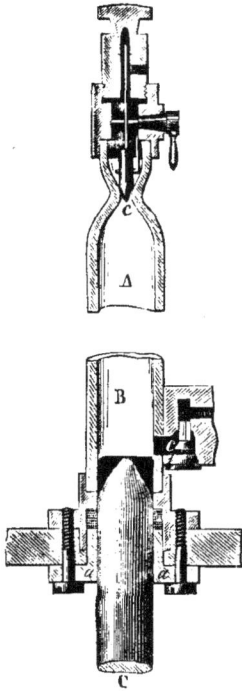

Fig. 100. — Détails d'un piston de la machine Kravogl.

La pompe à mercure ou machine pneumatique de M. Alvergniat, représentée dans la figure 101, a été en principe imaginée par notre éminent physicien Victor Regnault. Perfectionnée sur un point secondaire par M. Geissler, elle a été portée au point où elle est aujourd'hui par le constructeur dont elle porte le nom.

Elle consiste en un tube barométrique AB, que surmonte un réservoir en verre A, et qui communique inférieurement par un tube en caoutchouc avec un autre réservoir C, faisant fonction de cuvette, et de capacité un peu supérieure à A. Ce dernier réser-

voir est mobile le long d'une rainure pratiquée dans le montant
de l'appareil, à l'aide d'une crémaillère, et peut être fixé ainsi à
une hauteur quelconque.

Au-dessus de A est une cuvette à mercure D, qui communique avec le réservoir par un tube auquel est adapté un robinet

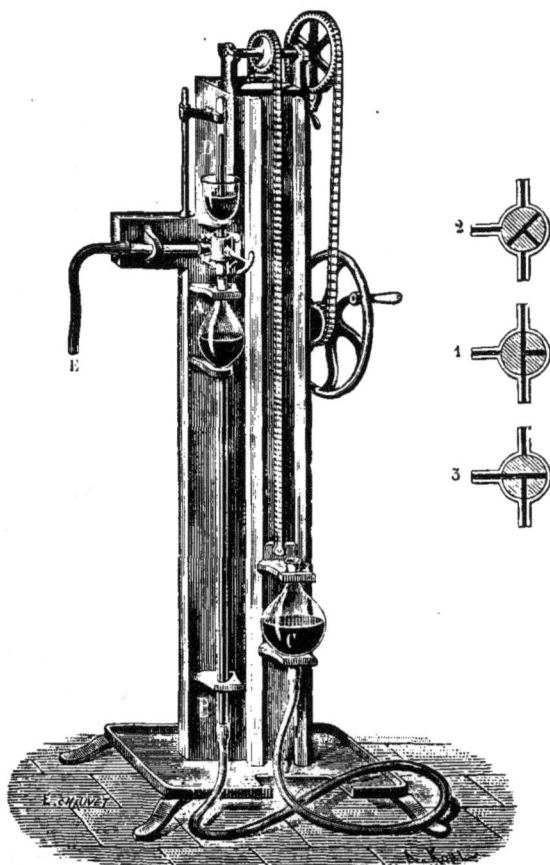

Fig. 101. — Machine Alvergniat ou pompe à mercure.

à trois voies r. Voici comment fonctionne la pompe à mercure,
lorsqu'on veut faire le vide dans un récipient E.

On remonte C jusqu'au point le plus élevé de la rainure, et on
verse du mercure dans le réservoir, après avoir tourné le
robinet dans la position 1. Le mercure descend dans le tube, en

vertu de l'équilibre des vases communicants, monte dans le réservoir A qu'il remplit, et jusque dans la cuvette.

On place alors le robinet dans la position **2**, et l'on descend le réservoir C au bas de la rainure. Le mercure reste dans la cuvette D, la communication étant fermée, mais celui de A descend jusqu'à ce que la différence de niveau du mercure dans C et dans le tube soit égale à la pression atmosphérique. Le vide barométrique s'est donc fait dans A. C'est la position indiquée dans la figure.

Si alors on tourne le robinet dans sa troisième position, le récipient, qui n'est point figuré ici, mais auquel aboutit le tube E, communique avec A; le gaz ou l'air qu'il contient s'y répand, et un vide partiel est obtenu. La première période de l'opération, analogue au mouvement d'un coup de piston, est terminée. En faisant une série de manœuvres pareilles, on obtiendra le degré de vide voulu.

On arrive avec la machine Alvergniat à produire le vide jusqu'à 1/10 de millimètre. Mais comme la manœuvre est assez pénible et longue, on ne s'en sert guère que pour faire le vide dans de très petits espaces, ou, s'il s'agit d'espaces plus considérables, pour terminer le travail commencé avec les machines pneumatiques ordinaires.

A l'aide de dispositions spéciales, M. Crookes, dans ses expériences si curieuses sur les phénomènes qui se passent dans les gaz raréfiés, est parvenu, dit-il, à obtenir le vide dans un ballon de 15 centimètres à un millionième d'atmosphère, soit moins d'un millième de millimètre de mercure.

§ 3. EXPÉRIENCES DIVERSES FAITES A L'AIDE DE LA MACHINE PNEUMATIQUE.

Nous avons eu déjà plusieurs fois l'occasion de décrire des expériences curieuses faites à l'aide de la machine pneumatique : par la suite, nous en verrons d'autres, relatives aux phénomènes de chaleur, de son, d'électricité. Nous nous contenterons donc d'en indiquer encore quelques-unes qui concernent les phénomènes de pesanteur.

Par exemple, on constate que l'eau contient ordinairement en dissolution de l'air, que maintient emprisonnée la pression atmosphérique. Si l'on place sous le récipient de la machine pneumatique un vase plein d'eau non bouillie, on voit les bulles d'air s'échapper du liquide, et d'autres bulles attachées aux parois du vase apparaître fixées à leur surface, puis peu à peu grossir à mesure que la pression diminue, se détacher des parois et monter à la surface de l'eau. Si l'on a placé dans l'eau des corps solides, tels que des fragments de verre, de bois, de métal, du sable, etc., le même phénomène se présente sur la surface de chacun d'eux, ce qui prouve que tous les corps ont la propriété de retenir, adhérente à leur superficie, une certaine quantité d'air que la pression atmosphérique y maintient fixée. La fumée qui, dans l'atmosphère, s'élève au-dessus des couches inférieures, tombe dans le vide comme une masse pesante. Ce phénomène montre que le principe d'Archimède est vrai pour les gaz comme pour les liquides, ainsi que le témoigne une autre expérience qu'on exécute avec un petit appareil, appelé *baroscope*, dont Otto de Guericke est l'inventeur.

Une balance supporte, à chacun de ses deux fléaux, deux boules métalliques, l'une creuse et à parois minces, l'autre pleine et d'un beaucoup plus petit volume : pesées dans l'air, ces deux boules se font exactement équilibre (fig. 102).

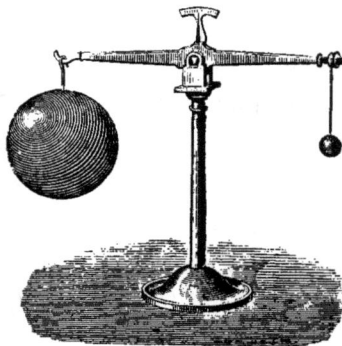

Fig. 102. — Le baroscope.

Quand on porte l'appareil sous le récipient de la machine pneumatique, on voit l'équilibre se troubler dès que le vide se fait, et le fléau pencher du côté de la sphère la plus volumineuse. Cette sphère perdait donc dans l'air une certaine portion de son poids, qu'on sait d'ailleurs être précisément égale au poids de l'air déplacé. Ceci nous prouve que, pour avoir le poids exact des corps, il est nécessaire de faire les pesées dans le vide, ou du moins de tenir compte de l'erreur occasionnée par la poussée de l'air. Dans les pesées délicates, en chimie, ou pour la détermination précise des densités, cette correction est indispensable.

L'application du principe d'Archimède aux ballons ou aérostats sera l'objet d'une description ultérieure. Nous renvoyons au même chapitre la description des applications de la machine pneumatique à divers usages industriels.

§ 4. MACHINE A COMPRIMER LES GAZ, OU POMPE DE COMPRESSION.

Au lieu de faire le vide dans un vase ou un récipient, on peut au contraire y accumuler, y comprimer l'air ou d'autres gaz. Cette opération se fait avec les pompes ou machines de compression.

Fig. 103. — Machine de compression ; coupe de l'un des corps de pompe et du piston.

On construit des machines de compression absolument pareilles aux machines pneumatiques, ou, du moins, n'en différant que par une modification : toutes les soupapes sont changées de sens. En examinant la figure 103, qui représente la coupe d'une machine de compression, on verra immédiatement quel est le jeu du mécanisme, et comment, au lieu de raréfier ou d'expulser l'air, le mouvement de va-et-vient du piston doit au contraire l'accumuler et le comprimer.

La soupape a ouvre ou ferme la communication entre le récipient et le corps de pompe ; la soupape b joue le même rôle entre ce dernier et l'air extérieur. Toutes deux s'ouvrent de haut en bas. Supposons le piston en haut de sa course, et tout l'appareil rempli d'air à la pression atmosphérique. En enfonçant le piston, l'air du corps de pompe se comprime ; sa tension augmente, ferme la soupape *b* et ouvre la soupape *a* en refoulant l'air dans le canal qui communique avec le récipient et dans le récipient même. En remontant le piston, le vide se fait au-dessous ; l'air déjà comprimé du récipient ferme la sou-

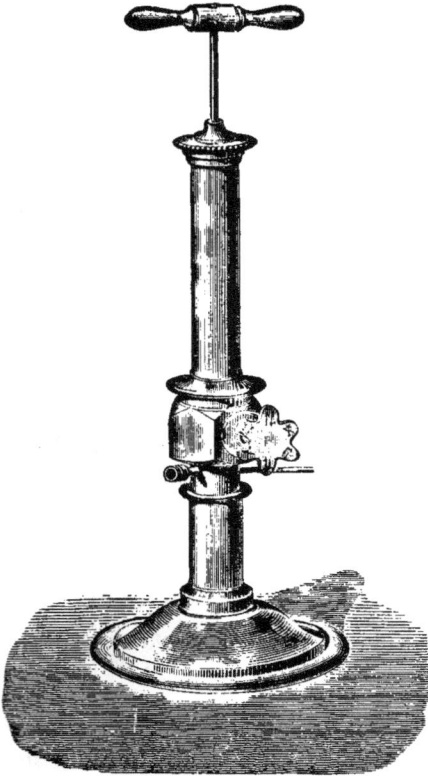

Fig. 104. — Pompe de compression
de Silbermann ; vue extérieure.

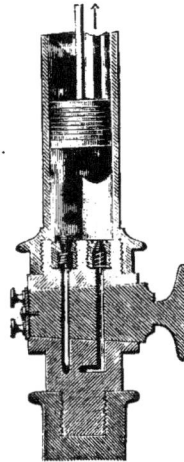

Fig. 105. — Pompe de compression
de Silbermann ; coupe.

pape *a* ; l'air extérieur ouvre *b* et finit par remplir le corps de pompe. Il sera refoulé dans le récipient par une nouvelle descente du piston, et ainsi de suite.

Il y a, pour chaque machine, une limite à la compression qui dépend de l'espace nuisible restant au-dessous du piston lorsqu'il est arrivé au bas de sa course. Quand la compression obtenue est telle, que l'air du corps de pompe réduit à cet espace a une moindre tension que l'air comprimé, le jeu de la soupape *a* devient impossible.

On emploie aujourd'hui de préférence des pompes de compression formées d'un seul corps, à piston massif, et dont les

Fig. 106. — Pompes de compression accouplées.

deux soupapes sont placées au fond du cylindre, l'une donnant communication avec l'air extérieur, l'autre avec le récipient[1]

1. La pompe de compression de ce genre, dont nous donnons ci-dessus la coupe et la vue extérieure, est due à un savant dont le mérite égale la modestie, M. J. Silbermann, préparateur du cours de physique au Collège de France. Si la place ne nous manquait, nous dirions comment le robinet dont on voit la position au-dessous des soupapes, permet de comprimer dans un récipient l'air ou tout autre gaz contenu dans un autre, d'intervertir l'ordre de communication des récipients, ou encore de rétablir entre eux l'équilibre de pression, enfin de faire communiquer chacun d'eux avec l'atmosphère. C'est donc à la fois, et à volonté, une machine pneumatique ou une pompe de compression

(fig. 104 et 105). S'il s'agit de comprimer un gaz autre que l'air, la première soupape communique avec le vase renfermant le gaz à comprimer. Si l'on veut obtenir une compression plus rapide, on se sert de pompes accouplées. La figure 106 montre la disposition générale des appareils de ce genre. M. Regnault s'en est servi pour obtenir de l'air ou de la vapeur dont la pression équivalait à 30 fois la pression atmosphérique, ou, si l'on veut, était capable de supporter une colonne de mercure de 30 fois 76 centimètres, soit 22^m,80. Dans les applications industrielles de l'air comprimé, nous trouverons d'autres procédés que ceux qu'on vient de décrire, employés pour obtenir la compression de l'air en grandes masses.

§ 5. LOI DE MARIOTTE.

Disons maintenant sur quel principe on s'appuie pour évaluer les pressions des gaz, et quelle loi suivent les variations de ces pressions, sous l'influence seule du changement de volume.

Cette loi, dont la découverte est due aux physiciens Mariotte et Boyle, s'énonce ainsi [1] :

Si une même masse gazeuse est soumise à une série de pressions différentes, les volumes qu'elle occupe successivement varient en raison inverse des pressions qu'elle supporte.

Voici la démonstration expérimentale de cette loi :

On prend un long tube recourbé dont la petite branche est fermée et la grande ouverte (fig. 107). S'il est parfaitement cylindrique, l'échelle divisée en parties égales, dont on voit les divisions sur la planchette à laquelle il est fixé, indique pour le tube des capacités égales. S'il n'est pas cylindrique, on le divise lui-même en parties inégales, mais d'égale capacité.

---

1. La loi connue en France sous le nom de Mariotte est dite *loi de Boyle* en Angleterre. C'est en effet à la même époque qu'elle fut découverte par ces deux physiciens. Elle ne s'appliquait d'abord qu'à l'air atmosphérique, ainsi que le constatent les titres des ouvrages où leurs expériences sur la force élastique de l'air et sur ses degrés correspondants de condensation furent consignées. Voici ces titres : R. Boyle, *Nova experimenta physico-mecanica de vi aeris elastica;* Mariotte, *De la nature de l'air.*

Introduisons-y une certaine quantité de mercure, et, par des secousses convenables, faisons en sorte que le liquide se répartisse en deux colonnes de même hauteur dont les niveaux correspondent aux zéros des deux échelles. A ce moment, l'équilibre existe entre l'air extérieur qui presse le mercure dans la grande branche ouverte, et l'air intérieur emprisonné dans la branche fermée. La pression de ce dernier est donc de 1 atmosphère.

Versons du mercure dans la grande branche. L'équilibre sera rompu, et le mercure montera dans la branche fermée. Arrêtons-nous au moment où le niveau atteindra la division 12, c'est-à-dire où le volume du gaz sera réduit à moitié. Nous constaterons que la différence des niveaux du mercure sera précisément égale à la hauteur barométrique au moment de l'expérience. Or il est clair qu'à ce moment c'est cette différence de niveau qui mesure l'accroissement de pression du gaz emprisonné; la pression totale est donc de 2 atmosphères.

En versant de nouveau du mercure dans la grande branche, on verra le niveau monter dans la petite branche jusqu'aux divisions 16, 18, 19,2 par exemple, ce qui suppose le volume du gaz réduit au tiers, au quart, au cinquième de son volume primitif. Or on trouve alors que les pressions sont successivement de 3, 4, 5 atmosphères. En général, les volumes occupés par l'air ou par tout autre gaz varient précisément en raison inverse des pressions que ce gaz supporte : ce qui démontre la loi énoncée. La loi se vérifie avec la même facilité quand on soumet la masse gazeuse à des pressions décroissantes, inférieures à 1 atmosphère : les volumes augmentent comme les pressions diminuent. Cette vérification de la loi de Mariotte pour les pressions inférieures à la pression

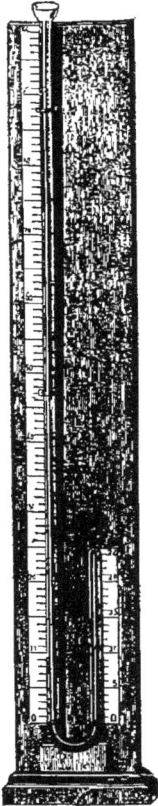

Fig. 107. — Vérification expérimentale de la loi de Mariotte.

atmosphérique se fait à l'aide de l'appareil que représente la figure 108. Dans une cuvette pleine de mercure sont disposés deux tubes barométriques, l'un immobile marquant par le niveau *a* du mercure la pression de l'atmosphère au moment où se fait l'expérience. L'autre tube est mobile et peut s'élever ou s'enfoncer à volonté dans le prolongement inférieur de la cuvette. Avant l'introduction du gaz, le niveau du mercure s'y élève à la même hauteur que dans le baromètre voisin. Mais si dans le vide on introduit une certaine quantité de gaz à expérimenter, ce niveau se déprime et descend en un point *b*, de sorte que la différence de niveau *ab*, exprimée en millimètres, mesure la pression du gaz. En soulevant le tube, le gaz se dilate et la pression augmente. Or on trouve que le produit du volume par la pression correspondante reste constant.

Pour cette vérification, il importe que le tube où le gaz est introduit soit parfaitement cylindrique ; ou, si cette condition n'est pas remplie, qu'à la division en millimètres mesurant les pressions soit jointe une diminution en parties d'égale capacité pour la mesure des volumes.

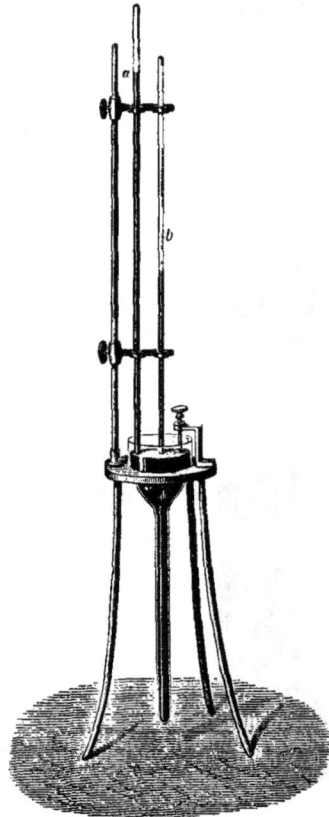

Fig. 108. — Vérification de la loi de Mariotte pour les pressions décroissantes inférieures à la pression atmosphérique.

On voit par cette loi, dont l'importance est extrême, combien les gaz sont compressibles et combien ils diffèrent sous ce rapport des liquides, dont la compressibilité est renfermée, nous l'avons vu, dans de très étroites limites.

Dans les expériences qui précèdent, la température est sup-

posée constante, et il est bien entendu que l'air ou les autres
gaz doivent être préalablement desséchés.

Si la loi de Mariotte était rigoureusement vraie, il en résulterait que tous les gaz sont doués d'une égale compressibilité, et
que cette compressibilité est croissante, quelles que soient les
pressions auxquelles on les soumet. Dulong et Arago ont bien
vérifié l'exactitude de la loi, pour l'air, jusqu'à 26 atmosphères; mais Despretz et, depuis, Regnault sont arrivés à reconnaître que cette compressibilité n'est pas exactement la même
pour tous les gaz, et de plus qu'elle est aussi légèrement
variable pour un même gaz. L'air, l'azote, l'acide carbonique,
se compriment en réalité un peu plus que n'exigerait la loi de
Mariotte : le gaz hydrogène s'en écarte en sens contraire. Quant
aux gaz susceptibles de passer à l'état liquide, l'écart dont il
s'agit a été trouvé d'autant plus considérable que les expériences
ont eu lieu à une température plus voisine de celle où ils se
liquéfient. Sans doute, dans le voisinage de cette température,
les gaz éprouvent des modifications moléculaires dont on ignore
encore la nature, mais qui contrarient les effets dus aux variations de pression.

La mesure de la pression de l'air qui reste sous le récipient
de la machine pneumatique, quand on y fait le vide, mesure
effectuée à l'aide d'un *manomètre* ou baromètre tronqué, est
une application directe de la loi de Mariotte.

La loi qui exprime les rapports entre les volumes des gaz et
les pressions qu'ils supportent, ou, ce qui revient au même,
entre leur élasticité et leur compressibilité, est trop importante
pour que nous passions sous silence les expériences qui, depuis
Boyle et Mariotte, ont restreint successivement les limites dans
lesquelles elle est applicable.

D'abord, on reconnut que la loi de Mariotte n'est pas exacte
pour tous les gaz. Van Marum vit le premier que la compressibilité du gaz ammoniac est plus grande que celle de l'air : à
peine ce dernier était-il réduit au tiers de son volume que le

gaz ammoniac, sous la même pression, passait à l'état liquide.
En 1826, un résultat semblable fut trouvé par Œrstedt et Wendsen : le gaz acide sulfureux
se comprime d'autant plus
qu'il approche davantage
de son point de liquéfac-
tion. Despretz, puis Pouillet
confirmèrent ces observa-
tions et les étendirent à
d'autres gaz. L'appareil de
la figure 109, imaginé par
le dernier de ces physi-
ciens, met en évidence la
différence de compressi-
bilité des divers gaz.

Un cylindre en fonte A
contient du mercure, et
communique par un tube
en fer avec une boîte en
fonte à laquelle sont solidement ajustés deux tubes
TT de 2 mètres de longueur
chacun, et de 2 à 3 millimètres de diamètre. C'est
par la partie supérieure de
ces deux tubes parfaite-
ment calibrés que s'intro-
duisent les gaz secs dont
on veut comparer la com-
pressibilité. On fait en sorte
que ces gaz occupent le
même volume ; puis l'on

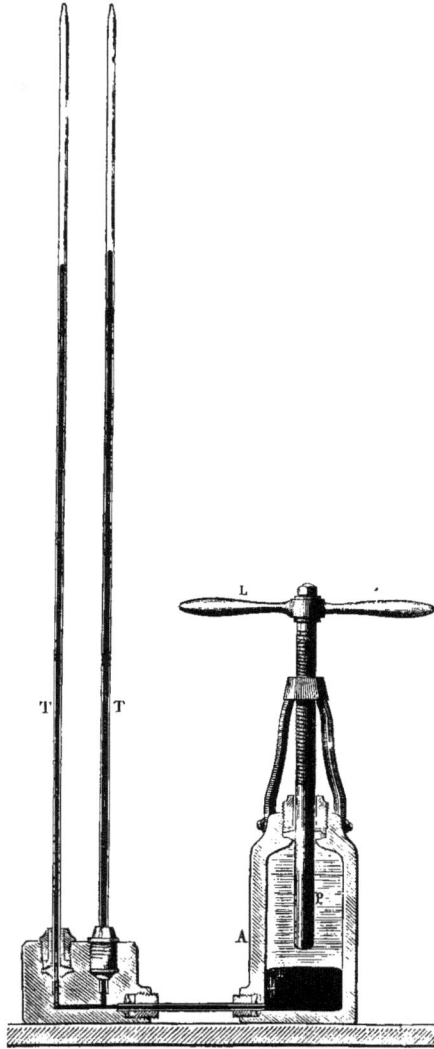

Fig. 109. — Appareil de Pouillet démontrant
l'inégale compressibilité des gaz.

scelle les tubes à la lampe. A ce moment, le volume et la pression sont identiques pour les deux gaz. Pour les faire varier,
le cylindre A, rempli d'huile au-dessus du mercure, est fermé

par un piston plongeur P façonné extérieurement en vis mo-

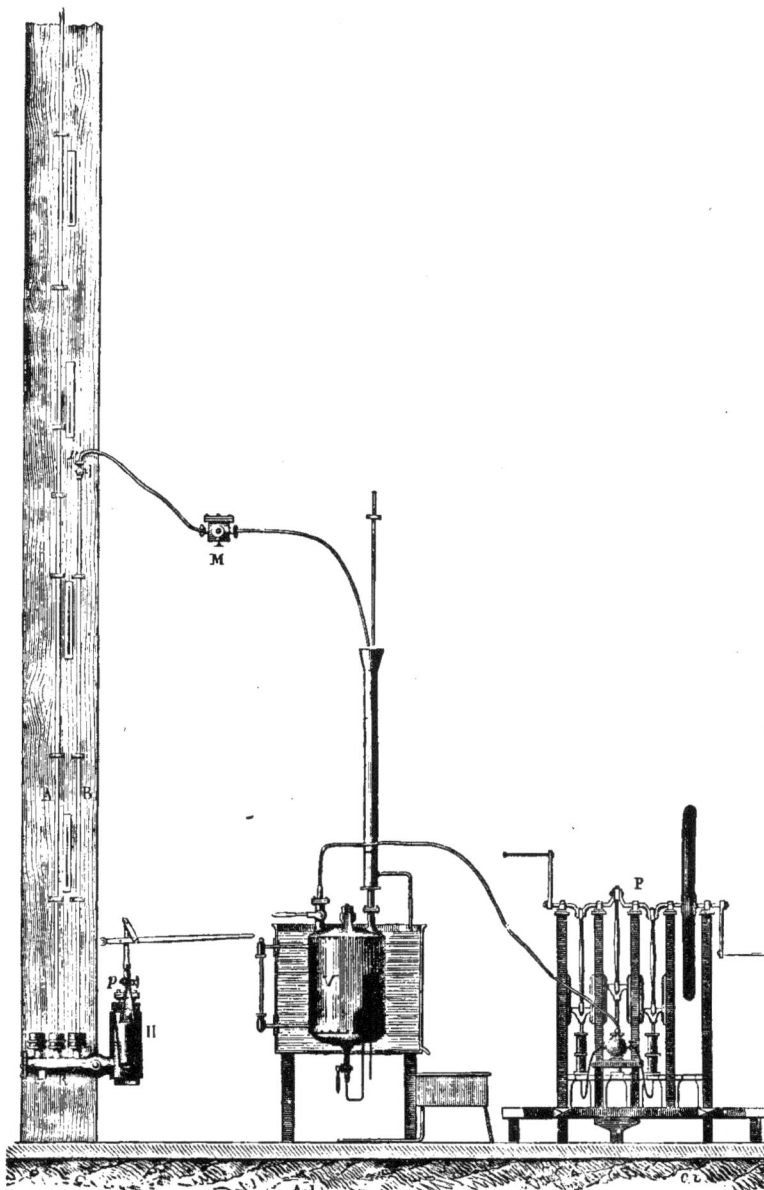

Fig. 110. — Appareil de M. Regnault pour l'étude de la compressibilité des gaz [1].

bile dans un écrou. Un levier L permet d'enfoncer à volonté le

1. A, B, tubes du manomètre où se mesurent les pressions et les volumes du gaz sur

piston dans le liquide et de comprimer de la sorte le mercure
qui transmet sa pression aux gaz des deux tubes T. On reconnaît ainsi que les volumes ne restent point les mêmes, et que
la loi de compression varie d'un gaz à l'autre.

La loi de Mariotte avait été trouvée exacte, pour l'air, par
Œrstedt et Wendsen jusqu'à 8 atmosphères, et les fameuses
expériences de Dulong et d'Arago, que nous n'avons fait que
mentionner, poussèrent la vérification jusqu'à 26 atmosphères.
Pouillet alla jusqu'à 100. Mais il y avait dans les procédés
employés diverses causes d'erreur, dont la plus sensible provenait de ce que plus la pression devenait considérable, plus
le volume occupé dans le manomètre par le gaz était petit, et
plus les erreurs constantes de lecture devenaient des fractions
importantes des résultats.

M. Regnault évita cette cause d'inexactitude en disposant
ses appareils (fig. 110) de manière que les volumes restassent
à peu près constants pendant tout le cours de ses expériences.
Il fit de plus une série de corrections dans le détail desquelles
nous ne pouvons entrer, et qui donnèrent une grande précision
aux résultats de ses recherches. Ce sont ces résultats que nous
allons résumer dans leurs traits essentiels.

La compressibilité de l'air, toujours un peu plus forte que
ne l'exigerait la loi de Mariotte, va de plus en augmentant avec
la pression. L'azote est dans le même cas que l'air, mais

---

lequel on expérimente. Ils communiquent, par leurs extrémités inférieures et par un cylindre
en fer auquel ils sont adaptés, avec le réservoir H contenant du mercure. Une pompe p aspirante et foulante à eau surmonte ce réservoir, et un robinet R permet d'intercepter à volonté
la communication avec les tubes. V est le réservoir où l'on peut emmagasiner le gaz sec ;
P est une pompe de compression qui sert à donner au gaz le degré voulu de pression. La
plus courte branche B du manomètre est en communication avec V et un robinet r sert à
intercepter cette communication quand le gaz est introduit et qu'il a refoulé le mercure jusqu'au bas du tube.

Il est aisé maintenant de se rendre compte du fonctionnement de l'appareil. Le gaz sec
étant comprimé dans V, on ouvre les robinets, le gaz pénètre dans le tube B et refoule le
mercure, de manière à remplir le tube. La différence de niveau en B et dans la colonne A
(haute de 30 mètres) marque la pression du gaz correspondante à ce volume. Puis on ferme r,
et l'on manœuvre la pompe p qui foule le mercure et comprime le gaz. Quand ce dernier
est réduit à la moitié de son volume, on note de nouveau la différence de niveau du mercure dans B et dans A, et l'on a la pression du gaz ainsi comprimé.

l'augmentation de la compressibilité avec la pression est moins sensible. L'écart de la loi est plus grand pour l'acide carbonique.

Quant à l'hydrogène, il s'écarte de la loi de Mariotte dans un sens opposé, et en outre la compressibilité décroît au lieu de croître avec la pression.

On doit donc considérer la loi de Mariotte comme une approximation, non comme une loi rigoureuse. A la vérité, dans la pratique on peut la regarder comme vraie, et l'appliquer toutes les fois qu'il ne s'agit pas des cas spéciaux où les perturbations deviennent brusquement considérables.

LIVRE DEUXIÈME

LA GRAVITATION

CHAPITRE PREMIER

LA PESANTEUR A LA SURFACE ET DANS L'INTÉRIEUR DU GLOBE TERRESTRE

§ 1. LA PESANTEUR EST-ELLE UNE FORCE CONSTANTE ?

L'expérience a démontré, comme nous l'avons constaté dans les chapitres qui précèdent, que la pesanteur agit de la même manière sur une masse quelconque, quelle que soit la nature physique ou chimique de la substance qui la compose, et quelque petites que soient les parcelles soumises à son influence. Son action sur un corps doit donc être regardée comme la résultante, ou ici la somme, de ses actions élémentaires sur toutes les molécules dont le corps est formé.

C'est cette résultante qui est le *poids* du corps.

D'autre part, en étudiant les lois de la chute des graves dans le vide, les physiciens ont établi que ces lois sont celles qui régissent tout mouvement uniformément accéléré, c'est-à-dire tout mouvement produit par l'action d'une *force constante*.

Ainsi la pesanteur est une *force constante*, c'est-à-dire qu'elle agit, à tout instant de la durée, d'une manière égale, uniforme.

C'est cette continuité même qui explique, par l'addition incessante des effets élémentaires, l'accroissement de la vitesse proportionnellement aux temps, et celui des espaces parcourus en
proportion des carrés des temps. La théorie établit la nécessité
de ces lois, et l'expérience les a confirmées avec toute la précision que comportent les procédés de la méthode expérimentale.

Toutefois il importe de ne point se tromper sur ce qu'on doit
entendre par la constance de la force nommée pesanteur. On
admet aussi (et c'est un principe adopté en physique comme en
chimie) l'invariabilité du poids d'une quantité donnée de matière, d'un corps déterminé quelconque.

En réalité, ni l'intensité de la pesanteur n'est constante, ni
le poids d'un corps n'est invariable, à moins qu'on ne considère
la pesanteur et son action sur le corps en un même point déterminé du globe terrestre. Ce qui est invariable, c'est la masse,
qu'on définit quelquefois par la quantité de matière[1]; il nous
reste à faire voir qu'il n'en est pas de même de l'intensité de la
pesanteur, non plus par conséquent du poids, qui est une fonction de cette intensité.

Considérons un corps dont la masse soit telle, qu'à Paris,
sous la latitude de 48°50′, et à une hauteur donnée au-dessus
du niveau de la mer, elle ait, pesée dans le vide à la température
de 4 degrés centigrades, le poids d'un kilogramme. Tel serait un
décimètre cube d'eau distillée, à l'altitude zéro; mais prenons
une substance quelconque, un morceau de platine, je suppose,
qui ait la même masse et, par conséquent, le même poids dans
ces conditions, et changeons-le de lieu. Si nous le rapprochons
du pôle, c'est-à-dire si la latitude du lieu croît, la masse invariable dont il s'agit verra son poids augmenter; le même changement aurait eu lieu si, tout en le laissant à la même latitude,
on l'eût descendu à un niveau inférieur au niveau de la mer
par exemple, ou plus profondément à l'intérieur du sol. Au con-

1. La notion de masse est précisée plus nettement par une proposition qu'on formule ainsi
en mécanique : « Deux corps d'espèce quelconque ont *même masse*, quand des forces égales
produisent des mouvements identiques sur ces corps libres et partant du repos. »

traire, le poids de la masse de platine en question diminuerait graduellement, si de Paris nous le transportions en un lieu plus voisin de l'équateur, ou si, sans changer de latitude, nous pouvions l'élever dans l'atmosphère à des altitudes croissantes.

Pour que de telles variations soient possibles, et nous verrons tout à l'heure comment l'expérience permet de les constater, il faut nécessairement, la masse n'ayant pas changé, les molécules du corps restant identiques et en même nombre, que la force qui est appliquée à chacune d'elles, que la pesanteur en un mot varie d'intensité lorsque la latitude change ou que change l'altitude. Cette conséquence inévitable est du plus haut intérêt pour la physique du globe : voyons donc comment on arrive à l'établir en fait.

Il est d'abord bien évident que ce n'est pas à l'aide d'une balance qu'il sera possible de vérifier les variations d'intensité de la pesanteur : en effet tout changement en plus ou en moins dans cette intensité affecterait de la même manière et le corps pesé et les poids qui lui font équilibre. Cet inconvénient n'existe pas si l'on se sert, pour mesurer l'intensité de la pesanteur, des instruments à ressorts connus sous le nom de dynamomètres (fig. 111).

Fig. 111. — Dynamomètre.

En transportant à des latitudes et à des altitudes différentes un appareil de ce genre, auquel on suspendrait une masse invariable, on devrait trouver, dans les indications de son aiguille, des variations correspondant à celles de l'intensité de la pesanteur. Mais dans la pratique ce moyen est encore insuffisant, parce que, comme on le verra plus loin, la sensibilité d'un dynamomètre n'est pas assez grande pour accuser les faibles changements en question.

Il en est tout autrement si, au lieu de mesurer la force par ses effets statiques, on prend pour termes de comparaison ses effets dynamiques, c'est-à-dire les mouvements qu'elle imprime aux corps soumis à son action. Ainsi l'intensité de la pesanteur se mesure par la vitesse qu'elle fait acquérir, au bout d'une seconde de chute, à un corps qui tombe dans le vide. Cette vitesse est d'ailleurs précisément égale au double de l'espace parcouru par le mobile pendant le même temps. C'est le nombre qu'on a coutume de représenter par la lettre g. On pourrait se servir, pour en avoir la valeur, de l'une ou de l'autre des machines à l'aide desquelles on a vu que les physiciens démontrent les lois de la pesanteur. Seulement, en ce qui concerne la machine d'Atwood, il y aurait lieu de multiplier la vitesse ou l'espace mesuré par le rapport $\dfrac{p+2m}{p}$, p étant le poids additionnel qui met la machine en mouvement et $2m$ celui des deux masses égales portées par le fil qui s'enroule sur la poulie. Il faudrait en outre tenir compte de la résistance de l'air, des frottements de toute sorte qui se produisent dans les pièces de ces machines. Toutes ces causes d'inexactitude réunies rendent aussi ce mode d'expérimentation, sinon absolument impraticable, du moins incommode et défectueux.

Heureusement, on va voir que l'observation du pendule supplée à toutes ces difficultés de la façon la plus simple.

§ 2. VARIATIONS DE LA PESANTEUR EN LATITUDE.

C'est le pendule en effet qui a mis sur la voie, et fait reconnaître pour la première fois les variations que présente l'intensité de la pesanteur aux différents points de la surface du globe terrestre. L'astronome français Richer avait été envoyé, en 1672, à Cayenne, par l'Académie des sciences, pour y faire des observations. Le premier soin de ce savant fut d'observer le pendule de longueur invariable qu'il avait emporté et réglé à Paris pour mesurer le temps dans ses observations : sa surprise fut grande de constater, en arrivant à Cayenne, qu'il retardait de 2 minutes 1/2 par jour. Pour corriger ce retard, Richer fut obligé de raccourcir son pendule de 1 ligne 1/4. De retour en France, le phénomène inverse se produisit, et Richer dut rendre au pendule sa longueur primitive.

Ce fait d'observation, qui étonna les savants comme il avait surpris Richer, fut vérifié dans d'autres circonstances. Il restait à en découvrir la cause, et c'est à Newton qu'en revient l'honneur.

Newton, dans son immortel ouvrage des *Principes*, qui vit le jour en 1687, quinze ans après l'observation de Richer, étudie la question importante de la figure du globe terrestre, et arrive à cette conclusion, qui ne fut pas adoptée sans de longues controverses, que la Terre doit avoir la forme d'un ellipsoïde aplati aux deux pôles, ou renflé à l'équateur. La fluidité primitive de la masse qui a constitué le globe, jointe à l'action de la force centrifuge que développe le mouvement de rotation, telles sont les raisons de l'aplatissement dont Newton démontra la nécessité, que les mesures géodésiques ont si positivement constaté, et dont la valeur aujourd'hui reconnue un est peu supérieure à 1/300.

Il est aisé, en partant de ces faits, de se rendre compte des variations que doit subir l'intensité de la pesanteur quand on se déplace en latitude, le long d'un méridien.

D'abord, commençons par distinguer entre la force attractive de la Terre, celle qu'exerce la masse entière du globe sur chaque point de la surface, et la pesanteur, qui est la force réelle avec laquelle un corps tend à tomber dans la direction de la verticale ou à presser sur son point d'appui. C'est de cette dernière seulement que nous observons les effets.

L'attraction — Newton l'a démontré — agit sur une molécule quelconque prise à la surface du globe comme si toute la masse de la Terre était réunie en son centre. Elle ne varie d'un point à un autre de la surface qu'en raison des distances inégales où ces points se trouvent du centre; or la forme de la Terre est celle d'un ellipsoïde, aplati aux pôles de rotation.

Tout méridien est donc est une ellipse dont le grand axe est le diamètre terrestre qui joint les pôles. Les différents points de ce méridien sont dès lors d'autant plus éloignés du centre de l'ellipsoïde, que leur latitude est plus petite, et comme l'attraction de tout le globe terrestre, agissant comme si toute la masse se trouvait réunie au centre, décroît proportionnellement au carré des distances au centre attirant, il en résulte avec évidence que l'intensité de la gravité doit aller en décroissant du pôle à l'équateur.

A cette première raison il s'en joint une autre. En effet, la pesanteur, telle que nous pouvons la mesurer, soit par les poids des corps, soit plutôt par la vitesse de leur chute dans le vide, n'est pas une force simple, n'est pas la force d'attraction, de gravitation dont nous venons de parler; il n'y aurait identité entre ces deux forces que si la Terre n'avait pas de mouvement de rotation. En réalité, la pesanteur est une force composée : c'est la résultante de la gravitation d'une part, de la force centrifuge de

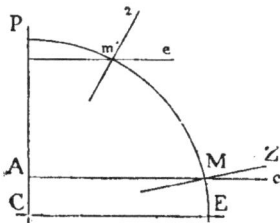

Fig. 112 — Direction. et intensité de la force centrifuge de l'équateur aux pôles.

l'autre. Si la force centrifuge était partout la même, la pesanteur ne croîtrait de l'équateur au pôle que selon les variations de distance dues à la forme elliptique du méridien; ce serait l'attraction diminuée d'une quantité constante. Mais il n'en est pas ainsi : on sait que, pour une même vitesse angulaire, la force centrifuge développée par un mouvement de rotation croît avec la longueur du rayon du cercle décrit, ou de la distance MA du point à l'axe de rotation (fig. 112). A l'équateur, la force centrifuge est maximum; et elle va en décroissant à mesure que la latitude augmente jusqu'aux pôles où, la vitesse de rotation étant nulle, elle est nulle aussi.

Si l'on ajoute à cela que la direction de cette force est précisément opposée à l'attraction à l'équateur, et qu'elle agit de plus en plus obliquement à mesure qu'on s'en éloigne, on comprendra que, pour ce double motif, la diminution d'intensité que subit la pesanteur doit être d'autant plus forte que la latitude est moins grande[1].

Voyons maintenant comment les observations du pendule ont permis de vérifier l'exactitude de ces prévisions de la théorie, et dans quelle mesure une telle vérification a été possible.

Il y a entre la longueur d'oscillation d'un pendule, la durée d'une oscillation isochrone et l'intensité de la pesanteur au lieu où se fait l'observation, une relation ou formule très simple qui permet, quand les deux premières données sont connues, de calculer aisément la troisième, c'est-à-dire l'intensité de la pesanteur[2]. Prend-on un pendule de longueur

---

1. Il n'est pas possible de donner l'énoncé de la loi de ces variations sans employer des termes et des formules mathématiques, d'ailleurs fort simples.

Pour un lieu M, ayant une latitude λ, distant de l'axe de rotation de la quantité MA ou x, on a la relation très simple

$$A = g + \omega^2 x \cos \lambda$$

entre l'attraction A de l'ellipsoïde terrestre et l'intensité g de la pesanteur au même lieu, ω étant la vitesse de rotation, égale à $\frac{2\pi}{T}$. (T est le nombre de secondes de temps moyen que la Terre met à effectuer son mouvement de rotation : c'est 86 164 secondes.) La

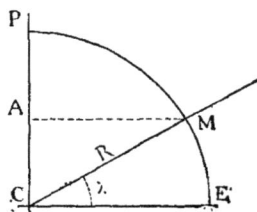

Fig. 113. — Relation entre l'attraction du globe et l'intensité de la pesanteur.

même formule, exprimée au moyen du rayon R de l'ellipsoïde qui aboutit en M, devient

$$A = g + \omega^2 R \cos^2 \lambda,$$

de sorte que la diminution de la pesanteur, en tant qu'elle résulte de la force centrifuge, est proportionnelle au *carré du cosinus de la latitude*.

A l'équateur, $A = g + \omega^2 a$, a étant le rayon équatorial. L'attraction A, on le démontre, croît elle-même de l'équateur au pôle.

2. Voici cette relation : $t = \pi \sqrt{\dfrac{l}{g}}$, où t représente la durée de l'oscillation, π le rapport de la circonférence au diamètre, l la longueur d'oscillation du pendule et g l'intensité de la pesanteur. On en déduit aisément $g = \dfrac{\pi^2 l}{t^2}$.

Si l est constant, c'est-à-dire si l'on expérimente en diverses stations avec le même pendule de longueur invariable, il est clair que l'intensité de la pesanteur variera en raison inverse des carrés des durées de l'oscillation, ou, ce qui revient au même, proportionnellement aux carrés des nombres d'oscillations dans un même temps, par exemple dans l'intervalle d'un jour solaire moyen.

Si, au contraire, on détermine à chaque station la longueur du pendule qui bat la seconde, les intensités varieront comme cette longueur même. De là les deux méthodes.

invariable, comme le pendule réversible de Kater dont nous
avons parlé dans le chapitre V, alors l'intensité de la pesanteur, aux diverses stations de la surface du globe où l'on
observe ce pendule, sera proportionnelle aux carrés des
nombres d'oscillations comptées dans le même intervalle de
temps, par exemple dans la durée d'un jour solaire moyen. Il
résulte de là une première méthode, qui a été, en effet, expé-
rimentée par divers physiciens.

Une seconde méthode consiste à faire osciller un pendule,
à compter avec le plus grand soin le nombre de ses oscillations
ainsi que sa longueur au moment de l'expérience, puis à en
déduire par le calcul la longueur du pendule simple qui
battrait les secondes dans la même station. Les longueurs
comparées du pendule à secondes en des stations quelconques
du globe donnent précisément les rapports entre les intensités
de la pesanteur aux mêmes lieux.

Donnons quelques exemples de la première méthode. « On
a trouvé, dit sir J. Herschel dans ses *Outlines of Astronomy*,
qu'un pendule d'une certaine forme et d'une certaine longueur exécute sous l'équateur 86 400 oscillations en un jour
solaire moyen ; et que, si le même pendule est transporté à
Londres, il fait dans le même temps 86 535 oscillations. Nous
en devons conclure que l'intensité de la force agissant sur le
pendule à l'équateur est à celle qui le met en mouvement à
Londres, comme le carré de 86 400 est au carré de 86 535,
soit :: 1 : 1,00315 ; ou, en d'autres termes, qu'une masse de
matière pesant à Londres 100 000 livres exerce la même pression sur le sol, ou le même effort pour écraser le corps sur
lequel elle est placée, que feraient 100 315 *des mêmes livres*
transportées à l'équateur. » Autre exemple : Un pendule, dont
la longueur d'oscillation est *un mètre*, fait à Paris dans le vide
86 137 oscillations en 24 heures de jour moyen ; transporté
aux pôles, il en exécuterait 86 242, tandis qu'à l'équateur ce
nombre se réduirait à 86 017. Les intensités de la pesanteur
en ces trois points sont proportionnelles aux carrés de ces trois

nombres, ou aux nombres suivants : 1,00000, 1,00244, 0,99861.
D'où il suit qu'un corps pesé à Paris, et dont le poids y serait
de 100 000 kilogrammes, transporté aux pôles subirait une
augmentation de 244 kilogrammes, et, à l'équateur, ne pèserait plus que 99 861 kilogrammes, ou aurait diminué de 139 kilogrammes. Nous avons dit plus haut et
nous croyons utile de répéter que ces
variations ne seraient sensibles qu'au
dynamomètre, et non à la balance,
puisque dans ce dernier cas les poids
marqués qui servent à la pesée subi-
raient eux-mêmes des variations égales.

Arrivons aux observations du pendule par la seconde méthode, qui est
celle qu'ont employée Borda et Cassini,
et, après eux, Biot et Mathieu, à Paris,
à Dunkerque et à Bordeaux.

Le pendule de Borda, tel que l'ont
employé Biot et Mathieu, était formé
d'une boule de platine de 36 mill. 1/2
de diamètre, suspendue par simple
adhérence à l'aide d'une calotte métallique enduite d'une couche légère de
suif : ce dernier venait s'attacher, par
son extrémité supérieure, à un couteau
de suspension pareil à celui qui supporte
la verge des horloges (fig. 114). Le couteau reposait sur deux plans fixes, bien
polis, de pierre très dure, dont la position était parfaitement horizontale. Ces

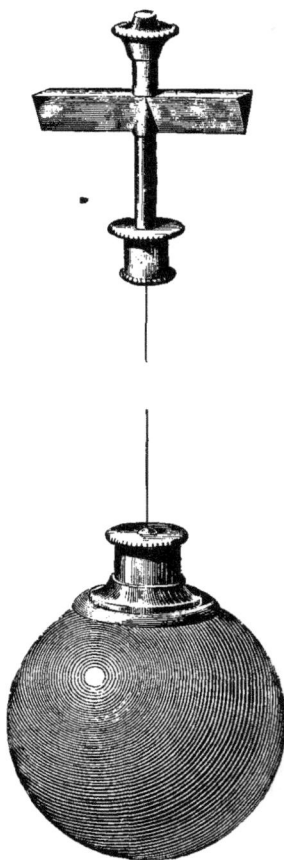

Fig. 114. — Pendule de Borda.
Sphère de platine et couteau
de suspension.

plans étaient eux-mêmes enchâssés dans un grand plateau de
fer attaché à des supports qu'on avait scellés dans une muraille
solide, de manière à obtenir une immobilité parfaite.

Les oscillations étaient comptées par comparaison avec celles
du pendule d'une horloge placée contre la muraille, dont le

mouvement avait été réglé sur les étoiles (fig. 115). On observait, à l'aide d'une lunette placée à 10 mètres de distance, les
coïncidences successives des deux pendules, et c'est du nombre

Fig. 115. — Pendule de Borda. Mesure de la durée d'une oscillation par la méthode
des coïncidences.

des coïncidences et de celui des secondes écoulées qu'on déduisait le nombre des oscillations.

Enfin, ce nombre connu, on mesurait la longueur du pendule, par des opérations d'une grande délicatesse, dont le détail

ne peut trouver place ici. (V. le tome II de l'*Astronomie physique* de M. Biot.)

On possède un grand nombre d'observations, effectuées par
l'une ou l'autre des deux méthodes en des régions très diverses
des deux hémisphères, depuis le dix-septième siècle jusqu'à
nos jours. Les savants les plus illustres ont attaché leurs
noms à ces travaux d'une si grande importance pour la physique du globe. Le tableau suivant, qui donne en millimètres
la longueur du pendule à secondes pour la station de Paris,
montre assez d'ailleurs quel accord existe entre les résultats,
et quelle précision a présidé à toutes les expériences :

LONGUEUR DU PENDULE BATTANT LES SECONDES A PARIS.

	mm
D'après Picard.	994,000
— Richer et Huygens.	994,200
— Godin.	993,950
— Bouguer.	994,180
— Mairan.	994,052
— Whitherust.	993,877
— Borda	993,896
— Biot et Mathieu.	993,915
— Kater et Sabine. . . . . :	993,998
— Bessel.	993,784

La moyenne générale serait 993^mm,981 ; mais en se bornant
aux six derniers résultats on trouve 993^mm,916 pour la longueur du pendule qui, à Paris, bat les secondes.

L'intensité correspondante de la pesanteur est exprimée par
le nombre 9^m,8096, qui est, comme on sait, la vitesse acquise
par un corps qui tombe dans le vide, après une seconde de
chute.

Nous venons de donner la longueur du pendule à secondes
pour la station de Paris. Voici celles que le calcul et les
observations ont fait trouver pour le même pendule aux pôles,
à l'équateur et à une latitude moyenne de 45 degrés. Nous y
joignons les nombres qui mesurent l'intensité de la pesanteur
en ces divers lieux.

	Longueur du pendule à secondes.	Intensité de la pesanteur.
	mm	m
A l'équateur	991,05	9,78105
A la latitude de 45 degrés . . .	995,52	9,80606
Aux pôles	996,19	9,83109

§ 5. FIGURE DE LA TERRE DÉTERMINÉE PAR LA GÉODÉSIE.

Les sciences physiques et naturelles embrassent dans leur objet l'univers entier; mais leurs résultats, directement appliqués à l'étude du globe que nous habitons, ont pour nous une importance plus immédiate, et si évidente d'ailleurs qu'il est inutile d'insister sur ce point. La constitution de notre Terre, considérée dans sa surface solide ou liquide, dans son enveloppe atmosphérique, ainsi que dans ses couches intérieures, ne peut d'ailleurs être connue qu'en mettant à contribution, à la fois, l'astronomie et la physique, la géographie, la météorologie et la géologie : chacune de ces sciences fournit ainsi les matériaux d'une science spéciale, à laquelle on est convenu de donner le nom de *physique du globe*. Nous verrons successivement dans le cours de cet ouvrage quelle part la physique a eue jusqu'ici dans ses progrès; et en ce moment nous nous proposons d'entrer dans quelques détails sur l'application de la théorie de la pesanteur à diverses questions, les unes résolues, les autres seulement ébauchées, toutes du plus haut intérêt pour la connaissance de notre planète.

Grâce aux travaux des géomètres et des astronomes des trois derniers siècles, on connaît aujourd'hui, approximativement du moins, la figure et les dimensions de la Terre; mais on sait bien peu de chose sur sa structure interne, sur l'état physique des couches situées au-dessous d'une certaine limite, car les observations directes n'ont guère pu jusqu'ici dépasser 1 kilomètre dans les puits de mines les plus profonds[1].

1. Le sondage de Mouille Longe, près du Creusot, a donné une profondeur de 920 mètres; c'est environ, comme on voit, la 7000e partie du rayon terrestre. Dans la séance du 10 mai

Comment est constitué ce noyau intérieur du globe terrestre ? Est-il fluide, comme le supposent certaines théories géologiques qui s'appuient d'une part sur les observations des températures croissantes avec la profondeur, de l'autre sur la forme actuelle de la Terre, résultant d'une fluidité hypothétique primitive et totale ? Dans ce cas, le sol ne serait qu'une mince couche solidifiée par le refroidissement et reposant sur un noyau à l'état de fusion ignée. Cette hypothèse, qui était assez généralement adoptée il y a quelque trente ans, rencontre aujourd'hui, parmi les géomètres et les géologues, des adversaires sérieux. Les uns veulent que l'épaisseur des couches solides soit beaucoup plus considérable; Hopkins, notamment, prétend que cette épaisseur ne peut pas être moindre que le quart du rayon terrestre, sans quoi le phénomène de la précession ne serait point ce que constatent les observations astronomiques. D'autres pensent que c'est le centre de la Terre qui s'est le premier solidifié, et qu'entre un noyau solide et la croûte externe il existe des couches liquéfiées, soit continues, soit plutôt discontinues et locales; ce sont ces lacs de matières fluides, de laves incandescentes qui s'épanchent par les cratères des volcans, lorsque les eaux de la mer s'infiltrant jusqu'à elles, et brusquement vaporisées par leur intense chaleur, déterminent les éruptions et les tremblements de terre.

Où est la vérité entre ces théories qui s'excluent ?

De même que les eaux de l'Océan pressent le lit des mers d'un poids qui va en croissant avec la profondeur, jusqu'à des centaines et des milliers d'atmosphères, de même les couches

---

1880 de l'Académie des sciences, M. de Lesseps a fait une communication d'où nous extrayons les lignes suivantes : « Les mines d'argent que dirige M. Mackay à Virginia City (Californie) sont des plus importantes. Les galeries sont actuellement creusées jusqu'à environ 1000 mètres, et l'intention de M. Mackay est de pousser à une plus grande profondeur. On sait que la limite la plus grande atteinte en Europe dans les mines de Bohême dépasse à peine 1000 mètres. » Les aéronautes se sont élevés dans l'atmosphère à la hauteur maxima de 8000 mètres, soit au-dessus du sol de la 8ᵉ partie du même rayon ; dans l'océan, la sonde a pénétré à 5 ou 6 kilomètres de profondeur, à 12 kilomètres selon certaines évaluations peu sûres. En tout cas, l'épaisseur des couches du globe explorées, solides, liquides ou aériennes, est relativement très faible.

de la partie solide du globe pèsent les unes sur les autres, de la surface jusqu'au centre. Quel est l'effet produit par cette pression qui atteint nécessairement de si énormes intensités? Il en résulte certainement une compression qui accroît progressivement la densité des matières sous-jacentes. Mais suivant quelle loi s'effectue cette compression, quelles en sont les limites? Quel en est l'effet sur l'état physique, sur la température par exemple des couches internes? Ce problème a été énoncé par bien des savants, mais il n'a été encore abordé et résolu par aucun, que nous sachions.

On verra bientôt que la masse du globe terrestre n'est pas homogène; ce résultat, qui découle à la fois des observations du pendule, de la forme actuelle de la Terre et de sa vitesse de rotation, n'aurait-il pu être regardé comme une conséquence obligée des pressions croissantes que les couches concentriques exercent les unes sur les autres?

Tous ces problèmes et bien d'autres sont d'une importance capitale pour la constitution physique du globe terrestre. Voyons comment la connaissance des lois de la pesanteur peut servir à les résoudre particulièrement.

Les données indispensables sont fournies tout d'abord par l'astronomie et la géodésie.

En premier lieu viennent celles qui concernent le mouvement de rotation de la Terre. Les observations célestes démontrent l'uniformité et la constance presque absolue de ce mouvement qui s'accomplit en un jour sidéral, ou bien en 86164 secondes de jour moyen, autour d'un axe passant par deux points du globe dont la situation peut être considérée comme fixe, si l'on en juge par l'invariabilité des latitudes géographiques[1]. Sauf les pôles, qui restent immobiles, tous les points de la surface ter-

---

1. Si la Terre était sphérique, les méridiens seraient des cercles et les rayons des parallèles auraient entre eux les mêmes rapports que les cosinus des latitudes. Il faudrait donc arriver à la latitude de 60 degrés pour que la vitesse de rotation fût réduite à la moitié de la vitesse d'un point de l'équateur, c'est-à-dire de la vitesse maxima.

restre sont animés de la même vitesse angulaire. Mais leurs
vitesses réelles ou leurs déplacements dans l'espace varient en
proportion de leurs distances à l'axe, ou selon les dimensions
des rayons des divers parallèles.

Bien que la réalité de ce mouvement de rotation ressorte avec
une suffisante évidence des phénomènes astronomiques les plus
simples, et pourrait s'induire par analogie des rotations observées des planètes et du Soleil, il ne sera pas inutile de la voir
confirmer par des expériences de physique ou de mécanique.
Déjà nous avons vu que la chute des graves est influencée par la
force centrifuge qui naît de la vitesse de rotation, et qu'un corps,
au lieu de suivre rigoureusement la verticale, est dévié vers le
sud-est. Cette même force centrifuge altère en chaque point du
globe l'intensité qu'aurait, sans elle, l'attraction de toute sa
masse, et les expériences faites à l'aide du pendule vont, par la
vérification des conséquences de la théorie, en manifester une
fois de plus l'exactitude.

Pour cela, de nouvelles données sont nécessaires, et c'est la
géodésie qui les fournit à la physique : elles sont relatives à la
figure et aux dimensions de notre globe, et comme elles sont
intéressantes par elles-mêmes, nous allons en donner d'abord
un résumé rapide.

Que la Terre, prise dans son ensemble, affecte la forme sphérique, c'est là une vérité qui n'est pas moderne, bien qu'elle ait
mis du temps à devenir populaire. Les astronomes et les géomètres anciens, depuis Aristote, Posidonius, Ératosthène jusqu'à Strabon [1], non seulement admettaient cette forme, mais

---

1. « Admettons en premier lieu que la terre et la mer prises ensemble affectent la forme
d'une sphère, la terre étant censée de niveau avec la surface des hautes mers, puisque les
saillies du relief terrestre disparaissent en quelque sorte dans l'immense étendue de la terre
et doivent être comptées pour peu de chose, si ce n'est même pour rien. Non que nous pré-
tendions pour cela attribuer à la terre et à la mer prises ensemble la sphéricité parfaite d'une
de ces figures qui sortent du tour, ou de celles que le géomètre conçoit par la pensée ; ce que
nous voulons dire seulement, c'est que la forme de la terre est sensiblement, grossièrement
sphérique. »

Strabon, qui s'exprime ainsi dans le livre II de sa *Géographie*, adopte un peu plus loin les
dimensions de la Terre telles qu'Ératosthène les avaient déduites de la distance et de la diffé-

l'avaient déduite d'observations et de mesures qui n'étaient pas
très éloignées de l'exactitude. Ce n'est qu'au milieu du seizième
siècle que le médecin français Fernel reprit le problème, le
résolut par un procédé d'une grande simplicité, et trouva, à
quelques toises près, pour le degré du méridien en France, le
même nombre que Picard, un siècle après, calcula d'après une
triangulation rigoureuse.

Personne du reste, à l'époque (1669) où cet astronome publia
le résultat de cette opération importante, ne soupçonnait que la
forme du globe terrestre différât de celle d'une sphère, autrement que par les irrégularités du sol des continents ou des îles.
C'est en 1672 seulement que Richer constata que le pendule
battant les secondes n'avait point à Cayenne la même longueur
qu'à Paris, et ce n'est que quelques années plus tard que
Newton, en élaborant la grande œuvre de la gravitation universelle, eut l'idée d'expliquer ce fait imprévu par les lois
mêmes de la pesanteur combinées avec le mouvement de rotation de la Terre.

Remontant par la pensée à l'origine des temps, Newton supposa que la Terre était une masse entièrement fluide, douée, dans
toutes ses parties, d'un mouvement uniforme de rotation autour
de son axe. Si une telle masse fût restée immobile, sa forme eût
été celle d'une sphère parfaite, en négligeant les actions de l'attraction des autres corps célestes.

Mais la rotation, engendrant une force centrifuge qui croît avec
le rayon, c'est-à-dire à mesure que des deux pôles immobiles
on avance vers l'équateur, cette force contrebalance la gravité

rence de latitude de Syène et d'Alexandrie, soit 252 000 stades, pour la circonférence de
l'équateur. En prenant le stade de 180 mètres, cela fait 45 360 000 mètres, valeur trop grande
environ de $\frac{1}{8}$.

Posidonius avait trouvé 240 000 stades, en observant Canopus, qui s'élève à 7° 30' au-dessus
de l'horizon d'Alexandrie, tandis que cette étoile rase l'horizon de Rhodes. Sa mesure dépasse
encore la véritable de $\frac{1}{13}$. Plus tard, Ptolémée trouva pour le degré du méridien une longueur qui donnait 58 800 000 mètres à la circonférence équatoriale. Et enfin, des savants
arabes, sous Al-mamoun, trouvèrent un nombre équivalent à 42 500 000 mètres.

En se reportant à ces époques, et au peu de précision des mesures astronomiques, on ne
peut qu'être frappé de l'approximation avec laquelle les dimensions du sphéroïde terrestre
avaient pu déjà être calculées.

d'une manière inégale. La conséquence de cette action est aisée
à mettre en évidence d'une façon expérimentale[1]. La masse

1. Dans les cours de physique on emploie un appareil représenté dans la figure 116. Deux
ou plusieurs cercles formés par de minces rubans d'acier se croisent comme les méridiens
d'une sphère aux deux extrémités d'un axe fixe, et leur système peut être mis en mouvement autour de cet axe à l'aide d'une manivelle. Dès que la rotation a lieu, les cercles,

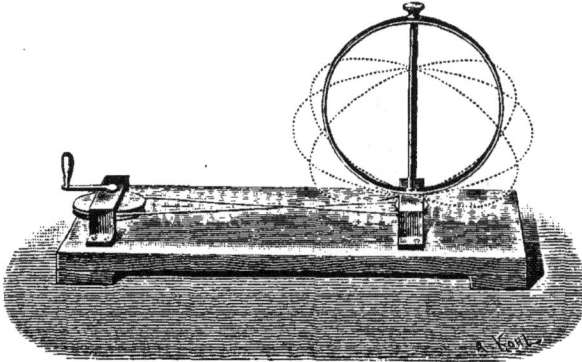

Fig. 116. — Appareil démontrant l'aplatissement terrestre par l'influence de la force
centrifuge.

cèdent à l'action de la force centrifuge développée, grâce à leur élasticité qui figure ici la mobilité des particules d'un fluide, et prennent la forme d'ellipses aplaties aux deux extrémités de
l'axe. L'aplatissement est d'autant plus prononcé que la vitesse de rotation est plus grande.

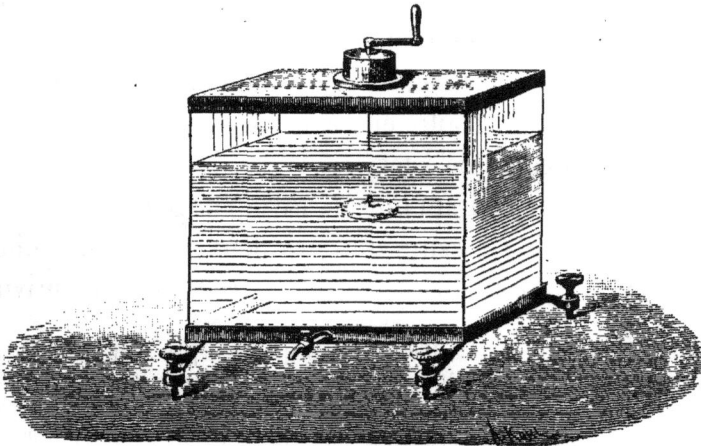

Fig. 117. — Appareil pour les expériences de M. Plateau sur la force centrifuge.

Une expérience fort ingénieuse, due à M. Plateau, constitue une démonstration plus directe
de la forme ellipsoïdale que prend une masse fluide, et que dut prendre la Terre, sous l'influence de la force centrifuge que fait naître son mouvement de rotation.
  Elle consiste à introduire dans un mélange d'eau et d'alcool ayant la même densité que

fluide, au lieu de conserver la forme sphérique qui est celle de l'équilibre dans le cas du repos, prend la forme d'un ellipsoïde : elle s'aplatit aux deux pôles et se renfle progressivement des pôles jusqu'à l'équateur, où le renflement est maximum.

L'hypothèse de Newton ne fut pas accueillie sans contestation, et les savants se partagèrent en deux camps opposés, les uns admettant l'aplatissement de la Terre à ses pôles, les autres soutenant, au contraire, qu'elle était allongée dans le sens de son axe. Une longue controverse eut lieu, dans laquelle chacun invoquait comme témoignage les diverses mesures des arcs de méridiens effectuées sur divers points de la surface terrestre. Des expéditions scientifiques d'une haute portée, celle de Bouguer, de Godin et de La Condamine au Pérou, celle de Clairaut, de Maupertuis et de Lemonnier en Laponie, puis la grande triangulation de la méridienne de France opérée sous la direc-

l'huile d'olives, une certaine quantité de ce dernier liquide, qui se trouve alors soustraite à l'action de la pesanteur. La goutte ainsi déposée, n'étant soumise qu'aux actions moléculaires de ses propres particules et étant d'ailleurs également pressée par le liquide ambiant, restera en parfait équilibre sous la forme d'une sphère. Mais si on lui fait subir un mouvement de rotation à l'aide d'un axe qui porte un petit cercle métallique passant par son cen-

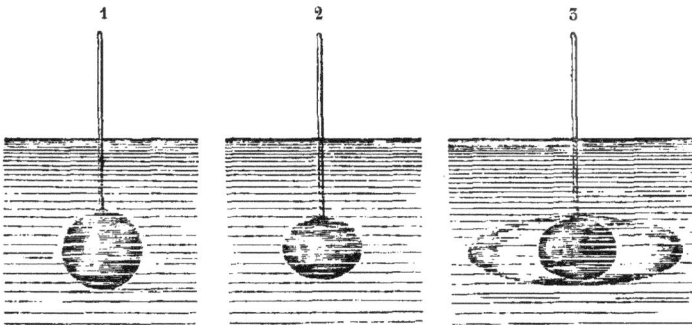

Fig. 118. — Effets de la force centrifuge sur une sphère liquide : 1, sphère immobile ; 2, sphère animée d'un certain mouvement de rotation ; 3, sphère et anneau, mouvement plus rapide.

tre, et d'une manivelle adaptée à l'axe extérieurement au vase, on voit la sphère d'huile s'aplatir à ses deux pôles ou se renfler à son équateur, dont le plan est celui du cercle qui lui communique son mouvement. Si la vitesse augmente, l'aplatissement augmente aussi jusqu'à une certaine limite où se manifeste un changement de forme dont il est inutile de parler ici, mais qu'on peut invoquer pour donner une idée de la formation des anneaux de la planète Saturne (fig. 117).

Newton a donné du même fait une démonstration théorique qui doit trouver place ici, parce

tion de Lacaille et de Cassini, mirent fin aux incertitudes et aux discussions des savants.

Le résultat de toutes ces mesures comparées fut que la longueur de l'arc d'un degré était moindre dans les régions équatoriales que dans les régions polaires. La théorie de Newton triomphait : la Terre était décidément un sphéroïde aplati à ses pôles ou renflé à son équateur. Il restait à connaître avec précision la valeur de cet aplatissement, à déterminer la vraie figure des méridiens et des parallèles.

C'est une œuvre immense qui a exigé le concours des savants, astronomes, géomètres et physiciens, de toutes les nations, œuvre qui a été sans cesse perfectionnée jusqu'à nos jours, et qui n'est point encore achevée. Il faudrait un volume pour en exposer toutes les phases; mais il n'entre pas dans le cadre de cet ouvrage d'en donner même un résumé.

Contentons-nous d'indiquer en quelques lignes les principaux résultats obtenus, et de montrer en quoi ces résultats intéressent la théorie de la pesanteur.

qu'elle est propre à faire concevoir la raison de l'aplatissement terrestre, sans recourir aux méthodes analytiques. La voici :

Supposant que la masse fluide de la Terre était homogène et que la gravité était dirigée vers son centre, il concevait deux colonnes aboutissant toutes deux à ce centre et dirigées, l'une *oa* suivant l'axe de rotation CP, l'autre *bo* suivant un rayon de l'équateur CE (fig. 119). On peut les considérer comme les deux branches d'un siphon qui se font équilibre. Dans le cas du repos, les molécules de ces colonnes pèsent en C de tout leur poids, qui ne dépend que de l'action de la gravité : or cette action est égale dans les deux cas, de sorte que les colonnes doivent être égales en longueur; mais le mouvement de rotation diminue cette action dans toute la colonne équatoriale, dont les molécules en vertu de la force centrifuge tendent à s'éloigner du centre, tandis que cette diminution est nulle dans la colonne qui aboutit au pôle. Pour qu'il y ait équilibre, il faut donc que la colonne équatoriale ait une lon-

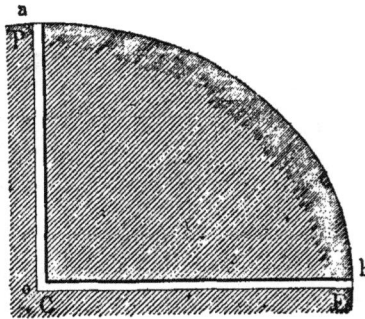

Fig. 119. — Démonstration de Newton.

gueur plus grande que l'autre, cet excès compensant l'allègement de poids dû à la force centrifuge. Ainsi le rayon polaire doit être plus petit que le rayon de l'équateur, et Newton en concluait la nécessité d'un aplatissement du sphéroïde terrestre aux pôles de rotation.

Les nombreuses mesures des arcs de méridiens et des arcs de parallèles donnent au sphéroïde terrestre les dimensions suivantes, exprimées en mètres :

Rayon de l'équateur. . . . . 6 378 235^m
Rayon polaire. 6 356 558
Aplatissement. . . . .   21 675 ou $\dfrac{1}{294,2}$
Circonférence équatoriale. 40 014 450
Ellipse méridienne. 40 075 620

Ces nombres toutefois ne donnent encore qu'approximativement la figure et les dimensions réelles de la Terre. Ils supposent que notre globe est un ellipsoïde de révolution. Or, ainsi que nous l'avons déjà dit, cela n'est point rigoureusement exact : les méridiens ne sont pas des ellipses et d'ailleurs ne sont pas même des courbes égales, de même que les parallèles et l'équateur diffèrent plus ou moins de la forme du cercle.

Mais, si la figure et les dimensions du globe terrestre ne sont pas encore déterminées avec toute la précision qu'il est permis d'espérer, s'il y a des inégalités dont le nombre et l'étendue ne sont pas encore parfaitement connus, s'il reste des incertitudes enfin sur la valeur de l'aplatissement polaire, il ne faut pas s'exagérer l'importance de ces divergences et de ces inégalités. Pour nous aider à les mieux comprendre, nous prendrons un terme de comparaison familier. Nous supposerons le globe représenté par une boule de 50 centimètres environ de diamètre. Avec de telles dimensions, il serait impossible à l'œil de distinguer le relief des continents au-dessus du niveau de la mer. En effet, les plus fortes chaînes de montagnes, celles des Alpes, des Andes, de l'Himalaya, n'atteindraient dans leurs cimes les plus élevées que 1 ou 2 dixièmes de millimètre; encore ce faible relief devrait être pris, non sur les terrains situés à la base des pics, mais sur le niveau de l'Océan, de sorte qu'il y aurait impossibilité matérielle à le rendre sensible à la vue, comme au toucher. Mais l'aplatissement lui-même ne serait point visible, puisque la dépression de chaque pôle ne se mesurerait que par la moitié environ d'un millimètre. Les autres inégalités, celles que les mesures géodésiques ont constatées, ne seraient pas davantage observables. Cela, du reste, ne diminue en rien l'intérêt que peuvent avoir des déterminations de plus en plus rigoureuses de la forme et des dimensions du globe terrestre. Nous allons en examiner de nouveaux témoignages.

§ 4. DÉTERMINATION DE LA FIGURE DE LA TERRE PAR LES OBSERVATIONS DU PENDULE.

Nous venons de voir que la figure de la Terre, déterminée par les méthodes géodésiques, est, dans son ensemble, celle d'un ellipsoïde aplati aux pôles de rotation ou renflé à l'équateur. Cependant en plusieurs régions, soit dans le sens des méridiens, soit dans le sens des parallèles, on a découvert des irrégularités très sensibles qu'il n'est pas possible d'attribuer aux erreurs d'observation. Par exemple, « lorsque l'on examine l'arc du méridien qui s'étend de Greenwich à Formentera, les portions successives de cet arc, considérées en allant du nord au sud, donnent des décroissements de degré qui sont absolument sans aucune loi, et vers le 46ᵉ degré en particulier ils offrent une anomalie énorme. Or, si le méridien terrestre était elliptique, la latitude moyenne de ce deuxième arc est telle que, dans toute son étendue, le décroissement successif des degrés devrait être sensiblement constant. L'arc de parallèle, récemment mesuré entre Bordeaux et Padoue, présente des phénomènes analogues; car ses diverses parties, réduites à une même latitude, offrent dans la longueur des degrés consécutifs des différences considérables pareillement dépourvues de toute loi. Des irrégularités semblables, non moins fortes comme non moins certaines, se montrent aussi sur les diverses parties de l'arc du méridien mesuré par les Anglais dans l'Inde, et MM. Plana et Carlini en ont trouvé de plus considérables encore dans le Piémont. Ces exemples montrent que la figure de la Terre est beaucoup plus compliquée qu'on ne l'avait cru d'abord. » (Biot, *Astronomie physique*.)

Il était fort intéressant de contrôler ces résultats de la détermination géodésique de la figure de la Terre par ceux que donne une méthode toute différente. On a vu plus haut que, d'une manière générale, l'intensité de la pesanteur varie avec la latitude et croît de l'équateur au pôle. Ces variations, dues à la forme sensiblement ellipsoïdale de la Terre et aussi à l'influence exercée par la force centrifuge, doivent suivre une certaine loi, si la forme de la Terre est rigoureusement elliptique. Un géomètre français du dernier siècle, Clairaut, a trouvé l'expression de cette loi dans l'hypothèse où les couches intérieures de la Terre sont distribuées régulièrement autour du centre et ont des densités variables.

Comment vérifier cette loi? Par les effets mêmes des variations de la pesanteur, c'est-à-dire, comme nous l'avons déjà vu, en transportant un pendule aux diverses latitudes dans les deux hémisphères, en observant et comptant les oscillations, et en calculant enfin la longueur précise du pendule qui bat les secondes (toutes réductions faites au vide et au niveau de la mer) dans les diverses stations. Si les résultats ainsi obtenus se trouvaient conformes à ceux que la théorie permettait de prévoir, dans les hypothèses précédemment exprimées de la loi de Clairaut, c'est que la figure de la Terre serait en effet rigoureusement elliptique. Si, au contraire, il y a des inégalités, si les longueurs du pendule telles qu'on les déduit des observations ne suivent pas la loi en question, de deux choses l'une : ou bien ces inégalités correspondront précisément à celles qu'ont reconnues les géodésistes, et alors l'accord des deux méthodes sera une confirmation de ces irrégularités géométriques; ou bien il n'en sera pas ainsi, et alors la raison des anomalies du pendule devra être cherchée probablement dans la constitution intime du globe terrestre, dans le défaut d'homogénéité ou d'ellipticité de ses couches.

La discussion des nombreuses observations du pendule faites

jusqu'à ce jour, a permis en effet de constater de telles anomalies. En réunissant celles qui concernent l'hémisphère
boréal, on a trouvé un aplatissement égal à la fraction $\frac{1}{295}$, tandis que les observations combinées de l'hémisphère austral
donneraient $\frac{1}{286}$, de sorte que l'hémisphère sud serait plus aplati
que l'hémisphère nord.

Il y a plus. Les oscillations du pendule sont influencées,
comme on le verra dans le paragraphe suivant, par les masses
des montagnes, par celles des continents qui, dépassant le
niveau de la mer, accroissent la force attractive terrestre en
ces régions. On tient compte de cette attraction du continent
sur lequel on opère, à l'aide d'une correction spéciale. Or les
expériences faites paraissent en contradiction avec cette indi-
cation de la théorie. C'est ainsi que presque toutes les observations du pendule faites au large des mers, dans des îles,
donnent une longueur trop grande pour le pendule à secondes,
indiquant un excès d'attraction là où cette attraction devrait
être moindre, si la loi de Clairaut était applicable; au contraire, les observations faites dans les stations continentales
donnent une longueur du pendule trop courte, et, par suite,
une force attractive trop faible. « Rien de plus frappant à cet
égard, dit M. Faye dans un mémoire récemment publié sur
cette intéressante question de physique du globe, que les dernières observations des Anglais aux Indes. Impossible de
découvrir, dans cette longue suite de mesures poussées jusque
dans le massif de l'Himalaya, le moindre indice de la présence
de ce massif, tandis qu'avec le même instrument on trouverait une différence d'attraction du pied au sommet d'une des
pyramides d'Égypte. »

L'explication de ces anomalies n'est pas connue, ou du
moins les savants ne s'accordent point sur ce sujet. Saigey
accepte la supposition « qu'à égalité de latitude le niveau
des eaux est *surbaissé* au milieu de l'Océan, en sorte qu'il se
rapproche plus du centre du globe; et qu'au contraire ce
niveau est surélevé dans le voisinage des grandes terres, de

manière à s'éloigner de ce centre. » Dans cette hypothèse, les inégalités trouvées seraient dues simplement aux différences de distance des stations au centre de la terre.

Le directeur de l'Observatoire de Greenwich, sir Airy, pour expliquer le défaut d'attraction observé dans l'Himalaya, « suppose que ce massif, d'une densité égale à celle des couches superficielles, plonge par sa base, en vertu de son poids, dans les couches encore liquides de l'intérieur dont la densité est plus grande, en sorte que l'excès de son attraction en haut est compensé par le défaut d'attraction du liquide déplacé en bas. » Mais, fait observer M. Faye, cette ingénieuse suggestion ne s'adapterait pas aux phénomènes inverses observés en mer avec le pendule. Aussi propose-t-il une hypothèse qu'on peut résumer en ses points essentiels de la manière suivante :

L'épaisseur de la croûte solide est moindre sous les continents que sous les mers. La masse liquide, en effet, a une plus grande conductibilité calorifique que les roches de l'écorce : le noyau fluide interne se refroidit donc plus et plus vite sous la mer que sous les continents, de sorte que, dans la suite des âges, la solidification y a été plus considérable. M. Faye admet en outre que la densité de la croûte est plus grande que celle de la couche fluide limitant le noyau. De là l'attraction plus forte des stations maritimes.

Quoi qu'il en soit, on voit que les observations du pendule accusent, soit dans la forme, soit dans la constitution intérieure de la Terre, des irrégularités qui, si la cause n'en est pas encore reconnue avec certitude, soulèvent du moins des questions de la plus haute importance au point de vue de la physique du globe. Nous allons maintenant montrer comment elles ont été utilisées pour résoudre un problème non moins intéressant, celui de la densité de la planète.

CHAPITRE II

DENSITÉ DE LA TERRE

§ 1. DENSITÉ DE LA TERRE DÉTERMINÉE PAR LES OBSERVATIONS DU PENDULE.

Les dimensions de notre globe étant connues, son volume peut être calculé avec un suffisant degré d'exactitude, qui, du reste, dépend de celle des dimensions linéaires. En le considérant comme un ellipsoïde de révolution, ayant pour diamètre polaire et équatorial les nombres de la page 206, on trouve qu'il renferme 1 079 540 millions de cubes ayant chacun un kilomètre de côté. Maintenant, s'il était possible de connaître la densité moyenne de la Terre, c'est-à-dire celle qu'elle possèderait si, sa masse ne changeant point, la matière dont elle est formée était homogène, il est clair qu'une simple multiplication donnerait cette masse.

C'est là que reparaît la difficulté provenant de l'impossibilité où l'on est d'explorer directement les couches intérieures de la Terre. On peut bien trouver par l'observation la densité des couches de l'écorce, puisqu'elles sont formées de terrains ou de roches à notre portée; l'élément liquide ou la masse des eaux de l'océan a également une densité connue : mais là s'arrête l'investigation immédiate. Et lors même qu'on pourrait en induire avec un grand degré de vraisemblance la densité des couches jusqu'à la profondeur où certains géologues croient que commence le noyau fluide, à 60 kilomètres par exemple, on n'aurait ainsi la masse que d'une partie relativement petite du globe, moins de la cinquième. Plus des 8 dixièmes du volume terrestre échapperaient à la mesure.

Heureusement, diverses méthodes permettent de calculer ce précieux élément de la densité moyenne de la Terre, et comme elles sont basées les unes et les autres sur des phénomènes de pesanteur et d'attraction, leur description se trouve à sa place dans ce livre.

Ces méthodes ont toutes, au fond, le même principe, qui consiste à comparer l'action intégrale de la gravité du globe terrestre à celle que produit une masse limitée, accessible à l'observation et dont le volume, la densité et le poids peuvent être mesurés avec exactitude.

D'après les lois connues de l'attraction terrestre, l'intensité de la pesanteur varie avec la latitude, et nous avons vu que ces variations se manifestent par l'observation du pendule. Un pendule de longueur invariable transporté à différentes distances de l'équateur fait par jour un nombre d'oscillations d'autant plus grand que la latitude du lieu est plus élevée, ou, ce qui revient au même, la longueur du pendule qui bat la seconde est d'autant plus considérable qu'on s'approche plus du pôle. Pour être comparables, les observations de ce genre doivent être ramenées au vide, au zéro du thermomètre, nous l'avons dit déjà, et au niveau de la mer.

Cette dernière correction est nécessaire, puisque la force de la gravité dépend de la distance du corps pesant au centre d'attraction, et, par conséquent, va en diminuant avec l'altitude.

Il résulte de là qu'on peut calculer soit la longueur du pendule à secondes, soit le nombre d'oscillations d'un pendule invariable, quand on donne la latitude du lieu de l'observation. Pour les divers points d'un parallèle, ces nombres, ramenés au niveau de la mer, seraient partout identiques, aux erreurs près d'observation.

Supposons donc qu'en deux stations A, B, peu éloignées, à peu près situées sur le même parallèle, on observe le pendule, que l'on compte, par exemple, le nombre de ses oscillations en un jour; puis, qu'on fasse les corrections convenables, de manière à ramener le résultat au même niveau que celui de l'océan. Il est clair que les nombres obtenus dans les deux stations devront être identiques si l'altitude des lieux est la même. S'il y a une différence supérieure aux erreurs probables d'observation, c'est que des influences locales auront modifié la marche du pendule, soit à l'une, soit à l'autre des deux stations. Si le sommet B est celui d'une haute montagne, c'est l'action de la masse de cette montagne qui aura produit l'effet dont il s'agit, lequel sera un accroissement dans le nombre des oscillations du pendule à la station B. En A, c'est la masse de la Terre qui agissait, considérée comme une sphère seule; en B, c'est la même masse augmentée de celle de la montagne (fig. 120). On comprend dès lors qu'il soit possible d'en déduire le rapport existant

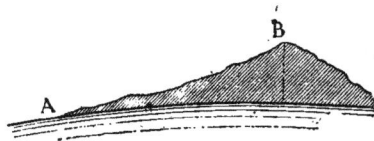

Fig. 120. — Influence de l'attraction des montagnes sur le pendule.

entre la masse de la montagne et la masse terrestre ; or la densité et le volume de la première de ces quantités sont connus ou peuvent être calculés ; le volume du globe l'est aussi. Le calcul permettra donc de trouver le rapport des densités dont il est ici question.

Cette méthode a été appliquée, pour la première fois, par les deux savants français que l'Académie des sciences avait envoyés au Pérou dans le but de déterminer la figure de la Terre, par Bouguer et La Condamine. Ils observèrent le pendule au bord de la mer, à Para ; puis à Quito, à une altitude qui dépassait la première de 1466 toises, et enfin sur le Pichincha, à 2225 toises au-dessus de l'océan. Ce premier essai de la solution de cet important problème donna un résultat évidemment exagéré. La densité de la Terre eût été 4 fois et demie aussi forte que celle de la Cordillère des Andes.

En 1821, Carlini et Plana ont fait des observations du pendule au Mont-Cenis, et, de la comparaison qu'ils en firent avec celles de Biot à Bordeaux, ils déduisirent 4,39 pour la densité moyenne du globe, celle de l'eau étant prise pour unité.

La même méthode a été appliquée d'une autre façon par Airy et Whewell en 1827. Ces deux savants comparèrent les oscillations du pendule à la surface du sol et à une profondeur de 372 mètres, dans les mines de Doboath en Cornouailles. Ils obtinrent le nombre 6,57 pour la densité de la Terre.

Fig. 121. — Bouguer.

Enfin, un de nos compatriotes, M. Cazin, observant à l'île Saint-Paul en 1874, pendant l'expédition qui avait pour objet le passage de Vénus sur le Soleil, trouva $0^s,997\,331$ pour la durée d'une oscillation de son pendule, et le calcul donnait $0^s,997\,477$ pour la latitude de Saint-Paul et l'altitude du lieu de l'observation. La différence prouve que l'accélération est plus forte que ne l'indique la théorie, et que l'augmentation de 1/3000 environ qui en résulte est due à l'attraction locale produite par le massif de l'île. Mais le calcul de la densité de la Terre qu'on pourra déduire de cette observation n'est pas, que nous sachions, encore terminé.

L'attraction des montagnes se manifeste encore d'une autre manière, et donne lieu à la seconde méthode du calcul de la densité de la Terre.

Imaginons un observateur muni d'un fil à plomb, et se transportant successivement au nord et au sud d'un massif montagneux M (fig. 122). La masse du fil à plomb sera attirée par ce massif, et il en résultera une déviation. En l'absence de cette attraction locale, la verticale observée en A eût été zA, la déviation

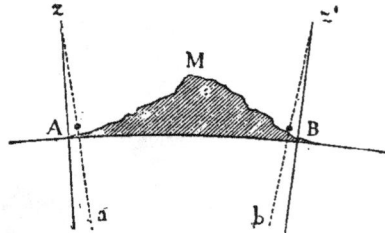

Fig. 122. — Déviation du fil à plomb par l'attraction d'une montagne.

fera prendre au fil la direction za; en B, au lieu de la verticale zB on observera $z'b$.

Il résulte de là que si l'observateur calcule la différence de latitude des stations par l'observation de la distance méridienne zénithale d'une même étoile, il trouvera un angle plus grand que celui qu'il obtiendrait en déduisant cette différence de la distance AB mesurée par les méthodes géométriques. L'excès sera à peu près double de la déviation de la verticale. Si l'on opère du même côté, soit au nord,

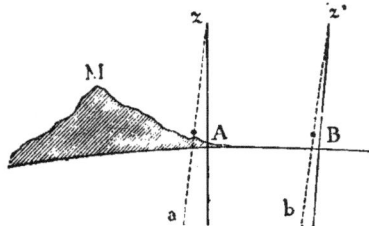

Fig. 123. — Attraction d'une montagne; déviation du fil à plomb en deux points situés tous deux, soit au nord, soit au sud.

soit au sud de la montagne, la différence de latitude pro-
viendra de la différence des déviations, non de leur somme,
comme on le comprendra aisément, en appliquant le raisonnement qui précède au cas de la figure 123.

Si l'observation permet de constater la déviation qu'indique
ainsi la théorie, on comprend que l'attraction de la montagne
pourra être comparée à celle du globe terrestre tout entier, et
qu'ainsi l'on aura le rapport de la masse de la montagne à la
masse de la Terre.

Comme dans la première méthode, on peut arriver à connaître la densité moyenne des roches du massif à calculer, et
son volume ; on a d'ailleurs celui du globe, et dès lors il sera
possible de déduire de toutes ces données la densité moyenne
de ce dernier.

C'est encore à Bouguer et à La Condamine que revient l'honneur du premier emploi de cette seconde méthode. Ils observèrent la déviation du fil à plomb produite par la masse du
Chimboraço ; mais les difficultés qu'ils rencontrèrent ne leur
permirent point de trouver un résultat qui approchât de l'exactitude : la rigueur du climat, la violence du vent nuisit à la
précision de leurs observations et le nombre qu'ils trouvèrent,
encore plus que celui qu'ils avaient obtenu au Pichincha par la
méthode du pendule, leur fit croire que le Chimboraço contenait autant de vide que de plein : de la nature volcanique du
mont ils concluaient à l'existence d'énormes cavités sous les
flancs du cône[1].

Maskelyne reprit, en 1774, sous les auspices de la Société
royale de Londres, la méthode des déviations du fil à plomb
sous l'influence de l'attraction des montagnes. Il choisit deux
stations au nord et au sud d'une montagne dont la masse n'est
point très considérable, mais qui a l'avantage d'être tout à fait

---

1. Saigey, en refaisant le calcul de Bouguer, d'après les deux meilleures observations
d'étoiles faites par les deux savants, a obtenu 19″ de déviation, au lieu de 7″,5 (*Physique
du globe*). Il en déduit pour la densité moyenne de la Terre 1,83, celle du Chimboraço
étant 1. C'est à fort peu de chose près le nombre que Maskelyne trouva plus tard en employant la même méthode.

isolée : le mont Schéhallien en Écosse. La distance horizontale des stations était de 1330^m,25, ce qui, pour la latitude de 57° environ, correspondait à une différence de 43″ pour les latitudes des deux points. Or, par l'observation des distances zénithales des étoiles, observation qui comporte l'emploi du fil à plomb ou de la verticale, la différence fut trouvée égale à 54″,6. L'excès 11″,6 ne pouvait provenir que de la somme des déviations dues à l'attraction de la masse de la montagne, tant à la station nord qu'à la station sud.

Le volume du mont Schéhallien fut alors calculé à la suite d'une série de mesures laborieuses, ainsi que la somme des attractions sur chacune des stations, dans l'hypothèse d'une densité égale à celle du globe terrestre. Hutton, qui se chargea de ce travail, arriva à cette conclusion que l'attraction du mont eût dû être la 9933e partie de l'attraction du globe, tandis que la déviation produite indiquait le rapport de 1 à 17804. La conclusion à tirer de là est que la densité de la montagne est moindre que la densité moyenne de la Terre, précisément dans le rapport des nombres 9933 et 17804. En un mot, la densité de la Terre devait être 1,80, celle du mont Schéhallien étant 1. Or cette dernière, après examen des roches qui composent la montagne, fut trouvée égale à 2,61; celle du globe est donc 4,7, rapportée à la densité de l'eau. Une autre application de la même méthode des déviations du fil à plomb a donné à M. James 5,32 pour la densité moyenne de la Terre.

§ 3. DENSITÉ DE LA TERRE; MÉTHODE DE CAVENDISH.

On voit que c'est par approximations successives que la science parvient à la détermination de cet élément fondamental de la physique du globe. Aussi importe-t-il de multiplier les expériences et de les vérifier les unes par les autres, en pesant d'ailleurs chacune d'elles sous le rapport de la confiance qu'elle donne, ou de l'erreur probable du résultat.

Il nous reste à décrire la troisième méthode, qui est basée sur la comparaison des oscillations du pendule avec les oscillations d'une masse soumise à l'action attractive d'une masse très voisine. La première idée de ce procédé remarquable est due à un savant anglais, John Mitchell, qui se proposait de vérifier les idées de Newton, ou de voir si la force de la gravitation à laquelle sont dues les lois des mouvements des corps célestes, agit également entre de petites masses à la surface du globe.

Mais John Mitchell, étant mort avant de réaliser l'expérience projetée, légua son appareil à Wollaston, qui lui-même le transmit à Cavendish. Ce dernier présenta en 1798 les résultats de ses expériences. En quoi consiste l'appareil qui porte le nom de Cavendish, et quel en est le principe? C'est ce que nous allons essayer de faire comprendre.

Deux sphères métalliques égales *mn* sont fixées à l'extrémité d'un léger fléau *ab*, qui lui-même est suspendu à son milieu par un fil métallique très délié au plafond d'une salle.

Si l'on écarte le fléau ou l'une des boules de leur position d'équilibre, et qu'on abandonne le système à lui-même, il réagira en vertu de la force de torsion du fil de suspension, et exécutera une série d'oscillations pendulaires isochrones, de part et d'autre de la position *ab*. Deux mires en ivoire divisées, placées en regard des boules et fixées au fléau, se meuvent avec lui, et servent à déterminer, par la lecture du nombre des divisions parcourues, la position d'équilibre du fléau, et la force de torsion du fil, et, par conséquent, la force égale qui la contrebalance (fig. 124).

Cela posé, voici comment on met en évidence l'attraction réciproque des masses en présence.

Deux grosses sphères de plomb M et N, pesant environ deux cents fois autant que les balles *m* et *n*, peuvent être amenées dans diverses positions symétriques par rapport au fléau *ab*. On les place d'abord à angle droit, de façon que leurs centres soient également distants de chacune des balles, en A′B′. Dans cette situation, l'attraction étant la même de part et d'autre, le

fléau *ab* reste en équilibre. On approche ensuite les sphères M
et N des deux balles, dans les positions AB ou A′B′; alors l'attraction de M sur *a* et celle de N sur *b* concourent à rompre
l'équilibre, et l'on voit les balles *a* et *b* s'approcher de M et N,
puis effectuer une série d'oscillations isochrones autour d'une
nouvelle position d'équilibre que les mires permettent de déterminer avec exactitude. On mesure alors, en même temps que
la distance des centres de *a* et de M dans cette position nouvelle, la durée précise de chaque oscillation.

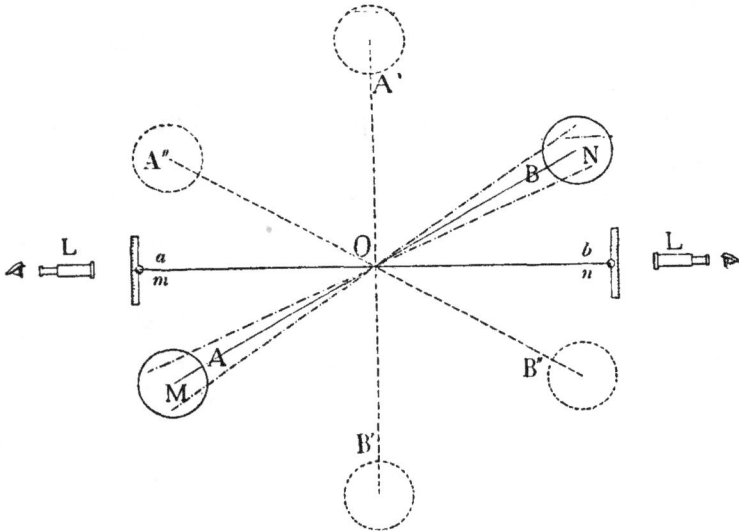

Fig. 124. — Schéma des observations faites à l'aide de la balance de Cavendish

Sans entrer dans les calculs, qui exigeraient l'emploi de formules mathématiques assez compliquées, nous allons voir comment cette expérience, qui prouve telle quelle l'existence d'une
force attractive entre les corps, peut conduire à trouver la masse
et la densité de la Terre.

Les balles *a* et *b*, en oscillant autour du point O sous l'action
des masses M et N, forment un pendule dont le mouvement est
soumis aux mêmes lois que celles d'un pendule oscillant sous
l'action attractive de la masse de la Terre. L'intensité de la force
qui le met en mouvement peut donc se déduire de la durée de

ses oscillations et de sa longueur; ou, ce qui revient au même, si l'on calcule la longueur d'un pendule exécutant les oscillations pendant le même temps, il y aura proportion exacte entre les forces attractives de la masse M et de la masse terrestre et les longueurs des pendules isochrones. Mais, d'autre part, les attractions sont proportionnelles aux masses et en raison inverse des carrés des distances. On trouvera donc un rapport déterminé entre la masse M et la masse du globe terrestre. Cette dernière étant ainsi trouvée, il suffira de la diviser par le volume de la Terre pour connaître la densité moyenne du globe.

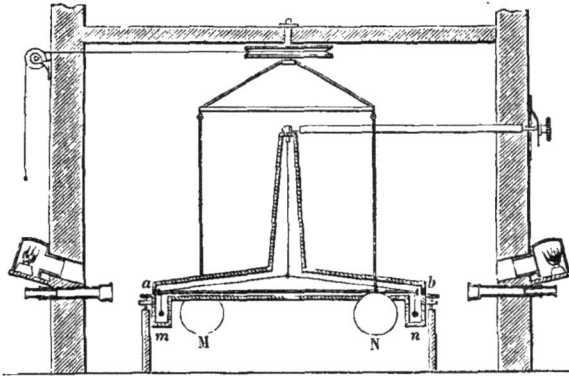

Fig. 125. — Balance de Cavendish; disposition d'ensemble des expériences.

Cavendish se servit, pour ses expériences, d'un fléau en bois de sapin renforcé par un fil d'argent. Les deux balles pesaient chacune $729^{gr},214$ et les sphères de plomb $157^{k},925$. Tout l'appareil était renfermé dans une chambre parfaitement close, où ne pénétrait point l'observateur; et, pour éviter les plus petites agitations de l'air, les petites balles et le fléau étaient eux-mêmes renfermés à l'intérieur d'une boîte en acajou percée d'ouvertures en regard des mires.

Le système des grosses masses attirantes se manœuvrait de l'extérieur. Enfin, des lampes éclairaient les mires par une fenêtre munie de glace pratiquée dans la muraille, et les observations se faisaient à l'aide de lunettes à réticules. La figure 125 représente tous les détails de l'appareil et des dispositions minuticuses prises dans le but d'écarter toutes les influences perturbatrices, surtout celles des variations de température.

Le résultat obtenu par Cavendish fut le nombre 5,48, déduit de diverses séries d'expériences.

Quarante ans plus tard, Reich répéta les observations de Cavendish par la même méthode, et trouva 5,44, puis 5,49, et enfin, en 1849, 5,58. Baily, en 1843, les reprit en perfectionnant et modifiant l'appareil et en variant la nature et les dimensions des petites sphères : il les fit successivement en platine, en bronze, en zinc, en verre, en ivoire ; les fils de suspension employés furent également variés de grosseur et de nature. Plus de 2000 expériences conduisirent ce savant au nombre 5,67 pour la densité de la Terre.

Enfin, tout récemment (1873), deux physiciens français, MM. Cornu et Baille, ont abordé à nouveau la solution du problème par la méthode de la balance de torsion de Cavendish. Mais, soit dans le but d'éviter les perturbations, soit afin de fournir des vérifications des expériences précédentes, nos compatriotes ont modifié l'appareil de Mitchell. Les masses attirées étaient deux boules de cuivre rouge pesant chacune 109 grammes ; les masses attirantes, deux sphères creuses de fonte de 12 centimètres de diamètre, pleines de mercure, mais pesant seulement 12 kilogrammes [1]. Pour éviter les perturbations qui eussent pu provenir de l'électricité, toutes les parties de l'appareil étaient métalliques, et le levier de la balance était un tube d'aluminium ; toutes ces parties restaient en communication constante avec le sol. Les expériences ont été faites dans les caves de l'École polytechnique. La durée des oscillations doubles a été trouvée de 6ᵐ38ˢ environ ; et, d'une série de plus de 200 oscillations, MM. Cornu et Baille ont dé-

---

1. Les dimensions de l'appareil étaient réduites au quart. La raison de ce changement est que, ainsi que l'ont fait remarquer les observateurs, pour des durées égales d'oscillation, la déviation indépendante du poids des boules est en raison des dimensions homologues (pour des appareils géométriquement semblables). C'est cette remarque qui leur a permis de réduire le poids des masses attirantes. Un avantage de cette réduction est que la loi d'attraction de Newton a pu être vérifiée pour des distances différentes.

duit, pour la densité de la Terre, le nombre 5,56, dont ils croient pouvoir affirmer l'exactitude à moins de 0,01.

§ 4. CONSÉQUENCES DES MESURES DE LA DENSITÉ TERRESTRE.

Ainsi, la masse de la Terre est égale à un peu plus de cinq fois et demie la masse d'un globe d'eau de même dimension. Elle peut donc être évaluée en kilogrammes, par exemple, ou en tonnes de 1000 kilogrammes, à la condition qu'on se rende bien compte de ce qu'on peut entendre par le poids de la Terre. Nous savons fort bien ce que nous entendons par le poids d'une tonne de 1000 kilogrammes : c'est le poids qu'on obtiendrait en pesant dans le vide 1 mètre cube d'eau pure prise à 4 degrés, si la pesée avait lieu à la latitude de Paris et au niveau de la mer.

Supposons donc que l'on puisse ainsi successivement, et dans ces conditions mêmes, peser *parties par parties* toute la matière qui compose le globe terrestre, et additionner tous ces poids, la somme qu'on obtiendrait dépasserait 6 000 000 de milliards de tonnes de 1000 kilogrammes. C'est là un de ces nombres énormes, qui n'ont qu'un intérêt de curiosité, étant propre seulement à mettre en relief l'immensité de la masse du globe.

Une conséquence plus intéressante de la détermination de la densité moyenne de la Terre est celle qui est relative à la constitution de ses couches intérieures. On connaît directement celle des couches observables; et les physiciens et les géologues, examen fait des matériaux constitutifs de l'écorce, pensent qu'on ne s'éloigne pas beaucoup de la vérité en regardant la densité de ces matériaux comme égale à deux fois et demie, ou à deux fois et deux tiers celle de l'eau. La densité moyenne de la Terre étant 5,56, il est évident que les couches internes et le noyau central ont une densité qui dépasse la moyenne. Ce résultat confirme les prévisions qu'on pouvait former par des considérations d'un autre genre. Si l'on remonte aux époques où le globe terrestre tout entier était fluide, on peut admettre que les substances diverses dont la masse était formée ont dû, pour l'équilibre, suivre la loi des liquides superposés, dont les plus denses sont au-dessous des moins denses : les matériaux les plus lourds ont formé le noyau central, et les couches extérieures se sont trouvées être les plus légères.

Mais il y a une autre raison qui justifierait l'accroissement de densité des couches centrales. Même en supposant que le globe terrestre fût composé de matières spécifiquement les mêmes, la pression exercée par les couches les unes sur les autres, allant en croissant de la surface au centre, il a dû en résulter une compression ou diminution de volume, c'est-à-dire un accroissement de densité. Ainsi jusqu'à une certaine limite au moins, qui dépend de la loi de variation de la compressibilité avec la pression, même pour des matériaux primitivement homogènes, l'accroissement de densité était inévitable pour les couches et le noyau intérieurs terrestres.

Déjà l'on savait, par la mesure des degrés des méridiens, comme par les observations du pendule, que l'hypothèse de la Terre homogène était incompatible avec les faits : l'aplatissement du globe eût été beaucoup plus grand que ne l'indiquent à la fois les mesures directes et la théorie. La détermination de la densité moyenne comparée à celle des couches extérieures est une confirmation de cet important résultat.

Mais s'il est prouvé que les couches de l'ellipsoïde terrestre ont des densités croissantes de la surface au centre, la loi suivant laquelle ces densités augmentent reste inconnue. Le seul moyen d'aborder une question aussi complexe est de faire des hypothèses, de les soumettre au calcul et de vérifier par les expériences quelques-unes de leurs conséquences. Clairaut, au dernier siècle, avait imaginé que la densité des couches successives décroissait dans le même rapport qu'augmente leur distance au centre. Legendre supposa que la densité décroît moins rapidement que cette distance, ou, ce qui revient au même, qu'à partir de la surface elle croît rapidement d'abord, puis de moins en moins, jusqu'au voisinage du centre, où l'accroissement devient nul. Cette hypothèse est d'accord avec ce que l'on sait de la compressibilité des solides et des liquides : les corps, dans l'un ou l'autre de ces états, résistent d'autant plus à la compression qu'ils sont plus comprimés.

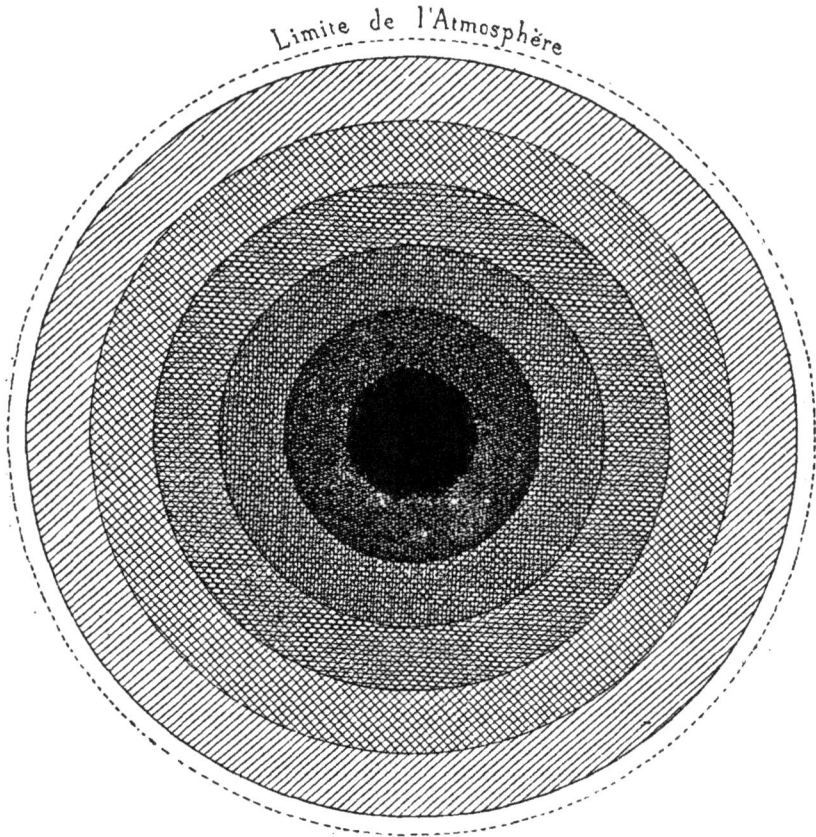

Fig. 126. — Densités comparées des couches terrestres selon la loi de Legendre.

Il paraît donc que, si l'accroissement de densité des couches intérieures s'explique par la fluidité primitive de la Terre, par le transport des matières les plus denses au centre, ainsi que par l'effet naturel de la compression exercée par les couches supérieures sur les couches les plus basses, cette dernière cause peut suffire. Laplace a examiné l'hypothèse d'une composition chimiquement homogène pour le noyau terrestre, et il a trouvé que la compression suffisait à rendre compte de l'accroissement de densité de la surface au centre.

En est-il ainsi? le noyau terrestre est-il chimiquement homogène, ou bien doit-on croire qu'il est constitué par des masses minérales en fusion, par exemple?

La loi de Legendre sur l'accroissement des densités donne les résultats suivants (fig. 121). En représentant par 1 la densité au centre et par 1 le rayon de la Terre, voici quelles seraient les densités des couches à diverses distances du centre :

Distances au centre.	Densités relatives.	Densités rapportées à l'eau.
1,0	0,25	2,6
0,8	0,46	4,78
0,6	0,67	6,97
0,4	0,84	8,78
0,2	0,96	9,98
0,0	1,00	10,4

La densité de la surface, la densité moyenne et celle du centre seraient, à peu près, dans le rapport des nombres 1, 2 et 4, en progression géométrique, et c'est au quart environ du rayon à partir de la surface, aux trois quarts de la distance du centre que se trouveraient les couches ayant même densité que la densité moyenne de la Terre[1].

1. Plana n'évalue qu'à 1,83 la densité des couches supérieures, rapportée à celle de l'eau. Il tient compte sans doute de la masse des eaux de l'océan qui diminue considérablement la densité de l'écorce terrestre, si l'on ne donne à cette écorce qu'une épaisseur égale à celle des profondeurs explorées. Quant à la densité du centre de la Terre, Plana la porte à 16,27, c'est-à-dire à un nombre 8 à 9 fois aussi grand que la densité superficielle.

Quand on parle de la densité moyenne de la Terre, il est bien entendu qu'il ne s'agit que de la partie solide et liquide du globe, et qu'on fait abstraction de l'enveloppe aérienne de l'atmosphère. Cependant on pourrait très légitimement, ce nous semble, tenir compte du volume et de la masse de cette enveloppe, auquel cas la densité moyenne du globe terrestre serait sensiblement abaissée. Voici à quel résultat probable on arriverait alors :

La hauteur de l'atmosphère peut être considérée comme égale au 25e du rayon terrestre, soit environ à 250 kilomètres. Le poids de l'atmosphère est sensiblement égal à la 1 000 000e partie du poids de la partie solide. Dans ces conditions, le volume total étant égal au volume solide augmenté du 8e (1,125), la densité moyenne serait à la densité dont nous venons d'indiquer la valeur, dans le rapport des deux nombres 1 000 001 et 1 125 000. Le calcul donne alors pour la densité moyenne ainsi définie le nombre 4,94.

L'adjonction de l'atmosphère réduirait ainsi la densité de la Terre, 5,56, d'environ la 9e partie de sa valeur.

CHAPITRE III

MOUVEMENT DES PROJECTILES

§ 1. MOUVEMENT DES PROJECTILES SOUMIS A L'ACTION DE LA PESANTEUR.

Quelle est l'action de la pesanteur sur les corps en mouvement?

Quand on lance un projectile dans l'air, par une impulsion qu'on peut considérer comme instantanée, le mouvement du projectile se trouve affecté par des influences ou des forces diverses, dont il faut connaître séparément les effets pour résoudre la question ainsi posée : il y a la *force d'impulsion*, qui, seule, donnerait au corps un mouvement rectiligne, uniforme, indéfini, c'est-à-dire une vitesse constante; il y a la *pesanteur*, dont nous avons étudié les lois, quand le mobile est dans le vide ; il y a la *résistance de l'air*, qui se combine avec la gravité pour modifier la vitesse initiale. Ce n'est pas tout : la Terre, à la surface de laquelle se passe le phénomène, n'est pas en repos; elle possède un double mouvement de *translation dans l'espace*, et de *rotation uniforme* sur son axe; ces mouvements engendrent des forces apparentes, la force d'entraînement et la force centrifuge, qui affecteront le mobile, et dont il faut également calculer l'effet, si l'on veut résoudre complètement la question.

C'est un problème de mécanique, dont il n'y aurait pas lieu ici de nous occuper, si la solution ne devait nous amener, par une série de conséquences, à comprendre comment la pesanteur, cette force dont les effets nous sont si familiers et si connus, exerce son action au delà de notre globe, et comment elle n'est qu'un cas particulier de la force qui cause tous les mouvements des corps célestes.

Revenons à notre mobile. Supposons d'abord qu'il soit lancé dans le vide, et selon une direction rigoureusement verticale, soit de bas en haut, soit de haut en bas.

S'il est lancé de bas en haut, sa vitesse initiale se trouvera, à chaque instant, diminuée de celle que la pesanteur lui imprime en sens contraire; et il est clair que cette vitesse initiale sera annulée dès que le temps de l'ascension sera tel, qu'il y aura égalité entre cette vitesse et la vitesse acquise sous l'influence de la gravité. Un calcul très simple[1] prouve que le temps de l'ascension doit être égal à la vitesse initiale divisée par l'intensité de la pesanteur au lieu où se fait l'expérience. Arrivé au sommet de sa trajectoire verticale, le corps retombera sous la seule action de la pesanteur, et l'on démontre aisément que le temps qu'il mettra à parcourir, en sens inverse, le même chemin, sera identiquement égal à la durée de l'ascension.

C'est là, du reste, un cas imaginaire, puisque le mouvement des projectiles a lieu dans l'air. Le fluide dans lequel ils se meuvent ainsi oppose, en réalité, une résistance dont le calcul rigoureux n'est pas aisé, parce qu'on ne connaît point la loi exacte des variations de cette résistance avec la vitesse[2]. L'influence de cette résistance causera évidemment une diminution

---

1. La formule est si simple que nous la transcrirons ici. En appelant a la vitesse initiale, t le temps en secondes, v la vitesse d'ascension, h la hauteur d'ascension, on a

$$v = a - gt, \qquad\qquad h = at - \frac{gt^2}{2}.$$

Pour $v = 0$, $t = a$. A l'aris, supposons une vitesse d'impulsion de 9,81 mètres, le mobile montera pendant une seconde et il atteindra la hauteur de $4^m,90$ seulement. Avec une vitesse décuple, de $98^m,10$, l'ascension durera 10 secondes, et le corps s'élèvera à 490 mètres. Tous ces nombres supposent que l'ascension a lieu dans le vide.

2. D'après des hypothèses qui ont été contrôlées par l'expérience, la résistance de l'air au mouvement des projectiles dépend à la fois du poids du mobile, de la surface de sa section transversale et de sa vitesse : elle croît un peu plus vite que le carré de la vitesse; l'excès proviendrait en partie de l'augmentation de densité de l'air refoulé par le projectile.

dans la vitesse d'ascension, comme dans celle de la chute, ainsi
que dans la hauteur verticale à laquelle parviendra le corps.

Ce n'est pas tout. On a déjà vu que, par le fait de la rotation
de la Terre et de la force centrifuge qui en résulte, la chute
des graves sous l'influence de la pesanteur ne s'effectue pas en
réalité selon la verticale, et qu'il y a une déviation vers l'est
pour un corps qui tombe. Il est aisé de voir qu'une déviation
opposée, c'est-à-dire vers l'ouest, doit avoir lieu quand le corps
s'élève au lieu de tomber : lorsqu'il arrive au point culminant,
il se trouve à l'ouest de la verticale, c'est-à-dire sur la verticale
d'un point qui est à l'occident du point de départ ; mais en
retombant il n'aura plus lieu d'être dévié par rapport à cette
verticale nouvelle. En résumé, il sera donc dévié vers l'ouest.
Tout ce raisonnement fait abstraction de la résistance de l'air,
qui est bien loin d'être négligeable ; et, s'il s'agissait d'une
expérience réelle à faire, il est clair qu'elle ne permettrait
aucune vérification rigoureuse du résultat qu'indique la théorie.
C'est ce que constate, dans les lignes suivantes, un de nos
illustres géomètres contemporains, M. J. Bertrand :

« Varignon paraît avoir signalé le premier, en 1707, la contradiction géométrique des lois de Galilée sur la chute des corps
avec l'hypothèse de la rotation de la Terre et celle d'une pesanteur constante. Il se borne à montrer que la réunion de ces
trois hypothèses implique contradiction, sans oser décider celle
qui doit être modifiée, et sans indiquer même ses conjectures :
il est à croire d'ailleurs que, s'il se fût prononcé, il n'eût pas
bien choisi ; son ouvrage sur la cause de la pesanteur le montre
fort mal préparé à traiter de telles questions. On voit, sur le
frontispice, une petite vignette fort élégante (fig. 127) représentant deux personnages : un militaire et un religieux, auprès d'un
canon braqué vers le zénith ; ils regardent en l'air, comme
pour suivre le boulet qui vient d'être lancé. Sur la gravure même,
on lit ces mots : « Retombera-t-il ? » Le religieux est le célèbre
père Mersenne, et son compagnon est M. Petit, intendant des
fortifications. Ils ont répété plusieurs fois cette dangereuse

expérience, et comme ils ne furent pas assez adroits pour faire retomber le boulet sur leur tête, ils crurent pouvoir en conclure qu'il serait resté en l'air, où sans doute il demeurerait longtemps. » Varignon ne conteste pas le fait, mais il s'en étonne : « Un boulet suspendu au-dessus de nos têtes, en vérité, dit-il, cela doit surprendre. » Les deux expérimentateurs, s'il est permis de les nommer ainsi, firent part à Descartes de leurs essais et du résultat obtenu. Descartes ne vit dans le fait supposé exact qu'une confirmation de ses subtiles rêveries sur la pesanteur.

Fig. 127. — Mouvement d'un projectile lancé suivant la verticale. « Retombera-t-il ? »

« Plus d'un siècle après, d'Alembert, qui analysa très nettement le phénomène, calcula la déviation du boulet, en faisant abstraction de la résistance de l'air. Un projectile lancé vertilement de bas en haut, avec une vitesse de 1800 pieds par seconde, doit être dévié vers l'est et retomber à 600 pieds de son point de départ; et c'est, suivant lui, pour l'avoir cherché trop près que Mersenne et Petit n'ont pas retrouvé leur boulet. Mais cette explication n'est pas admissible : la résistance de l'air, négligée par d'Alembert, exerce une très grande influence. D'après les calculs de Poisson, une balle de fusil, lancée avec une vitesse de 400 mètres par seconde, qui, dans le vide retomberait à 50 mètres de son point de départ, ne serait déviée dans l'air que de quelques centimètres. Et l'expérience de Mersenne prouve donc seulement la difficulté de lancer un boulet dans une direction rigoureusement verticale : une balle de fusil serait plus facile à diriger; mais l'erreur de pointage, ajoutée à l'influence des courants d'air, produirait certainement des déviations plus considérables encore que celles qu'il faut mesurer.

« D'après Poisson, les déviations sont toujours fort petites, et exigeraient, pour être constatées, des expériences minutieuses presque toujours irréalisables. »

Dans l'hypothèse, irréalisable bien entendu, où l'air ne s'opposerait pas au mouvement, où l'atmosphère n'existerait pas, la distance à laquelle un mobile, lancé verticalement, s'éloignerait de la Terre, irait en croissant indéfiniment à mesure que croîtrait elle-même la vitesse initiale. Bien plus, passé une certaine limite, le corps s'éloignerait pour ne plus revenir : c'est ce qui arriverait si la vitesse initiale d'impulsion dépassait 11 kilomètres environ par seconde. Ce cas singulier n'a point d'application pour notre globe, parce que la résistance de l'air existe et que son action croît rapidement avec la vitesse même. Mais s'il est vrai que la Lune soit absolument privée d'atmosphère, ou même en ait une d'une excessive ténuité, comme les observations permettent de le croire, un projectile lancé à sa surface avec une vitesse convenable pourrait abandonner notre satellite; si, de plus, sa direction était telle qu'il fût sollicité par la pesanteur terrestre, il pourrait venir tomber à la surface de la Terre, ou bien tourner autour de notre globe comme un satellite nouveau.

Cette question a été agitée à propos des météorites, des bolides qui, de temps à autre, viennent tomber sur le sol. On a pensé que ces chutes de minéraux pouvaient être dues à la projection des matières par des éruptions des volcans de la Lune. « Laplace, Biot, Poisson ont calculé la vitesse avec laquelle de telles masses devraient être lancées des volcans lunaires, pour qu'elles pussent atteindre et dépasser la sphère

d'attraction de notre satellite, et de là, sous l'influence de la gravité terrestre, venir tomber sur le sol. Cette vitesse n'aurait
rien d'extraordinaire, surtout étant donnée la faible intensité de
la pesanteur à la surface de la Lune, ainsi que l'absence d'une
atmosphère résistante : elle ne dépasserait point 2500 mètres
par seconde. Mais l'objection décisive, au moins pour la plupart
sinon la totalité des météorites observées, est toujours l'énorme
vitesse avec laquelle elles ont pénétré dans notre atmosphère[1]. »

§ 2. MOUVEMENT DES PROJECTILES LANCÉS DANS UNE DIRECTION DIFFÉRENTE DE LA VERTICALE.

On vient de considérer le mouvement d'un projectile lancé
selon la verticale. Il faut maintenant voir comment agit la
pesanteur pour modifier ce mouvement quand l'impulsion
initiale a une direction différente.

Supposons d'abord que le projectile soit lancé suivant une
direction rigoureusement horizontale AH (fig. 128), et qu'il

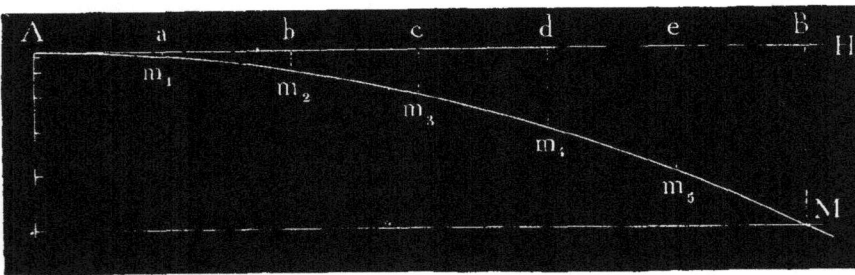

Fig. 128. — Mouvement parabolique d'un projectile lancé dans une direction horizontale.

n'ait pas à vaincre la résistance de l'air. Il est aisé de voir que
sa trajectoire AM sera l'arc d'une parabole dont le sommet est
au point de départ, et dont la concavité est tournée vers le sol.
En vertu de l'inertie, le mobile décrirait, dans les secondes successives, des lignes droites égales, Aa, ab, bc, etc., si la pesanteur n'agissait point. D'autre part, sous l'action de cette der-

1. *Le Ciel*, 5ᵉ édition.

nière force, il tomberait selon la verticale, en parcourant des espaces proportionnels aux carrés des temps. La composition de de ces deux mouvements donnera lieu à une trajectoire $Am_1 m_2 m_3 \ldots$ M, que l'analyse démontre être une parabole.

En se reportant à l'expérience faite avec la machine Morin, il est d'ailleurs aisé de voir que les deux cas sont parfaitement semblables. Dans la machine Morin, c'est le cylindre qui se meut d'un mouvement uniforme dans le sens horizontal ; mais il est clair qu'on pourrait supposer le cylindre immobile et substituer à son mouvement un mouvement égal et opposé,

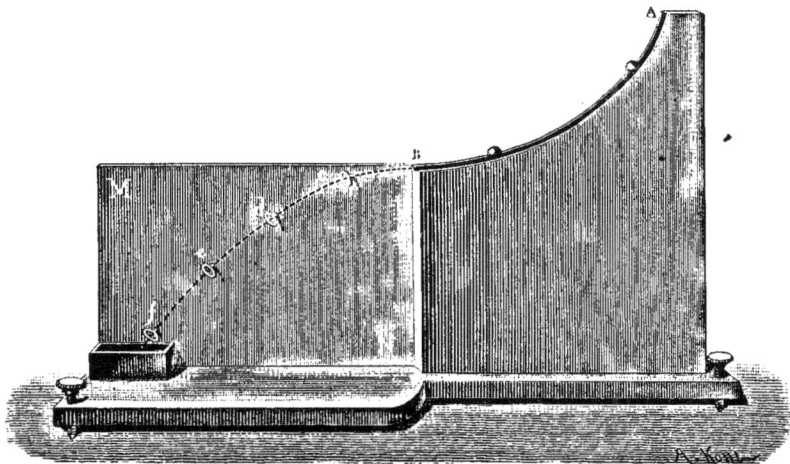

Fig. 129. — Vérification expérimentale du mouvement parabolique des projectiles.

dans le sens horizontal, du corps qui tombe. La trajectoire décrite sera la même dans les deux cas, si la vitesse d'impulsion du projectile est la même que la vitesse uniforme d'un point du cylindre.

On vérifie expérimentalement d'une autre manière la forme parabolique des trajectoires d'un mobile lancé horizontalement avec des vitesses différentes.

Des divers points d'une rainure courbe AB (fig. 129) on laisse glisser des billes, qui arrivent au point le plus bas avec des vitesses horizontales d'autant plus grandes, que le point de départ est plus élevé sur la rainure. Sur un tableau vertical MN, disposé dans le plan de la trajectoire, sont tracés divers arcs de parabole dont un seul, B*cf*, est tracé sur la figure, et sur le parcours desquels on a fixé des anneaux ; les billes, en venant passer successivement par l'ouverture des anneaux appartenant à une même parabole, indiquent grossièrement, par cela même, que leur trajectoire a une forme parabolique.

Quand le projectile est lancé dans une direction oblique à l'horizon, telle que AB, AC, AD..., les trajectoires qu'il décrit, abstraction faite de la vitesse de l'air, sont encore des paraboles,

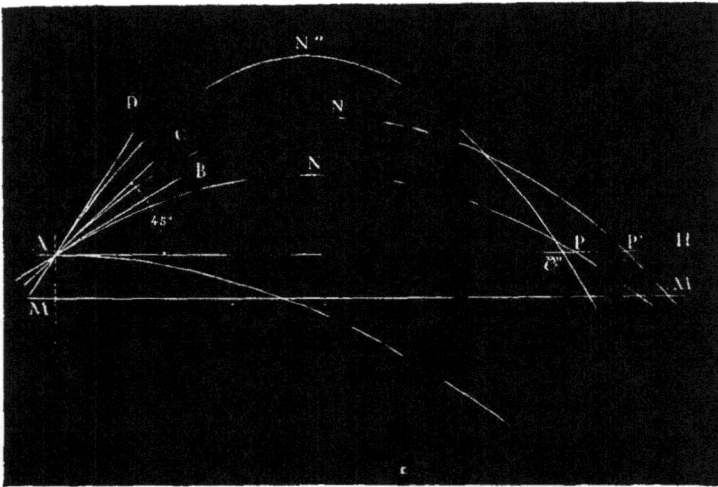

Fig. 130. — Mouvement parabolique des projectiles ; amplitude du jet variable avec la direction de l'impulsion initiale.

dont les dimensions et la forme dépendent à la fois de la vitesse initiale et de l'inclinaison de la direction du jet (fig. 130). Il commence par s'élever jusqu'à un point culminant où la direction de son mouvement se trouve horizontale, puis il redescend en décrivant une courbe symétrique à celle qu'il a décrite pendant son mouvement ascendant. Ce point culminant N, N', N″ est le sommet de la parabole suivie par le projectile dans son mouvement. On démontre en mécanique que, pour une même vitesse initiale, les distances AP, AP', AP″, où le projectile vient couper l'horizontale du point de départ (c'est ce qu'on nomme l'*amplitude du jet*), varient avec l'inclinaison, et que cette amplitude est maximum quand l'angle que fait la ligne de tir avec l'horizon est de 45° [1] : c'est, dans la figure, la distance AP', la direction AC faisant avec l'horizon un angle égal à la moitié d'un angle droit. L'amplitude du jet va d'abord en augmentant, quand l'inclinaison augmente à partir de 0°, et cela jusqu'à 45°. A partir de là, elle diminue jusqu'à redevenir nulle pour une direction verticale.

Tout cela suppose, nous le répétons, l'absence de la résistance de l'air. Si l'on tient compte de cet élément, la trajectoire n'a plus la même forme : les deux parties AC, CB (fig. 131) ne

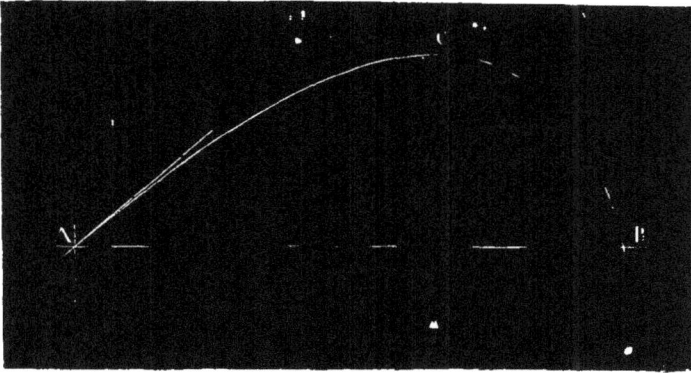

Fig. 131. — Courbe décrite par un projectile quand on tient compte de la résistance de l'air.

sont plus symétriques relativement au point culminant, et le projectile en tombant se rapproche rapidement de la verticale, ainsi que le montre la figure 131.

Ajoutons enfin que la rotation de la Terre a une influence sur la trajectoire et produit une déviation latérale, de sorte que le projectile s'écarte du plan de la ligne de tir. C'est ainsi qu'un boulet lancé dans une direction horizontale, sans mouvement de giration autour de son axe, éprouve une forte déviation vers la droite, sous l'influence de la force centrifuge composée.

1. L'amplitude est alors précisément égale au double de la hauteur à laquelle s'élève le projectile quand il est lancé verticalement.

Comme cette influence s'exerce sur tous les corps en mouvement, elle produit des effets sensibles sur les cours d'eau : la masse liquide d'un fleuve presse plus, dans l'hémisphère nord, sur la rive droite que sur la rive gauche; bien que la vitesse soit assez faible, comme l'action dépend de la grandeur de la · masse en mouvement, c'est-à-dire du débit du fleuve, dans les grandes crues les résultats sont loin d'être nuls. Cette déviation a lieu à gauche dans l'hémisphère sud. Il est intéressant de citer les observations positives d'un fait mécanique qui provient du mouvement de rotation de notre globe, et qui témoigne ainsi de la réalité de cette rotation. Nous emprunterons nos exemples à notre éminent géographe, Élisée Reclus.

« On n'a que l'embarras du choix, dit-il dans son bel ouvrage *la Terre*, pour citer des exemples de fleuves qui modifient graduellement leur cours dans le sens prévu par la théorie. Au sud de l'équateur, ce sont les affluents du gigantesque Rio de la Plata, qui, après avoir nivelé à l'ouest l'étendue des pampas, rongent incessamment leur rive gauche. Dans l'hémisphère du nord, c'est l'Euphrate, qui essaye de se déverser en entier dans le lit de l'Hindiah, à droite de son propre cours; c'est le Gange abandonnant la ville de Gour, au milieu des jungles et se déplaçant de 7 à 8 kilomètres vers l'ouest dans son delta; c'est l'Indus rongeant les collines cailouteuses de sa rive occidentale pour déplacer son delta de plus de 1000 kilomètres à l'ouest; c'est le Nil, laissant son ancien lit dans le désert de Libye pour se porter du côté de la chaîne arabique. De même, en Europe, la Gironde, la Loire, l'Elbe, rongent la base des escarpements de leur rive droite; la Vistule approfondit son embouchure orientale aux dépens de celle de gauche. Dans le cours du Rhin, du Danube et surtout du Volga, des phénomènes analogues dus à la même cause ont été constatés par les géographes. » « C'est dans la Russie d'Europe et d'Asie, dit encore Élisée Reclus, que le déplacement normal des fleuves se prête surtout aux études les plus intéressantes. Là se trouvent en effet réunies toutes les conditions favorables à l'empiètement graduel des eaux sur leur rive droite : une longueur de cours considérable, de puissantes masses liquides qui peuvent balayer bien des obstacles, d'énormes crues accroissant périodiquement la force d'érosion du courant, des falaises composées d'un sol friable, enfin la forte courbure du globe, cause d'un changement rapide de la vitesse angulaire sous les diverses latitudes[1]. » Et il cite à l'appui les mouvements de déplacement du lit du Volga à droite de son cours, c'est-à-dire vers l'ouest. En Sibérie les cours d'eau se déplacent dans le même sens beaucoup plus rapidement encore.

Cette loi de déviation s'applique pareillement aux courants marins, et le Gulf-Stream, qui dévie du méridien vers l'est, en est le témoignage le plus frappant. Enfin, on verra plus tard qu'une pareille déviation est la cause de la direction que suivent les vents alizés, tant au nord qu'au sud de l'équateur.

Quand un corps est en repos relatif à la surface de la Terre, il n'en est pas moins soumis à la force centrifuge développée par la rotation commune, et l'on a vu qu'il résulte de là une diminution dans la force de gravité, et par suite dans le poids du corps. Cette diminution est maximum à l'équateur, parce qu'à l'équateur la force centrifuge a sa plus grande valeur. Le calcul montre qu'elle est la 289e partie de la force d'attraction terrestre. Comme d'ailleurs la force centrifuge croît comme le carré de la vitesse angulaire de rotation, il en résulte avec évidence que, si le mouvement de rotation de la Terre était 17 fois plus rapide, la force centrifuge serait à l'équateur 17×17 fois, ou 289 fois plus considérable : elle deviendrait égale à l'attraction

---

1. La réaction latérale dont il s'agit est une force proportionnelle à la masse en mouvement, à sa vitesse de translation et au sinus de la latitude. Tels sont les trois facteurs qui influent sur les phénomènes en question; il ne nous semble pas que la longueur ait et puisse avoir d'influence, sinon, pour les fleuves, en ce que leur débit croît avec la longueur du cours; mais alors c'est la masse des eaux et leur vitesse qui agissent. Enfin, la courbure dont parle Reclus est une expression fausse ou du moins impropre; la courbure est plus forte aux basses latitudes qu'aux latitudes élevées. C'est l'angle de l'horizon avec l'axe de rotation du globe qui croît de l'équateur aux pôles, et rend d'autant plus grande l'action de la force centrifuge composée.

terrestre et la pesanteur des corps y serait nulle. Pour une vitesse encore plus grande, la force centrifuge l'emporterait, et tout corps qui ne serait point lié au sol serait lancé dans l'espace : il quitterait notre globe en décrivant une courbe dont les premiers éléments seraient verticaux. On verra plus loin l'application de cette hypothèse à la détermination de la limite extrême de l'atmosphère terrestre et, par suite, à celle de l'atmosphère d'un corps céleste quelconque.

CHAPITRE IV

LA GRAVITATION UNIVERSELLE

§ 1. SI LA PESANTEUR EST UNE FORCE EXCLUSIVEMENT TERRESTRE.

La pesanteur, telle que nous venons de l'étudier, dans ses phénomènes et dans ses lois, est une force qui jusqu'à présent semble inhérente à la Terre même : sa direction, constamment tournée, sinon vers un point unique qui serait le centre de notre globe, du moins vers des régions très voisines de ce centre, son action, qui non seulement presse à tout instant toutes ses couches en repos les unes sur les autres, et précipite les corps abandonnés à eux-mêmes dans l'air ou dans le vide, mais qui ramène à la surface du sol les mobiles projetés en des sens quelconques, et s'exerce à toutes les profondeurs accessibles ainsi qu'à toutes les hauteurs de l'atmosphère ; ses variations d'intensité qui se manifestent dès que la latitude change, accusant ainsi les variations mêmes de la forme de la Terre, ou les accidents de sa surface, et qui dépendent, on l'a vu, de la distance au centre ou de la distance à l'axe de rotation ; en un mot, tout ce que nous connaissons jusqu'à présent de la pesanteur semble en faire une force éminemment terrestre. On a vu que les corps sont tous pesants, et que, s'ils ne changent point de position, si leur latitude et l'altitude du lieu où ils se trouvent restent invariables, leur poids est invariable lui-même.

Dans ces limites, nous savons donc déjà que la pesanteur est une force constante, et nous pouvons ajouter qu'elle est univer-

selle, en ce sens qu'il n'est pas, sur la Terre, un corps, solide
ou fluide, pas une parcelle ni un atome de matière qu'elle
n'affecte, que ce corps, cette parcelle, cet atome soient en équilibre ou en mouvement.

Il faut aller maintenant plus loin : de la Terre, où nous
sommes restés confinés et où ont eu lieu jusqu'ici toutes les
observations, toutes les expériences que nous avons rapportées,
il faut passer aux régions célestes, aux corps qui se meuvent
dans les profondeurs du ciel. Nous savons bien que la Terre parcourt elle-même ces espaces, et en réalité, pourrait-on dire,
qu'elle les explore et les connaît, qu'elle y transporte partout
cette force de la gravité qui lui est propre. Mais ce qu'on a
longtemps ignoré, bien plus, ce que longtemps on a nié, sous
l'empire de je ne sais quelles idées de vaine métaphysique,
c'est que les corps célestes soient soumis comme les corps
terrestres à cette force de la pesanteur. La Lune, qui accompagne
la Terre dans son mouvement annuel de translation, pèse-t-elle
vers notre globe? Le Soleil, les planètes et tous les astres sont-
ils, comme ce dernier, le siège de forces analogues à la pesanteur terrestre, et, s'il en est ainsi, toutes ces forces disséminées,
à toutes les distances, dans l'espace, réagissent-elles les unes
sur les autres? Enfin, si ces actions et réactions sont réelles,
quelle est leur loi commune?

De telles questions, qu'on n'avait pas même eu la pensée
d'énoncer avant Galilée, et dont la haute importance, scientifique et philosophique, ne peut échapper à personne, sont aujour-
d'hui résolues, grâce au génie de Newton, grâce aux admirables
travaux des géomètres et des astronomes qui ont, depuis deux
siècles, suivi la voie tracée par ce grand homme. Nous allons
essayer d'exposer, dans leur enchaînement, cette série de découvertes qui, en reliant la Terre au ciel, les phénomènes d'ici-bas
aux phénomènes observés dans les profondeurs de l'espace, ont
fait de la physique terrestre et de la physique céleste une seule
et même science.

§ 2. Découvertes astronomiques de Kopernic. — Le vrai système du monde.
Les lois de Képler.

Nous venons de dire que les problèmes ainsi posés n'étaient pas même soupçonnés avant Galilée, c'est-à-dire avant l'introduction de la méthode expérimentale dans l'étude de la physique. Ajoutons que leur solution exigeait et supposait une révolution immense, laquelle venait heureusement de s'opérer, en astronomie, sous l'impulsion des Kopernic et des Képler. Pour découvrir le lien physique qui unissait tous les astres, la force qui présidait aux mouvements des corps du système solaire, il fallait avoir la connaissance des positions relatives vraies et des mouvements réels de tous ces corps; il fallait découvrir les lois de ces mouvements. Kopernic, dans son immortel ouvrage des *Révolutions célestes*, publié en 1543, avait démontré la réalité du double mouvement de la Terre, mouvement de rotation sur son axe, et mouvement de translation autour du Soleil; et, en étendant à toutes les planètes cette vérité que quelques philosophes de l'antiquité avaient vaguement entrevue, il avait établi sur des fondements solides le véritable système du monde. Le Soleil est le centre, relativement immobile, de tous les mouvements planétaires : autour de lui et dans le même sens, circulent à des distances et dans des plans différents, en des périodes et avec des vitesses inégales, mais constantes, Mercure et Vénus, la Terre et Mars, Jupiter et Saturne; la Lune elle-même n'est qu'un satellite de la Terre, comme on en découvrit bientôt de semblables à plusieurs des planètes alors connues.

Mais si Kopernic avait assigné au Soleil, aux planètes et à la Terre leurs véritables rôles, s'il avait substitué la réalité simple aux hypothèses compliquées des anciens astronomes, il n'avait entrevu qu'une part de la vérité. Les anciens, outre qu'ils faisaient de la Terre le centre du monde, basaient toutes leurs explications des mouvements célestes sur cette idée fausse que les astres ne peuvent décrire d'autre courbe que le cercle, qu'ils considéraient comme la courbe par excellence. De plus, ils admettaient que ce mouvement circulaire était nécessairement uniforme. Ces trois hypothèses fausses, l'immobilité de la Terre, la forme circulaire des orbites et l'uniformité du mouvement dominaient tout leur système astronomique[1]. Mais, comme la nature ne se pliait point à ces vues à priori, il fallait rendre compte des anomalies que signalait l'observation. Il fallait expliquer pourquoi les planètes paraissent se mouvoir tantôt plus lentement, tantôt plus rapidement, pourquoi, dans leurs révolutions, elles semblent parfois stationnaires ; pourquoi enfin, changeant le sens de leur cours, elles rétrogradent, s'arrêtent de nouveau pour reprendre ensuite leur mouvement

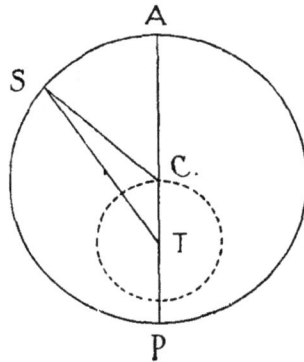

Fig. 152. — Mouvement du Soleil autour de la Terre, d'après l'hypothèse d'Hipparque.

ordinaire. Avec l'hypothèse du mouvement uniforme et circulaire autour de la Terre, cela n'était point aisé. Sans abandonner cependant cette hypothèse, les astronomes étaient parvenus à donner une explication de ces irrégularités. Ils faisaient mouvoir la planète P (fig. 153) sur un cercle dont le centre C se mouvait lui-même autour d'un autre cercle ; celui-ci, à son tour, décrivait par son centre C′ une circonférence nouvelle. C'était le système des *épicycles*. Grâce à ces suppositions ingé-

1. Pour rendre compte du mouvement apparent du Soleil, l'hypothèse était assez simple. Voici celle qu'adoptait Hipparque. Le Soleil décrivait, autour de la Terre, un cercle de rayon CS, d'un mouvement uniforme, de sorte que, vu du centre C, l'astre aurait eu un mouvement angulaire égal (fig. 152). Mais la Terre est en T ; dès lors, pour un observateur terrestre, le mouvement du Soleil semble variable. Hipparque rendait ainsi compte, dans une certaine mesure, des observations ; en supposant la Terre située excentriquement par rapport à l'orbite apparente du Soleil (orbite qui a été considérée comme réelle jusqu'à Kopernic), il suppléait à l'absence d'excentricité de la courbe elle-même.

nieuses, mais compliquées, on arrivait à rendre compte, tant bien que mal, des apparences (fig. 133). Mais à mesure que se perfectionnaient les moyens d'observation, que de nouvelles inégalités étaient signalées, le système se compliquait, et les cercles s'enchevêtraient de plus en plus les uns dans les autres. Biot caractérise très nettement, en quelques lignes, la façon dont les anciens avaient cru résoudre la question des mouvements des corps célestes, et les difficultés auxquelles les conduisit la solution adoptée. « Le problème de l'astronomie planétaire, dit-il, consista (pour eux) à faire mouvoir uniformément le Soleil, la Lune et les planètes sur des cercles divers tellement placés dans le ciel, que les positions successives de ces corps, vues de la Terre, concordassent avec les déplacements angulaires qu'on y observe. Ce fut là le but unique des astronomes grecs. Ils n'avaient pas, comme nous, la nécessité de satisfaire aussi aux conditions qui se tirent des variations de distance, ne possédant pas d'instruments optiques assez subtils pour les conclure de la mesure des diamètres apparents, avec la sûreté indispensable pour pouvoir en faire usage. Faute de cette donnée, leurs systèmes d'orbites ne furent que des fictions mathématiques sans réalité, et ils se virent contraints de les compliquer tellement pour représenter les détails des apparences observables, qu'ils ne devaient pas avoir d'autre valeur, même à leurs yeux. »

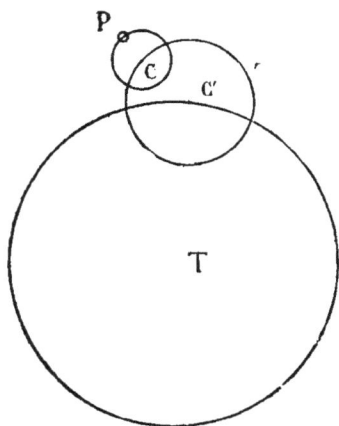

Fig. 133. — Épicycles des anciens. Mouvement d'une planète autour de la Terre.

D'un seul coup, Kopernic, en replaçant les choses dans leur ordre réel, en détruisant ces vaines imaginations, supprima les difficultés croissantes d'un tel système, au moins les plus importantes. Ainsi le mouvement de la Terre rendit compte des stations et rétrogradations planétaires et des variations apparentes de vitesse qui les accompagnent. Cette première et capitale erreur supprimée, tout n'était point dit ; car le grand astronome, n'abandonnant point pour cela l'idée d'un mouvement uniforme et circulaire, supposait toujours que les planètes et la Terre même décrivent des cercles autour du Soleil avec des vitesses inégales entre elles, mais invariables ; et,

Fig. 134. — Képler.

comme il n'en est point ainsi, il restait à expliquer les inégalités constatées par l'observation, ce que Kopernic continua à faire par l'emploi des épicycles.

Pour débarrasser l'astronomie de ces derniers vestiges des faux systèmes, le génie de Képler fut nécessaire. Ce grand homme rejeta définitivement le mouvement circulaire et uniforme, découvrit la vraie forme des orbites, la loi des variations de vitesse des planètes dans le cours de leurs révolutions, et assigna aux dimensions de ces courbes, par suite aux distances des astres au Soleil et à la Terre, leurs véritables rapports.

C'est en étudiant les mouvements de Mars que Képler parvint à formuler les lois du mouvement elliptique : les nombreuses observations que son maître Tycho-Brahé avait laissées de cette planète, jointes aux siennes propres, lui firent d'abord reconnaître que l'orbite n'est point un cercle, mais une courbe ovale, dont un des sommets est plus rapproché du Soleil que le sommet opposé. Il reconnut de plus que le mouvement de Mars dans cette orbite n'est point uniforme, qu'il va en s'accélérant à mesure que la distance de la planète au Soleil diminue ; qu'il repasse ensuite en sens inverse par les mêmes variations de vitesse quand elle s'éloigne du Soleil ; de manière que le rayon de la planète décrit autour de ce dernier astre des secteurs, dont les aires varient proportionnellement aux temps employés à les parcourir. La courbe ainsi décrite par Mars est une ellipse, dont l'un des foyers est occupé par le centre du Soleil.

Képler étendit à toutes les planètes alors connues, et à la Terre même, ces deux lois importantes. Puis, par un effort de génie, il parvint à trouver le rapport des éléments des orbites planétaires, c'est-à-dire des grands axes de ces courbes et des durées des révolutions.

Ces découvertes sont si importantes qu'elles méritent de nous arrêter encore un instant, et demandent à être plus rigoureusement formulées. Voici donc l'énoncé exact des trois lois auxquelles le nom de Képler restera toujours glorieusement attaché :

PREMIÈRE LOI. — *Chaque planète décrit autour du Soleil une courbe plane ayant la forme d'une ellipse*[1]*, dont l'un des foyers est occupé par le centre du Soleil.*

---

1. Pour ceux de nos lecteurs qui auraient oublié la définition de l'ellipse, nous croyons devoir entrer dans quelques détails sur cette courbe. Prenez un fil dont vous attacherez les deux extrémités à deux clous ou à deux épingles. Enfoncez ces épingles, ces clous, dans un papier, une planche, sur la surface plane enfin où vous voulez tracer la ligne courbe dont il s'agit. Mais ayez soin que la portion du fil comprise entre les deux points fixes reste plus longue que la distance de ces points. Cela fait, à l'aide d'un crayon, tendez le fil, assez pour que ses deux portions deviennent des lignes droites, et de manière que la pointe du crayon puisse marcher sur le papier ou sur la planche. Alors faites mouvoir le crayon le

Les différentes orbites planétaires, considérées comme des ellipses invariables (nous verrons quelles restrictions on doit faire à cet énoncé), ne sont pas des courbes semblables; d'une planète à l'autre, non seulement les dimensions changent, mais aussi la forme; en un mot, les excentricités des ellipses sont fort inégales. Voici, pour les huit planètes principales, les valeurs

long du fil toujours tendu : la pointe y tracera une moitié de courbe, que vous compléterez aisément en retournant le fil de l'autre côté de la ligne droite qui joint les points fixes. Le dessin suivant figure l'opération que nous venons de décrire et montre quelle est la forme de la courbe obtenue.

Telle est la ligne qu'on nomme *ellipse* en géométrie.

Les deux points où les extrémités du fil étaient fixées ont reçu le nom de *foyers*, et les deux portions du fil qui aboutissent en chaque point de l'ellipse sont les *rayons vecteurs* de

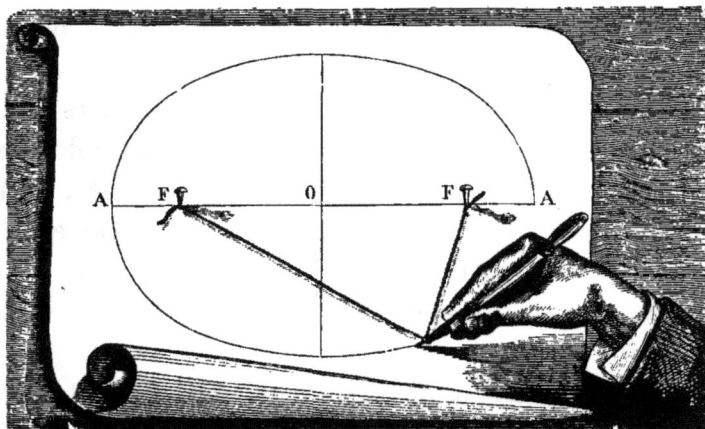

Fig. 135. — Procédé de description de l'ellipse.

ce point. Comme la longueur du fil reste constante, la somme des rayons vecteurs est la même en tous les points de l'ellipse. Cette propriété sert, en géométrie, de définition à cette courbe.

Il est facile de voir que la courbe est allongée dans le sens de la ligne qui joint les foyers. Cette ligne en est le plus grand diamètre et se nomme le *grand axe* de l'ellipse. Le milieu du grand axe est le centre de la courbe.

Si, en conservant les mêmes foyers, vous prenez, pour décrire l'ellipse, des fils de plus en plus petits, vous obtiendrez des ellipses de plus en plus allongées. Le contraire arriverait si vous preniez ces fils de longueurs croissantes. Alors les ellipses tracées se rapprocheraient de plus en plus du *cercle*, sans jamais être cependant rigoureusement des cercles.

Enfin, si, avec une même longueur de fil, ce sont les foyers que vous éloignez ou que vous rapprochez, les mêmes différences de forme se présenteront. Dans ce cas, la longueur du grand axe restera la même; mais plus les foyers seront éloignés, plus la forme ovale sera allongée; plus ils seront rapprochés, plus cette forme ressemblera au cercle : elle deviendrait un cercle même si les foyers se confondaient en un même point.

de cet élément exprimées en parties du demi grand axe, ou de
la moyenne distance de chacune d'elles au Soleil, et rangées
dans un ordre décroissant :

Mercure.	0,2056048
Mars	0,0932611
Saturne.	0,0560715
Jupiter	0,0482519
Uranus	0,0463402
La Terre	0,0167701
Neptune.	0,0089646
Vénus.	0,0068433

Mercure, on le voit, est la planète dont l'orbite est la plus
excentrique ou la plus allongée. Mars vient après. Vénus, au

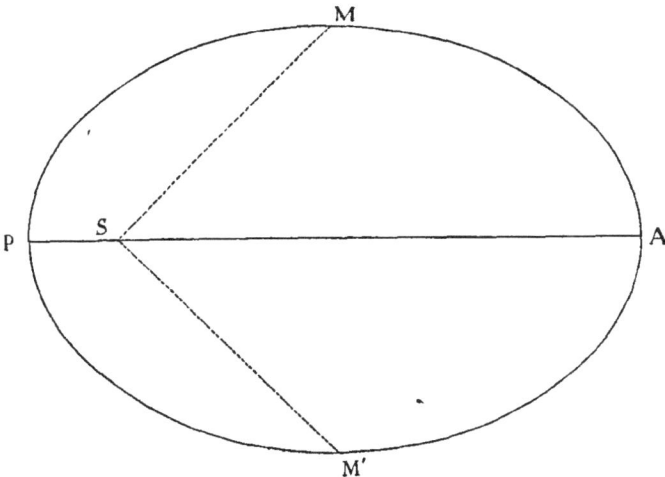

Fig. 136. — Distances aphélie, périhélie et moyennes d'une planète.

contraire, est celle dont l'orbite se rapproche le plus du cercle.
Dans le groupe des petites planètes situées entre Mars et Jupiter,
il en est un grand nombre qui ont des orbites plus excentriques
que celles de Mercure : ⑫ Æthra a pour excentricité le
nombre 0,3799257.

Chaque planète, dans le cours d'une de ses révolutions, se
trouve ainsi à des distances variables du Soleil. La plus
petite, PS (fig. 136), est la *distance périhélie;* la plus grande, AS,
la *distance aphélie;* elles correspondent aux sommets du grand

axe de l'ellipse. MS ou M'S, aux sommets du petit axe, sont l'une et l'autre la *moyenne distance.*

DEUXIÈME LOI. — *Les aires décrites par les rayons vecteurs d'une même planète autour du foyer solaire sont proportionnelles aux temps employés à les décrire.*

Le rayon vecteur est la ligne droite, de longueur variable on vient de le voir, qui joint la planète au Soleil. Dans son mouvement de circulation, la planète se meut avec une vitesse variable, qui est minimum à l'aphélie, maximum au périhélie, de telle façon qu'en un point quelconque de l'orbite les sec-

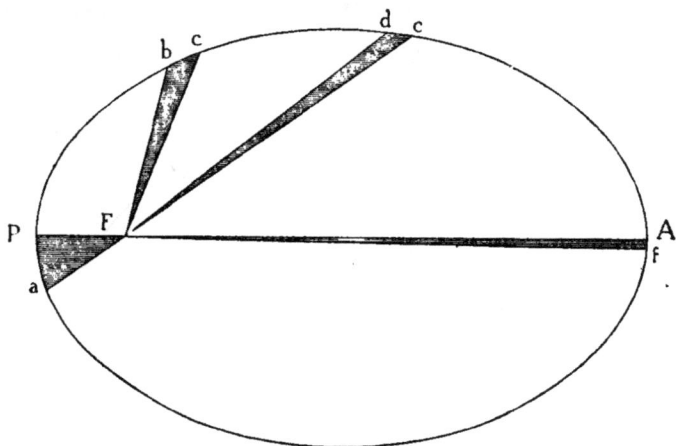

Fig. 157. — Loi des aires.

teurs décrits en des temps égaux ont des surfaces ou aires égales. Ainsi, les arcs P*a*, A*f*, *bc*, *de* étant supposés décrits dans un même temps par l'astre, les surfaces des secteurs PF*a*, AF*f*, *b*F*c* et *d*F*e* sont égales (fig. 157).

Arrivons maintenant à la troisième loi.

TROISIÈME LOI. — *Les carrés des temps périodiques sont proportionnels aux cubes des moyennes distances ou, ce qui revient au même, aux cubes des grands axes des orbites.*

Les deux premières lois sont vraies en particulier pour chaque orbite planétaire, et subsisteraient telles quelles lors

même qu'une seule planète circulerait autour du Soleil. La
troisième loi, au contraire, exprime un rapport entre les éléments de deux planètes quelconques, et, par suite, n'aurait
plus de raison d'être dans l'hypothèse d'une planète unique.
Mais elle n'est pas d'une moindre importance que les deux
premières. Ainsi que le dit Biot, celles-ci ne donnaient à Képler
que « les mouvements individuels des planètes dans leurs orbites
propres, sans établir entre elles aucune relation. Or, dès ses
premiers pas dans la carrière astronomique, Képler s'était intimement persuadé qu'une telle relation devait exister, puisque
ce ne pouvait pas être indépendamment de toute connexité et
sans être réglés par une loi commune que leurs mouvements
de circulation, tous de même sens, sont plus lents à mesure
qu'elles sont plus distantes du Soleil. »

Tous ses efforts furent dès lors appliqués à la recherche des
véritables proportions des orbes planétaires, et, après dix-sept
ans de recherches, de tâtonnements, ces efforts furent enfin
couronnés de succès[1].

Les lois de Képler forment les assises, à jamais mémorables,
de l'astronomie planétaire. Leur généralité embrasse non seulement les orbites des planètes connues du temps de leur
immortel inventeur, mais aussi celles de toutes les planètes
découvertes depuis ; elles s'appliquent sans modification aux
systèmes secondaires, c'est-à-dire aux orbites que décrivent les
satellites autour de chaque planète principale. Enfin, sauf une
modification dans la nature géométrique des courbes, elles
régissent aussi les mouvements des comètes, et ceux des corps

---

1. Voici en quels termes Képler, dans ses *Harmonices mundi*, annonce lui-même la découverte de la troisième loi :

« Après avoir trouvé les dimensions véritables des orbites, grâce aux observations de Brahé
et à l'effort continu d'un long travail, enfin j'ai découvert la proportion des temps périodiques à l'étendue de ces orbites. Et si vous voulez en savoir la date précise, c'est le 8 mars
de cette année 1618, que, d'abord conçue dans mon esprit, puis maladroitement essayée par
des calculs, partant rejetée comme fausse, puis reproduite le 15 de mai avec une nouvelle
énergie, elle a surmonté les ténèbres de mon intelligence, si pleinement confirmée par mon
travail de dix-sept ans sur les observations de Brahé, et par mes propres méditations parfaitement concordantes, que je croyais d'abord rêver et faire quelque pétition de principe ;
mais plus de doute : c'est une proposition très certaine et très exacte... »

ou essaims de corpuscules qui circulent dans l'intérieur de notre système. Grâce à ces lois, dès qu'un astre appartenant à l'un de ces groupes est révélé-par l'observation, et qu'un nombre suffisant de positions distinctes en est connu, tous les éléments de sa révolution peuvent être calculés : le plan de son orbite, son inclinaison, son excentricité, la durée de la période de sa révolution peuvent être trouvés, et les positions futures de l'astre déterminées ou prédites avec une précision qui dépend de celle des observations mêmes.

Toutefois il faut se garder de considérer ces lois comme l'expression rigoureuse de la réalité : elles ne sont et ne peuvent être qu'approximatives ; comme toutes les lois physiques, elles sont sujettes à des variations ou perturbations, dont Képler ne pouvait heureusement soupçonner l'existence, sans quoi il eût peut-être été détourné de ses recherches. De son temps, les observations astronomiques ne comportaient qu'une précision restreinte, assez grande toutefois pour que Képler ait pu répondre de l'impossibilité d'une certaine erreur, assez faible pour que les différences entre ses lois et les faits lui aient échappé[1].

Moins d'un siècle après Képler, ces anomalies ont été reconnues ; mais, loin d'être un obstacle à la science, elles n'ont fait qu'élever à un plus haut degré d'exactitude les théories astronomiques ; on a démontré en effet qu'elles sont une conséquence naturelle des causes physiques qui lient entre eux tous les mouvements des astres et dont les lois du mouvement elliptique sont précisément un corollaire. Ces causes, ou plutôt cette cause unique est tout entière dans le principe de la gravitation ou de l'attraction universelle, que le génie de Newton a su, à son tour, tirer des lois de Képler. Lorsque nous aurons exposé

---

1. C'est ce que M. J. Bertrand, dans son étude sur Képler, exprime fort bien : « Képler a pu affirmer, dit-il, qu'une erreur de 8 minutes (dans les observations de son maître Tycho) était impossible, et cette confiance a tout sauvé ; s'il avait pu en dire autant d'une erreur de 8 secondes, tout était perdu. L'organe intérieur du jugement aurait cessé, suivant une expression de Gœthe, d'être en harmonie avec l'organe extérieur de la vue, devenu trop délicat et trop précis. » (*Les fondateurs de l'Astronomie moderne.*)

cette grande découverte, on comprendra mieux ce que nous venons de dire des restrictions qu'il faut apporter à l'énoncé des lois du mouvement elliptique.

§ 5. DÉCOUVERTE DE LA GRAVITATION INTERPLANÉTAIRE PAR NEWTON.

C'est vers 1665 que Newton, dans la solitude de son domaine de Woolstrop, conçut, dit-on, la première pensée d'étendre aux corps célestes l'action de la pesanteur. En réfléchissant à la nature de cette force qui sollicite incessamment vers le centre de la Terre, non seulement les corps voisins du sol, mais ceux des régions atmosphériques, sans que l'on constate dans cette tendance d'affaiblissement appréciable, il en vint à se demander si ce pouvoir singulier ne dépassait point les limites de l'atmosphère même, et, s'étendant jusqu'à la Lune, n'était pas la cause qui retenait notre satellite dans son orbite. « Si la Lune est en effet retenue autour de la Terre par la pesanteur terrestre, les planètes, qui se meuvent autour du Soleil, devaient être retenues de même dans leurs orbites par leur pesanteur vers cet astre. Mais si une telle pesanteur existe, sa constance ou sa variabilité, ainsi que l'énergie de son pouvoir à diverses distances du centre, doivent se manifester dans la vitesse diverse des mouvements de circulation ; et conséquemment sa loi doit pouvoir se conclure de ces mouvements comparés[1]. » Ainsi Newton se trouvait amené à étudier les mouvements planétaires dont Képler avait formulé les lois, et à chercher dans ces lois mêmes le secret du lien physique qui unit le Soleil à tous les astres du système solaire. Comment Newton parvint à la solution de ce magnifique problème, comment il reconnut et démontra que la force qui agit d'une manière continue sur les planètes émane du Soleil même, et que son intensité, proportionnelle aux masses, agit en raison inverse du carré des distances, comment il finit par prouver que cette force est identique dans tous les corps du

---

1. Biot, *Mélanges scientifiques et littéraires* : *Newton*.

système et n'est autre chose que la force de la pesanteur, c'est
ce que les limites d'un ouvrage aussi élémentaire que le nôtre
ne permettent point d'exposer. Nous essayerons néanmoins de
faire comprendre l'enchaînement des idées qui lient la théorie
de la gravitation newtonienne aux lois de Képler.

Le point de départ est ce fait d'observation, que les planètes
décrivent autour du Soleil des trajectoires curvilignes, avec des
vitesses variables. Or le principe de l'inertie de la matière, un
des axiomes fondamentaux de la mécanique, nous enseigne que
le mouvement d'un corps entièrement libre, c'est-à-dire sur
lequel n'agit aucune force extérieure, est nécessairement uniforme et rectiligne. Le mouvement d'une planète quelconque
n'étant ni rectiligne, ni uniforme, il faut donc qu'une force
agisse incessamment pour en modifier et la direction et la
vitesse. Quels sont le sens et la direction de cette force? Quelle
est la loi de son intensité? Les deux premières lois de Képler
répondent à ces questions.

L'une de ces lois dit que les rayons vecteurs des planètes
décrivent des aires proportionnelles aux temps. Or Newton
démontre que, si la force constante dont l'existence est nécessaire pour expliquer le mouvement curviligne de l'astre, est
dirigée vers le Soleil, les aires décrites suivent précisément
la loi de proportionnalité découverte par Képler; il prouve également que, pour toute autre direction de la force accélératrice,
les aires ne seraient plus proportionnelles aux temps.

Ainsi donc, voilà déjà déterminée la direction de la force qui
retient les planètes dans leurs orbites. Cette direction est celle
de la ligne qui joint la planète au Soleil. En un mot, la force en
question émane du Soleil même.

Mais comment son intensité varie-t-elle avec la distance,
dans son action sur la même planète? Quelle est la loi qui règle
cette intensité aux divers points de l'orbite? Si quelque chose
peut renseigner à cet égard, c'est sans doute la nature même de
l'orbite, la forme elliptique que constate la première loi de
Képler et la position constante du Soleil à l'un des foyers de la

courbe. Cette première loi, en effet, a fourni à Newton la solution de ce problème[1].

Il a prouvé qu'une orbite elliptique étant donnée, la force centrale, dirigée incessamment vers le Soleil et capable dès lors de faire décrire à la planète des aires proportionnelles aux temps, varie d'intensité aux divers points de l'ellipse : pour deux distances quelconques au foyer solaire, l'intensité de la force

---

1. Empruntons à Biot, l'exposé sommaire des déductions qui l'ont conduit à cette solution :

« En chaque point de son ellipse où la planète se trouve, son mouvement actuel, pendant un temps très court, peut être supposé le même que si elle décrivait un très petit arc d'une circonférence de cercle qui serait osculatrice à la courbe en ce point. Pour qu'elle se maintienne instantanément sur cet arc, il faut que la force centrale décomposée suivant le rayon du cercle qui aboutit au point d'osculation, égale et contrebalance par son opposition la force centrifuge inhérente au mouvement circulatoire, laquelle tend à tirer le mobile hors de son orbite suivant la direction de la normale locale, en le sollicitant avec une énergie proportionnelle au carré de sa vitesse de translation actuelle, et réciproque au rayon osculateur de la courbe qu'il décrit. Le calcul étant établi par cet énoncé, voici le résultat de Newton. Lorsque l'orbite est une ellipse, dont le centre des forces est un foyer, l'équilibre des deux efforts contraires exige que l'intensité de la force centrale varie réciproquement au carré de la distance du centre dont elle émane, aux points sur lesquels elle agit. L'ellipse ne pouvant être librement décrite qu'à cette condition, sa forme constatée dans les orbes planétaires impose nécessairement cette loi de variation à la force émanée du soleil qui les fait décrire. Arrivé là, Newton s'est proposé le problème inverse. Supposant qu'un point matériel libre soit maintenu en mouvement dans un plan par une force accélératrice centrale, qui le sollicite avec une énergie réciproque au carré de la distance, l'orbite qu'il décrira sera-t-elle nécessairement une ellipse ? Pour le savoir, il faut évidemment appliquer à la force centrale ainsi définie le même mode de décomposition que précédemment, et mettre de même sa composante normale en opposition avec la force centrifuge dirigée suivant le rayon osculateur de l'orbite, en laissant cette fois indéterminée la nature de la courbe à laquelle ce rayon appartient ; et lui imposant, pour seule condition, qu'à chacun de ses points il y ait équilibre entre les deux efforts qui s'y combattent. Avec cette inversion de données, Newton trouva que, sous l'influence d'une force accélératrice centrale, réciproque au carré des distances, l'établissement de l'équilibre exige que l'orbite soit, non pas exclusivement une ellipse, mais une section conique quelconque, dont le centre des forces est un foyer ; ce qui comprend, outre l'ellipse, la parabole, l'hyperbole et une circonférence de cercle, ce dernier cas pouvant être considéré comme une particularité du premier. Si l'on imagine que le point matériel ait été mis en mouvement par impulsion à une certaine distance du foyer de la force centrale qui lui imprime sa marche curviligne, la variété de section conique qu'il se met à décrire dépend de l'intensité de l'impulsion initiale, et de la distance du centre où elle a été appliquée. Sa direction n'entre pour rien dans ce résultat. Plus tard, Newton montra que la parabole est réalisée dans le mouvement des comètes, et que les lois de Képler s'y appliquent encore, en faisant à leur énoncé les modifications convenables pour les adapter à une ellipse dont le grand axe serait devenu infini. »

Biot ajoute que le cas de l'hyperbole n'a pas été encore constaté dans les astres jusqu'ici découverts. Mais ce qui était vrai à l'époque où il écrivait (1857) ne l'est plus aujourd'hui : un certain nombre des comètes cataloguées ont des excentricités dépassant notablement l'unité, et, par conséquent, lorsqu'elles ont pénétré dans notre système solaire, décrivaient des orbites hyperboliques.

est inversement proportionnelle aux carrés de ces distances. Prenons pour exemple la planète Mars, et considérons les trois positions qu'elle occupe, à sa moyenne distance du Soleil, à son aphélie et à son périhélie[1]. Si l'on représente par l'unité la force qui agit sur Mars à sa distance moyenne, cette force sera affaiblie à l'aphélie et accrue au périhélie dans le rapport inverse des carrés des trois distances. A l'aphélie, elle ne sera plus que 0,8366; au périhélie au contraire, elle sera devenue égale à 1,1028. Cette même loi de variation de l'intensité de la force centrale s'applique à toute orbite planétaire elliptique, comme conséquence directe des lois de Képler. Mais Newton ne s'est point arrêté à la solution directe du problème : il s'est posé la question inverse, à savoir si réciproquement tout corps qui est soumis à l'influence d'une force centrale variant en raison inverse du carré de la distance au foyer d'attraction, décrit toujours une orbite elliptique. Or il a trouvé non seulement l'ellipse, mais la parabole et l'hyperbole, c'est-à-dire l'une quelconque des courbes nommées *sections coniques*[2], pour forme possible de l'orbite décrite autour du Soleil comme foyer.

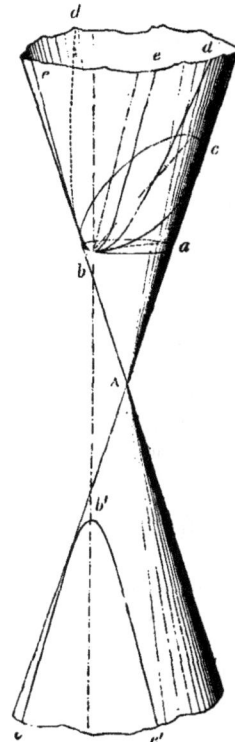

Fig. 138. — Sections coniques : cercle, ellipse, parabole et hyperbole.

1. Les distances de Mars au Soleil varient entre les limites extrêmes 1,0932611 qui est celle de l'aphélie, et 0,9067389 qui est celle du périhélie, en représentant par 1 la distance moyenne. Cette distance moyenne elle-même est 1,5237 si l'on prend pour unité la distance moyenne de la Terre. L'excentricité actuelle de l'orbite de Mars est égale à 0,0932611.

2. Ainsi nommées, parce que ces courbes s'obtiennent en coupant la surface d'un cône à deux nappes par un plan. Si la section coupe les arêtes opposées d'une même nappe, la courbe est une *ellipse* (dont le cercle est un cas particulier); si la section a lieu parallèlement à l'une des arêtes, la courbe a deux branches infinies d'un même côté : c'est une *parabole ;* enfin si la section est faite de façon à rencontrer à la fois les deux nappes du cône, la courbe est formée de deux portions à deux branches infinies : c'est une *hyperbole.* La figure 136 ci-jointe donne un exemple de ces divers genres de courbes. *ba* et *bc* sont, la première un cercle, la seconde une ellipse; *dbd* est une parabole, et *ebe e′b′e′* une hyperbole.

Les planètes et leurs satellites décrivent des ellipses, et un certain nombre de comètes sont dans le même cas; mais la plupart des comètes connues décrivent des paraboles ou, du moins, des ellipses si allongées qu'il est impossible de distinguer d'un arc de parabole l'arc parcouru par ces corps quand ils sont visibles de la Terre. Il en est quelques-unes qui décrivent certainement des hyperboles.

Ainsi la savante et profonde analyse de Newton non seulement découvrait la loi physique des mouvements planétaires, mais dépassait les bornes où l'observation était restreinte à son époque, en étendant cette loi aux mouvements d'astres qu'on croyait encore étrangers au système solaire. Et de fait Newton, appliquant plus tard ses calculs à la fameuse comète de 1680, réussissait à prouver qu'elle suivait dans ses mouvements les mêmes lois que les planètes elles-mêmes, et l'astronomie cométaire était du même coup fondée.

Arrivé à ce point, il ne restait plus au grand géomètre qu'à étendre aux orbites comparées des planètes la loi de variation de l'intensité de la force centrale en raison inverse des carrés des distances.

§ 4. LA GRAVITATION EST LA MÊME FORCE QUE LA PESANTEUR.

Avant d'aborder dans sa généralité ce nouveau problème, Newton revint à la question qu'il s'était posée dès le début de ses profondes spéculations, c'est-à-dire au mouvement de la Lune et à l'action de la pesanteur terrestre sur notre satellite.

La Lune circule autour de la Terre, comme la Terre elle-même et les planètes circulent autour du Soleil. Son orbite est une ellipse, qu'elle décrit d'un mouvement plus ou moins rapide, suivant les variations de sa distance à notre globe. En un mot, les deux premières lois de Képler lui sont applicables; et, par conséquent, la force qui retient la Lune autour de la Terre a sa direction constante vers le foyer de l'orbite et son intensité varie

en raison inverse des carrés des distances. Or c'est aussi vers le
centre de la Terre que tendent les corps pesants à sa surface ; les
effets de la pesanteur paraissaient donc avoir avec ceux de la
force accélératrice appliquée à la Lune une analogie telle que
l'identité de ces forces ne demandait plus qu'une vérification. Il
fallait voir si l'intensité de la pesanteur à la surface du globe,
c'est-à-dire à une distance du centre égale au rayon terrestre,
diminuée dans le rapport du carré de la distance de la Lune ou
divisée par 3600 (carré de 60, nombre qui, comme on sait,
exprime cette distance en rayons terrestres), était bien la mesure
de cette force accélératrice. La comparaison se réduisait à calculer, d'après la connaissance du mouvement de la Lune et des
dimensions de son orbite, la quantité dont cet astre tombe vers
la Terre en un temps assez court pour que, pendant ce temps,
la force puisse être considérée comme constante, en une minute
par exemple ; puis, cette quantité connue, qui est la mesure de
l'intensité de la force, il
restait à voir si elle était
bien égale à la 3600ᵉ partie de l'espace parcouru
pendant une minute à la
surface de la Terre, par
un corps qui tombe libre-
ment sous l'influence de
la pesanteur.

Si la Lune va de L en
L′ en une minute, en l'as-
similant à un projectile
soumis à l'action de la
pesanteur, sa chute vers
la Terre n'est autre chose

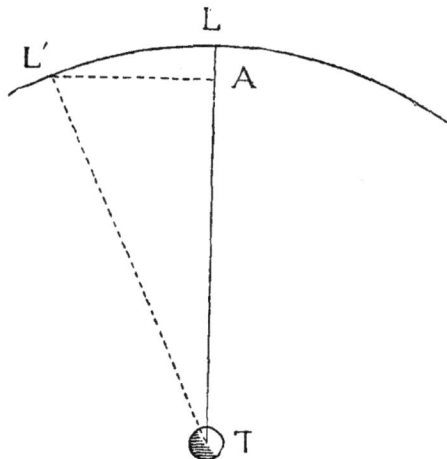

Fig. 139. — Calcul de l'intensité de la gravité
à la distance de la Lune.

que l'espace LA (fig. 139) : ce qu'on nomme en géométrie le
sinus verse de l'angle ou de l'arc décrit. Cet espace est facile à
calculer si l'on connaît le rayon LT de l'orbite ou la distance
de la Lune : au temps de Newton, cette distance exprimée en

rayons du globe terrestre était connue en effet avec une suffisante exactitude ; on savait qu'elle était à peu près égale à
60 rayons terrestres ; mais il n'en était pas de même du rayon
de la Terre, à l'époque de son premier essai (1665-1666). Le
nombre qu'il trouva alors, pour la mesure de la force qui retient
la Lune dans son orbite, se trouva plus grand de 1/6 que ne
l'exigeait l'identification de cette force avec la pesanteur.

« Cette discordance, dit Biot, qui aurait sans doute paru bien
petite à tout autre, sembla, à cet esprit si sage, une preuve
suffisamment décisive contre la conjecture hardie qu'il avait
formée. Il pensa que quelque cause inconnue, peut-être analogue aux tourbillons de Descartes, modifiait pour la Lune la loi
générale de pesanteur que le mouvement des planètes indiquait.
Il ne renonça donc point pour cela à son idée principale : et
comment pourrait-on croire que l'on abandonnât de pareilles
pensées? Mais, ce qui était un effort aussi grand et plus conforme au caractère de son esprit méditatif, il sut la conserver
pour lui seul, et attendre que le temps lui révélât la cause inconnue qui modifiait une loi indiquée par de si fortes analogies. »

Une pareille cause, en réalité, n'existait pas. La raison du
désaccord constaté par Newton entre l'observation et la théorie
qu'il avait conçue, n'était pas ailleurs que dans la valeur inexacte
du rayon terrestre tel qu'il était alors connu. Quand, seize ans
plus tard, la mesure d'un arc de méridien par Picard fut annoncée à la Société royale de Londres, Newton recommença ses
calculs de 1665 en y introduisant la nouvelle mesure du degré
fournie par l'astronome français ou celle du rayon terrestre
qui s'en déduisait. On raconte que, s'étant mis au travail au
sortir de la séance où avait eu lieu la communication dont on
vient de parler, il reconnut peu à peu, et à mesure que le calcul
s'avançait, l'influence heureuse des nouvelles données. La réalisation du but longtemps poursuivi, la confirmation de ses
longues méditations sur ce magnifique sujet détermina chez
Newton une émotion si vive, qu'il ne put lui-même terminer

les calculs commencés et qu'il dut prier un de ses amis de les achever pour lui[1].

Ainsi la Lune pèse vers la Terre; ainsi l'action de la gravité dépasse les bornes du globe et de son atmosphère, et s'étend jusque dans les espaces célestes. Newton, s'appuyant alors sur la loi primordiale ou l'axiome de mécanique qui exige que toute action exercée par un corps sur un autre soit accompagnée d'une réaction, c'est-à-dire d'une action égale de sens contraire, en conclut que la Terre aussi pèse vers la Lune. Puis, considérant les lois des mouvements planétaires, celles des systèmes de satellites autour de leur planète respective, des satellites de Jupiter et de Saturne, et constatant la parfaite identité de ces lois entre elles et avec les lois du mouvement de la Lune autour de la Terre, de celui de la Terre autour du Soleil, il se demanda si les forces centrales qui produisent tous ces mouvements et dont

---

1. Un théorème de géométrie bien connu donne pour la valeur du sinus-verse LA la formule $\frac{LL'^2}{2R}$, R étant le rayon de l'orbite de la Lune supposée circulaire. Et comme la corde LL' peut être remplacée par l'arc, ici très petit, cette expression devient $\frac{4\pi^2R^2}{2t^2R} = \frac{2\pi^2R}{t^2}$. R vaut $60\,r$, r étant le rayon du globe terrestre; t est le nombre de minutes que renferme la révolution sidérale de la Lune. On peut donc simplifier encore et écrire $\frac{2\pi r.60^2}{t^2} = \frac{C60\pi}{t^2}$, en appelant C la circonférence de la Terre. Les calculs faits, à raison de 57 060 toises pour un degré, Newton arrive à cette conséquence que la chute de la Lune vers la Terre exprimée en **pieds** est, en une minute, de 15^p,009. En corrigeant ce résultat de l'influence du Soleil qui contrebalance celle de la Terre, Newton trouve 15^p,09344, ou 15^p 1^{po} 1^l $\frac{1}{9}$, c'est-à-dire un nombre 3600 fois plus faible que celui de la chute des graves à la surface de la Terre, qui parcourent précisément 15^p 1^{po} 1^l $\frac{7}{9}$ dans la première seconde de chute. En 60 secondes ou 1 minute, la loi des espaces indique un nombre 60^2 ou 3600 fois plus grand. C'est la conséquence que Newton déduit en ces termes : « Or, dit-il, d'après les expériences d'Huygens sur les oscillations des pendules, les corps graves, tombant en chute libre, sous la latitude de Paris, décrivent dans une seconde 15^p 1^{po} 1^l $\frac{7}{9}$. Ainsi la force qui retient la Lune dans son orbite, étant ramenée à la surface de la Terre, s'y trouve égale à la force que nous appelons la gravité; et par conséquent elle est cette gravité même. Car nous ne pouvons connaître et caractériser les forces que par leur puissance et leur mode d'action. » L'accord du calcul de Newton avec les résultats de l'expérience n'eût pas été aussi complet, s'il eût tenu compte de diverses causes perturbatrices alors inconnues; cet accord s'est trouvé produit par des compensations fortuites de petites erreurs. Mais, ainsi que le remarque Biot, « la connexion si intime qui se trouvait ainsi exister entre la force centripète qui retient la Lune et la gravité terrestre affaiblie en raison inverse du carré des distances, rendait l'identité de ces deux forces évidente et indubitable, ce qui était le fait capital, d'une importance immense, que Newton voulait établir. »

l'intensité dans chaque cas particulier varie en raison inverse du carré de la distance, ne sont pas une seule et même force, identique avec la force de la pesanteur.

La troisième loi de Képler, celle qui lie les dimensions des grands axes des orbites aux durées des révolutions, est indépendante des excentricités, c'est-à-dire de la forme plus ou moins

Fig. 140. — Newton.

allongée des ellipses décrites : elle subsisterait donc encore dans l'hypothèse où chaque planète décrirait autour du Soleil, mais alors d'un mouvement uniforme, des cercles parfaits. En simplifiant ainsi le problème, Newton arriva à comparer entre elles les forces centrales retenant les planètes dans leurs orbites respectives, à faire voir que ces forces sont proportionnelles aux masses auxquelles elles sont appliquées et en raison inverse des carrés des distances ; de sorte que, d'une planète à l'autre, elles varient précisément suivant la même loi qui régit l'intensité de chacune d'elles aux diverses distances où chaque planète se trouve du Soleil dans le cours de sa révolution elliptique.

Que devait-on induire de ces conséquences des lois képlériennes, sinon qu'une même force, identique à la gravité, est la cause de tous les mouvements des corps célestes dans le monde planétaire, et que cette force, à laquelle Newton donna le nom de *gravitation* ou d'*attraction*, s'exerce du Soleil aux planètes, des planètes aux satellites et, par voie de réaction, des satellites et des planètes mêmes au Soleil.

Ce n'était pas tout de formuler la loi ; il fallait en tirer les conséquences et la suivre dans ses plus lointaines déductions. Œuvre immense, labeur effrayant, qu'aujourd'hui encore les astronomes et les géomètres sont loin d'avoir entièrement achevé. Newton s'attaqua à ce problème multiple, et eut la gloire et le bonheur d'en résoudre plusieurs importantes parties. C'est ce qu'exprime admirablement Biot dans son étude sur ce grand génie : « Newton, dit-il, qui pendant tant d'années s'était tenu en suspens sur une loi qui ne lui avait pas semblé rigoureusement conforme à la nature, ne l'eut pas plutôt reconnue pour véritable, qu'il en pénétra dans l'instant les conséquences les plus éloignées, et les suivit toutes avec une force, une continuité et une hardiesse de pensée dont il ne s'était jamais vu, dont il ne se verra peut-être jamais d'exemple chez un mortel. Car quel autre aura désormais à *démontrer*, le premier, des vérités de cet ordre ? Toutes les parties de la matière gravitent les unes vers les autres, avec une force proportionnelle à leurs masses, et réciproque au carré de leurs distances mutuelles ; cette force retient les planètes et les comètes autour du Soleil, comme chaque système de satellites autour de sa planète principale, et par la communication universelle d'influences qu'elle établit entre les parties matérielles de tous ces corps, elle détermine la nature de leurs orbes, la forme de leurs masses, les oscillations des fluides qui les recouvrent, et leurs moindres mouvements, soit dans l'espace, soit sur eux-mêmes, tout cela conformément aux lois observées. Qui pourra jamais donner la solution de questions naturelles plus élevées que celle-ci? Trouver la masse relative des différentes planètes ; déterminer les rapports des axes de la Terre ; montrer la cause de la précession des équinoxes ; trouver la force du Soleil et de la Lune pour soulever l'Océan ! Telle fut la grandeur et la sublimité des objets qui s'ouvrirent aux méditations de Newton, après qu'il eut connu la loi fondamentale du système du monde. Doit-on s'étonner s'il en fut ému jusqu'à ne pouvoir achever la démonstration qui l'en assurait?... Il voyait ainsi la pensée de toute sa vie réalisée, et l'objet constant de ses désirs atteint. Il se plongea désormais tout entier dans la jouissance de cette contemplation délicieuse. Pendant deux ans que Newton employa pour préparer et développer l'immortel ouvrage des *Principes de la philosophie naturelle*, où tant de découvertes admirables sont exposées, il n'exista que pour calculer et penser ; et si la vie d'un être soumis aux besoins de l'humanité peut offrir quelque idée de l'existence pure d'une intelligence céleste, on peut dire que la sienne présenta cette image. »

CHAPITRE V

PERTURBATIONS PLANÉTAIRES

§ 1. LES LOIS DE KÉPLER NE SONT SUIVIES RIGOUREUSEMENT PAR AUCUN DES CORPS CÉLESTES DE NOTRE SYSTÈME.

Bien que le principe de la gravitation universelle ait été découvert en interprétant physiquement ou mécaniquement les lois de Képler, c'est-à-dire les lois du mouvement elliptique, en réalité ces lois ne sont pas rigoureusement celles des mouvements planétaires. Nous l'avons déjà dit, et il faut y insister : les planètes ne décrivent pas des ellipses parfaites ; leurs orbites ne sont pas planes, les aires tracées par les rayons vecteurs ne sont pas exactement proportionnelles aux temps. En un mot, l'orbite vraie d'une planète est une courbe qui diffère plus ou moins de l'ellipse théorique, et dont les éléments, la position, la forme, les dimensions varient par degrés. Si l'on imagine une planète fictive qui se meuve suivant les lois précises du mouvement elliptique, la planète réelle oscille de part et d'autre de la première. De plus, l'orbite fictive elle-même change lentement et progressivement. Ce sont ces oscillations, ces variations qu'on connaît en astronomie sous le nom de *perturbations* ou d'*inégalités*. Disons tout de suite qu'on distingue les perturbations planétaires en deux catégories : qu'on appelle *inégalités périodiques* les oscillations de la planète réelle autour de la planète fictive, lesquelles s'accomplissent périodiquement dans des espaces de temps relativement peu considérables ; et *inégalités séculaires* les variations qui affectent les éléments mêmes des orbites, ces dernières ayant pour leurs périodes des durées d'une excessive longueur. Nous donnerons quelques exemples des unes et des autres, et l'on verra, par là même, la raison de ces différences de dénomination.

Si de telles anomalies existent, si l'énoncé des lois de Képler est soumis aux restrictions dont nous venons de parler, est-ce donc que la loi de gravitation n'est qu'une loi approximative? Ce serait là une sérieuse atteinte à la théorie.

Il n'en est rien, tout au contraire. C'est parce que la gravitation s'exerce entre tous les corps du système planétaire, aussi bien du Soleil à une planète quelconque, que de cette planète au Soleil, que d'une planète isolée à toutes les autres planètes ; c'est, en un mot, parce que les attractions de tous les corps du système sont universelles et réciproques, que le mouvement elliptique n'est qu'une hypothèse, qu'une abstraction pour ainsi dire, celle qui serait réalisée si le Soleil et une planète existaient seuls dans l'espace.

Dès qu'un troisième corps, une troisième masse vient apporter son action, joindre son influence aux influences des deux premiers, aussitôt le mouvement se complique : chacun des corps est un perturbateur pour le mouvement des autres, et cette action change à tout instant en raison des variations que le mouvement apporte aux positions respectives et aux distances, en raison des grandeurs des masses en présence. Le problème qui consiste à déterminer en toute rigueur, mathématiquement, les mouvements de trois astres ainsi liés, ce qu'on nomme en astronomie le *problème des trois corps*, est une question de mécanique rationnelle, d'analyse mathématique, qui n'est pas encore, qui ne sera peut-être jamais absolument résolue. Ajoutons que les solutions approchées, au point de perfectionnement où les efforts des géomètres sont parvenus à les amener, sont suffisantes, et au delà, pour les besoins actuels de la science.

Outre le Soleil, dans le système planétaire, il y a huit grandes planètes, un nombre considérable de petites, et sans doute d'autres masses inconnues. Chacune d'elles est, pour les autres,

une planète troublante : de là l'immense complexité de la mécanique céleste, même lorsqu'on la borne à l'étude des mouvements des astres qui peuplent notre monde.

Ce qu'il importe en ce moment de comprendre, c'est que les
perturbations, bien loin d'être en contradiction avec la loi physique découverte par Newton, en sont, au contraire, la confirmation la plus éclatante. Toutes les inégalités périodiques ou
séculaires s'expliquent si l'on admet l'universalité de la loi, et
sont inexplicables sans elle. Voilà ce qui résulte des travaux
que Newton lui-même a le premier ébauchés, et que ses successeurs, les d'Alembert, les Euler, les Lagrange, les Laplace, les
Le Verrier, les Hansen, les Delaunay, etc., ont poussés à un
degré de perfection qui rend le doute impossible.

Nous allons essayer de donner une idée du lien qui unit les
perturbations des corps à leur cause, la gravitation. Ce serait
une entreprise tout à fait téméraire que d'essayer des démon-
strations rigoureuses là où toutes les ressources d'une géométrie savante ou de l'analyse suffisent à peine. Mais peut-être
réussirons-nous à montrer tout au moins la possibilité de la
solution de ces grands problèmes.

§ 2. LES INÉGALITÉS SÉCULAIRES DANS LES MOUVEMENTS DES PLANÈTES.

Laplace range en trois catégories principales les phénomènes
où l'action de la gravitation se manifeste.

La première classe embrasse tous ceux qui ne dépendent que
de la tendance des corps célestes les uns vers les autres. Les
astres du système planétaire affectant tous une forme qui
approche de celle d'une sphère, il est démontré qu'ils agissent
les uns sur les autres, aux distances considérables qui les
séparent, de la même façon que si les masses des molécules
qui les composent étaient condensées en un point, leur centre de
figure. Les mouvements elliptiques des planètes, ceux de leurs
satellites, éprouvent de la sorte des perturbations réciproques

qui sont indépendantes de la forme ainsi que des dimensions des astres : les inégalités dites périodiques ou séculaires sont des phénomènes de cette première classe.

Dans la seconde classe de phénomènes, Laplace range ceux qui consistent dans la tendance des molécules des corps attirés vers les centres des corps attirants. Dans ce cas, la forme et les dimensions du corps attiré ont une influence prépondérante sur les circonstances du phénomène. Prenons les marées pour exemple de cette seconde catégorie de phénomènes ; les marées sont dues en effet à l'action de la masse de la Lune et de celle du Soleil sur les molécules fluides qui constituent l'océan terrestre, actions dont les effets se combinent avec le mouvement de rotation de notre globe. Un autre exemple est celui de la précession des équinoxes, qui est un phénomène produit par l'action des masses du Soleil et de la Lune sur les molécules du bourrelet équatorial ; la précession dépend donc essentiellement de la forme aplatie de la Terre et est liée à la rotation de toute sa masse : c'est une perturbation qui affecte le mouvement de rotation du globe terrestre.

Enfin, une troisième catégorie comprend les phénomènes que produit l'action gravifique des molécules des corps attirants sur les centres des corps attirés : telles sont les inégalités du mouvement de la Lune dues à la forme aplatie de la Terre ; et les phénomènes qui résultent de l'action des molécules des corps attirants sur leurs propres molécules : la variation de la pesanteur à la surface de la Terre et la figure même de notre globe sont des phénomènes de cet ordre ; nous les avons déjà décrits et analysés en partie en tant que dépendant de la pesanteur terrestre.

Il faut maintenant, dans chacun de ces ordres de phénomènes, choisir quelques-uns des plus saillants, des plus propres à mettre en évidence les rapports de cause à effet qui les caractérisent et les lient ainsi à la gravitation, et d'ailleurs aussi les plus intéressants pour la physique de notre propre planète.

Nous ne dirons qu'un mot des inégalités qui affectent les

mouvements elliptiques, et nous parlerons notamment des inégalités séculaires. Les excentricités des orbites planétaires
varient, mais les périodes de ces variations sont d'une excessive
longueur : c'est ainsi que, pour considérer notre Terre, l'ellipse qu'elle décrit autour du Soleil est tantôt plus, tantôt moins
allongée de part et d'autre d'une excentricité moyenne ; cette
perturbation est principalement due à l'action des planètes

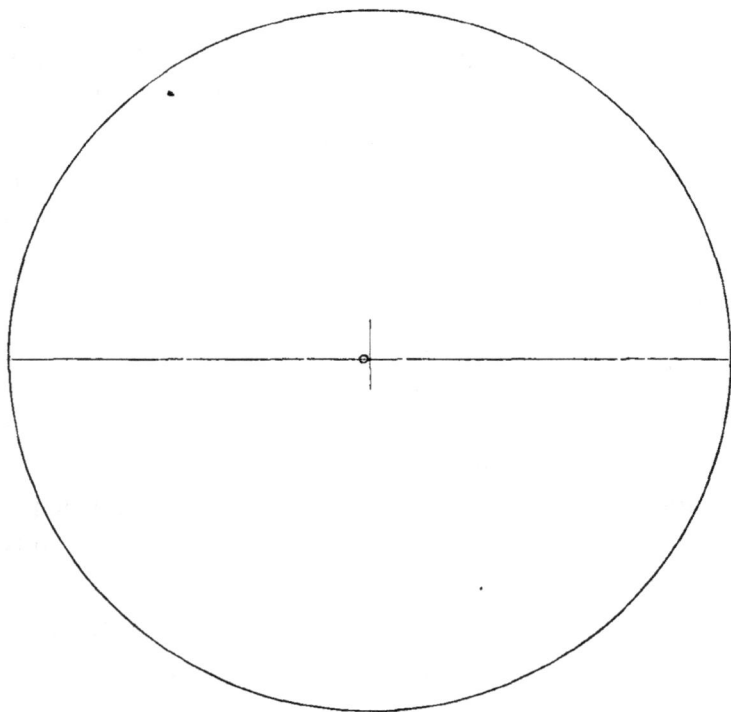

Fig. 141. — Excentricité actuelle de l'orbite terrestre.

Jupiter et Saturne, et aussi à celle de Vénus et de Mars. Les
inclinaisons varient ; les nœuds, c'est-à-dire les points où
chaque orbite planétaire vient couper le plan de l'écliptique
varient ; les périhélies ou sommets des grands axes les plus voisins du foyer commun varient. Deux éléments seuls, liés comme
on sait l'un à l'autre par la troisième loi de Képler, c'est-à-dire
les moyennes distances au Soleil et les périodes de révolution
(on peut dire encore les moyens mouvements), sont invariables.

Ainsi, dans la suite indéfinie des siècles, chaque planète se meut dans une orbite qui change de forme, tantôt se dilatant et se rapprochant de la forme circulaire, tantôt se contractant ou devenant plus ovale, l'ellipse étant plus allongée ou plus excentrique, mais sans que la dimension du grand axe change : la distance moyenne varie, mais les distances extrêmes changent entre des limites d'ailleurs définies. Les plans de ces orbites

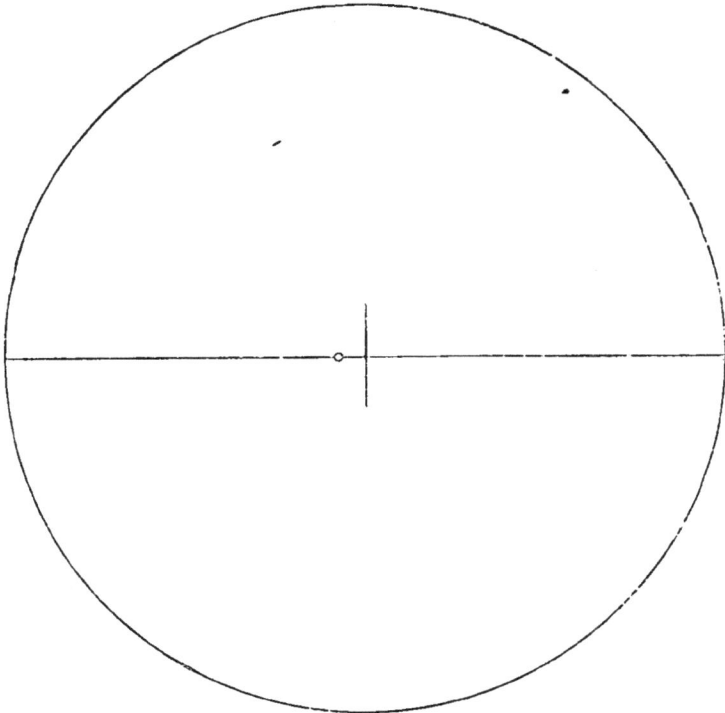

Fig. 142. — Excentricité maximum de l'orbite de la Terre.

oscillent eux-mêmes et se déplacent dans l'espace; les directions des grands axes changent lentement.

Mais comme, chose digne de remarque, ces lentes variations ne sont point continues, qu'elles oscillent entre des maxima et des minima généralement de faible amplitude[1], on peut en conclure que le système planétaire est doué d'une stabilité pour

---

1. Donnons quelques exemples des inégalités séculaires des planètes principales. Voici,

ainsi dire indéfinie. Cette stabilité d'ailleurs s'applique au système des satellites comme à celui des planètes principales. Selon Laplace, c'est l'attraction prépondérante de la masse du Soleil qui maintient l'ensemble du système des planètes et assure la régularité de leurs mouvements ; c'est pareillement l'action puissante des grosses planètes sur leurs satellites qui est la cause de la stabilité de ces systèmes secondaires. « Si l'action de Jupiter, dit-il, venait à cesser, ses satellites, que nous voyons se mouvoir autour de lui suivant un ordre admirable, se disperseraient aussitôt, les uns en décrivant autour du Soleil des ellipses très allongées, les autres en s'éloignant indéfiniment dans des orbes hyperboliques. »

§ 3. LA PRÉCESSION DES ÉQUINOXES. — DESCRIPTION DU PHÉNOMÈNE.
NUTATION.

La précession est un phénomène astronomique dont la connaissance remonte à près de deux siècles avant notre ère ; Hipparque, qui observait il y a 2000 ans à Alexandrie, est le premier astronome qui ait signalé ce mouvement, lequel fait rétrograder d'un peu plus de 50″ par année les points équinoxiaux, augmente progressivement d'autant les longitudes des

d'après M. Le Verrier, les valeurs des excentricités et des inclinaisons en 1800 ; puis les limites supérieures dont les mêmes éléments pourront approcher dans la suite des siècles :

Planètes.	Excentricités en 1800.	Inclinaisons sur l'écl. de 1800.	Limites supérieures	
			des excentricités.	des inclinaisons.
Mercure.	0.205616	7° 0′ 5″.9	0.225646	9° 16′ 54″
Vénus.	0.006862	3° 23′ 28″.5	0.086716	5° 18′ 30″
La Terre	0.016792	0° 0′ 0″	0.077747	4° 51′ 42″
Mars.	0.093217	1° 51′ 6″.2	0.142243	7° 9′ 10″
Jupiter.	0.048162	1° 18′ 51″.6	0.061548	2° 0′ 48″
Saturne.	0.056150	2° 29′ 55″.9	0.084919	2° 32′ 39″
Uranus.	0.046611	0° 46′ 28″.0	0.064666	2° 33′ 18″

Les inégalités séculaires n'ont point de périodes fixes ; mais, pour donner une idée de l'extrême lenteur avec laquelle elles s'effectuent, disons que l'excentricité de l'orbite de la Terre a eu son dernier maximum il y a 210 065 années, et qu'elle continuera à décroître pendant environ 24 000 ans. Autre exemple : le mouvement du périhélie de Saturne exige 60 000 ans pour accomplir une révolution entière ; celui de la rétrogradation des nœuds de Mercure n'a pas une période moindre de 2 700 000 années !

étoiles comptées à partir d'un équinoxe considéré comme fixe, et qui établit une différence de durée entre l'année tropique et l'année sidérale, jusqu'alors confondues.

Avant d'essayer de montrer comment ce phénomène se rattache à la gravitation, dont Newton a le premier fait voir qu'il est une conséquence nécessaire, décrivons-le aussi clairement qu'il nous sera possible.

On sait que les longitudes sont l'une des coordonnées célestes qui fixent les positions des astres rapportées au plan de l'écliptique ou de l'orbite de la Terre. Elles se comptent à partir d'un point qu'on nomme le *point vernal*, qui n'est autre que le point équinoxial du printemps, position occupée par le centre de la Terre quand le plan de son équateur vient, à chaque révolution, passer par le centre du Soleil.

Si cette origine des longitudes, qui est aussi celle des ascensions droites, restait fixe, les longitudes célestes seraient invariables. Or il n'en est rien, et c'est, comme nous venons de le dire, l'astronome Hipparque qui découvrit leurs variations. En comparant la longitude de l'Épi, étoile de première grandeur de la constellation de la Vierge, telle qu'elle résultait de ses propres observations, avec celle que donnaient les observations faites un siècle et demi auparavant par Timocharis, Hipparque trouva une augmentation de plus de 2 degrés; d'autres étoiles lui donnèrent un résultat semblable. Quant aux distances des mêmes étoiles au pôle de l'écliptique, ou latitudes célestes, elles étaient restées invariables. Les observations ultérieures ne firent que confirmer cette augmentation lente et progressive des longitudes célestes, qui pouvait s'expliquer soit par une rétrogradation de l'origine des coordonnées ou des points équinoxiaux, soit par un mouvement direct de la sphère étoilée autour de l'axe de l'écliptique. Il en résultait en tout cas que le retour du Soleil au même équinoxe revenait plus tôt que son retour à l'étoile avec laquelle il coïncidait au point de départ. De là le nom de *précession des équinoxes* donné au phénomène. Il en résultait aussi que l'année tropique, c'est-à-dire l'année définie comme l'intervalle compris entre deux équinoxes du printemps par exemple, avait une durée moins longue que l'*année sidérale*, définie comme l'intervalle compris entre deux retours successifs du Soleil à la même étoile.

Mais comment se représenter le mouvement lui-même? On ne peut faire, à cet égard, que deux hypothèses : l'une consiste à admettre que le plan de l'équateur terrestre se déplace lentement, de manière que son intersection avec le plan de l'écliptique (c'est la ligne des équinoxes) rétrograde de 50″ 1/3 par année ; la seconde, que, l'équateur étant immobile, c'est la sphère étoilée tout entière qui tourne d'un mouvement direct autour de l'axe de l'écliptique. Or, dans l'esprit des anciens astronomes qui considéraient la Terre comme immobile, la seconde explication, qui est fausse, était seule admissible, et jusqu'à Kopernic, en effet, c'est celle qui fut admise.

On sait maintenant que la première est la véritable, et que la précession des équinoxes est due au mouvement du plan

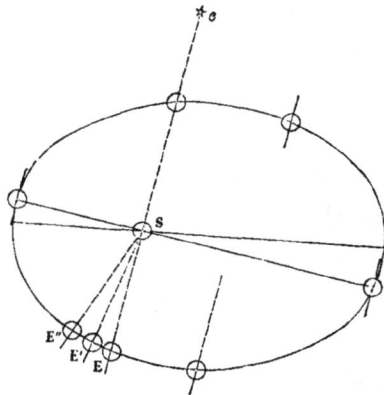

Fig. 143. — Rétrogradation des points équinoxiaux.

de l'équateur sur l'écliptique, qui décrit ainsi, dans une période de 26 000 ans, un cône de révolution ayant pour axe l'axe de l'écliptique (fig. 143). On peut encore la définir en disant que l'axe de rotation de la Terre tourne autour de l'axe de l'écliptique, en conservant sur le plan de l'orbite une même inclinaison constante.

Avant d'exposer la théorie mécanique de la précession, achevons d'indiquer quelques-unes de ses conséquences astronomiques. Elles sont assez importantes, au point de vue terrestre, pour mériter de nous arrêter un instant.

Puisque l'axe de rotation de la Terre autour duquel semble

s'effectuer le mouvement diurne des étoiles se déplace d'année
en année, il en est de même des pôles, qui ne correspondent
plus aux mêmes étoiles qu'autrefois. C'est ainsi que le pôle
céleste boréal, qui depuis un temps très long s'approche de
l'étoile de la Petite-Ourse que sa proximité fait nommer la
polaire, continuera pendant **240** ans encore à voir diminuer
sa distance à l'étoile : elle est aujourd'hui de 1°20′ ; elle ne sera
plus alors que d'un demi-degré (fig. 144). Puis le pôle s'éloi-
gnera de plus en plus, passera dans la constellation de Céphée,

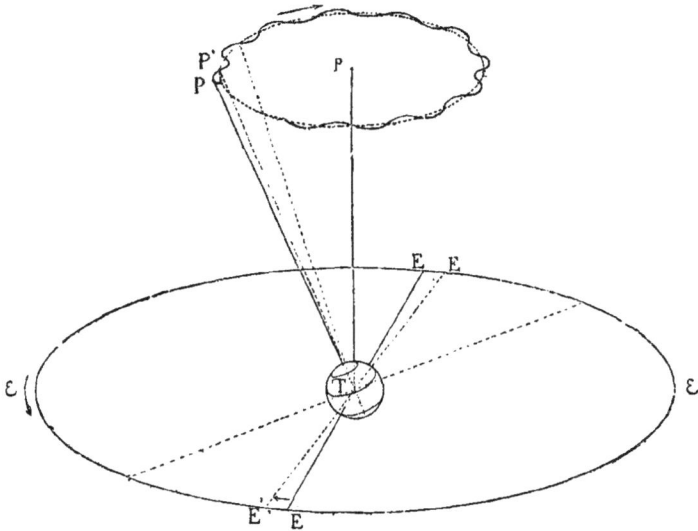

Fig. 144. — Mouvement conique de la Terre autour du pôle de l'écliptique.

puis dans le Cygne, et, au bout de 13 000 ans, se trouvera avoir
décrit une demi-révolution : il sera dans la Lyre, à 47 degrés
à peu près de notre étoile polaire actuelle. Dans 12 000 ans,
c'est l'étoile Wéga, qui par son éclat jouera le rôle d'étoile
polaire, bien que sa distance au pôle boréal atteigne alors près
de 4 fois la distance actuelle de α de la Petite-Ourse.

Un autre effet de la précession des équinoxes, c'est le changement qui s'opère lentement dans les apparences du ciel étoilé
aux mêmes époques de l'année tropique, c'est-à-dire suivant les
saisons. Ainsi, du temps d'Hipparque, le Soleil, à l'équinoxe du

printemps, était dans la constellation du Bélier ; aujourd'hui, à la même époque de l'année, il est à **27** degrés de distance, dans les Poissons. Les constellations qui défilent dans le ciel de nos nuits pendant le cours de l'année se sont déplacées de la

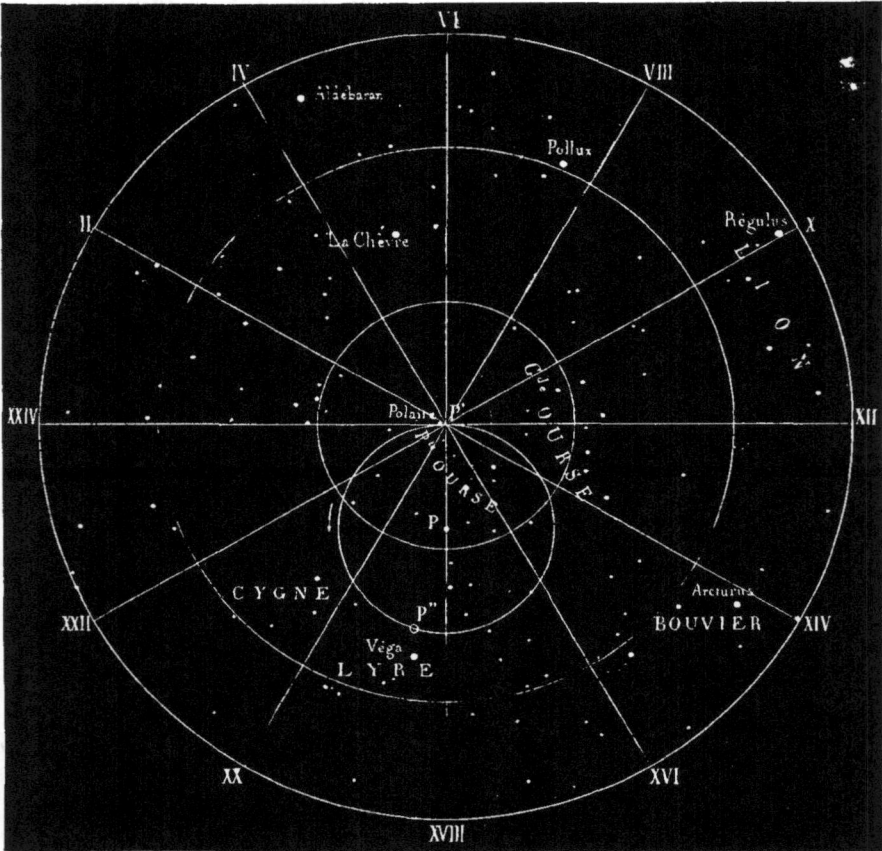

Fig. 145 — Le pôle céleste boréal en l'an 13 880.

même manière. C'est pour cela que les signes du Zodiaque, dont les dénominations anciennes concordaient avec celles des constellations écliptiques, ne sont plus aujourd'hui en rapport avec celles-ci : chacun d'eux occupe maintenant sur la voûte étoilée à peu près la place qu'avait du temps d'Hipparque le signe précédent.

Pour une raison semblable, les étoiles visibles sur l'horizon d'un lieu donné ne sont plus identiquement les mêmes : les cercles de perpétuelle apparition et de perpétuelle occultation changent avec le pôle, leur centre commun; des étoiles qui

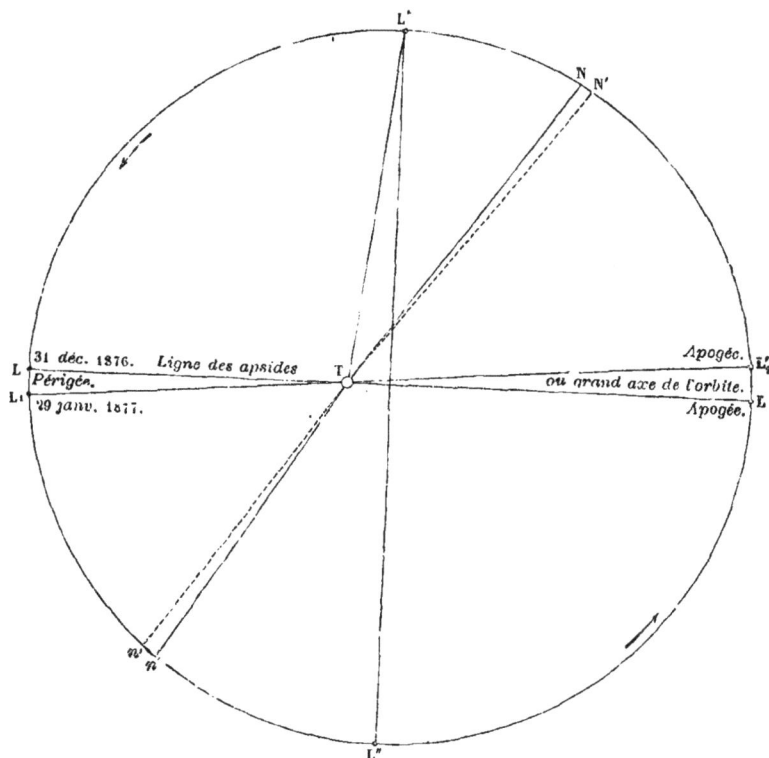

Fig. 146. — Rétrogradation des nœuds de la Lune, et mouvement du périgée : LL, mouvement direct du périgée; nn′ NN′, mouvement rétrograde des nœuds, dans l'intervalle d'une révolution lunaire.

n'apparaissaient jamais sur l'horizon deviennent visibles; d'autres disparaissent.

La précession des équinoxes, telle que nous l'avons définie, consiste donc dans un déplacement progressif du plan de l'équateur sur le plan de l'écliptique considéré comme fixe, sans que l'inclinaison du premier sur le second soit altérée. En un mot, l'obliquité de l'écliptique serait ainsi supposée invariable.

A la vérité, l'obliquité est sujette à des variations périodiques, à des oscillations dont la durée est précisément égale à celle de l'inégalité lunaire qui affecte les nœuds. Bradley a découvert, au siècle dernier, ces variations, qui avaient jusque-là échappé aux astronomes, et il a reconnu la coïncidence des deux périodes. Il a donné au phénomène le nom de *nutation*.

On peut définir la *nutation* en disant que l'axe de la Terre, outre son mouvement de précession, décrit autour d'une position moyenne de petites ellipses dont le grand axe est d'environ 18″. Il en résulte dans l'obliquité de l'écliptique des variations qui atteignent 9″,65 en plus ou en moins de sa valeur moyenne. La période de la nutation, égale en durée à celle de la rétrogradation des nœuds de la Lune, est de 18 ans 2/3.

§ 4. CAUSES PHYSIQUES DE LA PRÉCESSION ET DE LA NUTATION. — ACTIONS
DU SOLEIL ET DE LA LUNE SUR LE RENFLEMENT ÉQUATORIAL.

Ces deux phénomènes, la précession et la nutation, étant décrits, il s'agissait, entreprise plus délicate et plus difficile, d'en découvrir la cause physique ou mécanique. Newton d'abord, puis d'Alembert et Laplace en ont donné la théorie. Ces grands géomètres ont démontré que l'attraction du Soleil et celle de la Lune, agissant sur la masse du bourrelet équatorial du sphéroïde terrestre, suffisent à rendre compte de l'un et de l'autre phénomène et de toutes leurs variations constatées par les observations astronomiques. Bien qu'il ne soit pas possible de donner ici l'exposé, même élémentaire, de la théorie, nous essayerons, comme nous l'avons déjà dit, de faire voir comment la gravitation intervient pour produire dans la rotation terrestre les perturbations en question.

Supposons d'abord la Terre rigoureusement sphérique, et formée de couches concentriques homogènes, de sorte que toute la matière dont elle se compose soit uniformément répartie autour de son centre. Dans cette hypothèse, l'action exercée sur ses molécules par la masse d'un astre quelconque, du Soleil, de la Lune ou d'une planète, ne pourrait modifier en rien le mouvement de rotation de la sphère terrestre. Toutes les actions de l'astre sur les molécules se distribueraient en groupes symétriquement placés par rapport à la ligne des centres ; il y aurait une résultante unique passant par le centre de gravité. C'est le mouvement de ce centre dans l'espace, non le mouvement de rotation, qui en serait influencé.

La même chose aurait lieu en ce qui regarde l'action du Soleil,

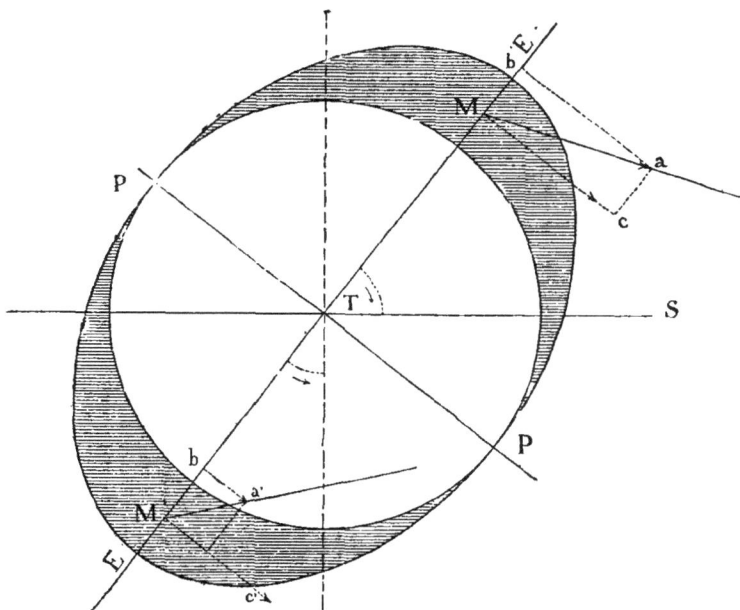

Fig. 147. — Explication mécanique de la précession des équinoxes.

et pour une raison semblable, dans le cas où l'on admet la forme ellipsoïdale du globe (qui est, comme on sait, à peu de chose près, la forme vraie), si l'ellipsoïde terrestre avait son axe perpendiculaire au plan de l'écliptique. Alors, en effet, pendant tout le cours de sa révolution autour du Soleil, l'action de la masse de ce dernier sur le globe terrestre serait égale au-dessus comme au-dessous du plan de l'orbite : la résultante passerait par le centre de gravité de la Terre. Mais on sait qu'il n'en est point ainsi, et que l'axe autour duquel la Terre exécute sa rotation diurne est incliné de **23°28′** environ sur le plan de l'orbite.

En réalité notre globe peut être regardé comme formé de deux parties, invariablement liées l'une à l'autre. L'une est un noyau sphérique ayant pour rayon le rayon des pôles ; sur cette partie, l'action de la gravitation de la Lune et du Soleil est nulle, en ce qui concerne le mouvement de rotation. L'autre partie est le renflement ou bourrelet, dont l'épaisseur va en croissant des pôles à l'équateur.

C'est l'action de la gravitation luni-solaire sur ce renflement qui détermine la *précession* et la *nutation*. Pour s'en rendre compte, considérons d'abord isolément l'action de la masse du Soleil, à l'époque de l'un des solstices. Le globe terrestre occupe alors la position de la figure 147, eu égard au rayon vecteur TS. Une molécule M du renflement équatorial est soumise à une force qu'on peut décomposer en deux forces, Mb, Mc. La molécule symétriquement placée, M′, est soumise à l'attraction M′a′, moindre que la première, puisqu'elle est située à une distance plus grande du corps attirant, et également décomposable en deux forces M′b′, M′c′ respectivement moindres que Mb et Mc. Les composantes Mb et M′b′ passent d'ailleurs par le centre du sphéroïde et leur résultante égale à leur somme ne peut affecter le mouvement de rotation. Mc et M′c′ agissent dans le même sens aux extrémités de bras de leviers égaux, leur résultante, qui est aussi égale à leur somme, agit en un point du rayon TM, mais au-dessus du plan de l'écliptique.

Cette action tend donc à incliner TM sur TS, c'est-à-dire à diminuer l'obliquité de l'écliptique.

La même chose pourrait se dire de toutes les molécules du bourrelet sphéroïdal, lesquelles deux par deux se distribuent en groupes, en avant et en arrière du plan passant par le centre de la Terre perpendiculairement à l'écliptique. Toutes ces molécules sont liées solidairement, et les résultantes de tous les groupes ayant la même tendance, on peut considérer l'action du Soleil comme étant la résultante de toutes ces actions élémentaires. Cette résultante produirait un mouvement de l'équateur vers l'écliptique, c'est-à-dire une diminution de l'obliquité, si la Terre était immobile sur son axe. Mais, en se combinant avec la force qui produit le mouvement de rotation, l'effet se change en une rétrogradation de la ligne des nœuds, c'est-à-dire de l'intersection du plan de l'équateur sur le plan de l'écliptique.

En résumé, le phénomène est dû à l'inégalité d'action de la masse attirante sur les deux fractions du bourrelet équatorial, dont l'une se présente directement au Soleil, dont l'autre, qui est en arrière du sphéroïde terrestre, est à une distance plus grande de l'astre. Cette inégalité est maximum à l'un ou à l'autre solstice; elle est nulle au contraire à chaque équinoxe, ou, pour parler plus justement, elle ne produit aucun effet sur le mouvement de rotation, parce qu'alors la force résultante est appliquée au centre de gravité de la Terre.

Nous avons eu égard, dans tout ce qui précède, aux seules molécules qui composent le bourrelet équatorial; s'il existait seul, la précession annuelle serait beaucoup plus considérable que ne l'indiquent les observations. En réalité, la masse du bourrelet est liée à celle du noyau sphérique, et comme elle n'en est qu'une fraction très petite, le mouvement rétrograde qu'elle subit doit se communiquer à la masse entière de la Terre, de sorte que l'effet résultant est beaucoup moindre.

Telle serait la précession, telle serait la cause qui la détermine, si le Soleil agissait seul sur le renflement équatorial de la Terre. Mais, outre l'action de cette masse, dont la grandeur est compensée, à ce point de vue, par l'immensité de la distance, il y a la Lune, dont la masse est à la vérité 26 millions de fois plus petite que celle du Soleil, mais dont la distance à la Terre est aussi 385 fois moindre que la distance du Soleil.

En réalité, l'action de la Lune s'ajoute à celle du Soleil pour produire la précession, et l'effet total, auquel on donne alors le nom de *précession luni-solaire*, est celui que nous avons rapporté plus haut, et en vertu duquel la ligne des équinoxes rétrograde annuellement d'un angle de 50″,3.

Mais, outre cet effet, la Lune en produit un autre, qui est dû aux variations de position que le plan de son orbite subit dans un intervalle périodique de 18 ans 2/3. De là des variations dans la précession et des variations de même période dans l'obliquité de l'écliptique. C'est le phénomène que nous avons décrit plus haut sous le nom de *nutation*.

Ainsi, la théorie de la gravitation eût suffi pour découvrir ces perturbations du mouvement de rotation de la Terre, si l'observation n'en avait signalé l'existence depuis des siècles pour la partie la plus considérable et la plus sensible, la précession ; quant à la nutation, Bradley ne l'eût pas plus tôt déduite de ses observations qu'il en soupçonna la véritable cause. D'ailleurs le parfait accord que présentent d'une part les formules mécaniques, de l'autre les mesures réelles, ne laisse place à aucun doute.

Mais le plus merveilleux, le plus digne de l'admiration réfléchie des hommes de science, c'est cet enchaînement des effets et des causes, des actions et des réactions de la force de gravitation, qui ressort de la comparaison des phénomènes en apparence les plus étrangers les uns aux autres. A quelle cause sont dues ces lentes oscillations à périodes inégales, ce balancement conique de l'axe de rotation de la Terre, ou du plan de son équateur? Nous venons de le voir, à l'action des masses du Soleil et de la Lune sur la partie non sphérique de notre globe. Cet effet de la force de gravitation n'eût point eu lieu si ce globe avait eu la forme rigoureuse de la sphère. Mais ce défaut de sphéricité lui-même, quelle en est la raison? Nous l'avons dit déjà : c'est l'action de la gravité combinée avec la force centrifuge née de la rotation, qui a produit l'aplatissement de la Terre à ses pôles ou engendré le bourrelet équatorial. L'effet est devenu cause à son tour, comme l'exigent les principes de la mécanique rationnelle, et la réalité de ces phénomènes si complexes n'est pas, répétons-le, le moindre témoignage en faveur de la théorie que le génie de Newton a eu la puissance de concevoir, et dont ses successeurs ont si admirablement développé les conséquences.

A l'époque actuelle, un certain nombre de massifs montagneux, comme les Alpes, les Pyrénées, les Andes méridionales,
les Alpes de la Nouvelle-Zélande, renferment des glaciers. Dans
toutes les régions où l'altitude est suffisamment élevée, où les
vents régnants amènent une quantité de vapeur d'eau assez
grande pour produire d'abondantes chutes de neige, l'accumulation de ces masses peut donner lieu, par la pression, à une
conversion continue de la neige en glace, puis au mouvement
de progression qui constitue la marche des glaciers. Mais, sauf
dans les contrées polaires, où les glaciers existent encore sur
des étendues et dans des proportions considérables, au Groen-
land et au Spitzberg par exemple, les points du globe envahis
aujourd'hui par les glaciers n'offrent qu'une surface restreinte,
qui n'est qu'une fraction fort petite de l'aire occupée par les
massifs de montagnes. En dépit de ses glaciers, l'époque
actuelle, même reculée bien au delà des temps historiques,
n'est cependant pas et ne doit pas être considérée comme
une période glaciaire.

La première époque géologique à laquelle la science ait pu
donner légitimement ce nom est comprise entre la fin de l'époque tertiaire et les commencements de l'époque quaternaire, ou
plutôt au début même de celle-ci. Les glaciers avaient alors une
extension considérable. Tous les massifs montagneux de l'Europe
occidentale, Vosges et Jura, Morvan et Cévennes, Alpes et Pyrénées, étaient envahis ; les glaciers des Alpes couvraient toute la
Suisse et descendaient, par la vallée du Rhône, jusqu'à Lyon ;
les glaciers des Pyrénées s'étendaient dans les plaines jusqu'à
la faible altitude de 200 mètres. « Pour achever de donner une
idée, dit un des savants professeurs de la Faculté des sciences
de Besançon, M. Vézian, de ce prodigieux développement des
phénomènes glaciaires, ajoutons qu'une nappe de glaces et de

neiges persistantes s'étendait, sans interruption aucune, depuis le Mont-Blanc jusqu'au pôle boréal. La calotte glacée qui entourait ce pôle atteignait les environs de Paris, et peu s'en fallait que notre hémisphère tout entier ne disparût sous un vaste linceul de neiges perpétuelles. »

Cette véritable période glaciaire, dont la durée se compterait, suivant Lyell, non par des dizaines, mais par des centaines de milliers d'années, a été suivie d'une époque où les glaciers, par suite de l'élévation de la température, disparurent progressivement et partiellement ; puis survint, mais dans des proportions moindres, un nouveau développement des mêmes phénomènes, de sorte que l'on peut compter deux périodes glaciaires dans l'âge géologique dont il est ici question, c'est-à-dire pendant l'époque quaternaire.

Ce sont les seules dont faisaient mention, il y a peu de temps encore, les traités de géologie ; mais aujourd'hui, et ce point est d'une grande importance pour la question qui nous occupe, il est généralement reconnu que des périodes glaciaires ont existé dans les âges antérieurs. M. Vézian en a accumulé les preuves dans une leçon sur la période glaciaire falunienne, et Lyell, dans ses *Principes de géologie*, a noté toutes les traces que les recherches de Ramsay et d'autres géologues ont recueillies et qui dénotent, avec une évidence plus ou moins grande, l'action glaciaire dans les temps tertiaires et secondaires, dans le miocène supérieur, dans l'éocène, le terrain houiller, le dévonien. Toutefois, quand on arrive aux couches les plus anciennes des terrains paléozoïques, les traces de cette action s'effacent de plus en plus, les caractères qui permettent de reconnaître l'existence des périodes glaciaires, blocs erratiques et cailloux striés, roches polies et rayées par le transport des masses de glaces, alluvions glaciaires, ont peu à peu disparu ; de sorte qu'on ne peut dire si l'absence de ces traces dans les terrains silurien, cambrien et laurentien, prouve que les âges géologiques correspondants n'ont pas été témoins de périodes glaciaires, ou si, dans le cas de l'affirmative, il n'y a pas eu simplement disparition et finalement destruction des signes, relativement peu durables, par lesquels se manifeste l'action des glaciers. Il suffit, du reste, pour l'étude de la question, de savoir qu'il a existé, dans le cours des âges géologiques, non une période glaciaire unique, mais une série plus ou moins nombreuse de périodes semblables que nous ne pouvons mieux définir que ne l'a fait M. Vézian, en ces termes : « Par *période glaciaire* il faut entendre une époque pendant laquelle la température a éprouvé momentanément un abaissement suffisant soit pour amener l'apparition des glaciers, s'ils n'existaient pas lors de l'époque antérieure, soit pour leur donner, s'ils existaient déjà, une expansion plus grande. »

Ces préliminaires posés, nous arrivons à la question des causes astronomiques auxquelles on doit attribuer les apparitions successives des périodes glaciaires.

De quelles circonstances météorologiques ou physiques dépend la formation d'un glacier?

Tout le monde le sait. Il faut que, pendant la durée des saisons hivernales principalement, il y ait, dans la région montagneuse où cette formation se produit, une chute abondante de neige ; il faut que les neiges s'y accumulent en masses assez grandes pour résister aux effets réunis de l'évaporation et de la fusion que détermine, pendant les saisons estivales, le rayonnement solaire. Une altitude élevée, si la région considérée est dans les zones tempérées, ou, à défaut de l'altitude, un climat arctique ou polaire dans les hautes latitudes, est donc une des conditions indispensables aux phénomènes des glaciers. En un mot, le froid, un froid intense, est nécessaire ; mais la chaleur, ainsi que Tyndall et d'autres physiciens l'ont fait remarquer avec raison, ne l'est pas moins ; car l'abondance des neiges implique une abondante formation préalable de vapeur d'eau dans l'atmosphère, et la vaporisation dont il s'agit ne peut être due qu'à l'action d'une température élevée, tant à la surface de la mer que dans les couches atmosphériques surplombantes. La vapeur ainsi formée, transportée par le jeu des courants aériens,

GLACIER DE GRINDELWALD.

soit au sommet des montagnes, soit dans les régions polaires, y subit une condensation et un refroidissement suffisants pour la transformer en neige. Sans la chaleur dont nous parlons, quelle qu'en soit d'ailleurs l'origine, l'évaporation manquant, il n'y aurait pas de neige et, par suite, point de glaciers ; sans le transport des masses de vapeur et la basse température qui non seulement la condense, mais la gèle, il pourrait y avoir des pluies diluviennes, il n'y aurait pas de neige et, par suite, point de glaciers.

Voilà donc, en deux mots, quelles sont les conditions physiques du phénomène général, abstraction faite de tous les détails secondaires. Ces deux conditions existent aujourd'hui, ont existé pendant toute la durée de l'époque actuelle et probablement aussi, sur une échelle plus ou moins forte, pendant toute la durée des époques géologiques. Pour qu'elles déterminent une période glaciaire, dans le sens où l'entendent les géologues, et selon la définition donnée plus haut, il faut donc qu'à certains âges l'une ou l'autre de ces conditions, ou toutes deux, aient subi, dans l'intensité de leur manifestation, des alternatives marquées d'affaissement ou d'exaltation. Il faut que le refroidissement ait été assez considérable pendant une période suffisamment longue pour que des régions auparavant indemnes aient été envahies par les neiges et se soient couvertes de glaciers. Mais il n'est pas permis de séparer ce refroidissement d'une action calorifique d'une suffisante énergie, ainsi que l'a fait observer Tyndall.

Examinons donc, parmi les causes possibles de refroidissement du globe terrestre, quelles sont celles qui peuvent être invoquées pour l'explication des phénomènes glaciaires.

La Terre reçoit, à sa surface, de la chaleur de trois sources principales. La première est celle qui lui est propre, qu'elle possède à l'intérieur de sa masse, et qui est une chaleur d'origine. La seconde source lui vient de la radiation directe du Soleil et se répartit, comme on sait, très inégalement sur

l'un ou l'autre de ses hémisphères, selon que varient les
saisons pour un même lieu ou la latitude pour deux lieux
différents. Une troisième source de chaleur est celle qui provient des radiations de tous les autres astres ; c'est celle qui
constitue ce qu'on nomme la température de l'espace, température que marquerait un thermomètre dans le lieu
qu'occupe notre globe à chaque instant, si sa chaleur interne
et la radiation solaire pouvaient être anéanties. Les physiciens
ne s'accordent pas sur le degré d'élévation de cette température, mais elle est, en tout cas, loin d'être négligeable,
et bien probablement elle atteint une fraction importante de
la température que détermine dans l'espace le rayonnement
du Soleil même. Il n'en est pas de même de la chaleur intérieure, qui, depuis les âges géologiques, n'a qu'une influence
très faible sur la température de la surface du globe ; d'après
les recherches de Fourier, elle ne peut actuellement contribuer
que pour une fraction de degré insignifiante (1/30) à élever
cette température. Il suffit donc d'examiner quelles variations
peuvent affecter les deux autres sources, toutes deux astronomiques. Mais nous verrons bientôt que les phénomènes
glaciaires pourraient s'expliquer aussi par un refroidissement
local dû à des causes physiques ou terrestres.

Procédons avec ordre et énumérons d'abord les diverses
variations, d'origine astronomique, qui sont susceptibles de
donner lieu à un refroidissement local ou général à la surface
de la planète.

La courbe que décrit la Terre autour du Soleil n'est pas
circulaire : c'est une ellipse dont le foyer est occupé par le
Soleil. Les distances de cet astre varient donc constamment,
et par suite aussi l'intensité de la chaleur que la Terre en reçoit
à chaque instant. De plus, l'axe de rotation terrestre, ou, ce qui
revient au même, le plan de l'équateur est incliné sur le plan
de l'orbite, d'un certain angle qu'on nomme *l'obliquité de
l'écliptique*. De ces deux faits résultent toutes les variations
de température qui se succèdent dans le cycle de l'année

tropique, et qui forment les saisons des deux hémisphères.
Deux lignes, celles des équinoxes et des solstices, déterminent,
en vertu de la vitesse variable de la planète, la durée qu'elle
met à parcourir chacun des quatre arcs inégaux ainsi formés.
Une autre ligne importante à considérer, c'est celle de la
direction du grand axe, ce qu'on nomme la *ligne des apsides ;*
c'est à l'une ou à l'autre de ses extrémités que la Terre se
trouve à sa plus petite distance du Soleil, ou au périhélie, et
à sa plus grande distance, ou à l'aphélie. Si la ligne des
équinoxes et celle des apsides conservaient toujours, dans
la suite des temps, une position relative invariable, aucun
changement, aucune variation ne pourrait se manifester,
de ce chef, dans l'ordre ni dans la durée des saisons, qui
resteraient inégales, il est vrai, mais constantes dans chaque
hémisphère. Mais on a vu que deux phénomènes astronomiques concourent à modifier incessamment cette situation
relative. Le premier est la précession des équinoxes. Un autre
mouvement, inverse du précédent, change au contraire la
direction de la ligne des apsides : c'est le mouvement du
périhélie. Par la combinaison de ces deux mouvements, les
équinoxes et les solstices et toutes les positions intermédiaires
changent constamment sur l'orbite elliptique de notre planète,
et dès lors l'origine des saisons, leurs durées relatives varient
dans le cours des âges, de manière à accomplir un cycle entier
dans une période qu'on peut évaluer, en nombre rond, à
24 000 années.

Ces variations ne sont pas les seules. L'obliquité de
l'écliptique, non plus, ne reste pas constante : elle diminue
de 0″,5 environ tous les siècles, c'est-à-dire que l'axe du globe
se redresse d'autant, tous les cent ans, sur le plan de
l'orbite. On n'a pu encore déterminer avec exactitude les
limites de cette lente variation, qui, si elle devait être indéfinie, amènerait à la longue la perpendicularité de l'axe,
l'égalité des jours et des nuits pendant toute l'année et une
égale répartition de la lumière et de la chaleur dans les deux

hémisphères, état que l'on a caractérisé assez improprement en le nommant un printemps perpétuel. Mais si la théorie n'a pu déterminer encore les limites dans lesquelles varie l'obliquité de l'écliptique, elle sait cependant que ces limites existent, et qu'après avoir diminué jusqu'à s'abaisser, selon Laplace, d'environ 1° 20', l'obliquité deviendra stationnaire, puis reprendra une marche croissante.

Enfin, une dernière variation séculaire modifie l'orbite de la Terre : c'est celle de l'élément qu'on nomme l'excentricité. A combien monte cette variation séculaire ? Biot évaluait à 1400 lieues par siècle, à 14 lieues environ par année, le taux de cette diminution ; chaque année la Terre se rapproche de 14 lieues du Soleil à l'aphélie, et s'en éloigne d'autant au périhélie. Il y a 200 000 ans environ que l'excentricité aurait atteint son dernier maximum.

On a invoqué, pour l'explication des périodes glaciaires, d'autres phénomènes astronomiques indépendants du mouvement de notre planète, mais qui peuvent néanmoins modifier son état thermique. On sait que l'activité de la radiation solaire est sujette à des oscillations ; les périodes connues sont, il est vrai, si courtes, qu'évidemment elles n'ont et ne peuvent avoir aucun rapport avec les périodes glaciaires ; mais il faut dire que quelques astronomes sont enclins à penser que cette activité a pu subir des crises plus ou moins analogues à celles qui ont eu leur siège dans les étoiles temporaires, dans les étoiles variables à longues périodes. Notons seulement pour mémoire le passage de longues traînées nébuleuses ou météoriques qui, s'interposant pendant des années, des siècles même entre le Soleil et la Terre, auraient pu être la cause de refroidissements de plus ou moins longue durée.

On a invoqué aussi les changements pouvant provenir du mouvement de translation qui entraîne dans l'espace, dans la direction de la constellation d'Hercule, le système solaire tout entier et, avec lui, notre Terre. En admettant que

la température de l'espace varie selon les régions parcourues, on peut concevoir que notre globe ait passé à diverses
reprises par certaines régions qui ont déterminé à sa surface
des refroidissements plus ou moins grands, susceptibles
d'expliquer l'apparition des périodes glaciaires. Enfin il faut
mentionner aussi une dernière hypothèse, qui n'est plus
astronomique, mais qui est du domaine de la physique terrestre ou de la géologie. C'est celle à laquelle Lyell paraît atta-

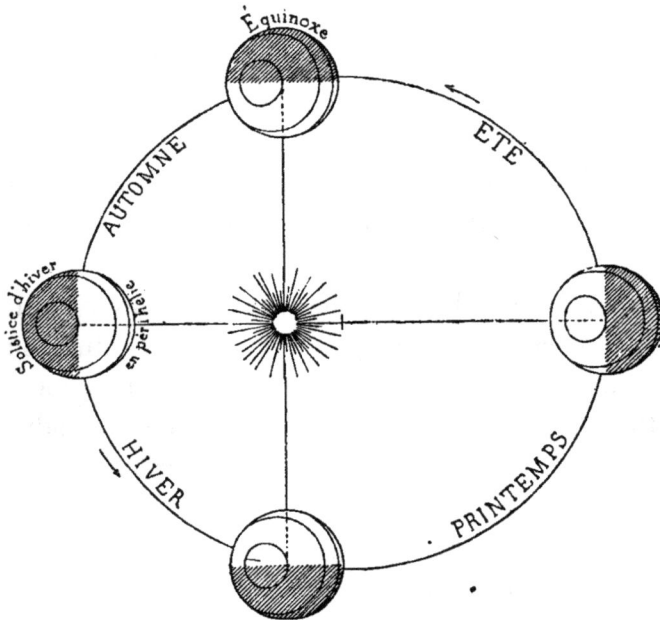

Fig. 148. — Coïncidence du solstice d'hiver boréal avec le périhélie.

cher la plus grande importance dans la production des phénomènes glaciaires. Nous voulons parler des mouvements qui se
produisent incessamment dans la croûte solide du globe, dans
le relief, la distribution et l'altitude des masses continentales,
dans les soulèvements ou affaissements alternatifs du sol et du
fond des mers.

Notre énumération terminée, voyons maintenant quelle
influence on peut attribuer à la précession des équinoxes, au
mouvement du périhélie et à la variation d'excentricité.

Actuellement le solstice d'hiver de l'hémisphère boréal est
à près de 10° du périhélie; vers l'an 1250, ces deux points
coïncidaient et la ligne des solstices ne faisait (fig. 149) qu'une
même ligne avec celle des apsides. Il résulte de là, comme
on sait, une différence notable dans la durée des saisons sur
chaque hémisphère, mais surtout dans les conditions ther-
miques des saisons opposées comparées d'un hémisphère à
l'autre. Les saisons hivernales, sur l'hémisphère nord, sont

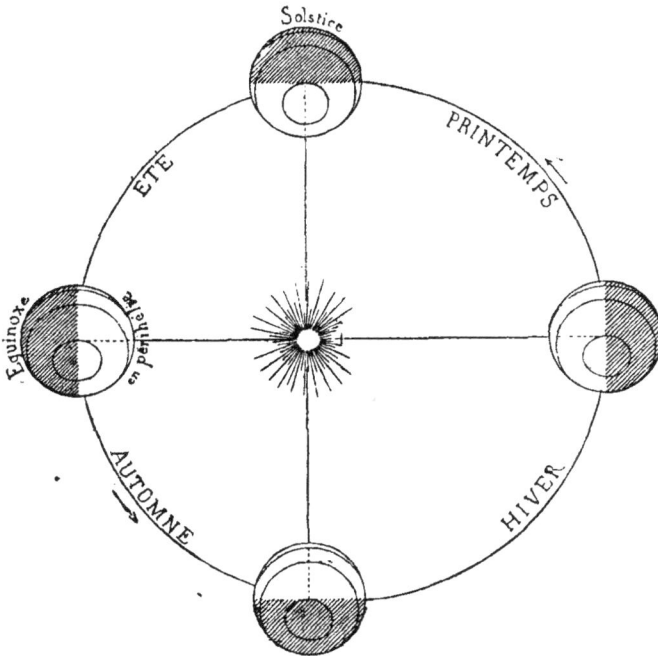

Fig. 149. — Coïncidence des équinoxes avec le périhélie et l'aphélie.

les plus courtes et, de plus, correspondent aux moindres
distances du Soleil à la Terre. Les saisons estivales sont les
plus longues et comprennent les plus grandes distances. De
là une sorte de compensation qui rend moins inégales les
moyennes températures de ces saisons. Le contraire arrive
nécessairement dans l'hémisphère austral, qui, pour des
raisons précisément inverses, a des étés plus courts et plus
chauds, des hivers plus longs et plus froids, et, en somme,

des conditions plus favorables à la production des phénomènes glaciaires.

Par le fait de la précession des équinoxes et du mouvement inverse du périhélie, des conditions opposées auront lieu à un intervalle d'environ 10 500 ans, c'est-à-dire en l'an 11 750. Deux périodes intermédiaires sont celles qui correspondent à la coïncidence de la ligne des équinoxes avec la ligne des apsides. Ainsi, 5985 ans avant notre ère, le périhélie et l'équinoxe de l'automne boréal (fig. 149) étaient un même point, et il en sera ainsi dans 46 siècles, vers l'an 6480, où ce sera le tour de l'équinoxe du printemps boréal de tomber le jour du passage de la Terre au périhélie, à sa plus petite distance du Soleil. Ces changements incontestables, qui font alterner tous les 10 500 ans des périodes de refroidissement et d'élévation de température d'un hémisphère à l'autre, sont-ils la cause des phénomènes glaciaires? Cette opinion a été soutenue, notamment par M. Adhémar dans ses *Révolutions de la mer*, qui expliquait ainsi à la fois les périodes glaciaires et les phénomènes diluviens. Mais on a objecté avec raison qu'une différence de huit jours entre les durées des saisons hivernales réunies et celles des saisons estivales est bien faible pour rendre compte des phénomènes aussi importants que ceux des grandes périodes glaciaires. Notre hémisphère austral devrait d'ailleurs se trouver aujourd'hui dans des conditions pareilles, ce que l'observation est loin de donner. Enfin la période de 10 500 ans paraît trop courte aux géologues en présence de la durée probable des périodes glaciaires et des périodes interglaciaires. Au reste, il est impossible de séparer des phénomènes qui se développent simultanément, des causes de variation qui peuvent tantôt concourir, tantôt agir en sens opposé, mais qui, dans la nature, sont nécessairement mêlées.

Les variations de l'excentricité sont plus importantes que celles dont il vient d'être question. En calculant les effets de ces variations sur les inégalités de durée des saisons terrestres,

MM. Stone et Croll ont fait voir qu'ils dépassaient de beaucoup ceux qui proviennent de l'excentricité actuelle. Ainsi, cent mille ans avant l'année 1800, l'excentricité de l'orbite était près du triple de l'excentricité actuelle; il en résultait une différence de vingt-trois jours d'excès de l'hiver arrivant en aphélie sur l'été tombant au périhélie (fig. 150); cette différence atteignait vingt-huit jours à une époque deux fois plus reculée, et, en remontant jusqu'à huit cent cinquante

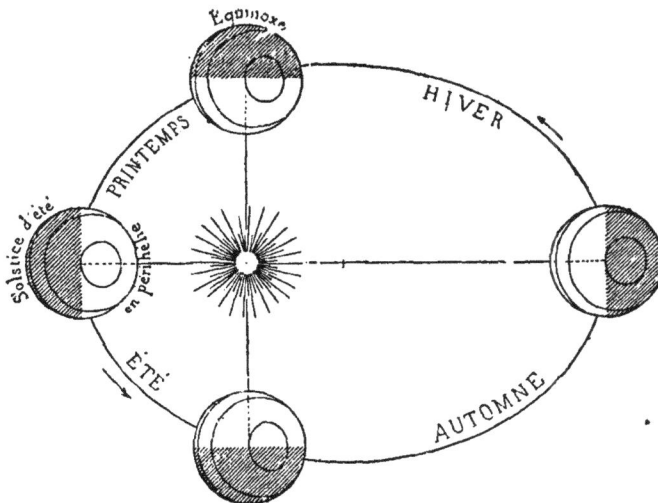

Fig. 150. — Coïncidence des solstices de l'hiver et de l'été boréaux avec l'aphélie et le périhélie et un maximum d'excentricité.

mille ans avant le même point de départ, on tombe même sur une différence de trente-six jours.

On peut admettre qu'un excès de durée aussi grand de l'hiver sur l'été peut donner lieu à un refroidissement intense, capable de déterminer une grande extension des phénomènes glaciaires; d'autant que le long et froid hiver de l'époque considérée succédait à un été court, mais très chaud, et qu'ainsi les phénomènes d'évaporation augmentaient d'intensité en même temps que ceux de condensation. L'hypothèse de Croll — du nom du savant qui l'a le premier exposée — consiste donc à expliquer l'apparition des périodes

exposée — consiste donc à expliquer l'apparition des périodes glaciaires par l'effet simultané des variations de l'excentricité terrestre et des mouvements combinés de la précession et du périhélie, aux époques où cette excentricité atteint son maximum. On fait à cette hypothèse une objection que les géologues sont seuls compétents à admettre ou à rejeter, à savoir que la période de 10 500 ans est trop courte; en la considérant même comme une subdivision d'une période plus considérable embrassant autant de fois 10 500 ans que le comporte l'existence d'une forte excentricité, on n'obtient encore qu'une durée insuffisante.

Nous ne voulons pas discuter ici les raisons qui militent pour ou contre les diverses hypothèses proposées, notre but ayant été seulement de faire voir quelle est l'importance des perturbations séculaires subies par notre planète, du fait de la gravitation universelle, pour les questions relatives à l'histoire de son passé, et par là même à son histoire future.

CHAPITRE VI

LES MARÉES

§ 1. MARÉES OCÉANIQUES. — DESCRIPTION PHYSIQUE DU PHÉNOMÈNE.

Une autre manifestation de l'action des masses de la Lune et du Soleil sur la Terre sont les marées. C'est aussi un phénomène de la seconde catégorie, c'est-à-dire produit par la tendance des molécules du corps attiré vers les centres des corps attirants. Ici, c'est la mobilité des eaux des océans et des mers qui détermine leurs oscillations périodiques sous l'influence des deux astres ; ici encore, on verra se produire une réaction qui doit altérer, dans un temps excessivement long, il est vrai, la durée de la rotation du globe terrestre sur son axe.

Le phénomène des marées a trop d'importance pour la physique terrestre pour que nous n'entrions pas dans quelques développements et sur ses circonstances et sur sa cause. Commençons par les décrire.

Tout le monde sait que deux fois par jour, à 12 heures 25 minutes d'intervalle environ, les côtes de l'Océan offrent le spectacle de la marée montante : le flot peu à peu s'élève, envahit la plage, qu'il recouvre à une hauteur de plus en plus grande, et après 6 heures d'intumescence atteint son maximum.

A peine l'instant de la *haute mer* est-il atteint[1], que le *flot* ou le *flux* cesse, la marée descendante commence, et le *jusant* ou

---

1. On dit alors que la mer est *étale*.

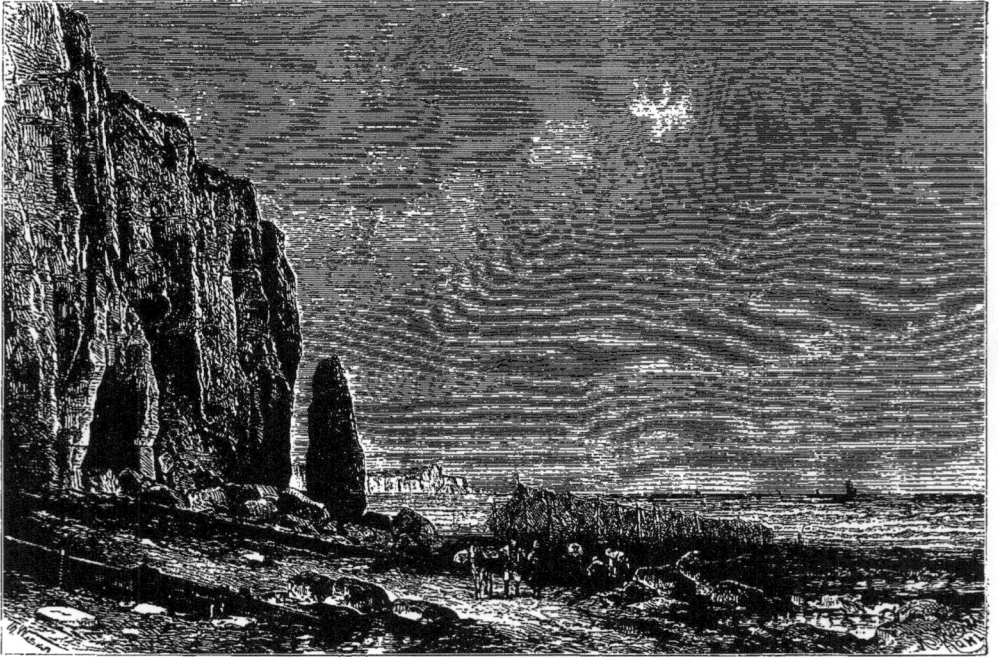

UNE PLAGE A MARÉE BASSE
(côtes françaises de la Manche).

le *reflux* succède au *flot*. La mer abandonne alors la plage qu'elle avait envahie, et peu à peu redescend jusqu'à son point de départ : on a alors la *basse mer* ou la *marée basse*. Puis recommence une nouvelle marée montante, suivie d'une basse mer, et ainsi de suite.

Il faut dire que l'instant de la basse mer n'est pas au milieu de l'intervalle qui sépare deux pleines mers consécutives, le flux étant d'une durée plus courte que celle du reflux, ou, si l'on veut, la mer mettant plus de temps à descendre qu'à monter. Cette différence varie suivant les ports : de 16 minutes seulement à Brest, elle est au Havre de 2 heures 16 minutes.

Tel est, en gros, le phénomène des marées. Si l'on s'était borné à l'observation de cette périodicité des mouvements de la mer, la science n'eût pas pénétré bien profondément dans le mystère de leurs causes ; elle ne pourrait prédire, comme elle le fait sûrement aujourd'hui, l'intensité des marées pour les différents ports, les époques précises des plus hautes mers, offrant ainsi à la navigation des indications précieuses.

Avant d'aborder l'exposé des causes, je vais donc, pour me conformer à la marche naturelle de la science, préciser davantage les faits.

L'intervalle des deux pleines mers, avons-nous vu, est de 12 heures 25 minutes. Il en résulte que la pleine mer retarde de 50 minutes d'un jour sur l'autre. Ainsi, la période journalière du phénomène est précisément égale au jour lunaire[1], qui dure aussi 24 heures 50 minutes. En d'autres termes, les retards successifs des pleines mers sont ceux que présentent les passages successifs de la Lune au méridien. Si donc on note l'heure de la marée haute dans un port, il sera facile de prévoir l'heure pour un autre jour. Les marins, profitant de ce fait, prennent leurs dispositions en conséquence, selon qu'ils veulent entrer ce jour-là dans le port ou en sortir.

Remarquons encore ceci : 50 minutes de retard par jour

---

1. Intervalle qui s'écoule entre deux passages consécutifs de la Lune au même méridien supérieur.

produisent, en 14 jours trois quarts environ, un retard total de 12 heures ; c'est un retard de 24 heures ou d'un jour en 29 jours et demi, c'est-à-dire dans la période d'une lunaison.

Les heures des marées sont donc, pour un même port, les mêmes de quinze en quinze jours, avec cette différence que celles du matin deviennent celles du soir, et réciproquement. Au bout du mois lunaire, l'heure redevient identiquement la même.

Les faits que nous avons constatés jusqu'ici n'ont trait qu'aux heures des marées et à leurs variations. Occupons-nous maintenant de l'intensité du phénomène.

Cette intensité est elle-même fort variable pour une même mer et pour un même port ; mais là encore se présente une remarquable périodicité, qui montre que le phénomène se lie aux positions relatives du Soleil, de la Lune et de la Terre.

Vers les environs de la nouvelle et de la pleine Lune la marée haute atteint un maximum, tandis que la marée basse correspondante descend au contraire au point le plus bas. Ce sont les *grandes marées*, ou les marées de *syzygies*[1]. La hauteur des marées décroît alors de plus en plus, jusqu'à l'époque du premier et du dernier quartier de la Lune. On a alors les *mortes eaux* ou marées des *quadratures*. Puis, à partir de ces deux époques, jusqu'aux syzygies, la hauteur des pleines mers reprend sa marche croissante.

Mais, à la vérité, la plus haute, comme la plus basse marée, ne tombe pas le jour même de la phase lunaire : dans tous les ports de l'Océan, il y a une différence de 36 heures ou d'un jour et demi. C'est donc la troisième marée qui suit la pleine et la nouvelle Lune qui est la plus grande, comme aussi la plus petite marée est la troisième qui suit les quadratures. Les périodes quotidiennes comme les périodes mensuelles n'offrent pas moins une parfaite coïncidence avec les phénomènes luni-solaires.

---

1. On les nomme les *grandes eaux*, les *malines* ou *reverdies*.

UNE PLAGE A L'INSTANT DE LA HAUTE MER
(côtes françaises de la Manche)

C'est cette coïncidence remarquable entre les heures, les périodes des hautes marées et les positions de la Lune et du Soleil par rapport à la Terre, qui a fait soupçonner depuis longtemps que la cause du phénomène réside dans ces deux astres. « *Causa*, dit Pline, *in Sole Lunâque....* » Mais de quelle nature est leur influence? C'est le problème qu'il était donné à la science moderne de résoudre. Le premier, Descartes osa déchirer le voile et sonder le mystère, et si ce grand philosophe ne réussit pas dans sa tentative, cela tint à ses idées préconçues sur le système du monde. Il lui reste l'honneur d'avoir osé [1].

Mais poursuivons l'étude des faits.

La hauteur des marées varie encore avec les déclinaisons de la Lune et du Soleil : elles sont d'autant plus grandes que les deux astres sont plus voisins de l'équateur. Deux fois par an, vers le 21 mars et le 22 septembre, le Soleil est dans l'équateur même. Si, à la même époque, la Lune est voisine du même plan, les hautes marées sont les plus considérables de toutes. Ce sont

---

1. Képler avait soupçonné que les marées avaient pour cause une tendance des eaux de la mer vers la Lune et vers le Soleil. « Si la Terre cessait, disait-il, d'attirer les eaux vers elle-même, toutes celles de l'océan s'élèveraient vers la Lune ; car la sphère de l'attraction de la Lune s'étend vers notre Terre et en attire les eaux. » Cet aperçu de Képler, qu'il ne poussa pas plus loin, était vrai. Il est curieux de le voir combattre par Galilée : dans son quatrième dialogue sur *les Systèmes du monde*, ce grand homme « s'étonne que parmi tous ceux qui se sont préoccupés de ce merveilleux effet naturel du flux et reflux de la mer, Képler, qui à l'indépendance et à la pénétration du génie joignait la connaissance parfaite des mouvements attribués à la Terre, ait prêté l'oreille avec complaisance à cette souveraineté de la Lune sur l'océan, à des propriétés occultes, à de véritables puérilités. » Galilée, lui, voit dans les marées des effets du double mouvement de la Terre, et il croit expliquer les variations du phénomène par des accélérations ou des retards que subissent les mouvements de la Terre et de la Lune en parcourant le zodiaque.

La science a donné raison à Képler contre Galilée, et aussi contre Descartes, qui expliquait les marées par ses fameux tourbillons. Selon Descartes, « lorsque la Lune passe au méridien, le fluide qui est entre la Terre et la Lune, fluide qui se meut aussi en tourbillon autour de la Terre, se trouve dans un espace plus resserré : il doit donc y couler plus vite ; il doit de plus y causer une pression sur les eaux de la mer. » Cette explication, ainsi que le dit d'Alembert, a deux défauts : d'abord celui de s'appuyer sur la théorie des tourbillons justement abandonnée, puis celui, plus grave encore, d'être contraire aux faits ; car la pression dont il parle devrait refouler les eaux de la mer, et ces eaux devraient s'abaisser quand la Lune passe au méridien ; or le contraire arrive précisément.

C'était à Newton qu'était réservée la gloire de découvrir la cause véritable des marées, comme on va le voir bientôt.

les marées syzygies *équinoxiales*, parce que la Terre est alors à l'équinoxe du printemps ou à l'équinoxe d'automne.

Au contraire, les plus faibles marées ont lieu vers les solstices, si, en même temps que le Soleil, la Lune atteint sa plus petite ou sa plus grande hauteur méridienne.

Enfin, les distances réelles de la Lune et du Soleil à la Terre ont aussi leur influence sur la hauteur des marées. Toutes choses égales d'ailleurs, la hauteur d'une marée est d'autant plus grande que les deux astres sont plus rapprochés de la Terre. Ainsi les marées du solstice d'hiver sont plus fortes que celles du solstice d'été ; les marées syzygies sont plus grandes au périgée de la Lune qu'à l'apogée.

Telles sont les circonstances générales qui caractérisent les mouvements périodiques de la mer. Mais il ne faut pas oublier que ce ne sont pas les seules : la force et la direction des vents, la configuration et l'orientation des côtes, la profondeur et l'étendue des mers, les circonstances qui tiennent aux lieux et aux temps, sont autant d'influences multiples qui compliquent singulièrement les marées.

Ainsi tout le monde sait que les mers isolées, comme la mer Caspienne, ou peu étendues et communiquant avec l'Océan par des détroits resserrés, comme les mers Noire et Méditerranée, n'ont que des marées insensibles[1]. Les côtes opposées de l'Atlantique, qui se présentent en regard, à l'ouest et à l'est les unes des autres, éprouvent des marées fort inégales. Il en est de même des côtes orientales de l'Asie, qui ont de fortes marées, tandis qu'à l'autre rive du Pacifique et dans les archipels océaniques, le flux, très régulier, n'atteint qu'une faible hauteur.

Pour ne parler que des ports d'Europe, l'intensité du phénomène y est extrêmement variable, même pour des lieux voisins.

---

1. D'après les observations du savant et regrettable G. Aimé, qui a étudié pendant deux années les ondulations du niveau de la mer à Alger, l'amplitude de la marée luni-solaire s'élève dans ce port à 88 millimètres les jours de syzygies. « Le lac Michigan, qui pourtant n'a pas moins de 62 000 kilomètres carrés, est la plus petite surface lacustre où l'on ait constaté avec précision le retour régulier du flux et du reflux ; l'amplitude de la marée y est, d'après le lieutenant Graham, de 75 millimètres. » (LA TERRE, t. II, par Élisée Reclus.)

Prenons un exemple : D'après les calculs des marées pour l'année 1880[1], la plus forte marée sera celle qui suivra d'un jour et demi la pleine Lune du 26 mars, un peu après l'équinoxe du printemps : elle aura lieu le 28.

Si les vents ne contrarient pas le flux, la hauteur de cette marée sera : pour Brest, de 3^m,40 ; pour Granville, de 6^m,51 ; de 3^m,00 pour Cherbourg ; de 3^m,78 pour le Havre. Ces nombres, forts différents pour des ports assez voisins, n'expriment, du reste, que la hauteur au-dessus du niveau moyen des eaux, c'est-à-dire de celui qui aurait lieu si les marées n'existaient pas. Il faut les doubler si l'on veut avoir la hauteur de la pleine mer, au-dessus du niveau de la marée basse, pour le même jour de l'année. Ainsi le port de Granville et celui de Saint-Malo verront les eaux s'élever, le 28 mars, à une hauteur totale d'environ 13 mètres. Que le vent vienne à favoriser la marée, accroître sa violence et sa hauteur, et l'on peut avoir à craindre de grands désastres.

Il y a loin de ces marées de la côte occidentale de l'Europe aux marées des îles de la mer du Sud, lesquelles ne s'élèvent guère qu'à 50 centimètres. Mais il y en a de plus terribles encore, et parmi elles je me bornerai à citer celles de la baie de Fundy, dans la Nouvelle-Écosse, qui montent, dit-on, jusqu'à une hauteur de 30 mètres.

La raison de ces différences de hauteur tient en grande partie à des circonstances locales. Ainsi les ports de la Manche subissent de fortes marées, parce que le mouvement des eaux trouve un obstacle dans le resserrement des côtes ; et plus on pénètre dans l'intérieur du golfe, plus est considérable la hauteur de la marée.

La marée se fait sentir, dans les fleuves, à une distance d'autant plus grande de leur embouchure, que la largeur et la profondeur sont plus fortes. Au moment de la haute mer, les eaux du fleuve refluent, remontent son cours, mais la propagation de

1. *Annuaire du Bureau des Longitudes.*

cette marée fluviale ne se fait que progressivement et en retardant de plus en plus sur l'heure de la marée océanique. Il résulte de là de curieux phénomènes, connus en France sous les noms de *mascaret*, de *bore* et de *barre de flot*[1].

Le mascaret s'observe principalement à l'époque des grandes marées équinoxiales. Faible dans les eaux profondes, comme aussi sur les bancs peu recouverts, il est favorisé dans sa formation par un vent de mer modéré, tandis qu'un vent violent étale les eaux et en diminue la hauteur. Babinet, qui a beaucoup observé ce curieux phénomène et à qui nous empruntons les remarques précédentes, en a donné une description intéressante; nous allons la reproduire ici :

« Tandis qu'en général, dit-il, et même à l'extrême embouchure de la Seine, au Havre, à Honfleur, à Berville, la mer, à l'instant du flux, monte par degrés insensibles et s'élève graduellement, on voit, au contraire, dans la portion du lit du fleuve au-dessous et au-dessus de Quillebœuf, le premier flot se précipiter en immense cataracte, formant une vague roulante, haute comme les constructions du rivage, occupant le fleuve dans toute sa largeur, de 10 à 12 kilomètres, renversant tout sur son passage et remplissant instantanément le vaste bassin de la Seine. Rien de plus majestueux que cette formidable vague si formidablement mobile. Dès qu'elle s'est brisée contre les quais de Quillebœuf, qu'elle inonde de ses rejaillissements, elle s'engage en remontant dans le lit plus étroit du fleuve, qui court alors vers sa source avec la rapidité d'un cheval au galop. Les navires échoués, incapables de résister à l'assaut d'une vague si furieuse, sont ce qu'on appelle *en perdition*. Les prairies des bords, rongées et délayées par le courant, se mettent, suivant une autre expression locale, *en*

---

1. Le nom de *mascaret* était particulier à la rivière de Dordogne. Arago et Babinet l'ont appliqué au même phénomène qui, à l'embouchure de la Seine, était connu sous le nom de *barre de flot*. A l'embouchure de l'Amazone, la barre a reçu le nom de *pororoca*, mot qui exprime par onomatopée le grondement de ses eaux. « Elle se dresse, dit E. Reclus, en trois vagues successives atteignant ensemble de 10 à 15 mètres de hauteur, et les embarcations surprises par ce déluge soudain risquent fort de sombrer comme en pleine mer. »

LE MASCARET DANS LA BASSE SEINE
(vue prise à Caudebec).

fonte et disparaissent. Successivement le lit du fleuve se déplace de plusieurs kilomètres de l'une à l'autre des falaises qui le dominent ; enfin, les bancs de sable et de vase du fond sont agités et mobilisés comme les vagues de la surface. Rien de plus étonnant que ces redoutables barres de flot observées sous les rayons du jour le plus pur, au milieu du calme le plus complet et dans l'absence de tout indice de vent, de tempête ou d'orage de foudre. Les bruits les plus assourdissants annoncent et accompagnent ces grandes crises de la nature, préparées par une cause éminemment silencieuse, *l'attraction universelle.* »

Babinet, s'appuyant sur les recherches théoriques de Lagrange et les expériences récentes de Russel concernant la vitesse des vagues dans les canaux, explique le mascaret et tous les phénomènes analogues par l'obstacle qu'oppose à la propagation des marées la diminution progressive de la profondeur des fleuves, à partir de leur embouchure. « En effet, dit-il, dans toutes les localités où l'eau deviendra de moins en moins profonde, les premières vagues, retardées par le manque de profondeur, seront devancées par les suivantes qui marchent dans une eau plus profonde, et celles-ci seront elles-mêmes rejointes par celles qui les suivent, de manière que, les vagues antérieures étant dépassées en vitesse par toutes celles qui les suivent, ces dernières retomberont en cascade par-dessus les vagues antérieures, et produiront cette immense cataracte roulante dont j'ai décrit plus haut la forme et les effets. » (*Études et lectures sur les sciences d'observation.*)

Mais en voilà assez sur les faits, dont la description détaillée tiendrait d'ailleurs un volume. C'est des causes des marées que je veux maintenant dire un mot.

§ 2. THÉORIE DES MARÉES : ELLES SONT DUES A L'ATTRACTION DES MASSES DE LA LUNE ET DU SOLEIL SUR LES EAUX DE L'OCÉAN.

Considérons la Lune à un moment donné et isolément. Joignons, par une ligne idéale, son centre au centre de la Terre :

cette ligne rencontrera la surface du globe en deux points diamétralement opposés. L'un, le plus rapproché de la Lune,
sera le lieu de la Terre pour lequel l'astre des nuits sera au
zénith ; le point opposé aura la Lune au nadir. En outre, tous
les lieux de la Terre qui ont même longitude que les premiers
verront, à cet instant, la Lune passer au méridien.

L'attraction de la Lune sur les molécules liquides les plus
voisines contre-balance en partie l'attraction de la Terre : elle
diminue leur pesanteur dans le sens de la verticale. Ces molécules, que leur fluidité et leur indépendance n'attachent point

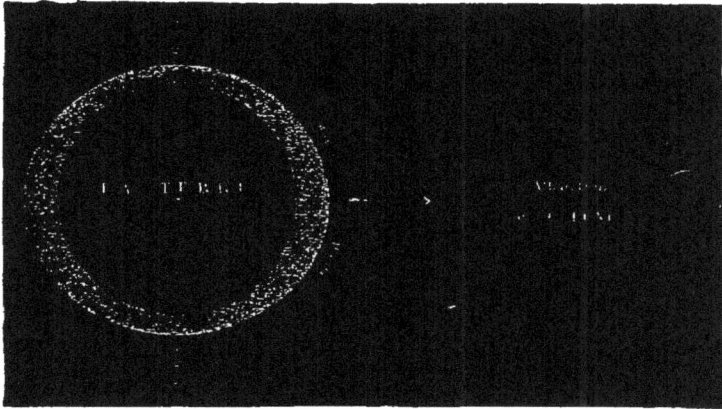

Fig. 151. — Attraction de la Lune sur les eaux de la mer. Marée lunaire simple.

au sol, à la partie solide de la Terre, s'élèvent donc en vertu de
cette attraction. Il en est de même, mais dans une plus faible
mesure, pour les molécules voisines, dans tout l'hémisphère
tourné vers la Lune, l'attraction étant d'autant plus faible que
ces molécules s'éloignent davantage du point qui est comme le
sommet de l'hémisphère tourné vers la Lune.

Il résulte de là que la nappe liquide qui recouvre cet hémisphère s'allonge, se tuméfie du côté de la Lune, et, au lieu de
conserver sa forme sphérique, prend — toutes proportions gar-
dées, bien entendu, — celle d'un œuf, géométriquement la
forme d'un ellipsoïde allongé, dont le grand axe est dirigé selon
le rayon vecteur joignant le centre de la Terre au centre de la

Lune. Il y a marée haute au sommet, marée basse à tous les lieux qui ont la Lune à l'horizon. Si la Terre n'avait pas de mouvement de rotation, cette marée serait permanente, et les eaux resteraient ainsi en équilibre, ou du moins suivraient le seul mouvement de révolution de la Lune : les marées n'auraient d'autre période que les lunaisons. Mais la Terre, en tournant, présente à la Lune toute sa périphérie, de sorte que l'onde suit le parallèle qui correspond à la position de notre satellite.

Jusqu'ici, on s'explique bien la haute et la basse mer pour l'hémisphère tourné vers la Lune : mais comment se fait-il que les eaux s'allongent aussi à l'extrémité de l'hémisphère opposé[1]?

On va se rendre compte aisément de cette similitude.

L'attraction lunaire se fait sentir à la fois sur toutes les molécules qui composent la Terre, mais son énergie est d'autant plus faible que ces molécules sont plus éloignées. Si cette action s'exerçait sur tous les points avec une égale intensité, il en résulterait un déplacement total vers la Lune, mais sans aucune déformation. L'inégalité d'attraction fait que les molécules les plus éloignées restent en arrière : leur pesanteur vers la Terre en est diminuée, et toute la couche liquide de l'hémisphère opposé à la Lune prend précisément la même forme que celle qui est en avant.

Le problème soumis à l'analyse mathématique indique, pour la forme générale de la nappe de l'Océan, celle d'un ellipsoïde allongé dans la direction des rayons de la Terre qui aboutissent

---

1. Il y a là une difficulté, qui n'est qu'apparente, mais qui se présente assez généralement à l'esprit des personnes non familiarisées avec l'analyse mathématique. Voici comment J. Herschel, dans ses *Outlines of Astronomy*, lève cette difficulté :

« Que le Soleil ou la Lune, dit-il, par son attraction soulève les eaux de l'océan au-dessus desquelles l'astre se trouve, cela paraît naturel ; mais que la même cause les soulève en même temps du côté opposé, cela semble absurde. L'erreur de cette objection consiste à ne pas regarder l'attraction du corps perturbateur sur la masse de la Terre, et à la considérer comme ayant tout son effet sur la superficie de l'eau. Si la Terre était absolument fixe, retenue en place par une force extérieure et que l'eau fût libre de se mouvoir, sans doute l'effet de la puissance perturbatrice produirait une simple accumulation verticale sous le corps perturbateur. Or, ce n'est pas par toute son attraction, mais bien par la différence de ses attractions sur la superficie de l'eau des deux côtés et sur la masse centrale, que les eaux sont soulevées. »

à la Lune à chaque instant. D'après F. Herschel, la différence
du demi grand axe au demi petit axe de cet ellipsoïde est $1^m,47$;
celle de l'ellipsoïde dû à l'attraction du Soleil est seulement de
58 centimètres.

Il y a donc marée haute lunaire aussi souvent que la Lune
passe au méridien supé-
rieur ou inférieur, c'est-
à-dire toutes les 12 heures
25 minutes, et marée basse
toutes les fois qu'elle est
à l'horizon d'un lieu, c'est-
à-dire dans des périodes
d'égales durées.

Fig. 152. — Actions combinées de la Lune et du
Soleil sur les eaux de la mer. Marée luni-solaire
des syzygies : pleine Lune.

Mais ce n'est pas la Lune
seule qui agit; il y a aussi
des marées produites par
l'attraction du Soleil. La
masse énorme de cet astre
donnerait lieu à d'immen-
ses mouvements, si sa
distance, 400 fois plus
grande que celle de la
Lune, ne contre-balançait
pas l'intensité due à cette
masse. Les marées solaires,
bien que notablement plus
faibles que les marées
lunaires, tantôt s'ajoutent
à celles-ci, tantôt les contrarient. Elles s'ajoutent
lorsque les deux astres sont sur une même ligne avec la Terre,
ce qui arrive aux syzygies, nouvelle et pleine Lune (fig. 152 et
153). Les actions des deux astres se contrarient lorsque la Lune
est à angle droit avec le Soleil, et, dans ce cas, la marée totale
ou résultante est minimum (fig. 154).

Le calcul montre que l'action luni-solaire est d'autant plus intense que les astres sont plus près de l'équateur. De là les grandes marées équinoxiales.

Enfin, l'action varie en raison inverse du cube de la distance : on comprend donc que les marées soient plus fortes quand la Lune et le Soleil sont plus voisins de la Terre.

Pour se rendre compte de l'effet complexe produit par la combinaison des deux actions simultanées des masses de la Lune et du Soleil sur les eaux de l'Océan, on n'a qu'à examiner séparément l'effet de chacune d'elles.

Supposons, pour cela, le globe terrestre entièrement recouvert par les eaux, et admettons d'abord que la profondeur de l'Océan soit uniforme. A tout instant l'action de la gravitation de la Lune produira une déformation du niveau général telle, que la surface de l'Océan sera celle d'un ellipsoïde ayant son grand axe dirigé suivant le rayon vecteur joignant les centres de la Lune et de la Terre.

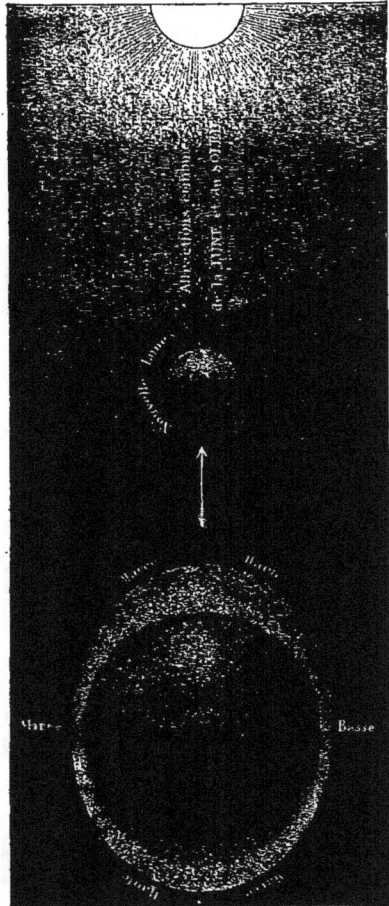

Fig. 153. — Marées luni-solaire des syzygies : nouvelle Lune.

De même, l'action du Soleil, considérée isolément, produira un ellipsoïde de même genre dont le grand axe sera moindre, puisque l'action solaire est moindre, et dirigé selon le rayon vecteur joignant les centres du Soleil et de la Terre.

Ces deux ellipsoïdes se déplacent à chaque instant par le fait du mouvement de rotation de notre globe d'une part, des mouvements relatifs de translation d'autre part. Mais à tout instant aussi ils se composent, de façon que la forme réelle de la surface liquide est la résultante de celles que chacun d'eux déterminerait séparément.

Maintenant il faut concevoir que les dimensions de chaque ellipsoïde sont, comme sa position, continuellement variables.

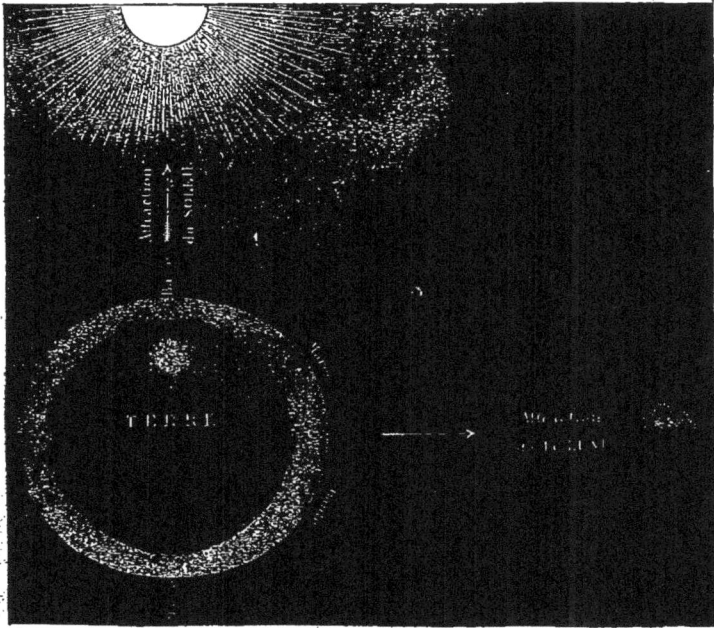

Fig. 154. — Marée luni-solaire des quadratures.

L'ellipsoïde lunaire varie avec les distances de la Lune à la Terre; ses dimensions sont minima à l'apogée, maxima au périgée. Même observation pour l'ellipsoïde de marée solaire, relativement au périhélie et à l'aphélie.

Quant à la marée totale ou luni-solaire, on comprend qu'elle subit des variations complexes, dont les plus importantes ont lieu aux syzygies, c'est-à-dire quand les deux ellipsoïdes s'ajoutent pour ainsi dire, et aux quadratures, quand l'un détruit en partie l'effet produit par l'autre.

Si les deux astres sont tous deux dans l'Équateur ou voisins de l'Équateur, ainsi qu'il arrive aux équinoxes, les grandes marées ou marées des syzygies atteindront leur maximum.

On voit quelle complexité comporte la combinaison de l'action du Soleil et de celle de la Lune sur les eaux de l'Océan, même dans l'hypothèse où elles recouvriraient entièrement le globe, et où, par conséquent, aucun obstacle ne retarderait leur propagation régulière.

On sait de combien il s'en faut que cette hypothèse soit réalisée dans la nature. Les continents et les îles, avec leurs découpures, leurs formes variées et diversement orientées, les inégales profondeurs de la mer, les courants, les vents sont autant d'obstacles qui font dévier l'onde des marées de sa marche régulière.

Néanmoins on est parvenu, en s'appuyant sur la théorie et en la comparant aux résultats de nombreuses observations, à calculer approximativement les phénomènes des marées pour un grand nombre de points des côtes, à indiquer à l'avance les heures des hautes et basses mers et leurs hauteurs pour chaque port, abstraction faite, bien entendu, des causes accidentelles qui, comme les vents, sont susceptibles de les rendre plus fortes ou moindres, selon le sens de leur direction.

Il ne faut pas confondre les marées, dans leur mouvement de propagation à la surface des mers, avec un courant marin de même intensité et de même vitesse. Dans les phénomènes des courants, il y a transport réel des masses d'eau; ce sont, à vrai dire, des fleuves au sein de la masse liquide. Il n'en est pas ainsi des marées. La marée est une onde, une ondulation; l'intumescence des eaux qui constitue le flot, se meut, se propage, sans qu'il y ait courant réel, c'est-à-dire transport de la masse : les oscillations ne font que passer des molécules aux molécules suivantes. C'est seulement quand des causes étrangères à l'attraction luni-solaire viennent influencer le mouvement de la marée, que les eaux peuvent être réellement déplacées, comme il arrive lorsqu'un vent d'une certaine force souffle dans le même sens que la direction même de la marée. Enfin, dans les détroits, il y a nécessairement des mouvements des eaux déterminés par la résistance que le resserrement des côtes oppose à la libre propagation de l'onde qui vient du large.

Tel est, en résumé, le principe de la théorie des marées. Ces mouvements quotidiens et irrésistibles sont soumis à des lois immuables : ils sont, grâce à la densité de l'eau de la mer, densité inférieure à celle du noyau solide que cette eau recouvre, renfermés entre d'étroites limites. Les lois naturelles suffisent à « mettre un frein à la fureur des flots ».

§ 3. LES MARÉES SOUTERRAINES.

Il n'a été question, dans les paragraphes précédents, que des marées océaniques, c'est-à-dire des effets de la gravitation sur les couches liquides qui entourent les trois quarts de la surface de la Terre ; mais cette action ne s'exerce-t-elle pas sur les autres couches dont notre globe est formé, sur celles qui constituent son noyau intérieur comme sur celles qui l'enveloppent extérieurement ?

Occupons-nous d'abord du noyau interne.

La théorie de la précession des équinoxes et de la nutation, telle que nous l'avons plus haut exposée, suppose que le globe terrestre est solide et doué d'une parfaite rigidité. En est-il réellement ainsi ?

Jusqu'à ces derniers temps, la plupart des géologues et des physiciens se basaient sur l'accroissement de la température du sol avec la profondeur des couches où la mine et la sonde ont permis à l'homme de pénétrer, pour conclure que cet accroissement continue indéfiniment, en proportion de la profondeur même. « D'après les expériences assez concordantes, dit Humboldt, auxquelles on a soumis l'eau de divers puits artésiens, il paraît qu'en moyenne la température de l'écorce terrestre augmente dans le sens vertical, avec la profondeur, à raison de 1 degré du thermomètre centigrade pour 92 pieds de Paris (30 mètres). Si cette loi s'appliquait à toutes les profondeurs, une couche de granit serait en pleine fusion à une profondeur de 4 myriamètres (4 à 5 fois la hauteur du plus haut sommet de la chaîne de l'Himalaya)[1]. »

D'après ces vues, la température interne doit être tellement élevée, que les matières minérales les plus réfractaires se trouvent à l'état de fusion ignée ; et alors, même en tenant compte de la pression énorme que subissent les couches centrales de la part des couches surincombantes, de l'élévation de la température qui correspond à ce changement d'état, on est amené à considérer notre globe comme formé d'un noyau liquide entouré d'une mince enveloppe solidifiée. En adoptant le chiffre de 40 kilomètres pour l'épaisseur de cette enveloppe, c'est-à-dire environ la 160e partie du rayon terrestre, le volume de la croûte solide serait à peine égal à la 55e partie du volume du noyau. Telle serait la faible séparation qui, dans cette hypothèse, se trouverait interposée entre le sol et l'océan igné constituant la presque totalité de notre sphéroïde.

Dans ces conditions, on comprend que l'attraction combinée de la Lune et du Soleil, qui soulève périodiquement les eaux de la mer, ne peut manquer de produire sur la masse de l'Océan intérieur des oscillations analogues. Il y aurait donc des marées souterraines, comme il y a des marées océaniques.

A-t-on pu constater de pareilles oscillations ? Et comment peuvent-elles se manifester ? Il est clair que les ondulations de ces marées souterraines, si elles existent en effet, doivent réagir par leur pression contre la surface interne de la pellicule solide en contact avec le fluide igné ; les variations de cette pression auraient les mêmes périodes que les marées océaniques. Un savant français, M. A. Perrey, qui a rassemblé de nombreuses observations de tremblements de terre et comparé les époques de plus grande fréquence de ces phénomènes avec

---

1. *Cosmos*, I, 196. Les recherches de Reich sur la température des puits de mine de Saxe ont donné un accroissement un peu plus lent, soit 1 degré par 42 mètres environ.

les mouvements de la Lune, est arrivé à cette conclusion que ces époques de maximum coïncident généralement avec les syzygies. Suivant lui, les marées souterraines auraient tout au moins une grande influence sur la production des commotions terrestres, ou en seraient la cause principale. Élie de Beaumont admettait la probabilité de cette opinion. Ampère, Poisson se servaient précisément au contraire, pour combattre la fluidité du noyau terrestre, de l'argument des marées souterraines, qui auraient, selon eux, brisé l'écorce solide par les variations de pression et produit des bouleversements perpétuels. Humboldt considère les oscillations de ces marées intérieures comme fort petites. « Ce n'est point à elles, dit-il, mais à des forces intérieures plus puissantes, qu'il faut attribuer les tremblements de terre. »

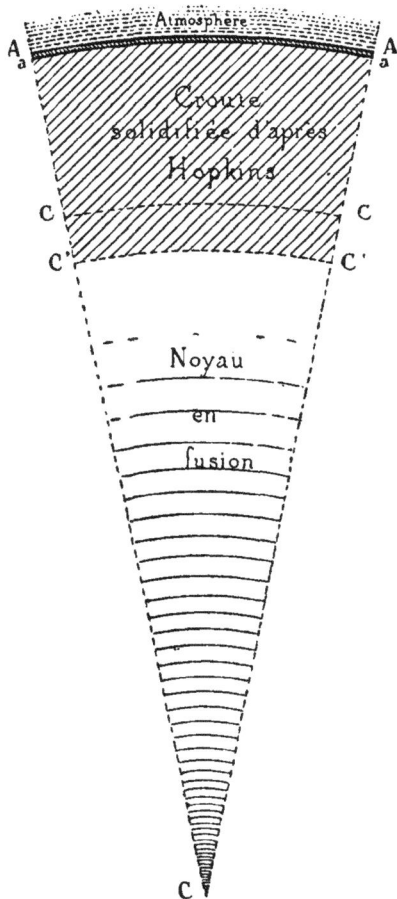

Fig. 155. — Épaisseur de l'écorce solide du globe : A*a*, épaisseur suivant plusieurs géologues ; AC ou AC', épaisseur selon Hopkins.

Un savant anglais, Hopkins, sans nier la fluidité primitive du sphéroïde terrestre, laquelle rend compte mieux que toute autre hypothèse de la forme elliptique de notre globe, ne pense pas que l'épaisseur de l'écorce solide soit aussi faible que l'admettent un grand nombre de géologues. En s'appuyant sur la valeur mesurée des phénomènes de précession et de nutation, il établit que cette valeur serait beaucoup plus considérable que les observations astronomiques ne le constatent, si l'épaisseur de la croûte solide n'était que de 40 ou 50 kilomètres. Dans ce cas, les actions perturbatrices du Soleil et de la Lune ne s'exerçant que sur le bourrelet équatorial, se transmettraient bien au reste de la croûte solide, mais n'affecteraient pas la masse du noyau fluide. La précession et la nutation seraient donc beaucoup plus fortes. Hop-

Fig. 156. — Humboldt

kins arrive en définitive à cette conséquence, que l'épaisseur de la croûte solidifiée doit atteindre 800 ou 1000 milles anglais (1280 à 1610 kilomètres), c'est-à-dire $\frac{1}{5}$ à $\frac{1}{4}$ du rayon terrestre.

Mais cette théorie a été réfutée par Delaunay : notre savant et regretté compatriote a objecté aux calculs de Hopkins la viscosité de la masse terrestre en fusion. Grâce à cette viscosité, le noyau est solidaire de l'écorce et doit être entraîné avec elle dans ses mouvements, tandis que le savant anglais admet que le noyau fluide est indépendant de la croûte solide. « Les actions perturbatrices qui produisent la précession et la nutation, dit Delaunay, s'exercent sur la croûte solide en tendant à la faire tourner autour d'un axe s'éloignant de plus en plus de la direction de l'axe autour duquel elle tournait tout d'abord ; c'est un mouvement de rotation extraordinairement lent que ces actions tendent à imprimer à la croûte solide, et qui doit se combiner avec le mouvement de rotation qu'elle possède déjà. La question est de savoir si le liquide intérieur participera à ce mouvement additionnel, ou si la croûte solide en sera seule affectée sans entraîner immédiatement le liquide avec elle. Pour moi, il n'y a pas lieu au moindre doute. Le mouvement additionnel dû aux causes indiquées est d'une telle lenteur, que la masse fluide qui constitue l'intérieur du globe doit suivre la croûte qui l'enveloppe absolument comme si le tout formait une seule masse solide. » (*Comptes rendus de l'Académie des sciences*, 1868.)

La considération des phénomènes de précession et de nutation ne peut donc, selon Delaunay, fournir de données sur l'épaisseur plus ou moins grande de la croûte terrestre.

Ainsi les vues des savants sont encore partagées sur cette question de la fluidité intérieure de la Terre et par conséquent sur l'existence de marées souterraines. On peut dire cependant que, même dans l'hypothèse d'Hopkins, disons mieux, même dans le cas de la solidité complète du globe terrestre depuis la surface du sol jusqu'au centre, des oscillations analogues aux marées existent réellement, bien qu'elles soient trop faibles pour ne point échapper à l'observation. Pour qu'il en fût autrement, il faudrait supposer que le globe est absolument rigide et dépourvu de toute plasticité. Or les expériences de M. Tresca sur l'écoulement des corps solides prouvent qu'une telle rigidité n'existe pas dans les substances connues.

Du reste, entre l'état de fluidité que semblent admettre certains géologues et l'état solide proprement dit, il y a des transitions, des intermédiaires nombreux. Il est possible que, malgré la haute température qu'indiquerait la loi de proportionnalité de la chaleur interne avec la profondeur, les couches internes soient maintenues, par l'énormité de la pression qu'elles supportent et qu'elles exercent les unes sur les autres, dans un état de viscosité très prononcé. Or un globe solide, qui n'est pas absolument rigide, qui est doué d'une certaine plasticité, éprouve par le fait de l'attraction de corps extérieurs, tels que la Lune et le Soleil, des oscillations périodiques, des déformations de la masse, d'une très faible amplitude sans doute ou d'une très grande lenteur ; mais ce sont des phénomènes assimilables aux marées[1].

§ 4. LES MARÉES ATMOSPHÉRIQUES.

Tout ce qu'on vient de dire de l'action des masses de la Lune et du Soleil sur la partie liquide et sur la partie solide du globe terrestre, est évidemment applicable à son enveloppe gazeuse ou à son atmosphère.

Il n'est donc pas douteux qu'il n'y ait des marées atmosphériques, comme il y a des marées océaniques. Il reste à savoir quelle est l'amplitude des oscillations de la masse d'air qui entoure notre planète, et comment ces oscillations se manifestent et deviennent appréciables aux observateurs.

Notre situation à la surface du sol, c'est-à-dire au fond de l'océan fluide qui compose l'atmosphère, ne nous permet point d'observer les variations de son niveau, comme nous observons celles du niveau de la mer. Mais il est clair que l'effet produit par l'attraction de la Lune et par celle du Soleil sera, toute proportion gardée, analogue à celui des marées de l'Océan. Aux

---

1. M. G. H. Darwin a publié sur ce sujet, dans les *Philosophical Transactions* et dans les *Proceedings of the royal Society*, 1879, une série de mémoires d'un grand intérêt, où les marées subies par un sphéroïde visqueux de la part de la masse d'un satellite sont étudiées dans leurs effets ; l'auteur tire de son analyse d'importantes conséquences sur l'histoire ancienne du Système solaire, et notamment sur celle de la Terre et de la Lune.

deux extrémités du diamètre terrestre dirigé vers la Lune, les couches de niveau de l'atmosphère seront soulevées par l'attraction lunaire et affecteront, dans leur ensemble, la forme d'un ellipsoïde allongé. Un effet semblable, moindre puisque l'action du Soleil est plus petite que celle de notre satellite, aura lieu dans le sens du rayon vecteur qui joint les centres de gravité du Soleil et de la Terre ; la forme de l'atmosphère sera la combinaison de ces deux actions simultanées. Les passages de la Lune au méridien, les époques où la Lune et le Soleil sont en ligne droite, c'est-à-dire les syzygies, enfin les époques où notre satellite est périgée, seront les principales périodes du phénomène, celles où la marée atmosphérique atteindra un maximum.

De plus, l'intumescence produite sur les couches aériennes se promènera, comme l'onde des marées océaniques, autour du globe terrestre, par le fait des mouvements combinés de la Lune et de la Terre.

Il en résultera nécessairement des variations correspondantes dans la pression de l'atmosphère, telle que le baromètre nous permet à chaque instant de la mesurer. A la vérité, les oscillations du baromètre qui proviennent de la mobilité incessante de l'atmosphère, de l'action de la chaleur solaire et de mille circonstances locales, rendent très difficile la constatation des effets dus à la seule attraction luni-solaire. Pour reconnaître et mesurer les variations dues aux marées atmosphériques, il a donc fallu comparer un grand nombre d'observations. Laplace, ayant ainsi réuni près de cinq mille observations barométriques recueillies par Bouvard pour les jours des syzygies et des quadratures, pour ceux des jours qui précèdent et qui suivent ces phases, en a conclu que le flux lunaire atmosphérique ne produit pas à Paris une variation supérieure à un dix-huitième de millimètre dans la hauteur de la colonne de mercure. A l'équateur, où le flux est maximum, il n'atteint pas un millimètre d'après la théorie.

Une aussi faible oscillation dans la pression de l'atmosphère

peut-elle être, comme on l'a bien des fois soutenu, la cause
des changements de temps qui accompagnent, dit-on, les
phases de la Lune? Il est d'autant plus difficile de le croire que
rien n'est moins certain que l'existence d'une telle coïncidence.
Les préjugés populaires veulent obstinément que le renouvellement de la Lune soit le prélude d'un changement météorologique complet.

Nombre de météorologistes se sont efforcés de vérifier l'exactitude de cette manière de voir, encore aujourd'hui si répandue :
ils ont modifié de vingt manières la loi de cette périodicité ; et
l'auteur de chaque système s'est efforcé de trouver la confirmation de sa propre hypothèse dans les registres d'observation. La
multiplicité même des règles données à cet égard par chacun
d'eux semble prouver que le fait d'une influence lunaire est loin
d'être incontestable. En tout cas, s'il y a, de la part de la Lune,
une influence sérieuse sur le temps, il ne paraît pas que la
faible action de sa masse sur la masse de l'atmosphère puisse
suffire à en rendre compte[1].

Indépendamment de leur action directe sur l'atmosphère, les
masses de la Lune et du Soleil en exercent une autre, indirecte,
qui peut contribuer aux mouvements de la masse gazeuse. L'atmosphère, en effet, repose sur une base mobile (au moins pour
les trois quarts de la surface du globe), c'est-à-dire sur l'Océan,
dont l'élévation et l'abaissement périodique sont parfois considérables. En pleine mer, le flux n'atteint qu'une faible hauteur
et les variations du niveau doivent produire sur les couches
aériennes surplombantes un effet insensible ; mais il n'en est
plus de même près des côtes, où les circonstances locales et
accidentelles déterminent des marées très fortes. Aussi Laplace

---

1. Olbers, dans la courte mais intéressante notice qu'il a publiée sur *l'Influence de la
Lune sur les saisons*, constate la petitesse des variations occasionnées dans la hauteur du
baromètre par les marées atmosphériques. Il ajoute toutefois : « Quoique ces effets soient
bien faibles, il n'est pourtant pas impossible que ces marées plus fortes des nouvelles et
pleines Lunes disposent l'atmosphère à des marées considérables. Je n'ose donc pas déclarer
fausse l'observation que quelques physiciens prétendent avoir faite, savoir, qu'il y a plus
d'orages dans les nouvelles et pleines Lunes que dans les quartiers. » (*Annuaire du Bureau
des Longitudes pour* 1825.)

croit-il pouvoir attribuer principalement à l'élévation et à l'abaissement périodiques de la mer le flux lunaire atmosphérique dans nos climats. C'était aussi l'opinion d'Olbers, qui, faisant remarquer que la marée haute surpasse souvent 20 pieds à Brest, 50 pieds à Bristol, ajoute : « Des masses d'eau aussi énormes ne doivent-elles pas occasionner quelques variations dans l'atmosphère, d'autant plus qu'elles paraissent influer un peu sur l'électricité de l'air? Les habitants des côtes croient en effet avoir remarqué que les changements du temps, de la force et de la direction du vent et des nuages dépendent des marées. »

§ 5. LES MARÉES ET LA DURÉE DE LA ROTATION DE LA TERRE.

La Lune décrit autour de la Terre une orbite qui serait invariable, si le Soleil était à une distance qu'on pût considérer comme infinie. Alors, en effet, la masse du Soleil agissant avec une même intensité sur notre globe et sur son satellite, et suivant des directions parallèles, son action n'aurait aucune influence perturbatrice.

Mais il n'en est point ainsi. Dans ses conjonctions, la Lune est plus rapprochée du Soleil que la Terre, d'une quantité qui est loin d'être négligeable, puisqu'elle dépasse la 400ᵉ partie de la distance moyenne. Par cette différence de distance, l'attraction plus forte du Soleil sur la Lune et la pesanteur de celle-ci vers la Terre se trouvent diminuées. Il en est de même aux oppositions : la Lune alors est moins attirée du Soleil que la Terre; l'effet produit est donc encore une diminution de la pesanteur de la Lune vers notre globe. Aux quadratures, le contraire arrive, mais l'augmentation de pesanteur qui en résulte est beaucoup moindre, de sorte qu'en définitive, par le fait de l'action du Soleil, la Lune est comme maintenue à une plus grande distance de la Terre que si cette action n'existait point. La vitesse de circulation de notre satellite est donc ainsi altérée, diminuée.

Toutefois cette influence du Soleil ne serait pas observable dans le cours des révolutions synodiques de la Lune, parce qu'elle resterait constante, si la distance du Soleil à la Lune et à la Terre était invariable. On sait qu'il n'en est pas ainsi, que l'orbite de la Terre est une ellipse comme celle de la Lune, et que notre planète est, à son périhélie, plus voisine du Soleil qu'à son aphélie d'environ 1 500 000 lieues. Au périhélie, la perturbation causée par le Soleil sur l'orbite lunaire est donc plus sensible : cette orbite est comme dilatée, tandis qu'à l'aphélie elle se contracte. Cette perturbation, qui se reproduit périodiquement tous les ans, est ce qu'on nomme l'*équation annuelle*.

Nous allons voir maintenant une fois de plus par quel merveilleux enchaînement des effets et des causes sont liés tous les phénomènes physiques ou astronomiques, en apparence les plus étrangers les uns aux autres. C'est la masse du Soleil, on vient de le voir, qui produit les oscillations ou perturbations annuelles du mouvement de la Lune; et la raison de ces inégalités est principalement dans la forme elliptique de l'orbite terrestre ou dans son excentricité. Or on a vu dans un chapitre précédent que cette excentricité n'est pas invariable, que l'orbite de la Terre change de forme avec les siècles; actuellement et depuis des centaines de mille années l'excentricité terrestre diminue, elle atteindra, dans une période très éloignée, une valeur minima qui la rapprochera du cercle; puis, ce changement prenant un sens opposé, l'excentricité ira de nouveau en croissant.

Cette variation séculaire de notre orbite en produit une de même période sur l'orbite de la Lune. On prouve en effet que l'accélération et le ralentissement du mouvement de la Lune (ce qu'on nomme l'équation annuelle, et que nous venons de décrire) ne se compensent point exactement; que, si l'excentricité terrestre diminue, c'est l'accélération qui l'emporte, de sorte qu'au bout d'un siècle le moyen mouvement de la Lune est plus grand d'environ 6″ qu'il ne devrait être si l'excentricité restait constante. Plus tard, dans 24 000 ans environ, l'inverse aura lieu, lorsque, comme nous venons de le dire, c'est l'accroissement d'excentricité de l'orbite terrestre qui reprendra le dessus.

Comme il arrive souvent, l'observation a devancé la théorie. Halley a reconnu l'*accélération séculaire* de la Lune en comparant aux observations modernes les observations d'éclipses faites dans l'antiquité. L'accord entre ces observations ne pouvait se faire qu'à la condition d'admettre que le moyen mouvement de la Lune avait été en s'accélérant proportionnellement aux temps, d'une quantité égale à 12″ par siècle environ.

Il restait à découvrir la cause de cette accélération. On fit diverses hypothèses : les uns invoquèrent l'action perturbatrice des comètes, d'autres la résistance du milieu éthéré, ou encore la transmission de la force de la gravité qui, au lieu d'être instantanée, serait successive; mais c'est à Laplace que revint l'honneur de découvrir la cause véritable et d'établir la théorie dont nous avons indiqué plus haut le principe et qui relie l'accélération séculaire de la Lune aux variations de l'excentricité de l'orbite de la Terre.

Seulement, un examen plus complet des conditions du problème, dû au géomètre anglais contemporain M. Adams, a prouvé que la véritable valeur de l'accélération de la Lune, en tant du moins qu'elle dépendait de cette cause, devait être réduite environ de moitié, et ramenée à 6″ au lieu de 12″ qui étaient nécessaires pour faire concorder avec les tables lunaires actuelles les anciennes observations d'éclipses. Une longue controverse s'est engagée alors entre les astronomes et géomètres compétents; et, de la discussion approfondie de cette difficulté, il est résulté que les calculs de M. Adams sont rigoureux. Cependant la valeur totale de 12″ peut seule rendre compte des observations anciennes et, par conséquent, l'accélération séculaire du mouvement de la Lune n'est pas due aux seules variations de l'excentricité de l'orbite de la Terre.

Laplace concluait de l'accord supposé entre la théorie et les observations, que la durée du jour n'a pas varié depuis Hipparque d'un centième de seconde (centésimale). L'accord n'existant point, la conclusion n'est plus légitime; et c'est alors que notre savant compatriote Delaunay, dont les travaux sur la théorie de la Lune sont si considérables, s'est demandé si ce n'était point un changement dans la durée du jour sidéral ou de la rotation terrestre qui expliquerait l'excédent de l'accélération séculaire de la Lune. Voici son raisonnement, qui est très simple : « Il est aisé, dit-il, de se rendre compte de la modification apparente qu'éprouverait le mouvement de la Lune autour de la Terre, si la durée du jour sidéral était affectée, par exemple, d'une augmentation progressive, par suite d'un ralentissement du mouvement de rotation de la Terre. Le jour sidéral se trouvant plus long maintenant qu'à l'époque des anciennes observations, la Lune parcourrait, pendant la durée agrandie de ce jour, une portion de son orbite plus grande que celle qu'elle aurait parcourue pendant le même jour s'il avait conservé la valeur qu'il avait anciennement. De sorte que, pour l'astronome qui ferait abstraction de l'augmentation de la durée du jour sidéral, la Lune semblerait parcourir dans le même temps un plus long chemin sur son orbite, c'est-à-dire que son mouvement autour de la Terre paraîtrait se faire plus rapidement. Une accélération apparente du moyen mouvement de la Lune serait donc la conséquence naturelle de l'augmentation progressive de la durée du jour sidéral. »

Les astronomes, pour mesurer le temps, partent précisément de la durée du jour sidéral, qu'ils considèrent comme invariable. Dès lors, si cette durée varie dans le cours des siècles, la conséquence signalée par Delaunay est inévitable. Toutefois, avant d'admettre cette variabilité et l'explication qui s'ensuit pour l'excès de valeur de l'accélération séculaire de la Lune, il importait de découvrir la cause susceptible d'altérer la durée de la rotation du globe.

Cette cause existe, suivant Delaunay : elle consiste dans la réaction de la masse de la Lune sur les protubérances des marées, et on va voir que cette réaction, en effet, tend à diminuer la vitesse de rotation de la Terre ou, ce qui revient au même, à augmenter la durée du jour sidéral.

Pour simplifier les idées, considérons la Terre comme entièrement recouverte par les eaux de l'Océan. La force attractive de notre satellite fait prendre à leur surface de niveau la forme d'un ellipsoïde allongé, dont le grand axe *mn* devrait être dirigé suivant le rayon vecteur TL de la Lune (fig. 157). Les marées ne sont autre chose que le mouvement périodique de cette intumescence qui tourne autour du globe en suivant le mouvement diurne lunaire. Seulement, ce déplacement continu des eaux de l'Océan rencontre des résistances, des frottements de toutes sortes, et il en résulte que l'ellipsoïde allongé formé par le niveau de la mer ne coïncide pas avec le rayon vecteur de la Lune. Il y a un retard dû aux résistances à vaincre, et voilà pourquoi l'heure de la pleine mer n'est pas la même que celle du passage de la Lune au méridien, mais vient quelque temps après ce passage.

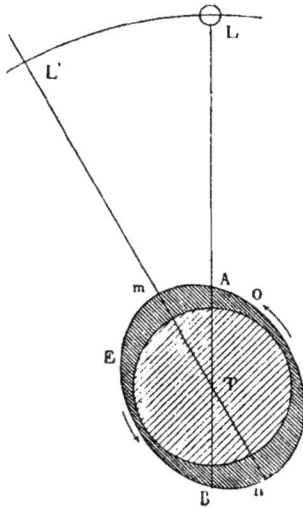

Fig. 157. — Retard des marées lunaires.

Par le fait, la mer ne recouvrant pas régulièrement tout le globe terrestre, le mouvement des eaux, nous l'avons vu, subit d'autres inégalités dues à des causes locales. Mais, dans leur ensemble, les marées n'en éprouvent pas moins le retard général qu'on vient de voir et que d'ailleurs les observations constatent partout. Les choses, en définitive, se passent comme si la Lune était située en arrière de la position qu'elle occupe dans le ciel eu égard au sens de son mouvement diurne. Les deux protubérances liquides, au lieu d'être dirigées selon le diamètre AB de la Terre ou le rayon vecteur lunaire TL, sont en *mn*, en retard de trois heures, par

exemple, ou de 45°, sur le passage de la Lune au méridien
(fig. 154) qui s'est effectué en L' : elles sont dirigées à l'orient
de la Lune. « Si l'on se reporte, dit Delaunay, à la manière
dont on obtient la portion de l'action lunaire qui occasionne le
phénomène des marées, on verra que la première de ces protubérances est comme attirée par la Lune, et la seconde, au
contraire, comme repoussée par le même astre : il en résulte
donc un couple [1] (*ab*, *a'b'*, fig. 158) appliqué à la masse du
globe terrestre et tendant à le faire tourner en sens contraire
du sens dans lequel il tourne réellement, couple qui doit produire, d'après cela, un ra-
lentissement dans la rotation de ce globe. » On peut,
du reste, pour l'explication
de l'effet produit, se repor-
ter à ce que nous avons dit
de la cause mécanique de la
précession des équinoxes.
La différence est qu'il s'agit
ici de la protubérance des
marées et non pas du ren-
flement équatorial. Maintenant cette cause de ralentissement suffit-elle à rendre
compte de l'excès de l'ac-

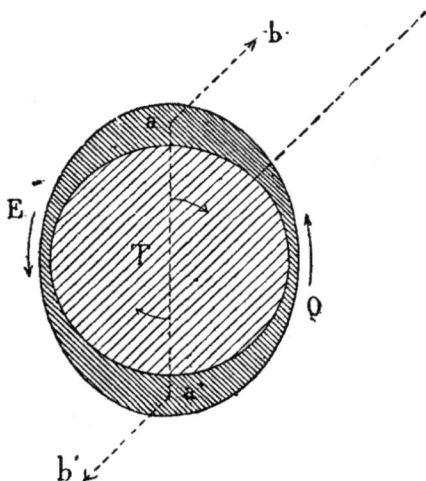

Fig. 158. — Couple de ralentissement. Action
de la Lune sur les protubérances des marées.

célération séculaire de la Lune? Oui, répond Delaunay. Un
calcul approché prouve qu'il suffit pour cela que chaque protubérance liquide sur laquelle agit la Lune ait une masse égale
à $\frac{1}{1\,160\,000\,000}$ de la masse totale de la Terre : c'est l'équivalent
d'une couche d'eau de 1 mètre d'épaisseur reposant sur une
base circulaire de 675 kilomètres de rayon; une pareille couche appliquée sur la surface du globe terrestre y occuperait
une largeur d'environ 12 degrés de l'équateur (fig. 159).

---

1. On sait qu'on donne, en mécanique, le nom de *couple* à tout système de deux forces
égales et contraires agissant aux extrémités d'une même ligne droite.

Or les protubérances des marées sont comparables à cette masse.

A combien s'élève le ralentissement du mouvement de rotation de la Terre produit par l'action de la Lune sur les protubérances des marées? D'après les calculs de Delaunay, à *une seconde* dans l'espace de 100 000 ans. De sorte que, en mille siècles, la durée du jour sidéral n'augmente que de la 86400ᵉ partie de sa valeur. Si le ralentissement était uniforme et indéfini, il faudrait donc, pour arriver à doubler la

Fig. 159. — Protubérance liquide équatoriale suffisante pour expliquer l'excès de l'accélération séculaire.

durée du jour sidéral, qu'il s'écoulât 8640 millions d'années ! A quelle époque aurait lieu l'arrêt complet ?.

Pour plusieurs raisons, cet arrêt complet du mouvement de rotation de la Terre est impossible. D'abord, quand la vitesse de rotation de notre globe sera, par cette diminution progressive, réduite au point d'être égale au mouvement de la Lune sur son orbite, c'est-à-dire quand la durée du jour sidéral sera devenue environ 27 fois plus grande, alors notre globe tournera toujours vers la Lune le même hémisphère. Les protubérances liquides des marées, sans cesse tournées vers notre satellite, n'auront plus le mouvement progressif qu'occasionne actuellement la rotation. Dès lors, la cause du ralentissement cessant, la durée du jour sidéral resterait constante. Delaunay mentionne une seconde raison de l'impossibilité de l'arrêt complet. « A mesure, dit-il, que le temps s'écoule, et il faut un grand nombre de siècles pour réaliser les circonstances dont nous venons de parler, la température de la Terre va en diminuant. Les eaux de la mer finiront par se congeler, et, du moment que la mer sera convertie en glace, le phénomène des marées n'existera plus ; la cause du ralentissement du mouvement de rotation disparaîtra, et la Terre continuera alors à tourner avec une vitesse constante. »

Disons d'ailleurs en terminant que, si l'augmentation de durée du jour sidéral est établie par la théorie comme elle le semble par les observations, ce n'est que très approximativement que les chiffres précédents en donnent la valeur : une détermination exacte ne pourrait être que l'œuvre du temps.

CHAPITRE VII

MASSES DES CORPS CÉLESTES

§ 1. DÉTERMINATION DES MASSES COMPARÉES DU SOLEIL ET DE LA TERRE.

François Arago, au début du quatrième volume de son *Astronomie populaire*, consacré en partie à l'attraction universelle, s'exprime en ces termes :

« De tous les résultats qui font la gloire de l'astronomie moderne, aucun ne frappe plus fortement l'imagination des personnes étrangères aux lois de la mécanique céleste que la détermination des masses des astres. Aussi, lorsqu'un professeur chargé d'analyser les merveilles du firmament devant les gens du monde, commet la faute, au début d'une leçon, de citer les valeurs numériques des masses planétaires ; s'il dit, par exemple, je vais prouver que le Soleil, placé dans le bassin d'une balance et soumis à la puissance attractive de la Terre, aurait besoin pour être équilibré de 354936 globes pareils au globe terrestre, entassés dans le bassin opposé ; un vif sentiment d'incrédulité s'empare de l'auditoire, et si l'on écoute le démonstrateur, c'est seulement pour juger de son habileté à développer un sophisme. »

Nous ne savons si, parmi les gens du monde qui composeraient l'auditoire hypothétique dont parle Arago, l'incrédulité serait aussi générale qu'il l'imagine. Mais à coup sûr, parmi ceux qui, sur la foi de la science, admettraient le résultat énoncé, il y en aurait un bien petit nombre qui, à moins d'une initiation préalable aux sciences physiques et mathématiques, seraient en état de se rendre compte de la possibilité d'une telle démonstration. C'est une difficulté qui n'a rien d'étonnant et qui se retrouve d'ailleurs en nombre d'autres questions scientifiques.

Au point où nous en sommes de l'exposé des phénomènes et des lois de la gravitation, il ne nous sera point difficile de faire voir, non pas rigoureusement comment ont procédé les géomètres pour calculer les masses des corps célestes, mais tout au moins comment le problème peut être résolu.

D'après la théorie newtonienne, l'attraction s'exerce entre deux molécules matérielles en raison directe de leurs masses et inverse des carrés de leurs distances. La même loi régit le Soleil et les planètes, parce que, comme Newton l'a démontré, des sphères agissent sur les points extérieurs de la même manière que si les masses de toutes les molécules dont ces sphères se composent étaient réunies à leurs centres.

Il est évident dès lors que, si l'on pouvait mesurer les attractions de deux corps célestes, du Soleil et d'une planète par exemple, sur un même corps, ces attractions ou leurs effets réduits à une même distance auraient les mêmes rapports que les masses des deux corps, et ainsi le problème posé serait résolu.

Mais comment mesurer l'attraction d'un astre sur un autre ? En mécanique, on sait que la mesure d'une force constante, telle que la gravitation, n'est autre que l'accélération, c'est-à-dire, soit la vitesse acquise par le corps sur lequel la force agit au bout de l'unité de temps ou d'une seconde ; soit, ce qui revient au même, le double de l'espace parcouru pendant cette unité de temps. C'est ainsi, nous l'avons vu, qu'on procède pour mesurer la gravité à la surface de la Terre. Cette même méthode de comparaison a permis à Newton de reconnaître l'identité de la pesanteur terrestre et de la force qui fait graviter la Lune autour de la Terre.

Partons de ces principes pour trouver la masse de la Terre comparée à celle du Soleil.

Commençons par déterminer l'action de la masse du Soleil ; employons pour cela la méthode qui nous a servi plus haut à calculer la chute de la Lune vers la Terre. La Terre gravite autour du Soleil ; l'orbite qu'elle décrit en une année sidérale, et dont les dimensions sont connues, va nous permettre de calculer quelle est l'attraction solaire, de combien par le fait de cette attraction notre globe tombe, en une seconde de temps, vers le centre du Soleil. Il suffit pour cela d'évaluer en mètres la longueur de l'orbite et de diviser le nombre trouvé par celui des secondes de l'année sidérale : le quotient donnera l'arc décrit en 1 seconde par notre globe à l'époque de sa moyenne distance au Soleil. Une relation de géométrie bien connue[1] permet ensuite de trouver la chute de la Terre en une seconde. Tout calcul fait, on trouve que l'attraction du Soleil fait tomber la Terre vers cet astre de $0^m,002957$ par chaque seconde de temps.

Voilà déjà trouvé l'un des éléments de la question. Il faut maintenant connaître l'attraction de la Terre sur un point matériel situé à la même distance. On sait qu'à Paris la chute d'un

---

1. On a $MT^2 = TP \times TN$, d'où $TP = \dfrac{MT^2}{TN}$. MT est la corde ou l'arc de l'orbite terrestre ;

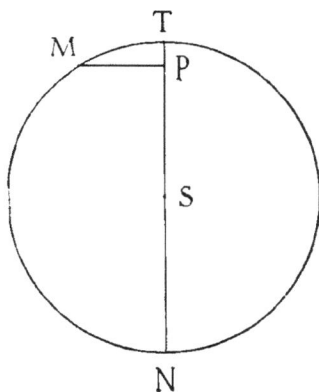

Fig. 160. — Chute de la Terre vers le Soleil.

c'est $\dfrac{2\pi a}{T}$, en appelant a le rayon moyen de l'orbite, et T la durée de la révolution sidérale, qui est $86400'' \times 365,256374$. On a donc $TP = \dfrac{4\pi^2 a^2}{2aT^2} = \dfrac{2\pi^2 a}{T^2} = 0^m,002957$.

corps grave dans le vide est de $4^m,9047$ par seconde. Mais, pour rendre le résultat applicable à un point extérieur, il faut considérer notre globe comme sphérique, toute sa masse étant appliquée au centre de la sphère, et corriger l'action de la pesanteur de ce qui provient de la force centrifuge. On démontre que cela revient à prendre la valeur de la chute des graves en un lieu ayant pour latitude $35°16'$, et dont la distance au centre de la Terre est égale à 6 364 551 mètres[1]. En ce lieu, la mesure de l'attraction terrestre est égale au nombre 9,81645, ce qui revient à dire que, pendant la première seconde de la chute d'un corps dans le vide, l'espace parcouru est $4^m,9082$ environ.

Quel serait cet espace à la distance du Soleil? Il suffit, pour répondre à cette question, de se rappeler que l'intensité de l'attraction décroît en raison inverse du carré de la distance. Un calcul très simple donne ainsi : $0^m,000\,000\,009\,0445$ pour la chute en 1 seconde vers la Terre d'un corps situé à la distance moyenne du Soleil.

Arrivés là, nous n'avons plus qu'à prendre le rapport des deux nombres $0^m,002937$ et $0^m,000\,000\,009\,0445$ (dont le premier mesure l'attraction solaire et le second l'attraction terrestre), pour en conclure le rapport de la masse du Soleil à la masse de la Terre. La division donne 324740.

La masse du Soleil équivaut donc à 324 740 fois la masse de notre globe. A cause des incertitudes des données, il vaut mieux dire en nombres ronds qu'elle est comprise entre 324 000 et 325 000 fois la masse de la Terre.

§ 2. MASSES DE LA LUNE ET DES PLANÈTES.

Voilà donc le Soleil pesé, en prenant la Terre pour unité de poids, ou plutôt de masse. On voit que le succès de la méthode adoptée pour cette mesure repose sur la connaissance des gran-

---

1. C'est un parallèle qui passe un peu au sud de Tanger, d'Oran, de Mostaganem, de Melilla (Maroc).

deurs relatives du rayon du globe terrestre et du rayon moyen de l'orbite, d'une part; de l'autre, sur le résultat des observations qui ont donné la longueur de l'année sidérale; et enfin sur la connaissance expérimentale de l'intensité de la gravité à la surface de notre globe, intensité mesurée par l'espace que les corps graves parcourent en une seconde de chute.

Les mêmes données, sauf la dernière, existent pour toutes les planètes du système solaire. Le calcul de leurs masses exige donc que l'on supplée à cette insuffisance. Cela est aisé pour toutes les planètes qui ont des satellites. En effet, les orbites de ces satellites étant connues en dimensions et en durées, rien n'empêche de calculer l'action de la gravité de la planète sur ce satellite, sa chute vers elle en une seconde de temps, comme on l'a fait pour la Terre tombant vers le Soleil.

C'est ce que fit Newton pour Jupiter et Saturne, dès qu'il eut confirmé sa grande découverte de la gravitation. Il trouva que la masse de Jupiter était la 1067e partie de celle du Soleil, celle de Saturne la 2413e. Aujourd'hui, des observations plus précises ont donné des nombres différents, mais le principe de leur calcul est resté le même.

Les planètes qui ont des satellites sont : Jupiter, Saturne, Uranus et Neptune, c'est-à-dire tout le groupe des grosses planètes d'une part; puis la Terre et Mars. Quant à celles qui sont dépourvues de satellites, à savoir : Mercure, Vénus et le groupe des innombrables planètes télescopiques, leurs masses n'ont pu être déterminées par la méthode dont il a été question plus haut. Mais les perturbations auxquelles elles sont soumises dépendent de l'influence réciproque de ces masses, et les théories de la mécanique céleste permettent d'en calculer approximativement les valeurs, lorsque les données des observations sont introduites dans les formules[1].

---

1. Mars était, il y a deux ans, considéré comme dépourvu de satellites, et sa masse avait été calculée par la méthode des perturbations; c'est sur notre planète que son action était sensible. Les calculs de Le Verrier avaient assigné à sa masse $\frac{1}{3\,000\,000}$ de celle du Soleil. Or la découverte et l'observation de ses deux satellites, dues à l'astronome américain A. Hall,

Pour la Lune, c'est aussi par ses effets perturbateurs sur notre globe que la masse en a été calculée. Cette masse, on l'a vu, produit, dans la position de l'axe de la Terre, le balancement périodique appelé *nutation*. C'est elle également qui, concurremment avec la masse du Soleil, produit les phénomènes des marées. La première de ces perturbations est due à la Lune seule, et se trouve indépendante de l'action du Soleil. La seconde est une combinaison des actions du Soleil et de la Lune sur les eaux de la mer, ainsi qu'on l'a vu plus haut, mais on a pu déterminer le rapport de ces deux forces, et l'on sait que la force de la Lune est 2,1673 fois celle du Soleil. D'autre part, la théorie montre que les forces attractives, dans ce cas, sont en raison des masses et dans le rapport inverse des cubes des distances. Cela permet, puisque les distances du Soleil et de la Lune à la Terre sont connues, de trouver les rapports des masses.

Par ces diverses méthodes, on est arrivé à calculer la masse de la Lune, avec une précision de plus en plus grande, au fur et à mesure du perfectionnement des théories et des observations. Le nombre aujourd'hui adopté est $\dfrac{1}{81,5}$, la masse de la Terre étant prise pour unité. Ainsi, il faudrait plus de 81 globes pareils à notre satellite pour équilibrer le globe terrestre; il en faudrait 26 500 000 pour égaler la masse du Soleil.

Les astronomes ont poussé plus loin encore leurs recherches sur les masses des corps célestes : ils ont essayé de déterminer celles des satellites de Jupiter, et cela par des procédés semblables à ceux que nous venons d'essayer d'exposer, c'est-à-dire en s'appuyant sur les perturbations que les observations ont permis de constater dans les mouvements de ces petits corps.

Le résumé de toutes ces recherches importantes se trouve dans le tableau suivant, qui comprend : 1° les masses des planètes comparées à celle du Soleil ; 2° les mêmes masses, celle

---

ont permis d'employer la première méthode. M. Simon Newcomb a trouvé ainsi $\frac{1}{3\,090\,000}$, c'est-à-dire le nombre donné par Le Verrier, dans la limite des approximations que comportent les observations et les calculs astronomiques.

de la Terre étant prise pour unité ; 5° les densités des planètes et du Soleil ; 4° enfin l'intensité de la pesanteur à leur surface. Comment ces deux derniers éléments, la densité et l'intensité de la pesanteur, se déduisent des autres, c'est ce qui nous reste maintenant à dire. Tâchons de l'expliquer en peu de mots.

Cherchons, par exemple, quelle doit être la densité du Soleil, comparée à la densité de la Terre : il s'agit, bien entendu, de la densité moyenne, c'est-à-dire de celle que possèderaient l'un et l'autre de ces corps, si toute la matière dont chacun d'eux est formé se trouvait uniformément répartie dans son volume, en un mot si chacun d'eux était homogène.

Soit 1 la densité de la Terre. La masse du Soleil étant, en nombre rond, 324 500, sa densité serait égale

Uranus — Neptune — Saturne — Jupiter — Mercure — Mars — Vénus — Terre

AB rayon du Soleil.

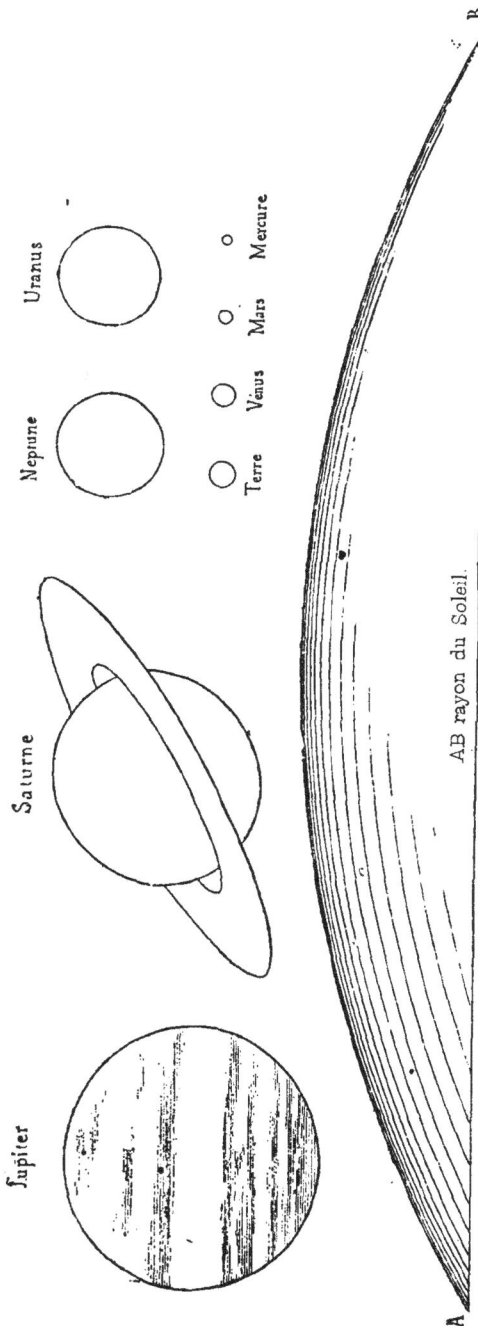

Fig. 161. — Grosseurs comparées des planètes et du Soleil.

à 324500 fois celle de notre globe, si le volume du Soleil ne dépassait point celui de la Terre. Mais son diamètre est 108556 fois le diamètre terrestre ; son volume est donc (108556)³ ou environ 1 279 000 fois aussi considérable. Donc la densité du Soleil, au lieu de 324500, est $\frac{324\,500}{1\,279\,000}$; la division donne 0,253. On voit donc que la densité s'obtient en divisant la masse par le volume : ce résultat, à vrai dire, se déduit immédiatement des définitions de la densité et de la masse, et s'applique à tous les corps célestes dont la masse, la distance et le diamètre sont donnés, par conséquent à toutes les planètes principales du système.

Quant à l'intensité de la pesanteur sur chacun de ces corps, ainsi que sur le Soleil, elle n'est pas moins aisée à calculer. On a vu

1. La comparaison des deux figures 161 et 162 permet de se faire une idée des masses respectives des planètes. La première montre ces masses avec leurs dimensions relatives réelles. Dans la seconde, on suppose que la matière dont ces corps se composent s'est resserrée ou dilatée de façon à avoir partout la même densité, celle du Soleil par exemple.

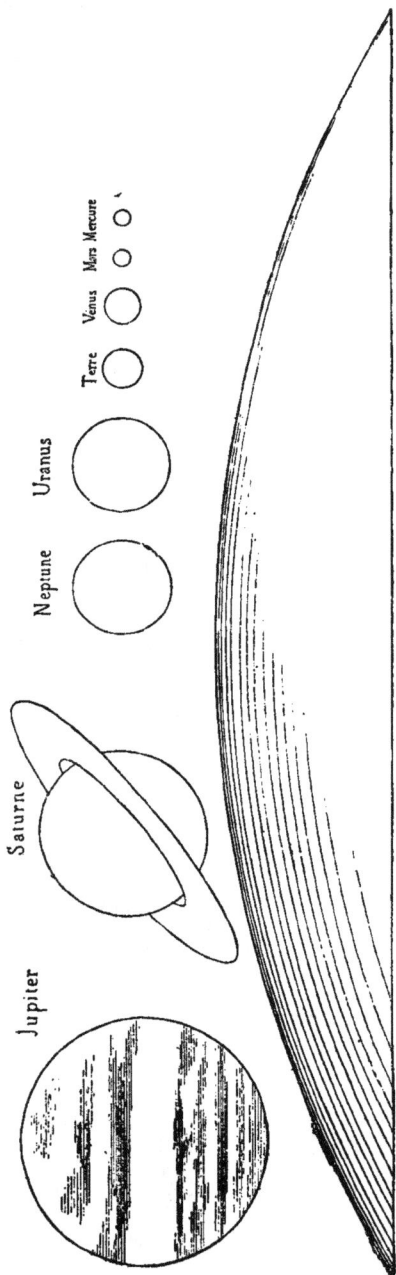

Fig. 162. — Masses comparées des planètes et du Soleil ; ou volumes relatifs dans l'hypothèse où la matière serait ramené à la même densité [1].

plus haut, en effet, comment on trouve la masse, en cherchant quelle est la chute d'un corps en 1 seconde à une distance déterminée. Il suffira de faire le même calcul en prenant pour distance celle de la surface de l'astre au centre, c'est-à-dire une distance égale au rayon du corps considéré comme sphérique. On trouve au reste, d'une manière générale, que l'intensité de la pesanteur à la surface des corps célestes est proportionnelle aux masses et inverse des carrés des rayons : c'est la loi générale de la gravitation.

Un corps grave est sollicité par la pesanteur à la surface du Soleil avec une énergie qui dépasse 27 fois (plus exactement 27,5) celle de la Terre sur un corps pareillement placé à la surface de notre globe. Ainsi, abandonné à lui-même dans le vide au bout d'une seconde de chute, un corps tombant à la surface du Soleil aurait acquis une vitesse de 270 mètres, après avoir parcouru pendant la première seconde un espace de 135 mètres. Le tableau ci-dessous donne l'intensité de la pesanteur à la surface de chaque planète principale, et aussi à la surface de notre satellite.

MASSES, DENSITÉS ET PESANTEUR A LA SURFACE DES CORPS DU SYSTÈME PLANÉTAIRE.

NOMS des astres.	MASSES. Soleil = 1.	MASSES. Terre = 1.	DENSITÉS. Eau = 1.	DENSITÉS. Terre = 1.	PESANTEUR. Terre = 1.
Soleil	1	324479	1,407	0,253	27,474
Mercure	$\frac{1}{4\,348\,000}$	0,075	7,650	1,376	0,521
Vénus	$\frac{1}{412\,150}$	0,787	5,032	0,905	0,864
Terre	$\frac{1}{324\,479}$	1,000	5,560	1,000	1,000
Lune	$\frac{1}{26\,500\,000}$	0,012	3,347	0,602	0,164
Mars	$\frac{1}{3\,000\,000}$	0,109	3,970	0,714	0,582
Jupiter	$\frac{1}{1050}$	309,028	1,312	0,236	2,581
Saturne	$\frac{1}{3530}$	91,931	0,672	0,121	1,104
Uranus	$\frac{1}{20\,574}$	15,771	1,162	0,209	0,883
Neptune	$\frac{1}{17\,500}$	18,542	1,201	0,216	0,953

MASSES DES SATELLITES DE JUPITER.

LA MASSE de la Terre = 1.	LA MASSE de Jupiter = 1.	LA MASSE de la Lune = 1.
I. 0,00535	0,000017328	0,4364
II. 0,00716	0,000023235	0,5838
III. 0,02735	0,000088497	2,2880
IV. 0,01518	0,000042659	1,0745

Les nombres qui, dans le tableau précédent, servent à évaluer les masses des corps célestes de notre système, sont tous rapportés soit à la masse du corps central, soit à celle de notre globe, et cela suffit pour les problèmes de mécanique céleste que peuvent avoir à résoudre les astronomes. Mais on peut, par curiosité, transformer tous ces nombres en kilogrammes, je suppose, ou en tonnes de 1000 kilogrammes, en les comparant aux masses ou aux poids des corps terrestres.

En effet, la densité moyenne de la matière qui forme la Terre étant connue, le poids de notre globe peut être lui-même calculé en kilogrammes. Il faut entendre par là la somme totale des poids que l'on trouverait si l'on pouvait soumettre à la balance, parcelle par parcelle, toute cette matière, dans les conditions que nous avons eu l'occasion de spécifier. Ce poids, on l'a vu, dépasserait 6 000 000 de milliards de tonnes.

Pour le poids de la Lune on trouverait :

72 000 000 000 000 tonnes,

et pour celui du Soleil :

1 899 000 000 000 000 000 000 000 000 tonnes !

De tels nombres, que l'imagination chercherait en vain à se représenter, le dernier surtout, n'ont qu'un intérêt, celui de montrer l'énormité des masses des astres, quand on les compare aux masses qui nous sont familières.

Il est plus instructif de comparer la masse du Soleil à celles réunies de toutes les planètes, que la puissance de sa force attractive contraint à graviter autour de lui. On trouve alors que cette masse équivaut à 740 fois environ toutes les masses planétaires.

Il est non moins intéressant de comparer les densités respectives des globes des planètes et du Soleil. Il faut d'abord remarquer que les quatre planètes les plus voisines du Soleil, les plus récemment formées, sont aussi les plus denses ; tandis que le groupe des grosses planètes, de Jupiter à Neptune, est caractérisé par une densité notablement inférieure, moindre que le quart de la densité des premières. Quant à la densité du Soleil, elle dépasse un peu celle des grosses planètes. Si les planètes se sont formées, comme la théorie cosmogonique de Laplace le suppose, par l'abandon et la condensation des zones nébuleuses qui formaient à l'origine l'atmosphère du noyau solaire, on comprend que les plus éloignées aient été composées des matières les moins denses : ce sont celles qui ont donné naissance aux plus grosses et aux plus anciennes planètes du système ; les plus voisines du Soleil, formées des zones les plus basses et les plus lourdes, devaient produire les planètes les plus denses, ainsi qu'il arrive en effet.

Supposons toute la matière du Soleil, des planètes et de leurs satellites uniformément répartie dans l'espace sphérique embrassé par l'orbite de Neptune : il en résulterait une nébuleuse gazeuse homogène, dont il est facile de calculer la densité. Comme la sphère d'un pareil rayon aurait un volume égal à plus de 300 quatrillions de fois le volume terrestre, la densité cherchée ne serait plus qu'un demi-trillionième de la densité de l'eau. La nébuleuse solaire ainsi dilatée serait 400 millions de fois moins dense que l'hydrogène à la pression ordinaire, lequel est, comme on sait, le plus léger de tous les gaz connus.

Ainsi la théorie de la gravitation fournit à l'astronomie physique des données qui jettent un certain jour, non seulement sur la constitution intime des globes, mais même sur le mode de groupement de la matière primitive.

§ 5. DÉCOUVERTE DE NEPTUNE. — LES VULCAINS.

Si la théorie de la gravitation, en permettant aux géomètres d'évaluer les masses des corps célestes, leurs densités, la pesanteur à leur surface, a des conséquences d'un grand intérêt pour les questions de physique astronomique, elle en a de bien plus importantes encore au point de vue de l'astronomie planétaire, j'entends au point de vue du perfectionnement des théories et des tables qui représentent toutes les circonstances des mouvements des corps du système. Les masses planétaires sont des éléments indispensables de ces théories : déterminer ces éléments avec une précision plus grande est donc un progrès qui influe sur tout le reste de la science. Lorsque, en décembre 1874, de nombreuses missions scientifiques sont allées observer le passage de Vénus, d'où se déduit la parallaxe du Soleil et, par suite, la distance de la Terre à cet astre, c'est beaucoup plus la conséquence relative à la masse de notre planète que la question de distance qui préoccupait les astronomes géomètres. On a vu, en effet, que dans la méthode de calcul de ces masses la distance des deux astres entre comme élément essentiel.

Il faut ajouter que quelques-uns d'entre eux, et des plus éminents, Le Verrier par exemple, pensaient que la masse du Soleil pouvait être déterminée avec plus de précision par la théorie et la discussion des observations antérieures, que par les observations du passage de Vénus; à ses yeux, la parallaxe solaire devait se déduire de la valeur de la masse, non celle-ci de la première. Cet élément, la masse d'un corps céleste, a la plus haute importance dans les recherches de mécanique céleste ; et les perturbations qui résultent des influences réciproques des masses ont déjà joué un grand rôle dans les progrès de l'astronomie planétaire et de l'astronomie sidérale. C'est ce que nous allons montrer par quelques exemples.

Une des confirmations les plus éclatantes de la loi de gravitation a été sans contredit la découverte de la planète Neptune. Si, en effet, c'était déjà un triomphe que de résoudre le problème de déterminer les masses des planètes connues par la connaissance des perturbations observées, et d'en déduire ensuite les positions futures avec toutes leurs inégalités périodiques ou séculaires, cela parut autrement étonnant de découvrir, à l'aide de perturbations inexpliquées, des corps jusqu'alors inobservés, et de déterminer avec une certaine approximation les éléments de leurs orbites.

Tel fut le cas pour Neptune, qui, inconnu jusque-là des observateurs, fut trouvé en septembre 1846 par un astronome de Berlin, dans la région du ciel que les prévisions d'un calcul tout théorique avaient assignée à la planète nouvelle. L'histoire de cette découverte fameuse, qui a fait époque dans les annales de l'astronomie, ne peut être développée ici; nous rappellerons seulement que la comparaison des observations d'Uranus faites dans le dix-huitième siècle et dans la première moitié du dix-neuvième avait dévoilé aux astronomes l'existence de perturbations dont ne pouvaient rendre compte les planètes connues. L'idée d'attribuer ces anomalies à un astre inconnu avait été déjà conçue par un savant français, Bouvard; mais à cette époque les données étaient insuffisantes pour aborder la question. Quand elles furent complétées, et qu'il fut bien démontré que la marche d'Uranus était soumise à des troubles que l'on ne pouvait attribuer aux erreurs des observations, deux géomètres entreprirent simultanément et isolément de résoudre le problème, qu'on peut poser en ces termes :

Étant données les perturbations d'un corps céleste, calculer l'orbite et la masse de la planète perturbatrice, et indiquer approximativement sa position dans le ciel à une époque fixe.

Deux savants, Le Verrier en France, Adams en Angleterre, eurent la gloire de parvenir au but, et l'on sait que c'est notre compatriote qui publia le premier les résultats de son calcul et qui indiqua à M. Galle la position où la planète supposée

devait être trouvée. Le nouvel astre fut en effet observé et
son mouvement reconnu dans les derniers jours du mois de
septembre 1846. Il ne faut pas s'exagérer du reste la précision des éléments calculés, qui sur plusieurs points se trouvèrent notablement inexacts, et dont les observations de la planète nouvelle permirent bientôt de rectifier les valeurs. Mais il
faut admirer la sûreté de la méthode et la beauté d'une théorie
qui rend possibles de telles découvertes.

L'hypothèse de l'existence d'une ou de plusieurs planètes
circulant entre le Soleil et Mercure a un double point de
départ : l'un, qui est historiquement le plus ancien, consiste
dans une série assez nombreuse d'observations de passages de
points noirs sur le disque du Soleil, dans des conditions
d'aspect, de mouvement et de durée qui ne permettaient pas
de confondre ces points avec des taches solaires. Depuis le milieu du siècle dernier, plus de trente observations de ce genre
avaient été faites, sans qu'on y attachât une grande importance ;
en tout cas, elles n'avaient été l'objet d'aucune discussion
approfondie. Les astronomes paraissaient plutôt portés à considérer ces passages comme appartenant à des comètes, ce qui
peut être vrai de quelques-unes. Méchain disait en 1804, à
propos d'une observation faite en 1798 par le chevalier d'An-
gos : « Est-ce que ce corps, observé pendant plus de vingt
minutes avec deux lunettes, et qui a une forme ronde et un
mouvement propre, ne devrait pas être compté parmi les comètes? Ou était-ce une planète inférieure que nous ne connaissons pas encore? On sait combien de temps Mercure fut inconnu,
même aux astronomes. Copernic mourut sans l'avoir vu. »
On peut croire que la question de l'existence d'une planète
intramercurielle serait ainsi restée longtemps dans le vague,
et l'interprétation des observations laissée aux conjectures,
sans la coïncidence heureuse de l'observation faite en 1859 par
notre compatriote le docteur Lescarbault, d'Orgères, et la publication par Le Verrier de sa théorie des planètes inférieures.

Là est le second point de départ que nous voulions signaler, et à partir duquel le problème s'est posé d'une façon toute nouvelle et surtout plus heureuse. Dans ses recherches sur la planète Mercure, Le Verrier s'était trouvé longtemps arrêté par la difficulté de concilier les observations et la théorie; en ne tenant compte que des actions des planètes connues, les nombreux passages de Mercure observés jusqu'à nos jours ne pouvaient être représentés avec exactitude. C'est en vain qu'il chercha d'abord à faire disparaître cette difficulté par l'hypothèse de quelque ellipticité de la masse du Soleil, ou par celle de la résistance de l'éther, ou enfin par l'action d'une atmosphère solaire s'étendant jusqu'à Mercure et entraînée dans un mouvement plus rapide que la planète. L'illustre géomètre parvint toutefois à reconnaître que le désaccord entre la théorie et les observations disparaissait à une condition, celle d'augmenter de 38″ le mouvement séculaire du périhélie de Mercure. Alors les observations des passages sur le Soleil se trouvaient représentées avec une exactitude supérieure à celle qu'on avait jusqu'alors obtenue dans les théories astronomiques les plus précises.

Une telle correction était-elle légitime?

Il fallait, il est vrai, justifier cette correction, afin d'éviter le reproche de correction *empirique* que quelques savants lui adressaient. En un mot, il fallait en trouver l'explication physique. C'est ce que fit Le Verrier en attribuant l'accroissement du périhélie de Mercure à l'action de corps planétaires inconnus circulant entre Mercure et le Soleil.

« Considérons, disait-il, pour fixer nos idées, une planète qui serait située entre Mercure et le Soleil, et, comme nous n'avons pas remarqué dans le mouvement du nœud de l'orbite de Mercure une variation pareille à celle du périhélie, imaginons que la planète supposée se meuve dans une orbite peu inclinée à celle de Mercure. Admettons même, vu l'indétermination du problème, que l'orbite soit circulaire. La planète hypothétique devant imprimer au périhélie de Mercure un mouvement séculaire de 38″, il en résulte, entre sa masse et sa distance au Soleil, une relation telle qu'à mesure qu'on supposera une distance plus petite la masse augmentera, et inversement. Pour une distance un peu inférieure à la moitié de la distance moyenne de Mercure au Soleil, la masse cherchée serait égale à celle de Mercure.

L'observation, faite à Orgères le 26 mars 1859 par le docteur Lescarbault, du passage d'une tache noire et ronde sur le disque du Soleil, et décrite peu de temps après la publication du travail de Le Verrier, vint à point pour confirmer celui-ci dans ses vues. Toutefois, comme il le fit remarquer en diverses occasions, la théorie ne permettait point de décider s'il existait une seule planète ou s'il y en avait plusieurs; il était même possible que l'action reconnue fût produite par une série de corpuscules ou par un anneau d'astéroïdes circulant entre le Soleil et Mercure.

C'est donc par la théorie que Le Verrier arrivait à conclure à l'existence de nouveaux corps planétaires, tout comme c'est par la théorie qu'il avait réussi, il y a trente-quatre ans, à agrandir le domaine réel de l'action solaire en découvrant Neptune, dont l'existence était révélée par les perturbations que la planète, jusqu'alors inconnue, avait antérieurement exercées sur les mouvements d'Uranus. L'intérêt du problème à résoudre est le même dans les deux cas. Il s'agit de savoir si la théorie de la gravitation newtonienne, qui a successivement expliqué toutes les apparentes anomalies, tous les écarts entre les observations et les calculs, se trouve légitimement invoquée en ce qui concerne les inégalités du mouvement de Mercure. La mécanique céleste, considérée comme présentant la théorie des mouvements planétaires, est le plus beau monument scientifique des temps modernes : c'est la solide base de toute l'astronomie spéculative; et si elle ne peut, comme toutes les sciences positives, se passer du contrôle des observations, il n'en est pas moins admirable de la voir parvenue à un degré de perfection tel, que la théorie permet de devancer les observations elles-mêmes et de révéler l'existence certaine de corps, d'astres jusqu'alors inaperçus.

L'existence de planètes circulant entre le Soleil et Mercure, déjà soupçonnée par les observations multipliées de passages de points noirs devant le Soleil, quoique n'ayant pas le même caractère de certitude que celle de Neptune, peut cependant être considérée comme certaine, depuis l'observation faite par un astronome américain, M. Watson. Ce savant, pendant la durée de l'éclipse totale du 29 juillet 1878, a vu en effet, à 2 degrés du Soleil, un astre de quatrième grandeur dont la position à l'heure du phénomène, ne coïncidait avec celle d'aucune étoile connue, et qui fut observé ailleurs du reste par un autre savant, M. Swift. Une seconde étoile, de troisième grandeur, a été vue dans les mêmes circonstances par M. Watson, et, après une discussion approfondie, on ne peut guère douter que les deux astres ainsi découverts ne soient deux planètes intramercurielles, deux Vulcains.

Ainsi, la loi de la gravitation newtonienne, bien loin d'être infirmée par les perturbations planétaires, par les variations séculaires ou périodiques qui affectent les éléments des orbites, en a reçu des confirmations si éclatantes, si nombreuses, qu'il ne peut y avoir aucun doute sur sa réalité et sur son universalité, au moins dans le monde des planètes et de leurs satellites, on peut dire dans le monde solaire.

En effet, outre les astres qui composent la famille planétaire, et dont les mouvements sont régis dans leurs moindres détails par cette grande loi de la nature, il est une autre catégorie de corps célestes soumis à la même force de l'attraction : ce sont les comètes. Il y a bientôt deux siècles que Halley, croyant reconnaître un seul et même astre dans les apparitions successives des comètes de 1531, de 1607 et de 1682, prédisait son retour pour l'année 1758, et attribuait à des causes physiques pareilles à celles qui altèrent les mouvements de Jupiter et de Saturne, les inégalités que l'on remarquait dans ses périodes successives. On sait que Clairaut et Lalande précisèrent la prédiction de Halley, en calculant le retard que subirait le retour de la fameuse comète par suite des influences de Jupiter et de Saturne. Ce retard, d'après les laborieuses recherches des deux astronomes (aidés de Mlle Hortense Lepaute)[1], devait être de 618 jours, dont 100 jours dus à l'action de Saturne et 518 jours à celle de Jupiter. La comète revint au périhélie le 13 mars 1759, avec une avance de 32 jours sur l'époque ainsi fixée.

Depuis, une apparition de la même comète a eu lieu en 1835. Mais la théorie de la gravitation, en ces trois quarts de siècle, avait fait de tels progrès, que l'époque exacte du retour de la comète put être calculé (par Damoiseau et Pontécoulant) avec une exactitude presque mathématique : il n'y eut pas cette fois trois jours de différence entre les résultats du calcul et ceux de l'observation.

Nous nous bornons à cet exemple de l'application de la loi de gravitation aux mouvements des comètes ; les annales de l'astronomie en renferment cent autres.

Il est donc prouvé par l'observation, comme l'induction et l'analogie permettaient de le prévoir, que l'attraction réciproque en raison des masses, et inverse aux carrés des distances, est la loi commune de tous les corps qui circulent dans les limites du monde solaire, par delà l'orbite de Neptune et jusque dans les profondeurs où s'enfoncent les comètes, dont les périodes se comptent par centaines, par milliers de siècles. Il reste à montrer qu'elle agit de même dans les systèmes du monde sidéral.

§ 4. LA GRAVITATION DANS LE MONDE SIDÉRAL.

Parmi les innombrables étoiles dont le ciel est parsemé, il en est qui, examinées dans les lunettes d'une certaine

1. C'est en l'honneur de Mlle Hortense Lepaute et de ses travaux qu'une fleur bien connue a reçu le nom d'*Hortensia*.

puissance, au lieu d'un point lumineux unique, en montrent deux ou plusieurs, ce qui leur a fait donner le nom d'*étoiles doubles* ou *multiples*.

Or une observation attentive a fait reconnaître, dans un certain nombre de ces couples, de véritables systèmes de deux soleils tournant l'un autour de l'autre, ou mieux circulant à l'entour de leur centre de gravité commun. Nous disons leur *centre de gravité*. C'est qu'en effet il est infiniment probable que la gravitation est la force qui retient ces astres dans leurs orbites réciproques. On a étudié minutieusement les déplacements de l'une des étoiles de chaque couple autour de l'autre, reconnu la périodicité du mouvement, et calculé, avec une approximation plus ou moins grande, les éléments de leurs orbites. Pour ces calculs, les astronomes ont pris comme point de départ l'hypothèse du mouvement elliptique, ont supposé les composantes des étoiles doubles soumises aux lois de Képler, en un mot ont considéré leurs mouvements comme régis par la loi de gravitation. Or, dans les limites des erreurs d'observation, l'accord a paru aussi satisfaisant que possible entre l'observation et la théorie.

Il paraît donc hautement probable que la force de gravitation n'est point particulière à notre monde, qu'elle s'étend dans les profondeurs de l'espace jusqu'à ces lointains systèmes dont la lumière met des années à parvenir jusqu'à nous. Un autre genre de témoignage, analogue à celui qui a signalé la découverte de Neptune, vient encore à l'appui de cette généralisation. Entrons à ce sujet dans quelques détails, qu'on nous permettra d'emprunter à notre ouvrage *Le Ciel*. « Des perturbations observées dans les positions et les mouvements de Sirius avaient conduit Bessel à soupçonner la présence d'un corps troublant que le télescope n'avait pu révéler encore, et que, pour cette raison, il considérait comme un astre obscur, de nature planétaire. En 1851, Peters discuta, d'après les vues de Bessel, un grand nombre d'ob-

Pl. I

M. Rapine sc.   Imp. Fraillery

NÉBULEUSE D'ANDROMÈDE

d'après les observations de G P Bond et de L Trouvelot

servations de Sirius, et ce savant arriva à cette conclusion que les variations périodiques reconnues peuvent s'expliquer si l'on admet que l'étoile décrit en cinquante ans une ellipse dont le demi grand axe, vu de la Terre, sous-tendrait un angle supérieur à 2″,4. Onze ans plus tard, un astronome américain, M. Clarck, se servant d'une nouvelle et puissante lunette de 47 centimètres d'ouverture, aperçut le compagnon de Sirius, dont l'angle de position et la distance s'accordaient avec l'orbite calculée par Peters. J. Chacornac à Paris, Lassell à Malte, voyaient à leur tour, un ou deux mois après Clarck, l'astre deviné par Bessel; ce n'était donc point un corps obscur, ainsi que l'impossibilité de rien voir jusqu'alors l'avait fait soupçonner au célèbre astronome.

« Une découverte semblable a été faite sur Procyon. L'étude du mouvement de cette belle étoile, d'après de nombreuses observations d'Europe et d'Amérique, a conduit le docteur Auwers à représenter ses variations de position par une orbite à peu près circulaire, que Procyon décrirait en près de quarante années (39ᵃ,866) dans un plan perpendiculaire au rayon visuel, le rayon de l'orbite étant égal à 0″,98. Or le compagnon jusqu'alors inconnu, dont l'action avait produit les perturbations observées, a été découvert par O. Struve, et observé en 1873 et 1874.

« Cette vérification, par l'observation, de l'existence d'astres jusqu'alors inconnus, existence démontrée et prévue par la seule théorie, est de la plus haute importance. En effet, les recherches de Bessel, de Peters et d'Auwers étaient également basées sur l'hypothèse que les lois de la gravitation sont les mêmes dans les systèmes sidéraux que dans le système solaire, et qu'ainsi les corps voisins exercent les uns sur les autres des attractions qui leur font décrire, en suivant les lois de Képler, des orbites elliptiques autour de leur centre de gravité commun. Il y a donc à répéter ici ce que nous avons dit en parlant des orbites des autres étoiles doubles. Si les positions successives des satellites d'abord supposés, puis découverts, s'accordent avec celles que donne la théorie, l'hypothèse se trouve justifiée. Or, jusqu'à présent, un tel accord peut être regardé comme réel, dans les limites des erreurs que l'on commet nécessairement dans des mesures si délicates et si difficiles. Sous ces réserves, il est donc permis de regarder comme réalisé l'espoir que W. Struve exprimait, il y a trente ans, dans son remarquable Mémoire sur les étoiles doubles.

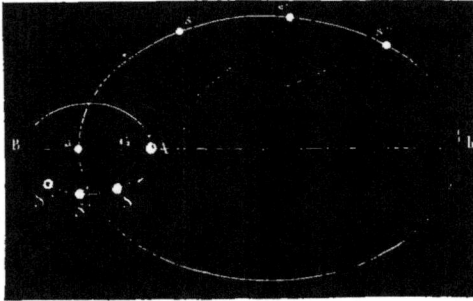

Fig. 163. — Orbites décrites par les composantes d'un système binaire autour du centre de gravité commun. (Rapport des masses = 3 : 1.)

« Si les lois de la gravitation universelle, disait-il, sont la plus sublime découverte qu'ait faite l'esprit humain dans le cours de plusieurs milliers d'années, nous sommes bien près d'être à même de déterminer si ces lois n'appartiennent qu'au système solaire, ou si elles sont communes à l'univers entier. L'astronomie marche donc vers une nouvelle époque, où l'on fera voir que la mécanique céleste ne se borne pas aux phénomènes du système solaire, mais peut s'appliquer aux mouvements des étoiles fixes. » (*Rapports sur les mesures micrométriques d'étoiles doubles*, etc.)

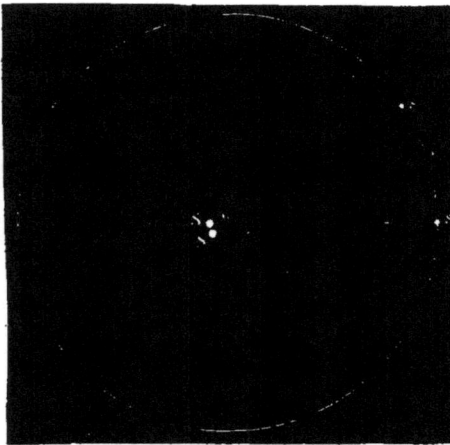

Fig. 164. — Orbites décrites par les composantes d'une étoile double, autour du centre de gravité du système. (Rapport des masses = 15 : 1, comme dans le cas de Procyon.)

« Si la gravitation régit les systèmes d'étoiles doubles et

multiples, il en résulte une conséquence d'un grand intérêt.
On doit pouvoir calculer la masse des étoiles dont la distance
est connue, en la comparant à celle de notre propre Soleil.
Parmi les systèmes dont les éléments sont calculés et dont
les parallaxes sont déterminées, nous en trouvons quatre,
Sirius, la 61ᵉ du Cygne, α du Centaure et p d'Ophiucus, dont
il est possible d'évaluer approximativement la masse. On
trouve ainsi que les deux étoiles de 61ᵉ Cygne ont ensemble un peu plus du tiers de la masse du Soleil (0,349), en
admettant 0″,374 pour la parallaxe et 452 ans pour la période de révolution. En supposant, comme la presque égalité
de leur éclat l'autorise, qu'elles sont toutes deux de même
dimension et de même masse, chacune d'elles serait le sixième
de la masse solaire. Les masses réunies des deux composantes
d'α Centaure sont égales à 0,395, près des quatre dixièmes
de la masse du Soleil. Ces deux systèmes sont donc, sous
ce rapport, inférieurs au nôtre. Il n'en est pas ainsi de
70 p Ophiucus; en admettant la parallaxe trouvée par Krüger,
0″,162, ce magnifique système aurait pour masse 3,4,
près de trois fois et demie autant que le Soleil. Sirius enfin
serait un peu moindre, et sa masse équivaudrait à 3,125,
d'après les calculs de M. Wilson. »

§ 5. TRANSMISSION INSTANTANÉE DE LA GRAVITATION.

La gravitation, que nous venons de voir exercer son action
dans toutes les régions visibles de l'univers, se transmet-
elle à distance instantanément, ou bien cette transmission
est-elle progressive, comme celle de la lumière, par exemple,
dont les ondulations parcourent en une seconde de temps
l'énorme intervalle de 300000 kilomètres?

Laplace s'est posé cette question, et voici en quels termes
il la résout dans son *Exposition du système du monde:*

« Nous n'avons, dit-il, aucun moyen pour mesurer la

durée de la propagation de la pesanteur, parce que, l'attraction du Soleil ayant une fois atteint les planètes, cet astre continue d'agir sur elles, comme si sa force attractive se communiquait, dans un instant, aux extrémités du système planétaire ; on ne peut donc pas savoir en combien de temps elle se transmet à la Terre ; de même qu'il eût été impossible, sans les éclipses des satellites de Jupiter, et sans l'aberration, de reconnaître le mouvement successif de la lumière. Il n'en est pas ainsi de la petite différence qui peut exister dans l'action de la pesanteur sur les corps, suivant la direction et la grandeur de leur vitesse. Le calcul m'a fait voir qu'il en résulte une accélération dans les moyens mouvements des planètes autour du Soleil, et des satellites autour de leurs planètes. J'avais imaginé ce moyen d'expliquer l'équation séculaire de la Lune, lorsque je croyais avec tous les géomètres qu'elle était inexplicable dans les hypothèses admises sur l'action de la pesanteur. Je trouvais que si elle provenait de cette cause, il fallait supposer à la Lune, pour la soustraire entièrement à sa pesanteur vers la Terre, une vitesse vers le centre de cette planète au moins *sept millions de fois plus grande que celle de la lumière*[1]. La vraie cause de l'équation séculaire de la Lune étant aujourd'hui bien connue, nous sommes certains que l'activité de la pesanteur est beaucoup plus grande encore. Cette force agit donc avec une vitesse que nous pouvons considérer comme infinie ; et nous en devons conclure que l'attraction du Soleil se communique dans un instant presque indivisible aux extrémités du système solaire. »

1. Si ce nombre exprimait la vitesse vraie de la transmission de la force de gravitation, elle se propagerait en 15 secondes à la distance de l'étoile la plus voisine de nous, de α du Centaure par exemple. La lumière met trois ans et demi à franchir cet intervalle.

CHAPITRE VIII

QU'EST-CE QUE LA GRAVITATION?

§ 1. VUES DE NEWTON SUR L'ATTRACTION.

Après avoir passé en revue les principaux phénomènes de la pesanteur, exposé les lois suivant lesquelles ils se manifestent, soit à la surface de la Terre, soit à l'intérieur du globe, soit dans l'atmosphère; après avoir montré l'identité de leur principe avec celui des mouvements des astres, dans notre système solaire comme dans les systèmes sidéraux que le télescope découvre au sein des cieux, une question inévitable se présente :

Qu'est-ce que la pesanteur, qu'est-ce que la gravitation universelle?

Nous pourrions passer outre et répondre que la question ainsi posée n'est pas du domaine de la science, laquelle se trouve satisfaite si elle est arrivée à connaître, à mesurer les effets de la cause qui a reçu le nom de pesanteur. Une force est connue autant qu'elle peut l'être, si les effets en sont clairement indiqués par la définition même, si toutes les circonstances des phénomènes sont des conséquences nécessaires du principe, si l'observation expérimentale et la théorie sont toujours concordantes.

Il est vrai : à ce point de vue, nous n'aurions rien à ajouter aux chapitres qui précèdent, n'ayant pas l'intention d'aborder cette question de métaphysique qui aurait pour objet de déterminer l'*essence* de la gravitation, de chercher, selon le langage de l'école, ce qu'est la pesanteur *en soi*.

Mais le problème peut être attaqué d'une autre façon, et il l'a été à diverses reprises par des savants des deux derniers siècles, comme par les contemporains. On s'est demandé si la pesanteur n'est pas un cas particulier d'une force plus générale, ou, ce qui revient à peu près au même, si elle n'a point avec telle ou telle force physique une corrélation qui permette de les considérer l'une et l'autre comme les effets d'une même force. Par exemple, un lien semblable existe-t-il entre la pesanteur et l'électricité? Ou bien la gravitation se rattache-t-elle au mouvement ondulatoire de l'éther? Les ondes qui donnent lieu à la lumière, à la chaleur rayonnante, ne peuvent-elles aussi rendre compte des phénomènes de la gravité?

Disons tout de suite qu'il n'y a eu jusqu'à présent que des ébauches d'une théorie de ce genre; mais il ne sera peut-être pas inutile de donner une idée de ces essais, ne fût-ce que pour faire sentir de combien il s'en faut que le problème soit résolu. Ce sera en même temps une occasion naturelle pour dissiper quelques idées erronées, de celles qui se glissent si aisément dans l'esprit à la faveur des mots.

C'est ainsi qu'on se fait volontiers une fausse idée de l'attraction. Newton, en employant ce mot, avait eu bien soin cependant de mettre en garde contre une interprétation qui eût fait ressembler la cause des phénomènes de gravitation et de pesanteur aux *qualités occultes* des philosophes anciens. Voici ce qu'il en dit dans son immortel ouvrage des *Principes mathématiques de la philosophie naturelle:*

« J'entends par le mot *attraction* l'effort que font les corps pour s'approcher les uns des autres, soit que cet effort résulte de l'action des corps qui se cherchent mutuellement ou qui s'agitent l'un l'autre par des émanations; soit qu'il résulte de l'action de l'éther, de l'air ou de tout autre milieu, corporel ou incorporel, qui pousse l'un vers l'autre, d'une manière quelconque, tous les corps qui y nagent. »

Et ailleurs :

« J'ai expliqué jusqu'ici les phénomènes célestes et ceux de la mer par la force de la gravitation ; mais je n'ai assigné nulle part la cause de cette gravitation. Cette force vient de quelque cause qui pénètre jusqu'au centre du Soleil et des planètes sans rien perdre de son activité ; elle agit selon la quantité de la matière, et son action s'étend de toutes parts à des distances immenses, en décroissant toujours dans la raison doublée des distances. Je n'ai pu encore déduire des phénomènes la raison de ces propriétés de la gravité, et je n'imagine point d'hypothèses....»

Parlant, dans la question XXXI de l'*Optique*, des puissances attractives, telles que le magnétisme, l'électricité, la gravité, Newton fait encore expréssement la même réserve en disant : « Je n'examine point ici quelle peut être la cause de ces attractions : ce que j'appelle *attraction* peut être produit par impulsion ou par d'autres moyens qui me sont inconnus. Je n'emploie ici ce mot d'*attraction* que pour signifier en général une force quelconque, par laquelle les corps tendent réciproquement les uns vers les autres, quelle qu'en soit la cause ; car c'est des phénomènes de la nature que nous devons apprendre que les corps s'attirent réciproquement et quelles sont les lois et les propriétés de cette attraction, avant que de rechercher quelle est la cause qui la produit. »

Tout le monde sait que Newton considérait la lumière comme une matière *sui generis* se propageant en ligne droite dans les milieux homogènes, et qu'il regardait les espaces célestes comme n'opposant aux mouvements des corps célestes qu'une résistance nulle ou insensible. Cependant ces espaces n'étaient pas, selon lui, absolument vides ; il les supposait remplis, au contraire, d'un milieu auquel il donne le nom de *milieu éthéré* ou d'*éther*, milieu au-

quel il attribue précisément les propriétés que lui donnent
aujourd'hui les physiciens pour expliquer les phénomènes
de la lumière. L'existence d'un tel milieu lui paraît prouvée,
entre autres, par une expérience qui consiste à faire le vide
dans un ballon au centre duquel se trouve la boule d'un
thermomètre, et à constater que l'instrument se réchauffe ou
se refroidit à peu près avec la même rapidité que dans le
cas où le ballon est plein d'air. Il lui semble résulter de
cette expérience que la chaleur ne peut être transmise ou
« communiquée *à travers le vuide* que par les vibrations
d'un milieu beaucoup plus subtil que l'air. » (*Questions d'optique.*) « Ce milieu, ajoute-t-il, n'est-il pas excessivement
plus rare et plus subtil que l'air, et excessivement plus élastique et plus actif? Ne pénètre-t-il pas facilement tous les
corps, et par sa force élastique ne se répand-il pas dans
tous les lieux? »

Chose curieuse, Newton, qui refuse à l'éther en mouvement
la propriété qui lui est aujourd'hui universellement attribuée
d'être le propagateur des ondes lumineuses, le regarde comme
susceptible de rendre compte des phénomènes de la gravitation et de la pesanteur. « Ce milieu, dit-il dans la Question XXI de l'*Optique*, n'est-il pas plus rare dans les corps
denses du Soleil, des étoiles, des planètes et des comètes,
que dans les espaces célestes vides qui sont entre ces
corps-là ? Et en passant de ces corps dans des espaces fort éloignés, ce milieu ne devient-il pas continuellement plus dense,
et par là *n'est-il pas cause de la gravitation réciproque
de ces vastes corps, et de celles de leurs parties vers ces
corps mêmes*, chaque corps faisant effort pour aller des parties
les plus denses du milieu vers les plus rares? »

Ce n'est là sans doute qu'une hypothèse ; elle suffit pour
montrer que Newton était bien éloigné de considérer l'attraction comme une sorte de *qualité occulte* agissant à
distance, puisqu'il assigne aux phénomènes de gravitation
une cause analogue à celle qui agit pour pousser les corps

légers plongés dans un milieu fluide plus dense. « Car si
ce milieu est plus rare au dedans du corps du Soleil
qu'à la surface, et plus rare à sa surface qu'à $\frac{1}{100}$ de pouce
de son corps, et plus rare là qu'à $\frac{1}{50}$ de pouce de son corps, et
plus rare à ce $\frac{1}{50}$ de pouce que dans l'orbe de Saturne, je ne
vois pas pourquoi l'accroissement de densité devrait s'arrêter
en aucun endroit, et n'être pas plutôt continué à toutes
les distances, depuis le Soleil jusqu'à Saturne, et au delà. Et
quoique cet accroissement de densité puisse être excessivement
lent à de grandes distances, cependant, si la force élastique
de ce milieu est excessivement grande, elle peut suffire à
pousser les corps des parties les plus denses de ce milieu vers
les plus rares, avec toute cette puissance que nous appelons
gravité. »

Enfin, dans une lettre que Newton écrivait à Bentley, il
proteste de la façon la moins équivoque contre l'idée que la
cause de la pesanteur pouvait s'exercer à distance, à travers
le vide absolu, comme l'énoncé de la loi de l'attraction universelle est susceptible de le laisser croire : « Que la gravité
soit innée, inhérente et essentielle à la matière, de sorte
qu'un corps puisse agir sur un autre corps à distance, à
travers le vide, et sans aucun autre intermédiaire qui trans-
mette cette action ou cette force de l'un à l'autre, c'est
pour moi une si grande absurdité qu'il me semble impossible qu'aucun homme capable de traiter des matières philosophiques puisse jamais y tomber. La pesanteur doit être produite par une cause qui agit constamment suivant certaines
lois ; mais que cet agent soit matériel ou immatériel, je laisse
à mes lecteurs à se prononcer. »

§ 2. HYPOTHÈSES CONTEMPORAINES SUR LA NATURE DE L'ATTRACTION.

Un des plus éminents physiciens de notre époque, Faraday,
reprit, à un point de vue nouveau, la critique de l'idée

que la gravitation puisse être une force s'exerçant à distance et sans intermédiaire. Il y a, suivant lui, contradiction entre l'idée d'une variation de cette force par le simple fait des changements de distance, et le principe universellement reconnu aujourd'hui de la conservation de la force. Si deux particules s'attirent avec moins d'énergie quand leur distance a augmenté, n'est-ce pas la preuve qu'il a dû y avoir quelque part, au dedans et au dehors, une autre manifestation de puissance, équivalente à la diminution de la gravitation? et inversement, si, par suite d'une diminution de la distance des deux masses, la force de gravitation a augmenté entre elles, n'est-ce pas évident que cette augmentation a dû se produire aux dépens de quelque autre forme de puissance? Cependant ces manifestations nous échappent, et la question est de savoir si la théorie et l'observation parviendront à en constater la réalité.

Diverses tentatives ont été faites par des savants contemporains pour édifier une théorie nouvelle de la pesanteur. Les plus remarquables d'entre elles ont repris l'idée que Newton avait émise sous forme de question dans son *Optique* : leurs auteurs attribuent en effet aux mouvements de l'éther les phénomènes de pesanteur et de gravitation.

La voie leur était ouverte d'ailleurs par notre illustre Lamé, qui s'exprime ainsi à la fin de ses *Leçons sur l'élasticité* :

« L'existence du fluide éthéré est incontestablement démontrée par la propagation de la lumière dans les espaces planétaires ; par l'explication si simple, si complète des phénomènes de la diffraction dans la théorie des ondes ; et, comme nous l'avons vu, les lois de la double réfraction prouvent avec non moins de certitude que l'éther existe dans tous les milieux diaphanes. Ainsi la matière pondérable n'est pas seule dans l'univers, ses particules nagent en quelque sorte au milieu d'un fluide. Si ce fluide n'est pas la cause unique de tous les faits observables, il doit au moins les modifier, les propager, compliquer leurs lois. Il n'est donc

plus possible d'arriver à une explication rationnelle et
complète des phénomènes de la nature physique, sans faire
intervenir cet agent, dont la présence est inévitable. On n'en
saurait douter, cette intervention, sagement conduite, trouvera
le secret ou la véritable cause des effets qu'on attribue au
calorique, à l'électricité, au magnétisme, à l'*attraction universelle*, à la cohésion, aux affinités chimiques ; car tous ces
êtres mystérieux et incompréhensibles ne sont au fond
que des hypothèses de coordination, utiles sans doute à
notre ignorance actuelle, mais que les progrès de la véritable
science finiront par détrôner. »

Comment les phénomènes d'attraction peuvent-ils se rattacher aux propriétés du milieu éthéré, dont l'existence est
nécessaire pour expliquer les phénomènes de la lumière ? Nous
verrons, dans le livre consacré à la *Lumière*, que ces phénomènes sont dus aux ondulations provoquées dans l'éther par
les vibrations des sources lumineuses ; que ces ondulations se
propagent avec une vitesse de 300 000 kilomètres par seconde,
et se font dans un sens perpendiculaire à la direction des
rayons de lumière, sans qu'il y ait changement de densité du
milieu. Mais les géomètres ont prouvé que tout ébranlement
excité dans un milieu élastique homogène donne lieu à deux
systèmes d'ondes se propageant sphériquement : les unes
sont les vibrations transversales qui constituent la lumière ;
les autres sont des vibrations longitudinales qui déterminent
des condensations et dilatations alternatives. C'est à ces ondes
longitudinales, dont les effets n'ont été jusqu'ici constatés
par l'observation d'aucun phénomène connu, que deux physiciens, MM. F. et E. Keller, ont demandé l'explication des
phénomènes de gravitation ou de pesanteur. Ils comparent
l'action des ondes longitudinales « à celle des ondes liquides
qui drossent les navires par l'excès de force vive de leur flot
sur celle de leur jusant ; il résulte des impulsions et de leurs
réactions un excès de force dans le sens de la propagation des
ondes qui, se communiquant aux molécules des corps résis-

tants, les poussent les uns vers les autres. Au sein de l'éther
les ondes se croisent dans tous les sens, et deux molécules ou
deux corps qui, à distance, reçoivent les chocs des unes et des
autres, agissent mutuellement comme des écrans absorbant les
impulsions : il en résulte pour eux une tendance à se rapprocher qui serait la gravitation. MM. Keller croient qu'on peut
déduire de cette hypothèse la loi de l'attraction inverse du
carré des distances et proportionnelle aux masses, c'est-à-dire
proportionnelle au nombre des molécules.

Une hypothèse analogue a été proposée plus tard par
M. Leray, puis sous une forme un peu différente par M. Lecoq
de Boisbaudran. C'est à l'action des courants de divers sens
qui traversent l'éther et qui s'affaiblissent ou s'absorbent
lorsqu'ils rencontrent un corps, que le premier attribue la
gravitation. M. Lecoq de Boisbaudran, comme MM. Keller.
part des vibrations longitudinales de l'éther. La force vive
absorbée est, pour les uns et les autres, la cause des vibrations intérieures qui produisent la chaleur et la lumière.

Nous nous bornerons à ce résumé fort incomplet d'hypothèses qui nous ont semblé intéressantes, mais qui, n'étant
point sorties du domaine des conjectures, n'ont pu conquérir
encore l'adhésion des hommes de science. Rappelons que
Lamé, en prédisant avec l'autorité de sa haute compétence
le futur rôle, dans les théories scientifiques, du fluide éthéré,
« seconde espèce de matière, disait-il, infiniment plus étendue,
plus universelle et très probablement beaucoup plus active
que la matière pondérable, » faisait ses réserves sur la
légitimité des tentatives qu'on ne manquerait pas de faire
dans cet ordre d'idées. « Je suis arrivé depuis longtemps,
disait-il, à deux nouvelles conclusions : la *première*, que la
science future reconnaîtra dans l'*éther* le véritable *roi* de la
nature physique ; la *seconde*, que ce serait retarder infiniment sa solide installation que vouloir le couronner dès
aujourd'hui. »

DEUXIÈME PARTIE

LES APPLICATIONS DE LA PESANTEUR AUX SCIENCES
A L'INDUSTRIE ET AUX ARTS

———

Il n'est pas de travail humain ayant la matière pour objet, où le poids des corps, que ceux-ci se présentent à l'état solide, à l'état liquide ou à l'état de vapeur ou de gaz, n'entre comme élément, et où dès lors il n'y ait lieu de tenir compte des effets de la pesanteur et de les calculer : cela est aussi indispensable pour le mouvement que pour l'équilibre. Ainsi notamment les constructions fixes, telles que monuments, édifices publics ou privés, habitations, ponts, aqueducs ; les constructions mobiles des voies de transport, terrestres, fluviales et maritimes ; les machines, appareils, engins et outils de tout genre, pourraient être à bon droit considérées, à ce point de vue, celui de l'équilibre ou de la stabilité et du mouvement, comme autant d'applications de la physique, et spécialement comme des applications des phénomènes et des lois de la pesanteur.

Mais on comprendra aisément qu'un cadre aussi vaste n'est nullement celui que nous nous proposons de remplir. Le sens que nous voulons donner ici aux applications des phénomènes et des lois de la pesanteur est beaucoup plus restreint : nous entendrons par là seulement celles dont le principe même est emprunté aux lois des phénomènes en question, laissant de

côté les nombreuses applications qui dépendent exclusivement
de la Mécanique. Cette remarque s'applique à toutes les catégories de la physique; mais, pour ne parler ici que de la
pesanteur, objet particulier de cette deuxième partie de notre
ouvrage, nous ne passerons en revue, nous ne décrirons que
les applications, instruments ou machines basés sur quelques-
uns des phénomènes ou des lois de la pesanteur, par exemple
sur la constance de la direction de cette force à la surface de
la Terre, sur la force vive développée par un corps qui tombe
d'une certaine hauteur, sur l'isochronisme des oscillations du
pendule, sur la pression de l'atmosphère, etc. Et encore
devrons-nous nous borner aux applications qui ont la plus
grande importance pratique, dont l'utilité sociale est la plus
positive, ou encore à celles qui offrent un intérêt de curiosité
et mettent le mieux en évidence les vérités scientifiques. Un
certain nombre de ces applications sont connues, depuis la
plus haute antiquité; d'autres sont d'invention moderne. Énumérons rapidement les plus importantes.

Si le poids des corps est le plus souvent, pour le travail, un
obstacle qu'il faut vaincre, c'est aussi un utile auxiliaire dont
les machines de toute espèce font un continuel et nécessaire
usage : là, nous sommes sur le terrain de la mécanique appliquée plutôt que sur celui de la physique. De ces applications,
nous ne retenons que quelques-unes des plus frappantes, où
c'est la force vive des corps qui tombent sous l'action de la
pesanteur, plutôt que le poids mort, qui sert à produire l'effet
voulu. Dans d'autres cas, c'est le jeu d'actions relativement
minimes qui, grâce aux propriétés des fluides, donne lieu à
des effets qu'on peut dire prodigieux : la *presse hydraulique*,
cette conception de Pascal qui ne put être réalisée qu'un siècle
après lui, nous montre la force musculaire d'un seul ouvrier
centuplée par la puissante machine, écrasant et broyant les
matières les plus résistantes, soulevant à des hauteurs considérables des poids énormes; mue par la vapeur, elle pose à 30
ou 40 mètres d'élévation le tube gigantesque de fer laminé qui

fait franchir un bras de mer aux locomotives, et dont le poids n'est pas moindre de 2 millions de kilogrammes.

Quelle invention nouvelle a permis d'entreprendre et de mener à bonne fin cette œuvre grandiose du percement souterrain des Alpes, sous les masses du col de Fréjus, œuvre qui s'est répétée avec succès sous le Saint-Gothard et dont on étudie aujourd'hui une application nouvelle au Mont-Blanc ou au Simplon? L'emploi de l'air comprimé par une chute d'eau dans des réservoirs, d'où il est chassé sous les profondeurs du tunnel en construction. Ainsi transformée, la force de la pesanteur met en mouvement les fleurets qui attaquent et broient la roche; puis, quand la poudre a terminé l'œuvre, l'air nouveau remplace l'atmosphère viciée et enfumée de la galerie commencée. Là où la vapeur eût échoué, la compression mécanique de l'air, obtenue par une chute d'eau, c'est-à-dire par la pesanteur, triomphe.

C'est aussi l'air comprimé qui rend possibles la construction et la fondation rapides des piles de ponts jetés sur les bras de mer ou sur les fleuves; qui, sur certaines lignes souterraines de chemin de fer, envoie les trains d'un bout à l'autre d'un tunnel, comme la balle lancée par une sarbacane; qui transmet les dépêches d'une station télégraphique à la station centrale et qu'on vient d'adapter heureusement à la distribution de l'heure. Le vide, fait à l'aide d'une puissante machine pneumatique sur l'une des faces d'un piston mobile dans un tube, laisse à l'air situé de l'autre côté toute la force expansive suffisante pour entraîner des fardeaux : ce procédé, inverse de l'application de l'air comprimé, est aussi adopté au service des dépêches télégraphiques ou postales; on l'a vu, en France, servir de moteur au train qui gravissait la pente du Pecq à Saint-Germain, près Paris.

Un principe physique qui se rattache à la pesanteur, et dont la découverte remonte à une haute antiquité, — il porte le nom du grand homme qui l'a découvert, Archimède, — a été, à la fin du dernier siècle, appliqué à l'ascension des ballons dans les hauteurs de l'atmosphère. L'art de l'aéronaute, grandement perfectionné, est devenu populaire : les aérostats sillonnent chaque année les régions aériennes, dont elles ont fait connaître de curieuses particularités et dont elles finiront, entre les mains d'observateurs sérieux, par dévoiler tous les mystères. La météorologie, encore si peu avancée, ne peut manquer d'y trouver son compte. Du reste, on a vu pendant la guerre les ballons envoyés comme messagers, du sein de Paris, à toutes les parties de la France, portant dans leurs frêles nacelles des nouvelles de la population assiégée, et toujours confiante, aux absents. Peut-être un jour viendra-t-il où le problème de la direction des navires aériens, sous leur forme actuelle ou plutôt sous une forme nouvelle, sera partiellement résolu, où ils pourront louvoyer sous le vent ou fendre l'air comme les navires à vapeur fendent les flots de la mer : alors, au lieu d'expériences curieuses ou exclusivement scientifiques, comme celles qu'on peut faire avec les ballons actuels, on pourra voir de véritables voyages aériens, des expéditions régulières susceptibles d'applications utiles.

Il ne faudra point oublier, du reste, que les applications scientifiques à l'industrie et aux arts, et les inventions qui ont eu pour objet la science même, se confondent souvent dans l'histoire : la découverte de telle loi physique a été la conséquence d'une recherche tout empirique, ayant d'abord pour unique objet le perfectionnement d'un métier, d'un procédé industriel ; inversement, telle invention d'une grande importance industrielle a été déduite peu à peu de la démonstration expérimentale ou mathématique d'une vérité de l'ordre le plus abstrait. C'est là un double fait sur lequel nous croyons devoir insister, parce qu'à nos yeux il a une réelle importance philosophique. Il nous paraît, en effet, susceptible de mettre en garde nos lecteurs contre deux tendances opposées, également fâcheuses : l'une est le propre de gens entichés de leur savoir technique ou de leur habileté pratique, et les conduit au dédain de la théorie et de la science pure ;

l'autre, plus particulière à certains savants qui se croient profonds philosophes, les amène à faire fi des connaissances acquises dans la pratique des métiers et des industries par les praticiens, connaissances souvent très réelles, bien que non raisonnées, et qu'il ne faut pas confondre avec la routine.

Ces observations préliminaires faites une fois pour toutes, nous entrons en matière.

CHAPITRE PREMIER

DIRECTION DE LA PESANTEUR — CHUTE DES CORPS
OSCILLATIONS DU PENDULE

§ 1. FIL A PLOMB.

On a besoin à chaque instant dans les arts, et surtout
dans ceux de la construction, d'établir des lignes ou des
plans dans la direction de la verticale ou dans une direction
horizontale, c'est-à-dire perpendiculaire à la première ; ou
bien, on veut, si ces lignes et ces plans sont déjà construits, s'assurer de leur verticalité ou de leur horizontalité
rigoureuse.

On le fait au moyen d'instruments qu'on nomme *fil à
plomb*, *niveau*, basés l'un et l'autre sur ce fait, qu'un fil tendu
par un corps pesant prend, quand il est en repos, la direction
précise de la verticale du lieu où l'on se trouve.

Tout le monde connaît le fil à plomb dont se servent les
maçons, et qui consiste en une ficelle supportant un poids
cylindrique en métal. Une plaque carrée, également métallique, ayant les dimensions du diamètre du cylindre, glisse, à
l'aide d'un trou central, le long de la corde et s'applique
contre le mur dont on veut reconnaître la verticalité. Le
cylindre, une fois en repos, doit raser la surface du mur,
sans s'appuyer contre elle et sans laisser entre elle et lui
d'intervalle sensible.

Une règle à bords ou arêtes latérales bien parallèles (fig. 165)

AB, CD, sur le milieu de laquelle est tracée une ligne droite OI, nommée *ligne de foi*, sert au même objet. On applique l'une des arêtes AB contre la ligne ou le plan à vérifier, et il faut que le fil fixé en O et tendu par une masse pesante coïncide, dans sa position d'équilibre, avec la *ligne de foi* de la règle. Pour que l'épreuve soit complète, il faut retourner la règle et faire la même vérification avec le côté CD.

Les niveaux de la figure 166 s'emploient pour vérifier l'horizontalité d'un plan ou d'une ligne. L'aspect seul des instruments en indique l'usage ; et nous ne nous appesantirons pas plus longtemps sur cette application si simple de cette première loi de la pesanteur, par laquelle nous savons que sa direction est constante dans un même lieu.

Fig. 165.

En géodésie, on se sert du *niveau à perpendicule* (c'est le

Fig. 166. — Niveaux de maçon ou à perpendicule.

nom qu'on donne aux instruments représentés dans les figures 166 et 167) convenablement perfectionné, pour mesurer l'angle d'inclinaison d'une droite. Le fil à plomb s'y trouve remplacé par une règle suspendue en O et dont l'extrémité inférieure est munie d'un vernier. Un limbe divisé permet de lire en degrés la valeur de l'angle POR formé par la règle et par la ligne de foi. On peut donc trouver l'inclinaison d'une ligne AB

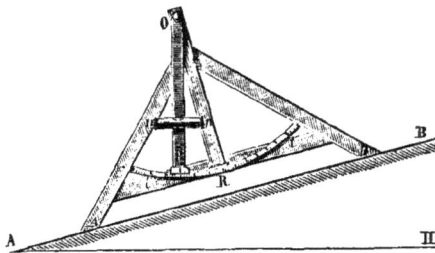

Fig. 167. — Niveau à perpendicule de Delambre pour les opérations de géodésie.

sur l'horizon AH. POR est égal, en effet, à l'angle BAH, puisque les côtés de ces deux angles sont perpendiculaires entre eux deux à deux.

Delambre, dans les opérations qu'il a dirigées pour la mesure de la méridienne, a employé le niveau à perpendicule ainsi disposé, dans le but d'évaluer les inclinaisons à l'horizon des règles qui lui servirent à mesurer ses bases.

Plus loin, nous parlerons du *niveau d'eau* et du *niveau à bulle d'air*, fondés, l'un sur l'équilibre d'un liquide dans des vases communiquants, l'autre sur celui des fluides d'inégale densité.

§ 2. MOUTONS ET SONNETTES.

Une masse pesante qui tombe d'une certaine hauteur se meut, comme on sait, avec une vitesse croissante, dont le carré est proportionnel à la hauteur du point de départ. Le travail ou effet mécanique ainsi développé par l'action de la pesanteur, et qu'on mesure en multipliant la masse par le carré de la vitesse ou par la hauteur, est utilisé pour battre les pieux ou pilots qui servent de fondation aux piles des ponts et aux autres grands travaux hydrauliques. On donne le nom de *sonnettes* aux machines qui servent à élever, à guider et à laisser retomber sur la tête des pieux de grosses masses de bois ou de fonte, qui prennent elles-mêmes le nom de *moutons*.

La *sonnette à tiraudes* et la *sonnette à déclic* sont représentées dans la planche XIV. Elles diffèrent l'une de l'autre en ce que, dans la première, la manœuvre des moutons, soit pour élever sa masse, soit pour la laisser retomber et glisser entre les deux pièces nommées *jumelles*, s'effectue à l'aide de cordes tirées individuellement par autant d'ouvriers.

Dans la seconde, un ou deux ouvriers suffisent, à l'aide d'un treuil à engrenages, pour élever le mouton à la

SONNETTES ET MOUTONS.

Battage des pieux pour fondations sur pilotis. — Sonnettes à tiraudes et à déclic ; sonnettes mues par la vapeur.

hauteur voulue. Arrivée à ce point, la masse, qui pendant son élévation était retenue à l'aide d'un anneau par les deux mâchoires d'une pince, devient libre et retombe sur la tête du pieu.

Le mécanisme particulier qui rend possible cette mise en liberté du mouton sera aisément compris si l'on jette les yeux sur la figure 168, qui donne le détail du *déclic*. Deux fortes pinces, engagées dans l'anneau qui termine le mouton à sa partie supérieure, sont maintenues par un ressort pendant l'ascension du poids; mais quand celui-ci arrive à l'extrémité de sa course, les branches supérieures des pinces s'engagent dans une ouverture rétrécie en forme de cône; elles se resserrent progressivement et, par un mouvement contraire, les deux mâchoires inférieures s'ouvrent, se dégagent de l'anneau et laissent précipiter le mouton.

Le plus souvent, on commence le travail avec les *sonnettes à tiraudes*, qui ont l'avantage de la simplicité et de la rapidité de la manœuvre, mais qui ne permettent d'élever le mouton qu'à une faible hauteur, d'environ 1 mètre ou 1^m,20.

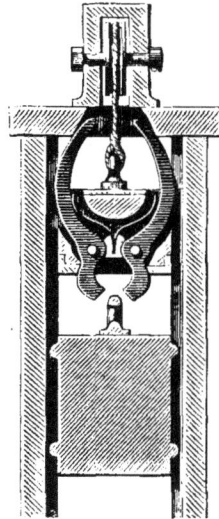

Fig. 168. — Détail du mécanisme dans les sonnettes à déclic.

Quand les pieux, déjà enfoncés à une certaine profondeur, ne cèdent plus que difficilement sous les coups du mouton, on emploie les *sonnettes à déclic* pour achever le travail. Avec celles-ci, la masse peut être élevée à une hauteur qui varie entre 2^m,5 et 5 ou 6 mètres. L'effet utile, qui dépend de la hauteur de la chute, est donc beaucoup plus considérable.

Le poids du mouton varie de 300 à 600 kilogrammes, et le nombre des hommes nécessaires à la manœuvre, dans les sonnettes à tiraudes, s'élève jusqu'à 40. Récemment on a appliqué la vapeur à ces appareils; comme le montre

la planche XV, c'est une.locomobile qui donne en ce cas le
mouvement au treuil de la sonnette à déclic.

Le *marteau-pilon*, qui est une sorte de mouton employé
aux travaux des forges, est une application de la pesanteur analogue aux sonnettes. Nous n'en parlons ici que pour
mémoire, nous réservant d'y revenir dans les chapitres
consacrés à la vapeur. Ici, en effet, nous ne devons avoir
en vue qu'une application importante de la force vive
développée par une masse pesante dans sa chute, sous la
seule action de la pesanteur.

Remarquons, pour terminer, que cette force n'est point
tout entière utilisée, dans le choc, à produire l'effet voulu, qui
est l'enfoncement des pilots : une partie se transforme en
chaleur, c'est-à-dire en un mouvement moléculaire intime des
deux masses qui se choquent, le mouton d'une part, de
l'autre la tète du pieu et le cercle ou frette de fer dont
cette tète est armée pour résister à l'effort latéral, qui,
sans elle, ferait éclater la pièce de bois en morceaux.

§ 3. LE PENDULE RÉGULATEUR DES HORLOGES.

Galilée, après avoir découvert la propriété qu'ont les oscillations du pendule d'être sensiblement isochrones quand
leur amplitude est très petite, songea à utiliser cette propriété précieuse pour la mesure exacte du nombre des pulsations artérielles. L'instrument qu'on nomma *pulsilogue*, et
qui est simplement un pendule, a été, dit-on, inventé par lui.

Mais il paraît certain qu'Huygens est le premier inventeur
de l'application de l'isochronisme du pendule à l'horlogerie
(1656). Il y avait à peu près trois siècles et demi que
l'usage des horloges à roues dentées s'était répandu ; mais
c'étaient encore des machines bien imparfaites, faute d'un
régulateur constant du mouvement de leurs organes. Voici
comment Huygens résolut le problème.

On sait que, dans les instruments d'horlogerie, le moteur est tantôt un poids qui, en descendant sous l'influence de la pesanteur, déroule la corde par laquelle il est suspendu, et fait ainsi tourner l'axe d'une roue dentée d'une manière continue ; tantôt c'est un ressort d'acier qui se détend peu à peu et dont un mécanisme spécial rend l'action à peu près uniforme ; en se détendant, ce ressort fait également mouvoir d'une manière continue la roue dentée qui transmet son mouvement à tous les autres rouages de l'instrument.

Dans un cas comme dans l'autre, la difficulté était d'établir un mouvement parfaitement régulier et uniforme, malgré toutes les causes d'altération et les résistances variables offertes par le jeu d'un nombre de pièces assez grand.

On y est parvenu de diverses manières, en transformant le mouvement continu imprimé aux rouages par le moteur en un mouvement oscillatoire ou périodique, à l'aide du régulateur. Le plus simple, et en même temps le plus précis des régulateurs des horloges, est le pendule. Voici comment Huygens en a conçu et réalisé l'application.

R est une roue dentée, à dents obliques (fig. 169), à laquelle le poids moteur M de l'horloge communique le mouvement, qu'elle transmet ensuite au système de pignons et de roues dentées constituant le mécanisme particulier de l'instrument. Dans la figure, nous avons supprimé, pour plus de simplicité, les rouages intermédiaires.

PP' est le pendule ou régulateur du mouvement. Ses oscillations se transmettent par l'intermédiaire de la fourchette ou pièce mobile F et de l'arbre ED à la pièce ABC, à laquelle sa forme a fait donner le nom d'*ancre*. ABC oscille donc de la même manière que le pendule lui-même. Et comme ses deux extrémités A, C, se recourbent de façon à venir s'engager entre les dents de la roue R, pendant que l'une des dents s'appuie sur la face supérieure d'une des extrémités de l'ancre, le mouvement de la roue est suspendu. A chaque oscillation de l'ancre, une dent de la roue ainsi arrêtée se dégage et le mouvement reprend son cours ; de sorte que ce mouvement, qui serait continu s'il était dû à la seule action du poids moteur, est devenu périodique, la durée de chaque période étant celle d'une des oscillations du pendule. Comme ces oscillations sont isochrones, il en est de même du mouvement de la roue dentée et de celui de tous les autres rouages. Mais la disposition des pièces A et C est telle (fig. 170 et 172), qu'à chaque pé-

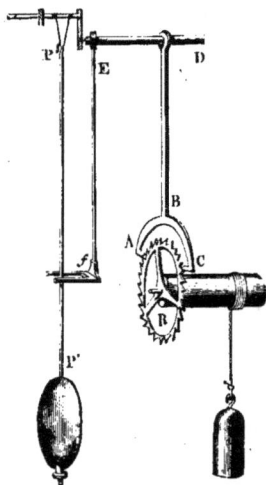

Fig. 169. — Mécanisme du pendule régulateur.

Fig. 170. — Échappement à ancre.

riode la dent de la roue, qui presse sur l'une d'elles pour s'échapper, communique de son mouvement à l'ancre, puis au pendule, dont les amplitudes restent ainsi constantes, et dont les oscillations ne s'arrêteraient que si le moteur, poids ou ressort, venait à cesser d'agir.

Quant à la durée des oscillations du pendule, elle dépend, comme on sait, de sa longueur, et cette longueur se détermine, dans chaque horloge, d'après la liaison qui existe entre l'aiguille des minutes et la *roue de rencontre*, nommée aussi *roue à rochet* ou *roue d'échappement*.

On voit, par ce qui précède, que la fonction du pendule
est de régulariser le mouvement du moteur des horloges, en
partageant ce mouvement continu en une série de mouvements oscillatoires, séparés par des repos d'une courte durée,
d'ailleurs également espacés, de sorte que la période a une

Fig. 171. — Huygens.

durée constante comme celle des oscillations isochrones du
pendule.

Nous avons dit plus haut que l'emploi du pendule comme
régulateur des horloges est dû à l'illustre Huygens. Dès 1657,
il présentait aux États de Hollande une horloge réglée par
le pendule, et l'année suivante il publiait un ouvrage sur
cette importante application. Mais ce n'est que seize ans

plus tard, en 1675, que parut l'admirable traité *De horologio oscillatorio ex Christiano Huygenio* où sont démontrées les propriétés d'isochronisme des petites oscillations pendulaires, et celles du pendule cycloïdal, dont nous allons dire un mot.

Comme on l'a vu plus haut, c'est le poids moteur de l'horloge qui, par l'intermédiaire de la roue d'échappement, com-

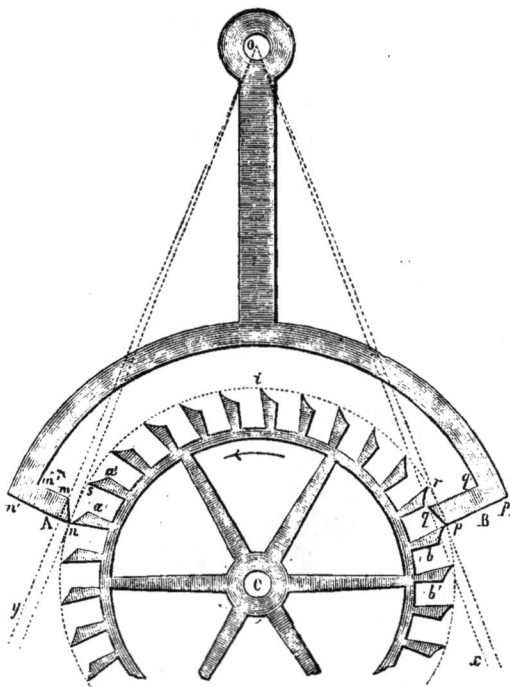

Fig. 172. — Échappement à ancre[1].

munique à chaque oscillation une petite impulsion au pendule et entretient ainsi son mouvement; sans cela, les oscillations diminueraient peu à peu d'amplitude, et le pendule finirait par s'arrêter. Néanmoins il y a encore des causes d'inégalité pro-

---

[1] C, roue d'échappement; *a*, dent qui va échapper; *b*, dent dont la pression sur le plan incliné *pq* va donner à l'ancre et au pendule une impulsion vers la droite; *mm'*, arc sur lequel la dent *a'* fera son repos, pendant que *b* échappe; *pp'*, arc où *b'* fera son repos pendant que *a'* échappe; *mn*, plan incliné auquel la pointe *s* de la dent *a'* communiquera un mouvement d'impulsion qui déplacera l'ancre et le pendule vers la gauche.

venant de ce que les impulsions du moteur peuvent varier
pour diverses causes; il en résulte que les amplitudes de ces
oscillations sont susceptibles de diminuer : leur durée peut
donc se raccourcir, alors même que la longueur du pendule
ne serait pas altérée, d'où résulterait une avance de l'horloge.

Huygens chercha et trouva le
moyen de résoudre cette difficulté par une admirable découverte, qui malheureusement, n'a pu être adoptée, à
cause des difficultés qu'elle
présente dans l'application.
Nous voulons parler de l'invention du pendule cycloïdal,
ainsi nommé parce qu'il est
fondé sur une propriété de la
courbe géométrique nommée
cycloïde.

C'est un pendule (fig. 173)
dont la tige est une lame métallique flexible, suspendue
entre deux pièces solides affectant la forme de deux arcs
de cycloïde tangents au point
d'origine. En oscillant, la tige
s'enroule sur chacun de ces
arcs, et la longueur du pendule diminue ainsi dans une

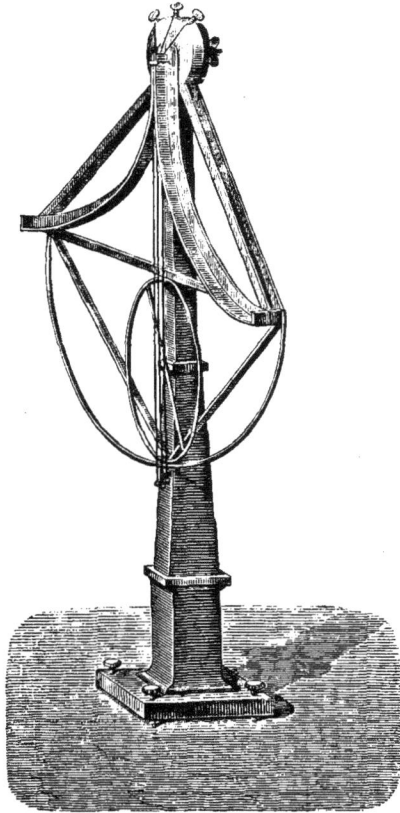

Fig. 173. — Pendule cycloïdal d'Huygens.

proportion qui dépend de l'amplitude des oscillations. Huygens
trouva que si le cercle générateur des arcs de cycloïde a précisément pour diamètre la moitié de la longueur d'oscillation
du pendule (fig. 174), le centre de celui-ci décrit un arc P″PP′
qui est lui-même un arc de cycloïde. Or un corps pesant qui
descend sur un arc de cette nature met le même temps pour
arriver au bout de sa course en P, quelle que soit la hauteur

du point de départ. En un mot, les oscillations du pendule sont toujours isochrones, et cet isochronisme est indépendant de l'amplitude.

L'isochronisme des oscillations pendulaires suppose, outre la petitesse des arcs décrits, l'invariabilité de longueur du pendule lui-même. De là une autre difficulté qui vient de ce que la longueur du pendule varie en réalité avec la température, augmentant quand la température augmente, se raccourcissant quand elle diminue. Nous verrons plus tard, dans les chapitres consacrés aux applications de la Chaleur, comment on parvient à surmonter cette dif-

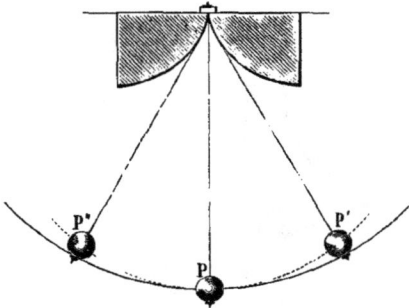

Fig. 174. — Mouvement du pendule cycloïdal.

ficulté d'un autre genre. Nous terminerons ce paragraphe en faisant ressortir l'extrême importance de la découverte et de l'invention de Huygens, invention qui a été elle-même une conséquence des observations de Galilée. L'horlogerie est devenue, à partir de cette époque, un art de précision qui a rendu à toutes les sciences physiques, mais surtout à l'astronomie, les services les plus précieux.

§ 4. LE MOUVEMENT DE ROTATION DE LA TERRE ET LA DÉVIATION APPARENTE DU PENDULE.

Nous avons mentionné dans la première partie quelques-unes des applications des propriétés et des lois du pendule à la solution de divers problèmes intéressant la physique du globe. Il nous reste à dire quelques mots d'une expérience qui a eu, il y a une trentaine d'années, un assez grand retentissement dans le public, bien qu'elle n'ait guère été comprise que des hommes de science. Nous voulons parler de la démonstration expérimentale du mouvement de rotation de la

Terre par la déviation d'un pendule, démonstration imaginée et réalisée par Léon Foucault.

L'expérience dont nous parlons est basée sur un principe de mécanique qui, appliqué au mouvement de rotation d'un sphéroïde comme la Terre, se résume en ces trois propositions :

1° Un pendule placé à l'un des pôles de la Terre, et dont le point de suspension serait sur le prolongement de l'axe de rotation terrestre, oscillerait de façon qu'en réalité le plan de ses oscillations successives conserverait dans l'espace une direction invariable. Dès lors, un observateur posté en ce lieu, se trouvant entraîné par la rotation de la Terre, sans avoir conscience de son propre mouvement, croirait voir le pendule osciller dans des plans variables coïncidant successivement avec tous les méridiens ; après un jour sidéral, c'est-à-dire après vingt-trois heures cinquante-six minutes de temps moyen, le plan d'oscillation du pendule lui semblerait avoir effectué une révolution complète autour de la verticale, et dans un sens précisément opposé à celui de la rotation réelle.

2° A l'équateur, au contraire, le mouvement de rotation du globe n'aurait aucune influence sur la direction apparente du plan des oscillations, qui semblerait et serait en effet immobile relativement à l'horizon.

3° Enfin, la théorie démontre qu'à une latitude différente de 90° ou de 0°, la déviation apparente du plan des oscillations du pendule se ferait dans le même sens qu'au pôle le plus voisin. Seulement, cette déviation serait d'autant plus lente que le lieu de l'expérience serait plus voisin de l'équateur. Le calcul montre qu'à Paris (latitude de 48° 50′) le pendule mettrait environ trente-deux heures pour faire le tour entier de l'horizon, si l'on fait abstraction, bien entendu, des retards occasionnés par le frottement au point de suspension et par la résistance de l'air.

Or la vérification de ce résultat a été faite à Paris, sous le dôme du Panthéon, par Léon Foucault, en 1851. Ce savant

physicien avait disposé son expérience, qui attira un grand
nombre de curieux, de la façon suivante. Au point culminant
de l'intérieur de la coupole, se trouvait, solidement encastré
dans une plaque métallique, un fil d'acier de 64 mètres de
longueur, qui portait à son extrémité inférieure une sphère
de laiton très pesante (fig. 175). Écarté de sa position verti-

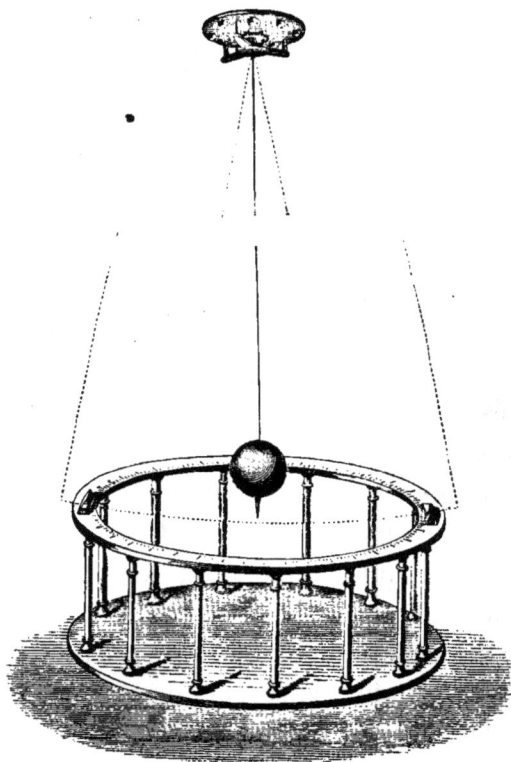

Fig. 175. — Pendule de Léon Foucault; expérience faite au Panthéon en 1851.

cale et abandonné à lui-même, ce pendule exécutait, avec une
grande lenteur, une série d'oscillations dans un plan dont la
théorie, nous l'avons dit plus haut, démontre l'invariabilité.
Dans l'hypothèse de l'immobilité de la Terre, l'orientation
primitive de ce plan aurait donc dû rester constante. Or les
nombreux spectacteurs de cette expérience curieuse purent
constater la déviation apparente d'orient en occident du plan

vertical dans lequel oscillait le pendule. En une heure, l'arc mesurant cette déviation était, à fort peu de chose près, celui qu'indiquait la théorie, c'est-à-dire 11° 17′. Deux monticules de sable, disposés sur une balustrade circulaire et aux extrémités d'un même diamètre, étaient peu à peu entamés en sens inverse par une pointe métallique fixée au-dessous de la boule du pendule; de sorte que la déviation apparente du plan des oscillations, due au mouvement de rotation de notre globe, et par suite cette rotation même, étaient rendues sensibles aux yeux de tous [1].

On répète aujourd'hui l'expérience de Léon Foucault en employant des pendules d'une dimension beaucoup moindre. Une condition essentielle de cette réduction de longueur consiste dans le mode de suspension, qui doit permettre au pendule d'osciller librement dans tous les azimuts : une suspension *à la Cardan*, soigneusement exécutée, satisfait à cette condition. L'enregistrement graphique des déviations se fait d'une façon fort ingénieuse : la boule du pendule porte à sa partie inférieure une pointe fine et flexible dont l'extrémité effleure la surface d'une bande de papier noirci au noir de fumée, collée à la surface d'un arc de cercle dont le rayon est juste la longueur comprise entre le point de suspension et l'extrémité de la pointe flexible. La direction du plan du pendule, à chacune de ses oscillations, se trouve marquée sur la bande de papier par une fine raie blanche, et l'on conserve ainsi la trace des déviations continues et successives de ce plan. Les dispositions de cette expérience sont dues à M. C. Rozé, répétiteur du cours d'astronomie à l'École polytechnique.

---

1. Léon Foucault a mis en relief d'une autre façon, en s'appuyant sur un principe de mécanique analogue, la rotation de la Terre. L'appareil auquel nous faisons allusion a reçu de lui le nom de *gyroscope*. Le lecteur en trouvera la description et la théorie dans les traités de mécanique les plus récents.

CHAPITRE II

MESURE DU POIDS DES CORPS — LA BALANCE

« De la précision dans les mesures et les poids dépend
le perfectionnement de la chimie, de la physique et de
la physiologie. La mesure et le poids sont des juges
inflexibles placés au-dessus de toutes les opinions qui ne
s'appuient que sur des observations imparfaites. »
(J. Moleschott, *La circulation de la vie.*
— *Indestructibilité de la matière.*)

§ 1. CENTRES DE GRAVITÉ. ÉQUILIBRE DES CORPS PESANTS.

On a vu, dans la première partie de ce volume, que la pesanteur agit de la même manière sur tous les corps, quelles que soient leur forme, leur grosseur, la nature de leur substance. On

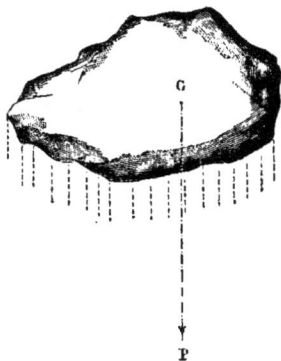

Fig. 176. — Poids d'un corps ;
centre de gravité.

peut donc considérer un corps pesant quelconque comme une agrégation d'une multitude de molécules matérielles, dont chacune est sollicitée individuellement par la pesanteur. Toutes ces forces égales agissent parallèlement, et dès lors produisent le même effet qu'une force unique, égale en intensité à leur somme. C'est cette résultante de toutes les actions de la pesanteur qui est le *poids* du corps. Le point où elle est appliquée, et qu'on nomme son *centre de gravité*, est celui qu'il faut soutenir, quelle que soit la position du corps, pour que ce dernier reste en équilibre. Il n'est pas toujours situé, d'ailleurs, à l'intérieur du corps même : dans certains cas le centre de gravité est placé au dehors, en un point indépendant de la masse matérielle.

Il peut être intéressant, et il est d'ailleurs souvent utile de connaître la position du centre de gravité d'un corps. Dans le cas où la matière qui compose ce dernier est partout homogène, et où sa forme est symétrique ou régulière, la détermination du centre de gravité est pure affaire de géométrie. Passons en revue les plus ordinaires de ces formes.

Une *ligne droite* pesante a son centre de gravité au milieu de sa longueur. En réalité, la ligne matérielle est prismatique

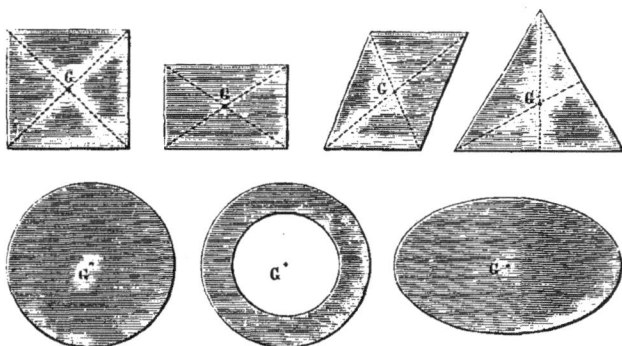

Fig. 177. — Centres de gravité d'un triangle, d'un parallélogramme, d'un cercle, d'un anneau circulaire et d'une ellipse.

ou cylindrique ; mais dans le cas où l'épaisseur est très petite, relativement à la longueur, on peut la négliger sans inconvénient. La même remarque s'applique aux surfaces très minces, et on les considère comme des figures planes ou courbes sans épaisseur.

Le *carré*, le *rectangle*, le *parallélogramme*, ont leurs centres de gravité au concours de leurs diagonales (fig. 177). Le *triangle* l'a au point de concours des lignes qui, de chaque sommet, aboutissent au milieu du côté opposé, c'est-à-dire au tiers de l'une quelconque de ces lignes à partir de la base. Si ces surfaces étaient réduites à leurs contours extérieurs, la position des centres de gravité ne serait point changée. Le centre de figure d'un *cercle*, ou d'un *anneau circulaire*, ou d'une *ellipse*, est en même temps son centre de gravité. On voit, dans l'anneau circulaire, un exemple du centre de gravité situé hors de l'espace occupé par la matière du corps.

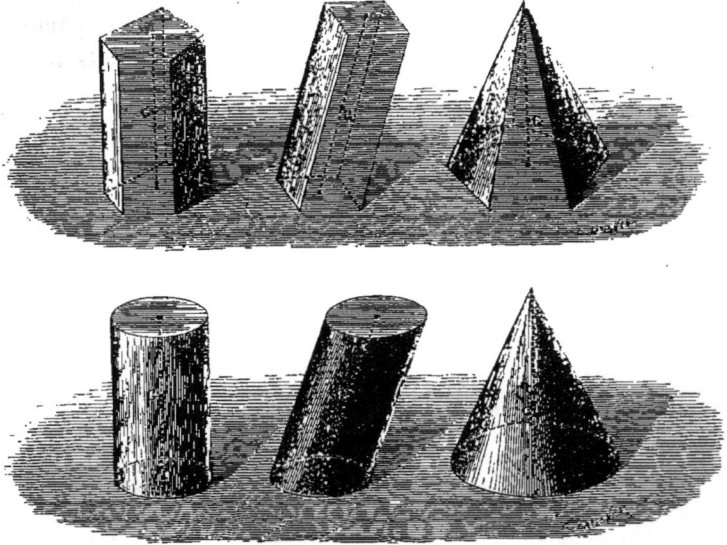

Fig. 178. — Centres de gravité d'un prisme, d'un cylindre, d'une pyramide et d'un cône.

Les *cylindres droits* ou *obliques*, les *prismes réguliers*, les *parallélépipèdes* (fig. 178), ont leurs centres de gravité au milieu de leur axe. Celui de la *sphère* ou de l'*ellipsoïde* de révolution est à son centre de figure (fig. 179). Il en est de même d'une sphère creuse, c'est-à-dire du centre de gravité d'un solide compris entre deux sphères concentriques.

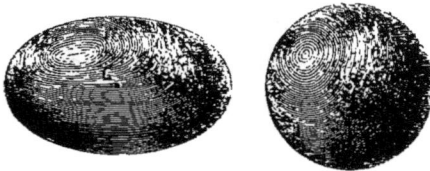

Fig. 179. — Centres de gravité d'une sphère, d'un ellipsoïde de révolution.

Pour avoir celui d'une *pyramide* ou d'un *cône*, droit ou oblique, il faut joindre le sommet au centre de gravité du polygone de base, et prendre le quart de cette ligne à partir de la base.

Voilà pour les corps de forme géométrique homogène, quel

que soit d'ailleurs l'état physique de la matière dont ils sont formés [1].

Mais, le plus souvent, la forme du corps est quelconque ou irrégulière, ou bien la matière qui le compose n'est pas également condensée dans toutes ses parties. Dans ce cas, la détermination du centre de gravité est du ressort de l'expérience.

Un moyen simple de le trouver consiste à suspendre le corps par un fil. Une fois en équilibre, on est assuré que le centre de gravité se trouve sur le prolongement du fil dont la position est alors verticale. On prend note de cette direction. On fait une seconde détermination en suspendant le corps par un autre de ses points,

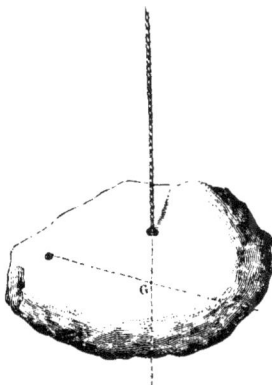

Fig. 180. — Détermination expérimentale du centre de gravité d'un corps de forme irrégulière, ou non homogène.

ce qui fournit une nouvelle ligne contenant le centre de gra-

[1] Quand les corps sont formés de diverses parties géométriques assemblées d'une manière quelconque, et dont chacune a un centre de gravité connu, on peut trouver celui de l'ensemble si l'on connaît les poids des parties. Prenons-en un exemple simple, celui de l'instrument de gymnastique qu'on nomme *haltère*. Chaque boule étant sphérique, le centre de gravité est à son centre, et celui de l'ensemble est au milieu de la ligne qui joint les deux centres. Ce milieu est d'ailleurs aussi le centre de gravité de la barre cylindrique qui les joint, et, par suite, celui de tout l'instrument. Mais si l'une des sphères O est plus grosse et plus pesante que l'autre O' (fig. 181), le centre de gravité se trouvera au point qui partage la ligne des centres en parties inversement proportionnelles aux poids des deux sphères. Le centre de gravité

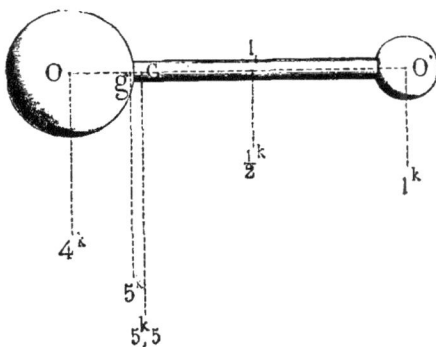

Fig. 181. — Centre de gravité d'un système de corps homogènes.

de la barre cylindrique est d'ailleurs toujours au milieu I. Si cette barre pèse 500 grammes et les deux boules, l'une 1 kilogramme et l'autre 4 kilogrammes, soit 5 kilogrammes en tout, il faudra partager la distance du point milieu de la barre au centre de gravité *g* des sphères dans le rapport inverse des nombres 500 et 5000 ou 1 et 10. G sera ainsi le centre de gravité de tout le système.

vité. Le point de concours des deux lignes donne donc ce centre lui-même (fig. 180), qui peut être tantôt à l'intérieur, tantôt à l'extérieur du corps pesant.

La définition du centre de gravité fait voir que, lorsque ce point est soutenu ou rendu fixe, pourvu qu'il soit invariablement lié à tous les points matériels dont le corps se compose, l'équilibre a lieu. Mais cette condition est difficile à remplir, puisque le plus souvent le centre de gravité est un point intérieur, par lequel le corps ne peut être immédiatement soutenu ou suspendu.

Si la suspension a lieu par un fil ou une corde flexible, l'équilibre s'établira de lui-même, le centre de gravité venant

Fig. 182. — Équilibre d'un corps reposant sur un plan par un seul point ou par un plan.

alors se placer sur la verticale passant par le point de suspension. Si, cette position obtenue, on vient à déranger le corps, il formera un pendule composé, exécutera un certain nombre d'oscillations autour de sa position et reviendra au repos. C'est ce qu'on appelle un *équilibre stable*, et l'on voit que ce genre d'équilibre a pour condition essentielle que la position du centre de gravité soit inférieure au point fixe de suspension, de sorte qu'en dérangeant le corps le centre de gravité monte.

En général, pour qu'un corps pesant soit en équilibre sous l'action de la pesanteur, il faut et il suffit que son centre de gravité soit sur une verticale passant par le point d'appui, si ce point est unique, ou à l'intérieur du plan d'appui, ou mieux du polygone convexe qu'on peut toujours former en joignant les points d'appui par des lignes droites, si les points fixes sont plus ou moins nombreux. Les figures 182 et 185 en

Fig. 185. — Équilibre d'un corps reposant sur un plan par trois points.

donnent plusieurs exemples. Les tours penchées de Bologne et de Pise (la planche VIII représente le second de ces édifices) sont des cas singuliers d'équilibre, dus à cette circonstance, que le centre de gravité de l'édifice est sur une verticale tom-

Fig. 184. — Positions d'équilibre des personnes chargées d'un fardeau.

bant en un point intérieur de la base. Mais on comprend que les matériaux dont ces tours sont composées, sont liés ensemble, de manière que chacun d'eux ne peut obéir séparément à la force qui entraînerait sa chute.

Ce porteur d'eau, ce fort de la halle que représente la

figure **184**, prennent des positions inclinées par côté ou en avant, et telles, que le centre de gravité de l'ensemble de leur corps et du fardeau qu'il soutient reste sur une verticale tombant à l'intérieur de la base formée par les pieds du porteur. Il en est de même de cette voiture (fig. **185**) qui roule sur un

Fig. 185. — Équilibre sur un plan incliné.

chemin incliné transversalement : elle conserve l'équilibre tant que son centre de gravité reste verticalement au-dessus de la base comprise entre les points où les roues touchent le sol.

Fig. 186. — Équilibre instable, indifférent et stable.

Elle versera si le contraire arrive, soit par inclinaison trop forte de la route, soit par le fait des chocs imprimés au véhicule et des déplacements qui en résulteront pour le centre de gravité, dans le cas d'une vitesse trop rapide.

Quand le corps est soutenu par un axe horizontal autour

duquel il peut tourner librement, l'équilibre peut être *stable*, *indifférent* ou *instable*. Il est stable, si le centre de gravité est au-dessous de l'axe; indifférent, si ce centre est sur l'axe lui-même; enfin il est instable, si le centre de gravité est au-dessus de l'axe. La figure 186 donne un exemple de chacun de ces cas.

Divers petits appareils de physique ou, si l'on veut, de jouets, servent à mettre en évidence ces conditions d'équilibre des corps, selon la position qu'occupent leurs centres de gravité.

L'*équilibriste* de la figure 187 est une figurine qui repose par un point sur la base supé-rieure d'un socle. Deux tiges métalliques terminées par des boules pesantes, de plomb par exemple, sont fixées de chaque côté du personnage, et sont assez longues pour que son centre de gravité soit abaissé au-dessous du plan de suspension. Si alors on fait osciller en divers sens la figurine, elle se redresse toujours de manière à reprendre une posi-tion d'équilibre; et, en effet, le système se trouve dans le cas de l'équilibre stable (voy. figure 186).

Le même cas est encore réalisé dans ces jouets d'enfant formés

Fig. 187. — Équilibriste.

d'un cylindre de moelle de sureau contre la base duquel est fixé un bouton métallique en plomb. Vient-on à incliner le cylindre sur un plan horizontal, de façon que l'une de ses arêtes soit couchée dans le plan (fig. 188), le centre de gravité ne se trouve plus sur la verticale qui passe par l'arête d'appui. Il y revient brusquement en relevant le jouet, qui se place de nou-veau verticalement. Les *poussahs* (fig. 189) sont une forme amusante donnée à ces jouets.

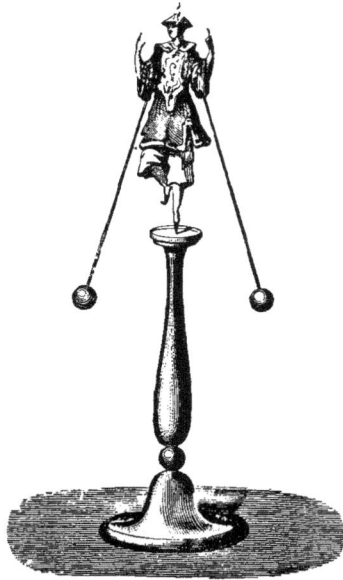

Enfin, les horloges *magiques* ou *mystérieuses* sont construites d'après la même condition d'équilibre qui fait que le centre de gravité d'un système susceptible de tourner autour d'un axe fixe tend toujours à se placer au point le plus bas. Voici en quoi consistent ces horloges et ce qui justifie le surnom qu'on leur a donné.

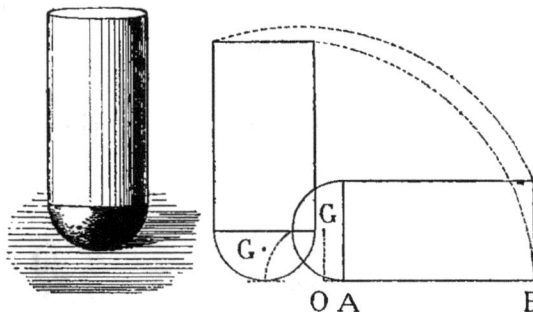

Fig. 188. — Mouvement du centre de gravité (équilibre stable).

Un cadran circulaire ou rectangulaire, peu importe (fig. 190), est suspendu dans un plan vertical par deux fils métalliques aboutissant en deux points de son contour. Il est en cristal parfaitement transparent et porte à son centre deux aiguilles

Fig. 189. — Poussahs (équibre stable).

qui marquent régulièrement l'heure et la minute, et marchent sans aucun mécanisme apparent. Il y a plus : donne-t-on aux aiguilles, en les tournant à la main, une position différente de celle de l'heure marquée, aussitôt, après quelques oscillations, elles reviennent se placer à l'heure juste, et si la durée de

l'interruption a été sensible, elles vont marquer l'heure nouvelle, comme si elles n'avaient pas été dérangées.

Rien n'est plus aisé à comprendre que la disposition mécanique imaginée pour produire cette marche en apparence merveilleuse.

L'aiguille des minutes est terminée au talon par un appendice
en forme de boîte de montre. Cet appendice renferme en effet
un mouvement de montre qui met en marche un poids additionnel en platine et lui fait faire un tour entier en une heure.

Fig. 190. — Horloge magique de M. Henri Robert.

Ce poids en platine a (fig. 191), en se déplaçant ainsi dans une
rainure qui fait le tour de la circonférence de la boîte, modifie à
chaque instant la position du centre de gravité G de tout le système de l'aiguille. Examinons ce qui se passe lorsqu'il tourne
successivement de 15° en 15° dans le sens indiqué par la flèche.
Le centre de gravité de l'aiguille sans le poids a est en g'; celui
du poids lui-même est g; le centre de gravité du système est
en G, point qu'on obtient en partageant la distance gg' en deux
parties proportionnelles aux poids isolés de l'aiguille et de la
boule de platine. Quand cette boule s'avance de 15° sur la circonférence de la rainure, puis encore de 15°, etc., le centre de

gravité de l'ensemble passe en des points symétriquement placés sur une circonférence dont le centre C est précisément celui du cadran là où l'axe du mouvement de l'aiguille est fixé.

Le système de l'aiguille et du poids se trouve dans le cas de l'équilibre stable. Son centre de gravité, qui tend sans cesse à remonter vers la droite, est donc ramené sans cesse au point le plus bas, ce qui ne peut se produire sans que l'aiguille tourne autour de son axe, en sens contraire, et d'un angle précisément égal à celui de la boule de platine. Pour décrire 30°,

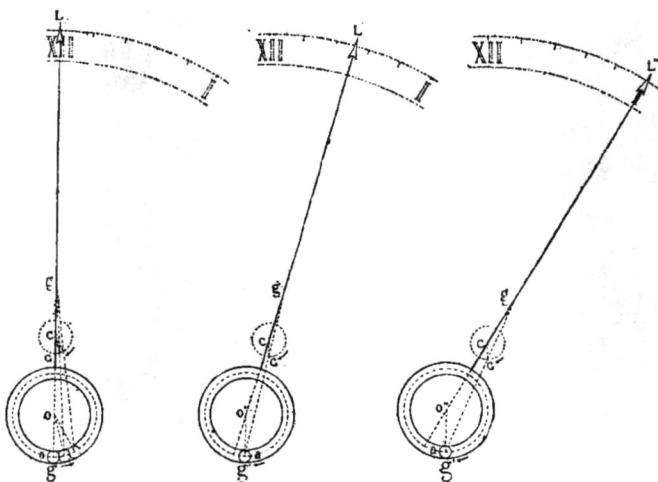

Fig. 191. — Mouvements du poids additionnel et de l'horloge magique.

cette boule, on l'a vu, met 5 minutes; l'aiguille des minutes décrit le même angle dans le même temps, c'est-à-dire que son mouvement est précisément celui d'une horloge bien réglée. L'examen, sur la figure 191, des positions successives occupées d'un côté par le poids additionnel de platine et par le centre de gravité du système, de l'autre par l'aiguille même, permettra de comprendre aisément l'explication qui précède.

Nous avons vu plus haut quelles sont les conditions d'équilibre d'un corps qui repose sur un plan, ou qui s'appuie par un de ses points sur un axe ou point fixe : la verticale du centre de gravité doit tomber sur le polygone d'appui, ou bien passer par l'axe ou le point qui soutient le corps. Cette condition est nécessaire s'il s'agit d'un corps en repos, mais elle ne l'est plus si ce corps est animé d'un mouvement de rotation rapide.

Une toupie, par exemple, qu'on fait tourner sur un plan horizontal, a le plus souvent son axe incliné sur ce plan, et elle reste de la sorte en équilibre, tant que la vitesse de son mouvement de rotation est suffisante. Mais en même temps que son axe est incliné, on le voit se déplacer

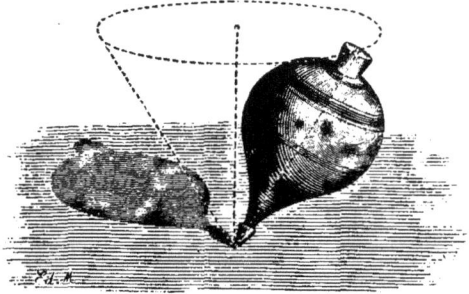

Fig. 192. — Mouvement de précession et équilibre de la toupie.

et décrire un cône autour de la verticale (fig. 192), donnant ainsi une représentation imagée du lent phénomène que nous avons étudié sous le nom de précession des équinoxes.

Voici un autre exemple singulier d'équilibre des corps en mouvement. Un disque métallique M (fig. 193) est monté sur un axe OA qui repose par son extrémité O sur un socle, l'autre extrémité étant portée à la main. On donne alors au disque ainsi disposé un mouvement très rapide de rotation, puis on l'abandonne à lui-même, en laissant libre l'extrémité A de son axe. Dans cette position, si la masse M était immobile, on la verrait tomber suivant la verticale de son centre de gravité en tournant autour de l'extrémité O; mais grâce à la vitesse de

Fig. 193. — Mouvement gyroscopique.

rotation qui l'anime, elle conserve sa position; son axe reste incliné, en décrivant lentement autour de la verticale une surface conique régulière. Le cas est évidemment analogue à celui de la toupie.

La théorie rend compte de ces cas singuliers d'équilibre, où la force d'inertie joue un grand rôle.

§ 2. MESURE DU POIDS DES CORPS. — LA BALANCE DE PRÉCISION.

Déterminer le centre de gravité d'un corps ou d'un assemblage de corps pesants est un problème qui trouve fréquemment, dans les arts et dans les industries diverses, une multitude d'applications. Mais une autre question non moins intéressante et non moins utile est celle qui a pour objet de mesurer l'intensité de la résultante dont le centre de gravité est le point d'application, ou, pour employer le langage de tout le monde, de peser les corps.

Les instruments destinés à cet usage ont reçu, comme on sait, le nom de *balances*. Les balances employées sont très variées dans leurs formes et dans leur mode de construction, et nous les décrirons plus loin en détail. Commençons par la description de la balance de précision, seule en usage dans les recherches scientifiques.

Le principe sur lequel sa construction est basée est celui-ci :

Un levier, barre rigide, reposant par son milieu sur un point fixe, inébranlable, autour duquel il peut osciller librement, est en équilibre quand deux forces égales sont appliquées à chacune de ses deux extrémités.

Pour qu'un levier de ce genre puisse servir de balance, il est indispensable que certaines conditions dont nous allons parler aient présidé à sa construction.

Il faut d'abord que les deux bras du levier ou fléau AO, OB (fig. 194) soient d'égales longueurs et de même poids, de manière à se faire isolément équilibre. Les deux bassins P, P dans lesquels se placent, d'une part les poids étalonnés, d'autre part le corps à peser, doivent avoir aussi rigoureusement le même poids. En second lieu, le centre de gravité du système doit se trouver au-dessous du point ou de l'axe de suspension, et très voisin de cet axe. Il résulte de cette seconde condition que l'équilibre sera stable, et que les oscillations du fléau tendront toujours à le ramener dans une position horizontale, qui est la marque caractéristique de l'égalité de poids des corps placés dans les deux bassins ou plateaux de la balance.

Ces deux conditions sont seules nécessaires pour que la balance soit juste, mais elles ne suffisent pas pour qu'elle soit sensible, c'est-à-dire pour qu'elle accuse la moindre inégalité dans le poids, par une inclinaison du fléau facile à constater.

Pour qu'une balance soit très précise et très sensible, il faut encore :

Que les points ou axes de suspension du fléau et des deux bassins soient sur la même ligne droite ; dans ce cas, la sensibilité est indépendante de la charge des plateaux ;

Que le fléau ait une grande longueur et soit aussi léger que

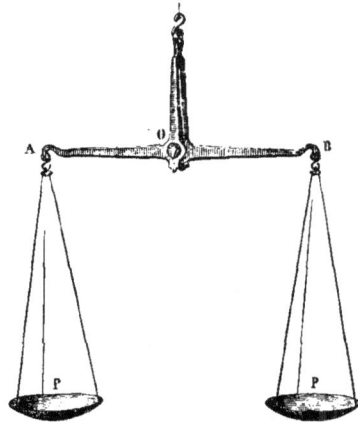

Fig. 194. — Balance.

possible ; alors l'amplitude des oscillations est plus grande pour une même inégalité dans les poids ; c'est la même raison qui exige que le centre de gravité de la balance soit très voisin de l'axe de suspension du fléau, sans pourtant coïncider avec lui.

Montrons maintenant comment ces conditions sont réalisées dans les balances de précision employées par les physiciens ou les chimistes.

Le fléau (fig. 195) est formé d'un losange découpé de champ dans une plaque métallique d'acier ou de bronze, et évidé de façon à diminuer son poids sans augmenter sa flexibilité. En son milieu passe un prisme d'acier, dont l'arête horizontale forme l'axe de suspension du fléau. Cette arête repose sur un plan dur et poli, d'agate par exemple. Les deux extrémités du fléau portent deux prismes plus petits, mais dont les arêtes, également horizontales et parallèles à celles du prisme principal,

supportent les plans d'acier mobiles, auxquels viennent s'attacher les tiges qui portent les bassins ou plateaux.

Les trois arêtes dont nous parlons doivent être rigoureusement alignées sur un même plan, et leurs distances parfaitement égales.

Au milieu et au-dessus du fléau, on voit deux boutons
superposés, dont l'un est taillé en écrou, de sorte qu'on peut
l'abaisser ou l'élever à volonté. On s'en sert pour élever ou
abaisser le centre de gravité de la balance, de manière à le
rapprocher ou à l'éloigner de l'axe de suspension et à donner

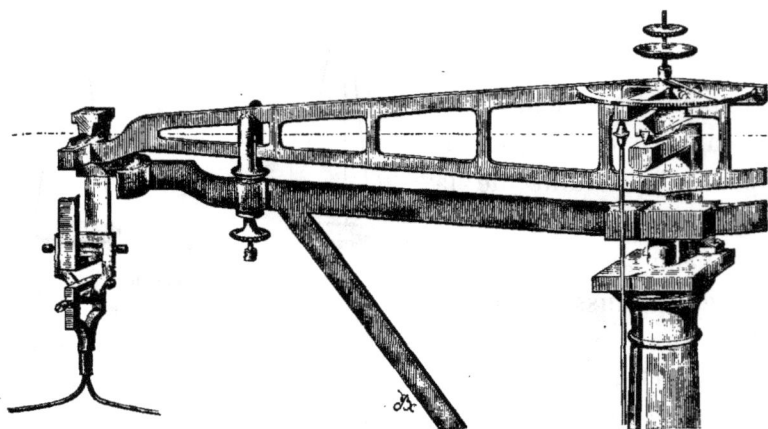

Fig. 195. — Balance de précision ; le fléau.

ainsi à l'instrument le degré de sensibilité qu'on veut. L'autre
bouton est percé excentriquement d'un trou, de sorte que sa
masse est répartie inégalement autour de l'axe ; en le faisant
tourner, on peut agir sur l'un ou sur l'autre bras du fléau,
de façon à compenser une inégalité de poids passagère, provenant par exemple de grains de poussière imperceptibles en
excès sur l'un des plateaux.

Au-dessus et en avant du prisme du milieu, le fléau porte
une longue tige métallique ou aiguille, qui oscille avec lui, et
dont la position est exactement verticale, lorsque le plan
formé par les trois axes de suspension est lui-même horizontal. L'extrémité inférieure de cette aiguille parcourt un

arc de cercle en ivoire, dont la division *zéro* correspond à cette dernière position et la détermine. De part et d'autre du zéro, des divisions égales permettent de mesurer les amplitudes des oscillations de l'aiguille : il suffit que ces amplitudes soient égales de chaque côté, pour qu'on soit assuré de l'horizontalité du fléau dans le cas de l'équilibre, et par conséquent de l'égalité des poids que portent les bassins.

Une balance ainsi construite doit être posée sur un plan inébranlable, et l'on s'assure, à l'aide de vis calantes que porte le pied de l'instrument et par l'observation de l'aiguille avant toute pesée, que sa position est bien horizontale. Pour éviter l'influence des courants d'air et les causes de détérioration provenant de l'humidité ou des autres agents atmosphériques, on l'enferme dans une cage de verre, qu'on ferme pendant la pesée et qu'on ouvre seulement pour poser ou enlever les poids étalonnés. Du chlorure de calcium est en outre placé dans la cage, pour absorber l'humidité de l'air que celle-ci renferme.

Enfin, lorsque la balance ne sert pas, on soulève le fléau à l'aide d'une fourchette métallique, munie d'un engrenage à crémaillère dissimulé à l'intérieur de la colonne. De cette façon, les prismes conservent leurs arêtes vives, que sans cette précaution la pression émousserait à la longue.   .

On voit avec quelle rigueur sont réalisées, dans l'instrument que nous venons de décrire, les conditions d'exactitude d'une balance destinée aux usages scientifiques. La précision qui en résulte est indispensable pour les pesées si délicates exigées par les recherches de physique ou de chimie moderne. Mais ces conditions ne suffisent pas : il faut encore que l'opérateur y joigne l'habileté que donne l'expérience, et des précautions dans le détail desquelles nous ne pouvons entrer. Il est inutile de dire que la précision de la balance serait inutile si les poids marqués n'étaient eux-mêmes d'une rigoureuse exactitude. Quelquefois, outre l'échelle des poids moyens, le savant possède une série de petits poids qu'il a pris soin de construire lui-même, à l'aide de fils de platine très fins, et dont il se sert pour les pesées d'une précision inférieure au gramme, en décigrammes, centigrammes et milligrammes.

Dans la balance que représente la figure 196, le constructeur, M. Hempel, a imaginé une disposition qui évite les tâtonnements, quand l'équilibre est déjà obtenu à une faible fraction près. On voit, au-dessous des boutons à écrou, un

Fig. 196. — Balance de précision, d'après le modèle construit par M. Hempel.

demi-cercle gradué que parcourt une aiguille horizontale, qu'on peut faire mouvoir de l'extérieur de la cage. Les degrés correspondent à des milligrammes; de sorte qu'en plaçant l'aiguille, par exemple, aux divisions 1, 2, 3.... du quart de cercle du côté gauche, c'est comme si l'on mettait dans le plateau de gauche 1, 2, 3 milligrammes.

On construit aujourd'hui des balances assez précises pour qu'elles trébuchent au milligramme, quand chaque plateau se trouve chargé de 5 kilogrammes. Dans les balances d'analyse chimique, on pèse jusqu'aux dixièmes de milligramme ; mais alors la charge totale doit être très faible, de 2 grammes par exemple.

Les physiciens emploient fréquemment la méthode dite *des doubles pesées* pour remédier au défaut d'égalité des bras du fléau : cette rigoureuse égalité est, en effet, une condition à peu près impossible à obtenir dans les appareils les plus parfaits ; cette méthode consiste à placer le corps à peser dans l'un des plateaux, puis à établir l'équilibre en mettant dans l'autre plateau une tare ordinairement formée de grenaille de plomb. En cet état, si les bras n'ont pas rigoureusement la même longueur, l'équilibre ne prouve pas l'égalité des poids. Mais si, enlevant le corps, on le remplace par des poids gradués jusqu'à ce que l'équilibre soit de nouveau rétabli, il est aisé de comprendre que ces poids représentent exactement le poids cherché, puisqu'ils produisent le même effet que le corps et dans les mêmes circonstances [1].

On a vu que le poids d'un corps est modifié par le milieu dans lequel il est plongé, de sorte qu'il se trouve diminué de tout le poids du fluide ou de l'air qu'il déplace. D'autre part, son volume varie avec la température, et par conséquent

---

[1] Ces poids en effet agissent à l'extrémité du même bras de levier. Il y a une autre méthode qu'on peut, plus justement que la première, appeler méthode des doubles pesées. Elle consiste 1° à peser le corps dans l'un des plateaux et à l'équilibrer par des poids marqués. En appelant P le poids cherché du corps, P' celui des poids marqués et x et y les longueurs des bras de levier à l'extrémité desquels ces poids agissent, on a évidemment

$$P x = P' y.$$

2° A peser le corps dans le second plateau, et à l'équilibrer par des poids marqués qui différeront de ceux de la première pesée, si les bras x et y du fléau sont réellement inégaux. Alors on aura

$$P y = P'' x,$$

en appelant P'' les nouveaux poids. En multipliant membre à membre les deux inégalités, et supprimant les facteurs communs x et y, on en tirera

$$P^2 = P' P'',$$

d'où

$$P = \sqrt{P' P''}.$$

Un simple calcul donnera alors le vrai poids du corps.

le même corps ne déplace pas toujours la même quantité de
fluide : de là la nécessité de tenir compte de ces éléments de
variation, à moins qu'on ne prenne la précaution de faire les
pesées dans un espace purgé d'air, c'est-à-dire dans le vide.

§ 3. BALANCES USITÉES DANS LE COMMERCE OU DANS L'INDUSTRIE.

Nous venons de décrire la *balance de précision*, la seule
qu'on emploie pour les déterminations scientifiques de pesées
nécessitant une grande exactitude. Mais il est d'autres types
de balances, plus grossièrement construits, en vue d'une
moindre approximation, qui sont d'un usage bien autrement
fréquent dans les transactions commerciales et industrielles ;
nous allons rapidement décrire les plus usités, sans insister
sur les détails de leur construction, qui sont plutôt du domaine
de la mécanique pratique que de celui de la physique.

La *romaine* est un de ces types les plus anciennement
connus[1]. Sa construction, fort simple, repose sur ce principe
de mécanique que les poids de deux corps pesants agissant
aux extrémités de deux bras de levier inégaux sont, quand
l'équilibre est établi, en raison inverse des longueurs des bras
de levier.

Dans la romaine, le fléau AB (fig. 197) se compose de deux
parties, dont la plus courte OA forme un bras de levier de longueur constante, à l'extrémité duquel est suspendu un crochet
ou un plateau destiné à recevoir les corps à peser. Sur la plus
longue partie OB, convenablement divisée en kilogrammes et
fractions de kilogramme, se meut un anneau M qui soutient
un poids P, toujours le même : c'est ce poids qui, avancé ou

---

[1] « Elle est ainsi nommée, non pas parce qu'elle était, comme on l'a prétendu, en usage
chez les Romains — les Romains ne la connaissaient pas — mais parce qu'elle nous vient des
Arabes, qui appellent *roumain* (pomme de grenade) l'unique poids de cette balance. » (Hœfer,
Histoire de la Physique.) Quant à la balance à deux fléaux égaux, elle est d'invention fort
ancienne. Homère en fait mention très nettement dans l'*Iliade,* et on ignore quel en fut
l'inventeur.

reculé le long de la tige divisée, fait équilibre aux corps pesants placés dans le bassin Q ou suspendus au crochet. On reconnaît que cet équilibre a lieu quand le fléau conserve, après quelques oscillations, une direction horizontale.

La romaine est ordinairement construite de façon que le centre de gravité O de tout l'appareil se trouve sur la verticale qui passe par l'arête du couteau de suspension et un peu au-dessus. Alors, en l'absence du poids curseur et de tout poids placé dans le plateau, le fléau reste en équilibre en prenant une position horizontale. Le zéro de la graduation est donc au point de suspension lui-même. Les différentes divisions ont été obte-

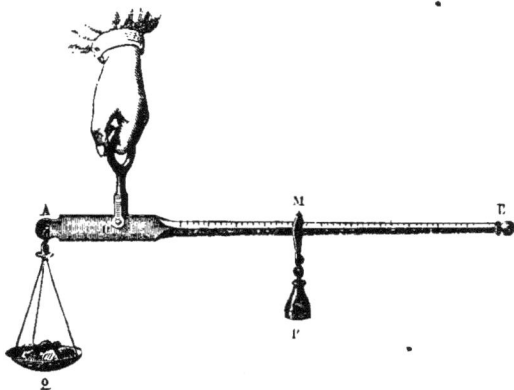

Fig. 197. — Balance romaine.

nues en plaçant un poids connu, de 1 kilogramme par exemple, dans le plateau et en cherchant le point du fléau où le poids curseur produit l'équilibre : en ce point, on marque 1 kilogramme. La longueur comprise entre 0 et 1, partagée en divisions décimales et portée sur le grand bras du fléau, donne la graduation de la romaine. C'est une balance assez commode, puisqu'elle n'exige pas l'emploi de poids marqués, et propre à la mesure des poids considérables, quand on ne tient pas à une évaluation rigoureuse. Elle est peu sensible ; aussi l'usage n'en est-il légalement autorisé que si elle trébuche pour un excès de poids égal à la 500e partie de sa charge maximum.

La *balance à bascule* (fig. 198) ou de *Quintenz* (c'est le nom

de l'inventeur) est basée sur le même principe que la romaine,
le corps à peser et les poids agissant à l'extrémité de bras de
levier inégaux. Mais il y a cette différence que ces deux bras
sont de longueurs variables et que c'est à l'extrémité du bras
le plus court qu'agit le corps à peser ; la balance à bascule
exige donc, comme les balances ordinaires, une série de poids;
mais ces poids sont moindres que ceux des objets : par
exemple, si le rapport des leviers OB et OC est celui de 1 à 10,
on fera équilibre aux corps pesants avec des poids marqués
dix fois moins lourds. Les objets à peser se placent sur la
plate-forme DE, et les poids marqués se mettent dans le plateau abc. L'équilibre existe quand les pointes mn se trouvent
en regard.

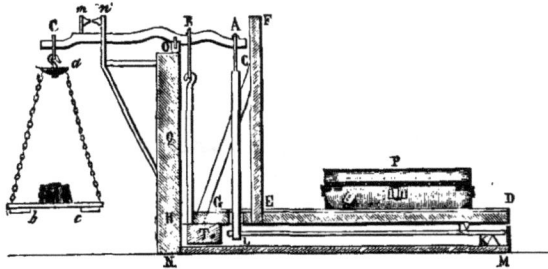

Fig. 198. — Balance à bascule ou de Quintenz.

La plate-forme DE, sur laquelle on place le corps à peser,
repose par une arête horizontale I sur une pièce KL formant
levier mobile autour de K et agissant par le coude LA sur le
bras OA du fléau ; elle repose par un second point sur la
pièce T qui est reliée par une tige verticale au point B du levier
OB. Les distances IK et KL étant établies proportionnelles à OB
et OA, il résulte de cette disposition que la plate-forme DE,
horizontale avant qu'on y place le corps à peser, restera horizontale quand ce corps, par son poids, la fera fléchir ; ou, ce
qui revient au même, le mouvement du point A sera au mouvement du point B dans le rapport même des bras de levier OA
et OB. D'où enfin cette conséquence, que l'action du poids du
corps, qui est répartie en B et en A, est la même que si elle

était tout entière exercée en B ; or nous supposons que le levier
OB est le dixième de la longueur OA ; dès lors, dans notre hypothèse, il suffira de poids dix fois moins lourds que celui du
corps à peser, pour équilibrer celui-ci. Si l'équilibre, par
exemple, est établi en poids marqués avec $5^k,400$, le poids
réel du corps est de 54 kilogrammes.

Les balances à bascule, auxquelles diverses modifications
ont été apportées depuis leur invention, sont très usitées dans
les bureaux à bagages des messageries, des chemins de fer, et
dans les magasins du commerce. Quand il s'agissait de peser
des voitures ou des wagons tout chargés, on se servait autre-

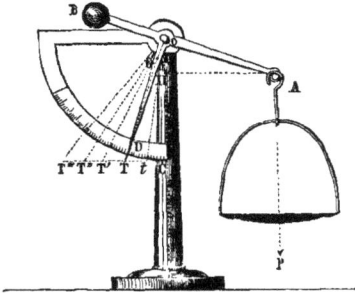

Fig. 199. — Peson.

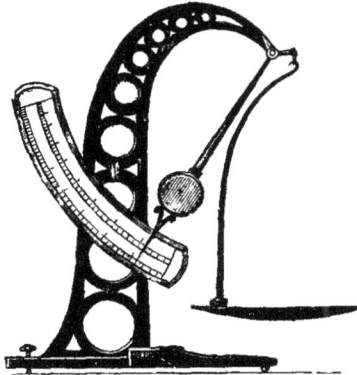

Fig. 200. — Pèse-lettres.

fois, en France, des *ponts à bascule*, sortes de balances dont
le principe est analogue à celui des balances de Quintenz,
c'est-à-dire repose sur une combinaison de leviers de diverses
longueurs. On emploie encore les ponts à bascule ou *balances
de Sanctorius*[1] dans quelques pays étrangers.

Le *peson* (fig. 199) est une balance qu'on emploie pour la
pesée des matières légères, des lettres par exemple (on le
nomme dans ce cas *pèse-lettres*), ou, dans les filatures, pour
la pesée de la soie, de la laine, du coton.

C'est un levier AB, susceptible de tourner autour du point O.

1. Sanctorius est le nom du savant italien auquel on en attribue l'invention.

L'une des branches A porte le plateau ou bassin destiné à recevoir les matières à peser. En O est une aiguille fixée au levier à angle droit : le peson étant libre, AB reste horizontal, et l'aiguille prend alors une position verticale; mais quand on place un corps dans le plateau, l'action de ce poids au bout du bras de levier OA entraîne l'aiguille et lui fait parcourir les divisions d'un arc de cercle convenablement gradué. Cet appareil n'exige, comme on voit, l'usage d'aucun poids. Sa graduation se déduit d'un principe de mécanique très simple, à savoir que les poids placés dans le plateau sont proportionnels, non pas aux angles que l'aiguille fait avec la verticale, mais aux tangentes de ces angles, c'est-à-dire aux distances CT, CT',... que la direction de l'aiguille prolongée détermine sur la ligne horizontale menée du point C, ligne qui est dès lors tangente à l'arc de cercle décrit du point O comme centre.

La figure 200 représente la forme qu'on donne habituellement au peson quand on l'emploie à la pesée des lettres.

Nous terminerons cette description des instruments de pesage usités dans le commerce et l'industrie par quelques mots sur la *balance de Roberval* (fig. 201). Les deux plateaux de

Fig. 201. — Balance de Roberval.

cette balance reposent, à la partie supérieure du fléau, sur deux couteaux dont les tranchants sont tournés vers le haut et sont fixés à deux tiges mobiles égales, AA', BB', reliées entre elles, à

leurs extrémités inférieures, par un levier également mobile
autour de son milieu. Cette disposition, qui ne change en rien
les conditions de l'équilibre, ainsi qu'on le démontre en mécanique, rend très commode l'emploi de cette balance. Les corps
à peser et les poids marqués se placent en effet et s'enlèvent
sans qu'on soit gêné, comme dans la balance ordinaire, par
les cordons ou fils de suspension des bassins. Aussi l'usage
de la balance de Roberval[1] est-il aujourd'hui très répandu.

§ 4. DÉTERMINATION DE LA DENSITÉ DES CORPS SOLIDES ET LIQUIDES.

Tout le monde sait que des volumes égaux de diverses
substances sont loin d'avoir le même poids : un bloc de pierre
pèse notablement plus qu'un morceau de bois et moins qu'un
morceau de fer de même dimension ; un litre d'eau, plus lourd
qu'un litre d'huile, l'est beaucoup moins qu'un litre de mercure. Les nombres qui expriment cette différence caractéristique entre les corps dont la composition n'est pas la même, sont
ce qu'on appelle les *poids spécifiques* ou les *densités*. Arrivons
à une définition plus précise.

Pour cela, distinguons entre les substances qui sont homogènes et celles qui ne le sont point. L'homogénéité doit s'entendre, en ce cas, des substances dont la structure est telle, que
les molécules dont elles sont formées se trouvent partout uniformément et symétriquement espacées, de sorte que leur
nombre reste le même en toutes les parties du corps pour des
volumes égaux, quelque petits ou grands que soient ces
volumes. C'est là, il est vrai, une hypothèse invérifiable,
puisque les molécules ne peuvent ni se compter ni se voir. Mais
elle implique comme conséquence l'égalité du poids de toutes
les parties du corps égales en volume, et cette égalité peut être
constatée expérimentalement.

1. Roberval est un mathématicien français du dix-septième siècle. C'est à lui qu'est due
la démonstration du principe de la balance qui porte son nom.

Un corps n'est pas homogène, lorsque en ses diverses parties les molécules sont inégalement serrées : ce qu'on reconnaît à l'inégalité de poids d'un même volume pris en des régions différentes.

Cette distinction faite, considérons d'abord divers corps homogènes, solides ou liquides. Imaginons qu'on prenne de chacun d'eux un volume égal, un centimètre cube par exemple, et qu'on le pèse avec soin. On obtiendra ainsi une série de poids généralement inégaux : ce sont ces poids qu'on nomme les *poids spécifiques* des substances correspondantes.

Comme d'ailleurs, dans notre système métrique, le poids d'un centimètre cube d'eau est pris pour unité de poids, le poids spécifique de l'eau se trouvera précisément exprimé par le nombre 1. Cela revient à le prendre lui-même pour unité des poids spécifiques des liquides et des solides. Mais il ne faut pas oublier que le gramme est le poids du centimètre cube de l'eau distillée, pesée dans le vide à la température + 4 degrés du thermomètre centigrade; que, d'autre part, le volume d'un corps varie avec sa température, et par conséquent aussi son poids spécifique, et que ces variations sont différentes d'une substance à l'autre. On convient donc de rapporter les poids spécifiques des divers corps (celui de l'eau seul excepté) à la température commune de 0° : dans le cas où la température serait autre, il importe alors d'en faire mention.

La définition du poids spécifique d'un corps homogène, solide ou liquide, est donc la suivante : c'est le rapport qui existe entre le poids de l'unité de volume de ce corps à 0 degré, et celui de l'unité de volume d'eau distillée à + 4 degrés.

Si, au lieu de comparer les poids des corps sous l'unité de volume, on effectuait la même comparaison pour leurs masses, les nombres qu'on obtiendrait ainsi seraient ce qu'on nomme leurs *densités*. La densité d'un corps ne doit pas être confondue avec son poids spécifique, puisque, comme on l'a vu, le poids varie avec l'intensité de la pesanteur, c'est-à-dire avec la latitude ou l'altitude du lieu, tandis que la masse est invariable.

Mais, comme les rapports des poids sont égaux à ceux des masses, il s'ensuit que les nombres qui expriment les poids spécifiques sont égaux à ceux qui mesurent les densités. Aussi emploie-t-on indifféremment l'une ou l'autre des deux expressions.

Il résulte de la définition du poids spécifique ou de la densité que le poids d'un corps est égal au produit de son volume par sa densité, et qu'ainsi, deux de ces éléments étant donnés, le troisième s'en déduit par un simple calcul.

La définition qui précède s'applique aux corps homogènes ; elle ne peut convenir à ceux qui ne le sont pas. Dans les corps non homogènes, chaque partie considérée isolément peut avoir une densité propre, si son volume est assez petit pour que la variation de composition puisse y être regardée comme nulle, pour que cette partie en un mot soit elle-même homogène. C'est ainsi que l'on partage le globe terrestre en couches concentriques dont chacune est supposée homogène, et dont les densités vont en croissant à mesure qu'on approche du centre. Quant à la densité de la Terre, c'est une moyenne entre les densités de ses couches ; c'est la densité qu'aurait un globe de même volume et de même masse, mais où la matière serait uniformément répartie.

Il n'est pas besoin d'insister sur l'intérêt que présente la détermination de la densité propre à chaque espèce de corps, à chaque sorte de substance, solide, liquide ou gazeuse. Outre qu'elle permet de résoudre les problèmes très variés où cet élément joue un rôle essentiel (celui par exemple qui a pour objet de calculer le volume d'un corps de forme irrégulière, mais qu'on peut peser, ou encore de calculer le poids d'un corps dont le volume peut se mesurer, mais qu'il est impossible de placer dans la balance), la connaissance exacte de la densité est un moyen précieux, pour le minéralogiste, de distinguer les espèces minérales ; pour les chimistes, les pharmaciens, c'est un caractère distinctif qui leur permet de vérifier la pureté des substances qu'ils emploient.

Pour tous ces motifs, on comprendra donc que nous abordions avec quelques détails la description des procédés qui servent à déterminer la densité des corps. Nous nous bornerons en ce moment à la densité des solides et des liquides.

Nous venons de dire que la densité d'un corps est le rapport qui existe entre son poids à 0 degré et celui d'un égal volume d'eau pure prise à la température de 4 degrés du thermomètre centigrade. Que faut-il donc pour trouver le nombre qui mesure la densité d'un corps? Premièrement, connaître son poids : la balance sert à cet usage ; deuxièmement, connaître le poids d'un égal volume d'eau : nous allons décrire les opérations propres à cette détermination. Ces deux nombres obtenus, le quotient de la division du premier par le second donnera la densité.

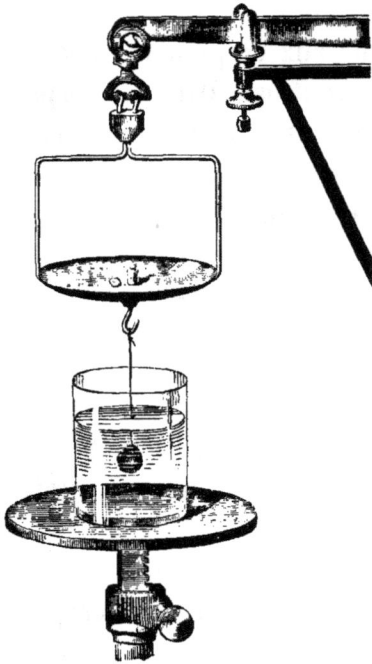

Fig. 202. — Densité des corps solides. Méthode de la balance hydrostatique.

La seule difficulté est donc de trouver le poids d'un volume d'eau égal à celui du corps. Prenons quelques exemples qui nous feront comprendre les trois méthodes usitées.

Soit un morceau de fer pesant dans l'air 246^{gr},5. On le suspend par un fil très fin à l'un des plateaux de la balance hydrostatique, et on met une tare dans l'autre plateau pour l'équilibrer. On abaisse alors la crémaillère de la balance jusqu'à ce que le morceau de fer plonge dans l'eau (fig. 202). A ce moment, le fléau trébuche du côté de la tare, et l'on est obligé de mettre 31^{gr},65 en poids marqués dans le plateau qui soutient le corps pour rétablir l'équilibre. Ces poids représentent le poids de l'eau déplacée. En divisant

246,5 par 31,65 on trouve 7,788 pour la densité du fer : ce
qui revient à dire que le fer pèse, à volume égal, 7 fois et
788 millièmes autant que l'eau.

Voici une seconde méthode :

La figure 203 représente un instrument appelé *aréomètre*[1]

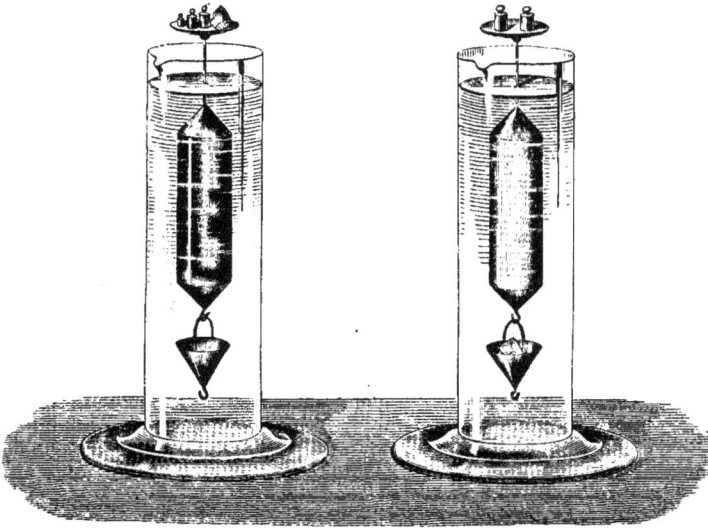

Fig. 203. — Densité des corps solides. Aréomètre de Charles ou de Nicholson.

dont la disposition est due au physicien Charles, bien qu'on l'at-

---

1. Du grec ἀραιός, léger, et μέτρον, mesure. Les aréomètres ont servi d'abord à mesurer
les densités des liquides, comme nous le verrons plus loin.

Tout le monde connaît l'histoire d'Archimède, courant, au sortir du bain, par les rues de
Syracuse, en criant comme un fou : « Εὕρηκα, εὕρηκα ! J'ai trouvé ! j'ai trouvé ! » Il s'agissait
d'un problème dont le roi Hiéron l'avait prié de chercher la solution, à savoir si dans une
couronne livrée à ce prince par un orfèvre comme étant tout entière d'or pur, il entrait ou
non d'autres matières. La découverte du principe d'hydrostatique qui porte le nom de l'immortel géomètre, le mit sur la voie, et il reconnut qu'une certaine quantité d'argent avait été
mélangée à l'or dans la confection du diadème royal. Archimède faisait, dit-on, peu de cas
des applications pratiques de la géométrie et des sciences ; mais il fut loin de les négliger, et
l'on cite une foule d'inventions dues à son génie. C'est à lui qu'on attribue l'invention des
aréomètres, instruments basés immédiatement sur le principe que tout corps immergé ou
flottant dans un liquide déplace, quand l'équilibre est établi, un volume de liquide ayant
précisément le même poids que le poids du corps ; c'est ce même principe, découvert et démontré par Archimède, qui lui rend facile la solution du problème de la couronne. D'autres
historiens des sciences ont regardé comme auteur de la découverte des aréomètres la belle
et savante Hypathie, cette malheureuse victime du fanatisme religieux des moines d'Alexandrie. Ce qui paraît plus certain, c'est que ces petits appareils, si précieux, doivent à un physicien moderne, Homberg, leur forme actuelle.

tribue généralement à Nicholson : il est construit de telle sorte que, plongé dans l'eau, il affleure précisément en un point marqué sur sa tige supérieure, lorsque le plateau qui la surmonte est chargé d'un poids connu : soit 100 grammes ce poids. On place le corps dont la densité est cherchée dans le petit plateau, et l'on ajoute des poids marqués pour produire l'affleurement. Si l'on a dû mettre $35^{gr},8$, je suppose, la différence $64^{gr},2$ entre ce dernier poids et 100 grammes donne évidemment le poids du corps dans l'air.

Ce qui précède montre déjà que l'aréomètre est une véritable balance. On ôte le corps du plateau supérieur, et on le place dans le petit vase suspendu au-dessous de l'instrument : il perd de son poids, de sorte que l'aréomètre remonte, et qu'il faut ajouter des poids marqués pour rétablir l'affleurement : soit 31 grammes. Tel est le poids d'un volume d'eau égal à celui du corps. En divisant 64,2 par 31, on trouve 2,07, densité cherchée (c'est la densité du soufre).

Fig. 204. — Densité des liquides. Méthode du flacon.

Dans le cas où le corps est moins dense que l'eau, on retourne le petit panier en sens inverse, et le corps que la poussée tend à faire remonter, rencontrant un obstacle, n'en reste pas moins plongé.

Une troisième méthode pour évaluer la densité des solides est celle du flacon. On met dans le plateau d'une balance le fragment du corps dont la densité est cherchée, et, à côté, un flacon exactement rempli d'eau et bien bouché à l'aide d'un bouchon rodé à l'émeri (fig. 204). On établit l'équilibre à l'aide de poids marqués. On introduit alors le corps dans le flacon, et on le rebouche, en ayant soin d'enfoncer le bouchon au même niveau. Une certaine quantité d'eau a dû sortir, dont le volume est précisément égal à celui du corps qui a pris sa place. On replace le flacon, après l'avoir bien essuyé extérieurement, sur le plateau de la balance, et les poids qu'il faut enlever pour rétablir l'équilibre donnent le poids de l'eau expulsée. Le procédé du flacon n'est pas, on le voit, une application du principe d'Archimède, comme les deux premiers.

Ces trois méthodes exigent quelques précautions : le corps plongé dans l'eau retient, adhérentes à sa surface, des bulles d'air qu'il faut faire disparaître. Si le corps absorbe facilement

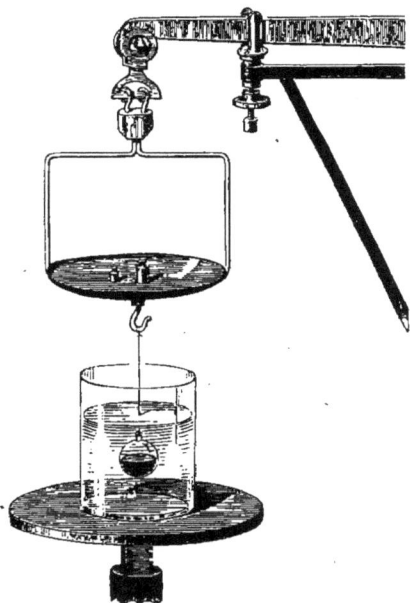

Fig. 205. — Densité des liquides   Fig. 206. — Densité des liquides.
    Balance hydrostatique.   Aréomètre de Fahrenheit.

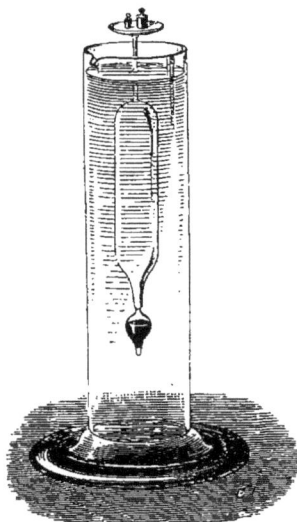

l'eau, ou même s'y dissout, on se sert d'un autre liquide, d'huile par exemple ; après quoi, il reste à rapporter la densité du corps relative à l'huile à celle de l'eau, ce qui n'offre d'ailleurs aucune difficulté.

La densité des liquides s'obtient par des procédés analogues à ceux que nous venons de décrire. Une boule de verre creuse, et lestée de façon à être plus lourde que les liquides à comparer, est accrochée sous le plateau de la balance hydrostatique (fig. 205). Pesée dans l'air, puis dans l'eau, la différence des pesées donne le poids d'un volume d'eau égal au sien. Bien essuyée et pesée dans le liquide dont on cherche la densité, cette seconde différence donne le poids d'un égal volume du liquide. Divisant ce dernier résultat par le premier, on trouve pour quotient la densité inconnue.

L'aréomètre dû à Fahrenheit (fig. 206), plongé dans l'eau, exige qu'on mette un poids donné pour produire l'affleurement au point fixe marqué sur sa tige. Il est clair que ce poids additionnel joint à celui de l'instrument marque le poids du volume d'eau déplacé. Plongé dans un autre liquide, dans l'huile par exemple, on obtient de la même façon le poids d'un volume d'huile égal au volume d'eau. La division de ce second poids par le premier donne la densité de l'huile.

Fig. 207. — Densité des liquides. Méthode du flacon.

Enfin, avec un flacon terminé par une étroite tubulure (fig. 207) qu'on emplit successivement d'eau et de l'autre liquide jusqu'à un point fixe marqué sur la tige, on trouve les poids de deux volumes égaux d'eau et de liquide, d'où la densité.

Voici, pour terminer, un tableau des densités de quelques-uns des corps solides et liquides les plus connus :

DENSITÉS DE DIFFÉRENTS CORPS A 0°. — CORPS SOLIDES.

Métaux.		Minéraux, roches, etc.		Végétaux, etc.	
Platine laminé.	22,06	Diamant	3,55	Buis de Hollande.	1,32
Or fondu. . . .	19,26	Marbre . . . 2,65 à	2,84	Cœur de chêne.	1,12
Plomb fondu. .	11,35	Granit	2,75	Ébène noir. . .	1,19
Argent fondu .	10,47	Quartz	2,65	Hêtre	0,75
Cuivre laminé .	8,95	Grès . . . . 2,20 à	2,65	Sapin.	0,66
— fondu .	8,85	Pierre à plâtre. . .	2,20	Chêne.	0,85
Fer	7,79	Verre. . . . 2,44 à	2,50	Saule	0,49
Étain	7,29	Porcelaine	2,24	Peuplier	0,39
Zinc laminé . .	7,19	Soufre	2,09	Liège.	0,24
Aluminium . .	2,56	Glace à 0°.	0,93	Moelle de sureau.	0,08
Nickel	8,64	Spath d'Islande. .	2,72	Houille	1,33
Laiton	8,24	Flint-glass	3,34	Ivoire.	1,92

DENSITÉS DE DIVERS LIQUIDES A 0°.

Métaux.		Minéraux, roches, etc.		Végétaux, etc.	
Mercure à 0°.	13,596	Eau à 4°.	1,000	Huile d'olive. .	0,915
Brome. . . .	5,187	Eau à 0°	0,9998	Essence de téré-	
Acide sulfur.		Eau de mer	1,026	benthine. . .	0,869
concentré .	1,848	Lait	1,032	Alcool absolu. .	0,795
Acide nitrique		Vin de Bordeaux. .	0,999	Éther sulfuri -	
eau-forte id.	1,520	— de Bourgogne. .	0,991	que	0,736

§ 5. PÈSE-SELS, PÈSE-ACIDES, ALCOOMÈTRES.

Nous venons de décrire les aréomètres spécialement destinés à mesurer, avec la rigueur nécessaire, la densité des corps. Il nous reste à parler de l'usage qu'on fait, dans l'industrie et le commerce, d'appareils semblables et portant le même nom, et dont l'objet est d'utiliser le principe d'Archimède à la détermination de la composition de certains mélanges.

Ce sont ordinairement des tiges cylindriques de verre, lestées à leur partie inférieure par de la grenaille de plomb ou du mercure que renferme un appendice globulaire. Le poids d'un appareil ainsi construit étant invariable, — ce qui lui a fait donner le nom d'*aréomètre à poids constant*, par opposition aux *aréomètres à poids variable*, — la partie immergée est d'autant plus longue que le liquide a une moindre densité, puisque le liquide déplacé doit toujours avoir un poids égal à celui de l'instrument.

L'eau pure est le liquide qui sert de terme de comparaison : c'est donc au point de la tige où l'instrument affleure dans l'eau que se trouve le zéro de la graduation. Mais, au lieu de faire une graduation unique pour les liquides ou mélanges plus denses que l'eau et pour les plus légers, on a trouvé plus commode de construire deux sortes d'aréomètres pour les deux catégories.

La figure 208 représente l'aréomètre de Baumé, qu'on nomme *pèse-sel*, *pèse-acide*, quelquefois *pèse-sirop*, *pèse-vinaigre*, selon ses usages, parce qu'il sert à déterminer la concentration plus ou moins forte d'une dissolution saline, la densité d'une combinaison hydratée, c'est-à-dire d'un acide et de l'eau. Le zéro occupe un point de l'extrémité supérieure de la tige ; plongé dans une dissolution renfermant 15 parties en poids de sel marin et 85 d'eau, l'aréomètre affleure en un point plus bas où l'on marque 15 : la division de l'intervalle de 0° à 15° en quinze parties égales, prolongée jusqu'au bas de la tige, fournit la graduation.

Le point extrême du *pèse-sel* de Baumé est 60° : c'est là que s'arrête l'aréomètre dans l'acide sulfurique monohydraté ; 36° correspond à l'acide azotique, 26° à l'acide chlorhydrique.

Fig. 208. — Pèse-sel ou pèse-acide ou aréomètre de Baumé.

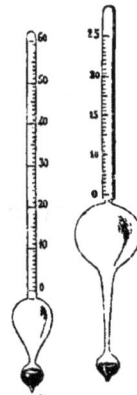

Fig. 209. — Pèse-liqueur, pèse-éther.

Fig. 210. — Alcoomètre centésimal de Gay-Lussac.

Le *pèse-liqueur* (fig. 209), qu'on nomme encore *pèse-alcool*, *pèse-esprit*, *pèse-éther*, est employé pour comparer les liquides d'une densité moindre que celle de l'eau. Il est construit de façon que, plongé dans une dissolution de 10 pour 100 de sel marin, le point d'affleurement se trouve vers le bas de la tige La graduation se fait en marquant zéro au point dont nous parlons ; portant ensuite l'aréomètre dans l'eau pure à 12°,5, on divise l'intervalle en 10 parties égales, qu'on porte au-dessus du zéro, jusqu'au 50ᵉ degré environ ; c'est une échelle suffisante pour les besoins de l'industrie et du commerce. Un aréomètre gradué de la sorte marque 65° dans l'éther anhydre, 47°,5 dans l'alcool absolu, 22°,5 dans l'ammoniaque à 0,92 de densité.

Les expressions usitées : *alcool à 36°*, *alcool à 40°*, indiquent donc que le *pèse-liqueur* de Baumé, plongé dans une liqueur alcoolique ou spiritueuse, affleure aux divisions 36 ou 40 de l'aréomètre ainsi gradué.

On construit des aréomètres pour vérifier la richesse du vin en alcool ; on les nomme alors *pèse-vin* ou *œnomètres ;* d'autres pour reconnaître si le lait est ou non étendu d'eau : ce sont les *pèse-lait* ou *galactomètres*.

M. Buignet, dans ses *Manipulations de physique*, fait ressortir en ces termes les inconvénients du système de graduation de Baumé : « Ces instruments, dit-il, sont gradués d'après des règles de pure convention. Les chiffres inscrits sur leur tige n'ont aucun rapport avec la densité des liquides dans lesquels on les plonge, et ce n'est que par un calcul plus ou moins compliqué que l'on peut parvenir à la connaître. Il existe, il est vrai, pour l'usage des laboratoires, des tables qui donnent la densité correspondant à chacun des degrés marqués par ces deux sortes d'aréomètres..... Mais à l'inconvénient de ne donner ni le poids spécifique des liquides, ni la proportion relative des éléments qui le constituent, le système de graduation de Baumé joint les deux suivants, qui ont aussi leur importance : 1° l'échelle des aréomètres destinés aux liquides plus denses que l'eau n'a pas le même point de départ que celle des aréomètres destinés aux liquides moins denses : l'eau distillée affleure au point 0° dans le premier cas, et au point 10° dans le second ; 2° l'établissement des degrés est obtenu au moyen d'une eau salée à 15 pour 100 lorsqu'il s'agit des liquides plus denses que l'eau, et à 10 pour 100 seulement lorsqu'il s'agit des liquides moins denses. C'est là un défaut d'identité qui est regrettable. »

Dans le but de remédier à ces inconvénients, on construit maintenant des aréomètres dont la graduation donne directement et à simple lecture la densité des liquides au sein desquels on les plonge : les uns sont destinés aux liquides plus denses que l'eau, les autres aux liquides moins denses ; mais, à raison de leur principe et de leur usage, ils reçoivent le nom commun de *densimètres*.

Pour graduer les densimètres, on les plonge tout lestés dans l'eau distillée; le lest est tel que la tige des instruments de la première catégorie affleure en un point voisin de l'extrémité supérieure, et celle des instruments de la seconde catégorie en un point de la partie la plus basse. Ce point d'affleurement est marqué 100 et correspond à la densité 1. Puis on les plonge dans un liquide de densité connue, 1,25 pour les plus denses, 0,80 pour les moins denses que l'eau. Aux nouveaux points d'affleurement on marque 80, qui indique la graduation en volume. On partage l'intervalle en 20 parties égales, et il est clair que chaque degré correspond à des densités aisées à calculer. Les nombres ainsi trouvés par le calcul se marquent d'ailleurs sur les divisions de l'instrument, dont l'échelle indique à la fois les volumes et les densités.

Les densimètres à graduation double ont été adoptés par le Codex de 1866 comme préférables à l'aréomètre de Baumé.

L'*alcoomètre centésimal* de Gay-Lussac (fig. 210) a également sur celui de Baumé un grand avantage : sa graduation n'indique pas seulement la force comparative en alcool des mélanges d'alcool absolu et d'eau, elle donne instantanément la proportion en centièmes des volumes de l'esprit et de l'eau. Ainsi, quand l'instrument, plongé dans un mélange, marque 70°, c'est que ce mélange renferme en réalité 70 parties d'alcool pur et 30 parties d'eau. Gay-Lussac, pour graduer un aréomètre centésimal, le plongeait successivement dans les mélanges renfermant 0, 10, 20, 30...... 100 d'alcool absolu, opération délicate et laborieuse, parce que le mélange des deux liquides détermine à la fois une contraction et une élévation de température, de sorte qu'il fallait attendre qu'ils fussent refroidis à une même température (celle de 15° centigr.) pour calculer la proportion nouvelle des deux volumes. Les degrés de son échelle ne sont donc pas également espacés ; et en cela l'alcoomètre centésimal diffère des densimètres que nous venons de décrire.

L'alcoomètre centésimal est officiellement adopté par la France pour la vérification des eaux-de-vie, des esprits et de toutes les liqueurs alcooliques dont la circulation est soumise à des droits. En Allemagne, on emploie celui de Tralles, qui ne diffère de celui de Gay-Lussac que par la température de la graduation (60° Fahrenheit ou 15° 5/9 centigr.).

Il importe de remarquer que, des divers appareils dont nous venons de donner la description, les uns ne renseignent qu'indirectement sur la densité des mélanges liquides où on les plonge, sans donner cette densité même (on a, du reste, calculé des tables donnant cette densité pour chaque degré), tandis que les autres donnent la densité très approchée. Mais ces derniers n'indiquent rien sur la composition même du mélange, qui peut être altéré par l'introduction de substances étrangères à sa composition normale.

CHAPITRE III

LA PRESSE HYDRAULIQUE — LES PUITS ARTÉSIENS

§ 1. PRESSE HYDRAULIQUE — PRINCIPE ET CONSTRUCTION.

Pascal avait démontré que toute pression exercée en un point de la masse d'un liquide se transmet avec une égale énergie dans tous les sens ; il avait tiré de là cette conséquence qu'on peut, avec un effort relativement faible, exercer une pression considérable, pourvu que l'on prenne un liquide, de l'eau par exemple, pour intermédiaire de cette transmission, et pourvu que le piston sur lequel agit l'effort, appuie sur le fluide par une surface proportionnellement beaucoup plus petite que celle du piston récepteur ; en un mot, il avait prouvé que la pression se transmet en s'augmentant dans le rapport des surfaces des deux pistons. Théoriquement, la *presse hydraulique* était inventée : mais les difficultés d'exécution n'en permirent point l'application pratique. Pendant longtemps on ne sut par quel artifice empêcher les fuites d'eau par les joints des pistons ; ces fuites étaient dues à la force même avec laquelle le liquide, très peu compressible, comme on sait, était pressé à l'intérieur de l'appareil ; il s'échappait par les plus légères fissures.

Le moyen de remédier à cet inconvénient, moyen très simple et à la fois très efficace, a été trouvé en 1796 par un ingénieur anglais, Bramah.

La figure 211 représente un modèle de presse hydraulique, telle qu'on l'emploie aujourd'hui dans l'industrie pour comprimer certaines matières. Ces matières C sont placées entre deux plateaux, l'un fixé à la partie supérieure d'un bâti solide; l'autre, mobile entre les montants du même bâti, est poussé de bas en haut par la tête du plus grand piston P. Ce dernier plonge dans un corps de pompe cylindrique M plein d'eau, qui communique par un tuyau avec une pompe foulante. C'est le piston p de cette pompe qui reçoit la pression à transmettre, et qui joue le rôle du plus petit piston de la machine théorique.

Voyons maintenant, à l'aide de la même figure qui repré-

Fig. 211. — Presse hydraulique (vue et coupe).

sente une vue intérieure des principaux organes de la machine, comment ces divers organes sont disposés et fonctionnent.

AB est la pompe foulante manœuvrée par un levier et dont le piston p foule l'eau du réservoir m dans le cylindre M. La pression exercée par le liquide se transmet au piston P et, par suite, aux matières placées au-dessus du plateau C.

Pour prévenir les fuites d'eau par les fissures des joints du piston P et du cylindre, Bramah a imaginé de réserver dans le massif des parois du cylindre un espace annulaire ab, et de remplir cet espace à l'aide d'une pièce de cuir découpée d'abord en forme d'anneau plat, puis emboutie, c'est-à-dire façonnée en U renversé sur tout son contour, comme le montre la figure 211. L'eau qui pénètre au-dessous de cet anneau dans l'espace annulaire réservé exerce sa pression sur toute la face inférieure du cuir ; il en résulte que plus la pression est considérable, plus l'anneau s'applique avec force à la fois contre le cylindre et contre le piston, plus le joint qui les sépare est hermétiquement fermé.

Le plus souvent la pression à exercer, faible au début de l'opération quand les substances à comprimer sont encore peu compactes, doit aller en croissant à mesure que l'on approche du but qu'on se propose. On obtient ce résultat sans avoir besoin de modifier la force employée : on raccourcit simplement le bras de levier de la pompe. La pression dépend, en effet, du rapport des surfaces des pistons et de la longueur du bras de levier servant à la manœuvre. Ainsi la surface du piston P est-elle 50 fois celle du piston p, et la distance du point H où s'exerce la force de la manœuvre, au point G autour duquel tourne le levier, est-elle 10 fois plus grande que GH, la pression totale transmise vaut 50×10 ou 500 fois celle de la manœuvre. Si cette dernière équivaut à un poids de 100 kilogrammes, la pression effectuée, abstraction faite des pertes dues au frottement, sera 500×100 ou 50 000 kilogrammes.

Il résulte de là que, pour diminuer cette pression, il suffit d'allonger la distance GH, ce qui se fait très aisément en changeant de position l'axe GG', autour duquel tourne le levier ; en raccourcissant la même distance, on accroîtrait la pression.

Du reste, chaque machine est construite dans des conditions de solidité et de résistance combinées en vue des opérations qu'elle a pour objet d'effectuer.

Les usages de la presse hydraulique sont aujourd'hui très variés : on l'emploie pour exprimer les sucs de certaines plantes, par exemple l'huile des graines oléagineuses; pour comprimer le papier, les étoffes, les fourrages destinés à être transportés à de grandes distances et qui occupent, ainsi comprimés, un volume beaucoup moindre qu'avant l'opération ; elle est utilisée dans la fabrication des bougies, du vermicelle, etc. Les câbles en fer qu'on forge dans les usines nationales pour la marine, sont soumis à des épreuves ayant pour objet de vérifier la résistance à la traction ; c'est la presse hydraulique qui sert à cette vérification.

La même machine a servi à élever des poids considérables à de grandes hauteurs. C'est ainsi qu'ont été montés, au haut des piles de Britannia Bridge, les quatre énormes tubes en fer laminé composant le tablier de ce pont gigantesque, qui permet au chemin de fer de Chester à Holyhead de franchir le bras de mer situé entre l'île d'Anglesey et le comté de Carnarvon. Près de 2 millions de kilogrammes ont été ainsi élevés à une hauteur moyenne de 33 mètres par des presses hydrauliques mues par la vapeur.

Nous devons signaler une modification récente et très ingénieuse de la presse hydraulique primitive, consistant dans la suppression de la pompe foulante qui transmet au piston du gros corps de presse l'action motrice, et dans la substitution au piston de cette pompe d'un fil métallique ou d'une corde. Le fil (ou la corde) dont il s'agit est introduit, par voie de traction, dans le corps de presse ; il transmet au liquide incompressible, que renferme ce dernier, la pression nécessaire à cette introduction, et cette pression même se trouve multipliée, comme dans la presse hydraulique ordinaire, dans le rapport des surfaces de section du gros piston et du fil.

Le corps de presse renferme (fig. 212) une bobine qui est manœuvrée du dehors, à l'aide d'une manivelle, et qui reçoit successivement autour d'elle le fil que lui abandonne une autre bobine. Peu à peu le fil se trouve donc introduit dans le liquide que contient le corps de presse. Ce liquide (c'est ordinairement de l'huile) se trouve ainsi déplacé, et la pression qu'il doit subir, pour que ce déplacement s'effectue, se transmet également sur chaque élément de la surface de section du piston égal à la section du fil lui-même.

Il y a, à cette disposition nouvelle imaginée par MM. Desgoffe et Ollivier, deux principaux avantages : d'abord, la force comprimante se trouve considérablement accrue, puisqu'on peut donner au fil un diamètre beaucoup plus petit que celui du piston de la pompe foulante, à cause des déformations qu'une tige de métal rigide subirait inévitablement si ses dimensions étaient trop faibles. De plus, l'introduction du fil de la presse *sterhydraulique* se fait par enroulement autour de bobines intérieures et extérieures au cylindre du corps de presse ; le mouvement est donc continu, tandis que la compression se fait par

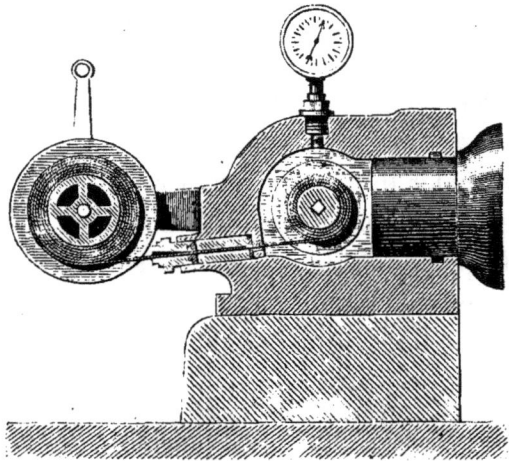

Fig. 212. — Presse sterhydraulique de MM. Desgoffe et Ollivier.

coups successifs dans la presse ordinaire. Mais, à côté de ces avantages, il y a des inconvénients, que M. Tresca résume ainsi dans le rapport, d'ailleurs favorable, que ce savant ingénieur a fait de la presse sterhydraulique à la *Société d'encouragement pour l'industrie nationale* :

« Pour loger la bobine intérieure, il faut donner au corps de presse une capacité plus grande ; pour pouvoir transmettre le mouvement, il faut ménager un orifice destiné au passage de l'arbre et munir cet orifice d'une boîte à étoupe bien étanche ; il en est de même pour l'orifice d'introduction du fil, qui ne doit laisser suinter aucune partie du liquide, sous peine de laisser vider la presse et d'occasionner, pendant le fonctionnement, l'assez grandes diminutions de pression. »

D'après M. Tresca, l'emploi de cette nouvelle presse serait surtout avantageux dans la petite mécanique. Dans les grandes applications, elle rencontrerait, selon lui, des difficultés sérieuses.

§ 2. NIVEAUX D'EAU. — NIVEAUX A BULLE D'AIR.

Les surfaces libres d'un même liquide dans les vases communiquants sont, dès qu'il y a équilibre, dans un même plan horizontal. Cette propriété fondamentale des liquides a été utilisée pour construire un instrument très simple, dont se servent les géomètres dans leurs opérations de nivellement. Cet instrument, qu'on nomme le *niveau d'eau* (fig. 213), se compose

Fig. 213. — Niveau d'eau.

d'un long tube métallique *bb* dont les deux extrémités se recourbent à angle droit et portent verticalement deux fioles de verre *e*, *f*, ouvertes à leur partie supérieure. Pour opérer, on remplit d'eau le tube, de façon que le liquide monte aux trois quarts environ des fioles. Si alors, le tube étant disposé à peu près horizontalement, on vise les deux surfaces de l'eau dans les fioles, suivant une ligne tangente intérieurement *mn*, la ligne de visée sera assurément horizontale. En tournant l'instrument sur son axe dans une autre direction, la nouvelle ligne de visée sera pareillement horizontale et dans le même plan

que la première, pourvu que les diamètres des tubes de verre
soient rigoureusement les mêmes. On peut donc ainsi déterminer des points de même niveau au-dessus du terrain, et, par
une série d'opérations que nous n'avons pas à décrire ici, obtenir les diverses altitudes du sol.

Les *niveaux à bulle d'air* sont des instruments qui servent
à atteindre le même but ; mais leur construction est basée sur
un principe de physique différent.

Imaginez un tube de verre fermé de toutes parts, enchâssé
dans une monture de métal qui laisse voir une partie du tube
(fig. 214). Il est entièrement rempli d'un liquide, d'eau, d'alcool ou d'éther (ces derniers sont préférables à l'eau, parce
qu'ils ne gèlent point), sauf un fort petit espace que remplit
une bulle d'air ou de vapeur. En vertu de la loi d'équilibre
des fluides de densité diffé-
rente, la bulle gazeuse se
trouvera toujours au point
du tube qui est verticalement le plus élevé. Le tube
étant placé sur une platine

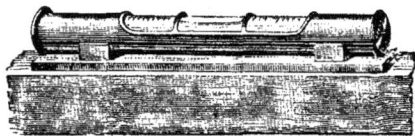

Fig. 214. — Niveau à bulle d'air ou de vapeur.

métallique, si cette platine est inclinée à l'horizon, la bulle
montera du côté le plus élevé du tube : elle ne resterait rigoureusement au point milieu que si le tube et la platine étaient
dans un plan parfaitement horizontal ; mais comme la plus
petite inclinaison dans un sens ou dans l'autre l'amènerait à
l'une ou à l'autre des extrémités du tube, pour obvier à cet
inconvénient, le tube est légèrement convexe à sa partie supérieure, et l'on obtient plus facilement le mouvement de la bulle
vers ce point. On est donc assuré de l'horizontalité du plan de
la platine, quand, après quelques oscillations, on voit la bulle
se loger de sorte que ses extrémités occupent les mêmes divisions de part et d'autre du sommet de la convexité du tube.
Pour obtenir une surface horizontale, on donne à cette surface la forme d'une platine triangulaire munie de vis calantes :
on dispose d'abord le niveau parallèlement à l'une des bases du

iangle, et en mouvant convenablement l'une des deux vis, on
)tient une première ligne horizontale. Plaçant alors le niveau
ins la direction de la hauteur du triangle, on se sert de la
oisième vis pour obtenir l'horizontalité de cette seconde ligne. ·
: plan de la surface est alors nécessairement horizontal, puis-
l'il passe par deux lignes qui le sont elles-mêmes (fig. 215).

Fig. 215. — Horizontalité d'un plan obtenue à l'aide du niveau à bulle de vapeur.

Le niveau à bulle d'air donne des résultats plus précis que le
veau d'eau ; aussi est-il employé de préférence dans les opé-
tions de géodésie ou même dans les travaux de nivellement
une certaine importance. Tous les instruments de précision,
nt certaines parties doivent conserver, pendant les observa-
ns, une direction horizontale ou verticale rigoureuse, sont
unis de niveaux à bulle d'air. Tels sont, par exemple, la plu-
rt des instruments de géodésie et d'astronomie.

§ 4. PUITS ARTÉSIENS. — JETS D'EAU.

C'est encore sur le principe de l'égalité de hauteur des
uides dans les vases communiquants qu'est basée la con-
·uction des puits artésiens. Il est bien entendu que cette con-
ion n'est pas la seule et que la connaissance géologique des
uches de terrain, des nappes d'eau sous-jacentes, est indis-
nsable. Mais nous nous bornerons à peu près, dans ce que
us avons à dire de cette importante application des sciences,
. point qui touche au chapitre correspondant de la physique.
Et d'abord, qu'appelle-t-on *puits artésiens?* Ces puits étaient-
connus des Anciens? Nous ne croyons pas pouvoir mieux

faire, pour répondre à ces deux questions, que d'emprunter à François Arago le passage où, après avoir donné la définition demandée, il résume, avec la clarté et la précision qui lui sont habituelles, ce que l'on sait historiquement sur le second point :

« En forant verticalement le sol, dans certaines localités, jusqu'à des profondeurs suffisantes, on atteint des nappes d'eau souterraines qui remontent à la surface le long du canal que la sonde leur a ouvert ; ces eaux forment souvent des jets abondants et élevés. Des fontaines jaillissantes creusées de main d'homme, ou même de simples puits d'un faible diamètre alimentés par des eaux venant d'une grande profondeur, portent le nom de *fontaines artésiennes*, de *puits artésiens*, de *puits forés*.

« Les puits *artésiens* sont ainsi appelés du nom d'une province de France (l'*Artois*), où l'on paraît s'être le plus spécialement occupé de la recherche des eaux souterraines. Il ne faut pas se dissimuler toutefois que des puits de cette espèce étaient parfaitement connus des Anciens, et qu'ils savaient les construire.

« Olympiodore (qui écrivait à Alexandrie au milieu du sixième siècle) rapporte que lorsqu'on a creusé des puits dans l'Oasis, à 200, à 300, et quelquefois jusqu'à 500 aunes de profondeur, ces puits lancent par leurs orifices des rivières d'eau dont les agriculteurs profitent pour arroser les campagnes.

« Dans certaines parties de l'Italie, on faisait aussi, probablement, usage de puits artésiens..... En France, le plus ancien puits artésien connu est, dit-on, de 1126. Il existe à Lillers, en Artois, dans l'ancien couvent des Chartreux.

« Les habitants du désert de Sahara connaissent depuis longtemps les puits artésiens, comme on pourra en juger par le passage suivant des *Voyages de Shaw* : « Le *Wad-reag* est un amas de villages situés fort avant dans le *Sahara*..... Ces villages n'ont ni sources ni fontaines. Les habitants se procurent de l'eau d'une façon fort singulière. Ils creusent des puits à cent, quelquefois à deux cents brasses de profondeur, en ne

manquant jamais d'y trouver de l'eau en grande abondance. Ils
enlèvent pour cet effet diverses couches de sable et de gravier,
jusqu'à ce qu'ils trouvent une espèce de pierre qui ressemble à
de l'ardoise, et que l'on sait être précisément au-dessus de ce
qu'ils appellent *Bahar tâht el Erd* ou *la mer au-dessous de la
Terre*, nom qu'ils donnent à l'abîme en général. Cette pierre se
perce aisément, après quoi l'eau sort si soudainement et en si
grande abondance, que ceux qu'on fait descendre pour cette
opération en sont quelquefois surpris et suffoqués (noyés?),
quoiqu'on les retire aussi promptement qu'il est possible. »

« Avant son arrivée en France, c'est-à-dire vers le milieu du
dix-septième siècle, Dominique Cassini avait fait construire au
fort Urbain un puits foré dont l'eau jaillissait à nu jusqu'à
15 pieds au-dessus du sol. Quand cette même eau se trouvait
maintenue dans un tube, elle montait au sommet des maisons.»
(*Annuaire du Bureau des Longitudes pour* 1853.)

On a cru que les Chinois, qui nous ont devancés pour tant
d'inventions pratiques, connaissaient les puits artésiens depuis
des milliers d'années. Ils creusaient, en effet, des puits d'une
profondeur considérable pour en tirer des eaux salées. Mais
rien ne prouve que ces eaux remontaient ou jaillissaient à la
surface du sol comme dans les véritables puits artésiens.

Telles sont les principales données historiques sur cette application remarquable du principe des vases communiquants.
Voyons maintenant comment la théorie rend compte du phénomène :

Si l'on prend un tube à deux branches recourbées en U, l'eau
qu'on verse dans l'une des branches pénètre dans l'autre, et,
dès que l'équilibre est établi, le niveau de l'eau est à égale hauteur (fig. 216) en *a* et en *b* dans l'une et dans l'autre. Imaginons maintenant que l'une des branches soit plus courte que
l'autre et fermée d'abord par un robinet, que la branche la
plus longue soit surmontée d'un réservoir plein d'eau. Si le
niveau *c* de l'eau dans celui-ci surpasse de *cd* la hauteur du
niveau au sommet de la branche la plus courte, le liquide

exercera sur le fond une pression équivalant au poids d'une colonne d'eau de hauteur *cd*; de sorte que si, en ouvrant le

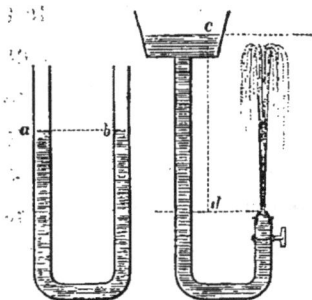

Fig. 216. — Principe des jets d'eau et des puits artésiens.

robinet, on laisse cette pression s'exercer librement, elle fera jaillir le liquide à une hauteur qui serait égale à *cd*, sans la résistance qu'oppose à son mouvement le frottement contre les parois du tube et celle de la masse d'air déplacée par le jet. Nous supposons d'ailleurs que le réservoir ait une capacité telle (s'il n'est pas alimenté par une source constante), que son niveau ne varie pas lui-même d'une manière sensible pendant l'expérience.

On voit qu'en se basant sur cette propriété de l'équilibre des liquides dans les vases communiquants, on explique aisé-

Fig. 217. — Jet d'eau.

ment les jets d'eau artificiels (fig. 217) qui ornent les parcs, jardins, places publiques, etc., ainsi que les bornes-fontaines.

Or un puits artésien n'est autre chose qu'un trou de sonde foré à travers les couches supérieures du sol et allant, à des profondeurs variables selon les terrains, rencontrer une nappe d'eau souterraine emprisonnée entre des couches imperméables.

Ces nappes liquides suivent les sinuosités et inclinaisons des couches ; il suffit donc, pour que l'eau monte dans le puits, qu'il y ait entre le point atteint par la sonde et le niveau de la nappe à une distance quelconque, une certaine différence de hauteur. On voit un exemple de ce fait dans la coupe géologique des terrains qui constituent le sol parisien, depuis Paris jusqu'au niveau supérieur du bassin, au plateau de Langres (fig. 218). Les couches de sable aquifère qu'on a rencontrées à des profondeurs de 548 et de 570 mètres, pour le forage des puits artésiens de Grenelle et de Passy, sont surmontées par une série de roches, notamment par une couche de craie d'une épaisseur considérable. Toutes ces assises vont, en se relevant progressivement, affleurer en des points d'autant plus éloignés

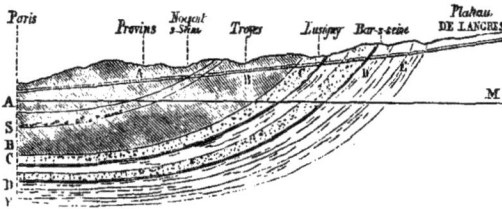

Fig. 218. — Coupe géologique du bassin de la Seine entre Paris et Langres.

que leur profondeur relative est plus grande. Le sable aquifère n'émerge qu'au plateau de Langres. Sur toute l'étendue du bassin où a lieu cet affleurement, la couche de sable reçoit les eaux pluviales qui s'infiltrent et descendent dans toute sa profondeur, constituant ainsi comme une succession d'immenses tubes recourbés où la nappe liquide est de plus en plus comprimée. On comprend dès lors qu'en creusant un puits en un point dont l'altitude est inférieure à celle du plateau d'affleurement, l'eau montera dans le puits et jaillira au-dessus du sol dès que la profondeur du forage sera assez grande pour atteindre la nappe d'eau en question.

La théorie des puits artésiens, telle qu'on vient de l'exposer sommairement, s'appuie donc sur le fait de l'existence de nappes d'eau souterraines, de lacs ou plutôt de courants emprisonnés dans

les profondeurs des couches du sol. Ces nappes d'eau se rencontrent dans des couches perméables, formées de sables plus ou
moins désagrégés, ou encore de roches calcaires criblées de vides
ou de fissures, mais comprises entre d'autres couches imperméa-

Fig. 219. — Puits artésien de Paris.

bles, telles que des bancs d'argile. L'alimentation de ces rivières
souterraines se fait par la pénétration des eaux pluviales qui
tombent sur les régions où a lieu l'affleurement des couches
perméables. Et c'est précisément la différence de niveau qui
existe entre les points de départ du courant liquide et celui du

point le plus bas où il coule souterrainement et où le trou de sonde est parvenu à le rencontrer, qui donne lieu à la pression énorme capable de faire remonter l'eau jusqu'au niveau du sol et à la faire jaillir même au-dessus.

On appelle *niveau hydrostatique* d'un puits foré la hauteur fixe à laquelle parvient l'eau lorsqu'on prolonge au-dessus du sol le tube qui a pour objet, après avoir servi au forage, d'empêcher la déperdition des eaux à travers les couches plus ou moins perméables qu'elles rencontrent dans leur ascension. Or on a constaté que ce niveau n'est point invariable, et qu'il monte ou descend suivant que les cours d'eau de la région originaire sont en crue ou en baisse. Cette coïncidence établit donc avec certitude la provenance des eaux souterraines, puisque leur abondance est en rapport avec celle des pluies.

Les procédés de forage, aujourd'hui grandement perfectionnés, ne laissent pas que d'offrir de sérieuses difficultés, quand les puits artésiens ont une profondeur aussi grande que ceux du bassin parisien que nous venons de citer. Si les trépans, les cuillers et leurs tiges (ce sont les outils qui servent à perforer les roches et à ramener les débris à la surface du sol) viennent à se briser, il faut, pour les retirer, des opérations qui peuvent être longues et coûteuses[1].

Un grand nombre de cités plus ou moins riches ou populeuses n'ont pas hésité à faire des sacrifices considérables pour forer des puits artésiens et se procurer ainsi une eau à la fois abondante et pure. Mais c'est dans les contrées où l'eau manque, où la pluie est pour ainsi dire inconnue et où les rares rivières sont presque constamment à sec, que les puits artésiens deviennent de véritables bienfaits. On a vu plus haut qu'ils étaient connus des anciens Égyptiens, ou plutôt des habitants des rares oasis des déserts de Libye. Au sud de l'Algérie, sur l'initiative du gouvernement de notre colonie, de nombreux

---

1. Nous renvoyons, pour la description détaillée du forage d'un puits artésien, aux ouvrages péciaux, parmi lesquels le *Guide du sondeur*, de M. Degousée, et à l'*Hydraulique*, de M. Marzy *Bibliothèque des merveilles*).

puits ont été forés sans grandes dépenses, grâce à l'emploi des procédés perfectionnés de sondage et aussi à la faible profondeur où gisent, dans le désert, les nappes d'eau souterraines. Citons, d'après l'*Hydraulique* de M. E. Marzy, un ou deux exemples des féconds résultats que les travaux artésiens ont déjà produits dans le Sahara.

C'est à Tamerna, dans l'Oued R'ir, que fut foré, sous les ordres et l'initiative du général Desvaux, le premier puits artésien. Après six semaines au plus de travail, la sonde atteignait une nappe jaillissante dont le débit, de 4000 litres par minute, donnait naissance à une véritable rivière.

Autre exemple. « L'oasis de Sidi-Rachêd, située à 26 kilomètres au nord de Touggourt, était menacée d'une ruine prochaine : la moitié de ses palmiers avait péri, le flot de sable montait chaque jour, les habitants avaient tenté de creuser un puits ; mais, à 40 mètres de profondeur, ils avaient rencontré un banc de gypse terreux très dur, qu'ils n'avaient pu percer. Les eaux parasites avaient envahi et noyé leurs travaux ; enfin, l'instant était marqué où cette population allait devoir se disperser. C'est dans ces circonstances critiques que l'atelier français arrive à Sidi-Rachêd. Une colonne de tubes est descendue dans le puits abandonné : le trépan perce aisément la couche de gypse devant laquelle les indigènes avaient dû avouer leur impuissance, et, après quatre jours de travail, une nappe jaillissante de 4500 litres d'eau par minute sortait des entrailles de la terre comme un fleuve bienfaisant. »

Après cinq ans de travaux pareils, cinquante puits avaient été forés, donnant près de 40000 litres d'eau par minute, 57 millions de litres par jour, sans que la dépense totale dépasse 300000 francs. Plus de 50000 palmiers plantés, des oasis nombreuses relevées de leurs ruines, deux villages nouveaux créés dans le désert, tels furent les résultats. Cette œuvre de civilisation a été et est encore aujourd'hui poursuivie avec succès.

CHAPITRE IV

LES POMPES

Prenons un cylindre creux, dans lequel peut se mouvoir à frottement un piston muni d'une tige et dont le fond est percé d'un orifice (fig. 220). Le piston se trouvant au bas du cylindre, plongeons l'instrument dans un vase ou réservoir plein d'eau; puis élevons le piston à l'aide de sa tige. Que va-t-il arriver? C'est que l'espace vide d'air que le piston laisse au-dessous de lui dans sa marche ascendante, se remplira d'eau, d'abord jusqu'à ce que le niveau de l'eau soit le même dans le cylindre que dans le réservoir, ce qui aurait lieu en vertu du principe d'équilibre des liquides dans les vases communiquants, quand bien même il y aurait de l'air sous le piston. Mais l'eau monte encore au-dessus de ce niveau, en suivant instantanément le piston, dont elle touche sans cesse la section

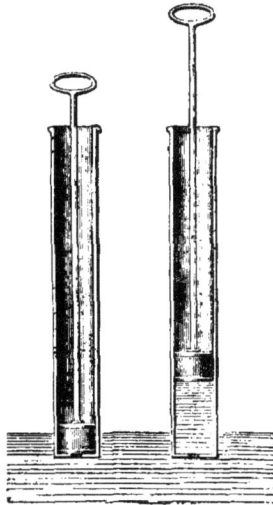

Fig. 220. — Principe de la pompe aspirante.

inférieure; et il est aisé de comprendre que son mouvement est dû à la pression que l'air extérieur exerce sur la surface liquide du réservoir.

Supposons que le cylindre ait plus de $10^m,33$ d'élévation et que le réservoir contienne une quantité d'eau suffisante : la colonne liquide augmentera de hauteur, jusqu'à ce qu'elle atteigne 10^m,33 environ. A ce moment, son poids fait équilibre à la pression de l'atmosphère : si le piston continue à monter, l'eau s'arrêtera. C'est précisément là l'obstacle que rencontrèrent les fontainiers de Florence, et qui fit croire aux physiciens de la cour du grand-duc que la nature cessait d'avoir *horreur du vide* au delà de 32 pieds.

Telle est, dans son principe, la pompe à laquelle on donne le nom de *pompe aspirante*, parce que le piston semble aspirer le liquide, à mesure qu'il monte. Voici maintenant comment est généralement disposé l'appareil pour remplir l'objet auquel on le destine, c'est-à-dire pour déverser l'eau une fois qu'elle est élevée à une certaine hauteur au-dessus du niveau du réservoir.

Le cylindre, ou *corps de pompe*, est muni d'un tuyau cylindrique d'un plus petit diamètre, dont l'extrémité inférieure plonge dans le réservoir. A l'orifice de séparation est adaptée une soupape qui s'ouvre de bas en haut. Le piston est lui-même traversé par une ou plusieurs ouvertures, munies de soupapes dont le jeu a lieu dans le même sens que la première (fig. 221). On comprendra maintenant ce qui doit se passer lorsqu'on donne au piston un mouvement alternatif dans le corps de pompe. A sa première ascension, le vide se fait au-dessous de lui. L'air du tuyau d'aspiration soulève la soupape par sa pression, et l'eau monte à une certaine hauteur. Quand le piston redescend, l'air qui s'est introduit dans le corps de pompe est comprimé : d'une part, sa pression ferme la soupape inférieure ; de l'autre, elle soulève les soupapes du piston, et le gaz s'échappe au dehors. A chaque mouvement analogue, l'eau s'élève de plus en plus, et finit par venir en contact avec la paroi inférieure du piston et par passer au-dessus de sa face supérieure : la pompe est amorcée. Il est facile de voir alors comment l'eau doit s'écouler au dehors par un orifice latéral pratiqué à la partie supérieure du corps de pompe. D'ailleurs, une fois la pompe amorcée, quand le piston monte, le vide se fait au-dessous de lui, et l'eau ne cesse de presser contre sa face inférieure. La soupape du tuyau d'aspiration reste constamment ouverte et l'ascension de l'eau est déterminée par le mouvement de bas en haut du piston.

Les efforts nécessaires pour élever ou abaisser le piston quand la pompe est amorcée, sont faciles à évaluer. Si le piston descend, ses propres soupapes sont ouvertes; les pressions transmises à ses deux faces par le liquide sont égales de part et d'autre, et par conséquent se détruisent, et les seules résistances qu'on éprouve proviennent des frottements du liquide et du piston. Mais si le piston s'élève, la pression atmosphérique est seule annulée, puisqu'elle s'exerce sur le réservoir d'une part, sur le niveau supérieur du liquide d'autre part, et l'effort à faire est évalué par le poids d'une colonne d'eau ayant pour base la surface du piston et pour hauteur la distance verticale des deux niveaux du liquide. Si, par exemple, cette distance est de 2 mètres, et que la base du piston soit de 1 décimètre carré, c'est

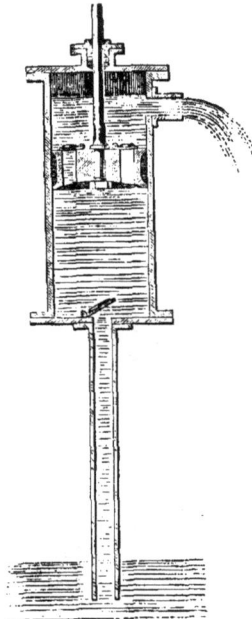

Fig. 221.   Pompe aspirante.

une force de 20 kilogrammes qu'il faudra employer pour soulever le piston, sans compter les résistances dues au frottement.

L'expérience montre qu'on ne peut donner à la pompe aspirante une profondeur ou hauteur de plus de 7 à 8 mètres, au lieu de $10^m,35$ qu'indique la théorie. La raison de cette imperfection est dans les fuites d'air et d'eau qui existent toujours entre le corps de pompe et le piston; en outre, l'eau du réservoir contient presque toujours de l'air en dissolution et cet air se dégage du liquide, parce que la surface de celui-ci se trouve en contact avec un espace où la pression est très faible.

Dans la *pompe foulante* (fig. 222), le corps de pompe plonge dans l'eau, de sorte que le liquide s'y introduit par simple communication. De plus, le piston est plein, et le tuyau qui sert à élever l'eau, partant de la partie inférieure du corps de pompe, est muni, à l'orifice de séparation, d'une soupape qui s'ouvre de dedans en dehors. Dès lors le piston, dans sa marche descendante, foule l'eau, dont la pression ferme la soupape du corps de pompe, ouvre au contraire celle du tuyau de conduite et pousse le liquide à l'extérieur.¶

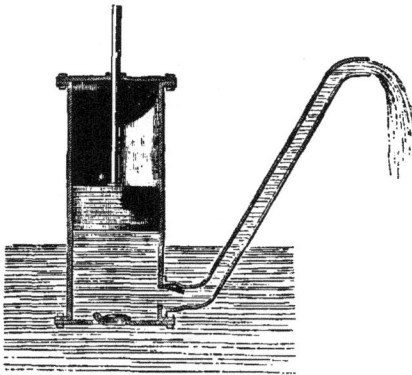

Fig. 222. — Pompe foulante.

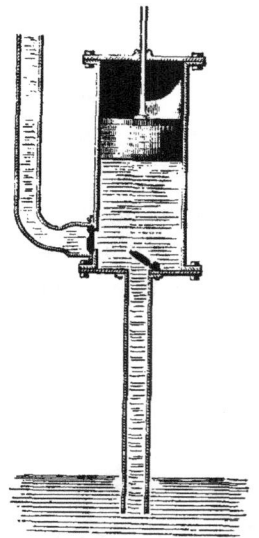

Fig. 223. — Pompe aspirante et foulante.

La pompe *aspirante et foulante* participe des dispositions des deux pompes que nous venons de décrire (fig. 223). L'ascension de l'eau s'y fait par aspiration, et, comme le piston est plein, en descendant il refoule le liquide dans le tuyau latéral de déversement.

§ 2. LES POMPES APPLIQUÉES AUX USAGES DOMESTIQUES OU INDUSTRIELS.

La figure 224 montre comment on installe ordinairement une pompe aspirante au-dessus d'un puits, quand la profondeur du

»uits est inférieure à 7 ou 8 mètres au-dessous du point où
'eau doit monter. Théoriquement, l'eau devrait s'élever dans
e tuyau d'aspiration à une hauteur de 10^m,33, quand la pression barométrique est 760 millimètres ; mais, en réalité, l'as-
ension est beaucoup moindre, parce que, comme nous en
avons donné les raisons au paragraphe précédent, le mécanisme
ne peut fonctionner avec la perfection qui serait nécessaire.

Si la profondeur du puits surpasse 7 ou 8 mètres, la pompe

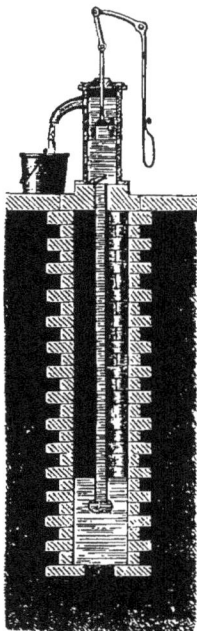

Fig. 224. — Pompe aspirante.

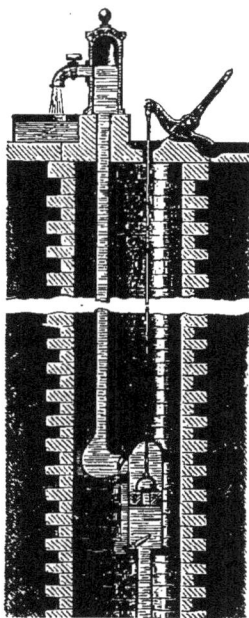

Fig. 225. — Pompe aspirante et foulante,
dite *élévatoire*.

spirante ne peut suffire ; on la complète par une disposition
ui permet de refouler l'eau à une hauteur plus considérable,
t de la conduire ainsi du point où elle est arrivée par aspira-
on jusqu'au point où elle doit être employée.

La pompe est alors une *pompe aspirante et élévatoire*, ou
nieux, aspirante et foulante. La figure 225 en donne un mo-
èle généralement adopté pour les puits profonds. C'est tout
implement une pompe aspirante dont le corps cylindrique est
xé à l'intérieur du puits à une profondeur suffisante pour que

l'eau y arrive par aspiration. Là elle est refoulée à chaque mouvement ascendant du piston dans un réservoir installé à l'intérieur du puits, et dans le tuyau qui fait communiquer ce réservoir au corps extérieur de la pompe. Quand le piston descend, le poids de l'eau accumulée fait fermer la soupape supérieure latérale, de manière à éviter le retour de cette eau dans le corps de pompe. Il en résulte qu'après un certain nombre de coups de piston, nécessaire pour amorcer l'appareil, l'eau se déverse d'une façon intermittente par le robinet. Il est clair que la même disposition permettrait de refouler l'eau à une hauteur quelconque, et de la faire monter, par exemple, aux différents étages d'une maison.

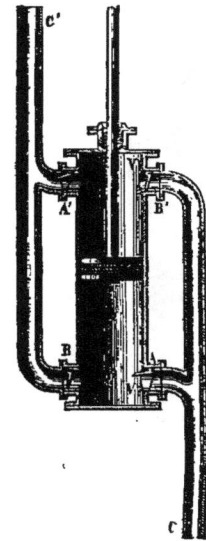

Fig. 226. — Pompe
à double effet.

On donne aux pompes et aux différents organes qui les composent une multitude de formes et d'agencements divers, dont la description détaillée demanderait des volumes ; mais les détails dont nous parlons, ne changeant rien au principe physique sur lequel est basée la construction des pompes, n'offriraient point ici d'intérêt. Tantôt ces modifications sont commandées par la destination particulière des pompes, tantôt elles résultent de la façon dont l'inventeur a conçu le fonctionnement de l'appareil pour remédier à tel inconvénient, ou obtenir tel avantage spécial.

Dans le but d'éviter l'intermittence du jet, on construit quelquefois des pompes aspirantes et foulantes à double effet. Ce sont des pompes disposées de telle sorte que l'aspiration et le refoulement de l'eau se font à la fois, et pendant la montée et pendant la descente du piston. Dans ces appareils, le piston est plein, et le corps de pompe est percé de quatre ouvertures munies de soupapes, comme le montre la figure 226. Pendant le mouvement ascensionnel du piston, la soupape A s'ouvre et une certaine quantité d'eau s'introduit par aspiration dans la partie inférieure V du corps de pompe ; la soupape B est fermée par celle que contient déjà le tuyau de refoulement C' ; au contraire, la soupape A' s'ouvre et donne passage à l'eau contenue en V au-dessus du piston, et cette eau est refoulée vers C' ; enfin, la pression de cette eau ferme la soupape B'. Dans le mouvement descendant du piston, les choses se passent d'une façon opposée : les soupapes A et A' sont fermées, B et B' sont ouvertes, de sorte que l'eau est aspirée par le haut et refoulée par le bas. Le jet est donc à peu près continu ; mais il est facile de com-

Fig. 227. — Anciennes pompes du pont Notre-Dame à Paris.

prendre que la manœuvre du levier, balancier ou manivelle, exige un effort double. Ce genre de pompe est surtout employé pour les travaux d'épuisement, et alors on adapte à la machine un balancier mû par deux ou plusieurs hommes, ou même par une machine à vapeur.

La nature du moteur qui donne aux pistons des pompes leurs mouvements de va-et-vient peut d'ailleurs être très variée. Les pompes ordinaires, destinées aux usages domestiques et de petit modèle, sont munies de leviers oscillant autour d'un point fixe et qu'on fait mouvoir à bras d'homme, ou bien d'une manivelle qu'on tourne de la même manière (fig. 228 et 229). Mais quand on a besoin d'une force plus considérable, pour des pompes plus puissantes, on emploie comme moteur, tantôt un cheval faisant tourner un manège, tantôt la vapeur, tantôt la force développée par une chute d'eau. La machine élévatoire du pont Notre-Dame à Paris, démolie depuis quelques années,

Fig. 228. — Pompe domestique à balancier.   Fig. 229. — Pompe à manivelle.

était une pompe mue par l'intermédiaire de roues hydrauliques établies en un point de la Seine où la rapidité du courant donnait une force disponible considérable. Il en était de même de l'ancienne machine de Marly, qui élevait les eaux de la Seine jusqu'aux châteaux royaux de Marly et de Versailles, à l'aide de 14 roues hydrauliques communiquant le mouvement à 221 pompes. Aujourd'hui, de nouvelles roues, au nombre de cinq

seulement (fig. 250), faisant mouvoir chacune cinq pompes horizontales, fournissent une quantité d'eau beaucoup plus grande
que celle de l'ancienne machine, ce qui peut donner une idée
des perfectionnements apportés aux constructions mécaniques
depuis deux siècles. Les pompes de Chaillot sont mues par la
vapeur. C'est aussi une machine à vapeur, établie à une centaine de mètres du bord de la Seine, qui donne le mouvement
aux pompes alimentant d'eau la ville de Fontainebleau. Les

Fig. 250. — Nouvelles roues hydrauliques et pompes de Marly.

immenses travaux de dessèchement entrepris en Hollande ont
été longtemps effectués par des pompes qui avaient le vent
pour moteur. En 1840, plus de 2500 moulins à vent étaient
encore employés à cet usage. A la même époque, on a entrepris
le dessèchement du lac de Harlem à l'aide d'une machine à
vapeur de 350 chevaux, qui faisait mouvoir 11 pompes, dont
le débit moyen était de 475 000 mètres cubes par vingt-quatre
heures[1].

1. Voyez, pour plus de détails sur les grands travaux de ce genre effectués à l'aide de pompes
ou d'autres appareils, l'intéressant ouvrage de la *Bibliothèque des Merveilles*, l'*Hydraulique*
de M. Marzy, auquel nous empruntons quelques-uns des renseignements qu'on vient de lire.

Dans les pompes utilisées pour les grands travaux hydrauliques, les divers organes des machines doivent être construits
avec une grande solidité, à cause des pressions et résistances
considérables qu'ils ont à subir. Le piston est alors le plus souvent un cylindre métallique massif, tel que le représente la figure 251. On lui donne le nom de *piston plongeur*.

Le mécanisme qui sert à produire l'aspiration de l'eau dans
les pompes aspirantes n'est pas toujours un piston se mouvant
alternativement de haut en bas et de bas en haut dans un corps

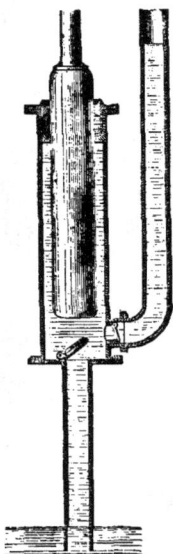

Fig. 251. — Piston plongeur. Fig. 252. — Pompe oscillante de Bramah[1].

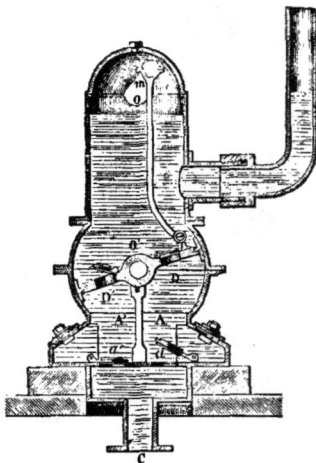

cylindrique, et faisant le vide du côté du tuyau qui amène le
liquide. Dans certaines pompes, qu'on nomme *oscillantes*, c'est
une pièce fixe, oscillant autour d'un axe, qui joue le rôle du
piston, et qui à la fois aspire l'eau en faisant le vide par l'une
de ses parties, tandis qu'elle foule l'eau amenée déjà par le
mouvement de l'autre partie. La figure 252 représente la pompe
oscillante de Bramah, en coupe, et permet aisément de voir
quel est le jeu de la pièce mobile et des soupapes.

1. *Caa'*, tuyau et soupapes d'admission ; AA', capacités séparées par une cloison ; DD', piston oscillant autour de l'axe O' ; O*m*, manivelle donnant le mouvement au piston.

Dans les pompes *rotatives* (la figure 233 reproduit la coupe
de la pompe de Stolz), les tuyaux
d'aspiration C et de refoulement C'
viennent aboutir, par deux ouvertures *a* et *a'*, dans un tambour
circulaire A, à l'intérieur duquel
se meut un anneau concentrique
au tambour B. Des pièces *pppp*,
s'appuyant, d'une part, sur le contour intérieur du tambour, de
l'autre sur le contour d'un excentrique, ferment hermétiquement
l'espace annulaire, par suite font le

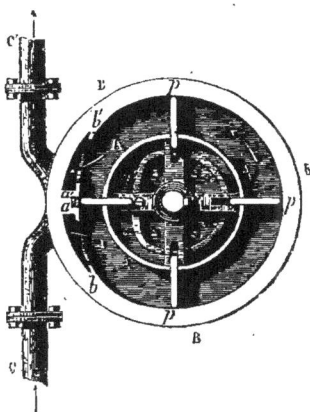

Fig. 233. — Pompe rotative de Stolz.

vide derrière elles en foulant l'eau et jouent le rôle d'autant
de pistons.

La pompe rotative système Behrens (fig. 234), qui fonctionne

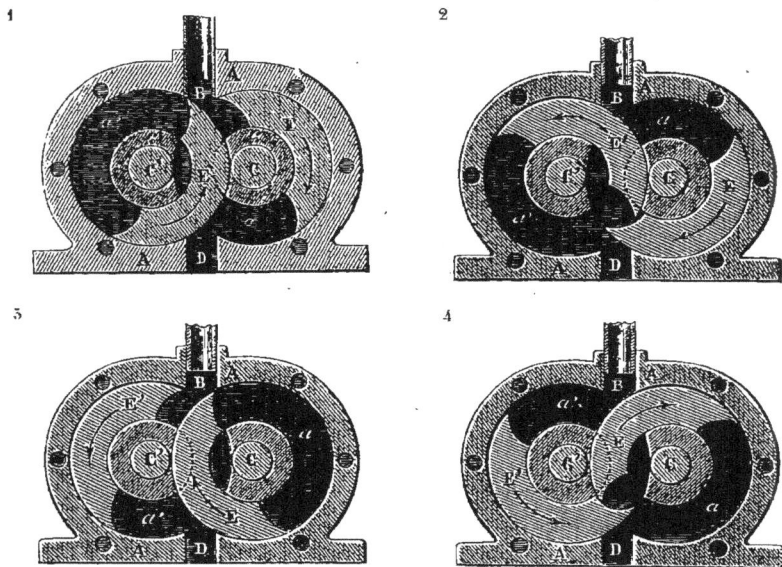

Fig. 234. — Pompe rotative de Behrens; phases d'un mouvement de rotation.

aussi comme machine à vapeur (nous la retrouverons dans le
volume consacré aux machines à vapeur), est d'un mécanisme
encore plus simple.

Un moteur quelconque, la vapeur par exemple, met en mouvement un arbre qui, par un système d'engrenages, fait mouvoir en sens contraire les axes de deux pistons C, C'. Ceux-ci tournent à l'intérieur d'un tambour communiquant avec le tuyau B d'aspiration et le tuyau D de refoulement. Chaque piston a la forme d'une portion de couronne massive qui laisse libre un espace annulaire aa'. Quand cet espace commence à se placer en face de l'orifice d'admission, le piston, par son mouvement, agrandit de plus en plus derrière lui la capacité libre ; le vide se fait de plus en plus, et une certaine quantité d'eau le remplit ; pendant ce temps, l'autre piston foule par l'orifice de conduite l'eau qui s'y trouvait déjà ; à chaque demi-tour, les deux pistons échangent leurs fonctions : celui qui aspirait refoule, et réciproquement, de sorte que la pompe est à un certain point une pompe à double effet. On se rendra compte aisément des circonstances de ce double effet en examinant ce qui se passe en un tour entier de rotation, en comparant, par exemple, sur la figure 254, les positions respectives des pistons et des espaces aa' après les intervalles successifs de chaque quart de la rotation totale.

Il nous reste à dire un mot des pompes foulantes, pour compléter ce qui concerne ce paragraphe, bien que, nous l'avons dit plus haut, leur construction ne soit nullement basée sur le principe de l'action de la pression atmosphérique.

§ 5. LES POMPES A INCENDIE.

Les pompes à incendie, les pompes dont on se sert pour l'arrosage des jardins, sont des pompes de ce genre.

Les pompes à incendie (fig. 235) sont habituellement composées de deux pompes foulantes accouplées, fixées au réservoir d'eau, qu'on remplit, soit à l'aide de seaux et en formant la chaîne, soit à l'aide des tuyaux de prise d'eau installés dans les villes, à Paris par exemple.

Elles sont mues à l'aide d'un balancier, auquel viennent s'articuler les tiges ou bielles des deux pistons. Ceux-ci se meu-

Fig. 255. — Pompe à incendie à balancier.

vent en sens contraire, de sorte que l'eau arrive d'une façon continue dans la capacité où plonge le piston de refoulement.

Fig. 236. — Pompe à incendie à vapeur.

Cette capacité contient de l'air qui, étant comprimé par l'eau dont elle se remplit à chaque instant, exerce une pression sur le liquide : on la nomme pour cela *réservoir d'air*. La vitesse avec laquelle l'eau s'échappe de la lance dépend donc de cette pression et, comme celle-ci varie peu si le réservoir d'air est d'une capacité suffisante, il en résulte que la vitesse du jet reste à peu près constante.

On a construit récemment des pompes à incendie dont le moteur est la vapeur. Celle que nous reproduisons ici (fig. 256) est munie d'une chaudière du système Field, qui produit en huit minutes, à la pression nécessaire, la transformation de l'eau froide en vapeur. Elle est assez puissante pour fournir un débit de 900 litres d'eau par minute et lancer le jet à 45 mètres de hauteur.

Nous devons citer aussi la pompe à incendie à vapeur d'un habile constructeur, M. A. Thirion, laquelle se compose de trois corps de pompe attelés sur un même arbre, qui reçoit le mouvement des bielles de deux cylindres à vapeur latéraux. Avec un orifice de 56 millimètres, elle donne un jet portant à 50 mètres.

On comprend quelle est l'importance de cette invention pour les villes populeuses où la violence des incendies et leur étendue exigent la promptitude des secours et l'efficacité des moyens d'extinction (voy. pl. XVI).

§ 4. MACHINES PNEUMATIQUES OU POMPES A AIR ET A GAZ.

Les machines pneumatiques sont de véritables pompes à air ou à gaz, offrant toutefois cette particularité, que le fluide qu'elles retirent d'une capacité hermétiquement close, puis qu'elles refoulent à l'extérieur, diminue progressivement de densité, sans qu'on puisse amener cette densité à zéro, c'est-à-dire produire le vide parfait. Les expériences scientifiques exigent donc que les machines pneumatiques soient construites avec une grande perfection, afin que le vide relatif obtenu approche autant que possible de ce vide idéal. En réalité, on arrive avec les plus parfaits de ces appareils, ainsi que nous l'avons vu

J. Perat lith. imp Fraillery Fornet. Chromolith.

POMPE A INCENDIE A VAPEUR

quand nous avons décrit les pompes pneumatiques perfectionnées dans la première partie de ce volume, à réduire à 0,1 de
millimètre la pression du gaz ou de l'air qui reste au bout de
l'opération dans le récipient. Mais il n'est pas nécessaire d'obtenir un vide aussi parfait dans les applications industrielles ;
et il y a avantage alors à se servir d'une machine pneumatique
moins parfaite, mais plus puis-
sante, telle que celle inventée et
construite par un habile fabricant d'instruments de précision,
M. Deleuil. Cette machine, que
la planche XVII représente dans
une vue d'ensemble et dont le
piston et le corps de pompe sont
dessinés sur une plus grande
échelle dans la figure 257, diffère
des machines ordinaires par un
côté intéressant et original. Le
piston, au lieu d'être lubrifié avec
de l'huile, afin que le contact,
aussi parfait que possible, entre
sa surface et celle du corps de
pompe empêche toute fuite d'air,
ne touche pas en réalité le corps
de pompe ; il est en outre sillonné
de rainures parallèles et équidis-
tantes. L'intervalle très petit

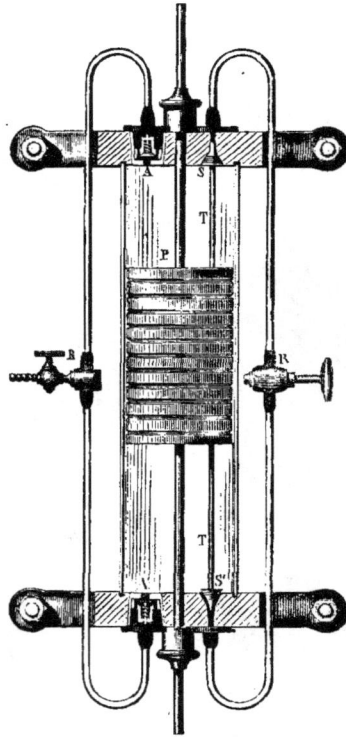

Fig. 257. — Piston de la machine
pneumatique de M. Deleuil.

(0^{mm},02) que le constructeur laisse ainsi entre les deux surfaces
est rempli par une mince couche d'air. Or l'expérience prouve
que l'adhérence de ce bourrelet gazeux pour la surface du piston
est telle, qu'il remplace très bien le corps gras dont le piston est
ordinairement enduit ; en un mot, sa présence suffit à intercepter
toute communication entre les capacités du corps de pompe
situées au-dessus et au-dessous du piston. M. Deleuil donnait
d'abord à ce dernier une hauteur double de son diamètre, et il

obtenait un vide de 8 à 18 millimètres, selon la capacité. Depuis, bien qu'il ait donné au diamètre du piston une valeur égale à celle de sa hauteur, il a pu, avec sa machine, obtenir un vide de 2 à 3 millimètres dans une capacité de 14 litres; en un quart d'heure, il a obtenu un vide de 10 millimètres dans un récipient de 250 litres.

Nous verrons plus loin diverses applications du vide pneumatique, les chemins de fer et postes atmosphériques, etc.

§ 5. SIPHON. — PIPETTE, ENTONNOIR MAGIQUE, BOUTEILLE INÉPUISABLE.

Décrivons encore l'instrument que tout le monde connaît sous le nom de *siphon* et qui est d'un grand usage pour

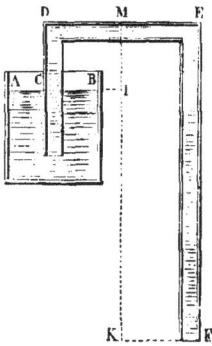

Fig. 238. — Théorie du siphon.

transvaser les liquides d'un vase dans un autre : c'est aussi, comme on va voir, la pression de l'air qui détermine l'écoulement.

Un tube formé de deux branches recourbées, d'inégales longueurs, est rempli du liquide qu'on veut transvaser, et plongé par sa plus petite branche dans le vase qui contient ce liquide (fig. 238).

Aussitôt cette disposition réalisée, on voit le liquide s'écouler par l'orifice de la plus grande branche, tant que la branche la plus courte reste immergée.

Quelle est la cause de cet écoulement continu? Rien n'est plus aisé à comprendre. En effet, à la surface AB du liquide dans le vase, et à l'extrémité inférieure et libre du tube en F, la pression atmosphérique s'exerce avec une intensité égale et de sens contraire. Au point C où le tube plonge dans le vase, cette pression sert à élever le liquide dans la plus petite branche, ou à le maintenir dans le tube préalablement rempli; à l'extrémité opposée, la pression de l'air soutient la colonne

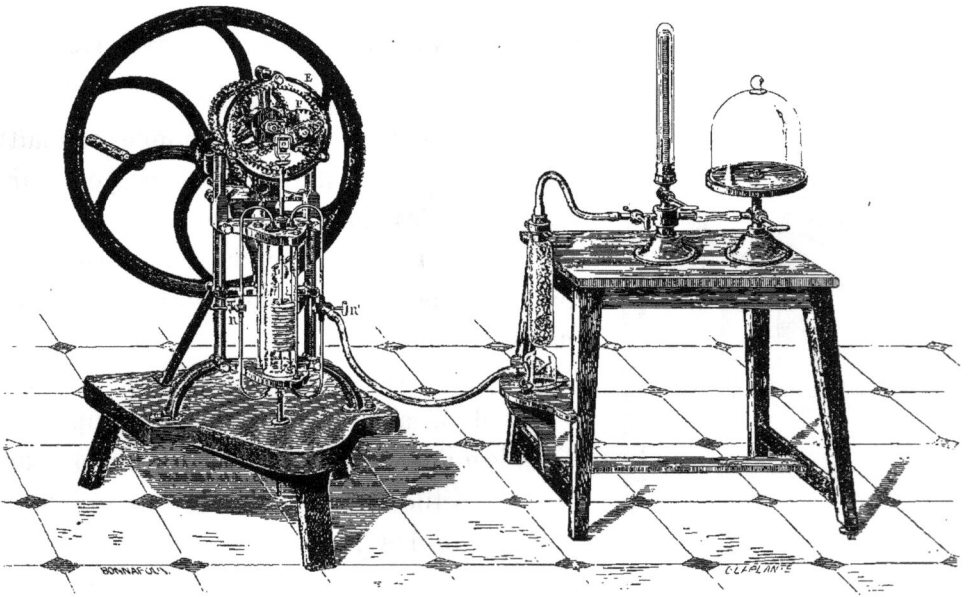

MACHINE PNEUMATIQUE DE M. DELEUIL.

liquide dans la grande branche, et l'y maintiendrait en équilibre, si le niveau de ces deux points était le même. Il résulte de là que toute la portion du liquide contenu dans le tube et dépassant le niveau du vase reste en équilibre sous l'influence de ces pressions opposées. Il reste donc dans la grande branche du siphon une colonne d'eau dont le poids détermine l'écoulement.

On pourrait croire que, le liquide de cette colonne une fois écoulé, le mouvement devrait s'arrêter; mais il faut remarquer

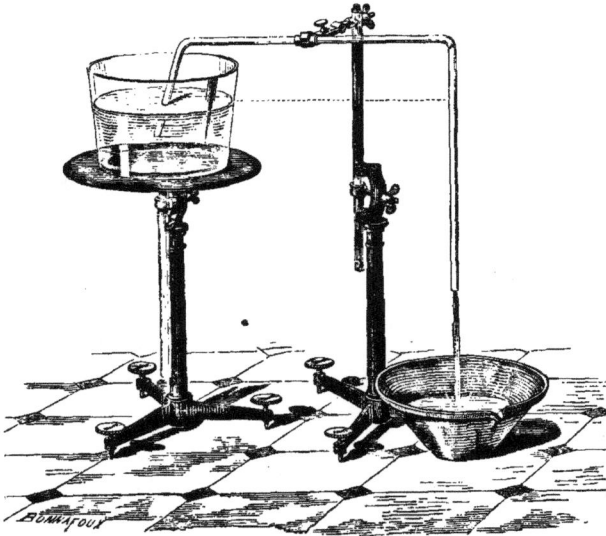

Fig. 239. — Siphon.

que les tranches liquides, pour se séparer, devraient laisser au-dessus d'elles un espace vide que la pression exercée sur le liquide du vase par l'atmosphère tend sans cesse à combler, de sorte qu'en réalité cette séparation n'a pas lieu et l'écoulement est continu.

Les formes des siphons diffèrent selon l'usage auquel on les destine, et aussi selon la nature du liquide à transvaser.

Une application fort importante du principe du siphon est celle qui a pour objet la conduite des eaux à de grandes distances, à travers des terrains accidentés dont la pente n'est ni régulière, ni continue. Les anciens Romains, dont les constructions hydrauliques laissent encore des traces si remarquables, édifiaient pour traverser les vallées d'immenses aqueducs qui nécessitaient des dépenses considérables. Cependant dans certaines circonstances ils surent éviter, par l'emploi de siphons formés de tuyaux de plomb, la construction d'aqueducs dont l'élévation eût rendu l'exécution impossible : tel était l'aqueduc du mont Pila près de Lyon, qui avait à franchir trois vallons, dont l'un avait 100 mètres de profondeur. De nos jours, la construction des hauts aqueducs est généralement abandonnée, et on leur substitue des siphons métalliques en fonte, infi-

Fig. 240. — Aqueduc du mont Pila, construit près de Lyon par les anciens Romains.

niment moins coûteux. C'est ainsi que les eaux des rivières de la Dhuys et de la Vanne franchissent avant d'arriver à Paris plusieurs des vallées qu'elles traversent.

On vient de voir dans le *siphon* une application intéressante et utile de la pression de l'air à l'écoulement ou au transvasement des liquides. La *pipette* est un petit instrument qui a un objet analogue. Il permet de puiser dans un vase, dans un tonneau qu'on ne peut ou qu'on ne veut remuer, une portion de liquide. C'est un tube à bec effilé, en fer-blanc ou en verre, qu'on plonge dans le liquide et qui se remplit soit par simple communication, soit par aspiration.

Une fois pleine, on tient la pipette comme le montre la figure 241, en posant le doigt sur l'ouverture supérieure; puis on la retire du vase. La pression atmosphérique qui s'exerce sur le liquide à l'ouverture effilée suffit pour le maintenir dans le tube ; mais si l'on vient à soulever le doigt et à rendre l'air, la pression extérieure s'exerce à la surface interne, contrebalance celle qui pressait et retenait le liquide inférieur, et le liquide s'écoule par son poids.

On peut, du reste, arrêter l'écoulement et le faire recommencer à volonté par le simple mouvement du doigt. C'est ce que font les faiseurs de tours de physique amusante avec l'*en-*

Fig. 241. — Pipette.   Fig. 242. — Entonnoir magique.

tonnoir magique et la *bouteille enchantée* ou *inépuisable*. On va se rendre aisément compte du jeu de ces appareils.

La figure 242 représente l'entonnoir magique. On voit que c'est un entonnoir à doubles parois, dont la cavité intérieure et invisible est remplie d'un liquide, de vin par exemple. Une petite ouverture, pratiquée près de l'anse, se ferme ou s'ouvre avec le pouce, et un petit trou intérieur fait communiquer la capacité pleine de liquide avec le tuyau intérieur apparent de l'entonnoir. Le pouce levé, le vin coule. L'écoulement cesse à la volonté de l'opérateur, s'il ferme l'ouverture supérieure.

Vient-on à verser de l'eau dans la capacité visible de l'entonnoir, c'est de l'eau pure qui coulera, ou un mélange d'eau et de vin, selon que l'ouverture de l'anse sera maintenue fermée ou, au contraire, ouverte. Les spectateurs croient donc que l'on peut ainsi faire à volonté couler de l'eau et du vin de l'entonnoir magique.

La *bouteille inépuisable* est une bouteille à compartiments multiples, dont chacun est rempli d'une sorte de liqueur. Chaque compartiment, ou fiole (fig. 243), communique avec l'extérieur

Fig. 243. — Bouteille inépuisable.

par un petit trou pratiqué dans la paroi de la bouteille, et que l'opérateur ouvre ou ferme à volonté avec les doigts. Il peut donc verser l'espèce de liqueur qui lui plaît, ou que le spectateur demande, ou même composer un mélange en versant de deux ou plusieurs liqueurs à la fois.

Ces expériences de physique amusante sont, comme on voit, principalement basées sur l'action de la pression atmosphérique, dont nous allons maintenant étudier des applications plus sérieuses et surtout plus utiles.

CHAPITRE V

LA PRESSION DE L'AIR EMPLOYÉE COMME FORCE MOTRICE

§ 1. FONTAINE DE HÉRON. — MACHINES D'ÉPUISEMENT. — LE FUSIL A VENT.

La pression de l'air peut être employée comme force motrice de deux manières différentes : ou bien, comme on l'a déjà vu dans les pompes, c'est la pression atmosphérique ou extérieure qu'on fait exercer du dehors au dedans d'un espace vide, ou du moins d'un espace dont l'air a été extrait plus ou moins complètement, de manière que sa pression soit abaissée au-dessous de celle de l'atmosphère ; ou encore, on emploie le ressort de l'air comprimé : c'est alors une pression supérieure à la pression atmosphérique qui agit du dedans au dehors.

Dans les deux cas, soit pour faire le vide, soit pour comprimer l'air, on use de machines spéciales, telles que les machines pneumatiques ou les machines de compression ; mais celles-ci exigent elles-mêmes, pour fonctionner, un moteur, une force naturelle quelconque, la force musculaire, les chutes d'eau, la vapeur, etc.

Les plus anciennes applications de ces deux modes d'action de la pression de l'air sont dues, la première à Ctésibius, l'inventeur des pompes, et la seconde à Héron d'Alexandrie, mathématicien grec à qui l'on attribue le petit appareil que les cabinets de physique possèdent, et dont nous allons donner la description.

Un réservoir d'eau A (fig. 244) communique par un tube, qui

part de son fond, avec l'air libre extérieur; d'autre part, il
communique par un tube plein d'air avec un réservoir C en
partie rempli d'eau, et que surmonte une colonne d'eau *ab*. De
la hauteur de cette colonne dépend la pression de l'air emprisonné et comprimé entre A
et C : or il est évident que
cette pression est égale à celle
de l'atmosphère augmentée de
celle due à la colonne d'eau *ab*.
En s'exerçant en A sur la surface du liquide du premier
réservoir, cette pression force
l'eau à s'élever dans le tube,
et, si la hauteur de ce dernier
au-dessus du niveau de cette
surface est moindre que la
longueur *ab*, le liquide jaillira,
en formant un jet qui théoriquement serait précisément
égal à leur différence; il s'élèverait jusqu'en *a'* (la ligne *a'b'*
étant prise égale à la hauteur *ab*), si les résistances
qu'éprouve l'eau dans son
mouvement à l'intérieur d'un
tube et, en outre, celle que
l'air lui oppose extérieurement, ne réduisaient nécessairement la hauteur du jet.

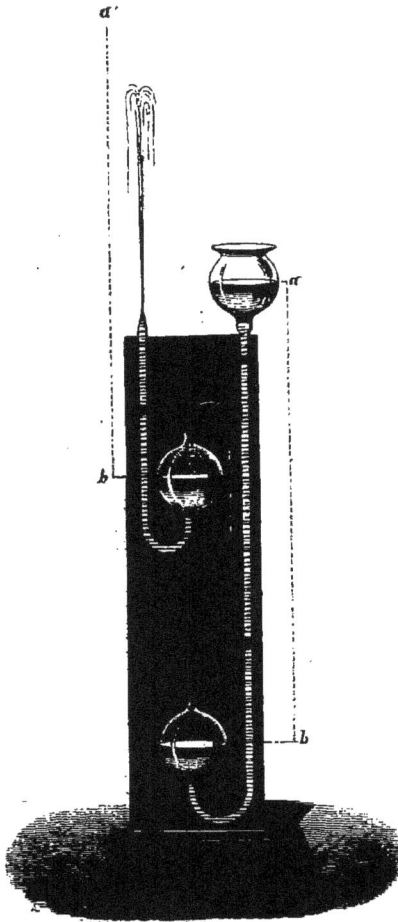

Fig. 244. — Fontaine de Héron.

La fontaine de Héron n'est
pas d'ailleurs une simple curiosité de l'histoire de la physique,
et nous devions doublement la mentionner ici. On en a, en
effet, reproduit la disposition et appliqué le principe dans la
construction de machines d'épuisement. Telles sont les machines des mines de Schemnitz, en Hongrie, machines qui ne

sont autre chose que de gigantesques fontaines de Héron, construites bien entendu avec la solidité nécessaire à une application de ce genre.

Une chute d'eau, d'une certaine hauteur au-dessus du sol supérieur du puits de la mine, vient comprimer l'air d'un réservoir représenté dans la fontaine de Héron par le ballon A, et installé à l'orifice du puits. Par un tuyau, ce réservoir communique avec un second réservoir établi au fond de la mine et recevant les eaux dont il s'agit de procurer l'écoulement. L'air comprimé dans le premier bassin transmet sa force par le tube à l'air qui surmonte le réservoir inférieur. La pression soulève l'eau de celui-ci dans un second tube qui va déboucher au dehors du puits. Le jeu de cette machine exige l'ouverture et la fermeture de robinets qui permettent l'admission de l'air ou de l'eau dans l'un et l'autre bassin.

Il est essentiel d'ajouter que la hauteur de la chute d'eau au-dessus du sol doit être plus grande que la profondeur de la mine au-dessous. Sans cela, indépendamment des pertes de force, l'eau ne remonterait pas au dehors du puits; l'épuisement serait donc impossible.

Dans la fontaine de Héron, comme dans les machines de Schemnitz, l'air comprimé agit comme moteur : la pression est employée à l'état dynamique. Il en est de même dans le *fusil à vent*.

Le fusil à vent est une des plus anciennes applications de l'air comprimé : on en fait remonter l'invention à Gutter, de Nuremberg, qui vivait vers 1560; et même il paraît que les anciens connaissaient une machine analogue, puisque, d'après Philon, Ctésibius aurait construit un tube hors duquel une flèche était lancée par la force de l'air comprimé. Quoi qu'il en soit, l'arquebuse à vent a été quelque temps en usage dans les armées. Aujourd'hui, ce n'est plus qu'une arme de curiosité. En voici le mécanisme fort simple.

La crosse du fusil (fig. 245) est creuse et métallique; c'est le réservoir à l'intérieur duquel on comprime l'air avec une

pompe de compression. Autrefois, cette pompe était logée dans
la crosse même, et le réservoir d'air comprimé était l'espace
annulaire compris entre le canon du fusil et un cylindre de
plus fort calibre qui enveloppait celui-ci. La crosse M communique avec la culasse, ou partie du canon où vient s'appuyer le
projectile, par un orifice muni d'une soupape conique S, que
l'air comprimé maintient habituellement fermée, mais qui peut
s'ouvrir par le jeu du mécanisme de la batterie représentée en
détail dans la figure.

En appuyant sur la détente d, le chien s'abaisse sur la pièce

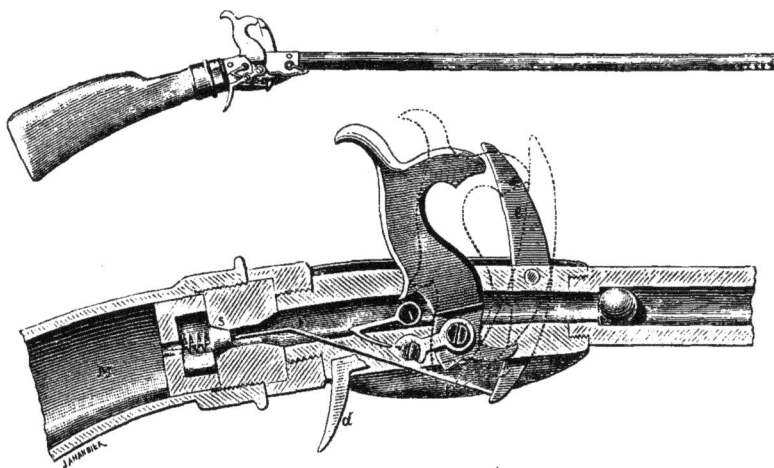

Fig. 245. — Le fusil à vent (vue et coupe).

e dont la partie inférieure pousse une tige tt' communiquant
avec la soupape, qui, sous cette impulsion brusque, s'ouvre
spontanément. Une partie de l'air comprimé sort de la crosse
et chasse la balle avec une force qui dépend de la pression à
laquelle on s'est arrêté pour charger le fusil à vent. D'ordinaire, on va jusqu'à huit ou dix atmosphères ; comme l'air ne
s'échappe à un premier coup qu'en petite quantité, on peut
tirer plusieurs balles de suite. La vitesse avec laquelle les projectiles sont lancés dans le fusil à vent atteint presque celle des
balles que lance le fusil ordinaire : la pression initiale de l'air
comprimé est sans doute moindre que celle des gaz provenant

de l'inflammation de la poudre ; mais, par compensation, elle reste sensiblement constante pendant la durée du temps que met le projectile à parcourir le canon, auquel pour ce motif on donne une grande longueur : la vitesse de sortie est due ainsi à l'action prolongée de l'air comprimé.

Dans les anciennes arquebuses à vent, on logeait les balles dans un petit réservoir muni d'un robinet, et, à mesure qu'a-près un coup tiré on ouvrait le robinet, un nouveau projectile prenait dans la culasse la place du premier.

Quoi qu'il en soit, il est aisé de comprendre que la force de projection va en diminuant à mesure que le réservoir d'air comprimé se vide, de sorte qu'après un petit nombre de dé-charges il y a nécessité de recharger l'arme, c'est-à-dire de comprimer l'air à nouveau. Ce grave inconvénient n'a point permis de donner à cette arme une application pratique sérieuse.

Le fusil à vent produit une détonation, mais beaucoup moins forte que celle des armes à feu de même calibre. On voit sortir du canon une lumière, qui est sans doute due à l'inflammation des particules solides entraînées par le courant aérien. D'après M. Daguin, cette inflammation proviendrait de l'électricité développée par le frottement de la bourre et des particules dont nous parlons, contre les parois intérieures du canon.

Jusqu'ici, on le voit, la pression de l'air n'a guère été uti-lisée qu'à des expériences de physique, et, sauf dans les pompes et dans les machines d'épuisement de Schemnitz, n'a donné lieu à aucune application industrielle d'une certaine impor-tance. Nous allons la voir, soit à l'état statique, soit à l'état dynamique, utilisée dans des circonstances spéciales, où le plus souvent d'autres forces n'auraient pu remplir le même office.

§ 2. CHEMINS DE FER ATMOSPHÉRIQUES.

Parmi les plus curieuses de ces applications, nous devons citer l'emploi des machines pneumatiques et du vide au trans-

port des wagons sur les voies ferrées. Il ne s'agissait de rien
moins que d'obtenir, sans le secours de la locomotive, le mouvement d'un train gravissant une rampe dont l'inclinaison
dépassait les limites jusqu'alors adoptées. Le principe de cette
application est bien simple ; il consiste en ceci : sur toute la
longueur de la voie ferrée est fixé un tube ou tuyau métallique, à l'intérieur duquel peut se mouvoir un piston. Qu'à
l'aide d'une machine pneumatique on fasse le vide dans le
tuyau, d'un des côtés du piston, la pression atmosphérique
s'exerçant de l'autre côté sur sa surface fera mouvoir le piston
et les corps pesants auxquels il est solidement relié. Si ces
corps pesants sont les wagons d'un train, le mouvement de
propulsion du piston se communiquera à ces wagons et pourra,
si la force ainsi obtenue est suffisante, les faire rouler sur les
rails, sans le secours des moteurs ordinaires.

L'idée de faire servir la pression atmosphérique comme
force motrice dans l'industrie des transports est d'ailleurs
déjà ancienne : elle remonte aux premières expériences que
fit l'inventeur de la machine pneumatique, Otto de Guericke ;
en 1810, un ingénieur suédois, D. Medhurst, proposa de
transporter les marchandises, les paquets, les lettres, dans
un tube où l'on ferait le vide ; puis, de communiquer le
mouvement du piston à des voitures circulant extérieurement
au tube. En 1824, un Anglais, Wallance, conçut l'idée de
transmettre directement aux wagons la pression de l'atmosphère ; les wagons devaient alors voyager à l'intérieur même
du tube où l'on faisait le vide. Enfin, en 1848, le premier
chemin de fer atmosphérique fut construit en Irlande, sur une
longueur de près de 3 kilomètres, entre Kingstown et Dalkey.
Les ingénieurs, MM. Clegg et Samuda, avaient repris, en le
perfectionnant, le système de Medhurst. Plusieurs autres essais
en furent faits en Angleterre, à Pouth-Devor, à Croydon, et, en
France, sur une portion de la ligne de Paris à Saint-Germain.
Disons un mot du mécanisme moteur adopté pour cette dernière ligne.

La figure **246** représente une section diamétrale du tube de 63 centimètres, à l'intérieur duquel voyageait le piston dans le chemin de fer atmosphérique du Pecq à Saint-Germain. Ce tube, fixé au milieu de la voie, était percé d'une fente longitudinale, par laquelle passait la lame ou tige reliant le piston au premier wagon. En avant du piston ou du côté du vide, la fente restait fermée par une bande de cuir garnie de courtes lames de tôle, faisant fonction de soupape, et une série de galets de diamètres décroissants, portés par le châssis du piston, soulevait cette soupape à mesure que s'avançait la lame reliant la tige du piston au train.

Fig. 246. — Tube pneumatique du chemin de fer atmosphérique de Saint-Germain.

Le vide était fait dans le tube par des machines pneumatiques, composées de quatre corps de pompe à double effet et mues par une machine à vapeur. Les dimensions du tube et des machines avaient été calculées de manière à donner une vitesse de 1 kilomètre par minute, en supposant un train à remorquer du poids de 54 tonnes et en se bornant à un vide relatif d'une pression d'un tiers d'atmosphère. Aujourd'hui, tous les chemins atmosphériques ont été abandonnés, non que le fonctionnement mécanique en fût mauvais, mais parce que, au point de vue économique, ce mode de traction était devenu inférieur à celui des locomotives : il était beaucoup trop coûteux. L'invention des locomotives de montagnes, propres à l'ascension des fortes rampes, a eu pour conséquence forcée l'abandon dont nous venons de parler. La rampe assez rapide ($0^m,035$ par mètre) du Pecq à Saint-Germain est, depuis 1859, franchie par des locomotives.

§ 3. FONDATION DES PILES DE PONTS PAR L'AIR COMPRIMÉ.

L'air comprimé a reçu encore une application d'un autre genre, qui n'est pas moins intéressante que celles dont on vient de lire la description. On l'a employé pour refouler l'eau dans les caissons métalliques destinés à former les fondations des piles de ponts ; c'est à un ingénieur français, M. Triger, qu'est due la première idée et l'invention de la première méthode de ce genre. Des procédés différents ont été employés suivant les circonstances et les vues des ingénieurs qui ont appliqué cette méthode ; mais, comme le principe physique est le même, il suffira d'en décrire un sommairement pour faire comprendre les autres. Voici en quoi consiste celui qui a été adopté pour la construction du pont de Kehl, sur le Rhin :

La figure 247 représente l'installation d'un des chantiers de fondation ; on y voit, à l'intérieur de l'un des caissons déjà descendu au-dessous du lit du fleuve, les ouvriers qui travaillent aux déblais.

Imaginez une énorme caisse de tôle, aux parois solidement boulonnées et renforcées, tant à l'intérieur que sur la face supérieure, à l'aide de poutres et contreforts de fer ; cette caisse, de forme rectangulaire, est ouverte à sa base inférieure, tandis que le plafond, percé de trois ouvertures circulaires, est surmonté de trois cheminées de tôle ; les deux cheminées latérales, communiquant simplement à l'intérieur du caisson, sont surmontées chacune d'une chambre à air : celle du milieu descend jusqu'au-dessous de la base inférieure du caisson. Supposez qu'on descende cette sorte de cloche à plongeur au fond du fleuve, de manière que sa base ouverte repose sur le lit de gravier : l'eau pénètrera toute sa capacité, et, en vertu de la loi d'équilibre des liquides dans les vases communiquants, elle s'élèvera dans les trois cheminées au niveau de l'eau du fleuve. Si maintenant, à l'aide de machines soufflantes ou pompes de compression mues à la vapeur (on voit ces machines installées sur un bateau, à droite du dessin), on fait pénétrer l'air dans les deux cheminées latérales, on comprend que la pression de plus en plus considérable du fluide, supérieure à la pression extérieure de l'atmosphère, refoulera peu à peu l'eau qui remplit le caisson, la forcera à s'échapper par les fissures des bords inférieurs et mettra à nu, pour ne pas dire à sec, le lit de gravier sur lequel il repose. Seule la cheminée du milieu, qui pénètre

Fig. 247. — Fondation des piles du pont de Kehl par l'emploi de l'air comprimé.

jusque dans le gravier, continuera à être pleine d'eau. Les ouvriers chargés de creuser les fondations descendent alors, par l'intermédiaire de chambres formant écluses et par les cheminées latérales à l'intérieur du caisson, plein d'air comprimé. Sous la protection d'une pression de deux ou trois atmosphères, qui les garantit contre l'envahissement des eaux du fleuve, ils fouillent le sol, dont ils rejettent les débris vers la base de la cheminée centrale. Une drague ou noria, enfermée dans cette cheminée, remonte avec ses godets et déverse à l'extérieur, dans un bateau, les déblais de la fondation. D'ail-

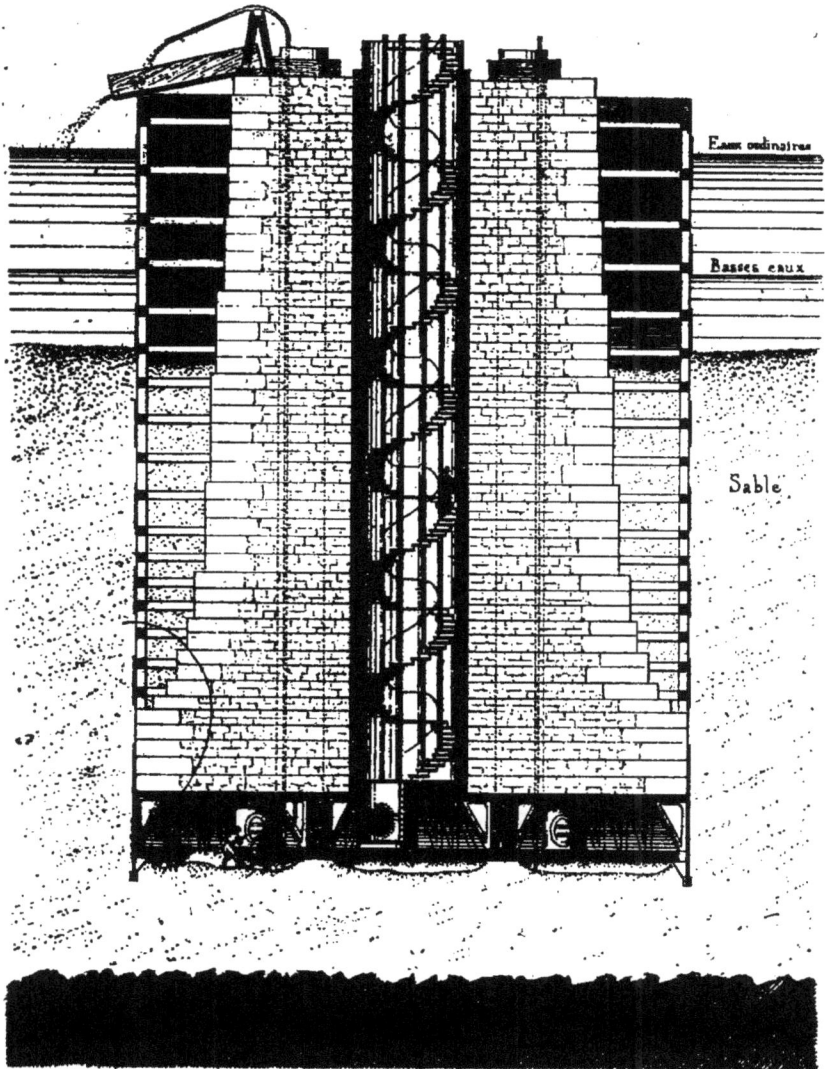

Fig. 248. — Pont de Saint-Louis sur le Mississipi. Fondation à l'air comprimé de l'une des piles.

leurs, la maçonnerie, construite à mesure sur le plancher supérieur, presse par son poids le caisson et le force à descendre jusqu'à ce qu'on soit arrivé à la profondeur voulue. Alors les ouvriers remontent; puis le caisson ainsi que les trous des trois cheminées sont remplis de béton : la fondation est achevée.

Le pont de Kehl est formé de deux culées et de quatre piles : les deux piles extrêmes reposent chacune sur quatre caissons; les deux autres, moins fortes, sur trois caissons seulement.

Le travail dans des chambres où l'air est à une pression aussi forte n'est pas sans danger pour la santé des ouvriers. Nous y reviendrons dans un paragraphe spécial.

Le procédé de fondation des piles de ponts par l'air comprimé a été fréquemment appliqué et avec grand avantage toutes les fois que la profondeur du lit du fleuve ou du bras de mer que devait franchir le pont, la rapidité du courant, la composition des couches du sol mettaient obstacle aux méthodes ordinaires. Citons quelques-uns des plus remarquables de ces ouvrages : en France, les ponts de Mâcon, de Bordeaux, d'Argenteuil; en Angleterre, ceux de Rochester et de Saltash ; enfin, aux États-Unis, le pont gigantesque de Saint-Louis sur le Mississipi. Nous donnons la coupe de l'une des piles en partie édifiée de ce dernier ouvrage [1].

Avant d'employer l'air comprimé pour ce genre de travail, un ingénieur anglais avait eu l'idée d'utiliser le vide ; c'est alors la pression atmosphérique extérieure qui agissait sur des tubes de fonte pour les enfoncer sous l'eau. Voici, d'après Perdonnet, comment cet ingénieur, le docteur Post, procéda pour la construction des piles du viaduc d'Anglesey, sur le chemin de fer de Chester à Holyhead : « Un pieu creux en fonte ou en tôle,

---

1. « L'exécution des fondations des piles du pont de Saint-Louis présentait les plus grandes difficultés. Les deux piles établies dans la rivière ont respectivement 44",25 et 52",10 de hauteur au-dessus du roc sur lequel elles ont été assises. Ce qui rendait ce travail des plus difficiles, c'est qu'il se produit dans le Mississipi des courants de fond d'une violence extrême, qui déplacent de grandes masses de sable et produisent des affouillements considérables. Comme exemple de ces déplacements, on cite le fait du steamer *America* qui se perdit dans la rivière, à environ 100 milles au-dessous du confluent de l'Ohio. Le sable s'accumula autour de ce navire, le recouvrit complètement et forma une île qui prit une extension suffisante pour qu'il s'y établît une ferme et une plantation de coton dont les déchets suffisaient pour fournir du combustible à tous les vapeurs qui parcouraient cette région. Puis il suffit de deux crues successives pour faire disparaître complètement cette île, et pour remettre à nu la carcasse du navire. » (*Annales industrielles*, août 1874.)

ouvert par le bas, est fermé à sa partie supérieure par un couvercle luté avec soin et communiquant avec une pompe pneumatique ; il est en partie enfoncé dans le sol baigné par l'eau,
et qui peut être de la vase, du sable et même de l'argile. Si l'on
manœuvre la pompe à air, dès que la pression aura suffisamment diminué dans l'intérieur du tube, l'eau extérieure ainsi
que le sol lui-même, en vertu de la pression atmosphérique,
tendront à s'y précipiter ; le courant d'eau qui se fera à la partie
inférieure sapera le terrain sous le pieu, en rompant les arches
naturelles que les parties solides forment entre elles, et le pieu
descendra par son propre poids, augmenté de la pression de
l'atmosphère sur son extrémité supérieure. Lorsque le tube sera
plein, son contenu, composé d'eau et de parties solides, sera
enlevé par un moyen quelconque, et on recommencera l'opération jusqu'à ce qu'on ait atteint la profondeur nécessaire. »

§ 4. LE FORAGE DES TUNNELS PAR L'AIR COMPRIMÉ. — TUNNEL DU MONT-CENIS.

Dans les travaux de l'industrie contemporaine, la force de l'air
comprimé a été et est encore utilisée dans diverses circonstances.
Citons les exemples les plus remarquables de cette application.

En première ligne, il faut mentionner le forage de l'immense
souterrain, aujourd'hui terminé, qui traverse les Alpes un peu
au sud du mont Cenis, et qui relie les stations de Bardonnèche
et de Modane, stations extrêmes, celle-ci française, celle-là
italienne, du chemin de fer de Victor-Emmanuel. Il y avait là
plus de 12 000 mètres de galerie à ouvrir dans la roche, c'est-
à-dire plus de 700 000 mètres cubes à déblayer : cet immense
travail devait être effectué à des profondeurs qui ne permettaient point l'emploi des procédés ordinaires de percement des
souterrains. On ne pouvait songer en effet à forer des puits de
distance en distance, dans l'axe de la galerie projetée.

Le creusement de ce long tunnel ne pouvant se faire que par
deux points opposés, les deux points extrêmes, il parut à peu

près impossible d'employer la vapeur et la poudre pour forer les trous de mines, abattre et broyer les roches : à mesure qu'on eût avancé plus profondément sous terre, on aurait éprouvé des difficultés croissantes pour aérer les ateliers, pour substituer de l'air pur à l'air confiné du souterrain, air vicié par le mélange des gaz de la poudre et de la vapeur d'eau, par la combustion des foyers des machines et par celle des lampes, enfin par les gaz provenant de la respiration des ouvriers. Les ingénieurs[1] songèrent à mettre en pratique une idée que M. D. Colladon et plus tard M. de Caligny avaient émise, celle d'employer l'air comprimé comme force motrice des machines qui devaient servir à percer les trous de mine dans la roche. Les compresseurs, ou machines servant à comprimer l'air dans les réservoirs ou récipients, empruntaient eux-mêmes leur puissance à une chute d'eau voisine (le ruisseau du Melezet à Bardonnèche, et, à Modane, la petite rivière de l'Arc). A l'origine, c'étaient des *compresseurs à choc* ou *à coups de bélier*, ainsi nommés de la façon dont l'eau agissait dans trois tubes verticaux, munis de soupapes pour refouler l'air dans le récipient. L'eau de la chute arrivait par le tuyau A (fig. 249), dont la soupape *a* était alternativement ouverte et fermée pendant que la soupape *b* du tuyau B était elle-même fermée et ouverte ; une petite machine spéciale produisait le jeu de ces soupapes. Trouvant *a* ouverte et *b* fermée, l'eau, avec sa vitesse acquise, pénétrait dans le tuyau C, et en y montant comprimait l'air amené de l'extérieur par la soupape *e*. Celle-ci se fermait, tandis que l'air, comprimé de plus en plus, forçait la soupape *d* et s'introduisait dans le récipient R. Alors la soupape *b* s'ouvrait, tandis que *a* se fermait ; l'eau s'échappait par le tuyau B, *e* s'ouvrait et laissait s'introduire une nouvelle quantité d'air extérieur, qu'une manœuvre nouvelle devait comprimer et introduire de nouveau dans le récipient R.

Depuis, les ingénieurs ont substitué aux compresseurs à choc des compresseurs à double effet, d'un mécanisme plus

1. MM. Sommeillier, Grandis et Grattone.

simple et tirant mieux parti de la force de la chute. Voici quelques détails sur la façon dont ont fonctionné ces machines à Modane.

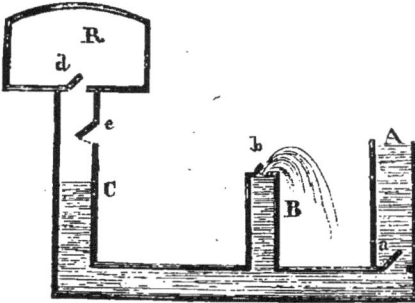

Fig. 249. — Compresseur à coups de bélier (figure théorique).

Douze pompes de compression recevaient leur mouvement de six roues hydrauliques mues directement par la chute de l'Arc. Chacune d'elles consistait en un piston animé d'un mouvement de va-et-vient dans un corps cylindrique horizontal. Aux deux ex-

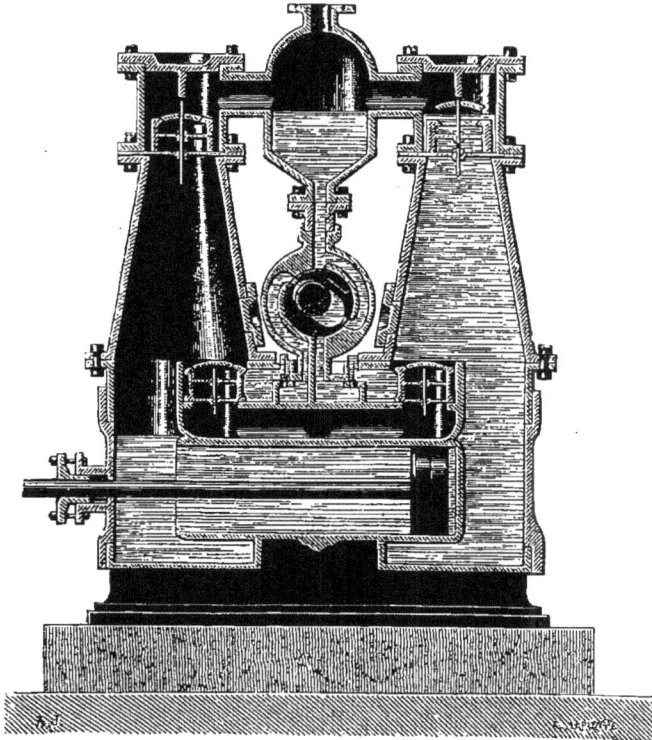

Fig. 250. — Compresseur à double effet, système Fryer (de New-York).

trémités du cylindre, étaient ajustés deux tuyaux verticaux

cylindro-coniques, munis chacun de deux soupapes : une soupape d'aspiration, celle qu'on voit à la partie inférieure du tuyau de forme conique, soupape prenant l'air extérieur, et une soupape d'expulsion introduisant l'air comprimé par l'ascension de l'eau et lui permettant de pénétrer dans le réservoir correspondant. Le mouvement du piston, en foulant l'eau dans l'un des cylindres, abaisse son niveau dans l'autre. L'air est donc comprimé dans le premier, raréfié dans le second.

En tenant compte des pertes occasionnées par les fuites, les douze compresseurs comprimaient en moyenne, par vingt-quatre heures, 116500 mètres cubes d'air à la pression ordinaire, et la pression à laquelle cet air était fourni aux machines perforatrices atteignait sept atmosphères.

Une quantité d'air aussi considérable n'eût pas été nécessaire, si l'on n'avait eu besoin que de la force faisant mouvoir les forets. Mais en réalité le tuyau qui conduit l'air comprimé des réservoirs de compression au fond de la galerie n'alimentait pas seulement les machines perforatrices ; il fournissait aussi de l'air pour l'aérage des ateliers et de toute la galerie.

Un mot maintenant des machines perforatrices. Elles étaient installées, au nombre de dix, sur un affût qui pouvait rouler, avancer ou reculer sur des rails ; un second chariot, sorte de tender à la suite de l'affût, portait les réservoirs d'eau et d'air comprimé (voy. pl. XVIII). L'air comprimé, introduit par un tiroir dans un cylindre muni d'un piston, communiquait à ce dernier et à sa tige le mouvement de va-et-vient qui, transmis aux fleurets, déterminait le choc répété des outils sur la roche. Mais, outre ce mouvement longitudinal ou de choc, chaque fleuret était animé de deux autres mouvements indispensables à la nature du travail que devait exécuter chacun d'eux. En creusant son trou, il devait peu à peu tourner sur lui-même comme une vrille, et, en outre, il devait avancer à mesure que le trou devenait plus profond. Ces deux

mouvements étaient produits par une petite machine latérale,
mue, comme l'autre, par l'air comprimé, et servant à la fois
à régler le mouvement du tiroir de la première, à agir sur une
roue à rochet qui entraînait avec elle le piston et le fleuret, et à
faire avancer le cylindre à mesure que le forage du trou de
roche avançait lui-même.

Chaque perforatrice pouvait fournir 200 coups de fleuret par
minute, consommant à chaque coup un peu moins de 1 litre

Fig. 251. — Déblaiement des débris dans le tunnel du Mont-Cenis.

d'air comprimé. Quant à l'avancement du travail, il dépendait
de la nature et de la dureté de la roche.

Le succès de cette application de l'air comprimé comme
force motrice dans une entreprise, qui ne pouvait que très
difficilement employer la vapeur, a suggéré l'idée d'étendre
l'emploi de cette force à d'autres travaux ; nous en verrons
plus loin des exemples. En outre, dans tous les pays où les
cours d'eau fournissent des chutes, et, par conséquent, des

MACHINE PERFORATRICE DU TUNNEL DU MONT-CENIS.

forces motrices naturelles, on pourrait employer celles-ci à comprimer l'air dans des réservoirs fixes. De là, circulant avec facilité dans des tuyaux, l'air comprimé pourrait être distribué à domicile à toute une population ouvrière, et résoudre ainsi le problème de la distribution économique de la force.

§ 5. PERCEMENT DU SAINT-GOTHARD.

Le succès du percement du tunnel du Mont-Cenis donna naissance à des projets d'une importance pareille et même supérieure, où l'emploi de l'air comprimé se trouvait imposé pour les mêmes raisons. Les massifs du Simplon, du Mont-Blanc, du Saint-Gothard, ont été l'objet d'études qui se poursuivent encore pour les deux premiers. Seul le tunnel du Saint-Gothard a été entrepris et exécuté, grâce au concours de la Suisse, de l'Italie et de l'Allemagne, cette dernière puissance ayant pour principal objectif de détourner à son profit le transit de l'Orient et de la Méditerranée vers l'Angleterre et les ports de la mer du Nord. Si, comme nous l'espérons, un troisième tunnel est creusé à travers les Alpes, soit au Simplon, soit au Mont-Blanc, l'équilibre sera rétabli au grand avantage de la France. Mais ce qui nous intéresse ici, ce qui va nous obliger à entrer dans quelques détails nouveaux sur ces applications gigantesques de l'air comprimé comme force motrice, ce sont les perfectionnements apportés aux procédés mécaniques déjà mis en pratique au Mont-Cenis.

Le tunnel du Saint-Gothard a une longueur qui dépasse de 2700 mètres celle du tunnel du Mont-Cenis, ce qui en porte la longueur totale à 14 900 mètres, depuis le village de Göschenen, où se trouve l'entrée nord, jusqu'au village d'Airolo, d'où part l'entrée sud. C'est une masse totale de 750 000 mètres cubes environ qu'il a fallu creuser dans le roc et extraire des flancs du Saint-Gothard. Les difficultés étaient plus grandes encore qu'au col de Fréjus : à partir de Göschenen, on eut affaire,

sur une longueur de 2500 mètres, à des roches granitiques ;
puis succédèrent des calcaires siliceux, et jusqu'à un kilomètre
d'Airolo des gneiss micacés ou amphiboliques ; enfin 1000 mètres
environ de couches calcaires donnèrent, dès le début, à l'entrée
sud, les plus grandes difficultés, à cause des infiltrations considérables qu'on y rencontra et dont les eaux abondantes inon-
dèrent les travaux pendant plus d'une année. Malgré ces obstacles, après huit années d'efforts continus, les galeries des
versants nord et sud se sont rejointes, et bientôt les locomotives franchiront en un second point les massifs alpins.

Comme au Mont-Cenis, la force naturelle utilisée pour mener
à bout cette gigantesque entreprise a été empruntée aux cours
d'eau voisins des deux embouchures du tunnel : du côté d'Airolo, à la Tremola, rivière torrentielle, et au Tessin ; du côté de
Göschenen, à la Reuss. Emmagasinées dans des réservoirs construits à des hauteurs de 180, de 90 et de 85 mètres au-dessus
des bâtiments qui renfermaient les machines motrices ou turbines et les compresseurs, les eaux de ces rivières descendaient par des conduites métalliques jusqu'aux machines et
donnaient une force plus que suffisante pour le fonctionnement
régulier et continu de ces dernières.

Voici maintenant les principaux perfectionnements qui ont
été apportés au forage du nouveau tunnel.

On a vu plus haut qu'aux béliers ou compresseurs à colonne
d'eau les ingénieurs du tunnel du Mont-Cenis n'avaient pas
tardé à substituer les compresseurs à piston liquide dont nous
avons essayé de donner une idée. La raison de cette substitution
était bien naturelle : ces dernières machines produisaient trois
fois plus d'air comprimé que les béliers, tout en coûtant un
tiers de moins.

Ils avaient encore néanmoins de graves défauts : les pistons
liquides, ayant à mouvoir une masse d'eau considérable, devaient marcher avec une grande lenteur, afin d'économiser la
force motrice ; de là la nécessité de l'emploi de roues hydrauliques à mouvement très lent. De plus, ces compresseurs coû-

taient très cher et occupaient un grand espace. Dans les montagnes où les cours d'eau ont un faible débit, compensé par de grandes hauteurs de chute, l'emploi de moteurs rapides, comme les turbines, est plus avantageux ; mais cet avantage disparaît avec les compresseurs à piston liquide, puisqu'il est nécessaire de transformer, par des systèmes d'engrenages, le mouvement rapide en mouvement lent. Cet inconvénient a disparu grâce à l'emploi de nouvelles pompes de compression imaginées depuis longtemps par M. Colladon, mais perfectionnées récemment par ce savant ingénieur, et adaptées à l'usage spécial que réclamait le percement du tunnel du Saint-Gothard.

Les machines motrices employées étaient des turbines dont chacune faisait mouvoir un arbre à trois bielles commandant le mouvement des pistons de trois cylindres compresseurs. A chaque va-et-vient d'un piston, l'air était aspiré d'un côté du cylindre et refoulé de l'autre par des systèmes de soupapes d'admission et de refoulement, puis comprimé à sept ou huit atmosphères. Les cylindres à double enveloppe et la tige creuse du piston permettaient la circulation continue d'eau froide, de manière à compenser l'échappement dû à la compression, au moment de la compression même ; et, dans le même but, une petite quantité d'eau était injectée dans le cylindre à l'état pulvérulent. Cette disposition était d'une grande importance pour la conservation des organes de la machine. Des réservoirs ou cylindres en tôle où l'air comprimé était emmagasiné, il passait par des tubes métalliques à l'entrée du tunnel, puis à l'intérieur jusqu'à l'atelier de forage, d'où il passait à l'aide de prises d'air et de tuyaux en caoutchouc jusqu'aux machines perforatrices. Ces dernières machines ont reçu elles-mêmes, graduellement, des perfectionnements qui ont permis de simplifier l'opération finale, laquelle consiste dans le forage de trous de mine au front de taille de la roche. Les trous percés à la profondeur voulue, des cartouches de dynamite y étaient introduites, qui, par leur explosion, brisaient et faisaient sauter la roche.

Nous avons dit déjà plus haut comment l'air comprimé, après avoir mis en œuvre l'outil perforateur, servait, en se répandant dans les galeries, à remplacer l'air vicié par la respiration des ouvriers, la combustion des lampes et la production des gaz déterminée par chaque explosion. Les perforatrices n'eussent pas suffi à fournir l'air frais et pur nécessaire au renouvellement; aussi des robinets d'aérage disposés sur la conduite d'air permettaient de suppléer à cette insuffisance, la

Fig. 252. — Nouvelles machines perforatrices, employées au tunnel du Saint-Gothard.

quantité d'air comprimé par les pompes dépassant de beaucoup celle qui était nécessaire au forage.

Enfin l'air comprimé a été employé, au Saint-Gothard, à un usage non moins important. La roche abattue, il s'agissait de déblayer, d'enlever les débris et de les transporter hors du tunnel, travail qui devint de plus en plus considérable à mesure que la galerie s'enfonçait plus avant sous les profondeurs de la montagne. Pour activer ce transport, qui par jour pouvait atteindre des centaines de mètres cubes, on ne pouvait songer à employer la vapeur; le foyer d'une locomotive eût accru la température déjà trop forte et contribué à vicier l'air de la galerie. C'est encore à l'air comprimé qu'on a eu recours (fig. 253).

On se servit d'abord de locomotives ordinaires, dans lesquelles on introduisit l'air comprimé dont on disposait à chaque front d'attaque, et qui agissait dans les tiroirs et les cylindres de la machine absolument comme la vapeur même. Puis, comme la quantité suffisante de gaz moteur qu'on pouvait introduire dans une telle machine était trop tôt épuisée, on

Fig. 253. — Locomotives mues par l'air comprimé. Premiers essais.

adjoignait à la locomotive une sorte de tender, composé d'un réservoir cylindrique d'air comprimé, communiquant par un tube avec l'appareil distributeur de la machine. Mais on préféra bientôt un système moins encombrant, et un ingénieur du tunnel, M. Ribourt, imagina et fit construire une locomotive d'une forme spéciale, qu'il munit d'un régulateur propre à produire l'écoulement de l'air comprimé du réservoir à une pression déterminée et constante. Donnons une idée de cet appareil, dont on voit la coupe dans la figure 254. L'air comprimé entre en A dans le cylindre B, où sa pression est celle

du réservoir. Il en sort pour passer de là dans le tiroir distributeur, par la tubulure D, avec une pression moindre, parce
que son écoulement a lieu par des orifices *mm* qui en réduisent
la quantité. Il s'agit de rendre constante cette pression à la
sortie, bien que la pression à l'entrée soit variable, puisqu'elle
diminue forcément par la dépense. Pour cela, le cylindre B est
muni d'un piston qui d'un côté s'appuie par une tige extérieure F
à un ressort à boudin dont la puissance est réglée à l'aide
d'une vis. De l'autre côté, le piston est muni d'un manchon
percé d'ouvertures *nn* qui, suivant sa position, découvrent ou
masquent plus ou moins les ouvertures d'admission *m* du gaz

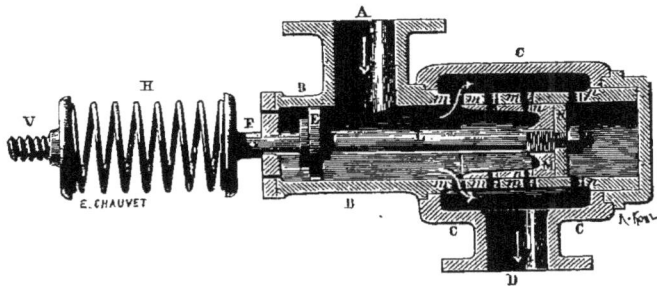

Fig. 254. — Régulateur de la locomotive à air comprimé.

comprimé. Si la pression à la sortie augmente, le piston est
ramené vers la gauche, et les ouvertures *m* sont en partie
fermées : l'écoulement et par suite la pression diminuent ; dans
le cas contraire, le piston est ramené vers la droite, le gaz entre
en plus grande quantité et la pression et l'écoulement sont
ramenés à leur valeur normale. Le réglage de la pression de
l'air admis dans le tiroir distributeur est donc ainsi assuré
par un mécanisme automatique.

§ 6. APPLICATION DE L'AIR COMPRIMÉ AUX VOITURES DES TRAMWAYS.

La figure **255** représente une voiture qui a fonctionné, en
décembre **1875**, sur le tramway qui va de la place de l'Étoile

TUNNEL DU SAINT-GOTHARD.
Locomotive à air comprimé employée à l'extraction des déblais.

à Courbevoie. Le moteur de cette nouvelle voiture est encore
l'air comprimé. On voit sous le châssis, entre les roues, des
réservoirs cylindriques : c'est dans ces cylindres, très résis-
tants, qu'une machine fixe, installée aux stations extrêmes,
comprime l'air sous une pression de 25 atmosphères. La force
élastique de cet air est utilisée comme dans les locomotives à
vapeur, et agit sur un mécanisme semblable. Ce qui constitue
l'originalité de l'invention de l'ingénieur, M. Mékarski, c'est
l'appareil qui a pour objet de maintenir l'air comprimé sortant

Fig. 255. — Voiture automobile Mékarski mue par l'air comprimé.

des réservoirs à une pression constante. Ce *régulateur de pression* est placé en avant de la voiture, entre les cylindres moteurs. Il y avait une difficulté à vaincre, qui paraît très heureusement surmontée : c'est celle d'obtenir la détente sans les
inconvénients du refroidissement qu'elle produit, et qui eût,
en recouvrant de glace les parois des cylindres, gêné le mécanisme. Pour cela, l'air sortant des réservoirs, avant de se rendre
dans le régulateur de pression, passe par un réservoir rempli
d'eau surchauffée à 150° ou 170°. Il s'y échauffe, et, par conséquent, lorsqu'il se détend ensuite, il ne se refroidit plus autant,

la vapeur avec laquelle il se mélange lui cédant, en outre, une partie de sa chaleur latente.

Pas de trépidation, aucun bruit, un maniement très facile, une grande régularité de marche, telles sont les principales qualités du nouveau moteur, qui sera probablement appliqué avant peu, si la question du prix de revient de ce mode de traction est favorable au nouveau système.

Nous devons signaler encore ici une application importante de l'air comprimé sur les voies ferrées : c'est celle qui a pour objet le serrage des freins des wagons d'une manière continue et automatique. Dans les systèmes de freins à main, la manœuvre est incertaine, le mécanicien, en présence d'un obstacle imprévu, devant transmettre l'ordre de serrer les freins aux agents du train préposés à cet effet. Avec le système des freins continus, le serrage peut s'opérer à la fois sur tous les véhicules, depuis la locomotive et le tender jusqu'au dernier wagon. Les inventeurs ont emprunté la force nécessaire soit à l'électricité, soit à la pression atmosphérique ou au vide, soit à l'air comprimé, et diverses solutions ont été données à cet intéressant problème. L'une des plus avantageuses est le frein Westinghouse, qui fonctionne à l'aide de l'air comprimé. Le mécanisme ingénieux qui le constitue est d'ailleurs trop compliqué pour que nous puissions en donner ici une description détaillée.

CHAPITRE VI

TÉLÉGRAPHIE OU POSTE PNEUMATIQUE
HORLOGERIE PNEUMATIQUE

§ 1. PREMIERS ESSAIS DE POSTE PNEUMATIQUE.

On a vu, dans le chapitre précédent, qu'à diverses reprises depuis le commencement de ce siècle, on a essayé d'appliquer la pression de l'air soit à la circulation des voitures sur les routes et sur les voies ferrées, soit au transport des marchandises, des paquets ou des lettres. Les inventeurs de ces systèmes, Medhurst et Wallance, n'utilisèrent d'abord que la pression atmosphérique; le chemin de fer atmosphérique de Kingstown, puis celui de Saint-Germain, ont prouvé que l'idée était réalisable, bien que le fonctionnement trop coûteux et trop compliqué en rendît toute application sinon impossible, du moins fort peu économique.

Depuis, divers inventeurs ont combiné l'action de la pression atmosphérique ou du vide avec celle de l'air comprimé. Nous citerons d'abord, dans l'ordre des dates, la poste pneumatique (ou *pneumatic dispatch*) de Rammel, établie à Londres dès 1854, et dont voici en principe la description. Dans ce système, le tube à l'intérieur duquel se meuvent les wagonnets porteurs de dépêches forme un petit tunnel de fonte de 0^m,84 de diamètre portant une couple de rails à sa partie inférieure. Les wagons sont des boîtes creuses de fer, ayant la même forme extérieure que celle du tunnel, avec un dégagement d'envi-

ron 3 centimètres entre leurs parois et celles du tube. Quant
à l'appareil moteur, auquel l'inventeur, M. Rammel, a donné
le nom d'*injecteur pneumatique*, il est installé à l'une des
stations, et il est disposé de manière à produire successivement, soit de l'air comprimé dont la force motrice pousse par
derrière les wagons qui vont à l'autre station, soit un certain
degré de vide ou de raréfaction de l'air qui détermine leur
retour. D'après cela, on voit que ce n'est pas seulement la
pression atmosphérique qui est utilisée, mais aussi la force
emmagasinée dans une certaine quantité d'air comprimé,
c'est-à-dire condensé de façon que sa pression surpasse celle
de l'atmosphère même.

Le *pneumatic dispatch* de Londres n'était établi à l'origine
que sur une distance de 500 mètres, entre la station d'Euston
et celle du bureau de poste d'Eversholt street.

C'est ici le lieu de dire quelques mots de certains essais de
chemins de fer, dont les véhicules sont mus de la même manière que les wagonnets porteurs de dépêches du *pneumatic
dispatch*.

M. Rammel, par exemple, a réalisé à Londres la pensée conçue
par Wallance, et qui consistait à faire voyager à l'intérieur du
tube pneumatique le train lui-même, avec toutes ses voitures,
constituant ainsi un gigantesque piston. Une ligne d'essai a été
construite par lui dans le parc de Sydenham. La première voiture du convoi porte en avant un disque d'un diamètre un peu
inférieur à celui du tunnel, muni sur tout son contour d'un
tampon ou brosse, qui suffit à intercepter suffisamment le passage de l'air. Comme dans le tube destiné au transport des
dépêches, le vide sert seulement pour produire le retour du
train, qui, pendant le voyage d'aller, est poussé au contraire
par l'air comprimé.

On a construit également en 1870, à New-York (États-Unis),
un petit chemin de fer atmosphérique, d'une faible longueur,
menant de Warren street à l'extrémité la moins élevée de la
Cité, près de la rivière du Nord. Le tunnel, de forme cylin-

drique, porte, à sa partie inférieure (fig. 256), deux rails sur
lesquels se meut un véhicule unique à voyageurs, qui a le
même diamètre à peu près que le tunnel à l'intérieur duquel il
circule, poussé par la pression de l'air. La figure 257 représente l'intérieur de ce wagon.

Les machines employées à faire marcher les trains de ce
singulier chemin de fer sont, d'une part, une machine à vapeur
de la force de 100 chevaux, de l'autre une machine soufflante,
actionnée par la première, et capable de fournir et de lancer dans

Fig. 256. — Chemin de fer atmosphérique   Fig. 257. — Le tube intérieur
           de New-York.   du wagon.

l'intérieur du tunnel près de 3000 mètres cubes d'air par minute. Du reste, le chemin atmosphérique de New-York, comme
celui de Sydenham, ne peuvent être considérés que comme des
essais où la curiosité l'emporte de beaucoup sur l'utilité pratique.

Arrivons maintenant au système de télégraphie pneumatique
de la ville de Paris, et donnons d'abord une idée de la façon
dont ce système fonctionnait à l'origine.

La première communication de ce genre était établie entre
les deux stations du Grand-Hôtel et de la place de la Bourse.
Un tube de 1100 mètres de longueur, de 0^m,065 de diamètre,
reliait, à chacune de ses extrémités, deux chambres qui ser-

vaient à introduire dans le tube ou à en extraire le piston
porteur des dépêches (fig. 258). Ce piston, de forme cylindrique, n'était autre chose qu'une boîte fermée par un bout,
et munie à l'autre d'un couvercle mobile (fig. 259). C'est à
l'intérieur que les dépêches, mises sous enveloppe, étaient
placées. Une garniture de cuir permet au piston de s'adapter
exactement contre les parois du tube, de manière à s'opposer
au passage de l'air comprimé.

Fig. 258. — Ancien appareil d'envoi et de réception des dépêches de la poste pneumatique
à Paris.

Chaque chambre pouvait être mise à volonté en communication, à l'aide de deux robinets, soit avec l'air libre extérieur
quand il s'agissait de recevoir les dépêches, soit avec le réservoir d'air comprimé s'il s'agissait d'expédier le *piston-chariot*.

Quant à la compression de l'air, elle s'opérait d'une façon très
simple et très économique, à l'aide de la pression de l'eau des
réservoirs de la ville, qui, à chacune des deux stations, équivaut à une chute de 15 mètres de hauteur environ. Trois cuves
en tôle étaient, à cet effet, installées dans le voisinage de chaque

station; l'une recevait l'eau qui refoulait, à mesure qu'elle emplissait la cuve, l'air situé au-dessus et le comprimait dans les deux autres cuves. En vidant la première par le moyen d'un robinet mettant sa paroi supérieure en communication avec l'air libre, puis la laissant de nouveau remplir par l'eau des conduites, on pouvait réitérer indéfiniment la même opération et obtenir dans les deux autres cuves l'air comprimé à la pression nécessaire. Trois minutes suffisaient pour obtenir ce résultat, et le piston, chassé dans le tube par la force de l'air comprimé, arrivait à destination en 90 secondes, ce qui donne une vitesse moyenne de 12 mètres par seconde.

Fig. 259. — Piston et boîte à dépêches de la poste pneumatique.

La pression effectivement employée ne dépassait pas 1 atmosphère 3/4, et la capacité des réservoirs d'air comprimé comparée à celle du réservoir à eau était telle, qu'à la fin du trajet la pression y restait supérieure à $1^{atm},20$. A l'origine, l'air comprimé était le seul moteur; mais on ne tarda pas à apporter au système un perfectionnement important. On fit servir, à chaque manœuvre, la pression de l'eau non seulement à comprimer l'air pour chasser le train porteur de dépêches, mais aussi d'un autre côté à raréfier l'air pour ramener ce train au point de départ.

Avec cette installation très simple, on pouvait expédier des trains de dépêches tous les quarts d'heure, et même toutes les 12 minutes vers le milieu de la journée, où les dépêches sont toujours plus nombreuses.

D'abord limitée à un faible parcours et à deux stations, la

télégraphie pneumatique parisienne a pris un développement
de plus en plus considérable.

Dès 1875, outre la station centrale installée rue de Grenelle,
à proximité de l'administration télégraphique et des bureaux
de réception de toutes les dépêches, il y avait dix-sept stations
de quartier. Aujourd'hui le service est devenu si important qu'il
a fallu modifier les machines et appareils et les mettre en état,
par des perfectionnements, de satisfaire aux exigences croissantes de la distribution des dépêches dans la grande cité.

Au système hydraulique de la compression de l'air dont il a
été parlé plus haut, on a substitué la force de la vapeur, à la
fois plus expéditive et plus économique. Les appareils d'envoi
et de réception ont reçu aussi des perfectionnements de diverses
sortes. Nous allons décrire succinctement les uns et les autres,
en nous aidant des figures des planches XX et XXI, qui représentent l'installation actuelle de la station centrale.

Dans la première de ces planches, on voit en AA la machine
motrice à vapeur, qui transmet le mouvement par la cour-
roie BB au système des pompes de compression et de raréfaction de l'air. Le volant C porte deux excentriques D et D', auxquels sont articulés deux systèmes de bielles, bb' d'une part,
$b''b'''$ d'autre part. Les deux premières bielles font mouvoir
simultanément les pistons des cylindres F et F' qui constituent avec elles une pompe de compression à double effet,
F' aspirant en I l'air de l'atmosphère, le refoulant dans F et de
là, par le tube HHH', jusque dans le réservoir J, qu'on voit sous
le plancher des appareils dans la seconde planche. L'autre
système de bielles $b''b'''$ donne le mouvement aux pistons des
cylindres GG'; mais le jeu des soupapes dans ces cylindres est
précisément inverse de celui des soupapes des cylindres FF';
en un mot, tandis que ceux-ci font office de pompe de compression, les autres font le vide, par les tuyaux SSS', dans un
second réservoir J', situé à côté du réservoir à air comprimé.

Ces deux opérations inverses, de la production de l'air comprimé et de la raréfaction de l'air dans deux réservoirs séparés,

POSTE PNEUMATIQUE.
Machine à vapeur et pompes de compression de la station centrale.

étant bien comprises, on va se rendre compte avec la même facilité de celles qui ont pour objet l'envoi ou la réception d'un train de dépêches. Pour cela, considérons la figure de la planche XXI.

Décrivons d'abord le mode d'expédition.

Supposons qu'il s'agisse d'envoyer un train de dépêches de la station centrale à une station de quartier avec laquelle communique la première par le tuyau de canalisation Q. Ce tuyau aboutit, comme on voit, à l'intérieur d'une colonne verticale, où le train N est introduit à la main par une petite porte pratiquée à hauteur convenable. Le train introduit est d'abord soutenu par une valve O, qu'on peut manœuvrer à l'aide de la poignée P.

Pour l'expédier, on commence par tourner le volant M, lequel commande un robinet adapté en L; ce robinet s'ouvre et aussitôt l'air comprimé du réservoir J, suivant les tuyaux KKK', est admis dans l'appareil d'envoi, où il vient pousser en queue le train de dépêches. En tirant la poignée P, la valve O qui l'arrête s'abaisse et la propulsion du train se fait instantanément.

Voyons maintenant comment au contraire s'opère la réception d'un train. Il importe de dire d'abord que les diverses stations sont reliées à la station centrale par une communication électrique. Au moment d'expédier, l'employé préposé à l'expédition annonce celle-ci par une sonnerie; celui qui se trouve au bureau où doit se faire la réception, manœuvre le robinet du second appareil de façon à ouvrir la communication avec le réservoir de vide ou d'air raréfié J'; les tuyaux TTT' servent à cet objet. On baisse alors la poignée qui ouvre la valve O', et aussitôt la pression de l'air contenu dans le tuyau V, en avant du train expédié, s'abaisse. Le train est poussé d'un côté par l'air comprimé; de l'autre, la résistance a diminué, et la boîte de dépêches vient buter contre le fond de la petite chambre X, où son arrivée est d'ailleurs indiquée par un bruit sec. On ferme la valve O', on ouvre la porte Y, et l'on extrait le train.

Après chaque opération, on rétablit la communication entre les appareils et les tuyaux de communication avec l'atmosphère :

les tuyaux ZZ′ munis d'un robinet à poignée servent à établir cette communication.

Il nous reste à dire un mot de la façon dont on obvie à certains accidents qui peuvent se produire, et qui se produisent en effet, bien qu'assez rarement. Nous voulons parler notamment du cas où un train de dépêches, au lieu de franchir toute la distance comprise entre la station de départ et la station d'arrivée, se trouverait arrêté en route en un point inconnu de la canalisation souterraine. Cet accident peut se produire par le fait d'une avarie survenue au tuyau, vers les joints par exemple, et d'où il résulte une fuite d'air ; ou encore, un ressaut peut arrêter l'une des boîtes du train : cela est très rare, grâce au soin avec lequel les tuyaux sont assemblés et au polissage de leur surface intérieure. Le plus souvent enfin, c'est l'une des boîtes du train qui s'ouvre, ou bien la garniture du piston qui se disloque. En pareil cas, on commence par employer à l'une ou à l'autre station, ou aux deux successivement, l'action de l'air comprimé, qui peut suffire à dégager l'obstacle. Si ce moyen ne réussit pas, il faut fouiller à l'endroit où l'accident s'est produit et démonter les tubes. Mais en quel point exact du parcours se trouve le train arrêté? Pour résoudre ce problème, on mesure la pression intérieure du tuyau à l'arrière du train, et on la compare avec la pression au moment du départ. La différence trouvée provient évidemment de l'augmentation de volume qu'a subie l'air comprimé par le fait du mouvement en avant du train, de la station au point d'arrêt. La loi de Mariotte permet de calculer ce volume et, par suite, la longueur du chemin. On a ainsi approximativement la distance de l'obstacle.

On a proposé un moyen plus précis, qui consisterait à émettre un son intense, un coup de pistolet par exemple, à l'ouverture du tuyau de canalisation à la station, et à compter le nombre de secondes qui s'écoule entre le son primitif et le son qui revient au point de départ par la réflexion sur la face d'arrière du train. Ce temps est le double de celui qu'il faut à une onde sonore pour parcourir la distance cherchée. Mais, pour que ce

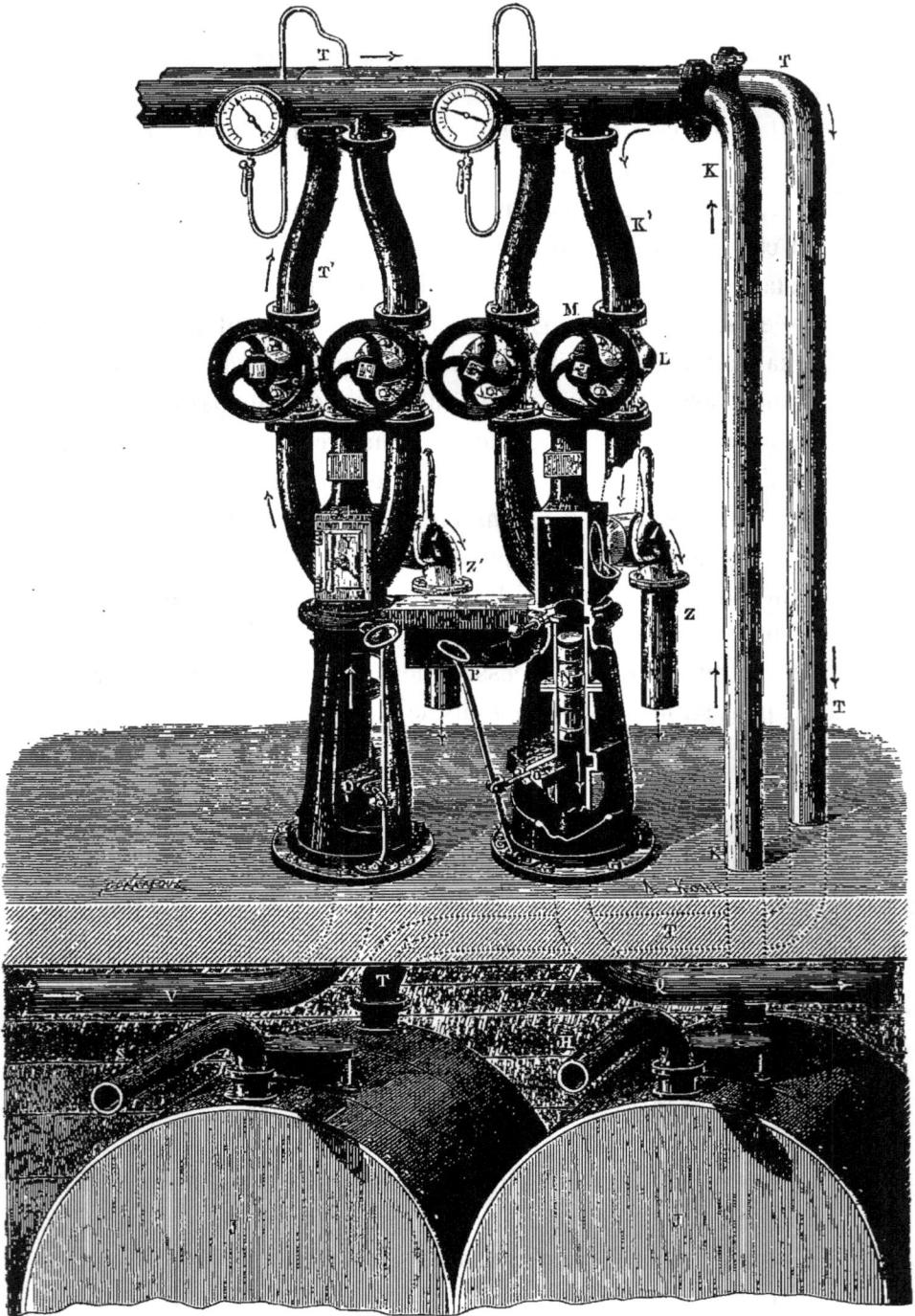

POSTE PNEUMATIQUE.

Appareil d'envoi et de réception des dépêches à la station centrale.

moyen ait quelque précision, il importe qu'un appareil spécial
d'enregistrement graphique marque sur un cylindre les secondes
et fractions de seconde d'une part, ainsi que les allées et retours (par réflexion) de l'onde sonore. Nous ne sachions pas
que ce procédé ingénieux ait été réellement appliqué.

Jusqu'à présent la télégraphie pneumatique n'a été adoptée que
dans les grands centres de population, dans les villes telles que
Londres, Paris, Berlin, Vienne. Elle ne s'applique qu'à la distribution des dépêches ou des lettres dans un réseau de faible étendue,
entre des stations distantes de 1 ou 2 kilomètres, par exemple.
La raison qui empêche de se servir de ce mode de transport à
des distances plus considérables, d'une ville à une autre, ne
tient pas seulement à la faiblesse du trafic postal qu'il y aurait
lieu de desservir, mais principalement aux lois de variation de
la pression des gaz comprimés dans des tubes, selon la longueur
et le diamètre. La vitesse étant en raison inverse de la racine carrée des longueurs des tubes de même section, admettons que les
trains circulent dans un tube de 1000 mètres avec une vitesse de
20 mètres par seconde, sous une pression d'une atmosphère ;
elle ne sera plus que de 6 mètres environ pour un tube de
10 kilomètres, et de 4^m,50 pour un tube de 20 kilomètres de
longueur. Dans le but de remédier à cet inconvénient, deux ingénieurs français, MM. Crespin et Lapergue, ont imaginé un système spécial, qui consiste à établir des *relais* sur la ligne de plus
grande longueur à desservir. Outre la canalisation à l'intérieur
de laquelle circuleraient les trains de dépêches, il y aurait deux
communications latérales secondaires avec les réservoirs de vide
et de pression chargés d'alimenter les relais placés sur le parcours aux endroits convenables. Ces relais seraient espacés de
5 en 5 kilomètres pour produire le vide dans la ligne, et de kilomètre en kilomètre pour la pression. Un mécanisme fonction-
nerait automatiquement à chaque relai, au passage de chaque
train, fermant la section qui vient d'être parcourue en y faisant
le vide, soufflant de l'air au contraire dans la section où le
train vient de pénétrer et lui donnant ainsi la propulsion ca-

pable de lui faire parcourir la section suivante. Les inventeurs
croient qu'une vitesse de 40 à 50 kilomètres par seconde pourrait être aisément atteinte.

§ 2. HORLOGES PNEUMATIQUES.

L'idée de distribuer l'heure d'une manière uniforme entre
tous les quartiers d'une ville n'est pas nouvelle. C'est tout naturellement à l'électricité, aux courants qui se propagent, s'in-
terrompent ou se rétablissent, instantanément pour ainsi dire,
sur les divers points d'une ligne de fils conducteurs, qu'on devait s'adresser pour cela, et qu'on s'est en effet adressé tout
d'abord. Les systèmes inventés dans ce but sont nombreux.
Nous décrirons dans le volume du MONDE PHYSIQUE qui traitera
de l'*Électricité* les plus importants de ces systèmes et les applications qui en ont été faites avec succès, à diverses époques, à
Paris, à Lyon et à Marseille, à Bruxelles, à Gand, à Leipzig, etc.
Le mode le plus simple de la transmission de l'heure consiste
à relier télégraphiquement une horloge type, marquant le temps
avec toute la précision possible, aux cadrans des horloges de
quartier, et à transmettre mécaniquement le mouvement périodique de la première au mécanisme des autres ; on nomme
alors ces dernières *compteurs électro-chronométriques*. Mais si,
au lieu de l'électricité et de la force vive des courants, on emploie un autre moteur, l'air comprimé par exemple, pour
distribuer l'heure de l'horloge type, on a les *horloges pneumatiques*.

Il y a bientôt quatre ans qu'un système de ce dernier genre
fonctionne à Vienne (Autriche), distribuant l'heure entre la
Bourse, le palais impérial, le télégraphe, la poste, les écoles.
Un modèle des appareils de ce système, dont les inventeurs
sont deux ingénieurs autrichiens, MM. Popp et Resch, a pu
être étudié dans la salle des machines de la section austro-hon-
groise à l'Exposition universelle de 1878. Enfin, depuis le commencement de l'année 1880, la *Société des Horloges pneuma-*

tiques a installé à Paris un réseau distributeur de l'heure en divers points des places et boulevards, et aussi à domicile.

La description des *horloges pneumatiques* comporte la même subdivision que celle de la poste atmosphérique : il y a d'abord la production de l'air comprimé, puis les appareils de la station ou de l'usine centrale qui sont ici, outre les machines à compression, l'horloge normale ou directrice, et le mécanisme de distribution ; viennent ensuite les horloges secondaires ou réceptrices et la canalisation qui relie la première aux autres.

Décrivons successivement ces diverses parties du système.

C'est une machine à vapeur qui fait mouvoir les pompes à air ou de compression ; nous n'avons pas à revenir sur la description de celles-ci, qui sont des pompes à double effet. L'air est comprimé et emmagasiné par elles dans de grands cylindres ou réservoirs, dits *réservoirs à haute pression*, parce que la pression y atteint plusieurs atmosphères, afin de pourvoir à la dépense nécessaire, bien que la pression adoptée pour l'envoi de l'air dans la canalisation ne dépasse pas un excédent de sept dixièmes d'atmosphère. De ces premiers récipients, le gaz passe à un *réservoir distributeur*. Là, grâce à un appareil régulateur spécial, constitué par une colonne de mercure qui doit, à tout instant, faire équilibre à la force élastique de l'air intérieur, les pertes de pression qui proviennent de la dépense sont réparées à chaque minute ; la pression reste donc constante dans le réservoir distributeur.

Machine à vapeur, pompes de compression, réservoirs à haute pression, réservoir distributeur, toute cette partie du système est établie à l'usine centrale, à proximité de l'horloge type ou normale.

Le mouvement de cette dernière est composé de deux mouvements distincts : le premier, qu'il n'y a pas lieu de décrire ici, qu'on voit en partie à gauche de la figure 261, consiste dans les rouages ordinaires des régulateurs à pendule ; le second, qui est lié au premier, opère par l'intermédiaire d'un excentrique, au commencement précis de chaque minute marquée par l'aiguille d'un petit cadran supérieur, un effet de déclanchement qui fait ouvrir le tiroir de distribution. A ce moment, l'air comprimé arrive du réservoir distributeur par le tuyau J (fig. 260), passe dans la boîte B et se rend dans les tuyaux de canalisation NN. Une partie du gaz comprimé passe dans le tube AAA′, se rend dans les cylindres C (fig. 261), et y relève les pistons, de manière à communiquer leur mouvement, par un système de leviers et d'engrenages, aux poids moteurs de l'horloge. Celle-ci se remonte donc automatiquement à chaque minute.

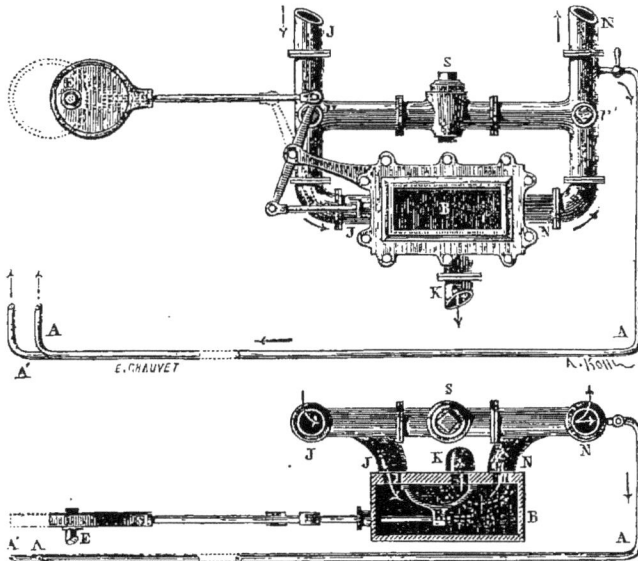

Fig. 260. — Distributeur de l'air comprimé pour la transmission de l'heure.

Des trois ouvertures du tiroir, l'une, celle de gauche, met constamment la boîte B en communication avec l'air à pression constante du réservoir distributeur ; celle de droite est, au commencement de chaque minute et pendant 15 ou 20 secondes, en communication avec la même boîte, de manière à envoyer l'air comprimé dans le réseau (le tiroir occupe alors la position R de la figure) ; mais il prend ensuite la position ponctuée, et en ce cas la communication cesse, tandis que, par l'ouverture du milieu en K, le réseau communique avec l'atmosphère.

Ainsi, toutes les minutes, ou pour employer une expression plus précise, à la soixantième seconde de chaque minute marquée par l'horloge directrice, l'air comprimé est envoyé dans tout le réseau ; à l'expiration d'un nombre de secondes qui dépend de la longueur de ce réseau et qu'on détermine expéri-

Fig. 261. — Distribution de l'heure par l'air comprimé. Horloge type de l'usine centrale.

mentalement, l'air comprimé s'échappe à l'air libre et la pression atmosphérique se substitue à celle du réservoir distributeur dans le même parcours.

Avant de quitter l'usine centrale, l'horloge type et le mécanisme distributeur, disons qu'en prévision des accidents possibles et des réparations quelconques qui peuvent être rendues indispensables dans les organes des divers appareils, ceux-ci se trouvent en double, prêts à remplacer ceux dont le fonctionnement menacerait de s'arrêter. C'est ainsi qu'un moteur à gaz, qui n'a pas besoin de mise en pression, peut à tout instant suppléer la machine à vapeur qui actionne les pompes de compression.

Quant à l'appareil distributeur à tiroir, on voit qu'il est surmonté d'un conduit supplémentaire rSr' (fig. 260) qui permet, à l'aide des robinets à deux et trois voies r,S,r', d'ouvrir ou de fermer la communication avec le réservoir distributeur d'une part, et le réseau de l'autre. Dans le cas où l'horloge directrice en marche, ou même l'horloge de réserve, viendrait à faire défaut, l'employé toujours présent pourrait, par la manœuvre à la main du robinet S à chaque minute, suppléer à l'action de l'horloge et du tiroir.

Tout semble donc prévu de telle sorte qu'aucune interruption de service ne soit possible, sauf le cas d'accident grave et de force majeure ; ces conditions sont indispensables au succès d'une entreprise de cette nature.

Fig. 262. — Horloge réceptrice ; vue extérieure d'un cadran des boulevards.

Il nous reste à dire comment l'air comprimé agit sur les horloges ou cadrans distribués sur le réseau, soit sur la voie publique, soit dans les habitations ou établissements particuliers. La figure 262, qui représente la vue extérieure d'une horloge réceptrice des boulevards, ne permet de rien voir du mécanisme de cette transmission. Ce mécanisme est d'une grande simplicité, comme il est aisé de s'en assurer en étudiant les figures 263 et 264.

De l'usine centrale partent des tubes en fer ou en plomb
(d'un diamètre variant entre 27 et 30 millimètres) qui rayon-
nent souterrainement vers tous les points à desservir; des
embranchements sont soudés à la ligne générale en face du
point où est établie une horloge réceptrice : un tube en caoutchouc conduit le gaz moteur jusqu'à celle-ci, où il pénètre dans

Fig. 263. — Mécanisme de l'horloge réceptrice.

le cylindre Y et, par sa base inférieure, à l'intérieur du soufflet
S. L'arrivée d'une onde d'air comprimé gonfle ce soufflet à
chaque minute et fait monter la tige T dont il est surmonté.
Cette tige en s'élevant soulève le levier L articulé en A, et par
suite le rochet r qui fait tourner ainsi d'une division la roue
dentée R, dont l'axe porte l'aiguille des minutes du cadran.
Le nombre des dents étant 60, l'aiguille s'avance d'une divi-

sion, c'est-à-dire d'une minute. Par une minuterie, le mouvement se communique à l'aiguille des heures.

On voit, sur la figure 263, un taquet *t* situé au-dessus du
levier, un peu à gauche de la tige du soufflet : il a pour objet
d'empêcher que le rochet, dans le cas d'une poussée trop forte
de l'air comprimé, ne fasse tourner la roue de plus d'une dent.
Un second cliquet d'arrêt *r'* empêche la roue de revenir sur
elle-même, quand le mouvement d'avance s'est produit.

L'horloge normale est mise en communication électrique
avec l'Observatoire ; elle doit
donc marcher avec toute la
précision désirable et distribuer l'heure exacte comme
elle la reçoit elle-même. Mais
avec quelle précision ?

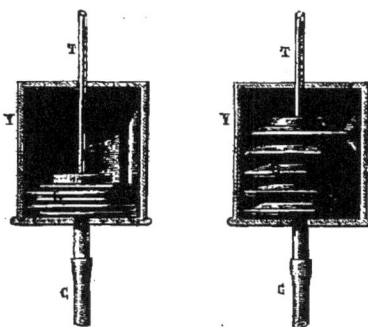

Fig. 264. — Action de l'air comprimé.

Pour répondre à cette question, il faut observer d'abord
que les horloges réceptrices
ne peuvent marquer que les
minutes : les secondes et à plus forte raison les fractions de
seconde leur échappent. Si l'on voulait, par un mécanisme
plus compliqué, essayer de résoudre le problème pour les secondes, il est évident qu'on échouerait. L'écoulement du gaz
comprimé dans des tuyaux d'une certaine longueur ne se ferait
pas avec la régularité nécessaire. Ce qui est important et ce
qui suffit dans la pratique, c'est que les horloges réceptrices
soient réglées à la minute sur une horloge exacte, et qu'ainsi
il ne puisse s'y manifester ni avance ni retard.

La question de la précision des horloges pneumatiques
peut encore se poser autrement. A supposer que la canalisation s'étende à 1, 2 ou 3 kilomètres autour de l'usine
centrale, toutes les horloges réceptrices marchent-elles simultanément, et au même instant? Marquent-elles la même minute?
Non, sans doute. L'écoulement du gaz comprimé se fît-il avec
une vitesse de 20 mètres par seconde, il faudrait 50 secondes

pour qu'il transmît sa pression à 1 kilomètre, 100, 150 secondes à 2 et 3 kilomètres. Ainsi il peut y avoir 1 minute, 2 ou
3 minutes de différence entre les heures des divers cadrans et
l'heure vraie de l'Observatoire.

Les horloges pneumatiques ne pourront donc suppléer la
transmission de l'heure par l'électricité qui, à l'intérieur d'une
ville, comporte une exactitude d'une petite fraction de seconde.
Mais, pour les usages sociaux, cette exactitude n'est pas nécessaire. C'est la régularité, la constance, l'uniformité très suffisante de l'heure à une ou deux minutes près ; c'est surtout le
bon marché qui résulte de la simplicité des appareils, qui
donnent à cette nouvelle application de l'air comprimé son
importance.

CHAPITRE VII

LES AÉROSTATS — LA NAVIGATION AÉRIENNE

§ 1. APPLICATION DU PRINCIPE D'ARCHIMÈDE A L'ASCENSION VERTICALE DES CORPS DANS L'ATMOSPHÈRE.

Tout corps plongé dans un fluide perd de son poids le poids même du fluide qu'il déplace. Ce principe, dont la découverte remonte, comme on sait, à Archimède, s'applique aux gaz comme aux liquides, et c'est pourquoi nombre de corps légers, la fumée, les vapeurs, les nuages, s'élèvent et restent suspendus dans l'air, au lieu de se précipiter à la surface du sol, comme il arriverait sur une planète dépourvue d'enveloppe gazeuse ou d'atmosphère.

Il suffit, pour que cette ascension se produise, que la légèreté spécifique du corps soit moindre que celle de la portion de l'air où il se trouve plongé. A la surface du sol, l'air à la température de 0 degré et sous la pression de $0^m,76$, pèse $1^{kil},29$, c'est-à-dire que le poids d'un mètre cube d'air est alors de $1^{kil},29$. Dans les mêmes circonstances physiques, un mètre cube de gaz hydrogène a une densité environ quinze fois moindre : il ne pèse que $0^{kil},090$. Imaginons un tel volume de gaz enfermé dans une enveloppe imperméable : la perte de poids qu'il éprouvera dans l'air sera $1^{kil},29$, et comme le poids du gaz est seulement $0^{kil},09$, c'est avec une force égale à la différence de ces poids, c'est-à-dire égale à $1^{kil},20$, qu'il sera soulevé dans la verticale. Une partie de cette *poussée* ou *force ascensionnelle* sera employée à équilibrer le poids de l'enveloppe solide, et le reste servira à élever le système à une certaine hauteur dans l'atmosphère. Comme les couches de cette dernière ont une densité qui décroît avec la hauteur, la force ascensionnelle ira en diminuant progressivement, jusqu'à ce qu'elle devienne

Fig. 265. — J. Montgolfier.

nulle. En ce point, le ballon cessera de s'élever, et s'il continue à se mouvoir, ce sera par le fait des courants aériens qui pourront exister dans la région de l'atmosphère où il est parvenu.

Telle est, en résumé, la théorie de l'aérostation, qui ne fut comprise et appliquée pour la première fois avec succès qu'en 1783, par Joseph Montgolfier. A la vérité, l'idée de s'élever et de se soutenir dans l'air avait suggéré bien longtemps auparavant de nombreux projets plus ou moins chimériques qui n'existèrent la plupart que dans l'imagination de leurs auteurs ; les rares tentatives de réalisation et d'exécution échouèrent faute d'une connaissance suffisante des lois de la mécanique et de la physique.

Joseph Montgolfier, qui connaissait sans doute les expériences de Black, de Cavendish, de Cavallo, sur l'ascension de vessies et de bulles de savon gonflées avec du gaz hydrogène (fig. 266),

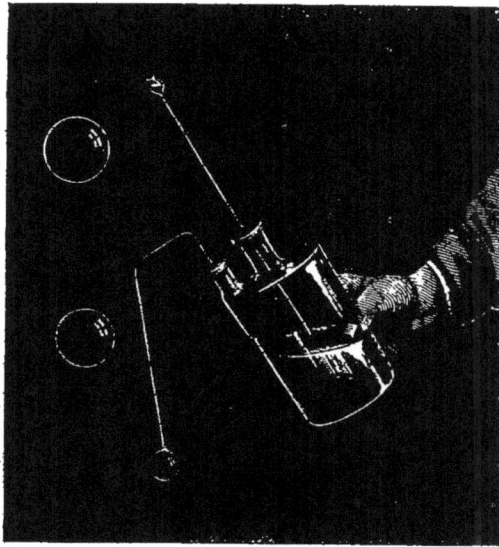

Fig. 266. — Ascension des bulles de savon gonflées à l'hydrogène.

conçut l'idée d'imiter en grand ces expériences, et de les faire servir à l'exploration des régions atmosphériques. Il fit d'abord des ballons de soie ou de papier, qui, gonflés d'hydrogène, s'élevèrent à une certaine hauteur, comme il l'avait prévu, mais pour retomber bientôt, parce que le gaz s'échappait au travers de l'enveloppe perméable. Il substitua alors à l'hydrogène l'air chaud, dont la densité beaucoup plus grande que celle de ce gaz est encore moindre que celle de l'air froid extérieur, et dont la production est plus aisée et moins coûteuse. Le 5 juin 1783 eut lieu à Annonay, devant les États du Viva-

rais, accompagnés d'une foule immense, la première expérience
en grand de Montgolfier : un ballon percé à sa partie inférieure
d'une ouverture par où montait dans le globe l'air que chauffait
un brasier supporté par un panier en fil de fer, s'éleva aux
applaudissements enthousiastes d'une multitude de spectateurs
à une hauteur verticale de mille toises (2 kilomètres).

Moins de trois mois après, l'expérience d'Annonay, dont le
retentissement avait été considérable, fut reproduite à Paris,
mais dans des conditions différentes. Le physicien Charles,
dans l'ignorance où il était, et où Montgolfier avait laissé le
public, au sujet de la nature du gaz qui remplissait son ballon,
eut l'idée de se servir de gaz hydrogène. Il adopta, pour construire l'enveloppe, du taffetas rendu imperméable par un
enduit composé de caoutchouc dissous dans l'essence de téré-
benthine bouillante. L'hydrogène était obtenu par la réaction de
l'acide sulfurique sur le fer ; on mit plusieurs jours pour produire la quantité de gaz nécessaire au gonflement du ballon,
Enfin, le 27 août 1783, le *Globe* (c'était le nom du premier aérostat à gaz hydrogène) s'éleva, au Champ de Mars, en présence
d'une foule immense, et alla, après trois quarts d'heure de navigation, descendre aux environs de Paris, à Gonesse. D'un premier bond il se trouva porté à une hauteur verticale d'environ
1000 mètres, puis il disparut, caché par un nuage, pour repa-
raître, dans une éclaircie, à une hauteur beaucoup plus grande,
et s'éclipser de nouveau dans les nues.

Ce n'est point ici le lieu de faire l'histoire des ascensions
aérostatiques, qui se renouvelèrent très fréquemment à la fin
du dernier siècle et dans le nôtre ; mais nous devions signaler
ces deux premières expériences, non seulement à cause du
bruit qu'elles firent et de l'enthousiasme qu'elles provoquèrent,
mais aussi parce qu'elles caractérisent l'une et l'autre deux
modes d'ascension différents et deux systèmes d'aérostats, qu'on
distingue en donnant le nom de *montgolfières* aux ballons gonflés par l'air chaud, et en réservant celui d'*aérostats* pour les
ballons qui sont gonflés à l'aide du gaz hydrogène.

Cette application si brillante des principes de l'hydrostatique et des découvertes nouvelles en physique et en chimie reçut presque du premier coup tous ses développements, bien qu'aujourd'hui même on soit encore éloigné sans doute d'en avoir tiré tout le parti possible.

Dans les premières expériences de Montgolfier et de Charles, on s'était contenté de l'ascension des ballons eux-mêmes : l'idée de les faire servir à enlever des voyageurs et à explorer les

Fig. 267. — Première ascension aérostatique de Pilâtre de Rozier et d'Arlandes,
le 21 novembre 1783.

régions atmosphériques suivit de près. En effet, le premier voyage aérien eut lieu la même année 1783. Le 21 novembre, un jeune naturaliste et physicien, Pilâtre de Rozier, accompagné d'un gentilhomme nommé d'Arlandes, après quelques essais d'ascension en ballon captif, s'élevèrent dans une montgolfière à un kilomètre environ de hauteur, et descendirent sains et saufs à deux lieues de leur point de départ, après avoir traversé tout Paris. Une seconde et mémorable ascension eut lieu le 1ᵉʳ décembre 1783. Un ballon gonflé d'hydrogène, de 26 pieds

de diamètre, muni de lest et d'une soupape à clapets à la partie
supérieure, s'éleva du jardin des Tuileries, d'abord à une hauteur d'environ 300 toises (baromètre, 26 pouces); Charles et
Robert en occupaient la nacelle. Ce dernier étant descendu,
l'inventeur du ballon à hydrogène repartit seul et s'éleva à
plus de 1500 toises (le baromètre marquait alors 18 pouces
10 lignes). Après ces premiers et victorieux essais de la conquête
des régions aériennes, les ascensions et les voyages se multi-
plièrent, non sans quelques catastrophes terribles, parmi lesquelles il faut citer celle dont fut victime l'infortuné et hardi
Pilâtre de Rozier, qui fut précipité en voulant traverser le
détroit de France en Angleterre, par imitation de la traversée
aérostatique de la Manche que Blanchard et Jeffries avaient
effectuée en janvier 1785, de la côte de Douvres à Calais.

Nous dirons tout à l'heure deux mots des ascensions qui
ont eu pour objet l'exploration scientifique de l'air; entrons
maintenant dans quelques détails sur la construction et le gonflement des ballons, ainsi que sur les diverses manœuvres
employées dans leurs excursions par les aéronautes.

§ 2. LES MONTGOLFIÈRES ET LES BALLONS. — CONSTRUCTION ET GONFLEMENT.

Le plus souvent, les aérostats et les montgolfières ont la
forme d'un globe à peu près sphérique, terminé à la partie inférieure par un appendice cylindrique ou conique. Il y a toutefois
cette différence que, dans la montgolfière, cet appendice est
percé d'une large ouverture servant à l'introduction de l'air
chauffé par le foyer, tandis que dans le ballon à gaz hydrogène
l'appendice se termine en pointe, laissant un étroit orifice suffisant pour permettre au gaz, en cas de dilatation, de s'échapper
à l'extérieur. Cette forme est, du reste, celle que tendrait naturellement à prendre l'enveloppe sous la pression du gaz élastique qu'elle renferme, si elle était partout également extensible.

L'enveloppe est formée de fuseaux d'étoffe que l'on réunit

en les cousant, comme les méridiens d'une sphère : il importe
qu'on ne laisse aucune fissure, pas même les trous que font les
piqûres d'aiguilles, et que l'étoffe elle-même soit d'un tissu
serré, le plus possible imperméable, pour éviter les fuites de

Fig. 268. — Aérostat gonflé au gaz hydrogène.

gaz, qui diminueraient promptement la force ascensionnelle.
Montgolfier employa pour sa première expérience de la toile
doublée de papier, cousue sur un réseau de ficelles fixé aux
toiles ; dans sa seconde expérience, l'enveloppe était en toile
d'emballage, doublée extérieurement et intérieurement d'un
papier très fort. On a vu que le ballon de Charles était en soie

et recouvert d'un enduit de caoutchouc. Le ballon que MM. Barral et Bixio prirent pour leurs deux explorations de 1850, était rendu imperméable par une couche d'huile de lin épaissie avec de la litharge. Enfin un bon mode de construction consiste à interposer une lame de caoutchouc entre deux feuilles de taffetas.

Le ballon est recouvert sur tout son hémisphère supérieur d'un filet qui s'en détache un peu au-dessous de son équateur : toutes les cordes de ce filet viennent se réunir au-dessous du ballon, comme les génératrices d'un hyperboloïde gauche à

Fig. 269. — Nacelle du ballon *le Pôle nord*.

une nappe, à un cercle en bois très dur qui sert lui-même à la suspension de la nacelle (fig. 268 et 269). Grâce à cette disposition, la charge se trouve uniformément répartie sur toute la surface du ballon qu'enveloppe le filet, et il en résulte pour la nacelle et pour les voyageurs qu'elle doit porter une stabilité d'ailleurs indispensable.

Pour gonfler une montgolfière, il s'agit simplement de placer un réchaud au-dessous de l'ouverture de l'enveloppe et d'y brûler des matières combustibles : l'air échauffé s'engouffre dans l'enveloppe, et peu à peu sa force élastique tend les parois et leur fait prendre la forme sphéroïdale. Quand Montgolfier fit ses premières expériences, il crut que l'électricité jouait un rôle dans le phénomène de l'ascension, tandis que c'était la seule légèreté spécifique de l'air chaud qui, en vertu du principe d'Archimède, en était la véritable cause. Aussi croyait-il favoriser la production du fluide en employant pour combustibles de la paille hachée avec de la laine humide. De Saussure n'eut pas de peine à prouver que le gaz produit n'avait aucune autre vertu que l'air chaud, et que l'électricité n'y était pour rien.

Les aérostats, ou ballons gonflés par l'hydrogène, bien que plus coûteux que les montgolfières, leur sont généralement préférés. La nécessité d'emporter des matières combustibles, le danger d'incendie, et, par-dessus tout, l'infériorité de la force ascensionnelle, beaucoup moindre à égalité de volume, sont les motifs de cette préférence [1].

Cependant on a déjà perfectionné la construction des montgolfières, en substituant une éponge imbibée d'alcool au combustible encombrant de la paille ou de la laine. Un aéronaute, M. E. Godard, a adapté au foyer une cheminée surmontée d'une toile métallique, qui pare au danger d'incendie. L'emploi de lampes à pétrole permettrait peut-être de régler à volonté, d'activer ou de modérer la température, et, par suite, de monter ou de descendre comme on le voudrait.

Le gonflement des aérostats par le gaz hydrogène pur se fait de la façon suivante : Le gaz est produit par la réaction de l'acide sulfurique sur l'eau, le fer ou le zinc [2]. Un système de ton-

---

1. Le poids d'un mètre cube d'air sous la pression de 760 millimètres est

de 1295 grammes à 0 degrés,
de 1247 — à 10 —
de 945 — à 50 —
de 278 à 100 —

Ainsi la force ascensionnelle de l'air chaud, de 46 grammes seulement par mètre cube à 10 degrés, de 348 grammes à 50 degrés, monte à 1015 grammes à 100 degrés. A 0 degré la poussée de l'hydrogène pur est de 1203 grammes ; à 10 degrés, elle est encore de 1160 grammes. Comme il est très difficile de maintenir la température de l'air d'une montgolfière à un point aussi élevé, que celle de l'air extérieur est d'ailleurs souvent au-dessus de 0°, il en résulte que la force ascensionnelle est beaucoup moindre que celle d'un aérostat gonflé par l'hydrogène pur.

2. Le ballon qui servit, en 1850, à MM. Barral et Bixio avait été gonflé d'hydrogène pur produit par la réaction de l'acide chlorhydrique sur l'eau et le fer. Le lavage du gaz est important, afin qu'il ne conserve pas d'acide de nature à compromettre la solidité de l'enveloppe.

neaux renfermant ces substances est disposé de manière que le gaz est recueilli à mesure qu'il se forme, au-dessus d'une cloche renversée dans une cuve d'eau, analogue aux gazomètres. De là, après avoir été purifié par son passage à travers l'eau, le gaz est introduit par un tube dans l'appendice inférieur de l'enveloppe, et peu à peu le ballon se gonfle sous l'action de la force élastique du gaz (fig. 270).

Au lieu d'hydrogène pur, on emploie le plus souvent du gaz d'éclairage, qui est un carbure d'hydrogène. La densité est

Fig. 270. — Opération du gonflement d'un aérostat au gaz hydrogène.

beaucoup plus grande, il est vrai, puisqu'elle atteint 0,63 de celle de l'air[1] : la force ascensionnelle est donc aussi bien moindre. Mais l'avantage d'obtenir facilement, dans les villes, une quantité de gaz souvent très considérable en rend l'emploi à tous égards plus avantageux. Un aéronaute anglais, Green, décarburait par un procédé spécial le gaz d'éclairage, afin d'obtenir un gaz plus léger. M. Glaisher recommande, dans le même but, de se servir, pour le gonflement des ballons, du gaz obtenu vers la fin des opérations de distillation. C'est ainsi que, dans

1. A 0 degré et 760 millimètres de pression, la force ascensionnelle du gaz d'éclairage est de 695 grammes par mètre cube ; elle est encore de 670 grammes à 10 degrés.

son ascension du 30 juin 1862, il obtint un gaz dont la densité était descendue à 0,36 environ, et qui, dès lors, donnait une force ascensionnelle de 850 grammes par mètre cube, les deux tiers environ de celle de l'hydrogène pur.

Disons maintenant sommairement par quels moyens, par quelles manœuvres l'aéronaute s'élève ou descend à volonté : nous ne parlerons point en ce moment de la direction des ballons, car tout mouvement dans le sens horizontal dépend uniquement du courant aérien, qui entraîne le ballon avec une vitesse à fort peu de chose près égale à celle de la masse d'air elle-même ; la direction des ballons est entièrement soustraite, dans les appareils ordinaires, à l'intervention de l'aéronaute : cette intervention se borne à monter ou à descendre verticalement, jusqu'à ce qu'il rencontre une couche animée d'un mouvement ayant le sens du chemin qu'il veut suivre.

Si l'aéronaute voyage dans une montgolfière, en activant le feu, et accroissant ainsi la température de l'air renfermé dans l'enveloppe, il diminue sa densité, et, par suite, augmenté d'autant la force ascensionnelle de l'appareil. En ralentissant le feu ou le laissant s'éteindre, l'effet se produit en sens inverse, et l'appareil tend à descendre.

Dans les aérostats gonflés par l'hydrogène, les moyens ne sont plus les mêmes. Pour monter, l'aéronaute ne peut augmenter la force ascensionnelle qu'aux dépens de la charge de la nacelle : il faut qu'il jette du lest, lequel consiste, le plus souvent, en sacs remplis de sable, qu'un des voyageurs vide au fur et à mesure, sans danger pour les personnes qui pourraient se trouver au-dessous du ballon. Le lest est d'ailleurs une ressource très limitée, qui s'épuise assez promptement : dans plusieurs ascensions, la nécessité de diminuer la rapidité de la descente ou de la chute a contraint à lancer par-dessus les bords de la nacelle des objets lourds quelconques : vêtements, vivres, instruments.

Pour descendre, on fait sortir du ballon une certaine quantité de gaz. L'enveloppe se dégonfle en partie, le volume du ballon diminue, et la poussée de l'atmosphère devenant moindre, le globe descend jusqu'à ce qu'il se trouve dans une couche dont la densité plus grande compense la perte de force ascensionnelle. Pour rendre la sortie du gaz plus facile et plus régulière, le ballon est percé à sa partie supérieure d'une ouverture que ferme une soupape maintenue par des ressorts (fig. 271 et 272). Une corde, qui traverse le ballon et qui descend jusqu'à la nacelle, à la portée de l'aéronaute, sert à ouvrir la soupape.

Il importe de modérer la descente, sans quoi la chute, dont la

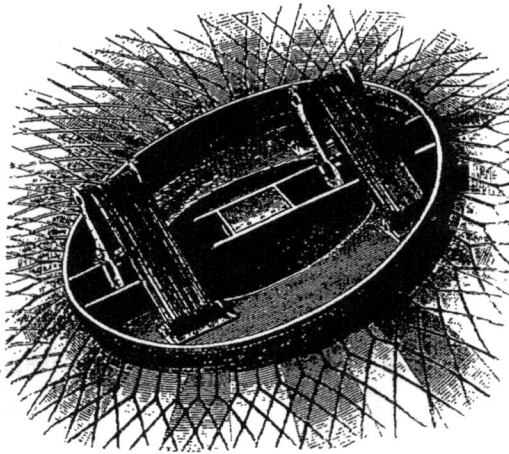

Fig. 271. — Soupape du ballon *l'Entreprenant*.

vitesse irait s'accélérant, pourrait devenir dangereuse. « Si l'on descendait d'un seul coup d'une grande hauteur, dit M. Barral, la vitesse que l'on aurait acquise en arrivant à terre serait effrayante, et l'aéronaute pourrait bien être broyé dans la chute. C'est pourquoi on descend par *cascades*, c'est-à-dire d'abord de 500 mètres; puis jetant du lest, on remonte de 100, pour redescendre ensuite de 500, remonter à nouveau, et ainsi de suite jusqu'à ce qu'on arrive à terre, ce qu'un habile aéronaute peut faire avec la plus grande précision et sans accident aucun. »

Quand la descente est définitive et que, pour une raison ou

pour une autre, son voyage terminé, l'aéronaute veut prendre
terre, il emploie une corde (*guide-rop*) munie de nœuds, qui
descend au-dessous de la nacelle et dont la longueur est d'une
cinquantaine de mètres. A mesure qu'une plus grande quantité
de ce lest d'un nouveau genre touche le sol, le poids porté par
la nacelle est diminué d'autant, ce qui donne au ballon une ten-

Fig. 272. — Soupape du ballon *le Pôle nord*.

dance à remonter. La rapidité de sa chute se trouve ainsi atténuée. Enfin, une ou deux ancres peuvent servir, en accrochant
les aspérités du sol, arbres, buissons, rochers, etc., à arrêter
définitivement le ballon dans sa course. L'utilité de ces divers engins et l'efficacité de leur manœuvre dépendent surtout, on le comprendra, de l'habileté et de l'expérience de
l'aéronaute.

Peu de temps après l'invention des ballons, on eut l'idée

d'employer, en cas d'accident, un appareil spécial connu sous le nom de *parachute*, dont la première idée remonte, du reste, beaucoup plus haut. C'est une sorte de dôme formé de fuseaux d'étoffe cousus ensemble, qui se ploie et se développe à peu près comme un parapluie. Suspendu, soit à la partie inférieure du

Fig. 275. — Cône ancre de Sivel, en cas de descente du ballon en mer.

ballon, soit à un point de son équateur, il est rattaché à la na-celle par un système de cordes disposées de façon à porter celle-ci avec sa charge, dès que l'on vient à couper la corde par laquelle il est suspendu. Le parachute, détaché du ballon, com-mence par être précipité avec une vitesse croissante ; mais la résistance de l'air fait déployer de plus en plus complètement sa

surface, et le système tout entier peut ainsi descendre doucement jusqu'au sol. On s'est fort peu servi du parachute ; l'aéronaute Garnerin (1802) est le premier qui ait osé se confier
à un appareil de ce genre : il descendit d'une hauteur de
1000 mètres. Mais, comme on n'avait pas songé encore à ménager, au sommet du parachute, une ouverture qui permît

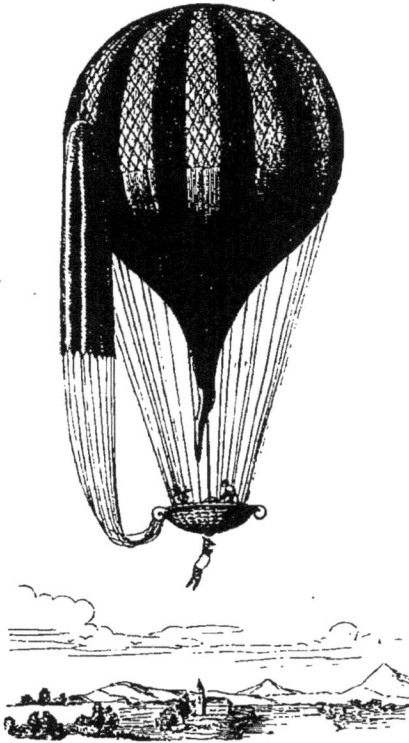

Fig. 274. — Un ballon muni de son parachute.

l'écoulement de l'air, il éprouva des secousses assez brusques
dues aux masses d'air qui s'échappaient latéralement, tantôt
d'un côté, tantôt de l'autre. A moins de très graves accidents,
de déchirures considérables dans le ballon, les aéronautes
s'accordent à regarder les manœuvres de descente de l'aérostat
lui-même comme aussi sûres que celles du parachute, qui, dans
la grande majorité des ascensions, ne serait qu'un embarras et
un poids inutile.

§ 5. DE LA NAVIGATION AÉRIENNE OU DE LA DIRECTION DES BALLONS.

A l'aide des ballons on a pu jusqu'à présent s'élever dans l'air et même attteindre des régions d'une altitude considérable ; maints aéronautes ont parcouru horizontalement d'une seule traite d'assez grandes distances. Mais chacun de ces voyages aériens s'est accompli dans une direction qui dépendait de celle des courants atmosphériques aux diverses hauteurs, non de la volonté de celui qui montait l'aérostat. Le problème de la navigation aérienne, de la direction des ballons, n'est pas encore résolu, comme l'est depuis longtemps celui de la direction des navires et de la navigation maritime.

Ce problème est-il d'ailleurs susceptible d'une solution?

Nous n'avons point la prétention de répondre à une question qui a été si souvent controversée, encore moins exposer les mille tentatives de solutions, théoriques ou pratiques, qui ont été proposées depuis bientôt un siècle. Disons seulement que parmi les chercheurs il en est qui ont abandonné, pour des raisons qui paraissent plausibles, l'idée de diriger à volonté des appareils sur lesquels les courants aériens ont tant de prise. Outre la difficulté de charger la nacelle d'un ballon du poids d'un moteur assez puissant pour mouvoir un mécanisme quelconque, à palettes ou à hélice, ils ont insisté sur le danger de l'explosion dans le cas où ce moteur serait muni d'un générateur de vapeur et par conséquent d'un foyer : l'hydrogène a paru à ce point de vue un gaz trop dangereux. Prenant alors leur modèle dans l'appareil ascenso-moteur des oiseaux, ces chercheurs ont tourné leurs efforts vers la découverte de moyens propres à élever et à mouvoir des appareils *plus lourds que l'air*, de façon à réduire ainsi la résistance qu'opposent les courants aériens à une grande surface, et du même coup à éviter tout danger d'explosion et d'incendie. Théoriquement parlant, le problème est possible : la difficulté est dans la réalisation pratique. En tout cas, il est étranger au sujet que nous traitons en ce moment.

Laissant de côté l'*aviation*, revenons à la navigation aérienne par les ballons. Pour peu qu'on réfléchisse aux difficultés de la question, on reconnaît tout d'abord qu'il n'y a pas lieu de songer à la direction absolue des ballons, pas plus que les marins ne peuvent prétendre à la direction absolue des navires : pour que cela fût possible, il faudrait que l'atmosphère, comme la mer, fût d'un calme complet, et qu'aucun courant, quelque faible qu'on le suppose, n'existât. Ce calme, cette absence de mouvement de la masse de l'air, ne se rencontre nulle part. Dès lors, du moment que la direction du vent n'est pas rigoureusement celle de la route que veut suivre l'aérostat[1], tout ce que l'on peut et doit chercher, c'est d'obtenir, par des moyens appropriés, un effet sensible de déviation de l'aérostat, de la ligne du vent. En ce sens, il y a eu récemment d'intéressantes recherches et des essais plus ou moins heureux, dont il nous reste à dire un mot.

C'est à un ingénieur français, M. Giffard, le célèbre inventeur de l'injecteur automatique des locomotives, que sont dues les premières expériences faites dans cette direction, expériences qui datent de 1852.

La force ascensionnelle d'un ballon sphérique gonflé d'hydrogène ou de tout autre gaz plus léger que l'air dépend, cela est de toute évidence, du volume qu'il déplace, de sa capacité ; elle est donc proportionnelle au cube de son diamètre. La résistance normale que son enveloppe éprouve dans le sens du mouvement, la force qu'il faudrait lui opposer en sens contraire du courant qui l'entraîne, varie seulement, toutes circonstances extérieures restant les mêmes, comme le carré de ce même diamètre. Il y a

---

1. Un ballon, entraîné par un courant aérien, marche avec la vitesse même des couches d'air où il se trouve plongé, sans secousse, sans aucune oscillation qui accuse ce mouvement. Le problème de la direction se trouverait donc résolu, et de la façon la plus sûre, la plus naturelle et la plus économique, si l'on pouvait toujours trouver, à une altitude accessible, un vent dont la direction soit celle du voyage projeté. Il suffirait de s'élever ou de s'abaisser, c'est-à-dire de jeter du lest ou de laisser échapper du gaz. Mais est-on bien sûr que des courants de toute direction coexistent ainsi à toute époque ? Il est probable que non, et que ce système si simple de navigation aérienne est problématique comme tant d'autres. Exceptionnellement, il peut être le meilleur de tous.

donc, on le voit, avantage à donner à l'aérostat les dimensions les plus grandes possibles, puisque le poids et par conséquent la puissance du moteur qu'il pourra embarquer et qui servira à obtenir la déviation cherchée, seront les plus grands possibles.

Cette remarque n'était pas nouvelle, quand M. Giffard posa d'une autre façon la question du rapport à établir entre la capacité du ballon et la résistance de l'air. Il vit que la forme sphérique était loin d'être la plus avantageuse, et il adopta celle d'un ballon allongé dans le sens du mouvement, d'une sorte

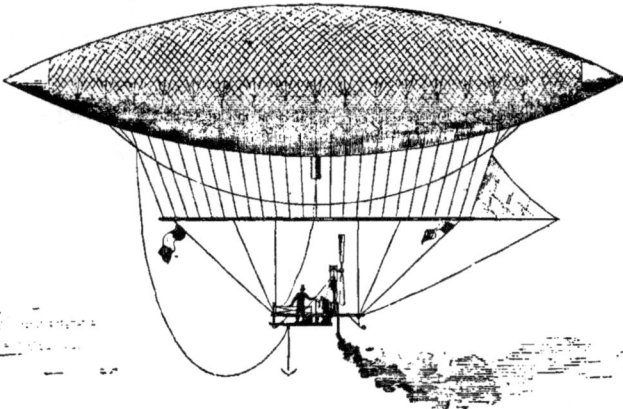

Fig. 275. — Ballon dirigeable de M. Giffard.

d'ellipsoïde terminé en pointe aux extrémités de son grand axe : telle est la forme que présente le ballon de la figure 275. L'aérostat qu'il fit construire sur ce modèle avait 49 mètres de longueur et 12 mètres de diamètre transversal; il cubait 2400 mètres. Un ballon sphérique de 12 mètres de diamètre, c'est-à-dire ayant la même résistance à vaincre, n'eût guère jaugé que 900 mètres cubes. La force ascensionnelle se trouvait donc presque triplée.

Le filet qui l'entourait servait de support à une traverse horizontale en bois, portant à l'arrière une voile triangulaire tenant lieu de gouvernail. Dans la nacelle, une machine à vapeur de trois chevaux de force faisait mouvoir une hélice dont les branches pouvaient effectuer cent dix révolutions à la minute. Le danger que pouvait offrir la présence du feu et de l'hydrogène, ce gaz si combustible, se trouvait conjuré par la disposition de la chaudière de la machine, laquelle avait un foyer à flamme renversée.

Deux expériences faites, la première en 1852 avec un ballon de forme ellipsoïdale, puis en 1855 avec un aérostat semblable, mais plus grand et plus allongé, n'ont pas donné de résultats bien satisfaisants; on constata cependant, dans la première expérience, une déviation sensible de la ligne du vent.

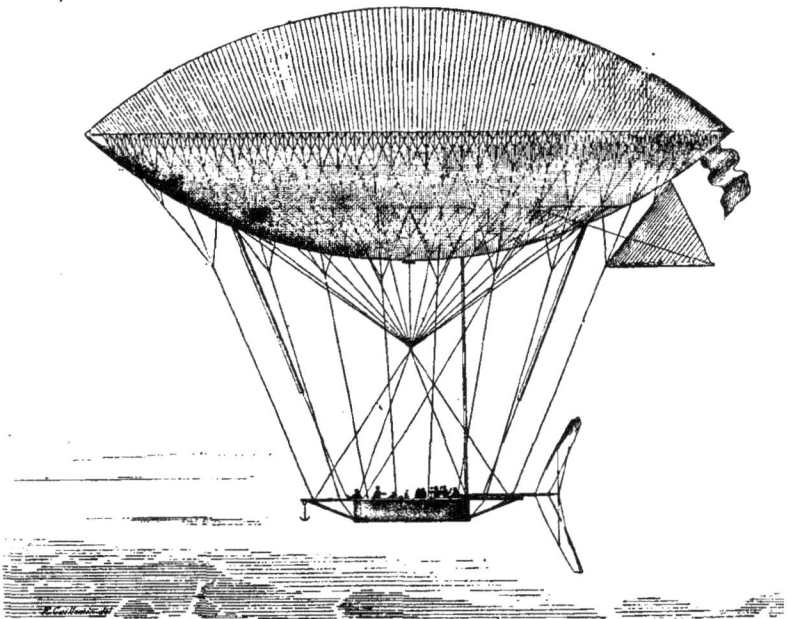

Fig. 276. — Ballon dirigeable de M. Dupuy de Lôme.

Le problème a été repris vingt ans plus tard, en 1870, par M. Dupuy de Lôme, et pour ainsi dire dans les mêmes termes, ce qui prouve que la solution de M. Giffard était rationnellement conçue. Le savant constructeur de nos navires cuirassés avait été chargé pendant le siège, par le gouvernement de la Défense nationale, de construire un ballon dirigeable. Les essais ne purent être terminés en temps utile; mais ils furent heureusement continués après la guerre, et en janvier 1872 M. Dupuy de Lôme avait pu terminer la construction d'un aérostat dont la forme, les dispositions, le mécanisme avaient été calculés pour le but restreint que nous venons de définir. Décrivons-le succinctement.

Le ballon de M. Dupuy de Lôme a, comme le ballon dirigeable de M. Giffard, une forme ovale ou oblongue, offrant dans le sens du mouvement un axe de moindre résistance. La force propulsive est obtenue par le mouvement d'une hélice à deux ou à quatre branches, à ailes de taffetas, que manœuvrent, à l'aide d'un treuil à manivelle, un certain nombre d'hommes se relayant alternativement. Le ballon est gonflé avec du gaz ordinaire d'éclairage. Il porte intérieurement un petit ballon d'un volume égal au dixième du volume du grand ballon, et qu'on peut remplir d'air au moyen d'un ventilateur porté et manœuvré dans la nacelle. Le rôle de ce ballonnet est de conserver au grand ballon une forme permanente[1], quelles que soient les variations de la pression atmosphérique : la proportion adoptée permet de descendre d'une hauteur de 866 mètres en maintenant le ballon gonflé malgré l'augmentation correspondante de la pression barométrique. Quant aux dimensions de l'appareil exécuté par l'inventeur, elles donnent un volume

1. M. Dupuy de Lôme considère cette condition comme absolument nécessaire pour obtenir un aérostat dirigeable. Voici comment il la formule et la justifie :

« Je commence par poser en principe que, pour obtenir un aérostat dirigeable, dans son mouvement horizontal à travers l'air ambiant, quelle que soit d'ailleurs la forme donnée au ballon-porteur, ainsi que la nature du moteur et du propulseur, il faut tout d'abord pouvoir satisfaire aux deux conditions ci-après : 1° obtenir la permanence de la forme du ballon sans ondulations sensibles de la surface de son enveloppe, ni sous l'action du courant d'air produit par la vitesse de translation, ni sous l'influence des abaissements de température, ni sous celle des accroissements de pression atmosphérique, lors des descentes partielles ou totales ; 2° donner au ballon-porteur ainsi qu'à tout l'ensemble de l'aérostat un axe bien prononcé, de moindre résistance dans le sens horizontal et dans une direction sensiblement parallèle à celle de la force poussante.

« Si l'on ne satisfaisait pas à la première condition, la *permanence de la forme*, et qu'on permit au ballon-porteur d'être à certains moments en partie dégonflé, non seulement il se produirait sur la surface de ce ballon des concavités opposées à la direction de la marche, qui accroîtraient la résistance du courant d'air dans une proportion considérable, mais, la direction de cette résistance sur une surface ondulée venant à changer à chaque instant, par rapport à la direction de la force motrice, il n'y aurait pas de gouvernail capable de corriger ces variations incessantes dans la direction de la résistance. » (*Note sur l'aérostat à hélice construit pour le compte de l'État sur les plans et sous la direction de M. Dupuy de Lôme.*)

total de 5454 mètres cubes au grand ballon, de 545^m,4, par conséquent, au ballonnet intérieur. Un gouvernail, formé par une voile triangulaire placée sous le ballon, à l'arrière, sert à diriger l'appareil dans une direction voulue et à changer cette direction à volonté.

Une expérience fut faite le 2 février 1872. Elle donna des résultats qui parurent satisfaisants, en ce sens que l'aérostat, malgré un vent assez fort, reçut de l'hélice une vitesse propre d'environ 10 kilomètres et quart par heure. Avec cette vitesse, le ballon pouvait dévier, quand l'hélice était mise en mouvement, de 10 à 12 degrés de la route suivie quand l'hélice était stoppée, c'est-à-dire quand le ballon marchait sous la seule influence du vent.

Ces résultats, pour n'être point aussi brillants que ceux annoncés par maints inventeurs de la direction des aérostats, constituent un progrès réel, sérieux, qui ne peut manquer de servir de point de départ à des perfectionnements ultérieurs. C'est probablement tout ce qu'il est permis d'espérer raisonnablement dans l'état actuel des connaissances physiques et mécaniques. La substitution d'un moteur puissant, tel que la machine à vapeur, à la force musculaire de l'homme est le *desideratum* principal du problème de la navigation aérienne par ballons gonflés à l'hydrogène. Toute la question serait de se mettre complètement à l'abri du danger d'inflammation du gaz.

CHAPITRE VIII

L'AÉROSTATION APPLIQUÉE A L'ART MILITAIRE
ET AUX ÉTUDES MÉTÉOROLOGIQUES

§ 1. AÉROSTATION MILITAIRE.

Nous avons dit avec quel enthousiasme furent accueillies les premières ascensions aérostatiques. Un siècle s'est écoulé depuis l'invention de Montgolfier et de Charles, et l'admiration publique ne cesse de s'attacher à cette conquête de l'homme sur les domaines de l'air, domaines qui semblaient à jamais interdits à une exploration directe. S'élever dans l'atmosphère à une hauteur qui dépasse souvent la région des nuages, franchir à l'aide des courants aériens de grandes distances, au milieu d'un calme et d'un silence absolus, contempler les aspects nouveaux, aussi variés qu'éblouissants, des paysages célestes, tout cela est bien propre en effet à piquer la curiosité et à enflammer l'imagination. Mais l'invention des ballons a fait concevoir la pensée de les appliquer à des objets plus utiles. Outre le grand problème non encore résolu, problème de la navigation aérienne et de la direction des aérostats, dont nous venons de dire quelques mots, on a cherché à résoudre, à l'aide des ascensions aérostatiques, nombre de questions scientifiques intéressant la physique du globe et la météorologie. Dix ans après la première ascension, on songeait à utiliser les ballons dans les opérations militaires. Commençons par cette importante application, la première en date, de l'aéronautique.

Dès 1793, sur la proposition de Guyton de Morveau, le Comité de salut public décidait la formation de compagnies d'aéronautes ou *aérostiers*, ayant pour fonctions d'observer, à l'aide de ballons captifs, les mouvements et les dispositions des armées ennemies.

Un physicien français, Coutelle, fut chargé d'aller à Maubeuge proposer au général Jourdan l'emploi d'un aérostat à son armée. Après divers essais faits à Paris, et relatifs à la préparation rapide du gaz nécessaire au gonflement du ballon et à la manœuvre de l'appareil, Coutelle partit pour Maubeuge, où il put, en compagnie d'un officier de l'État-Major, examiner en détail les travaux de l'ennemi, ses positions et ses forces. Peu de temps après, à Charleroi, il rendait à notre armée les mêmes services, et contribuait pour une part à la victoire de Fleurus; à Mayence, à Manheim, à Francfort, des compagnies d'aérostiers, organisées sur le modèle de celle qu'il commandait, furent pareillement utilisées, et, de l'armée du Rhin, elles furent envoyées en Égypte. La Convention, sur les premières nouvelles des résultats obtenus par Coutelle à l'armée de Sambre-et-Meuse, avait organisé à Meudon une école aérostatique ; mais Bonaparte, au retour de l'expédition d'Égypte, la fit fermer définitivement[1]. Carnot néanmoins employa ce nouveau genre d'éclaireurs au siège d'Anvers, en 1815.

Enfin, dans la grande guerre de la sécession, l'aérostation militaire fut remise en honneur par le gouvernement des États-Unis. Un système de télégraphie électrique faisait communiquer l'armée fédérale avec l'aéronaute. Le professeur Lowe fit notamment près de Fairfax (Virginie) une reconnaissance à l'aide d'un ballon captif monté par trois personnes : pendant toute la durée de l'ascension, l'équipage resta en communication avec le corps

1. « Le futur empereur, dit M. Gaston Tissandier dans son intéressant ouvrage *Histoire de mes ascensions*, connaissait les fondateurs de cette école, Coutelle et Conté; il savait quel était leur zèle pour la liberté et leur dévouement pour la République. » En 1821, un projet de réorganisation des aérostiers militaires fut proposé au gouvernement de la Restauration. Une commission nommée fit un rapport favorable, mais le rapport ne sortit point des cartons ministériels.

A. TISSANDIER PINXT   Imp Lemercier & Cⁱᵉ Paris.   EUG CICERI LITH

UN BALLON DU SIÉGE DE PARIS

fédéral au moyen d'un fil télégraphique. Deux autres aéronautes américains, La Mountain et Allan, organisèrent, à l'imitation de la Convention et du Comité de salut public, un corps d'aérostiers qui rendit de grands services à l'armée du général Mac-Clellan. Voici à ce sujet quelques détails qui nous semblent intéressants et que nous empruntons à la traduction, faite par le colonel d'Herbelot, d'un article publié dans le *Journal militaire de Darmstadt* :

« Dans les derniers jours de mai 1862, l'armée unioniste, campée devant Richmond, lança au-dessus de la place un ballon captif. Un appareil photographique fut dirigé vers la terre et permit de prendre, en perspective, sur une carte, tous les terrains de Richmond à Manchester, à l'ouest, et à Chikahoming, à l'est. La rivière qui arrose la capitale, les cours d'eau, les chemins de fer, les chemins de traverse, les marais, les bois de pins, etc., furent tracés ; on y porta aussi la disposition des troupes, batteries d'artillerie, infanterie et cavalerie. On en tira deux exemplaires. On les divisa en 64 parties, comme un champ de bataille, avec les signes conventionnels, A, A', etc. Le général Mac-Clellan eut un de ces exemplaires ; le conducteur du ballon eut l'autre. »

« On vient de voir la photographie employée comme auxiliaire de l'aérostation ; voici maintenant la télégraphie. Les résultats furent loin d'être nuls, ainsi qu'on va voir :

« L'armée fut d'abord retenue dans le camp, par le mauvais temps, une journée tout entière ; le 1er juin, l'aérostat s'éleva vers midi à une hauteur de plus de mille pieds au-dessus du champ de bataille, et se mit en relation avec le quartier général par un fil télégraphique. Pendant une heure, les mouvements de l'ennemi furent signalés avec exactitude. Une demi-heure plus tard la dépêche porta : *Sortie de la division Cadeys.* Mac-Clellan put, en un instant, donner ordre d'avancer au général Heinsselmann, et prescrivit au général Summer, qui était déjà au delà de Chikahoming, de marcher tout de suite sur la petite rivière. Les deux divisions, réunies en deux heures de temps,

faisaient face à l'ennemi, et défendaient le champ de bataille.
Partout où les assiégés hasardèrent le combat, ils furent re-
poussés avec des pertes considérables et furent attaqués sur les
points les plus faibles par des forces supérieures. Ils dirigèrent
contre le ballon un canon rayé, d'une énorme portée. Les projectiles firent explosion, près du ballon, et si près que les aéronautes jugèrent prudent de s'éloigner. Le ballon fut descendu à
terre ; lancé dans une autre direction, et assez haut pour être
hors de portée des pièces ennemies, il fut mis de nouveau en
communication avec la terre ferme, et l'armée assiégeante eut
avis que de fortes masses de troupes accouraient sur le champ
de bataille dans une autre direction. Dès qu'elles furent arrivées
à la portée du canon des fédéraux, elles se virent prévenues
avec une rapidité qui dut leur paraître inconcevable. Il semblait
que le Dieu des batailles les eût complètement abandonnées en
ce jour. Elles se voyaient conduites en avant pour servir de but
au canon des Yankees. Elles ne pouvaient suivre aucune direction sans rencontrer un mur de baïonnettes impénétrable.
Toutes les tentatives de l'armée du Sud pour enfoncer les lignes
ennemies ayant échoué, Mac-Clellan commanda une attaque générale à la baïonnette, et repoussa ses adversaires avec une perte
énorme. Ce général n'eût pu obtenir un succès aussi complet
sans le secours du ballon, et sans l'appareil dont il était muni. »

Pendant la dernière guerre, celle où le second empire a si
malheureusement précipité la France, les ballons ont joué un
certain rôle ; mais ils n'ont pas été, à proprement parler, employés pour les opérations militaires. Paris, investi et privé de
toute communication directe avec le reste de la France, a pu
envoyer ses dépêches, ses correspondances et un certain nombre
d'hommes chargés de missions militaires ou politiques, à l'aide
de ballons qu'on lançait quand le vent favorable soufflait vers
les points non occupés par les armées ennemies.

Soixante-quatre ballons, chargés de 2 500 000 lettres, ont
été expédiés ainsi par le gouvernement de la Défense nationale
et sont allés porter hors de Paris des nouvelles de la grande

ville assiégée et l'assurance de l'héroïque résolution qu'elle
avait formée de résister jusqu'à la dernière extrémité. Malheureusement, le retour de ces messagers aériens ne pouvait s'effectuer, la route suivie par eux étant laissée au gré du vent. Au
départ, les directions divergentes des ballons avaient trois

Fig. 277. — Ballon du siège de Paris passant au-dessus d'un camp prussien.

chances contre une d'aboutir en pays ami, et, par le fait, le plus
grand nombre réussit : quelques ballons seulement sont tombés
dans les lignes prussiennes. L'un d'eux, *la Ville d'Orléans*, est
allé atterrir jusqu'en Norvège ; deux ou trois, enfin, ont été perdus, probablement en mer [1]. On fit, il est vrai, en province plu-

1. Nous donnons ici la reproduction de quelques scènes aérostatiques et des péripéties

sieurs tentatives pour diriger quelques aérostats vers Paris, mais elles ne furent point couronnées par le succès, qu'on ne pouvait guère attendre que d'heureux hasards. Le seul moyen

Fig. 278. — Transport du ballon captif *le Jean-Bart* aux avant-postes de l'armée de la Loire.

efficace de retour des correspondances fut l'organisation de la *poste aux pigeons voyageurs :* nous aurons plus loin l'occasion d'en dire quelques mots, quand nous parlerons de la photographie microscopique.

§ 2. LES ASCENSIONS AÉRONAUTIQUES ET LES ÉTUDES DE MÉTÉOROLOGIE ET DE PHYSIQUE DU GLOBE.

Lavoisier, à la fin du rapport qu'il fit à l'Académie des sciences, en 1783, *sur la machine aérostatique* de M. de Mont-

subies par quelques ballons du siège. En passant au-dessus des lignes ennemies, des camps prussiens, plusieurs ballons reçurent de vives fusillades, mais aucun ne fut atteint, bien que plusieurs aient été pris (deux l'ont été en Allemagne). En décembre 1870, une compagnie d'aérostiers fut organisée avec les aéronautes Duruof et Bertaux pour chefs, auxquels se joignirent bientôt Gaston et Albert Tissandier. Leur ballon *le Jean-Bart* était destiné à des ascensions captives ; mais, transporté d'Orléans au Mans, il ne put être utilisé.

golfier, et où il rendit compte des premières ascensions,
s'exprime ainsi sur l'utilité de la nouvelle découverte :

« Il faut en venir maintenant aux applications et aux usages de
la machine aérostatique; mais ici nous sommes arrêtés par la
multitude de ceux qui se présentent, car il faudrait un volume
pour exposer en détail tous ceux où on peut les employer. Nous
nous contenterons de dire qu'on pourra s'en servir pour élever
des poids à une certaine hauteur, pour passer des montagnes,
pour monter sur celles où jusqu'ici personne n'a pu arriver,
pour descendre dans des vallées ou des lieux inaccessibles,
pour élever des fanaux pendant la nuit à une très grande hauteur, pour donner des signaux de toute espèce, soit à terre, soit
à la mer. Or, tous ces usages, ou au moins une grande partie,
avaient déjà été imaginés par MM. de Montgolfier. L'aérostat
pourra être employé dans beaucoup d'usages pour la physique,
comme pour mieux connaître les vitesses et les directions des
différents vents qui soufflent dans l'atmosphère, pour avoir des
électroscopes portés à une hauteur beaucoup plus grande que
celle où l'on peut élever des cerfs-volants; enfin, pour s'élever
jusque dans la région des nuages, et y aller observer des
météores.

« D'ailleurs, on sent que tous ces usages se multiplieront
encore lorsque cette machine aura été perfectionnée, et même
qu'ils deviendront d'une tout autre conséquence si l'on parvient
jamais à la diriger. »

Ce dernier espoir n'est pas encore réalisé, et si néanmoins
l'art de l'aéronautique a fait de notables progrès depuis un
siècle, il faut convenir que les applications utiles que prédisait
Lavoisier restent presque toutes encore à l'état de *desiderata*.
Des milliers d'ascensions ont été effectuées; quelques-unes, nous
l'avons vu, ont servi aux opérations militaires; un petit nombre
d'aéronautes ont eu pour objet exclusif les recherches de physique ou de météorologie, et les résultats obtenus ne forment
encore qu'une bien maigre moisson, si l'on songe au dévouement et au zèle de ceux qui les ont recueillis.

C'est de l'ascension de Robertson en 1803 que date la première ascension scientifique. Ce *physicien-aéronaute*, comme il se nomme lui-même, atteignit des hauteurs considérables (jusqu'à 3679 toises, 7170 mètres) et y fit des observations barométriques, thermométriques, physiologiques et magnétiques.

Vinrent ensuite les ascensions célèbres de Biot et de Gay-Lussac en 1804.

Le 24 août, ces deux savants s'élevèrent à 4000 mètres de hauteur, et firent une série d'expériences sur les oscillations de l'aiguille aimantée, afin de déterminer les variations de

Fig. 279. — Nacelle de M. Glaisher; installation pour une expédition scientifique.

l'intensité magnétique avec l'altitude. Gay-Lussac fit seul, trois semaines après, une ascension qui le porta à environ 7 kilomètres de hauteur verticale. Il put reconnaître que la composition de l'air atmosphérique à cette altitude est chimiquement la même qu'à la surface du sol. L'illustre physicien, qui avait constaté à terre, au moment du départ, une température de + 27°,75 centigrades, trouva, à la plus grande élévation, une température de — 9°,5; plus de 37 degrés de différence.

Parmi les ascensions scientifiques contemporaines, il faut

mentionner d'abord celles de MM. Barral et Bixio en 1850, puis
les trente ascensions que l'aéronaute anglais Glaisher effectua
de 1860 à 1865. Parmi les résultats les plus curieux de la
seconde ascension des deux premiers savants, il faut citer la
constatation qu'ils firent de l'existence, en plein été, de nuages
formés tout entiers d'aiguilles de glace, nuages qui n'avaient
pas moins de 4 kilomètres d'épaisseur. Parvenus à la hauteur
de 7049 mètres, MM. Barral et Bixio notèrent une température
de 39 degrés au-dessous de zéro, à peu de chose près celle de
la congélation du mercure.

Fig. 280. — Départ d'un ballon à l'usine de la Villette.

Les voyages de Glaisher, ceux que de jeunes et courageux
aéronautes français, MM. Fonvielle, Flammarion et Tissandier,
firent il y a quelques années, sont décrits avec détails dans un
ouvrage intéressant, *les Voyages aériens*, auquel nous renvoyons le lecteur curieux de s'initier aux péripéties de ces
sortes d'expéditions.

Mais nous devons mentionner encore tout spécialement deux
ascensions faites dans le courant de l'année 1875, et dont la
seconde restera tristement célèbre dans les annales de l'aérostation et de la science.

La première ascension fut remarquable par sa longue durée. Le ballon le *Zénith*, parti le 23 mars de l'usine de la Villette à 6 h. 20 du soir, et monté par cinq aéronautes, MM. Crocé Spinelli, Sivel, G. et A. Tissandier, Robert, atterrit le lendemain soir à 5 heures dans la Gironde, près du bassin d'Arcachon. De nombreuses observations scientifiques furent faites dans ce long trajet. Trois semaines après, eut lieu une ascension nouvelle du même aérostat, monté par les trois premiers des jeunes savants que nous venons de citer. Le *Zénith* parvint, à deux reprises, à une hauteur considérable, que les baromètres-témoins ont prouvée être de 8600 mètres. Malheureusement, deux des courageux aéronautes, Sivel et Crocé Spinelli furent victimes de leur dévouement à la science : ils furent asphyxiés dans les hautes régions, malgré la précaution qu'ils avaient prise de munir le ballon de petits ballonnets gonflés d'oxygène, destinés à suppléer à l'insuffisance de ce gaz dans l'air qu'on respire à de telles hauteurs.

§ 3. LES BALLONS CAPTIFS.

C'est un ballon captif, on vient de le voir dans le premier paragraphe de ce chapitre, qui a servi pour la première fois aux opérations militaires. Le ballon que Coutelle montait à Maubeuge, à Fleurus, à Mayence, était en effet retenu à une distance de terre d'environ 5 à 600 mètres par deux cordages que maintenaient deux groupes d'aérostiers. Du poste à peu près fixe que le ballon occupait ainsi, l'aéronaute et le chef militaire qui l'accompagnait pouvaient à leur gré observer les mouvements de l'ennemi, envoyer des signaux à terre, ou observer ceux qui leur étaient faits. Quant au transport de l'esquif aérien d'un point à un autre, il se faisait simplement, mais non sans danger d'accident ou d'avaries. Coutelle avait adapté vingt cordes à l'équateur du ballon, et chacune d'elles étaient retenue par un soldat. Le voyage s'effectuait à une faible hauteur, suffisante

LE BALLON CAPTIF DES TUILERIES EN 1878.

pour éviter les obstacles matériels rencontrés le long de la route.

Il est clair que des dispositions aussi simples seraient insuffisantes pour la manœuvre d'un ballon captif qu'on voudrait maintenir pendant un temps un peu long au même endroit, qu'on voudrait utiliser, par exemple, à des observations météorologiques prolongées.

Aujourd'hui l'art de construire de tels aérostats, de les manœuvrer avec facilité, d'opérer de fréquentes ascensions, a fait de grands progrès, grâce à notre compatriote M. Giffard. Ce savant ingénieur, préoccupé des difficultés pratiques de toute sorte qu'il restait à vaincre, avant de construire le ballon dirigeable que nous avons décrit et avec lequel il fit, en 1852 et en 1855, deux expériences provisoires, profita de l'occasion des grandes solennités des expositions universelles pour se livrer à une étude minutieuse à ce sujet.

Un premier ballon captif fit de nombreuses ascensions à Paris et à Londres, en 1867 et en 1869. Mais c'est à l'Exposition de 1878 qu'on put admirer le magnifique ballon construit par M. Giffard. Des milliers d'ascensions furent faites alors, et aussi l'année suivante. Malheureusement dans une tempête les secousses du vent furent si violentes sur l'aérostat en partie dégonflé qu'il fut mis en pièces, heureusement sans autre accident que celui du dégat matériel occasionné par cette fin fâcheuse. Nous donnons (pl. XXII) une vue de ce magnifique appareil. Voici en même temps quelques détails intéressants sur ces dimensions :

La sphère qui le formait n'avait pas moins de 36 mètres de diamètre, et quand il était entièrement gonflé d'hydrogène, sa capacité était d'environ 25 000 mètres cubes. Comme la force ascensionnelle était d'environ 1 kilogramme par mètre cube, elle avait une valeur totale de 25 000 kilogrammes.

Voici comment se répartissait l'emploi de cette énorme puissance :

Le ballon, dont l'étoffe était formée de deux tissus de toile unis

par une feuille de caoutchouc, puis d'une feuille de mousseline
vernie à la gomme laque et peinte de plusieurs couches à l'huile,
ne pesait pas moins avec ses deux soupapes de   5000 kilogr.

Le filet et les cordages pesaient   4500

La nacelle et son arrimage.   1600

Le câble peson, etc   750

Le câble de 600 mètres de longueur   5000

Total . . . .   14850 kilogr.

Il restait donc disponible une force ascensionnelle de
10150 kilogrammes. En portant à 4000 kilogrammes le poids
des 50 voyageurs que pouvait contenir la nacelle, on voit qu'il
restait encore un excédent de force considérable. Le gonflement à l'hydrogène pur de ce colosse aérostatique demanda
trois jours seulement, et exigea la consommation de 180000 kilogrammes d'acide sulfurique et de près de 9000 kilogrammes
de tournure de fer. Deux machines à vapeur de 500 chevaux
actionnaient le treuil autour duquel s'enroulait et se dérou-
lait le câble, pour chaque ascension.

On peut juger par les chiffres que nous venons de donner de
la dépense énorme qu'a occasionnée la construction de l'installation d'un pareil ballon, qui n'avait d'ailleurs d'autre objet
apparent que de satisfaire la curiosité des nombreux visiteurs
attirés à Paris par l'Exposition, et d'exciter leur enthousiasme
pour l'art aéronautique. Mais un autre profit a été tiré de
cette entreprise : c'est, comme nous le disions plus haut, les
progrès de toute sorte apportés à la construction rationnelle
des ballons et aux mille détails de leur aménagement.

Il est à désirer que, dans un but d'observations scientifiques
suivies et méthodiques, on construise des postes aérostatiques
de ballons captifs ou fixes, et qu'on en confie la direction à des
savants qui réunissent l'habileté technique au savoir. Il y a
longtemps que des vœux de ce genre sont formulés : à quand la
mise à exécution ?

II

LE SON

LE SON

PREMIÈRE PARTIE

LES PHÉNOMÈNES ET LES LOIS DU SON

Les phénomènes étudiés dans la première division de ce volume se manifestent dans tous les corps (qu'on dit pour cette raison *pondérables*) d'une façon continue. Aucune parcelle de matière, en effet, ni dans le temps ni dans l'espace, n'échappe à l'influence de la force de gravitation ou, en particulier sur le globe terrestre, à celle de la pesanteur.·

Ceux qu'on va décrire dans cette seconde branche de la Physique n'ont plus au contraire ce caractère d'universalité ou de permanence : les phénomènes sonores sont des phénomènes accidentels. Ils ne se produisent point si les molécules des corps ne sont pas ébranlées d'une manière spéciale, qui n'exige d'ailleurs l'intervention d'aucune force *sui generis ;* ils ne se produisent point si, en outre, l'ébranlement qui les constitue ne parvient pas à se communiquer efficacement à l'un de nos sens, l'ouïe. Cependant les lois de ces mouvements moléculaires et de leur propagation ont été mises en évidence par des méthodes d'observation telles, qu'un sourd pourrait les vérifier presque toutes, sinon aussi aisément, du moins aussi sûrement qu'un physicien jouissant de ses facultés auditives dans leur plénitude. Cette remarque toutefois n'est vraie que si elle s'applique à la partie objective ou purement physique des phénomènes, et le tableau que nous allons présenter des phénomènes du son dans la nature serait à peu près incompréhensible pour qui serait privé, dès sa naissance, du sens de l'ouïe.

CHAPITRE PREMIER

PRODUCTION ET PROPAGATION DU SON

§ 1. LES PHÉNOMÈNES DU SON DANS LA NATURE.

L'absence de tout son, de tout bruit, en un mot le silence absolu, est pour nous synonyme d'immobilité et de mort. Nous sommes tellement habitués à entendre, ne fût-ce que le bruit que nous faisons nous-mêmes, que nous avons peine à concevoir l'idée d'un monde complètement silencieux, comme paraît être la Lune.

Sur la Terre, les phénomènes du son se manifestent à tous les instants de la durée. Certes il y a sous ce rapport une grande différence entre nos populeuses cités, les mille bruits dont les oreilles y sont perpétuellement assourdies, et le murmure doux et confus qu'on entend dans les plaines. Quel contraste aussi entre le calme des régions alpestres et des régions polaires où toute vie disparaît, et les rives retentissantes de l'Océan! Là, le silence n'est rompu que par le roulement sourd des avalanches, le craquement des glaces, ou encore par le mugissement du vent dans les rafales. Le grondement du tonnerre, si prolongé dans les plaines, n'existe pas sur le sommet des très hautes montagnes : au lieu de cette détonation terrible qui d'ordinaire caractérise les coups de foudre et dont la répercussion multiplie la durée, c'est un coup sec, pareil à l'explosion d'une arme à feu. Sur les bords de la mer, au contraire, l'oreille est assourdie par le bruit continu des lames qui déferlent ou se brisent sur les rochers, et par ce grondement sourd, uniforme, qui accompagne comme une basse solennelle les notes plus aiguës que produisent les vagues, en frappant le sable et les galets. Dans les tempêtes, ce grondement monotone devient une effroyable discordance.

Au milieu des champs, dans les forêts, la sensation est tout autre. On entend un bruissement vague formé par la réunion de mille sons d'une diversité infinie : c'est l'herbe qui frissonne sous le vent, les insectes qui volent ou rampent, les oiseaux dont les voix se perdent dans l'air; ce sont les branches des arbres qui se froissent sous l'action de la brise légère, ou se courbent et se cassent sous l'impulsion des vents violents. De tout cela résulte une harmonie, tantôt gaie, tantôt grave, terrible quelquefois[1], bien différente du tapage assourdissant qui remplit les rues populeuses des grandes villes. Les cours d'eau, rivières, ruisseaux et torrents joignent leurs notes à ce concert; dans les terrains accidentés, c'est le bruit des cascades qui se précipitent sur les rocs, et parfois le grondement terrible des éboulements qui détruisent et ensevelissent tout sur leur passage.

Mais de tous les bruits naturels, les plus continus et les plus violents sont ceux qui naissent et se propagent au sein de l'atmosphère : les masses gazeuses entraînées par un mouvement irrésistible que de simples différences de température et de densité suffisent à faire naître, heurtent dans leur mouvement tous les obstacles que leur opposent les accidents du sol, montagnes, rochers, forêts, arbres isolés, et tantôt sifflent, tantôt grondent avec fureur. Quand l'électricité s'en mêle, c'est bien pis encore : alors les détonations effrayantes de la foudre font taire tous les autres bruits. Seules les explosions des volcans et les tremblements de terre rivalisent de puissance avec cette grande voix de la nature. Lors de la catastrophe qui détruisit

---

1. Un savant belge, M. Candèze, décrivant les luttes que les fauves engagent, aussitôt le soleil couché, lorsqu'elles se mettent en quête de leur proie, parle du « bruit soudain, terrible, indéfinissable qui, dans les régions équatoriales, éclate tout à coup dans la profondeur des forêts ».

Riobamba en février 1797, une immense détonation se fit entendre au-dessous des deux villes de Quito et d'Ibarra ; mais, circonstance singulière, elle ne fut point entendue sur le lieu même du désastre. Le soulèvement du Jorullo, en 1759, fut précédé de grondements souterrains, qui durèrent deux mois entiers. (Humboldt.)

Pour achever ce tableau des sons qui se produisent naturellement sur le sol et dans l'atmosphère, il nous reste à mentionner les détonations qui accompagnent la chute des météores cosmiques, aérolithes et bolides. C'est le plus souvent à de grandes hauteurs que ces explosions se font entendre, et des personnes qui en ont été témoins les comparent soit à des décharges d'artillerie, soit au bruit de voitures pesamment chargées, dont les roues se heurtent aux inégalités du pavé, soit au roulement prolongé du tonnerre.

Mais les phénomènes du son qui nous intéressent le plus sont ceux que l'homme et les animaux produisent à l'aide d'organes spéciaux : la voix humaine, truchement indispensable de nos pensées, de nos sentiments[1] ; les cris, les chants des animaux qui traduisent d'une façon plus grossière les impressions variées qu'ils ressentent, leurs besoins, leurs joies, leurs douleurs. Un art, le plus puissant de tous, la musique, a été créé par l'homme pour exprimer ce que le langage articulé est impuissant à traduire ; et pour ajouter encore aux dons de la nature, il a su multiplier, à l'aide d'instruments variés, les ressources de sa propre voix. Les sons produits dans ce but spécial ont des propriétés physiques caractéristiques qui les distinguent des bruits irréguliers, discontinus, indéfinissables, que nous avons décrits jus-

---

1. « Au point de vue des relations de l'homme avec le monde ambiant, les phénomènes sonores prennent une immense importance. C'est par l'intermédiaire du son que l'homme entre en communication réglée et suivie avec ses semblables. La *parole* est le plus haut attribut, le plus puissant moyen d'action de l'homme ; l'étude de l'acoustique nous permettra de pénétrer le mécanisme par lequel l'homme parvient à donner à sa pensée une forme précise, saisissable, à la traduire en paroles. Cette étude nous montrera ainsi comment et par quel mécanisme l'homme parvient à saisir, dans ses infinies variétés, les paroles émises par ses semblables, à connaître leurs pensées. » (Gavarret, *Phénomènes physiques de la phonation et de l'audition.*)

qu'ici : ils forment une série ordonnée, régulière, même quand on fait abstraction de la composition qui, dans une œuvre musicale, les fait succéder dans un ordre savant suivant un rhythme accentué et les combine en accords harmonieux. Cette série constitue les *sons musicaux*, dont l'étude physique est le principal objet de l'Acoustique.

Les nécessités du travail et de l'industrie humaine ont amené l'homme, il est vrai, à produire bien d'autres bruits qui ne se recommandent ni par la mélodie, ni par l'harmonie, mais dont la plupart sont inséparables des travaux qui les engendrent, et participent pour ainsi dire à leur caractère d'utilité. Dans les manufactures et les ateliers, dans les forges, le bruit des marteaux et des scies, des outils de toute sorte, des machines à vapeur, ne s'interrompt souvent ni le jour ni la nuit, concert fort peu harmonieux, assurément désagréable pour les oreilles les moins dilettantes. Mais qu'y faire? Pour notre compte, c'est une musique qui nous semble de tout point préférable à celle de la mousqueterie et du canon sur les champs de bataille, de même que la lutte sur le terrain du travail et de la science nous paraît l'emporter sur les décisions brutales de la force.

Tous les phénomènes que nous venons de passer en revue, quelque variés qu'ils paraissent, se rapportent à un même mode de mouvement, au mouvement vibratoire; ils affectent tout particulièrement l'organe de l'ouïe, en produisant en nous la sensation du son. Il s'agit maintenant d'étudier la nature des vibrations sonores, d'indiquer quelles relations existent entre ces vibrations et les sensations auditives, et de formuler enfin les lois qui les régissent les unes et les autres.

§ 2. LE SON EST UN PHÉNOMÈNE A LA FOIS EXTÉRIEUR ET INTÉRIEUR.

Le son est une sensation perçue par l'intermédiaire de l'organe de l'ouïe, de l'oreille, et dont la cause extérieure est un certain mouvement moléculaire des corps.

La production du son suppose donc nécessairement d'une part un phénomène extérieur, et d'autre part un sujet sensible, qui en perçoit l'impression. Le phénomène extérieur, c'est le corps sonore en action, l'origine ou la source du son, ce qui, dans des conditions et des circonstances particulières, détermine en dehors de nous un mouvement spécial : ce mouvement, se propageant du corps sonore à l'oreille, ébranle nos nerfs et cause ainsi la sensation auditive. Le son disparaît naturellement dès que l'une ou l'autre des conditions de sa production est supprimée. Il n'y a plus de son, si le corps sonore est en repos ; il n'y a plus de son, si le nerf auditif est inactif ou paralysé ; il n'y a plus de son enfin, s'il n'existe un milieu matériel servant de moyen de communication entre l'ouïe et le corps ébranlé.

En se basant sur ces considérations, on pourrait donc diviser l'*Acoustique* ou science du son en deux parties distinctes : dans l'une, on étudierait le son dans les phénomènes extérieurs qui le déterminent, indépendamment de son action sur nos sens ; et si dans cette étude on faisait intervenir la sensation, ce serait seulement comme moyen d'investigation, comme procédé de recherche : cette première partie de l'acoustique se nommerait l'*Acoustique physique*. Dans l'autre partie, qui serait l'*Acoustique physiologique*, ce sont les lois des sensations auditives qui feraient l'objet de la science ; c'est le son parvenu à l'oreille, ce sont les modifications que l'ébranlement sonore produit dans l'organe de l'ouïe, le rôle joué par les diverses parties de cet organe et enfin la comparaison des sensations elles-mêmes, que l'on aurait particulièrement en vue. On pourrait caractériser ces deux branches de l'Acoustique en disant que l'*Acoustique physique* a pour objet le *son hors de l'homme*, et l'*Acoustique physiologique*, le *son dans l'homme*[1]. Ou encore, la même distinction

---

1. Helmholtz, dans sa *Théorie physiologique de la musique*, s'exprime ainsi sur ce point : « Jusqu'ici, dit-il, on n'a traité avec détail la science des sons que dans sa partie physique, c'est-à-dire qu'on a étudié les mouvements des corps sonores, solides, liquides et gazeux, lorsqu'ils apportent à l'oreille un son perceptible. Dans son essence, cette acoustique phy-

serait rendue manifeste, en posant, par exemple, les deux questions suivantes :

Une cloche résonne : que se passe-t-il dans la matière qui constitue la cloche, et dans l'air qui nous en sépare? Que se passe-t-il dans notre oreille et en nous-mêmes?

Les phénomènes de lumière et de chaleur donnent lieu à une distinction semblable. Autre chose est le mouvement ondulatoire qui émane de la source incandescente, autre chose est l'effet sensible que ce mouvement produit dans nos organes. Vient-il à affecter la rétine, la sensation est lumière ; ne frappe-t-il que les nerfs épanouis à la surface épidermique, la sensation est chaleur. Bien plus, telles ondes impuissantes à impressionner la rétine, parce que les vibrations qui leur donnent naissance ne sont pas assez rapides, affectent cependant le sens du toucher ; au contraire, si leur rapidité dépasse une certaine limite, l'œil ne les voit plus, mais leur action prend une autre forme et détermine sur les corps vivants des phénomènes chimiques. Sous ce rapport, le son a encore une analogie évidente avec le mouvement ondulatoire du milieu éthéré. Nous verrons en effet que le mouvement qui le produit ne donne réellement lieu à une sensation auditive que dans de certaines limites de rapidité ou d'intensité. Trop lent, l'ébranlement sonore est incapable d'exciter l'organe de l'ouïe ; trop rapide, il dépasse également en sens contraire la limite de notre impressionnabilité [1].

---

sique n'est rien autre chose qu'une subdivision de la théorie des mouvements des corps élastiques..... On rencontre, en général, dans les traités de physique, un chapitre à part sur l'acoustique, détaché de la théorie de l'élasticité, à laquelle il devrait appartenir par la nature des choses, mais qui seulement tire sa raison d'être de ce fait que l'ouïe a été la source de découvertes et de méthodes d'observation d'une espèce particulière. A côté de l'acoustique physique, il existe une acoustique physiologique qui a pour objet l'étude des phénomènes qui se produisent dans l'oreille elle-même. » On pourrait évidemment distinguer une troisième partie de la science des sons, qui serait comme la conséquence des deux premières, et que l'on nommerait l'*Acoustique musicale*. L'ouvrage du savant allemand à qui la citation précédente est empruntée, traite précisément de cette partie.

1. En étudiant la pesanteur, nous n'avons pas eu l'occasion de faire une distinction de ce genre. Nous n'avons rencontré, en effet, que des phénomènes d'équilibre, de mouvement ou encore de pression, dont la manifestation sensible n'a pas besoin d'un organe spécial de perception, comme l'ouïe l'est pour les sons et pour les bruits, comme la vue l'est pour la lumière et les couleurs.

Commençons par énumérer les diverses manières dont l'expérience nous apprend que le son peut se produire. Nous verrons ensuite comment, des corps sonores, il se propage à travers les gaz, les liquides ou même les solides, jusqu'à notre oreille.

§ 5. DIFFÉRENTS MODES DE PRODUCTION DU SON.

La *percussion*, ou le choc de deux corps l'un contre l'autre, est un des modes les plus ordinaires de la production du son. Le marteau qui frappe sur l'enclume, le battant qui fait résonner les cloches ou les timbres, les baguettes du tambour, la crécelle et cent autres exemples que le lecteur se rappellera aisément, sont autant de cas particuliers où les sons se trouvent produits par le choc de deux corps solides. On peut obtenir ainsi les bruits et les sons les plus variés, mais nous verrons que cette variété dépend à la fois de la forme et de la nature du corps sonore, et de la façon dont le bruit se propage jusqu'à notre oreille. Dans l'expérience du marteau d'eau (voy. p. 81), le bruit provient du choc d'une masse liquide contre un corps solide.

Le *frottement* est un autre mode de production du son ou du bruit : c'est ainsi qu'à l'aide d'un archet dont les crins sont enduits d'une résine appelée colophane, on fait résonner les cordes tendues ; les sons du violon et des instruments semblables sont produits de cette façon qui permet aussi de faire résonner les cloches de verre ou de métal. Dans ce cas, le frottement est transversal. Mais des sons s'obtiennent aussi par un frottement longitudinal sur des cordes ou des verges métalliques. Lorsqu'on traîne un objet sur le sol, le bois, les pierres, etc., il en résulte un bruit produit par le frottement ; la roue d'une voiture qui roule sur le pavé donne lieu à un bruit qui est dû en grande partie au frottement, mais auquel la percussion n'est pas tout à fait étrangère.

Le *pincement* d'une corde tendue, par exemple dans les instruments tels que la guitare, la harpe, la mandoline, donne un son dont l'origine participe à la fois de la percussion et du frottement.

Les corps liquides et solides mis en contact par voie de percussion ou de frottement produisent des sons et des bruits; mais les mêmes mouvements dans les liquides, sans l'intermédiaire d'aucun corps solide, déterminent aussi des sons : tel est le frémissement que fait entendre la chute des gouttes de pluie à la surface de l'eau d'un bassin, d'une rivière.

Dans les gaz, le son, comme nous le verrons bientôt avec plus de détails, est dû à une série de condensations et de dilatations alternatives; mais ces mouvements peuvent être produits par la percussion et le frottement. Ainsi, l'air siffle quand il reçoit l'impulsion violente d'une baguette ou d'un fouet; et le vent produit des sons intenses quand il souffle contre les arbres, les édifices, les obstacles solides quelconques. Quant au bruit du vent qui s'engouffre dans les cheminées, il est dû à un mode d'ébranlement de l'air que nous étudierons, lorsqu'il s'agira des sons produits par le mouvement des gaz dans les tuyaux. Tel est le son dans les instruments de musique connus sous le nom d'*instruments à vent;* tels sont encore les sons de la voix humaine, les cris des animaux.

Les détonations des gaz, le bruit qui accompagne l'étincelle électrique, les explosions de la foudre, sont des sons dus à de brusques changements de volume, à des dilatations et à des contractions successives des masses gazeuses.

Parmi les modes les plus curieux de production du son, il faut citer celui qui résulte du contact de deux corps solides à des températures différentes. C'est en 1805 que ce singulier phénomène a été signalé pour la première fois par Schwartz, inspecteur d'une fonderie saxonne. Ayant posé sur une enclume froide un lingot d'argent à une température élevée, il fut étonné d'entendre des sons musicaux pendant toute la durée du refroidissement de la masse. En 1829, Arthur Trevelyan plaça accidentellement un fer à souder très chaud sur un bloc de plomb ; presque aussitôt un son aigu s'échappa du fer. Il fut conduit de la sorte à étudier le phénomène sous toutes ses formes et à imaginer des instruments propres à mettre en évidence cette cause de production du son : nous les décrirons bientôt, en étudiant les vibrations sonores.

Le passage d'un courant électrique fait résonner une barre de fer suspendue en son milieu, et dont une extrémité est au centre d'une bobine d'induction.

Enfin la combustion des gaz dans les tubes donne aussi lieu à la production de sons musicaux. Si l'on allume le jet d'hydrogène qui se dégage du petit appareil nommé par les chimistes *lampe philosophique* (fig. 281), et qu'on introduise la flamme à l'intérieur d'un tube de plus grand diamètre, ouvert aux deux bouts, on entend un son plus ou moins aigu ou grave selon la longueur, le diamètre du tube, et aussi selon sa température.

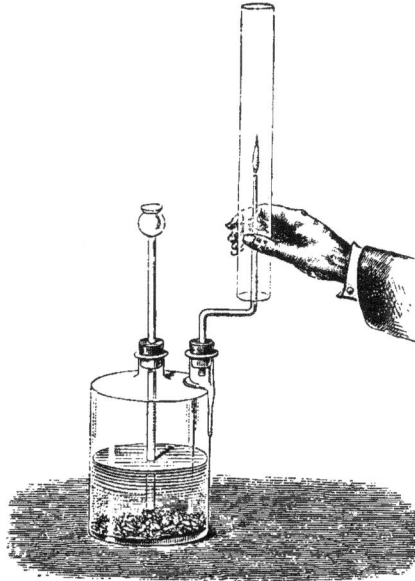

Fig. 281. — Expérience de l'harmonica chimique.

En disposant convenablement un certain nombre de ces appareils, on obtient une série de sons musicaux formant différents accords ; de là le nom d'*harmonica chimique* ou d'*orgue philosophique*, sous lequel on connaît cette sorte d'instrument de musique. Ce fait a été le point de départ des expériences curieuses de Schaffgotsch et de Tyndall sur les flammes chantantes.

Une première conséquence résulte des faits qui précèdent : c'est que le son, pour se produire, nécessite un certain mouvement des molécules des corps, un frémissement que l'œil ne perçoit pas toujours, mais qui est souvent sensible au contact, quand on pose la main ou le doigt sur le corps sonore. Pour employer le langage scientifique, les sons et les bruits ne sont autre chose que les sensations déterminées par des vibrations périodiques des corps, quand ces vibrations atteignent un certain degré de vitesse et d'amplitude. Les moyens de provoquer ces vibrations sont variés, on vient de le voir; la propriété des corps qui les rend possibles est une : c'est celle qu'on connaît en physique sous le nom d'*élasticité*.

§ 4. LES CORPS SONORES.

Les corps susceptibles d'émettre des sons, de *résonner*, pour employer une expression à la fois familière et précise, quand on les soumet à une percussion, à un frottement, etc., sont donc ceux qui sont doués, à un certain degré, d'élasticité. Les métaux, le verre, les bois de structure fibreuse sont, parmi les solides, les corps qui possèdent la sonorité la plus prononcée ; mais cette propriété dépend beaucoup de la forme et des dimensions de la masse résonnante. Un bloc d'acier de forme cubique donnera un son mat, sourd, sous l'action d'un coup de marteau ; le son sera déjà plus intense, si l'on suspend le bloc par un de ses points et qu'on applique le coup à une certaine distance du point de suspension ; le même morceau de métal, transformé en une tige cylindrique un peu longue, rendra des sons plus intenses par le frottement ou le choc. Mais sa sonorité sera bien autrement accrue, si on lui donne la forme d'un vase hémisphérique, d'une cloche ou d'un timbre. En résumé, la sonorité est en raison directe de l'élasticité.

Les liquides et les gaz sont des corps élastiques ; aussi nous avons vu plus haut qu'ils sont susceptibles d'émettre des sons. On doit donc les ranger parmi les corps sonores, mais nous aurons à les considérer surtout dans la propriété qu'il possèdent de transmettre les sons émanés des solides, tout en constatant

leur aptitude à être eux-mêmes des sources sonores. Les liquides
et les gaz sont des milieux transparents pour le son, comme ils
sont transparents pour la lumière; mais cela ne veut point dire
que la transparence sonore soit due à la même cause que la
transparence lumineuse.

Les corps non élastiques ou doués d'une faible élasticité, les
corps mous, résonnent généralement très mal. Un morceau de
cire, ou de terre glaise un peu humide, est dans ce cas. Pour la
même raison, comme on le comprendra bientôt, ces corps sont
de mauvais conducteurs du son ; il l'interceptent ou l'étouffent.
Ce sont, relativement à la transmission du son, les analogues
des corps opaques par rapport à la lumière.

Les matières finement divisées, la laine, la plume, le coton,
ont par elles-mêmes peu ou point de sonorité, et transmettent
mal le son. On remplit de sciure de bois, de copeaux, de plâtras
divisés, les intervalles des plafonds et des planchers, pour
amortir le son d'un étage à l'autre. Les tentures d'étoffe, les
tapis, les rideaux, rendent une pièce d'appartement beaucoup
moins sonore, plus sourde, parce que ce sont des corps peu
propres à résonner ou à renvoyer les sons.

Voici donc établie une seconde conséquence non moins importante que celle du § 3, à savoir que les corps sonores sont
les corps élastiques, c'est-à-dire ceux dont les molécules, dérangées de leur position d'équilibre par une action extérieure,
y reviennent, la dépassent et oscillent ainsi pendant un temps
plus ou moins long. Le son est donc entrevu dès maintenant
comme ayant son origine dans un mouvement vibratoire des
molécules des corps, solides, liquides ou gazeux.

§ 5. LE SON NE SE PROPAGE PAS DANS LE VIDE.

C'est un fait connu de tout le monde que le son met un temps
appréciable à se propager du corps sonore à l'organe de l'ouïe.
Quand nous observons à distance une personne qui frappe un

coup de marteau par exemple, notre œil voit le marteau tomber sur l'obstacle avant que l'oreille entende le bruit de la percussion. De même, la détonation d'un fusil, d'un canon, parvient à l'oreille après que la flamme produite par l'explosion a brillé devant nous. Dans les feux d'artifice, on voit l'explosion des fusées se faire au sein de l'air, on aperçoit les gerbes lumineuses s'épanouir et s'éteindre, avant d'entendre le bruit qui accompagne l'explosion.

Je me rappelle avoir admiré sur les côtes de la Méditerranée le spectacle curieux d'un navire de guerre qui s'exerçait au tir du canon : je voyais la fumée des bordées d'artillerie, puis, sur les crêtes des vagues, les ricochets des boulets allant se perdre dans la mer, bien longtemps avant d'entendre le tonnerre de la détonation.

Dans tous ces cas, l'intervalle compris entre la vue du phénomène et l'audition du son marque la différence entre la vitesse de la lumière et celle du son lui-même; mais comme la vitesse de la lumière comparée à celle du son peut être considérée comme infinie[1], le même intervalle donne sans erreur sensible le temps que le son met à se propager d'un point à un autre. Il est aussi bien établi par l'observation journalière que l'intervalle dont il vient d'être question augmente avec la distance.

Ainsi le son se propage successivement, nous verrons bientôt avec quelle vitesse. Mais quel est le milieu qui sert de véhicule à ce mouvement? Est-ce le sol? Se communique-t-il par l'intermédiaire des corps solides, des liquides, ou de l'air, ou encore par tous ces milieux à la fois? Voici une expérience qui répondra à ces questions.

Plaçons sous le récipient de la machine pneumatique un mouvement d'horlogerie muni d'un timbre sonore, dont le marteau est maintenu immobile par un encliquetage, mais

---

1. Sénèque avait entrevu cette vérité expérimentale : « Nous voyons l'éclair, dit-il, avant d'entendre le son, parce que le sens de la vue, plus prompt, devance de beaucoup celui de l'ouïe. » (*Quæst. natur.*, II, 12.) Seulement, où le philosophe latin est dans l'erreur, c'est quand il attribue à nos sens une propriété qui appartient aux phénomènes extérieurs, aux ondes lumineuses et aux ondes sonores.

qu'une tige permet de rendre libre à volonté (fig. 282). Avant de faire le vide, on entend très bien le timbre résonner sous les coups du marteau. Mais, à mesure que l'air se raréfie, le son diminue d'intensité ; il disparaît com-plètement dès que le vide est fait, si d'ailleurs on a eu la précaution de placer l'appareil sur un coussin formé de liège, d'ouate, ou en général d'une substance molle et peu ou point élas-tique. On voit alors le marteau frapper sur le timbre, mais on ne perçoit plus aucun bruit, aucun son. Si alors, à la place de l'air que contenait la cloche, on introduit un gaz quelconque, hy-drogène, acide carbonique, oxygène, vapeur d'éther, etc., le son s'entend de nouveau.

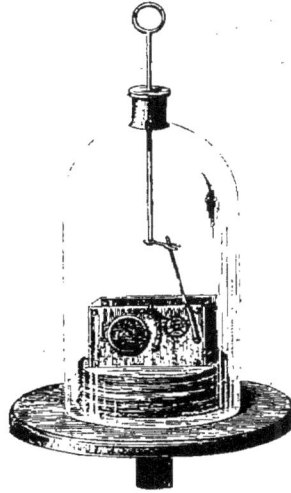

Fig. 282. — Expérience prouvant que le son ne se propage pas dans le vide.

On peut faire la même expérience avec un appareil plus simple. C'est un ballon en verre, muni d'un double robinet, et qui peut s'adapter sur la machine pneumatique (fig. 283). A l'intérieur est sus-pendue, par des fils sans torsion, une clochette qu'on agite en secouant le ballon avec la main ; si le bal-lon est vide d'air, on n'entend pas les sons de la clochette. En introduisant par l'entonnoir supérieur quelques gouttes d'un liquide volatil, ce dernier se réduit en vapeur en pénétrant dans l'espace vide du ballon, sans que l'air puisse s'y mêler, et l'on constate ainsi que les vapeurs transmettent le son, comme les gaz, car alors le son de la clochette retentit de nouveau. Les expériences de M. Biot ont fait

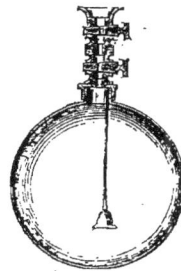

Fig. 283. — Le son ne se propage pas dans le vide.

voir que le son transmis est d'autant plus intense, à pression égale, que la densité des gaz ou des vapeurs est plus grande.

Mais d'un gaz à l'autre cette propriété est loin d'être la même.

L'hydrogène transmet le son avec une intensité beaucoup moindre que l'air réduit à un égal degré de raréfaction. Tyndall, dans une de ses intéressantes leçons à l'Institution royale, décrit en ces termes la singulière action de l'hydrogène sur la voix : « La voix se forme, dit-il (nous verrons cela plus loin), par l'injection de l'air des poumons dans un organe appelé le *larynx*. Dans son passage à travers cet organe, l'air est mis en vibration par les cordes vocales, qui engendrent ainsi le son. Or, si l'on remplit ses poumons d'hydrogène, et qu'on veuille parler, les cordes vocales impriment encore leur mouvement à l'hydrogène, qui le transmet à l'air extérieur ; mais cette transmission d'un gaz léger à un gaz beaucoup plus pesant a pour conséquence une diminution considérable de la force du son. Cet effet est véritablement curieux. Vous connaissez la force et le timbre de ma voix. J'expulse l'air de mes poumons, je les remplis d'hydrogène aspiré de ce réservoir, et je m'efforce de parler haut ; mais ma voix a perdu singulièrement de sa puissance, et le timbre n'en est plus le même. Vous l'entendez cette voix rauque et caverneuse, qui n'est plus une voix humaine, et qui semble même n'être pas de ce monde. Je ne puis la décrire autrement. »

Les physiciens n'étaient pas tous, il y a un siècle, bien convaincus par les expériences faites dans le vide que l'air fût le véhicule du son ; pour eux, il restait à prouver que le mouvement propre à engendrer le son n'était point détruit, dans le corps sonore, par le fait du vide dont il était entouré. Voici ce que dit à ce sujet Hauksbee ; voici les expériences nouvelles qu'il imagina pour mettre le fait hors de doute, et qu'il fit, en 1705, devant la Société royale de Londres :

« Il paraît que les expériences qu'on a faites jusqu'ici sur le son dans le vuide, ne prouvent pas assez que la perte du son vient seulement de l'absence de l'air, et je crois même qu'on ne peut l'assurer sans de nouvelles expériences. Car il s'agit de sçavoir si les parties du corps sonore, dans un milieu tel que le vuide, ne changent pas au point de ne pouvoir plus recevoir le mouvement nécessaire pour produire le son. Comme cette question mérite d'être approfondie, j'imaginai l'expérience suivante.

« Je renfermai dans un récipient, capable de quelque résistance, et garni par le bas d'un cercle de cuivre, une cloche d'une grosseur convenable, et j'affermis bien l'orifice du récipient sur une plaque de cuivre, par le moyen d'un cuir humide placé entre deux. De cette manière le récipient étoit rempli d'air commun qui ne, pouvoit point s'échapper. On le mit ensuite sur la machine pneumatique, on le recouvrit d'un autre grand récipient, et on pompa l'air contenu entre ces deux récipients.

« Il étoit sûr, dans cette expérience, que quand le battant frapperoit la cloche, il y auroit du son produit dans le récipient intérieur où l'air avoit le même degré de densité que celui de l'atmosphère, et qu'il ne souffriroit pas d'altération par le vuide qui étoit à l'extérieur entre les deux récipients.

« Quand les préparatifs de l'expérience furent faits, je fis frapper la sonnette par son battant. Mais le son n'en fut point transmis à travers le vuide, quoique je fusse assuré qu'il y avoit en même temps du son produit dans le récipient. » Cette fois, l'expérience était décisive.

§ 6. CONDUCTIBILITÉ POUR LE SON DES SOLIDES, DES LIQUIDES ET DES GAZ.

Donc l'air et en général tous les gaz sont des véhicules du son : ce sont eux qui le conduisent du corps sonore à l'oreille. Mais ils ne possèdent pas tous cette propriété au même degré. Ainsi, d'après les expériences de Tyndall, la conductibilité du gaz hydrogène pour le son est beaucoup moindre que celle de l'air, à égalité de pression, et cependant la vitesse de propagation est près de quatre fois dans l'hydrogène ce qu'elle est dans l'air. Hauksbee a fait, au siècle dernier, des expériences sur la propagation du son dans l'air condensé jusqu'à cinq atmosphères. L'intensité du son transmis se trouva graduellement augmentée.

Les solides eux-mêmes transmettent le son, mais aussi dans une mesure très variée et qui dépend de leur élasticité. Ainsi dans les expériences précédentes, alors même que le vide est fait, si l'on approche l'oreille, on entend un son très faible, transmis à l'air environnant par le coussin et par le plateau de la machine. Ce qui démontre mieux encore le fait de cette transmission par les solides, c'est que le son du timbre n'est qu'affaibli, si l'on pose directement l'appareil sur la platine de verre qui supporte la cloche[1].

Enfin l'eau et en général tous les liquides sont aussi des véhicules du son, et, au point de vue de l'intensité comme de la vitesse, de meilleurs véhicules que l'air. Un plongeur entend sous l'eau les moindres bruits, par exemple ceux que font les cailloux en roulant et se choquant les uns les autres. On s'était demandé d'abord si le son qu'on entendait malgré l'interposition d'une certaine masse d'eau avait bien l'eau pour véhicule; si ce n'était pas l'air en dissolution dans le liquide qui transmettait au dehors les vibrations sonores. L'abbé Nollet, en répétant les expériences de Hauksbee, prit la précaution de purger d'air l'eau au travers de laquelle le son se propageait, et il ne trouva pas de différence sensible entre les sons produits par le corps sonore plongé dans l'eau aérée et dans l'eau privée d'air. La présence de l'air dans l'eau n'est donc pas nécessaire à la propagation du son; elle n'en accroît ni n'en diminue l'intensité. Une expérience très simple démontre la conductibilité des liquides pour le son. On frotte un diapason avec un archet : le son produit et communiqué par l'air seul est très faible et à peine perceptible. Si l'on plonge le pied de l'instrument dans un verre plein d'eau (fig. 284), le son devient plus fort, surtout

---

1. Les Académiciens de Florence qui avaient fait des expériences sur la propagation du son dans le vide, crurent que l'air n'était point nécessaire pour la transmission. La cause de leur erreur provenait de la difficulté qu'on avait alors d'obtenir un vide suffisamment parfait, et aussi de ce qu'ils n'avaient pas pris la précaution d'isoler le corps sonore à l'aide de corps mous ou mauvais conducteurs du son. Une négligence pareille avait induit le P. Kircher à une conclusion différente, mais non moins fausse. Ayant constaté qu'une clochette donnait encore des sons dans l'espace barométrique, il n'admettait pas que cet espace pût réellement être vide.

si le verre est posé lui-même sur une caisse creuse en bois.
L'ébranlement sonore se communique alors entièrement, par
l'intermédiaire de l'eau, au verre et au bois de la boîte.

Il ne faut pas confondre les sons que nous percevons par l'intermédiaire de l'air avec ceux que nous transmettent les solides,
le sol par exemple, ou tout autre corps élastique. Si l'on applique l'oreille à l'extrémité d'une pièce de bois un peu longue,
on distingue fort bien le bruit que produit le frottement d'une
épingle, d'un bout de plume à l'extrémité opposée : cependant

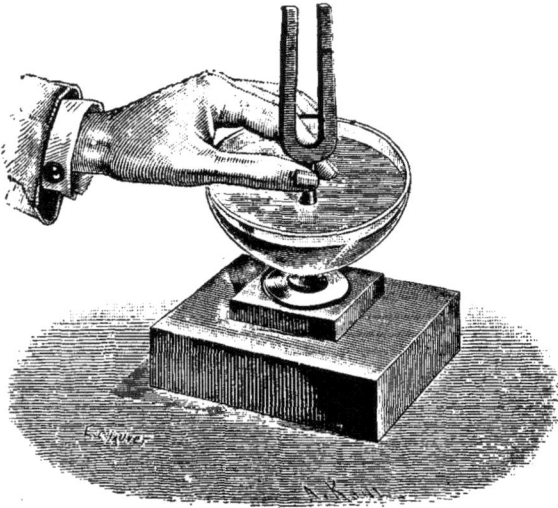

Fig. 284. — Conductibilité des liquides pour le son.

une personne placée vers le milieu, mais l'oreille loin de la
poutre, n'entend rien. Le tic-tac d'une montre suspendue à
l'extrémité d'un long tube métallique s'entend distinctement
à l'autre bout, sans que les personnes plus rapprochées de
la montre perçoivent aucun son. Hassenfratz, « étant descendu dans une des carrières situées au-dessous de Paris,
chargea quelqu'un de frapper avec un marteau contre une
masse de pierre qui forme le mur d'une des galeries souterraines. Pendant ce temps, il s'éloignait peu à peu du point où
la percussion avait lieu, en appliquant une oreille contre la

masse de pierre ; bientôt il distingua deux sons, dont l'un était transmis par la pierre et l'autre par l'air. Le premier arrivait à l'oreille beaucoup plus tôt que l'autre ; il s'affaiblissait aussi beaucoup plus rapidement, à mesure que l'observateur s'éloignait, en sorte qu'il cessa d'être entendu à la distance de cent trente-quatre pas, tandis que le son auquel l'air servait de véhicule ne s'éteignit qu'à la distance de quatre cents pas. » (Haüy.)

Des expériences analogues exécutées à l'aide de longues barres de bois ou de fer donnèrent le même résultat quant à la supériorité de vitesse, mais un effet inverse relativement à l'intensité. Nous citerons plus loin la curieuse expérience de Wheatstone répétée par Tyndall, laquelle permit à des auditeurs d'entendre au second étage d'une maison, par l'intermédiaire de baguettes de sapin, un concert donné au rez-de-chaussée ou dans la cave. Ainsi le bois est un excellent conducteur du son.

Humboldt, décrivant les bruits sourds qui accompagnent presque toujours les tremblements de terre, cite un fait qui prouve la facilité avec laquelle les corps solides transmettent le son à de grandes distances. « A Caracas, dit-il, dans les plaines de Calabozo et sur les bords du Rio-Apure, l'un des affluents de l'Orénoque, c'est-à-dire sur une étendue de 150 000 kilomètres carrés, on entendit une effroyable détonation, sans éprouver de secousses, au moment où un torrent de laves sortait du volcan Saint-Vincent, situé dans les Antilles à une distance de 1200 kilomètres. C'est, par rapport à la distance, comme si une éruption du Vésuve se faisait entendre dans le nord de la France. Lors de la grande éruption du Cotopaxi, en 1744, on entendit des détonations souterraines à Honda, sur les bords du Magdalena : cependant la distance de ces deux points est de 810 kilomètres, leur différence de niveau est de 5500 mètres, et ils sont séparés par les masses colossales des montagnes de Quito, de Pasto et de Popayan, par des vallées et des ravins sans nombre. Évidemment, le son ne fut pas transmis par l'air ; il se propagea dans la terre à une grande profondeur. Le jour du tremblement de terre de la Nouvelle-Grenade, en février 1835, les mêmes phénomènes se reproduisirent à Popayan, à Bogota, à Santa Marta et dans le Caracas, où le bruit dura sept heures entières, sans secousses, à Haïti, à la Jamaïque et sur les bords du Nicaragua. » (*Cosmos*, I.)

En résumé, la transmission du son du corps sonore à l'oreille peut se faire par l'intermédiaire des corps solides, des liquides et des gaz ; mais c'est l'atmosphère qui est le véhicule le plus ordinaire.

Il résulte de là que le son ne dépasse point les limites de l'atmosphère. Le bruit des explosions volcaniques, par exemple, ne peut se propager jusqu'à la Lune ; et de même, les habitants de la Terre n'entendent pas les sons qui pourraient se produire dans les espaces célestes [1]. Les détonations des aérolithes indiquent donc que ces corps, au moment où ces détonations ont lieu, se trouvent déjà dans notre atmosphère : ce qui peut nous renseigner sur les limites de la couche gazeuse dont notre planète est enveloppée. Sur les hautes montagnes, la raréfaction de l'air est cause d'un grand affaiblissement dans l'intensité des sons. Selon de Saussure et tous les explorateurs qui lui ont succédé, un coup de pistolet tiré au sommet du Mont-Blanc fait moins de bruit qu'un petit pétard. « J'ai répété plusieurs fois cette expérience, dit Tyndall ; la première fois avec un petit canon d'étain, et plus tard avec des pistolets. Ce qui me frappa particulièrement, ce fut l'absence de cette plénitude et de cette netteté de son qui caractérisent un coup de pistolet à des élévations moindres ; le coup produisait l'effet d'une bouteille de vin de Champagne, et cependant le son ne laissait pas d'être encore assez intense. Ch. Martins, en décrivant un orage dont il a été témoin dans ces hautes régions,

---

1. Les pythagoriciens croyaient à une harmonie produite par le mouvement des sphères. Les sept planètes formaient un concert parfait, et si les oreilles des humains ne parvenaient point à entendre ces sons d'origine céleste, ce n'est pas à l'absence d'un milieu capable de les propager qu'ils attribuaient cette impuissance. Ils en donnaient pour raison que, depuis la naissance, les oreilles de chacun y sont habituées, et que, pour distinguer cette harmonie, il faudrait qu'il y eût le contraste du silence. Aristote, qui combat l'hypothèse pythagoricienne, le fait à l'aide d'arguments qui ne valent pas mieux. (V. *De Cœlo*, liv. II.)

dit que « le tonnerre ne roulait pas ; c'était un coup sec comme la détonation d'une arme à feu. » Gay-Lussac, dans sa célèbre ascension en ballon, remarqua que les sons de sa voix étaient considérablement affaiblis à la hauteur de 7000 mètres où il s'était élevé.

En résumé, de tous les faits que nous venons de passer en revue, que faut-il conclure? Le voici :

Le son a son origine dans certains mouvements imprimés aux masses ou aux molécules des corps élastiques ; la percussion, le frottement, le pincement, l'action de la chaleur, de l'électricité, les combinaisons brusques qui déterminent les explosions chimiques, sont autant de modes de production du son ;

Les corps sonores sont les corps élastiques : ils peuvent être solides, liquides ou gazeux ;

Mais il ne suffit pas que le mouvement qui cause le son se produise dans les corps sonores, pour que l'oreille normale en perçoive la sensation, il faut qu'il y ait entre la source et notre organe d'audition une succession ininterrompue de corps, une suite de milieux pondérables ;

L'air est le véhicule le plus ordinaire du son; mais les corps solides, les liquides et les différents gaz sont aussi propres à transmettre le mouvement particulier qui le constitue;

Le vide enfin ne permet pas la transmission du son.

CHAPITRE II

§ 1. LA VITESSE DU SON DANS L'AIR. — ANCIENNES EXPÉRIENCES.

Le son ne se transmet pas instantanément du corps sonore à l'oreille : c'est là un fait connu de tout le monde. Il suffit, en effet, d'une assez faible distance pour constater l'existence d'un intervalle appréciable entre l'instant où l'œil voit le mouvement qui donne naissance au son, et celui où l'oreille en perçoit la première impression.

Ainsi le son se propage successivement au travers des milieux pondérables. Quelles sont les lois de ce mouvement? Avec quelle vitesse le son se propage-t-il? Cette vitesse est-elle constante ou bien varie-t-elle avec la distance de la source? Est-elle différente selon le milieu, plus petite ou plus grande dans les liquides ou les solides que dans l'air ou dans les gaz, dans des directions variées, horizontales, obliques, verticales, dans les montagnes que dans les plaines? Change-t-elle enfin si les conditions atmosphériques changent, si la température, la pression du baromètre, l'humidité de l'air, sa densité varient elles-mêmes? Est-elle augmentée ou diminuée par les mouvements de transport de l'air, par le vent?

On voit par là combien la question est complexe ; mais les premiers physiciens qui l'ont abordée, ne l'ont naturellement envisagée d'abord que sous son aspect le plus simple. Ils se sont bornés à mesurer grossièrement la vitesse de propagation du son dans l'air, sans tenir compte des circonstances que nous venons de mentionner.

En général, toute mesure de la vitesse du son est basée sur la différence qui existe entre la vitesse de la lumière et celle du son lui-même; et à vrai dire, ce n'est jamais que cette différence qu'on a déterminée dans toutes les expériences antérieures à ces dernières années. Nous avons vu Sénèque constater le fait, et tout le monde aujourd'hui sait qu'on ne commet en ce cas aucune erreur appréciable en considérant la vitesse de la lumière comme infinie.

Voici donc le procédé à suivre : On mesure avec le plus de précision possible une distance aux deux extrémités de laquelle se postent deux observateurs. L'un d'eux produit un son à l'aide d'un procédé visible au loin, tel que la détonation d'une arme à feu, dont la lumière, au moment où l'aperçoit le second observateur, donne l'instant précis où commence l'ébranlement sonore. Ce second observateur, muni d'un instrument propre à évaluer le temps, d'une montre à secondes, je suppose, note l'instant de l'apparition du signal lumineux, puis celui où son oreille perçoit la première impression du son : l'intervalle indique en secondes et fractions de seconde le temps écoulé entre ces deux phases du phénomène. Il est clair qu'en divisant la distance des stations par le nombre mesurant cet intervalle, on aura l'espace parcouru par le son en une seconde, c'est-à-dire sa vitesse. Cela suppose à la vérité que la vitesse du son est constante, ce qu'on peut vérifier approximativement du reste en faisant varier la distance des stations extrêmes, ou en établissant des postes d'observation intermédiaires.

Avant de décrire les expériences récentes les plus précises, nous allons faire l'histoire sommaire des déterminations anciennes de la vitesse du son.

Ces déterminations sont loin d'être concordantes, comme on va le voir : ce qui n'a rien d'étonnant, si l'on songe au peu de précision des premiers procédés adoptés.

La plus ancienne mesure paraît être due aux académiciens

le Florence et dater de l'année 1660. Ils trouvèrent une vitesse
de 1148 pieds, c'est-à-dire de 372^m,90. Le père Mersenne avait
déjà obtenu indirectement la vitesse du son, en se basant sur
le phénomène de l'écho ou de la réflexion du son; le nombre
auquel il était arrivé était de 972 pieds (ou 316 mètres environ)
par seconde. Le premier de ces nombres était trop fort, le second trop faible. Les autres mesures s'éloignaient plus encore
de la vérité[1]. Il faut dire que de tels résultats ne peuvent guère
inspirer de confiance, et voici pourquoi.

D'abord, en général, les distances des stations extrêmes
étaient imparfaitement connues. Il y a là une première cause
d'erreur. Une autre, plus grave, tenait au peu de précision des
mesures du temps. Ainsi le père Mersenne avait reconnu qu'en
une seconde la voix pouvait prononcer sept syllabes distinctes,
et qu'un écho, distant de 81 toises, les réfléchissait en totalité
dans la seconde qui suivait. Chacun des sons composant les
sept syllabes avait donc exactement parcouru en une seconde
le double de la distance de l'écho, soit 972 pieds. C'est là une
grossière approximation, non une mesure précise.

Pour comparer les résultats obtenus, il faudrait en outre
tenir compte de l'état thermométrique et hygrométrique de l'atmosphère, et aussi de la force, de la vitesse et de la direction
du vent. On verra plus loin comment ces circonstances si va-

1. L'*Encyclopédie* donne les nombres suivants pour la vitesse du son dans l'air, obtenue
par divers savants du dix-septième siècle; plusieurs de ces nombres ne sont pas d'accord
avec ceux que nous trouvons dans d'autres publications anciennes; cette différence tient-
elle à ce que les expériences faites par certains observateurs furent multiples et donnèrent
des résultats divergents? c'est ce que nous ne pouvons dire. Voici le passage en question,
qui d'ailleurs n'indique nullement les circonstances où ont été faites les mesures : « La
vitesse du son est différente, suivant les différents auteurs qui la déterminent. Il parcourt
l'espace de 968 piés en une minute (faute d'impression : lisez *une seconde*) suivant M. Isaac
Newton; 1300 suivant M. Robert; 1200 suivant M. Boyle; 1300 suivant le docteur Walker;
1474 suivant Mersenne; 1142 suivant M. Flamsteed et le docteur Halley; 1148 suivant
l'Académie de Florence, et 1172 piés suivant les anciennes expériences de l'Académie des
sciences de Paris. M. Derham prétend que la cause de cette variété vient en partie de ce
qu'il n'y avait pas une distance suffisante entre le corps sonore et le lieu de l'observation,
et en partie de ce que l'on n'avait pas eu égard aux vents. » Nous ne citons d'ailleurs ces
résultats que pour montrer quelle était encore, il y a deux siècles, l'incertitude des physiciens sur ce point de la science.

riables influent sur la vitesse de l'ébranlement sonore. Or, dans
les plus anciennes expériences, on ne se préoccupait nullement
de ces influences.

§ 2. VITESSE DU SON DANS L'AIR; EXPÉRIENCES RÉCENTES.

Les premières expériences précises remontent à l'année 1738
et sont dues à l'ancienne Académie des sciences de France. Une
commission formée de trois savants français, Lacaille, Cassini
de Thury et Maraldi, choisit pour stations d'observation les
points suivants : à Paris, l'Observatoire et la pyramide de Montmartre ; aux environs, le moulin de Fontenay-aux-Roses, Dam-
martin et le château de Lay, à Montlhéry. Malheureusement, le
temps ne fut encore mesuré qu'à une demi-seconde près ; la
plupart des coups de canon ne furent pas réciproques, et dès
lors la vitesse du vent n'était pas atténuée ; enfin la température ne fut que vaguement indiquée. Voici les résultats pour les
expériences du 14 et du 16 mars. Le 14, par une pluie très
vive, le son parcourut la distance de 11 756 toises, séparant
Montlhéry de l'Observatoire, en 68 secondes, moyenne des deux
intervalles d'aller et de retour. Cela fait 172^t,9 par seconde.
Le 16, la moyenne de deux coups réciproques entre les mêmes
stations fut de 68^s,25 ; et par conséquent la vitesse du son
de 172^t,25.

L'influence du vent fut alors reconnue. S'il souffle dans le
même sens que le son se propage, il en augmente la vitesse ;
en sens contraire, il la ralentit d'autant, et c'est là ce qui explique la nécessité des coups réciproques. Nous verrons plus
loin ce que dit Arago sur ce point. Enfin, si le vent souffle dans
une direction oblique, la vitesse du son est augmentée ou diminuée selon l'angle que sa direction fait avec celle du vent [1].
Son influence n'est nulle que pour le cas où le vent souffle à
angle droit entre les deux stations extrêmes.

_____

1. De toute la valeur de la composante de cette vitesse, ou de sa projection sur la direction du mouvement du son.

Les mêmes expériences firent aussi reconnaître que la vitesse du son dans l'air est indépendante de la pression atmosphérique, qu'elle est uniforme, c'est-à-dire que le son parcourt un espace double, triple…, dans un temps double, triple…, etc. Les stations intermédiaires servirent à constater ce fait.

Les expériences des académiciens français furent le point de départ de mesures nombreuses, faites dès 1739 à Aigues-Mortes par Lacaille et Cassini ; en 1740 et 1744, à Quito et à Cayenne, par La Condamine ; en 1778 et en 1791, par Kœstner et Muller à Gœttingue, et enfin à Santiago du Chili par Espinoza et Bauza.

En 1809 et en 1811, Benzenberg fit près de Dusseldorff plusieurs séries de mesures de la vitesse du son, entre deux stations éloignées de 9072 mètres. Les coups n'étant pas réciproques, l'influence du vent ne fut pas éliminée, mais le temps était calme, et les observateurs étaient munis de montres à arrêt et à tierces. Les résultats furent les suivants : vitesse du son à 2° au-dessus de zéro, 335^m,2 par seconde ; à 28°, 350^m,78.

Viennent ensuite, en 1821, les expériences faites à Madras par un astronome anglais, Goldingham. Résultats : vitesse du son à 27°,56, égale à 347^m,57. C'est une moyenne de 800 observations ; les coups de canon étaient tirés des deux forts Saint-Georges et Saint-Thomas [1], et entendus à une station distante de ceux-ci de 4246^m,5 et de 9059^m,2.

Nous arrivons maintenant, dans l'ordre des dates, aux expériences que le Bureau des Longitudes, sur la proposition de Laplace, fit faire en 1822. La commission était composée de quatre membres du bureau, Arago, de Prony, Bouvard et Mathieu, et elle s'adjoignit Gay-Lussac et Humboldt. L'une des stations choisies fut encore Montlhéry, comme en 1738. Mais, pour éviter le trajet du son au travers de l'atmosphère d'une grande ville, au lieu de Montmartre ou de l'Observatoire, on prit un point de la

_____

1. « Au fort Saint-Georges, à Madras, on tire le canon le matin à la pointe du jour et le soir à huit heures ; au Mont Saint-Thomas, on tire aussi le canon le matin à la naissance du jour, et le soir au coucher du soleil. Un nouveau bâtiment a été érigé de manière à dominer toute la contrée ; c'est sur cet édifice que l'auteur fit ses observations le matin et le soir au moment où l'on tirait le canon. » (*Bulletin de Férussac.*)

banlieue, Villejuif, pour seconde station. Les moyens d'évaluer le temps étaient des chronomètres à arrêt fournis par Bréguet, lesquels donnaient les dixièmes et même (l'un d'eux) les soixantièmes de seconde. Arago, de Prony et Mathieu s'établirent à Villejuif; Gay-Lussac, Humboldt et Bouvard à Montlhéry. Deux pièces de canon de six, chargées de gargousses de même poids (1^k et $1^k,5$), avaient été disposées à chacune des stations.

Fig. 285. — Expériences du Bureau des Longitudes sur la vitesse du son, faites à Villejuif et à Montlhéry en 1822.

Les expériences commencèrent le 21 juin 1822 à dix heures et demie et continuèrent le lendemain à onze heures du soir, par un ciel serein et une atmosphère à peu près calme. Douze coups de canon alternés de 10 en 10 minutes furent tirés chaque soir à l'une et à l'autre station, à partir d'un signal donné, et chaque groupe d'observateurs nota le nombre de secondes qui s'écoulaient entre l'apparition de la lumière et la perception du son.

A Villejuif, on entendit parfaitement tous les coups tirés à Montlhéry, tandis que les bruits du canon de Villejuif furent à peine transmis à l'autre station. Cependant, dit Arago, « le peu de vent qu'il faisait soufflait de Villejuif à Montlhéry, ou plus exactement du nord-nord-ouest au sud-sud-est. » En combinant les coups réciproques entendus de part et d'autre, on reconnut que le son avait employé en moyenne 54 secondes 6 dixièmes pour franchir la distance des deux stations. La température était 15°,9, l'hygromètre marquait 72°. La distance totale étant de 18612^m,52, la vitesse du son avait été, par seconde, de 340^m,88. Arago évaluait à 1^m,317 l'erreur probable pouvant provenir de l'incertitude de la mesure des distances et de l'évaluation du temps.

On a vu que, pour compenser l'influence du vent, on observe des coups réciproques, mais cette réciprocité n'est jamais rigoureusement simultanée ; les coups combinés étaient séparés, à Montlhéry et à Villejuif, par des intervalles de cinq minutes. Or, dit Arago, « si l'on remarque que le vent est toujours intermittent, et qu'entre deux fortes bouffées, il y a souvent des instants d'un calme complet, ne trouvera-t-on pas trop considérables les intervalles de 5 minutes que nous avons cru néanmoins pouvoir combiner comme coups correspondants. Loin de vouloir affaiblir ces objections, j'ajouterai, si l'on veut, que, dans certains cas, les coups des deux stations pourraient partir à la même seconde, sans que la demi-somme des deux temps de propagation fût indépendante du vent. Supposons, en effet, que, le 21 juin par exemple, une bouffée du nord eût commencé à Villejuif à l'instant du tir de la pièce : le son, plus rapide que le vent, se serait propagé de cette station à Montlhéry comme dans une atmosphère tranquille, tandis que le bruit parti, à la même seconde, de Montlhéry aurait rencontré le vent contraire ou du nord avant d'atteindre Villejuif, et sa marche en aurait été plus ou moins retardée. Mais que conclure de là, si ce n'est qu'un temps fait et calme est indispensablement nécessaire pour de telles expériences ? » Sous ce dernier rapport, les expériences de 1822 furent aussi satisfaisantes que possible. Elles montrèrent aussi que la vitesse de propagation du son est indépendante de la charge du canon, par conséquent de l'intensité du son.

En juin 1823, deux physiciens hollandais, Moll et Van Beek firent à Amersfoort une série d'expériences où ils se proposèrent principalement de tenir compte de l'influence du vent, dont la direction et la vitesse étaient indiquées par de bons anémomètres. Réduite à 0° et à l'air sec, la vitesse du son fut trouvée de 332^m,05.

De Stampfer et de Myrbach, deux savants autrichiens, trouvèrent, en 1822, le nombre 332^m,44.

Mentionnons encore, avant d'arriver aux expériences contemporaines, celles que firent Bravais et Martins en 1844 et le nombre 332^m,37 qu'ils trouvèrent pour la vitesse du son à la température de la glace fondante et dans l'air sec.

§ 3. CONDITIONS QUI INFLUENT SUR LA VITESSE DU SON DANS L'AIR.

La vitesse de propagation du son dans l'air peut se calculer par la théorie. Le son, comme on le verra plus loin, étant un mouvement vibratoire qui se propage dans les milieux élastiques, on prouve que sa vitesse dépend à la fois de l'élasticité et de la densité du milieu fluide où il se meut. Quand la pression à laquelle le gaz est soumis et par suite son élasticité restent les mêmes, la vitesse du son est en raison inverse de la densité du gaz ; si, au contraire, la pression varie sans que la densité change, c'est l'élasticité qui varie, et la vitesse du son est d'autant plus grande que cette élasticité l'est elle-même davantage. C'est à Newton qu'est due la première démonstration théorique de ces principes : nous venons de les énoncer sans les formuler rigoureusement [1].

1. La formule de Newton est $V = \sqrt{\dfrac{gh\Delta}{d}}$, dans laquelle V est la vitesse du son, h la pression atmosphérique, qui mesure l'élasticité de l'air, d la densité de l'air, Δ la densité

Dans l'air atmosphérique, la pression et la densité varient précisément dans le même rapport, si toutefois la température reste constante, et la vitesse du son ne varie qu'avec la température. L'expérience confirme cette prévision de la théorie.

Il résulte de là que, pour être comparables, les résultats des diverses expériences qu'ont faites les physiciens sur la vitesse du son dans l'atmosphère, doivent être ramenés à une même température. Il faut aussi faire une correction relative à l'état hygrométrique de l'air. On s'accorde à ramener la vitesse observée à celle qu'aurait le son dans l'air sec et à la température de 0° centigrade ou de la glace fondante. Réciproquement, la vitesse du son étant donnée dans ces circonstances, on peut trouver celle qu'il aurait à une température plus élevée ou plus basse. La correction à faire est de $0^m,626$ pour chaque degré centigrade, quantité à ajouter si la température s'élève. à retrancher si au contraire elle s'abaisse.

En discutant les conditions des diverses expériences plus haut mentionnées, M. Le Roux a calculé le tableau suivant de la vitesse du son à 0° :

1738.	Académie des sciences.	$332^m,60$
1811.	Benzenberg	$332^m,35$
1821.	Goldingham.	$331^m,10$
1822.	Bureau des Longitudes	$330^m,64$
1822.	Stampfer et Myrbach.	$332^m,44$
1823.	Moll et Van Beek	$332^m,25$
1844.	Bravais et Martins.	$332^m,37$

Cinq sur sept de ces séries d'expériences donnent à peu de chose près 332 mètres pour la vitesse de propagation du son.

u mercure et g l'intensité de la force de la pesanteur. Cela revient à dire que la vitesse du son est proportionnelle à la racine carrée du rapport entre l'élasticité et la densité du milieu. Pour une pression constante de $0^m,76$, la densité varie avec la température t et alors la formule devient, si l'on remplace g et h par leurs valeurs numériques,

$$V = 279^m \sqrt{1 + 0,00366\,t}.$$

cette formule est d'ailleurs incomplète; elle donnerait une vitesse du son dans l'air à 0° environ trop petite de $\frac{1}{6}$. Elle a été modifiée par Laplace, nous dirons plus loin pourquoi.

Les deux autres donnent un nombre un peu inférieur. Mais il ne faut pas oublier que les distances parcourues étaient fort inégales, que les températures observées étaient celles des points extrêmes, et que, comme Arago l'a remarqué, l'influence du vent n'est pas toujours corrigée par les coups réciproques. La différence de $1^m,80$ entre les résultats les plus divergents n'a donc rien d'étonnant, et s'explique par les différences probables des conditions où se trouvaient les couches d'air intermédiaires traversées par le son, au moment où se firent les expériences correspondantes.

Dans toutes les expériences que nous avons rapportées, excepté celles de MM. Bravais et Martins, et de Stampfer et Myrbach, la direction du son était à fort peu près horizontale. Les vitesses du son observées se rapportent donc uniquement à cette direction. Mais le son, se propageant sphériquement autour du centre d'ébranlement, conserve-t-il la même vitesse, à l'aller comme au retour, dans une direction oblique à l'horizon? En un mot, la propagation d'un ébranlement sonore, entre deux points d'altitude différente, doit-elle se faire dans le même temps, soit que le son aille de haut en bas, soit qu'il marche de bas en haut? La théorie indique qu'il ne doit pas y avoir de différence. D'une station basse à une station élevée, la pression barométrique ou l'élasticité de l'air diminue; mais sa densité varie dans le même rapport. C'est seulement la température qui change, et l'on sait que la vitesse du son en dépend. Dans des couches d'air de plus en plus froides, cette vitesse va en diminuant progressivement. Un son parti de la station basse chemine donc vers la station élevée en parcourant des espaces de plus en plus petits à chacune des secondes du trajet. Mais au retour le contraire a lieu : la propagation sonore repasse en sens inverse par les mêmes vitesses, qui alors sont croissantes. Ainsi la durée totale du trajet doit être la même dans les deux cas.

C'est pour vérifier ces déductions du raisonnement que Stampfer et Myrbach firent en septembre 1822 à Salzbourg (Tyrol) les expériences dont nous avons indiqué les résultats. La différence de niveau des stations était de 1564 mètres ; la vitesse du son ascendant fut trouvée égale à celle du son descendant ; mais, comme ce résultat était dû à une seule soirée d'observations, A. Bravais et Martins, deux savants français, crurent devoir répéter ces expériences en septembre 1844, vingt-deux ans après les physiciens autrichiens. Les stations choisies étaient situées, l'une au sommet du Faulhorn, dans les Alpes bernoises, l'autre au village de Tracht, près de Brienz, et sur les bords mêmes du lac de ce nom. La différence d'altitude des deux stations était de 2100 mètres, et la distance oblique parcourue par le son 9650 mètres. Les sons étaient produits par la détonation de deux boîtes ou canons courts en fonte ; les observateurs étaient munis d'excellents compteurs et de montres à arrêt. Le son mit en moyenne 28,55 secondes pour franchir la distance oblique des stations. La température moyenne était 8°,2. C'était donc une vitesse de 338^m,01 ; et, en supposant que la température ait décru régulièrement d'une station à l'autre, voici comment les observateurs formulèrent eux-mêmes le résultat trouvé :

« *Vitesse égale des sons ascendants et descendants*, à raison de 332^m,4 pour de l'air sec à la température de la glace fondante. »

L'influence de la température sur la vitesse du son est bien évidente, au seul examen des résultats trouvés par les divers expérimentateurs, qui ont observé à des températures comprises entre 1 ou 2 degrés et 30° centigrades. Cette même influence, que la théorie démontre d'ailleurs, a-t-elle lieu à des températures extrêmes, pendant les grands froids ou les grandes chaleurs ? Comme exemple de vitesses du son mesurées à des températures notablement inférieures à la glace fondante, on cite celle du lieutenant Kandalle, dans l'Amérique du Nord, qui donnèrent 313^m,9 à — 40°, et celle du capitaine Parry dans les mêmes régions : ce dernier trouva 309^m,2 à — 58°,5. Réduites à 0°, ces vitesses deviennent 339^m 5 et 355^m,2 ; le désaccord peut provenir de l'influence du vent, les coups n'ayant pas été réciproques.

Arrivons maintenant aux expériences les plus récentes.

M. F. P. Le Roux, après une discussion des résultats précédents, était arrivé à cette conviction que les divergences des nombres donnant la vitesse du son à 0° et dans l'air libre privé d'humidité, tenaient surtout à une estimation trop basse de la température des couches aériennes réellement parcourues par l'onde sonore. Des travaux météorologiques contemporains, de Babinet, de Becquerel, de Martins, des observations en ballon faites par Glaisher, il résulte que la température à des altitudes différentes varie suivant une loi plus compliquée qu'on ne pensait; que notamment elle atteint à une certaine distance, pendant la nuit, un ou plusieurs maximums. De là la pensée, que ce savant physicien a réalisée en partie, d'instituer des expériences où l'on pût se mettre à l'abri de ces causes d'erreur.

Le principe de la méthode imaginée par M. Le Roux est celui-ci : placer à une distance peu considérable deux membranes élastiques, de gutta-percha très mince, par exemple. Une onde sonore qui les rencontre successivement et les ébranle, détermine la rupture d'un courant électrique parcourant un appareil d'induction dont l'étincelle viendra laisser sa trace sur un chronoscope disposé à cet effet. N'ayant pu trouver un calme atmosphérique assez parfait pour faire l'expérience à l'air libre, il se borna au cas particulier que voici :

« Déterminer, sans le secours de l'oreille, la vitesse de propagation d'un ébranlement solitaire dans une masse gazeuse privée d'humidité, d'une température exactement connue, renfermée dans un tuyau cylindrique dont la longueur soit parcourue en une fraction de seconde. »

Le tuyau employé par M. Le Roux était un tuyau en zinc recourbé sur lui-même en deux portions égales reliées par un coude circulaire. L'air était desséché, et sa température maintenue à 0° par de la glace fondante contenue dans une baignoire et entourant le tube de tous côtés. L'ébranlement sonore était produit par un choc unique d'un marteau de bois, frappant une membrane de caoutchouc fortement tendue à l'une des extrémités du tuyau. Après avoir parcouru toute la longueur du tube, cet ébranlement venait mettre en mouvement la seconde membrane tendue à l'autre extrémité. L'origine et la fin de la propagation sonore se trouvaient enregistrées automatiquement, comme nous l'avons dit, par l'électricité[1]. D'une série de 77 expériences faites avec la précision qui caractérise les travaux de ce savant physicien, et discutées rigoureusement, il résulte que la vitesse du son à 0° et dans l'air sec est de 330 mètres 66. M. Le Roux estime que toutes les causes d'incertitude ou d'erreur réunies ne peuvent produire une différence de plus de 20 centimètres sur ce résultat, nombre presque identique avec celui qu'ont donné en 1822 les expériences du Bureau des Longitudes.

Tandis que M. Le Roux se préoccupait de mesurer la vitesse du son dans des conditions parfaitement définies et en se mettant à l'abri des causes d'influence de nature à modifier cette vitesse, M. Regnault cherchait à varier au contraire de toutes les façons possibles ses expériences, afin de déterminer ces influences mêmes. Donnons, d'après le résumé du savant académicien, une idée des principaux résultats auxquels il est parvenu. De cette façon, le lecteur aura une analyse complète des travaux effectués sur ce point particulier de la science du son.

Quand Newton, Lagrange, Euler cherchèrent une formule qui

---

1. Indiquons encore comment M. Le Roux notait le temps et mesurait la durée de la propagation. Le chronoscope imaginé par lui était extrêmement ingénieux. C'était une règle disposée verticalement en repos, puis abandonnée librement à l'action de la pesanteur. Cette règle était recouverte, sur une partie convenable de sa surface, d'une feuille d'argent ou de métal argenté, préalablement soumise à l'action de la vapeur d'iode. Pendant le temps de la chute de la règle, avait lieu le choc du marteau sur la membrane de départ, puis la propagation de l'onde et son arrivée à l'autre membrane au bout du tuyau. Les étincelles d'induction qui éclataient aux instants précis de l'origine et de la fin de l'ébranlement, laissaient leurs traces en deux points de la surface iodée. La distance de ces points permettait de calculer l'intervalle de temps qui, d'après la loi de la chute des corps, s'était écoulé entre ces instants. Ainsi la durée du phénomène se trouvait mesurée.

exprimât la vitesse des ondes sonores, ils supposèrent que le milieu fluide, véhicule du son, était un gaz *parfait*, doué d'une élasticité qui n'était pas altérée par les corps ambiants, que les changements dus aux variations de la pression suivaient rigoureusement la loi de Mariotte; que les ondes sonores enfin se propageaient sans qu'il y eût transport des masses gazeuses. On a vu que le nombre donnant la vitesse théorique du son dans ces hypothèses est notablement inférieur à la vitesse observée (environ de 1/6), et l'on crut d'abord que la différence provenait des causes d'erreur inhérentes aux procédés d'observation. Laplace en trouva la raison ailleurs. Il fit voir que les condensations successives de l'air produisaient un dégagement de chaleur sur le parcours des ondes, que l'élasticité était par suite augmentée[1], et que la vitesse théorique du son était réellement plus grande que ne l'avaient trouvé Newton et ses successeurs. De là une formule plus complète, plus vraie, mais toujours calculée cependant dans l'hypothèse d'un gaz parfait.

Or ces conditions d'élasticité parfaite des gaz n'existent pas réellement. Ainsi, l'on sait (M. Regnault l'avait démontré il y a longtemps) que tous les gaz s'écartent plus ou moins de la loi de Mariotte; il en est de même des autres conditions, comme les récentes expériences du même savant l'ont prouvé. Sa formule diffère donc de celle de Newton modifiée par Laplace. Il restait donc à vérifier, par des expériences convenablement instituées, l'influence de chacune de ces infractions à l'an-

---

1. Laplace compléta ainsi la formule de Newton que nous avons citée plus haut, en ajoutant sous le radical de cette formule le facteur $\frac{C}{C'}$, C représentant la chaleur spécifique de l'air sous pression constante et C′ la chaleur spécifique de l'air sous volume constant.

La vitesse de propagation du son dans l'air sec, à t^o et sous une pression quelconque, devient alors, tous calculs faits,

$$V = 330^m,6 \sqrt{1 + 0,00366\, t}.$$

Tyndall prouve fort bien dans son bel ouvrage *Le Son* que les dilatations dont chaque condensation est suivie ne compensent point, par le refroidissement qui les accompagne, l'effet des dégagements de chaleur; qu'au contraire elles contribuent de la même manière à accélérer la vitesse de propagation des ondes. Pour ces développements théoriques, que nous voulions indiquer seulement, nous renvoyons à son ouvrage, ainsi qu'aux traités d'acoustique mathématique.

ienne hypothèse théorique sur la vitesse réelle des ondes
onores.

M. Regnault s'est d'abord occupé de l'étude de la propaga-
ion du son dans des tuyaux cylindriques rectilignes.

D'après la formule de Laplace, la vitesse du son est indépen-
lante de l'intensité. Il n'en est point ainsi dans la formule plus
complète donnée par M. Regnault ; elle est au contraire d'autant
plus grande que l'intensité est plus considérable. En outre, on
admettait que dans un tuyau cylindrique rectiligne l'intensité
levait se conserver indéfiniment la même. Or les expériences
le M. Regnault prouvent qu'il n'en est rien, que l'intensité va
en s'affaiblissant d'une façon continue, d'autant plus que le
liamètre du tuyau est plus petit, ce qu'il attribue principa-
ement à la réaction des parois élastiques du tuyau [1]. En
effet, un coup de pistolet chargé avec un gramme de poudre
lonne un son qui n'est plus perçu par l'oreille quand il a
parcouru :

1150 mètres dans un tuyau de   108 millimètres de diamètre.
3810 —   —   300   —   —
9540 —   —   1100   —   —

Ceci montre à la fois que l'intensité n'est pas constante, et
que l'affaiblissement du son est plus grand dans les tuyaux de
petit diamètre. Or la vitesse du son est loin aussi d'y être la
même. Réduite à 0° et à l'air sec, cette vitesse varie :

De $330^m,99$ à $327^m,52$ pour des chemins parcourus de $566^m,7$
à $2833^m,7$, quand la charge de poudre était de 3 décigrammes ;

De $329^m,95$ à $326^m,77$ pour des chemins de $1351^m,95$
à $4055^m,85$, la charge étant de 4 décigrammes. Ces vitesses sont
relatives à la propagation de l'onde sonore dans le tuyau le plus
petit, de 108^{mm} de diamètre. Voici maintenant les vitesses égale-

1. M. Regnault dit à ce sujet que, dans le trajet de l'onde sonore à l'intérieur de l'égout
Saint-Michel, on entendait *au dehors* un son très fort au moment du passage de l'onde, en
quelque point de la ligne qu'on se plaçât. « Une portion notable de la force vive, dit-il, se
dépense donc au dehors. »

ment variables, dans les deux autres tuyaux, selon la longueur des chemins parcourus :

Tuyau de	de 352ᵐ,37 à 330ᵐ,34 pour des chemins de 1905ᵐ à 3810ᵐ		
500ᵐᵐ	de 330ᵐ,43 à 328ᵐ,96 — 7620ᵐ à 15240ᵐ		
Tuyau de	de 334ᵐ,16 à 331ᵐ,24 — 749ᵐ à 5672ᵐ		
1100ᵐᵐ	de 330ᵐ,87 à 330ᵐ,52 — 8508ᵐ à 19851ᵐ		

Plus les vitesses sont prises près du point de départ, plus elles sont grandes, mais les chiffres qui précèdent montrent aussi bien l'influence des diamètres des tuyaux [1]. M. Regnault croit que l'action des parois sur la propagation du son était déjà très petite dans les tuyaux du plus grand diamètre, 1ᵐ,10. Il pense qu'on peut regarder dans ce cas cette influence comme nulle, et qu'alors la vitesse est à fort peu près celle du son à l'air libre. Il conclut donc de ses nombreuses expériences :

« Que la vitesse moyenne de propagation dans l'air sec et à zéro, d'une onde produite par un coup de pistolet, et comptée depuis la bouche de l'arme jusqu'au moment où elle s'est tellement affaiblie, qu'elle ne fait plus marcher les membranes les plus sensibles, est 330ᵐ,6. »

Ce nombre, comme on le voit, est presque identique à celui qu'avait trouvé M. Le Roux ; il est donc permis de le considérer comme exact, d'autant plus que de nombreuses expériences faites sur le plateau de Satory (de 1862 à 1866) par M. Regnault, d'après la méthode des coups de canon réciproques, ont donné 330ᵐ,7 pour un parcours total de 2445 mètres. Ajoutons que le savant physicien a vérifié directement la loi d'après laquelle la vitesse du son est indépendante de la pression.

Les expériences de M. Regnault ont fait voir que la vitesse du son, au moins dans les colonnes gazeuses limitées par des cylindres de petit diamètre, n'est pas indépendante de l'intensité

---

1. « Il est probable, ajoute-t-il, que la nature de la paroi, que son poli plus ou moins parfait exerce une influence sur ce phénomène. Je citerai un fait qui en donne la preuve : dans les égouts de Paris en grande section, on prévient ordinairement les ouvriers par le son de la trompette ; or on a reconnu que ces signaux portent incomparablement plus loin dans les galeries dont les parois sont recouvertes d'un ciment bien lisse que dans celles où elles sont formées par de la meulière brute. »

de l'onde sonore. Mais une autre qualité du son, c'est-à-dire sa hauteur, son plus ou moins de gravité ou d'acuité, ne paraît avoir sur cette vitesse aucune influence. C'est une expérience que tout le monde peut faire d'ailleurs en écoutant de loin un air, un chant musical, ou mieux encore un concert d'instruments ou de voix. Les sons, en pareille circonstance, sont liés les uns aux autres par des rapports rigoureusement constants, dans la mélodie par le rhythme et la mesure, dans l'harmonie par leur concomitance. Or l'expérience prouve que ni les mélodies ni les accords ne sont altérés par l'audition à distance : ce qui arriverait nécessairement si les sons se propageaient avec une vitesse différente, variable avec la hauteur. Du reste, Biot, dans ses expériences sur la vitesse du son dans la fonte de fer, rapportées plus loin, a vérifié le fait pour une distance de près d'un kilomètre. « Pour savoir, dit-il, si les sons graves ou aigus, forts ou faibles, se propageaient avec une égale vitesse, ou s'il y avait entre eux, sous ce rapport, quelque différence, je fis jouer des airs de flûte à une des extrémités du tuyau. On sait qu'en général un chant musical est assujetti à une certaine mesure qui règle très exactement l'intervalle des sons successifs. Par conséquent, si quelques-uns des sons s'étaient propagés plus rapidement ou plus lentement que les autres, lorsqu'ils seraient parvenus à mon oreille, ils se seraient trouvés confondus avec ceux qui les précédaient ou qui les suivaient dans l'ordre du chant, et le chant ainsi entendu aurait paru tout à fait altéré. Au lieu de cela, il était parfaitement régulier, et conforme à sa mesure naturelle; d'où il résulte que tous les sons se propagent avec une vitesse égale. Cette remarque avait déjà été faite en 1738 par les membres de l'Académie des sciences; j'ignore au moyen de quel procédé. »

M. Regnault a aussi constaté un phénomène dont n'avaient pas tenu compte les physiciens qui avaient avant lui mesuré la vitesse du son dans l'air. Nous voulons parler d'un mouvement de transport des couches aériennes, lequel augmente la vitesse de propagation. « Par suite de ce transport, dit-il, et de sa grande intensité, l'onde doit marcher plus vite, surtout suivant la ligne de tir, dans les premières parties du parcours que dans les suivantes. Mais cette accélération s'éteint très vite et devient à peu près insensible, quand l'onde parcourt de grandes distances. » Ce mouvement de transport avait été observé par M. Biot, mais non à l'air libre, quand il fit les expériences rapportées plus haut. « Dans la colonne cylindrique sur laquelle je faisais mes expériences, dit-il, des coups de pistolet tirés à une des extrémités occasionnaient encore à l'autre une explosion considérable, lorsque l'ébranlement y arrivait. L'air était chassé du dernier tuyau avec assez de force pour produire sur la main un vent impétueux, pour lancer à plus d'un demi-mètre de distance des corps légers que l'on plaçait sur sa direction, et pour éteindre des bougies allumées, quoique l'on fût à 951 mètres de distance du lieu où le coup était parti deux secondes et demie auparavant. »

La vitesse du son dans les gaz autres que l'air se calcule théoriquement, d'après une loi assez simple, que nous ne pouvons rapporter ici. On la mesure aussi expérimentalement par la méthode dite des vibrations, en se servant des tuyaux sonores. Voici quelques résultats obtenus de cette dernière façon par M. Wertheim :

Gaz.	Vitesse du son à 0°.
Air	333 mètres.
Acide carbonique.	262 —
Oxygène.	517 —
Hydrogène.	1270 —
Oxyde de carbone.	337 —
Ammoniaque.	407 —

M. Regnault a pu mesurer directement la vitesse du son dans quelques gaz, dont il remplissait deux conduites, l'une de $567^m,4$, l'autre de $70^m,5$ de longueur. Il a trouvé ainsi 1257 mètres pour l'hydrogène, vitesse égale à 3,8 fois celle du son dans l'air ; 279 mètres pour l'acide carbonique, 406 mètres pour l'ammoniaque.

§ 5. MESURE DES DISTANCES PAR LA VITESSE DU SON DANS L'AIR.

Prenons maintenant le nombre $330^m,6$ pour la vitesse du son dans l'air libre et sec, à $0°$, et déduisons-en les valeurs approchées de cette vitesse à des températures différentes au-dessus et au-dessous de $0°$. On a vu qu'il suffit, pour passer d'un degré à l'autre, au-dessus ou au-dessous, d'augmenter ou de diminuer la vitesse du nombre sensiblement constant $0^m,626$. Voici le tableau qui en résulte :

VITESSES DU SON DANS L'AIR LIBRE.

Températures en degrés centigrades.	Vitesse par seconde en mètres.	Températures en degrés centigrades.	Vitesse par seconde en mètres.
— 20°	318,10	+ 11°	337,53
— 15°	321,25	+ 12°	338,16
— 14°	321,88	+ 13°	338,79
— 13°	322,41	+ 14°	339,42
— 12°	323,04	+ 15°	340,05
— 11°	323,67	+ 16°	340,68
— 10°	324,30	+ 17°	341,31
— 9°	324,93	+ 18°	341,94
— 8°	325,56	+ 19°	342,57
— 7°	326,19	+ 20°	343,20
— 6°	326,82	+ 21°	343,83
— 5°	327,45	+ 22°	344,46
— 4°	328,08	+ 23°	345,09
— 3°	328,71	+ 24°	345,72
— 2°	329,34	+ 25°	346,35
— 1°	329,97	+ 26°	346,98
0°	330,60	+ 27°	347,61
+ 1°	331,23	+ 28°	348,24
+ 2°	331,86	+ 29°	348,87
+ 3°	332,49	+ 30°	349,50
+ 4°	333,12	+ 31°	350,13
+ 5°	333,75	+ 32°	350,76
+ 6°	334,38	+ 33°	351,39
+ 7°	335,01	+ 34°	352,02
+ 8°	335,64	+ 35°	352,65
+ 9°	336,27	+ 40°	355,80
+ 10°	336,90	+ 50°	362,10

La connaissance de ces nombres peut servir à mesurer rapidement, avec une certaine approximation, la distance de deux points, quand aucun obstacle ne gêne la vue dans l'intervalle qui les sépare.

Par exemple, on aperçoit au loin, dans la campagne, un

chasseur qui tire un coup de fusil. Si, avec une montre à secondes, on compte le temps qui s'écoule entre la vue du feu de l'arme et l'arrivée de la détonation, une simple multiplication permettra de calculer la distance qui sépare le témoin du chasseur. Il est nécessaire alors d'avoir en poche un thermomètre pour connaître la température. A la rigueur, il faudrait que le chasseur lui-même fût muni d'un thermomètre ; et il serait préférable encore qu'il pût aussi observer et entendre un coup de feu tiré par le premier observateur. A défaut de toutes ces ressources qui peuvent manquer en partie, on procède par évaluation approximative. Les voyageurs, les marins, les soldats en campagne peuvent utilement tirer parti de cette manière expéditive de mesurer les distances. Voici, d'après M. Radau (*Acoustique*, p. 99), quelques détails sur l'emploi qu'a fait de cette méthode notre savant compatriote M. d'Abbadie, dans son long séjour en Éthiopie : « Dans l'île de Mocawa, pendant le ramadan ou mois de demi-jeûne des musulmans, on tire tous les soirs, au coucher du soleil, un coup de canon qui annonce la rupture du jeûne. M. Antoine d'Abbadie en profita pour observer le temps qui se passait entre l'éclair et l'arrivée du son au rivage opposé. Il prit station sur une colline près du village d'Omkullu, sur la terre ferme, et y attendit le coup de canon du fort Mudir. Le son lui arriva 18 secondes après la perception de l'éclair ; la distance était donc de 6440 mètres [1]. »

Une autre fois, M. d'Abbadie mesura, par le même procédé, la distance qui sépare la ville d'Adoua du mont Saloda. Voici les détails que M. Arnaud d'Abbadie donne, à la date du 15 août 1840, sur cette application particulière de la physique à la géodésie :

« Aujourd'hui, nous avons fait des expériences pour mesurer, par la vitesse du son, la distance du sommet du mont Saloda, près de cette ville (Adoua), jusqu'au toit de la maison de Ayta Tasfa, dans la paroisse de Maihané Alam, où est logé actuelle-

---

1. Ceci suppose une température de 43° centigrades : la vitesse du son est alors de 357ᵐ,7 par seconde. Il reste à savoir s'il y avait une correction provenant de l'influence du vent.

ment M. le préfet de la mission catholique d'Éthiopie. Mon frère, sur le sommet du mont et près d'une crête de rocher saillant, employait un fusil à mèche. De mon côté, je tirais avec une espingole. Des toges blanches tendues servaient de signaux. J'employais le chronomètre à pointage, et mon frère se servait du chronomètre G, dont il comptait les battements. Nos coups de fusil s'entendaient très bien : ceux de mon frère étaient distincts, mais très faibles. Il est remarquable que, tandis que le vent allait obliquement vers la montagne, mon frère percevait néanmoins le son plus lentement que moi. Immédiatement après les six coups de fusil, nous observâmes les thermomètres sec et mouillé. » Le résultat fut que la distance cherchée était égale à 3 kilomètres.

Nous osons recommander ce moyen si rapide et si commode de mesurer les distances aux officiers et sous-officiers de notre armée. Même sans thermomètre et sans montre à secondes, on peut arriver avec un peu d'habitude, d'une part à compter les secondes, d'autre part à évaluer la température avec une approximation qui peut suffire. La lumière qui s'échappe de la bouche d'une arme à feu se voit mal, il est vrai, le jour par un temps clair ; mais, pour peu qu'il fasse nuit ou seulement un temps un peu sombre, l'éclair peut être visible ; à défaut de l'éclair, on peut observer la fumée. Prenons un exemple : Une batterie ennemie tire un coup de canon, et l'on compte, entre l'éclair et le bruit, à peu près 15 secondes ; l'officier qui observe suppose une température de 12°. La distance calculée se trouve évaluée à 338 mètres × 15, c'est-à-dire 5070 mètres. A ce moment, supposons que la température marquée par le thermomètre fût réellement 10°, et qu'une montre à secondes aurait donné 14^s,5 ; la distance est donc en réalité 336 mètres × 14,5 ou 4885 mètres. L'erreur de l'évaluation est de 185 mètres, environ 1/26 de la distance vraie ; c'est là une inexactitude bien supportable dans la circonstance. On voit, du reste, que la portion de l'erreur la plus considérable est celle qui peut provenir de l'évaluation du temps. Mais une montre à secondes et un thermomètre de poche ne sont pas des objets si rares, qu'on ne puisse souvent se servir de la méthode précédente avec une certaine chance d'exactitude.

On peut de la même façon mesurer la distance où se trouve de nous une nuée orageuse, d'où nous voyons jaillir des éclairs suivis de coups de tonnerre. En effet, l'instant où l'on voit le sillon lumineux, où éclate la gigantesque étincelle, est aussi celui où la détonation se fait dans la nuée. En comptant le nombre de secondes qui s'écoule entre l'éclair et le bruit du tonnerre, et multipliant ce nombre par la vitesse du son (340 à 550 mètres pour des températures comprises entre 15° et 50°), on a la distance de l'œil au nuage orageux. Quand la foudre tombe à une faible distance du spectateur, le coup succède presque instantanément à l'éclair; qui serait frappé n'aurait pas le temps de distinguer l'un de l'autre. Il résulte de là que l'*éclair vu* n'est plus dangereux, et que les personnes craintives peuvent se rassurer à la vue de l'étincelle et attendre tranquillement le coup de tonnerre. Il est vrai aussi que cela ne suffit pas pour les rassurer sur les coups à venir.

En moyenne, il faut compter 2 à 5 secondes par chaque kilomètre de distance, 28 à 29 secondes correspondant à 1 myriamètre ou deux lieues et demie.

De la différence qui existe entre les vitesses de la lumière, du son et des projectiles, résultent des conséquences singulières. Ainsi le soldat frappé par un boulet de canon peut voir le feu qui sort de la bouche de l'arme, bien qu'il n'entende pas la détonation, parce que la vitesse du son est moindre que celle du boulet; mais, s'il est frappé à une grande distance, la résistance de l'air diminuant de plus en plus la vitesse du projectile, il peut arriver qu'il voie la lumière, puis entende le coup avant d'être atteint.

« Si des soldats rangés en cercle, dit Tyndall, déchargent leurs fusils au même instant, pour une personne placée au centre du cercle, toutes les décharges n'en feront qu'une. Mais si les hommes sont placés sur une ligne droite, un observateur placé sur la même ligne, au delà de l'une des extrémités de la rangée, entendra, au lieu d'un son unique, un roulement plus ou moins prolongé. La décharge de la foudre sur les divers points d'un nuage de très grande longueur peut, de cette manière, produire le roulement prolongé du tonnerre... Une longue file de soldats s'avançant musique en tête, sur une grande route, ne peuvent pas marcher en cadence ou au pas, parce que les notes musicales n'arrivent pas simultanément à l'oreille des soldats placés en avant et en arrière. » (*Le Son*.)

§ 6. VITESSE DU SON DANS LES LIQUIDES.

On a vu que le son se propage dans l'eau et en général dans les liquides comme dans l'air ; mais la vitesse de propagation est alors beaucoup plus grande. Laplace en a trouvé la valeur par la théorie, valeur qui dépend à la fois de la densité du liquide et de sa compressibilité. D'après lui, la vitesse du son dans l'eau de pluie doit être **4** fois **1/2**, et dans l'eau de mer **4** fois **7/10** aussi grande que celle du son dans l'air.

Les premières expériences sur ce sujet ont été faites à Marseille par Beudant, à l'aide d'un procédé tout semblable à celui qui a servi pour mesurer la vitesse du son dans l'air. Deux bateaux du port, dont la distance avait été mesurée, formaient les stations extrêmes ; et une cloche immergée près de l'un d'eux, qu'on frappait en donnant un signal visible, produisait le son qu'un plongeur écoutait à l'autre station. Beudant trouva 1500 mètres pour la vitesse de propagation en une seconde. Le nombre ne diffère pas beaucoup de celui que donnerait la formule théorique de Laplace.

Arrivons maintenant aux expériences que deux savants français, Colladon et Sturm, ont faites en **1827** sur le lac de Genève. Voici comment ils procédèrent :

Les observateurs s'étaient postés sur deux barques, l'une amarrée à Thonon, l'autre sur la rive opposée du lac. Le son était produit par le choc d'un marteau sur une cloche du poids de 65 kilogrammes, plongée dans l'eau ; et à l'autre station, un cornet acoustique à large pavillon recevait aussi dans l'eau, sur une feuille métallique tendue à son ouverture, le son propagé par la masse liquide. L'observateur, dont l'oreille était placée à l'ouverture du cornet, était muni

Fig. 286. — Mesure de la vitesse du son dans l'eau. Station de départ.

d'un chronomètre ou compteur donnant avec précision les secondes et les fractions de seconde. Il était averti de l'instant précis de la percussion de la cloche, par la lumière que produisait l'inflammation d'un tas de poudre, inflammation déterminée par l'abaissement d'une mèche liée au marteau en forme de levier. Les figures 286 et 287 feront comprendre le mécanisme de cette disposition, et nous dispenseront d'une explication plus détaillée[1].

1. *Annales de physique* pour 1827, t. V des *Mémoires des savants étrangers*, et *Bibliothèque universelle de Genève* (août 1841).

La distance des stations, qui était de 13 487 mètres, fut parcourue par le son en 9ˢ,4, ce qui donne 1435 mètres pour la vitesse du son dans l'eau à la température de 8°;1 centigrades. A cette température, nous avons trouvé 335ᵐ,64 pour la vitesse du son dans l'air libre. L'expérience montre ainsi que le son se meut 4 fois 1/4 environ plus vite dans l'eau douce que dans l'air. Le dernier jour des expériences, l'eau du lac était fort

Fig. 287. — Mesure de la vitesse du son dans l'eau. Station d'arrivée.

agitée ; mais cette agitation n'eut pas d'influence appréciable sur la vitesse de transmission du son.

Dans ces deux expériences, les ondes sonores se propageaient dans une masse liquide illimitée. Wertheim a montré que le son devait se mouvoir moins vite dans une colonne ou dans un filet cylindrique, la première vitesse étant égale à la seconde multipliée par le nombre 1,225. Des expériences très délicates, faites par une méthode que nous ne pouvons décrire ici, lui ont donné les résultats suivants :

VITESSE DU SON.

	Température.	Dans un filet liquide.	Dans une masse illimitée.
		mètres	mètres
Eau de Seine	15°	1175	1437
—	50°	1251	1528
—	60°	1408	1725
Eau de mer	20°	1187	1454
Alcool ordinaire à 36°	20°	1050	1286
Éther sulfurique	0°	946	1159

Dans un même liquide, comme dans l'air, la vitesse du son augmente avec la température.

§ 7. VITESSE DU SON DANS LES SOLIDES.

Déjà plus grande dans les liquides que dans l'air et les autres gaz, la vitesse du son est encore plus considérable dans les milieux solides. Les premières tentatives pour déterminer cette dernière ont été faites, croyons-nous, par Hassenfratz. Voici ce qu'en dit Haüy dans son *Traité de physique :*

« Hassenfratz étant descendu dans une des carrières situées au-dessous de Paris, chargea quelqu'un de frapper avec un marteau contre une masse de pierre qui forme le mur d'une des galeries pratiquées au milieu des carrières. Pendant ce temps, il s'éloignait peu à peu du point où la percussion avait lieu, en appliquant une oreille contre la masse de pierre ; bientôt il distingua deux sons, dont l'un était transmis par la pierre, et l'autre par l'air. Le premier arrivait à l'oreille beaucoup plus tôt que l'autre ; mais il s'affaiblissait aussi beaucoup plus rapidement, à mesure que l'observateur s'éloignait, en sorte qu'il cessa d'être entendu à la distance de cent trente-quatre pas, tandis que celui auquel l'air servait de véhicule ne s'éteignit qu'à la distance de quatre cents pas.

« Des corps de diverses natures, tels que des barrières de bois et des suites de barres de fer disposées sur une longueur plus ou moins considérable, ont donné des résultats analogues, avec cette différence, que le son propagé par le bois parcourait un beaucoup plus grand intervalle que le son transmis par l'air, avant d'arriver au terme où il devenait nul pour l'oreille, ce qui était l'effet inverse de celui qu'avait offert la comparaison de l'air avec la pierre. Le même physicien a remarqué de plus que non seulement la transmission du son à travers les corps solides est en général plus rapide que celle qui a lieu par l'intermède de l'air, mais qu'elle se fait dans un temps inappréciable, du moins relativement aux distances auxquelles ses expériences ont été limitées, et dont la plus grande était de deux cent dix pas. »

Biot fit des expériences analogues, mais sur une longueur plus considérable et avec des moyens plus précis. Il utilisa la longue colonne de tuyaux de fonte destinée à porter les eaux de la Seine de Marly à l'aqueduc de Luciennes. 376 tuyaux formaient ainsi une longueur totale de 951^m,2. Voici comment ce savant a décrit lui-même son expérience : « On adaptait à l'un des orifices de ce canal un anneau de fer de même diamètre que lui, portant à son centre un timbre et un marteau que l'on pouvait laisser tomber à volonté. Le marteau, en frappant sur le timbre, frappait aussi le tuyau, avec lequel il était en communication par le contact de l'anneau de fer. Ainsi, en se plaçant à l'autre extrémité de la ligne, on devait entendre deux sons, l'un transmis par le métal du tuyau, l'autre par l'air. En effet, on les entendait fort distinctement en appliquant l'oreille contre les tuyaux et même sans l'y appliquer. Le premier son, plus rapide, était transmis par le corps des tuyaux, le second par l'air. Des coups de marteau frappés sur le dernier tuyau produisaient aussi cette double transmission. On observait soigneusement, avec des chronomètres à demi-secondes, l'intervalle de deux sons transmis. J'ai trouvé par ces expériences que le son se transmettait 10 fois 1/2 aussi vite par le métal que par l'air. » En effet, il y eut un intervalle de 2^s,55 entre les deux sons transmis : la vitesse du son dans l'air étant 540^m,05. Mais il faut remarquer que, la conduite étant formée de plusieurs centaines de tuyaux joints par des rondelles de matières différentes, ce nombre ne pouvait donner exactement la vitesse du son dans la fonte.

La vitesse du son dans les solides peut se calculer directement par des considérations théoriques comme la vitesse dans les liquides, soit en cherchant le coefficient d'élasticité du corps, soit par la méthode dite *des vibrations*. Par la première méthode, Laplace avait trouvé que la vitesse du son dans le laiton était 10 fois 1/2 la vitesse dans l'air. Par la seconde méthode, Chladni a calculé cette vitesse dans divers métaux, dans le verre et un grand nombre d'espèces de bois. Depuis, Wertheim a déterminé cette valeur dans un grand nombre de corps solides. Nous donnons plus loin un tableau de quelques-uns des résultats ainsi obtenus.

Mais quelques mesures ont été faites directement. C'est ainsi qu'en 1851 Wertheim et Bréguet ont mesuré la vitesse du son sur les fils de fer télégraphiques du chemin de fer de Versailles (ligne droite). La longueur de $4067^m,2$ fut parcourue par le son en $1',2$, ce qui correspond à une vitesse par seconde de 3485 mètres. Ce n'est guère plus que dix fois la vitesse du son dans l'air ; or le procédé de Chladni indiquait une vitesse plus de 16 fois aussi grande, et la méthode des vibrations eût donné 4654 mètres, c'est-à-dire 14 fois. On ignore la cause de ces anomalies.

Terminons par le tableau de quelques nombres, empruntés à Chladni et à Wertheim, donnant les vitesses du son dans un certain nombre de corps solides, celle de l'air étant prise pour unité[1] : les trois dernières colonnes donnent cette vitesse à diverses températures. La température a donc aussi une influence sur la vitesse du son dans les métaux ; mais, à l'inverse de ce qui arrive pour les liquides et les gaz, l'accroissement de chaleur diminue la vitesse, sauf pour le fer entre 20° et 100°. C'est que la chaleur diminue en général l'élasticité des métaux, tandis qu'elle augmente celle des liquides et des gaz. L'exception

---

1. Les nombres des deux premières colonnes sont les vitesses exprimées en fonction de celle du son dans l'air ; les autres colonnes donnent ces vitesses en mètres.

du fer tient probablement à une structure moléculaire spéciale ; et ce qui paraît le prouver, c'est que les fers de diverses provenances, les fils de fer ou d'acier, l'acier fondu, ne se comportent pas de la même manière à ce point de vue.

Dans les bois, l'élasticité varie selon la direction des fibres ligneuses ou des couches : elle est beaucoup plus grande dans le sens des fibres que dans le sens perpendiculaire, et dans ce dernier sens elle est plus grande dans une direction transversale aux couches que suivant les couches mêmes. Il en est de même pour la vitesse du son, ainsi que le montre notre tableau : c'est à Wertheim que sont dues les délicates expériences qui ont révélé ces faits.

VITESSE DU SON DANS DIVERS CORPS SOLIDES.

	D'après Chladni.	D'après Wertheim.	à 20°. mètres	à 100°. mètres	à 200°. mètres
Plomb.	»	4,0	1230	1200	»
Or.	»	6,4	1740	1720	1735
Étain	7,5	7,5	2550	»	»
Argent	9,0	8,0	2710	2640	2480
Platine	»	8,5	2690	2570	2460
Cuivre.	»	11,2	3560	3290	2950
Zinc.	»	11,0	3740	»	»
Fer.	16,6	15,4	5130	5300	4720
Acier fondu	16,6	15,0	4990	4925	4790
Fil de fer	»	15,5	4920	5100	»
Fil d'acier.	»	15,0	4880	5000	»

VITESSE DU SON DANS DIFFÉRENTS BOIS.

	Suivant les fibres. mètres	Transversale aux couches. mètres	Suivant les couches. mètres
Sapin.	4640	1335	784
Hêtre.	3540	1840	1445
Chêne.	3850	1535	1290
Peuplier.	4280	1400	1050

VITESSE DU SON DANS QUELQUES AUTRES SOLIDES.

Verre à glaces	16 fois la vitesse dans l'air ou 5440 mètres.	
Verre à tubes	12 — — ou 4080 —	

On voit en résumé que de toutes les substances connues qui

peuvent servir de véhicules au son, celles dans lesquelles il se propage avec le plus de rapidité, sont l'hydrogène parmi les gaz, l'eau de mer dans les liquides naturels, le fer parmi les métaux, le verre et le bois de sapin parmi les solides. C'est ce dernier qui l'emporterait sur tous, si l'on adoptait le nombre de Chladni, qui considère la vitesse du son dans le sapin comme atteignant jusqu'à 18 fois celle du son dans l'air. D'après nos tableaux, c'est le fer qui est au premier rang des solides sous ce rapport.

CHAPITRE III

RÉFLEXION ET RÉFRACTION SONORES

§ 1. ÉCHOS ET RÉSONNANCES.

Nous savons que la lumière et la chaleur se propagent à la fois directement par rayonnement, et indirectement par réflexion. De plus, quand la propagation s'effectue dans des milieux dont la constitution moléculaire et la densité diffèrent, la direction des ondes lumineuses et calorifiques subit une déviation particulière, connue par les physiciens sous le nom de *réfraction*.

Les mêmes phénomènes de réflexion et de réfraction existent pour le son, comme pour la chaleur et la lumière, et suivent à peu près les mêmes lois.

Que le son se réfléchisse, quand, se propageant dans l'air ou dans un autre milieu, il vient à rencontrer un obstacle, c'est ce dont tout le monde peut s'assurer par des observations familières. Les échos et les résonnances sont, en effet, des phénomènes dus à la réflexion du son. Quand on se trouve dans une chambre dont les dimensions sont suffisamment grandes, et dont les murs ne sont point garnis d'objets qui étouffent le son, la voix s'y trouve renforcée, et le bruit des pas ou celui qui résulte du choc de corps sonores retentit avec une très grande intensité. Dans une salle encore plus grande, les paroles sont comme doublées, ce qui les rend souvent confuses et difficiles à percevoir nettement. Ce renforcement des sons, dû ici à la réflexion sur les murailles et en général à la réflexion du son

sur un plan ou une surface quelconque, est ce qu'on nomme
la *résonnance*.

Si la distance de l'observateur à la paroi réfléchissante dépasse 20 mètres, il perçoit nettement une seconde fois chacune
des syllabes qu'il prononce ; c'est le phénomène de l'*écho simple*[1].
Enfin, quand chaque syllabe est répétée deux ou plusieurs fois,
c'est un *écho multiple*.

On va comprendre quelles sont les raisons physiques de ces
divers phénomènes.

Quelque brève que soit la durée d'un son, la sensation qu'il
provoque dans l'oreille de l'auditeur persiste un certain temps,
environ 1/10 de se-
conde. Pendant ce
temps, le son parcourt
à peu près 34 mètres,
de sorte que si la dis-
tance AO de l'observa-
teur au mur qui ré-
fléchit le son (fig. 288)
est moindre de 17 mè-
tres, la syllabe qu'il a
prononcée a le temps
d'aller et de revenir à
son oreille avant que

Fig. 288. — Réflexion du son ; écho ou résonnance.

la sensation soit entièrement épuisée. Le son réfléchi se mêlera
donc à celui qu'il perçoit directement ; et comme une multitude de réflexions partielles émaneront simultanément de
points inégalement distants, il en résultera un bourdonnement
confus, ce que nous venons de nommer une résonnance. La
même explication s'applique évidemment au cas de deux ou
plusieurs personnes occupant la même salle et parlant soit
isolément, soit ensemble ; la confusion qui en résultera sera
d'autant plus grande que chaque orateur parlera avec plus de
rapidité.

1. *Écho,* du grec ἤχος, son.

Si maintenant la distance OA surpasse 17 mètres, quand le son de la syllabe prononcée revient à l'oreille par réflexion, la sensation est terminée, et l'on entend une répétition plus ou moins affaiblie du son direct. Il y a écho. Plus la distance sera grande, plus le nombre des syllabes ou des sons distincts ainsi répétés sera considérable. Par exemple, supposons que cette distance soit de 180 mètres, et que, dans une seconde, l'observateur prononce quatre syllabes, les mots : *répondez-moi*. Pour aller à la surface réfléchissante et revenir, le son met un peu plus d'une seconde; la sensation directe est passée et l'oreille entend une seconde fois et distinctement : *répondez-moi*. Voilà pour l'*écho simple*, qui dans ce cas est *polysyllabique*.

L'*écho multiple* a lieu quand le son est émis entre des surfaces réfléchissantes parallèles suffisamment éloignées : alors le son réfléchi par l'une d'elles va se réfléchir une seconde fois sur l'autre, puis une troisième, et ainsi de suite; mais il est clair que, par ces réflexions successives, les sons s'affaiblissent de plus en plus. Les édifices, les rochers, les masses d'arbres, les nuages même, produisent le phénomène de l'écho.

§ 2. ÉCHOS REMARQUABLES.

On cite, parmi les échos les plus remarquables, l'écho multiple du château de Simonetta, en Italie, qui répète jusqu'à quarante fois le mot prononcé entre les deux ailes parallèles de l'édifice. Dans le parc de Woodstock, en Angleterre, il y avait un écho qui, suivant le docteur Plott, répétait distinctement dix-sept syllabes le jour, et vingt syllabes la nuit. La même particularité se trouvait encore plus prononcée dans l'écho d'Ormesson, village de la vallée de Montmorency; cet écho, d'après Mersenne, répétait la nuit jusqu'à quatorze syllabes, tandis que le jour il n'en donnait que sept. Ces faits nous paraissent difficiles à expliquer par l'influence du calme de la nuit sur l'intensité du son, puisqu'il s'agit d'échos simples, polysyllabiques il est vrai, mais non multiples. La véritable cause viendrait-elle de ce que, la nuit, la température plus basse diminue la vitesse du son, ce qui équivaut à un accroissement dans la distance de la surface réfléchissante ? Ou encore, l'affaiblissement de l'écho n'aurait-il pas pour raison le défaut d'homogénéité des masses d'air pendant le jour ? Humboldt attribuait à cette cause la différence d'intensité qu'il avait remarquée entre le bruit produit par la grande chute de l'Orénoque, selon qu'on l'entendait le jour ou la nuit. « Pendant les cinq jours, dit-il, que nous passâmes dans le voisinage de la cataracte, nous remarquâmes avec surprise que le fracas du fleuve était trois fois plus fort pendant la nuit que pendant le jour. En Europe on observe la même singularité à toutes les chutes d'eau. Quelle en peut être la cause, dans un désert où rien n'interrompt le silence de la nature ? Il faut probablement la chercher dans le courant d'air chaud ascendant qui, le jour arrête la propagation du son et qui cesse pendant la nuit lorsque la surface de la Terre est refroidie. » Entre la cataracte et le lieu où observait Humboldt s'étendait une plaine parsemée de roches nues entrecoupées de verdure. Par l'effet de la réverbération solaire, les roches se trouvaient, le jour, être les bases de colonnes d'air chaud, séparées par d'autres à température plus basse, et dès lors plus denses. Le son éprouvait, en traversant cette atmosphère de densité changeante, des réflexions successives qui ne pouvaient qu'en affaiblir l'intensité. La nuit, l'homogénéité se rétablissait, et le son arrivait à l'oreille sans avoir subi de réflexions, et dès lors sans affaiblissement.

« Il y a un écho remarquable près de Rosneath, belle maison de campagne en Écosse, à l'ouest d'un lac d'eau salée qui se perd dans la rivière de Clyde, à 17 milles au-dessous de Glascow : ce lac est environné de collines, dont quelques-unes sont des rochers arides ; les autres sont couvertes de bois. Un trompette habile, placé sur une pointe de terre que l'eau laisse à découvert, tourné au nord, a sonné un air et s'est arrêté : aussitôt un écho a repris l'air et l'a répété distinctement et fidèlement, d'un ton plus bas que la trompette : cet écho ayant cessé, un autre d'un ton plus bas a répété le même air avec la même exactitude ; le second a été suivi d'un troisième, qui a été aussi fidèle que les deux autres, à l'exception d'un ton plus bas encore, et l'on n'a plus rien entendu ; on a répété plusieurs fois la même expérience, qui a toujours été également heureuse. » (*Supplément à l'Encyclopédie.*)

Les réflexions multiples s'expliquent fort bien, comme nous l'avons dit plus haut, ainsi que l'affaiblissement de l'intensité du son qui en est la conséquence. Quant au changement de ton, c'est une singularité dont il est plus difficile de rendre compte. D'Alembert, en énumérant les conditions de production des échos, indique en ces termes la solution de la question : « Enfin, dit-il, on peut disposer les corps qui font *écho* de façon qu'un seul fasse entendre plusieurs *échos* qui diffèrent tant *par rapport au degré du ton* que par rapport à l'intensité ou à la force du son : il ne faudrait pour cela que faire rendre les échos par des corps capables de faire entendre, par exemple, la tierce, la quinte et l'octave d'une note qu'on aurait jouée sur un instrument. » L'illustre géomètre ne s'explique pas davantage, et nous en sommes à nous demander si cette dernière condition peut être à volonté appliquée. En tout cas, la description du phénomène observé à Rosneath ne paraît pas prêter matière à équivoque. Nous penchons à croire que l'abaissement du ton n'était qu'une illusion due à l'affaiblissement de l'intensité.

Nous trouvons dans le *Cours de Physique* de M. Boutet de Monvel ce fait curieux, que tous les visiteurs du Panthéon peuvent vérifier. Dans un des caveaux du monument, « il suffit au gardien qui les fait visiter de donner un coup sec sur le pan de sa redingote pour faire éclater, sous ces voûtes retentissantes, un bruit presque égal à celui d'une pièce de canon. » C'est là un phénomène de résonnance et de concentration du son.

Voici un phénomène analogue :

« En se plaçant, dit Tyndall, au sommet de la muraille intérieure du Colosseum de Londres, bâtiment circulaire de 43 mètres de diamètre, M. Wheatstone trouve que chaque mot prononcé était répété un grand nombre de fois. La plus simple exclamation produisait comme un éclat de rire, et la déchirure d'un morceau de papier comme le crépitement de la grêle. »

On cite, dans les ouvrages anciens et modernes, un grand nombre d'échos multiples, dont les effets plus ou moins surprenants eussent demandé à être vérifiés, mais qui tous s'expliquent sans difficulté par des réflexions successives du son. Tel est l'écho qui existait, dit-on, au tombeau de Métella, femme de Crassus, et qui répétait jusqu'à huit fois un vers entier de l'*Énéide*. Addison fait mention d'un écho qui répétait cinquante-six fois le bruit d'un coup de pistolet. Il était situé comme celui de Simonetta en Italie. L'écho de Verdun, formé par deux grosses tours distantes de 52 mètres, répétait douze ou treize fois le même mot. La grande pyramide d'Égypte contient à son intérieur des salles souterraines précédées de longs couloirs, dont l'écho répète le son jusqu'à dix fois. « Les vibrations, dit M. Jomard, répercutées coup sur coup, parcourent tous ces canaux à surfaces polies, frappent toutes ces parois, et arrivent lentement jusqu'à l'issue extérieure, affaiblies, et semblables au retentissement du tonnerre quand il commence à s'éloigner. A l'intérieur, le bruit décroît régulièrement, et son extinction graduelle, au milieu du profond silence qui règne dans ces lieux, n'excite pas moins l'attention et l'intérêt de l'observateur. » Enfin Barthius parle d'un écho situé près de Coblentz, sur les bords du Rhin (entre Coblentz et Bingen, dit M. Radau, là où les eaux de la Nahe se jettent dans le Rhin), et qui répétait dix-sept fois la même syllabe : il avait cela de particulier qu'on n'entendait presque pas la personne qui parlait, tandis que les répétitions produites par l'écho formaient des sons très distincts et avec des variations étonnantes : tantôt l'écho semblait s'approcher, tantôt il s'éloignait ; quelquefois on entendait très distinctement le son, d'autres fois il n'était plus perceptible ; l'un n'entendait qu'une seule voix, un autre en entendait plusieurs ; l'écho était à droite pour les uns, à gauche pour les autres. Des particularités analogues se remarquaient dans un écho que décrivent les Mémoires de l'Académie des sciences pour 1692, et qui était situé à Genetay, à deux lieues de Rouen, près de l'abbaye de Saint-Georges ; cet écho se produisait dans une cour semi-circulaire, entourée de murs de même forme. D'Alembert donne dans l'*Encyclopédie* une explication fort simple des divers phénomènes décrits, qui tous se déduisent, selon les lois de la réflexion, de la forme circulaire de l'enceinte et des positions respectives occupées au milieu de la cour par la personne qui émettait des sons et par ses auditeurs.

Habitant, il y a une vingtaine d'années, les bords de la mer sur le rivage d'Hyères, j'ai eu l'occasion d'entendre un des plus magnifiques échos dont j'aie jamais été témoin. Pendant toute une matinée, les détonations d'artillerie provenant d'un navire mouillé dans la rade se répercutaient sur les flancs des montagnes de la côte en échos prolongés, qui me firent croire d'abord à la présence de toute une escadre : on eût dit entendre les grondements du tonnerre. Une seule décharge semblait durer ainsi près d'une minute. Il est probable que les nuages contribuaient, dans ce cas, à la prolongation de ces effets extraordinaires de réflexion du son.

Les nuages en effet réfléchissent le son, comme les édifices, les rochers, les pierres, les arbres. C'est probablement aux réflexions successives du son, du sol aux nuages et réciproquement, ainsi que des nuages entre eux, qu'est dû le roulement du tonnerre. La détonation proprement dite qui accompagne la décharge électrique des nuées est en effet un phénomène instantané comme l'étincelle elle-même ; la durée de cette détonation est tout au moins très brève, bien qu'elle surpasse peut-être celle de l'éclair. On peut s'en assurer en remarquant qu'un coup de tonnerre paraît d'autant plus saccadé et bref qu'il succède plus promptement à l'éclair, c'est-à-dire qu'il éclate à une distance moindre de l'observateur. En ce cas, les roulements qui le suivent et qui paraissent de plus en plus faibles, sont évidemment des échos.

Il faut tenir compte toutefois de cette circonstance que l'éclair a une étendue assez considérable, qu'on peut évaluer quelquefois à des centaines de mètres et même à un ou deux kilomètres, qu'il affecte des contours sinueux et que ses diverses parties sont à des distances notablement différentes de l'observateur. Si l'on admet que la détonation se produise tout le long du sillon lumineux, et pour ainsi dire au même instant d'un bout à l'autre, il est évident que le son ne parviendra que successivement à l'oreille et en outre avec des intensités fort différentes. Le son peut donc paraître durer jusqu'à cinq ou six secondes, après quoi se succèdent les sons dus à la réflexion sur les nuages ou le sol, c'est-à dire au phénomène de l'écho : c'est alors ce qui constitue le roulement du tonnerre.

D'Alembert, en énumérant les corps susceptibles de réfléchir le son et de former écho, cite les *nuées*, et il ajoute : « De là viennent ces coups terribles du tonnerre qui gronde, et dont les échos répétés retentissent dans l'air. »

Arago, à la fin de son rapport sur la vitesse du son, mentionne le fait que tous les coups tirés à Montlhéry y étaient accompagnés d'un roulement semblable à celui du tonnerre et qui durait de 20 à 25 secondes. Rien de pareil n'avait lieu à Villejuif. Seulement quatre fois, à moins d'une seconde d'intervalle, on entendit deux coups distincts du canon de Montlhéry. Enfin « dans deux circonstances, le bruit du canon a été accompagné d'un roulement prolongé; ces phénomènes n'ont jamais eu lieu qu'au moment de l'apparition de quelques nuages; par un ciel complètement serein, le bruit était unique et instantané. Ne sera-t-il pas permis de conclure de là qu'à Villejuif les coups multiples du canon de Montlhéry résultaient d'échos formés dans les nuages, et de tirer de ce fait un argument favorable à l'explication précédente du roulement du tonnerre?

§ 3. LOIS DE LA RÉFLEXION DU SON.

Tels sont les faits : voyons maintenant suivant quelles lois
e fait la réflexion du son. Ces lois très simples sont, comme on
e démontre rigoureusement, une conséquence toute naturelle
lu mouvement vibratoire qui constitue le son, mais elles se
érifient expérimentalement en dehors de toute hypothèse.

On nomme *rayon sonore*[1] une ligne droite qui part du centre
l'ébranlement; lorsqu'elle arrive en contact avec une surface
éfléchissante, c'est le rayon *incident;* et l'on appelle rayon
éfléchi, la ligne suivant laquelle le son est renvoyé par cette
urface dans le milieu d'où il émane. Les deux angles que les
ayons incident et réfléchi font avec la perpendiculaire ou la
ormale à la surface au point d'incidence, sont les angles d'inci-

1. Cette expression de *rayon sonore* est une abstraction. En réalité, le mouvement vibra-
ire d'une source détermine, dans le milieu gazeux où le son se propage, une succession
'ondes sphériques, formées de couches alternativement dilatées et condensées. Dans les
hénomènes de réflexion et de réfraction dont nous allons énoncer les lois, ce sont ces
ndes qui en réalité se réfléchissent contre un obstacle, ou se brisent en passant dans un
iilieu différent. Par exemple, O (fig. 289) étant la source sonore, AB le plan contre lequel

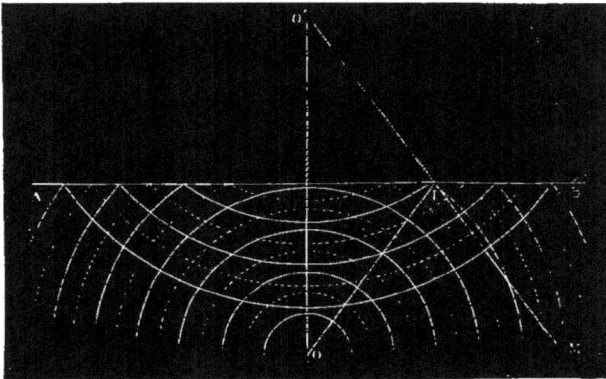

Fig. 289. — Loi de la réflexion des ondes sonores.

s ondes aériennes vont se réfléchir, et M un point quelconque où se place l'observateur
our recevoir ces ondes réfléchies, on démontre que les choses se passent comme si la
urce était en O', point symétrique du point O derrière le plan; en un mot, les ondes réflé-
hies ont ce point O' pour centre. Les rayons sonores OI, O'I, normales aux ondes directes
t de retour, sont ce qu'on appelle le rayon *incident* et le rayon *réfléchi* au point I du plan.

dence et de réflexion. Ces définitions bien comprises, voici comment s'énoncent les deux lois de la réflexion du son :

Première loi. — *Le rayon sonore incident et le rayon réfléchi sont dans un même plan avec la normale à la surface au point d'incidence;*

Deuxième loi. — *L'angle d'incidence et l'angle de réflexion sont égaux entre eux.*

La vérification expérimentale de ces deux lois est d'une grande simplicité. On met en regard, de façon que leurs axes coïncident, deux miroirs métalliques dont la forme est parabolique, c'est-à-dire est obtenue par la révolution autour de son axe de la courbe nommée *parabole* (fig. 290). Une telle courbe possède, près de son sommet A, un foyer F jouissant de cette propriété que toutes les lignes telles que FM, menées à des points différents de la parabole, se réfléchissent suivant les parallèles MZ à l'axe.... En un mot, les rayons partis du foyer et les parallèles à l'axe font des angles égaux avec les normales à la

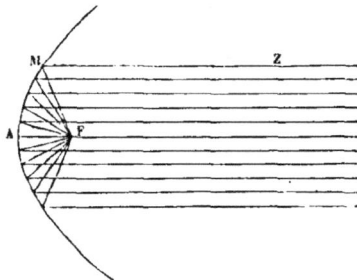

Fig. 290. — Parabole; réflexion au foyer des rayons parallèles à l'axe.

parabole, aux points M.... Réciproquement, si les lignes parallèles à l'axe viennent à rencontrer la parabole, elles iront se réfléchir au foyer.

Or, si l'on place une montre au foyer d'un des miroirs paraboliques ainsi disposés, les ondes sonores provenant du tic-tac du mouvement seront renvoyées parallèlement à l'axe et iront se réfléchir, après avoir frappé la surface concave du second miroir, au foyer de celui-ci. L'observateur muni d'un tube, afin de ne point intercepter les ondes, entendra aisément le bruit de la montre, s'il place l'extrémité du tube au foyer du second miroir (fig. 291). Partout ailleurs le son est peu ou point entendu, même par les personnes qui se placent dans l'intervalle des deux miroirs à une faible distance de la montre.

La courbe nommée *ellipse* a deux foyers, et les rayons partis

Fig. 291. — Vérification expérimentale des lois de la réflexion du son.

de l'un vont se réfléchir à l'autre. Les salles dont la voûte est de

Fig. 292. — Réflexion du son à la surface d'une voûte de forme elliptique.

forme elliptique (fig. 292) doivent donc présenter le même phénomène que le système des deux miroirs paraboliques, et c'est

en effet ce que l'expérience confirme. Le Musée des Antiques au Louvre possède une salle de ce genre, où deux personnes placées vers les deux extrémités opposées pourraient converser à voix basse, sans craindre l'indiscrétion des auditeurs qui se trouvent dans une position intermédiaire.

La réflexion du son est utilisée dans plusieurs instruments que nous aurons l'occasion de décrire en parlant des applications de l'acoustique aux sciences et aux arts.

§ 4. RÉFRACTION DU SON.

Le son se propage, nous l'avons vu, par l'intermédiaire de tous les milieux élastiques, mais inégalement dans chacun d'eux et avec des vitesses qui dépendent dans une certaine mesure de la densité du milieu traversé. Quand le son passe d'un milieu dans un autre, sa vitesse changeant, il en résulte une déviation du rayon sonore, déviation qui rapproche ce rayon de la normale à la surface de séparation des deux milieux, si la vitesse est moindre dans le second que dans le premier. Comme la lumière éprouve une déviation semblable, qu'on a constatée par l'expérience bien avant d'en trouver la véritable explication théorique, et que le phénomène est depuis longtemps connu sous le nom de *réfraction*, on a donné à la déviation des rayons sonores le nom de *réfraction du son*. Voici comment M. Sondhaus a mis hors de doute l'existence de cette déviation.

Ayant formé avec des membranes de collodion un sac en forme de lentille, il l'emplit de gaz acide carbonique. Dans ce gaz, la vitesse du son est moindre que dans l'air. Les rayons sonores qui viennent rencontrer la surface sphérique convexe de la lentille se réfractent en passant à travers le gaz, et, sortant par la surface opposée, doivent aller converger en un point unique ou foyer. Et en effet, si l'on place une montre, par exemple (fig. 295), sur l'axe de cette lentille, on reconnaît qu'il y a, sur l'axe et de l'autre côté, un point où le tic-tac de la montre

s'entend distinctement et mieux que partout ailleurs. Il y a donc
évidemment convergence des ondes sonores vers le point de
l'axe de la lentille dont il s'agit, et dès lors réfraction du son.

Une lentille biconcave qui serait remplie de gaz hydrogène
permettrait de constater également le phénomène de la *réfraction* du son. On a vu en effet que la vitesse du son dans l'hydrogène est plus grande que dans l'air ; les surfaces concaves
de séparation des deux milieux auraient donc même effet sur la
direction des rayons sonores, et les dévieraient de la même

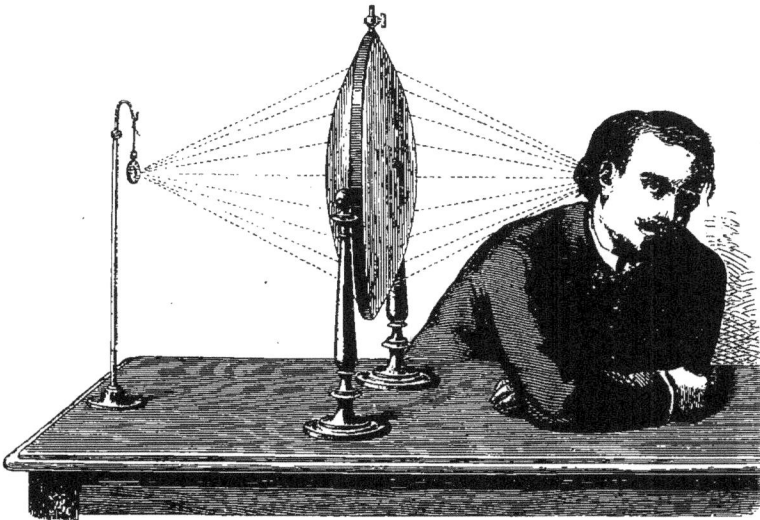

Fig. 293. — Réfraction des ondes sonores. Lentille de Sondhaus.

manière que la lentille convexe pleine de gaz acide carbonique.

La question de la réfraction des ondes sonores a été reprise
en 1857 par un physicien M. Hajech, qui s'est servi pour cela
de prismes remplis de gaz et de liquides de diverses densités ;
il a trouvé que la réfraction du son suit les mêmes lois que
celle des rayons lumineux : l'indice de réfraction (ou rapport
des sinus des angles d'incidence et de réfraction) est égal au
rapport des vitesses du son dans les milieux expérimentés et
dans l'air.

CHAPITRE IV

PROPRIÉTÉS DISTINCTIVES DES SONS

§ 1. CARACTÈRES PROPRES DES DIFFÉRENTS SONS.

Quand deux ou plusieurs sons frappent simultanément notre
oreille, ou se succèdent à des intervalles assez rapprochés pour
que nous puissions les comparer les uns aux autres, nous trouvons entre ces sons des différences ou des ressemblances qu'on
peut rapporter à trois propriétés particulières : l'*intensité*, la
hauteur et le *timbre*.

Un son est plus ou moins fort, plus ou moins intense, c'est-
à-dire ébranle l'organe de l'ouïe avec une énergie plus ou moins
considérable. Tantôt l'impression est si faible, qu'il nous faut
une attention particulière pour la percevoir; d'autres fois, elle
est si forte, qu'elle nous cause une sensation douloureuse; les
détonations d'artillerie occasionnent même fréquemment une
blessure des organes assez grave pour déterminer une surdité
temporaire. Entre ces deux extrêmes de l'intensité des sons et
des bruits se rangent tous les degrés possibles de sensation
auditive.

Mais deux sons d'égale intensité ne sont pas, pour cela, identiques. L'un peut être plus *haut*, plus *aigu* que l'autre, ou, si
l'on veut, ce dernier nous paraît plus *bas* ou plus *grave*. Le degré d'acuité ou de gravité d'un son est ce qu'on nomme sa *hauteur*. En musique, la hauteur des sons qu'on emploie et qui
composent, par leur succession ou leur simultanéité, la mélodie

et l'harmonie, est soumise à des règles spéciales dont nous donnerons plus loin les principes. Tous les sons ne sont pas susceptibles de ce mode de comparaison qui permet d'en assigner la hauteur ; de là cette distinction entre le *bruit* et le *son musical*, la première de ces dénominations étant réservée aux sons dont une oreille exercée ne peut apprécier la hauteur, et la seconde à tout son régulier et qui forme un degré quelconque dans la suite indéfinie des sons employés en musique.

Enfin, quand deux sons ont à la fois même intensité et même hauteur, ils peuvent différer encore sous un autre point de vue : ils peuvent avoir chacun un *timbre* particulier. La définition rigoureuse du timbre exigerait qu'on en connût la cause; plus loin, nous verrons jusqu'à quel point cette définition est possible. Mais, en attendant, on en peut donner une idée par des exemples. Une flûte, un violon, un hautbois, un cor, qui jouent la même phrase musicale, et qui par conséquent font entendre les mêmes sons avec la même intensité et la même hauteur, produisent cependant dans l'oreille une impression bien différente. Les sons du cor sont plus pleins, plus sonores ; ceux de la flûte, plus doux ; ceux du violon et du hautbois, plus mordants et plus nasillards : on dit qu'ils diffèrent par le timbre. C'est le timbre qui différencie en grande partie les voix [1], et nous fait reconnaître, sans les voir, les personnes qui parlent. En quoi les différentes voyelles, simples ou composées, les diphthongues, se distinguent-elles les unes des autres? En ceci, que le timbre varie de l'une à l'autre.

Ces définitions posées, nous allons aborder l'étude physique de ces trois qualités des sons : intensité, hauteur, timbre.

---

1. Il y a d'autres causes de différences entre les voix de personnes différentes ; il y a mille manières propres à chacun de nous d'accentuer les longues et les brèves, de marquer le rhythme, sans compter ces légères nuances dans la hauteur des sons qui font, même de la prose parlée, une sorte de mélodie ou tout au moins de récitatif.

§ 2. INTENSITÉ DES SONS.

La production d'un son exige le concours de trois éléments : d'une source sonore, c'est-à-dire de la mise en vibration d'un corps qui est le corps sonore proprement dit, d'un milieu susceptible de transmettre ces vibrations, enfin de l'organe de l'ouïe qui les perçoit.

De là trois genres d'influence dont dépend l'intensité d'un son. Le volume, la forme du corps sonore et la nature de la matière dont il est composé, le mode d'ébranlement qu'on emploie pour le faire entrer en vibration, l'énergie du mouvement que reçoivent ainsi ses molécules, sont autant de circonstances qui font varier l'amplitude des vibrations du corps, et par suite ce qu'on peut appeler l'*intensité intrinsèque* du son. Tel est le premier mode d'influence.

Mais la nature du milieu qui transmet le son, sa densité, sa température, son état de repos ou d'agitation, son étendue, c'est-à-dire la distance de l'oreille à la source sonore, sont encore autant de circonstances d'où dépend cette intensité. Là il ne s'agit plus de l'intensité intrinsèque.

Il en est de même si l'on fait entrer en ligne de compte le plus ou moins de sensibilité de l'oreille, c'est-à-dire de l'organe qui reçoit les ondes sonores chez celui qui perçoit le son ; l'ouïe peut être plus ou moins exercée : on sait à quel point les sauvages sont aptes à percevoir les bruits lointains les plus faibles. Mais, en outre, la sensibilité de l'ouïe peut tenir, chez le même individu, à des circonstances toutes particulières ; elle est augmentée notamment par l'absence complète de tout son autre que celui auquel l'oreille prête attention ; elle peut être diminuée au contraire par le concours d'une multitude de bruits simultanés, que l'oreille s'accoutume à entendre et à la fin ne distingue plus pour ainsi dire, mais qui émoussent sa faculté d'audition.

Reprenons l'une après l'autre toutes ces causes modificatrices de l'intensité des sons, dans l'ordre où nous les avons énumérées.

L'amplitude des vibrations donne au son plus ou moins d'intensité, comme on peut s'en assurer par mille expériences familières. Quand on pince ou qu'on frotte avec l'archet la corde d'un violon ou de tout autre instrument analogue, le son va en s'affaiblissant à mesure que le mouvement de va-et-vient de la corde est moins prononcé. Plus le frottement de l'archet est vigoureux, plus les oscillations sont marquées, plus l'intensité du son est grande elle-même. Puisque d'ailleurs sa hauteur musicale n'est pas modifiée[1], il faut en conclure que chaque oscillation de la corde se fait avec une rapidité plus grande, le chemin parcouru dans un temps égal étant plus considérable lorsque l'amplitude est elle-même plus grande.

Du reste, lorsqu'un corps élastique produit un son, toutes les molécules dont il se compose ne sont pas également écartées de leurs positions d'équilibre; il en est même, nous le verrons bientôt, qui restent en repos. Un timbre, par exemple, dont la surface est frappée par un marteau, subit dans chacun des anneaux circulaires qui le composent, une déformation qui lui fait prendre des formes elliptiques opposées et alternatives. Les anneaux de la base tendent à exécuter des vibrations plus lentes et d'une plus grande amplitude que les anneaux voisins du sommet. Mais la solidarité des anneaux détermine une compensation entre ces amplitudes et ces vitesses différentes, et il en résulte, pour le son produit, une hauteur et une intensité moyennes qui dépendent des dimensions et de la nature du métal dont le timbre est formé. Il y a là une évidente analogie avec les oscillations du pendule composé, dont on sait que la durée est une moyenne entre les durées des oscillations d'une série de pendules simples de différentes longueurs.

Il ne s'agit dans ce que nous venons de dire que de l'intensité intrinsèque du son, qui dépend seulement de l'amplitude

---

1. Nous verrons plus loin que la hauteur est en rapport direct avec le nombre des vibrations effectuées en un même temps, en une seconde, par exemple.

des vibrations exécutées par les molécules du corps sonore. Mais comme le son se transmet à notre oreille par l'intermédiaire de l'air, l'intensité paraîtra d'autant plus grande que le volume d'air ébranlé à la fois sera plus considérable, et par conséquent que les dimensions du corps sonore seront elles-mêmes plus grandes. Une corde tendue sur un morceau de bois étroit donne un son moins fort que si elle est tendue sur une table résonnante, comme dans les instruments de musique, le violon, le piano, etc. Tout le monde sait que si l'on fait vibrer un diapason, d'abord dans l'air, puis en appuyant le petit instrument sur une table ou sur tout autre corps élastique, le son primitif acquiert, par cette extension de volume du corps vibrant, une intensité beaucoup plus énergique.

L'intensité d'un même son, perçu par l'oreille à des distances différentes, décroît en raison inverse du carré de la distance. Ainsi à 10 mètres l'intensité est quatre fois plus grande qu'à 20 mètres, neuf fois plus qu'à 30 mètres, etc., pourvu toutefois que les circonstances de la propagation restent les mêmes et que des corps réfléchissants voisins ne concourent pas à renforcer le son. Il résulte de là que si l'on produit, en deux stations différentes, deux sons dont l'un soit quadruple de l'autre en intensité, l'observateur qui se placera au tiers de la ligne qui les sépare, du côté du plus faible, croira entendre deux sons de même force. D'une manière générale, si l'auditeur se place, sur la ligne qui joint les deux points d'où émanent deux sons, en un endroit où leurs intensités lui semblent égales, ces intensités seront en réalité proportionnelles aux carrés des distances du point intermédiaire aux deux corps sonores. Voici quelle est la raison de cette loi. Les ondes sonores, se propageant sphériquement autour du centre d'ébranlement, mettent en mouvement des tranches sphériques successives dont le volume, à égalité d'épaisseur des couches, est en raison de leur surface, et croît dès lors comme les carrés de leurs distances au centre. Puisque les masses d'air que forment les couches ébranlées sont de plus en plus grandes, le mouvement qui leur est communiqué par la même force diminue dans la même proportion.

Dans les colonnes ou tuyaux cylindriques, les tranches successives sont égales : l'intensité des sons devrait donc rester la même, quelle que fût la distance. Cependant les récentes expériences de M. Regnault prouvent qu'il y a en réalité une diminution d'intensité qui croît avec la distance et qui provient en grande partie de la réaction des parois du tuyau qui limitent la colonne d'air. Toutefois, à de courtes distances, l'affaiblissement du son est peu prononcé. M. Biot, dans les expériences qu'il fit pour déterminer la vitesse du son dans les corps solides, constata ce fait que le son transmis par l'air dans les tuyaux des aqueducs de Paris n'était pas sensiblement affaibli à une distance de près d'un kilomètre. « La voix la plus basse, dit M. Biot, était entendue à cette distance, de manière à distinguer parfaitement les paroles et à établir une conversation suivie. Je voulus déterminer le ton auquel la voix cessait d'être sensible, je ne pus y parvenir. Les mots dits aussi bas que quand on parle à l'oreille, étaient reçus et appréciés ; de sorte que, pour ne pas s'entendre, il n'y aurait eu absolument qu'un moyen, celui de ne pas parler du tout. » Disons en passant que, pour faire avec succès des expériences de ce genre, il faut choisir les instants de la nuit les plus calmes, ainsi que M. Biot le recommandait lui-même, par exemple entre une heure et deux heures du matin. « Dans le jour, mille bruits confus agitent l'air extérieur, font résonner les tuyaux, et empêchent de distinguer, ou même détruisent les faibles ébranlements produits par une voix basse à l'extrémité de la colonne d'air. Aussi, dans ces circonstances, les bruits les plus forts ne sont quelquefois pas entendus. »

Cette propriété des canaux cylindriques explique certains effets d'acoustique offerts par les salles ou les voûtes de divers monuments. Les arêtes des voûtes ou des murs forment des rigoles où le son se propage avec une grande facilité et sans perdre de son intensité première. On voit à Paris deux salles de ce genre : l'une de forme carrée et voûtée, située au Conservatoire des arts et métiers ; l'autre, de forme hexagonale, à l'Observatoire de Paris. Dans l'une et l'autre, les angles, en se rejoignant par la voûte, déterminent des sortes de rigoles éminemment propres à conduire le son sans l'affaiblir. Aussi deux personnes peuvent causer à voix basse, d'un angle à l'autre,

Fig. 294. — Grotte della Favella, ou Oreille de Denys.

sans que les auditeurs placés entre eux saisissent rien de leur conversation. Dans l'église Saint-Paul de Londres, le dôme présente une disposition analogue ; on cite encore la galerie de Glocester, l'église cathédrale de Girgenti en Sicile et la fameuse grotte de Syracuse, connue aujourd'hui sous le nom de *Grotta della Favella*, et dans l'antiquité sous celui d'*Oreille de Denys*.

Dans les anciennes Latomies ou carrières de Syracuse, le tyran avait fait ménager, dit-on, une communication secrète entre son palais et les cavernes où il tenait enfermées ses victimes, mettant à profit la disposition particulière de la grotte pour épier leurs moindres paroles.

§ 3. VARIATIONS D'INTENSITÉ DU SON AVEC L'ALTITUDE, LE JOUR ET LA NUIT.

L'intensité du son perçu varie selon la densité du milieu qui le propage, ou, pour mieux dire, du milieu où il prend naissance : c'est ce que nous avons vu déjà, dans l'expérience faite sous la cloche de la machine pneumatique : le son du timbre s'affaiblit à mesure que le vide se fait. Le contraire aurait lieu, ainsi que l'a vérifié Hauksbee, si l'on comprimait l'air dans le récipient où est placé le corps sonore. Les personnes qui s'élèvent dans les hautes régions de l'air, soit sur les montagnes, soit dans les aérostats, constatent toutes un affaiblissement du son, produit par la diminution de densité de l'air atmosphérique. Nous avons déjà cité l'observation de Saussure et celle de Tyndall sur la faible intensité de la détonation d'un pistolet sur le sommet du Mont-Blanc. « Dans les expériences qui furent faites à Quito pour mesurer la vitesse du son entre deux stations élevées de 5000 et 4000 mètres au-dessus de la mer, le bruit d'une pièce de canon de neuf, à une distance de 25500 mètres, ne faisait pas autant d'effet que celui d'une pièce de huit, à une distance de 54500 mètres dans les plaines des environs de Paris. » (Daguin.) Voici quelques autres faits curieux empruntés aux relations de divers aéronautes; ils prouvent que, si les sons naissent très affaiblis dans les milieux rares les hautes régions, ils se propagent difficilement dans les couches inférieures plus denses; au contraire, les sons d'en bas s'entendent aisément dans les hauteurs. Le chemin parcouru est cependant le même dans les deux cas, et les densités des couches que traversent les ondes sonores sont les mêmes aussi, mais en sens inverse. Ainsi, l'intensité du son, en ce qui regarde la densité du milieu, dépend surtout de celle du milieu où se trouve immédiatement plongé le corps sonore; et cela s'explique : à égalité d'amplitude des vibrations du corps, la masse aérienne ébranlée au point de départ est plus grande dans un milieu dense que dans un milieu rare.

Dans sa première ascension (1862), le célèbre aéronaute anglais Glaisher parvint à une hauteur de 5500 mètres. « Là, dit-il, le silence est absolu, pareil à celui qui régnait sur l'abîme, quand la terre fut séparée des eaux. Tout à coup j'entends une harmonie souterraine. Ce n'est point un écho de la voix des anges, c'est une musique humaine qui pénètre jusque dans ces régions où l'air, déjà moins dense, ne paraît demander qu'à vibrer. » Dans une seconde ascension, le même observateur entendit le bruit du tonnerre : le ballon planait cependant dans un ciel d'une sérénité absolue, à 7000 mètres de hauteur. La foudre grondait bien loin, à ses pieds, au sein de nuages plus bas de 5000 mètres. Une autre fois, c'est le sifflet des locomotives qui parvint au voyageur à des hauteurs de 5000 et de 7600 mètres. D'en haut, les voix humaines s'entendent très bien, tandis que les aéronautes ont peine à se faire entendre même à de faibles hauteurs. « Tandis que nous entendons, dit M. Flammarion, une voix qui nous parle à 900 mètres au-dessous de nous, on n'entend pas clairement nos paroles, dès que nous parlons à plus de 100 mètres. »

Dans l'eau, les ondes se transmettent avec une plus grande intensité que dans l'air, si toutefois le corps sonore vibre avec la même énergie dans l'un et l'autre milieu. Dans les corps solides, de forme cylindrique ou prismatique, on vient de voir que le son se propage sans s'affaiblir autant que dans l'air ou les gaz. Tout le monde connaît l'expérience qui consiste à placer l'oreille à l'extrémité d'une longue poutre de bois : on y entend très distinctement les plus petits bruits, par exemple celui que produit le frottement d'une épingle. Les sauvages approchent l'oreille de terre pour entendre les sons lointains, que l'air serait impuissant à transmettre à la même distance.

Un fait généralement connu, et qui est d'une observation facile, c'est que le son s'entend mieux pendant la nuit que dans la journée. Nous avons eu plus haut l'occasion de citer ce que dit de ce fait M. Humboldt, au sujet du bruit des cataractes de l'Orénoque, bruit qu'il trouva trois fois plus intense la nuit que le jour. M. Daguin, dans son *Traité de physique*, en attribue la cause au défaut d'homogénéité de l'air inégalement échauffé par le Soleil. C'est l'explication que donne aussi Tyndall.

« L'accroissement de l'intensité du son pendant la nuit, dit M. Daguin, était connu des anciens ; Aristote en fait mention dans ses Problèmes, et Plutarque dans ses Dialogues. On a voulu en trouver l'explication dans les mille bruits confus qui agissent sur l'oreille pendant le jour, et n'existent pas pendant la nuit ; mais cette explication ne pourrait s'appliquer aux forêts de l'Orénoque, dans lesquelles une foule d'animaux, d'insectes nocturnes, remplissent l'air de leurs cris ou de leurs bourdonnements. M. de Humboldt a trouvé la véritable explication, en remarquant que pendant la nuit l'air est calme et homogène, ce qui favorise la propagation du son, tandis que pendant le jour il est agité et composé de parties d'inégale densité, à cause de l'action du soleil, qui échauffe le sol d'une manière différente suivant la nature et l'état de sa surface. Il en résulte que l'air en contact prend des températures différentes, et que, les parties les plus dilatées s'élevant et se mêlant imparfaitement à celles qui sont moins échauffées, l'air près de la surface de la terre est peu homogène. Cela posé, un rayon sonore, à chaque passage d'une masse d'air dans une autre de densité différente, éprouve une réflexion partielle, de sorte que la portion qui passe outre a perdu de son intensité. Cette explication avait été entrevue par Aristote, qui attribuait au calme de la nuit la plus grande intensité du son, et par Plutarque qui, allant plus loin, voyait la cause de l'affaiblissement du son pendant le jour dans le *mouvement tremblant* de l'air, ou à l'action du soleil. L'on voit aussi pourquoi sur mer le changement d'intensité du son, du jour à la nuit, est moins sensible que sur terre ; c'est que la température de la surface de l'eau est beaucoup plus uniforme que celle du sol. »

La raison de cette différence est autre selon Nicholson ; elle serait, suivant ce physicien, tout entière dans ce fait que pendant le jour, une multitude de bruits venant à la fois faire leur impression sur l'oreille, chacun d'eux doit se distinguer moins aisément. « Le silence de la nuit, dit-il, repose nos organes et les rend plus sensibles à de faibles impressions ; le silence exalte l'ouïe comme l'obscurité aiguise la vue. » Il ne nous paraît pas douteux que le concours de ces causes diverses agit pour rendre l'intensité des sons, et par suite leur portée, plus grande la nuit que le jour. On verra plus loin d'intéressantes expériences, dues à Tyndall, et qui montrent que la question est loin encore d'être entièrement élucidée.

D'après les observations de Bravais et de Martins, la distance à laquelle parvient un son dépend aussi de la température de l'air : cette distance est plus grande pendant les froids de l'hiver, dans les régions glacées du pôle ou des hautes montagnes. C'est donc ici à l'homogénéité de l'air, plutôt qu'à sa densité, qu'on doit attribuer la cause de ce fait, puisque sur les montagnes la densité de l'air est moindre que dans la plaine. Là encore, d'ailleurs, la sensibilité de l'ouïe se trouve évidemment exaltée : dans les régions polaires comme sur les hautes montagnes, comme dans les couches élevées de l'air atteintes par les ballons, un silence presque absolu règne à tout instant, et l'audition d'un son unique n'y est pas contrariée par les mille bruits confus des régions habitées. Ces bruits innombrables doivent agir sur notre oreille de la même manière qu'agit, pendant le jour, la lumière diffuse de l'air, laquelle nous empêche de voir les étoiles, si faciles à distinguer dans l'obscurité.

L'intensité du son transmis dépend certainement de l'état de repos ou d'agitation de l'air. C'est par un temps calme qu'il s'entend distinctement à la plus grande distance : le vent affaiblit le son, même quand il vient du point où résonne le corps sonore.

C'est ce que constatait Derham à Porto Ferrajo (île d'Elbe), où le son du canon de Livourne s'entendait mieux par un temps calme que lorsque le vent soufflait, même quand sa direction était celle de Livourne à Porto. Le vent affaiblit donc le son : il en diminue la portée d'autant plus d'ailleurs qu'il souffle dans une direction plus opposée. Son influence est minimum quand sa direction est à angle droit avec le mouvement des ondes sonores. Enfin, l'affaiblissement est plus marqué pour les sons faibles que pour les sons forts. Peut-être cette influence du vent sur la portée des sons n'est-elle pas entièrement due à l'agitation des molécules de l'air : nous inclinons à croire que le bruit du vent lui-même y est pour quelque chose. Dès qu'il souffle un peu fort, il en résulte comme une basse continue qui doit rendre moins vive la sensibilité de l'oreille. La direction des vibrations, c'est-à-dire la façon dont l'auditeur est tourné relativement au point d'où part le son, a aussi sur l'intensité de celui-ci une grande influence. Si, quand on écoute les fanfares d'un cor de chasse, l'exécutant tourne le pavillon de son instrument dans diverses directions, l'intensité du son varie au point qu'il semble tantôt s'approcher, tantôt s'éloigner du lieu où se trouve l'auditeur : généralement tout obstacle interposé, surtout s'il s'agit d'un corps dont la masse transmet mal les vibrations, empêche le son de se propager; il se forme derrière lui comme une ombre sonore; l'intensité du son en est considérablement altérée.

§ 4. DE LA PORTÉE DES SONS.

La limite à laquelle une oreille de sensibilité moyenne cesse d'entendre un son est ce que l'on nomme sa *portée*. Le raisonnement et l'expérience s'accordent à montrer que cette limite dépend d'abord de l'intensité intrinsèque de l'ébranlement sonore, ainsi que de toutes les autres circonstances qui modifient l'intensité du son le long du parcours qu'il suit pour arriver jusqu'à l'oreille. Ainsi la portée d'un son doit varier avec la na-

ture du milieu dans lequel le son se propage, avec la densité de
ce milieu, sa température, l'état de calme ou de trouble de l'air,
probablement aussi avec la quantité de vapeur d'eau qu'il contient, en un mot avec le plus ou moins d'homogénéité de ses
couches successives. Il est bon d'entrer à cet égard dans quelques détails, la question ayant au point de vue pratique une
certaine importance, notamment en ce qui concerne l'efficacité
des signaux sonores, qu'on emploie dans la marine, sur les
chemins de fer, etc., lorsque les brumes atmosphériques ne
permettent pas l'emploi des signaux lumineux.

Les circonstances susceptibles de modifier l'intensité d'un
son sont très variées, comme les faits décrits plus haut le
prouvent. Il en résulte que la plus grande distance à laquelle
il peut parvenir est difficile à déterminer. Dans les exemples
remarquables que citent les physiciens, de sons entendus à des
distances considérables, il est probable que c'est le sol plutôt
que l'air qui servait de véhicule aux vibrations sonores. Nous
avons cité plus haut ce que dit Humboldt des détonations produites par les tremblements de terre ou par les éruptions volcaniques, lesquelles se sont propagées jusqu'à des distances de
800 à 1200 kilomètres.

Chladni rapporte plusieurs faits qui prouvent que le bruit du
canon se propage à des distances souvent très grandes : au siège
de Gênes, on l'entendit à une distance de 90 milles d'Italie ;
dans le siège de Manheim, en 1795, à l'autre extrémité de la
Souabe, à Nordlingen et à Wallerstein ; à la bataille d'Iéna,
entre Wittenberg et Treuenbrietzen. « J'ai entendu moi-même,
dit-il, les coups de canon à Wittenberg, à une distance de
17 milles d'Allemagne (126 kilomètres), moins par l'air que par
les ébranlements des corps solides, en appuyant la tête contre
un mur. »

On lisait, dans le compte rendu de la séance de l'Académie de sciences du 15 janvier 1840, la communication suivante :

« M. Arago donne, d'après une lettre de M. d'Hacqueville,

des renseignements concernant *les distances auxquelles se propage le son*. La canonnade qui précéda la prise de Paris, au commencement de 1814, fut entendue pendant quinze heures dans toute la contrée qui s'étend de Lisieux à Alençon et dans toutes les vallées environnantes (170 à 180 kilomètres à vol d'oiseau). M. Élie de Beaumont ajoute, à l'appui de la communication de M. d'Hacqueville, que la canonnade du 30 mars 1814 a été entendue très distinctement dans la commune de Canon, située entre Lisieux et Caen, à environ 126 kilomètres de Paris, en ligne droite. »

Est-ce par l'air, est-ce par le sol que le son était transmis dans ces circonstances, qui ne sont sans doute pas exceptionnelles ? La vérité est que par l'air même le son se propage souvent à une grande distance. Témoin les roulements du tonnerre, mais surtout les détonations des bolides qui éclatent parfois à des hauteurs énormes. Chladni cite des météores dont l'explosion n'a été entendue que 10 minutes après la vue du globe lumineux, ce qui suppose une hauteur d'au moins 200 kilomètres. Le bolide observé dans le midi de la France le 14 mai 1864 a présenté la même particularité, et les observateurs ont noté jusqu'à 4 minutes entre l'apparition et la perception du bruit de la détonation. « Pour qu'une explosion, dit à ce sujet M. Daubrée, produite dans des couches d'air aussi raréfiées, ait donné lieu à la surface de la terre à un bruit d'une pareille intensité, et sur une étendue horizontale si considérable, il faut admettre que sa violence dans les hautes régions dépasse tout ce que nous connaissons. » La durée de la détonation de certains bolides est un phénomène également remarquable; il y a là probablement un effet de répercussion du son sur les couches d'inégale densité de l'air, analogue au roulement du tonnerre dans les orages.

Le son consistant dans l'impression que produit sur l'organe de l'ouïe la succession des vibrations ou des ondes aériennes, il peut arriver, et il arrive en effet, que l'impression cesse avant que le mouvement vibratoire cause de cette impression ait lui-même complètement cessé. Dans ses expériences sur la vitesse du son, Regnault a parfaitement constaté cette distinction. « Lorsque l'onde, dit-il, n'a plus assez d'intensité, ou qu'*elle s'est assez modifiée* pour ne plus produire sur notre oreille la sensation du son, elle est encore capable, même après un parcours très prolongé, de marquer son arrivée sur nos membranes. » Ce savant physicien a trouvé qu'un coup de pistolet, chargé avec 1 gramme de poudre, donne un son qui cesse d'être perçu par l'oreille après des parcours de

1150 mètres dans un tuyau de   108 millimètres de diamètre,
3810   —   —   de 500   —   —
9540   —   —   de 1100   —   —

La portée du son est sensiblement proportionnelle au diamètre du tuyau ou de la colonne d'air qui propage le son. Mais cette onde qui, aux distances ci-dessus, ne donne plus de son perceptible, chemine toujours. Elle n'est à peu près complètement éteinte qu'aux distances suivantes :

4056 mètres dans la conduite de   108 millimètres.
11430   —   —   de 500   —
19851   —   —   de 1100   —

La portée du son perceptible et la portée limite des ondes silencieuses seraient beaucoup moindres dans l'air libre que dans un espace limité, parce que dans l'air libre l'amplitude des vibrations, par suite l'intensité du son, diminue rapidement ; théoriquement nous avons déjà dit que cette diminution est proportionnelle au carré des distances. Mais on croyait que dans une colonne cylindrique l'intensité restait constante, ce qui eût donné à la portée une valeur infinie ; or les expériences de Regnault, ainsi que nous l'avons dit déjà, prouvent qu'il n'en est pas ainsi ; les ondes sont peu à peu affaiblies, puis éteintes, par l'influence des parois des tuyaux. Pour les ondes sonores proprement dites, on voit que la limite de perception ou la portée est assez faible.

§ 5. SUR LA TRANSPARENCE ET L'OPACITÉ ACOUSTIQUES DE L'ATMOSPHÈRE.

Nous arrivons aux expériences de Tyndall sur la portée des ondes sonores. Elles sont intéressantes en ce que, sur plusieurs points, elles se trouvent en contradiction avec les idées généralement admises sur ce sujet par les physiciens. Un temps clair et serein avait été jusqu'ici, nous l'avons vu, considéré comme favorable à la propagation du son ; on avait également cru que la portée était plus grande si le vent soufflait dans la direction du mouvement des ondes, pourvu toutefois qu'il s'agît d'une brise légère. Or nous allons voir les faits démentir cette opinion.

Le savant physicien anglais avait été chargé, par la corporation de Trinity House [1], « de déterminer la distance à laquelle les signaux ordinaires de brume, tels que porte-voix, trompettes marines, sifflets à vapeur et coups de canon, pouvaient être entendus en mer, et de chercher à constater les causes des variations dans cette distance dépendantes de changements dans les conditions atmosphériques. Les signaux ayant été convenablement disposés sur le haut des falaises du South Foreland, dans le voisinage de Douvres, M. Tyndall, monté sur un vapeur que le gouvernement avait mis à sa disposition, s'éloignait ou se rapprochait de la côte, jusqu'à ce que les sons devinssent perceptibles à l'oreille. Il fut frappé, dès l'abord, des variations singulières et en apparence inexplicables qui n'ont pas tardé à se présenter... C'est ainsi que, le 25 juin, la direction du vent étant favorable, le son de la trompette marine, ainsi que le bruit de l'explosion d'une pièce de 18 tirée sur les falaises au-dessus de Douvres, s'entendait distinctement en mer à une distance de 5 1/2 milles anglais, soit en nombre rond 8750 mètres. Le lendemain 26, ces mêmes sons étaient perceptibles à une distance de la côte de 17 kilomètres, et cela malgré un vent direc-

---

1. Nous empruntons ces détails au compte rendu d'une conférence de Tyndall, publiée par le *Bulletin de l'Association scientifique de France*, t. XIII, p. 582.

ment contraire. Le 1ᵉʳ juillet, nonobstant une brume épaisse et un vent contraire, les sons étaient perceptibles à une distance de 20ᵏ,5, soit plus de deux fois celle à laquelle on avait pu les les entendre par un temps clair et un vent favorable. Le lendemain 2 juillet, il est survenu tout à coup dans l'atmosphère une opacité acoustique vraiment extraordinaire; la distance de la côte à laquelle le bruit du canon était perceptible, n'était plus que de 6750 mètres, sans cause météorologique apparente. Le 5 juillet, par un temps serein et très chaud, la mer étant parfaitement calme, il a fallu se rapprocher jusqu'à 5500 mètres de la côte, pour que le bruit du canon de 18 devînt perceptible. L'observateur distinguait bien chaque bouffée de fumée, mais sans entendre le plus petit son. Il paraît donc démontré qu'une atmosphère claire et sereine n'est nullement favorable à la propagation du son, et que l'accord entre la transparence optique et la transparence acoustique, constaté par le docteur Derham, dans les *Transactions philosophiques* pour 1708, et généralement admis dès lors, ne repose sur aucun fondement. »

Avant d'aller plus loin, et de rapporter l'explication que propose Tyndall pour ces apparentes anomalies, nous devons dire que les faits observés par lui ne sont pas entièrement nouveaux. Arago, dans son rapport sur les expériences faites en 1822 à Villejuif et à Monthléry, constate une différence singulière entre l'intensité du son entendu à chaque station. « Le temps était serein, dit-il, et presque complètement calme : le peu de vent qu'il faisait soufflait de Villejuif à Monthléry ou plus exactement du nord-nord-ouest au sud-sud-est. A Villejuif, nous entendîmes parfaitement, MM. de Prony, Mathieu et moi, tous les coups de Monthléry; aussi n'apprîmes-nous pas sans étonnement, le lendemain, que le bruit de notre station s'était à peine transmis jusqu'à l'autre. » On n'entendit à Monthléry que sept coups sur douze. Le lendemain, résultat plus étonnant encore : on n'entendit qu'un coup sur douze. Arago ne chercha point à expliquer ces singularités, n'ayant, dit-il, à offrir que des conjectures dénuées de preuves.

Le fait que nous venons de citer est d'autant plus curieux qu'il s'agit là de sons presque simultanés, se propageant dans le même milieu, dans des conditions météorologiques qu'on peut considérer comme identiques. Ainsi, un même milieu aérien qui, dans un sens, jouit de la propriété que Tyndall nomme la *transparence acoustique*, se trouve opaque pour le son dans le sens opposé.

Martins et Bravais, en mesurant la vitesse du son, entre le sommet du Faulhorn et le lac de Brienz, avaient bien aussi reconnu que le son arrivait affaibli à la station inférieure; mais dans ce cas la cause de la diminution d'intensité pouvait et devait être attribuée à la grande différence d'altitude, c'est-à-dire à la plus faible densité de l'air au point où se produisait le son. A Montlhéry, c'était plutôt le contraire, puisque les ondes sonores émanées de Villejuif se propageaient en montant de 30 et quelques mètres vers la station opposée.

L'explication proposée par Tyndall n'est autre que celle de Humboldt : le défaut d'homogénéité des couches d'air à travers lesquelles se propagent les ondes sonores. Le 5 juillet, lors de la dernière expérience citée plus haut, le temps était calme et chaud. « Les rayons d'un soleil ardent, en tombant sur la mer, devaient nécessairement donner lieu à une copieuse évaporation. La vapeur ainsi formée ne devait pas, suivant le savant anglais, se mêler à l'air, de manière à donner un tout homogène; les espaces inégalement saturés de ce milieu étaient dès lors séparés par des surfaces favorables à la production d'échos partiels par réflexion. De là un affaiblissement des ondes et une diminution de la portée du son. Un fait observé le même jour lui a paru confirmer la vérité de cette explication ; un nuage, assez épais pour voiler le soleil, survint en effet, et l'évaporation ralentie permit au mélange d'air et de vapeur déjà formée de devenir plus homogène ; au bout de quelques minutes, la portée du son s'éleva de 5500 à 5750 mètres et s'accrut jusqu'au soir à mesure que le soleil s'approchait de l'horizon; au coucher de l'astre, le canon s'entendait à une distance de 12 kilomètres et demi. »

L'effet d'une forte averse de pluie fut analogue à celui de l'interposition d'un nuage. « Dans la matinée du 8 octobre, l'explosion de la pièce de 18 était à peine perceptible à la distance de 8750 mètres de la côte anglaise. L'après-midi est survenue une forte averse de pluie mélangée de grêle ; aussitôt le son s'est graduellement renforcé, et, en s'éloignant toujours plus de la côte, on a pu l'entendre distinctement à la distance de 12 kilomètres. Dans ce cas, la chute d'eau avait arrêté l'évaporation de la mer et rendu à l'atmosphère son homogénéité. »

Les brouillards, les brumes épaisses sont-ils des obstacles à la propagation du son ? En diminuent-ils la portée ? On le croyait jusqu'ici. Des expériences dues au même savant paraissent en contradiction avec cette manière de voir. En effet, pendant les trois journées des 10, 11 et 12 décembre, Londres étant plongé dans un brouillard d'une épaisseur exceptionnelle, le bruit du canon fut perceptible à une distance beaucoup plus grande que par les temps clairs qui avaient précédé ces jours brumeux ou qui suivirent la disparition complète du brouillard. Ainsi, comme le fait remarquer Tyndall, la même cause qui diminue la transparence optique des couches d'air augmente sa transparence acoustique.

Un ingénieur en chef des ponts et chaussées, M. Philippe Breton, tout en admettant l'explication de Humboldt et de Tyndall, pense qu'une autre cause peut produire une brusque interruption des signaux sonores. Dans une atmosphère parfaitement homogène, mais dont les couches sont à des températures différentes, variant d'une manière continue, des ondes sonores parties d'un signal plus ou moins élevé vont raser l'horizon, plaine ou surface maritime, à une certaine distance. Là elles se relèvent brusquement, laissant plus loin tout un espace où elles ne pénètrent pas et que ce savant nomme l'*ombre de silence*. Pour percevoir les sons dans cet espace, il faudrait s'élever verticalement à des hauteurs croissant avec la distance. Il peut donc être arrivé que le navire où se trouvait Tyndall dans ses expériences ait pénétré dans cet espace, et que ce savant ait attribué à un défaut d'homogénéité de l'air ce qui était le fait d'une loi géométrique de la propagation des ondes.

« Par exemple, dit M. Breton, s'il lui est arrivé, en s'éloignant de l'instrument des signaux, de cesser brusquement d'entendre le son, au lieu d'observer un affaiblissement graduel et continu, c'est qu'à l'instant de la cessation brusque de l'audition, l'observateur, en traversant la surface de l'ombre acoustique, sera entré brusquement dans l'ombre de silence. La brusquerie de l'extinction apparente aura dû être d'autant plus nette que la transparence acoustique de l'air était plus complète. »

Quoi qu'il en soit des diverses théories proposées pour expliquer les anomalies que l'observation a déjà reconnues dans la portée variable des signaux sonores, la nécessité d'expériences nouvelles ressort évidemment, selon nous, des faits que nous venons de rapporter. L'importance pratique de la question sollicitera d'ailleurs les physiciens.

CHAPITRE V

LES VIBRATIONS SONORES

§ 1. VIBRATIONS DES SOLIDES, DES LIQUIDES ET DES GAZ.

Le son est un mouvement vibratoire.

Les corps sonores sont des corps élastiques, dont les molécules, sous l'action de la percussion, du frottement ou des autres modes d'ébranlement, exécutent une série de mouvements de va-et-vient autour de leur position d'équilibre. Ces vibrations se communiquent de proche en proche aux milieux environnants, gazeux, liquides et solides, dans toutes les directions, et viennent atteindre l'organe de l'ouïe. Là, le mouvement vibratoire agit sur les nerfs spéciaux de cet organe et détermine dans le cerveau, si la vitesse et l'amplitude des vibrations ont des valeurs convenables, la sensation du son.

Des expériences très simples permettent de mettre en évidence l'existence des vibrations sonores.

Elles sont d'abord fréquemment perceptibles au simple toucher. Si l'on choque, à l'aide d'un morceau de métal ou de bois, les branches d'une pincette suspendue, on entend un son, et en appliquant les doigts sur les branches on sent un frémissement très facile à distinguer du mouvement d'oscillation visible. Il en est de même, si l'on fait résonner une cloche, un timbre, un instrument de musique d'un volume suffisant, si l'on pose, par exemple, les doigts sur la table d'harmonie d'un piano pendant qu'on joue de l'instrument. Un tambour, un clairon qui

passe devant les fenêtres d'une maison, fait frémir les vitres
des croisées, et la détonation d'un coup de canon produit un
effet semblable à une grande distance. Tiré de trop près, le
coup briserait les vitres, mais dans ce cas l'effet produit par
l'ébranlement sonore se complique du mouvement de transport
et du vide causé dans l'air par l'explosion.

Les vibrations sonores sont visibles dans les cordes et les
verges métalliques. Si l'on prend une corde de violon et qu'on

Fig. 295. — Vibrations transversales d'une corde sonore.

la tende à ses deux extrémités au-dessus d'une surface de couleur sombre — dans les instruments à cordes, cette condition
se trouve réalisée, — si l'on provoque alors un son à l'aide
d'un coup d'archet transversal ou par le pincement de la corde
en son milieu, on voit cette dernière s'élargir des extrémités
au milieu, et présenter à l'œil, en ce dernier point (fig. 295),
un renflement apparent, dû au mouvement rapide de va-et-
vient qu'elle exécute. La corde est vue à la fois, pour ainsi dire,
dans ses positions extrêmes et moyennes, grâce à la persistance
des impressions lumineuses sur la rétine.

Au lieu d'une corde, considérons une verge ou tige métallique flexible fixée à l'un de ses bouts (fig. 296). En la dérangeant de sa position d'équilibre, on la voit exécuter une série d'oscillations dont l'amplitude va en s'affaiblissant et finit par s'annuler. Pendant toute la durée des vibrations de la tige, on entend un son qui s'affaiblit et s'éteint avec le mouvement même. Les branches d'un diapason qu'on fait résonner oscillent visi-

Fig. 296. — Vibrations transversales d'une tige métallique.

blement, de sorte que l'œil ne distingue pas nettement leurs contours : l'effet des vibrations est le même que dans le cas d'une corde sonore, et la vision confuse qui en résulte tient aussi à la durée de la sensation lumineuse. L'œil voit à la fois chaque branche dans toutes les positions que les vibrations lui font occuper de part et d'autre de sa position d'équilibre.

Une cloche de cristal, un timbre métallique, dont on frotte le bord avec un archet, rendent des sons souvent très énergiques : on constate aisément l'existence des vibrations qui leur donnent naissance. Une tige métallique dont la pointe effleure le bord de la cloche, est choquée par le cristal de coups secs et répétés, et le bruit qui en résulte se distingue nettement du son que rend le vase (fig. 297). La boule d'un pendule en contact avec le bord de la même cloche est renvoyée avec force et oscille pendant toute la durée du son. De même une bille métallique, posée à l'intérieur d'un timbre, sautille quand ce

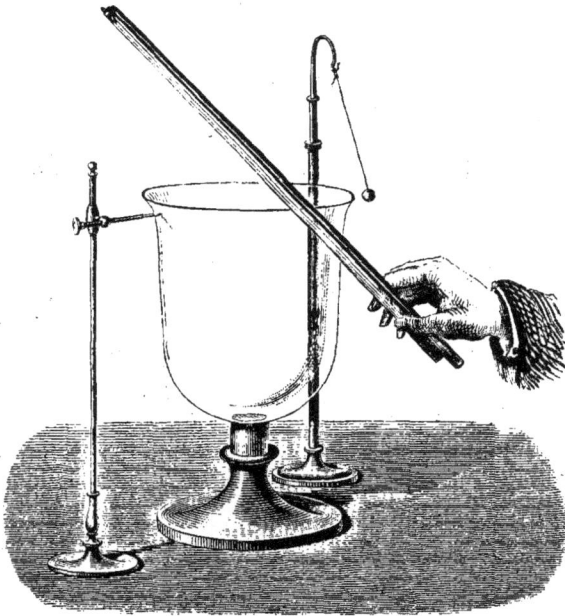

Fig. 297. — Vibrations d'une cloche.

dernier résonne (fig. 298) et accuse ainsi l'existence des vibrations dont les molécules du corps sonore sont animées.

Outre les vibrations dont le sens est perpendiculaire à leur longueur, et qu'on nomme pour cette raison *vibrations transversales*, — ce sont celles dont il vient d'être question, — les cordes, les verges métalliques, les tiges de bois, de verre ou d'autres substances élastiques, exécutent encore des *vibrations longitudinales*, qui peuvent être rendues sensibles par des moyens semblables à ceux qu'on vient de décrire. Prenons, par exemple, une tige de fer ou un tube de verre, dont l'un des bouts est fixe, et frottons-les dans le sens de la longueur à l'aide d'un morceau d'étoffe enduit de colophane : un son se produit. Si une bille formant pendule est préalablement mise en contact avec le bout libre de la tige ou du tube, on la verra s'élancer et osciller pendant toute la durée du son : le mouvement de la bille s'effectuera sur la prolongation de l'axe de la tige ou du

Fig. 298. — Vibrations d'un timbre sonore.

tube; il sera longitudinal, comme les vibrations qui le produisent.

L'instrument de Trevelyan, dont nous avons parlé plus haut et à l'aide duquel on obtient des sons par le contact de deux corps solides à des températures inégales, permet aussi de rendre sensible à la vue l'existence des vibrations sonores (fig. 299). En plaçant en travers, sur le berceau métallique, une barre terminée par deux boules, le poids de cette barre rend les vibrations plus lentes, et on les suit des yeux dans le

balancement alternatif qu'exécutent la baguette et les boules.
Tyndall a imaginé un moyen fort ingénieux de mettre ces vibrations en évidence. Pour cela, il fixe au centre du berceau un
petit disque d'argent poli, sur lequel il projette un faisceau de
lumière électrique. La lumière réfléchie sur ce petit miroir va
tomber sur un écran, et aussitôt que le fer chaud se trouve en
contact avec la masse froide du plomb, on voit le reflet de
lumière se balancer ou osciller sur l'écran.

On peut prouver, en étudiant les effets de la chaleur, que la
cause des oscillations du berceau, dans l'instrument de Treve-

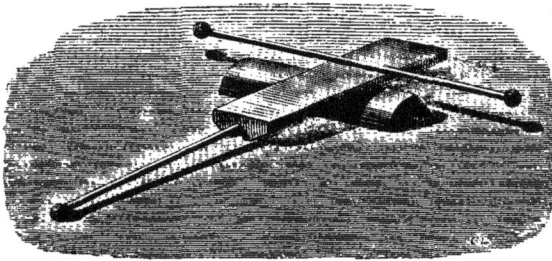

Fig. 299. — Instrument de Trevelyau.

lyan, est due à la dilatation momentanée du plomb aux points
où ce métal est successivement en contact avec le fer chaud ;
cette dilatation brusque donne lieu à la formation de bourre-
lets qui naissent au contact, puis disparaissent aussitôt que
ce dernier cesse et qui font bascu-
ler le berceau à droite ou à gauche
(fig. 300). Il en résulte une série de
petits chocs assez multipliés pour
produire un son. L'expérience peut

Fig. 300. — Oscillation du berceau
dans l'instrument de Trevelyan.

se faire avec une simple pelle à feu, dont on fait chauffer le
manche, et qu'on pose en équilibre sur deux lames de plomb
serrées dans un étau (fig. 301).

Nous verrons plus loin d'autres preuves de l'existence de ces
mouvements moléculaires, quand nous décrirons les procédés
employés pour mesurer le nombre des vibrations. Nous avons
d'ailleurs déjà dit que, le plus souvent, quand un corps solide

produit un son, le mouvement vibratoire est rendu sensible par le frémissement que la main éprouve au toucher.

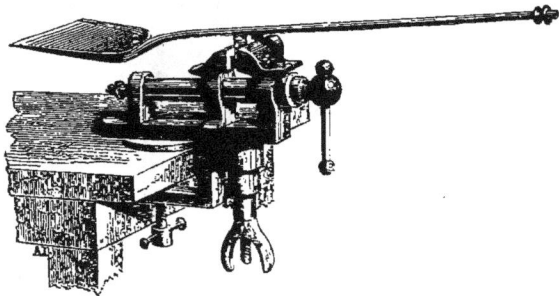

Fig. 301. — Expérience de Trevelyan simplifiée par Tyndall

Jusqu'ici, nous n'avons considéré, pour les mettre en évidence, que les vibrations des corps solides. Mais celles que la

Fig. 302. — Vibrations des molécules liquides sous l'influence d'un ébranlement sonore.

production ou la transmission du son détermine dans les masses liquides et dans les gaz, peuvent être également rendues visibles. Un verre à moitié rempli d'eau vibre comme la cloche dont il vient d'être question, lorsqu'on en frotte les bords, soit avec le doigt mouillé, soit avec un archet. De plus, on voit alors, sur la surface du liquide, une multitude de stries, qui se partagent en quatre, quelquefois en six groupes principaux, et ces stries sont d'autant plus serrées que le son est plus aigu (fig. 502). Si l'on force l'intensité du son, l'amplitude des vibrations devient si vive que l'eau jaillit de chaque groupe en pluie fine.

Enfin, si l'on adapte à une soufflerie un tuyau sonore dont l'une des faces est transparente, on peut constater les vibrations de la colonne d'air intérieure de la façon suivante : On suspend à l'aide d'un fil un cadre recouvert d'une membrane tendue à l'intérieur du tuyau. Quand le tuyau résonne, on aperçoit les grains de sable dont la membrane était préalablement recouverte sautiller à la surface, et prouver ainsi l'existence des vibrations de la colonne gazeuse, transmises à la membrane elle-même et aux grains légers dont elle est saupoudrée (fig. 503). Nous avons vu que les vibrations de l'air ont quelquefois une grande énergie, puisque les vitres frémissent, et même se brisent dans le voisinage d'une détonation un peu forte, comme celle d'une pièce de canon.

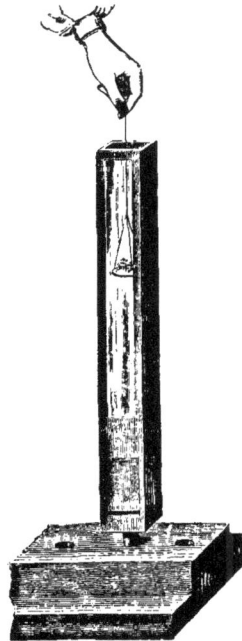

Fig. 503. — Vibrations de la colonne gazeuse d'un tuyau sonore.

Voilà donc un fait fondamental parfaitement démontré par l'expérience. Le son résulte des mouvements vibratoires qu'exécutent les corps élastiques, solides, liquides ou gazeux, vibrations qui se transmettent à l'organe de l'ouïe par l'intermédiaire des divers milieux qui séparent ce dernier du corps sonore. On comprend dès lors pourquoi le son ne se propage pas dans le

vide. Le timbre frappé par le marteau sous le récipient de
la machine pneumatique vibre quand même; mais ses vibrations ne se transmettent plus, ou du moins ne se transmettent
qu'imparfaitement par l'intermédiaire du coussin qui supporte
l'appareil et de la faible quantité d'air qui reste toujours dans le
vide le plus complet qu'on puisse réaliser.

§ 2. LES VIBRATIONS PENDULAIRES.

Les expériences que nous venons de décrire ont mis en pleine
évidence ce fait, que le son est dû à un mouvement vibratoire
des corps ou des milieux élastiques.

Essayons maintenant d'étudier d'une manière plus intime la
nature de ce mouvement, les formes qu'il affecte, selon qu'il
s'effectue dans un milieu solide, dans un liquide ou dans une
masse gazeuse. Cette étude est l'objet d'une branche de la
science, très élevée, très délicate et difficile : nous devrons donc
nous borner à donner une idée des faits d'expérience et des
principes sur lesquels elle repose.

Considérons d'abord le mouvement vibratoire dans les corps
solides élastiques.

Soit une tige ou lame mince, en métal, encastrée ou fixée par
une de ses extrémités. En la dérangeant de sa position d'équilibre,
ce qui change en ligne courbe la ligne droite qu'elle formait,
puis l'abandonnant à elle-même, elle va faire une série d'oscillations, et il en résultera la production d'un son, dont la hauteur
et l'intensité dépendront du nombre des oscillations et de leur
amplitude. Comment s'exécutent ces oscillations ou vibrations?

Au moment où la main qui a écarté la tige de sa position
rectiligne d'équilibre, l'abandonne, la vitesse d'un quelconque
des points de cette tige, de son extrémité par exemple, est
nulle (fig. 504); puis cette vitesse va aller en augmentant jusqu'à ce que la tige soit revenue à la position verticale, c'est-à-
dire à son point de départ; à ce point elle est maximum; elle

st donc capable de faire dépasser à la tige cette position : seuement, la force d'élasticité, s'exerçant alors en sens opposé, va endre à diminuer la vitesse acquise. Elle diminue en effet cette itesse jusqu'à la rendre nulle, ce qui arrive lorsque la tige s'est cartée à gauche d'une quantité précisément égale à celle dont lle avait été écartée à droite, à l'origine. Celle-ci va donc mainenant prendre un mouvement en sens contraire ; mais cette seconde excursion sera en tout symétrique de la première, de sorte que la tige reviendra à sa position d'équilibre et s'en écartera vers la droite, et ainsi de suite indéfiniment. D'où l'on voit que, s'il n'y avait auune résistance, aucune cause de perturation, le mouvement oscillatoire dureait indéfiniment. Le frottement, la résisance de l'air agissent pour le détruire t diminuent à chaque période l'ampliude de l'oscillation qui finit par devenir nulle ; alors la tige élastique reprend sa osition d'équilibre et reste en repos.

On voit que le mouvement vibratoire ù à l'élasticité est semblable en tous oints, sauf en ce qui regarde la vitesse, u mouvement d'un pendule oscillant ous l'action de la pesanteur. La forme

Fig. 504. — Vibrations pendulaires.

le vibration qui en résulte est pour cela caractérisée par le nom de *vibration pendulaire* [1] (fig. 505). Dans cet exemple, comme dans celui du pendule, les oscillations ont une durée ndépendante de l'amplitude, mais qui varie avec les dimensions, la forme de la tige et la nature de la substance qui la

---

1. On nomme *oscillation* ou *vibration*, soit la période de mouvement comprise entre la osition d'équilibre et le premier retour à cette position, soit la période double comprise entre deux retours consécutifs de la tige à la même phase du mouvement. En France, on disingue ces deux périodes en affectant à la première le nom de *vibration simple* et à la seconde celui de *vibration double*, ce qui est conforme à l'usage adopté pour les mouvements du endule. Les Allemands nomment *vibration* ce que nous appelons *vibration double*. Il résulte de là que les nombres de vibrations sont pour eux moitié moindres que les nôtres.

compose. Cet isochronisme est une propriété capitale, aussi bien en acoustique qu'en pesanteur. En effet, on a vu que le nombre constant des vibrations exécutées en une seconde par un corps sonore détermine la *hauteur* du son produit. Que, pour une cause ou pour une autre, l'isochronisme cesse, le nombre de vibrations va ou diminuer ou augmenter ; le son deviendra plus aigu ou plus grave.

Nous avons pris ici un exemple particulier, celui d'une verge rigide fixée par une de ses extrémités, et nous avons supposé que nous développions son élasticité, en agissant par flexion sur un de ses points. Mais quel que soit le mode d'action, la

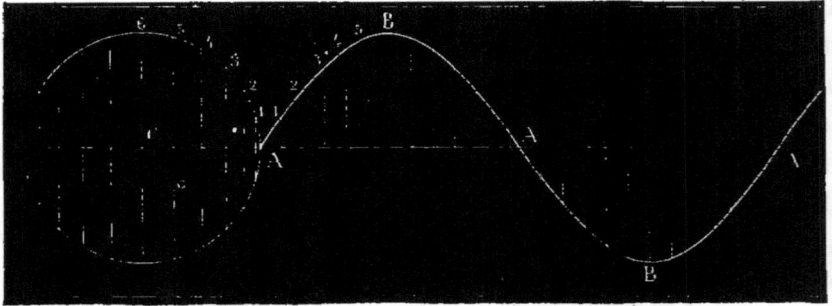

Fig. 305. — Forme d'une vibration pendulaire simple.

forme du mouvement vibratoire reste essentiellement la même, à la condition que le son musical produit soit un son simple, c'est-à-dire non accompagné de sons partiels. Dans les cas où le son fondamental est accompagné de ces sortes de sons qu'on appelle *harmoniques* et dont il sera question bientôt, la forme de la vibration n'est plus celle d'une vibration pendulaire, mais elle est la résultante des vibrations pendulaires correspondantes à chacun des sons composants [1].

---

1. Notre illustre géomètre Fourier a démontré la loi mathématique suivante : « *Toute forme quelconque de vibration, régulière et périodique, peut être considérée comme la somme de vibrations pendulaires, dont les durées sont une, deux, trois..., etc., fois moindres que celle du mouvement donné.* » Helmholtz, appliquant la loi de Fourier à l'acoustique, en a traduit ainsi la formule : « *Tout mouvement vibratoire de l'air dans le conduit auditif, correspondant à un son musical, peut toujours, et toujours d'une seule*

Si nous avions considéré une corde tendue, au lieu d'avoir un corps élastique par lui-même, nous aurions eu un corps doué d'élasticité par tension ; mais qu'on fasse vibrer cette corde par flexion en la pinçant, en lui donnant un choc, ou en la frottant avec un archet, chacun de ses points n'en décrira pas moins le même genre de mouvement ; ses vibrations, simples ou composées, seront toujours analogues à celles du pendule. Enfin, au lieu de faire mouvoir le corps élastique per-

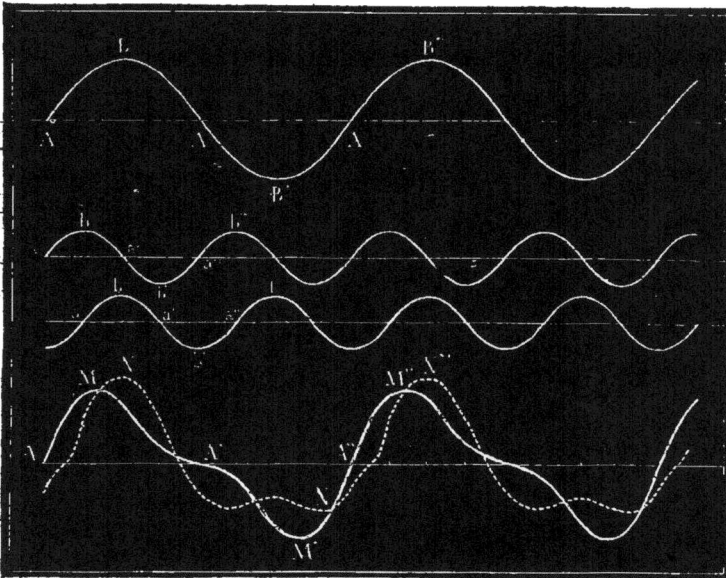

Fig. 506. — Vibrations composées.

pendiculairement à sa longueur, ce qui produit des vibrations *transversales*, on pourrait lui imprimer un mouvement dans le sens de cette longueur : une tige métallique, par exemple, sur laquelle on promène le doigt mouillé, ou un morceau d'étoffe saupoudré de colophane, éprouve alors dans sa longueur des

manière, être considéré comme la somme d'un certain nombre de mouvements vibratoires pendulaires, correspondant aux sons élémentaires considérés. »

Nous verrons plus loin que le *timbre*, cette troisième qualité du son musical, dépend de la présence et de la prédominance de tels ou tels sons harmoniques dans le son fondamental. Le timbre est donc essentiellement lié à la forme de la vibration, tandis que la hauteur dépend de sa durée et l'intensité de son amplitude.

contractions et des dilatations périodiques d'où résulte la production d'un son. En ce cas, les vibrations sont *longitudinales*. Mais le mouvement élémentaire de chacune de ces molécules est toujours décomposable dans les mêmes phases que nous avons analysées plus haut : c'est toujours un mouvement analogue à celui du pendule; les vibrations composantes sont toujours des vibrations pendulaires.

Une cloche ou un timbre, une membrane tendue, une plaque sonore, etc., en un mot, un solide élastique susceptible d'émettre des sons par percussion, frottement, etc., vibre tou-

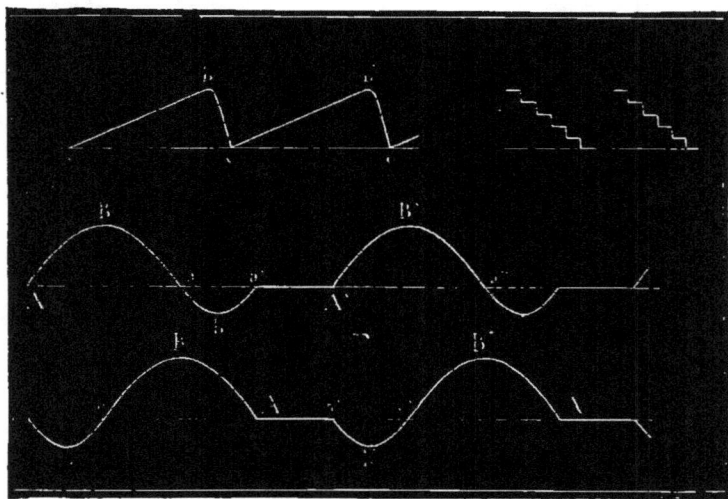

Fig. 307. — Vibrations périodiques discontinues.

jours de la même manière; seulement, comme nous le verrons plus loin, tandis que certaines parties du corps vibrent, d'autres restent en repos; il y a des régions où le mouvement vibratoire a une amplitude maximum, il en est d'autres où ce mouvement est nul : c'est-à-dire que le corps sonore se partage en *ventres* et en *nœuds*, qui varient suivant certaines circonstances. Les lois de ces vibrations sont plus ou moins compliquées; mais chaque molécule considérée isolément suit toujours la même loi constante d'oscillations isochrones.

Comme, après tout, les sons produits par les corps solides vibrants ne sont perceptibles qu'autant que leurs vibrations se communiquent à l'oreille par un milieu fluide, liquide ou gazeux, et que, comme l'expérience nous l'apprend, les qualités du son dépendent du nombre ou de l'amplitude des vibrations de la source, on peut déjà admettre, par analogie, que les vibrations des milieux élastiques, tels que l'eau, l'air, etc., sont identiques aux vibrations des solides. Nous avons vu en effet que le mouvement qui constitue les ondes aériennes, mouvement consistant en condensations et dilatations successives, est analogue au mouvement pendulaire que nous avons étudié plus haut. On sait que dans l'eau les sons se propagent comme dans l'air, sauf la différence dans la vitesse de propagation. Pour un même son, les ondes sonores liquides ont une plus grande longueur, mais leur forme est la même : il n'y a rien à changer dans l'explication donnée pour les ondes aériennes.

§ 3. VIBRATIONS DES MASSES FLUIDES.

Ce qu'il nous reste à exposer, c'est la façon dont les choses se passent quand le son, au lieu de se propager simplement dans les liquides et les gaz, comme il arrive dans le cas où le corps sonore est un solide élastique, prend naissance dans le fluide lui-même. Mais commençons par décrire les phénomènes eux-mêmes.

Nous ne ferons que rappeler, puisque nous les décrirons plus amplement, ceux qui se manifestent dans les tuyaux sonores. Là, une colonne gazeuse, aérienne, de longueur déterminée, enfermée dans les parois d'un tuyau solide, entre en vibration et produit des sons, quand on fait pénétrer par son embouchure un rapide courant d'air. L'entrée en vibration de la colonne d'air a lieu d'ailleurs par deux modes différents. Tantôt la lumière du tuyau est munie d'une lame élastique, mince et flexible (*anche* battante ou libre), qui entre en vibration sous l'influence du courant d'air : de là un écoulement périodique de l'air, générateur du son ; tantôt la lumière du tuyau est taillée en biseau et divise le courant gazeux qui la frappe; il en résulte des compressions et des dilatations alternatives, des vibrations qui se communiquent à la colonne d'air du tuyau et la font vibrer à son tour. La vibration des lèvres dans les instruments de musique qui, comme le cor, sont des tuyaux terminés par une embouchure hémisphérique ou conique, ébranle la colonne d'air et la fait vibrer à l'unisson. Enfin les tuyaux vibrent encore de la même manière, et produisent des sons, lorsqu'ils sont plongés dans l'eau et qu'un courant liquide arrive par la lumière du tuyau.

Dans tous ces phénomènes, où les sons sont produits par les vibrations de masses fluides, il y a un fait commun, qui est l'écoulement, par un orifice, d'une veine liquide ou gazeuse. Il était donc intéressant d'étudier la manière dont les vibrations se produisent, quand on réduit le fait à sa forme la plus simple. C'est ce qu'a fait Savart dans une suite d'expériences sur l'écoulement des veines liquides qui s'échappent par un orifice percé en mince paroi, sous l'influence d'une pression plus ou moins grande. Ce savant acousticien est arrivé ainsi à constater de nombreux et curieux phénomènes qui jettent un grand jour sur la question, auparavant assez obscure, de la génération des mouvements vibratoires au sein des liquides et des gaz. Nous ne pouvons mieux faire, pour donner une idée de ces recherches, que de citer le résumé dont elles ont été l'objet dans une conférence faite en 1869 par M. Maurat, devant la *Société des amis des sciences*.

« Commençons, dit-il, par rappeler quelle est, d'après Savart, la constitution d'une veine liquide verticale s'écoulant par un orifice pratiqué en mince paroi. La partie la plus voisine de l'orifice est limpide et transparente; elle semble (au moins quand on ne l'examine pas avec des précautions particulières) immobile comme une baguette de cristal. A sa suite, on voit une seconde partie trouble et présentant des renflements et des étranglements alternatifs, dont la position reste à très peu près constante, bien qu'ils soient produits par des portions de liquide

qui se renouvellent continuellement. Cet aspect de la veine est
fidèlement reproduit par la figure suivante (premier dessin à
gauche de la figure 308).

« Constatons d'abord que la seconde partie de la veine doit
son apparence à sa discontinuité. Elle est formée en effet de
gouttes séparées et qui laissent même entre
elles des intervalles considérables relativement à leur diamètre. Pour s'en assurer,
on peut passer rapidement le doigt à travers la partie trouble ; il arrive souvent qu'il
n'est pas mouillé. On peut encore, après
avoir très fortement coloré le liquide avec
une dissolution d'indigo, tendre verticalement derrière la veine un fil suffisamment
éclairé. Ce fil sera caché par la première
partie qui est continue, mais il sera vu facilement au contraire à travers la seconde.
L'expérience sera plus concluante encore si
l'on emploie un liquide absolument opaque,
comme le mercure. Enfin, il suffit de suivre
des yeux le mouvement des gouttes, en regardant la veine de haut en bas, pour les
apercevoir nettement distinctes (fig. 308,
second dessin). Quelle peut être la cause
de ce phénomène remarquable ? »

M. Maurat rappelle ici les expériences de
Plateau sur les figures d'équilibre des
masses liquides, quand elles sont uniquement soumises aux actions mutuelles des
molécules. Ces figures sont la sphère, le

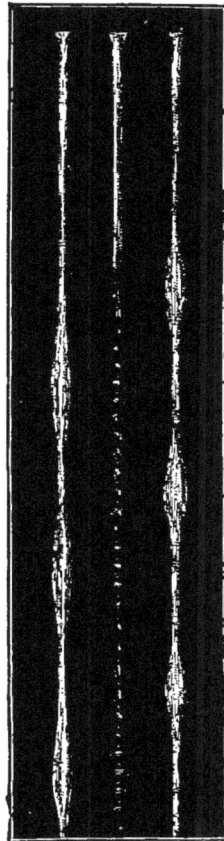

Fig. 308. — Constitution
d'une veine ou d'un jet
liquide.

cylindre, le plan. Pour un cylindre, l'équilibre est instable
dès que la hauteur dépasse le triple du diamètre ; alors la
forme cylindrique se détruit, et le cylindre se résout en grosses
sphères séparées par des sphérules de dimensions beaucoup
plus petites.

« Or, continue-t-il, une veine n'est autre chose qu'un cylindre liquide en mouvement dans le sens de son axe. L'inégalité de vitesse de ses différentes parties, qui tendent sans cesse à diminuer son diamètre, peut bien modifier le phénomène ; mais elle ne peut évidemment en changer la nature, car, pour des molécules peu éloignées, cette inégalité est très faible. La veine liquide doit donc, à partir d'une très petite distance de l'orifice, commencer à subir la même transformation que le cylindre de Plateau ; c'est la rapidité seule du mouvement qui nous cache les renflements et étranglements qui s'y produisent, et dont Savart a en effet constaté l'existence. La partie trouble ne commence qu'au moment où la discontinuité est établie, c'est-à-dire quand la transformation est complète. Or, puisque sa durée est proportionnelle au diamètre, et que d'ailleurs la vitesse d'écoulement est à son tour proportionnelle à la racine carrée de la charge, la longueur de la partie limpide d'une veine devra être aussi proportionnelle à ces deux quantités : ce qui résulte en effet des mesures de Savart. »

Ainsi l'apparence que présente à l'œil le jet ou l'écoulement d'une veine liquide s'explique par la formation de gouttelettes, les unes relativement plus grosses que les autres.

« Parlons d'abord des grosses gouttes. Leurs différentes molécules ne sont pas animées exactement de la même vitesse, puisqu'elles appartiennent à des points de la veine inégalement éloignés de l'orifice. Ces différences de vitesse ont évidemment pour effet de les déformer, et comme elles tendent toujours à revenir à l'état sphérique, elles exécuteront des vibrations qui leur donneront tantôt l'apparence d'ellipsoïdes allongés dans le sens vertical, tantôt, au contraire, d'ellipsoïdes aplatis dans le même sens. En conséquence la veine présentera, dans sa partie trouble, des renflements correspondants aux gouttes qui sont dans le premier cas, des étranglements correspondants à celles qui sont dans le second ; et les vibrations étant sensiblement isochrones, les distances d'un ventre au suivant devront croître comme les espaces qu'un corps pesant parcourt dans les secon-

es successives de sa chute, c'est-à-dire comme la série des
ombres impairs[1].

« Cherchons maintenant quel doit être l'effet sur le milieu
mbiant de la veine constituée comme nous venons de l'expliquer. La succession régulière des gouttes en un point déterminé
ommunique nécessairement à l'air des impulsions périodiques
gales, capables de produire un son si elles sont assez rapides.
l'est en effet ce que l'expérience vérifie dans la plupart des cas.
l est vrai que le son est ordinairement très faible, et que, pour
'entendre, il faut approcher l'oreille très près de la veine ; mais
m peut l'obtenir plus intense. On choisira pour cela un orifice
circulaire assez large, afin que les gouttes soient plus grosses ;
m fera écouler le liquide bien verticalement et sous une pression suffisante, pour que les impulsions soient plus fortes ;
nfin il conviendra d'atténuer autant que possible le bruit de la
chute dans le réservoir inférieur. » On obtient alors un son musical ; dès qu'il prend naissance, on observe un changement notable dans la veine, dont la partie limpide se raccourcit et dont
les nœuds et les ventres deviennent plus prononcés (fig. 508,
troisième dessin). Ce même changement, cela est digne d'être
noté, se remarque si un son de même hauteur vient à être produit dans le voisinage de la veine liquide.

Ainsi, on le voit, l'écoulement des liquides est accompagné
de mouvements vibratoires, qui peuvent être assez rapides et
assez intenses pour produire des sons. Les expériences de
M. Masson prouvent que des phénomènes absolument semblables se produisent dans l'écoulement des veines gazeuses. « Ce
physicien, dit encore M. Maurat, a constaté qu'il se produit des

---

1. Si les gouttes ne sont pas visibles à l'œil, cela tient à la persistance des impressions
lumineuses sur la rétine, qui fait que chaque goutte apparaît à la fois dans toutes les positions successives et sous toutes les formes qu'elle affecte. Cet effet disparaît quand on déplace
l'œil verticalement en suivant le mouvement du liquide ; alors l'image de la goutte mobile
reste fixée au même point de la rétine ; la goutte paraît en repos et isolée comme elle l'est
en réalité. En faisant l'expérience dans l'obscurité, puis en éclairant la veine à l'aide d'une
étincelle électrique, la durée extrêmement petite de l'illumination fait voir la colonne
liquide sous sa forme véritable, de même qu'un éclair montre immobiles les rais d'une
roue animée du mouvement le plus rapide.

sons quand on fait simplement écouler par des orifices circulaires convenables l'air comprimé dans une grande caisse au moyen d'une soufflerie. Le bruit qu'on entend est analogue à un sifflement et formé par un mélange fort complexe de sons qui diffèrent à la fois par la hauteur et par l'intensité. Si l'on entoure la veine gazeuse ainsi produite d'un tube cylindrique dont elle occupe l'axe, la colonne d'air de ce tube sera ébranlée par ceux des mouvements vibratoires de la veine qu'il peut renforcer, et l'on entendra un son musical très pur et facilement déterminable. L'appareil sera un véritable tuyau d'orgue. »

Nous décrirons plus loin des phénomènes qui ont avec les précédents la plus étroite analogie — nous voulons parler de sons produits par des flammes incandescentes, qui ont reçu les noms de *flammes sonores*, *flammes chantantes* ou *sensibles*. ·

§ 4. LES ONDES SONORES AÉRIENNES.

Nous venons de voir comment les vibrations des corps sonores peuvent être rendues sensibles; nous dirons bientôt comment on arrive à compter leur nombre et à vérifier par l'expérience les lois de leurs variations dans les solides de diverses formes et dans les colonnes gazeuses, cylindriques ou prismatiques. Mais, quand un corps résonne, les vibrations qu'exécutent ses molécules ne parviennent à notre oreille de façon à nous donner la sensation du son qu'en ébranlant de proche en proche la masse d'air interposée entre le centre d'ébranlement et nos organes. En l'absence de ce véhicule, le son n'est plus perçu, ou du moins il n'arrive à nous que très affaibli, après s'être propagé dans les corps solides plus ou moins élastiques, qui établissent une communication indirecte entre le corps sonore et l'oreille. L'air entre donc en vibration lui-même, sous l'impulsion des mouvements qu'effectuent les molécules du corps sonore. Ses couches subissent des condensations et des dilatations successives qui se propagent avec une vitesse constante, quand la densité et la température restent les mêmes, ou, si l'on veut, quand l'homogénéité du mélange gazeux est parfaite. Nous allons essayer de faire comprendre comment se succèdent les ondes sonores dans l'air ou dans tout autre gaz, et comment on a pu mesurer leur longueur.

Supposons que la lame d'un diapason soit placée en face d'un tuyau prismatique et mise en vibration. Les vibrations vont se se propager dans la colonne d'air du tuyau. Voyons ce qui se passe dans les couches gazeuses quand la lame exécute une vibration entière, c'est-à-dire passe de sa position a'' pour aller en a' et revenir ensuite en a'', en passant chaque fois par sa position moyenne a (fig. 309). Ce mouvement de va-et-vient est analogue à celui du pendule, de sorte que la vitesse de la lame

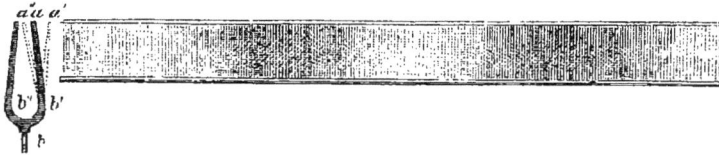

Fig. 509. — Condensations et dilatations qui constituent l'onde sonore aérienne.

est alternativement croissante et décroissante, suivant qu'elle s'approche ou qu'elle s'éloigne de la position a. Pendant le mouvement de a'' en a', les couches d'air du tuyau, recevant les impulsions de la lame, éprouveront donc des condensations successives et inégales qui se transmettront de l'une à l'autre, sans pour cela qu'il y ait transport des molécules. Ces condensations, d'abord croissantes, atteindront un maximum à partir duquel elles diminueront, jusqu'à ce que la lame vibrante ait atteint la position a'.

Au retour de la lame de a' en a'', les mêmes tranches gazeuses, revenues à leur densité normale, se dilateront au contraire en vertu de leur élasticité, pour remplir le vide laissé en avant de la colonne d'air par la seconde excursion de la lame vibrante. Même propagation des dilatations dans les couches gazeuses, dont chacune se trouvera ainsi osciller de chaque côté d'une position d'équilibre, transmettant à la couche suivante les mouvements successifs dont elle-même est animée.

A chaque vibration complète de la lame correspondent donc une série de condensations : c'est la *demi-onde condensée;* puis une série de dilatations : c'est la *demi-onde dilatée.* Leur ensemble forme une onde sonore complète, qui chemine dans toute l'étendue du tuyau et qui est produite, on le voit, par une vibration double de la lame élastique.

Pour représenter à l'œil l'état de la colonne d'air dans toute l'étendue d'une onde sonore, on convient de figurer les divers degrés de condensation par des perpendiculaires situées au-dessus de la direction de l'onde, et par des perpendiculaires tracées au-dessous de cette direction les dilatations qui suivent (fig. 310) : ces deux lignes ont une longueur nulle quand la

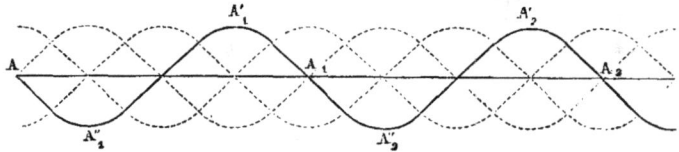

Fig. 510. — Représentation graphique des phases d'une onde sonore.

densité est la densité normale ; leurs longueurs maxima correspondent aux condensations et aux dilatations maxima. La courbe $AA''_1A'_1A_1$ représente alors l'état des couches successives du tuyau au moment où la lame a exécuté une vibration entière ; la ligne droite AA_1 est le chemin parcouru pendant ce temps, c'est-à-dire la longueur de l'onde sonore.

L'espace parcouru par cette onde sera double, triple, etc..., après les deux, trois... premières vibrations.

Il est facile maintenant de comprendre comment on a pu calculer la longueur d'onde d'un son de hauteur donnée. Supposons un son exécutant 450 vibrations par seconde. A la température de 15°, — si telle est, en ce moment, la température de l'air, — la vitesse de propagation étant de 340 mètres dans le même intervalle, il est clair qu'au moment où le son parvient à cette distance, il y a eu dans l'air autant d'ondes sonores successives

que de vibrations complètes du centre d'émission, c'est-à-
dire 450. Chacune d'elles a donc pour longueur la 450ᵉ partie
de l'espace parcouru, c'est-à-dire de 340 mètres : la longueur
d'onde est dans ce cas $0^m,755$.

Si l'on passe maintenant du cas où le son se propage dans une
colonne prismatique, à celui où la propagation se fait dans tous
les sens autour d'un point, les condensations et dilatations suc-

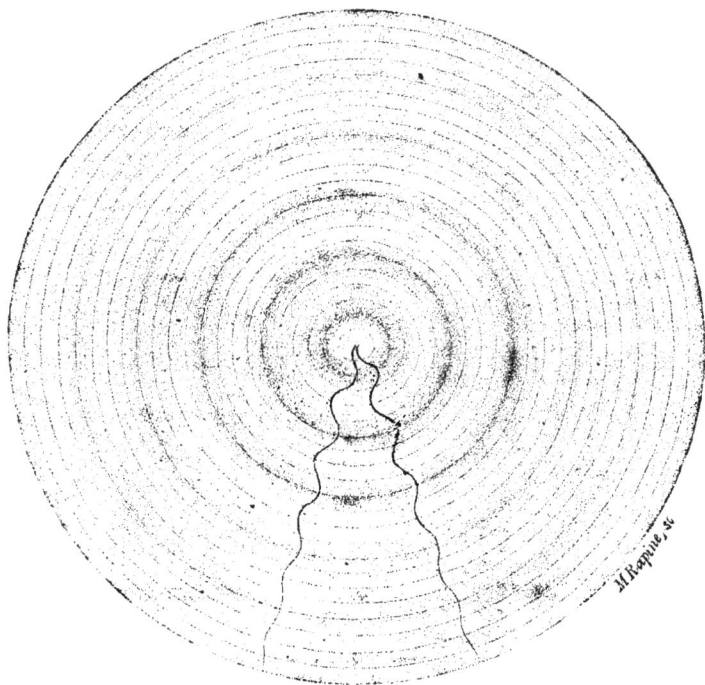

Fig. 511. — Propagation sphérique d'une onde sonore dans un milieu indéfini.

cessives des couches d'air se distribueront à des distances
égales du centre d'émanation. Les ondes seront sphériques,
sans que leur vitesse de propagation ni leur longueur changent.
Seulement l'amplitude diminuera et par suite l'intensité du son,
comme nous l'avons déjà remarqué. La figure 511 donne une idée
de la manière dont se distribuent les ondes sonores autour du
centre d'émission. On y voit la série des demi-ondes condensées
et dilatées, et les courbes ondulées partant du centre montrent

que les condensations et les dilatations perdent de leur amplitude à mesure que croît la distance ; la dégradation de la teinte a pour objet d'indiquer la même décroissance d'amplitude.

Pour se rendre compte du fait que les ondes se propagent sans qu'il y ait transport de molécules, on compare ordinairement les ondes sonores au mouvement d'une corde à laquelle on imprime une brusque secousse. Les ondulations parcourent la corde d'un bout à l'autre ; si elle est attachée par une de ses extrémités, l'onde revient sur elle-même. Dans l'un et l'autre cas, le mouvement se transmet, sans qu'il y ait changement réel dans la distance des molécules au point d'où part l'impulsion. De même, si l'on jette une pierre dans l'eau, l'ébranlement produit dans la masse liquide se propage suivant une série d'ondes concentriques qui s'affaiblissent à mesure que croît la distance, mais sans que les molécules d'eau soient réellement entraînées, comme il est facile de s'en assurer en observant la position fixe que conservent les petits corps flottant à la surface. Toutefois, dans ces deux exemples, d'ailleurs bien propres à donner une idée de la propagation des ondes sonores, il y a une différence essentielle qu'il ne faut point oublier. Les condensations et dilatations de l'air dues aux vibrations des corps sonores s'effectuent dans le sens même du mouvement de propagation : elles se font parallèlement à la direction de chaque rayon sonore, tandis que les ondulations de la corde, ou celles de la surface de l'eau, s'effectuent dans un sens perpendiculaire au mouvement de propagation. On verra que tel est précisément le cas des ondes qui cheminent dans le milieu qu'on nomme éther, et qui ont pour origine les vibrations des sources lumineuses.

§ 5. SUPERPOSITION DES ONDES SONORES.

Tout cela nous rend parfaitement compte de la transmission d'un son unique que l'air transporte pour ainsi dire jusqu'à notre oreille. Mais si l'air est ainsi le véhicule des vibrations sonores, comment se fait-il qu'il propage, sans les troubler, celles de plusieurs sons simultanés? Nous assistons à un concert; de nombreux instruments émettent à chaque instant des sons qui diffèrent par l'intensité, par la hauteur, par le timbre. Les centres d'émission sont diversement distribués dans la salle; comment la masse d'air que l'enceinte renferme peut-elle à la fois transmettre tant de vibrations, sans qu'il y ait complète cacophonie?

Ou bien encore, c'est le matin. La pluie tombe fine et drue,

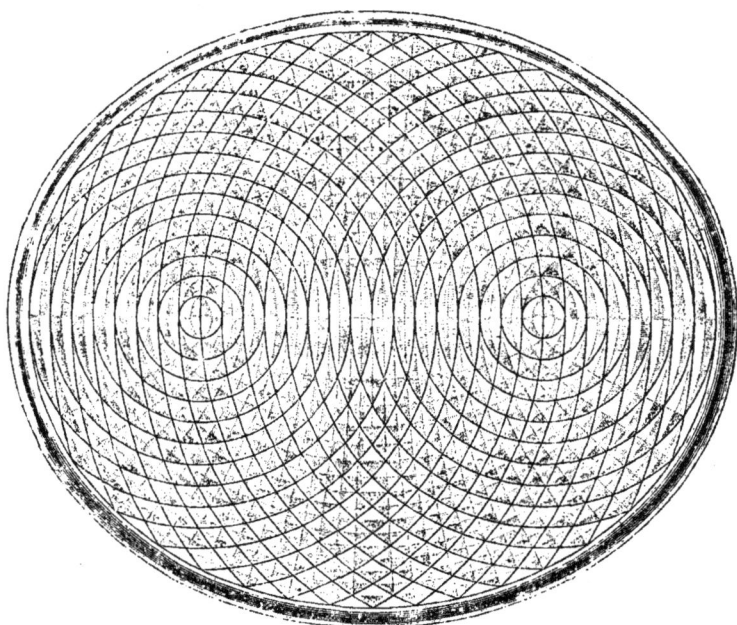

Fig. 312. — Coexistence des ondes. Propagation et réflexion des ondes liquides
à la surface d'un bain de mercure.

et les gouttelettes, en frappant le sol, font une multitude de petits bruits qui arrivent distincts à l'oreille; les chants des oiseaux, que la venue du printemps réveille partout, s'élèvent dans l'air et semblent percer la légère brume dont la pluie raye l'horizon. Par-dessus tout ce gazouillement et ce ramage, le chant du coq, les aboiements des chiens, les cahots d'une lourde voiture sur la route pavée, le son des cloches, par-ci par-là des voix humaines, tout cela chante, crie, parle, résonne à la fois, sans qu'il en résulte pour l'oreille aucune confusion. Ces sons multiples, dont la simultanéité serait discordante s'ils se produisaient tous dans un espace resserré, et que leurs résonnances

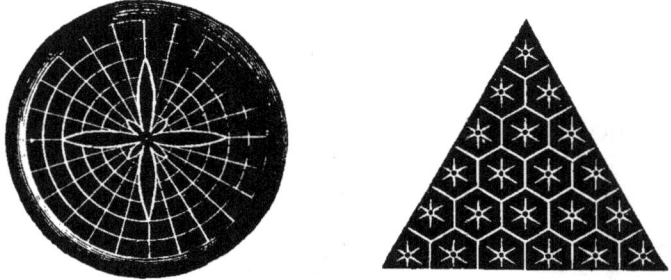

Fig. 313. — Vibrations du mercure à la surface d'un vase circulaire et d'un vase triangulaire (d'après M. Barthélemy).

vinssent les troubler encore, se noient dans la vaste étendue des couches d'air qui surplombent la plaine, se fondant ainsi dans une douce harmonie. Ici la même question se présente encore. Comment l'air peut-il transmettre à la fois et distinctement tant

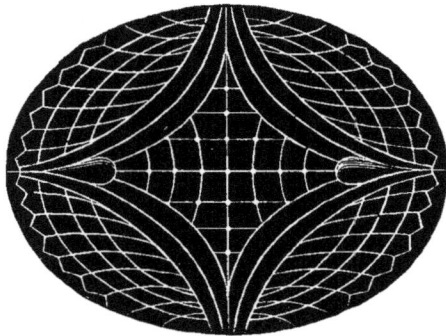

Fig. 514. — Vibrations du mercure à la surface d'un vase de forme elliptique.

d'ondulations émanées de centres différents, tant de vibrations qui ne sont point isochrones? Comment l'intensité, la hauteur et le timbre de chaque son peuvent-ils coexister, sans altération, dans ce milieu élastique et mobile?

Il y a là un problème dont les données paraissent si complexes, qu'elles échappent à l'analyse. Cependant la théorie rend compte de ces phénomènes dont l'explication paraît si difficile au premier abord, et des expériences simples justifient ses conclusions. Deux savants géomètres du dernier siècle, Daniel Bernoulli et Euler ont démontré le principe de la *coexistence des petits mouvements, des petites oscillations* dans un même milieu. Voilà pour la théorie.

Maintenant, jetez dans l'eau, en des endroits voisins, deux ou plusieurs pierres, vous verrez les cercles concentriques produits par chacune d'elles s'entre-croiser sans se détruire, surtout si leur amplitude n'est pas trop grande. La figure 312, que nous empruntons à l'ouvrage d'un savant physicien, M. Weber, montre à la fois comment les ondes se croisent à la surface d'un liquide, et comment elles se réfléchissent sur les parois du vase. La forme de ce dernier est elliptique ; il est plein de mercure, et les ondes qu'on aperçoit à sa surface sont celles qu'a produites la chute d'une gouttelette du liquide à l'un des foyers de l'ellipse. Il en est résulté des ondes circulaires concentriques à ce foyer, puis des ondes réfléchies, qui toutes viennent concourir au second foyer de la courbe. Les choses se passent évidemment de la même façon que si deux gouttelettes étaient tombées à la fois à chaque foyer[1].

Cette ingénieuse expérience démontre donc, d'une part, la coexistence des ondes simultanées, et d'autre part la loi de leur réflexion. En faisant la restriction dont nous avons parlé plus haut sur la direction des ondes sonores, elle donne une idée fort juste de la réflexion des sons et de leur propagation simultanée dans l'air.

---

1. M. Barthélemy, professeur de physique au lycée de Toulouse, a fait récemment d'intéressantes expériences sur la forme des vibrations communiquées par une source sonore à des nappes liquides limitées par des vases de forme déterminée. Nous donnons ici (fig. 313 et 314) quelques-unes des figures obtenues par ce savant.

CHAPITRE VI

LES VIBRATIONS SONORES

§ 1. LA HAUTEUR DES SONS EST EN RAISON DU NOMBRE DES VIBRATIONS SONORES.

Si l'on compare entre elles les sensations que produisent sur l'organe de l'ouïe les vibrations des corps, on trouve qu'elles se distinguent les unes des autres par plusieurs caractères que nous avons eu déjà l'occasion d'indiquer, et qui sont la *hauteur*, l'*intensité* et le *timbre*.

Cependant il est des sons dont la hauteur est impossible à apprécier : on les confond sous le nom de *bruits*, par opposition aux *sons musicaux*, dont la définition est précisément que ce sont des sons comparables entre eux sous le rapport de la hauteur. Occupons-nous d'abord des sons musicaux, et voyons quelle est la cause physique d'où dépend leur production.

Tout le monde distingue les sons aigus des sons graves, quel que soit d'ailleurs le corps sonore qui les produise. Deux sons de même hauteur sont dits à l'*unisson*. En général, les oreilles les moins exercées reconnaissent l'unisson, et savent dire quel est le plus haut de deux sons voisins de l'unisson. Ce que nous avons à étudier maintenant, c'est la cause physique de ces différences. Cette cause, fort simple, la voici :

La hauteur d'un son dépend uniquement du nombre plus ou moins grand de vibrations qu'exécutent à la fois le corps sonore et les milieux à l'aide desquels le son se propage. Plus le son est aigu, plus ce nombre est considérable ; moins est grand le nombre des vibrations, plus le son produit est grave : on va voir par quelles expériences les physiciens sont arrivés à constater cette importante loi, et comment ils ont procédé pour compter ces mouvements, que l'œil ou nos autres sens ne parviennent à saisir que d'une manière confuse.

La *roue dentée*, imaginée par Savart (fig. 315), permet de compter le nombre de vibrations qui correspond à un son

Fig. 315. — Roue dentée de Savart.

donné. Le son est produit dans cet appareil par le choc d'une carte contre les dents d'une roue qu'on fait mouvoir à l'aide d'une manivelle. Lorsque la vitesse de la roue est très faible, on n'entend qu'une série de bruits isolés, dont l'ensemble ne produit pas, à proprement parler, un son, et dont la hauteur est par conséquent inappréciable. Mais, à mesure que la vitesse s'accroît, les vibrations multipliées de la carte transmises à l'air produisent un son continu, dont l'acuité est d'autant plus grande que la vitesse est elle-même plus considérable. Un compteur, adapté à la roue dentée, permet de connaître le nombre des tours que fait la roue dans une seconde : ce nombre multiplié par celui des dents donne la moitié du nombre total des vibrations, car il est évident que la carte, d'abord infléchie, revient sur elle-même et donne deux vibrations simples à chaque dent qui passe.

Savart obtenait d'une roue munie de 600 dents jusqu'à quarante tours par seconde, et par conséquent 48 000 vibrations simples dans ce même temps, ce qui correspond, comme on le verra plus loin, à un son d'une acuité ou d'une élévation extrême.

La *sirène*, dont l'invention est due à un physicien français,

Fig. 316. — Sirène de Cagniard-Latour (vue extérieure).

Fig. 517. — Vue intérieure et coupe de la sirène.

Cagniard-Latour, permet aussi de mesurer, et même avec une précision plus grande que la roue dentée de Savart, les vibrations d'un son donné.

Dans cet appareil (fig. 316), le son est déterminé par le courant d'air d'une soufflerie qui passe par une série de trous distribués à égale distance sur les circonférences de deux plateaux métalliques, dont l'un est fixe et l'autre mobile (fig. 317). Lorsque les trous se correspondent, le courant d'air passe, et sa force d'impulsion, agissant sur les canaux obliques qui for-

nent les trous, détermine le mouvement du plateau supérieur.
Par ce mouvement même, la coïncidence cesse, puis se rétablit, cesse de nouveau, ce qui détermine une série de vibra-
ions de plus en plus rapides dans le milieu où est plongé
'instrument. S'il y a 20 trous, c'est 20 vibrations pour chaque
our du plateau ; de sorte qu'en comptant le nombre des tours
qui s'effectuent pour un son donné en une seconde, on peut
calculer facilement le nombre total des vibrations. L'axe du
plateau mobile s'engrène, à l'aide d'une vis sans fin, à une
roue dentée, dont le nombre des dents est égal à celui des divi-
ions d'un cadran extérieur. Quand la roue avance d'une dent,
'aiguille marche d'une division, de sorte que le nombre des
divisions parcourues par l'aiguille donne celui des tours, et dès
ors, par une simple multiplication, celui des vibrations sono-
es. A la fin de chaque tour, une came fait tourner une seconde
oue d'une division, de sorte que, si la première roue a
00 dents, l'aiguille du second cadran indique les centaines
le tours.

Le compteur est disposé de telle sorte qu'il n'entre en marche
qu'à volonté, lorsque la vitesse atteinte a fini par donner le son
dont l'évaluation est cherchée. La difficulté est de conserver la
constance de vitesse, afin d'avoir un son d'une hauteur inva-
iable pendant un temps suffisamment long.

La sirène fonctionne aussi dans l'eau, et c'est alors le liquide,
portant par les trous sous la pression d'une colonne d'eau très
levée qui détermine les vibrations. Le son qui en résulte
prouve que les liquides entrent directement en vibration comme
es gaz, sans que le son leur soit communiqué par les vibrations
'un solide. Le nom de sirène vient précisément de cette circon-
tance, que l'instrument chante dans l'eau, comme les enchan-
eresses de la fable.

La sirène de Seebeck, que représente la figure 318, est con-
truite d'une façon toute différente ; mais le principe est tou-
ours le même, c'est-à-dire que le son est produit par le passage
e l'air au travers des trous d'un disque. Le disque est mis en

mouvement par un mécanisme d'horlogerie, et la vitesse de sa
rotation s'évalue aussi à l'aide d'un compteur. Tout autour
règne un sommier communiquant avec une soufflerie : c'est le
distributeur du courant gazeux que des *porte-vent* en caoutchouc
transmettent à celle des séries de trous du disque que désire
employer l'expérimentateur.

En variant le nombre et la distribution des trous sur des
disques différents, on peut faire avec cette sirène un grand
nombre d'expériences.

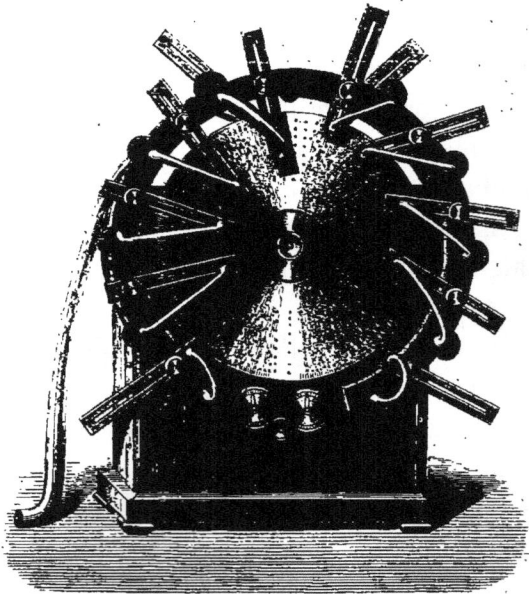

Fig. 518. — Sirène de Soebeck.

Enfin des procédés graphiques, récemment imaginés, et
dont l'idée première est due à Duhamel, permettent encore
d'estimer ou mieux de compter avec exactitude le nombre des
vibrations sonores.

Un diapason, ou une verge métallique (fig. 519), muni d'une
pointe très fine, trace en vibrant des lignes ondulées sur la
surface d'un cylindre tournant, recouvert de noir de fumée. Le
nombre des sinuosités ainsi marquées est celui des vibrations.

Cette méthode est surtout employée lorsqu'il s'agit de comparer deux sons entre eux sous le rapport de leur hauteur. Par

Fig. 319. — Étude graphique et enregistrement des vibrations sonores.

exemple, on peut fixer sur un diapason le style qui trace les

Fig. 320. — Phonautographe.

lignes sinueuses, et sur un second diapason la lame recouverte de noir de fumée où ces lignes sont tracées. Faisant ensuite vibrer simultanément les deux diapasons, la ligne sinueuse qu'on obtiendra sera évidemment le résultat de la combinaison de deux mouvements vibratoires, parallèles si les deux diapasons vibrent dans le même sens, rectangulaires s'ils sont placés à angle droit. Les figures 321 et 322 sont le fac-similé d'épreuves obtenues par ces deux combinaisons pour divers intervalles

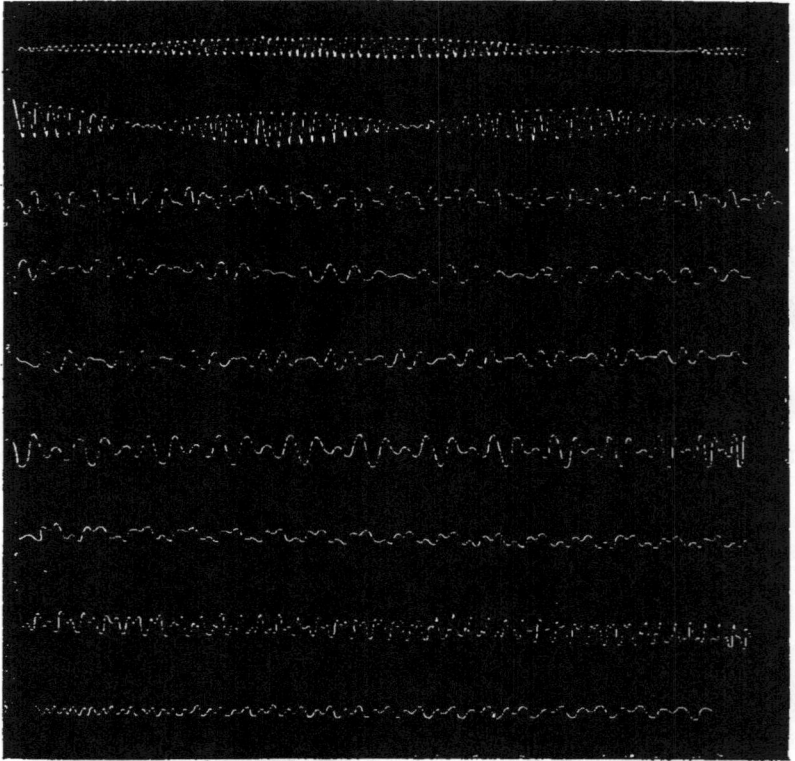

Fig. 321. — Épreuves de la combinaison parallèle de deux mouvements vibratoires,

musicaux. Nous y reviendrons plus loin, quand nous décrirons la méthode optique de M. Lissajous.

Le *phonautographe* ne diffère des appareils enregistreurs de Duhamel qu'en ce qu'il permet de recueillir les ondes sonores aériennes. Un large paraboloïde (fig. 320), coupé à son foyer suivant une section où l'on fixe une membrane élastique, a précisément pour objet de réfléchir et de condenser au foyer les ondes sonores. La membrane mise en vibration par ces ondes est munie d'un style qui inscrit les mouvements sinueux sur le

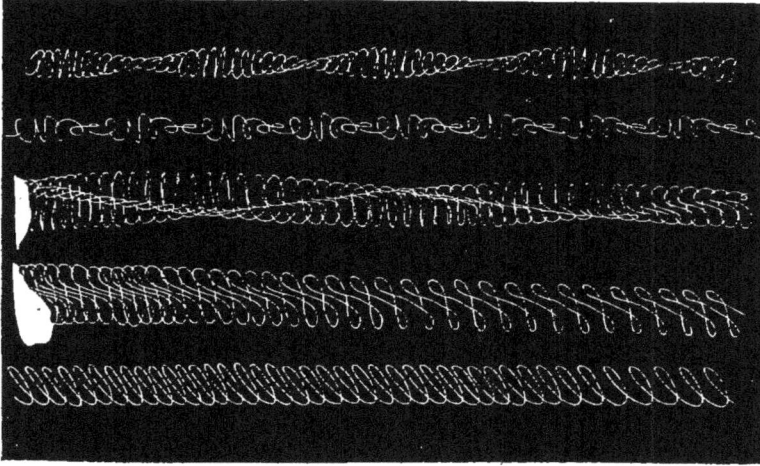

Fig. 322. — Mouvements vibratoires rectangulaires.

cylindre, qu'un mécanisme d'horlogerie fait tourner uniformément sur son axe.

§ 2. DISTINCTION ENTRE LES SONS MUSICAUX ET LES BRUITS.

On donne généralement le nom de *sons musicaux* aux sons susceptibles d'être comparés entre eux sous le rapport de la *hauteur* ; on réserve le nom de *bruits* aux sensations auditives dont l'oreille ne peut apprécier le degré de gravité ou d'acuité. Cette distinction, que tout le monde fait aisément, peut-elle être définie scientifiquement ou n'est-elle due qu'à l'imperfection, au défaut de sensibilité ou d'expérience de l'organe de l'ouïe ? Y a-t-il, en un mot, une différence spécifique, essentielle, entre un bruit et un son musical ?

Commençons par donner quelques exemples des deux modes de sensation.

Pour tout le monde, le choc de deux pierres l'une contre l'autre, ou en général celui de deux corps solides peu élas-

tiques ou de forme irrégulière, le roulement d'une voiture sur
le pavé, le claquement d'un fouet, les détonations de matières
explosives, le grondement des vagues, le gémissement du vent
dans les bois, etc., sont des bruits. Il paraît impossible, du
moins au premier abord, d'assigner le ton, la hauteur musicale de ces sortes de sons. Le contraire arrive tout naturellement pour les sons que donnent les instruments de musique,
puisque la construction de ceux-ci, qu'il s'agisse d'instruments
à corde, à tuyaux ou à vent, a précisément pour objet la production de sons comparables sous le rapport de la hauteur :
les différences de timbre ou d'intensité n'ôtent rien à cette
qualité essentielle.

Nous ne savons pas encore en quoi consiste le bruit; mais on
vient de voir que la hauteur musicale d'un son ne dépend que d'un
seul élément, de la rapidité de la vibration qui anime les molécules du corps sonore, et que celui-ci transmet régulièrement,
périodiquement à l'oreille. Le nombre de ces vibrations isochrones étant connu, la hauteur du son est déterminée. Nous
avons vu que la sensibilité de l'oreille est limitée, que nous ne
parvenons à comparer et à percevoir les sons musicaux que si le
nombre des vibrations simples est compris entre 32 et 73 000;
mais cette question de sensibilité ne change rien à la nature de
la vibration du corps sonore.

Quand un son musical est entendu seul, la sensation auditive
reste constamment semblable à elle-même; l'intensité et le
timbre peuvent varier, il est vrai, mais ce qui persiste, c'est le
nombre des vibrations et leur synchronisme. C'est ce que dit
Helmholtz dans sa *Théorie physiologique* de la musique : « Une
sensation musicale apparaît à l'oreille comme un son parfaitement calme, uniforme et invariable; tant qu'il dure, on ne peut
distinguer aucune variation dans ses parties constitutives. »

Le mélange de deux ou plusieurs sons musicaux indépendants donne encore la sensation d'un son musical, sensation
plus ou moins agréable, selon le rapport des hauteurs des sons
composants. Il peut y avoir dissonance, sans que l'oreille cesse

e sentir qu'elle a affaire à des sons comparables entre eux, ous le rapport de la hauteur. Toutefois, dans ce cas, le mé- ange de sons discordants donne une impression qui approche e la sensation du bruit, et qui en approchera d'autant plus ue la durée de chaque son élémentaire sera plus courte.

Qu'on frappe à la fois, brusquement et brièvement, toutes es touches d'un piano, ou qu'on les parcoure très rapidement 'un bout à l'autre, la cacophonie qui en résultera ressemblera éjà beaucoup à ce que nous appelons un bruit. Même chose rrive sur un violon, si l'on glisse très vite le doigt d'un out à l'autre de la corde attaquée par l'archet : on sent bien sans oute encore que le miaulement qui en résulte est formé de sons usicaux; cependant l'oreille est impressionnée d'une façon nalogue à celle du vent qui bruit, ou gronde, en montant et escendant. La transition du son au bruit paraît donc se faire 'une façon insensible; et l'on pourrait déjà conclure de là que ertains bruits sont des mélanges de sons musicaux, combinés régulièrement en dehors des lois de l'harmonie. La cause hysique du bruit proviendrait, en ce cas, de la coexistence ans l'air d'un nombre plus ou moins grand de vibrations, ont chacune peut être périodique, synchrone, mais dont les ériodes n'ont entre elles aucun rapport simple.

Il paraît y avoir une autre cause à la sensation du bruit, ou, l'on veut, à la difficulté qu'éprouve l'oreille d'apprécier la auteur du son : c'est la trop grande brièveté de l'ébranlement nore. Le bruit d'un coup de marteau sur la pierre ou le bois, u choc de deux pierres, le claquement d'un fouet, la détona- on d'une arme à feu, paraissent être dans ce cas. On fait, dans s cours de physique, diverses expériences qui prouvent fort ien que l'impossibilité d'apprécier la hauteur musicale de ces ns n'est que relative : c'est qu'alors la durée de leur impres- on sur l'oreille est trop courte; mais si l'on fait se succéder ns interruption divers bruits de ce genre, l'impossibilité dis- raît. Par exemple, on a sept morceaux de bois, de forme et dimensions convenables; s'ils sont jetés séparément sur le pavé, l'oreille ne perçoit que des bruits, dont elle ne sait pas apprécier la hauteur ; en les jetant successivement dans l'ordre du plus gros au plus petit, on reconnaît la *gamme* des sons telle qu'on l'emploie en musique. Le premier, le troisième et le cinquième projetés de la même manière font entendre très distinctement l'*accord parfait*. Une expérience analogue se fait avec trois tubes cylindriques, munis chacun d'un piston qui entre à frottement. En enlevant brusquement le piston d'un des tubes, l'oreille ne perçoit qu'un bruit ; si les pistons sont retirés rapidement les uns après les autres, du plus grand au plus petit cylindre, l'oreille perçoit trois sons qui forment aussi l'accord parfait, pourvu que la longueur relative des tubes ait été convenablement calculée.

Quand on incline une carafe presque pleine d'eau, comme pour verser le liquide, des bulles d'air pénètrent successivement à l'intérieur du vase, et l'introduction de chacune d'elles ne produit qu'un bruit. En les faisant succéder rapidement, on peut constater aisément que ces sons passent du grave à l'aigu : ils sont alors comparables sous le rapport de la hauteur. Voici deux autres exemples que nous empruntons à la *Physique* de M. Daguin : « Si l'on fait claquer les doigts en faisant tomber brusquement le médium entre la base du pouce et l'annulaire appuyé contre cette base, on peut reconnaître la quinte ou à peu près, si l'on élève et abaisse successivement le petit doigt, de manière à accourcir ou allonger la colonne d'air renfermée entre les doigts. Si l'on forme sur une table deux bulles de savon hémisphériques, gonflées avec un mélange de gaz hydrogène et oxygène, et dont les diamètres soient entre eux comme 1 est à 2, en les enflammant l'une après l'autre, on reconnaîtra l'intervalle d'octave. »

Il n'est donc pas douteux que l'oreille, en s'exerçant fréquemment, n'arrive dans beaucoup de cas à évaluer la hauteur de sons qui, pris isolément, sont de simples bruits, et à ranger ces bruits au nombre des sons musicaux.

Savart a essayé de déterminer la limite de brièveté dans la

durée des sons, en ce qui concerne la possibilité d'en apprécier la hauteur, et il a conclu de ses expériences, faites au moyen de la roue dentée, qu'il est possible de donner la hauteur d'un son dont la durée ne dépasse pas un cinq-millième de seconde.

Il semble donc que le bruit diffère du son musical, tantôt parce qu'il est produit par un mélange de sons discordants, tantôt parce que la durée de l'ébranlement est trop courte pour que l'oreille apprécie la hauteur du son simple qui le constitue. Nous venons de citer des faits qui justifient la seconde de ces hypothèses. En voici d'autres qui viennent à l'appui de la première. C'est à notre célèbre acousticien Savart que les expériences suivantes sont dues. Pour analyser les bruits[1], pour séparer les uns des autres les sons confus dont il supposait ces bruits formés, il s'éloignait à des distances variables d'une surface sur laquelle les sons venaient se réfléchir, par exemple d'un mur vertical. Il reconnut ainsi que les sons aigus dominent, si l'oreille est rapprochée de la surface réfléchissante ; ce sont les sons les plus graves qui se distinguent à mesure que l'oreille s'éloigne. Le bruissement des vagues de la mer, le bruit causé par le froissement d'un papier qu'il tenait à la main, et analysés de cette façon, ont fait voir qu'ils étaient formés par la réunion d'une multitude de sons qui, séparés, étaient comparables entre eux au point de vue de la hauteur ou du ton.

En résumé, on voit que le son musical est caractérisé par l'uniformité, la régularité, la constance des vibrations périodiques et isochrones du corps sonore et par suite des ondes aériennes qui transmettent ces vibrations à l'oreille. Au contraire, un bruit est produit, soit par un mélange de sons discordants et confus, soit par une trop grande brièveté dans la durée d'un son unique, brièveté qui ne permet pas à l'oreille d'apprécier sa hauteur. Des sons musicaux combinés de manière à

---

1. Nous verrons, en parlant de la théorie du timbre, comment Helmholtz a pu analyser les sons composés à l'aide d'un appareil fort simple, auquel on donne le nom de *résonnateur*.

satisfaire l'oreille, c'est-à-dire selon les lois de l'harmonie, ne
forment pas un bruit; mais rien ne ressemblerait plus au bruit
que le mélange des sons musicaux résultant de tous les instruments d'un orchestre, jouant à la fois dans tous les tons, sans
rhythme, sans harmonie, sans mesure. Toutes les vibrations
ainsi coexistantes dans l'air, se contrariant de toutes les manières possibles, donneraient lieu à une véritable cacophonie.

§ 3. PIERRES MUSICALES; PHÉNOMÈNES DU GEBEL-NACUS; STATUE DE MEMNON.

Le son que donne un corps sonore en vibration approche
d'autant plus d'être un son musical, que le corps a des dimensions et une forme plus symétrique et régulière, que l'élasticité
de la matière qui le forme est plus grande et que cette matière
est plus homogène. La façon dont les vibrations sont produites
paraît y être aussi pour quelque chose. C'est ainsi qu'une pierre
jetée sur le sol ne donne d'habitude qu'un bruit : projetée avec
une fronde, elle tourne sur elle-même, et le ronflement qui en
résulte est alors un son dont la hauteur peut être appréciée;
la même chose arrive, si, en projetant la pierre sur un sol dur,
résistant et par suite doué d'une certaine élasticité, on a soin
de la lancer de manière à lui imprimer une rotation rapide sur
elle-même. En la faisant ricocher sur une nappe d'eau que la
gelée a recouverte d'une couche de glace suffisamment épaisse,
on entend une suite de sons qui ont tout le caractère des sons
musicaux; mais, dans ce cas, la couche élastique de la glace
entre pour une part dans le phénomène.

Des pierres convenablement suspendues, et choquées, rendent quelquefois des sons musicaux. Voici quelques faits relatifs à cette propriété singulière, que nous empruntons au journal
scientifique la Nature[1].

1. La direction de cette intéressante Revue est entre les mains de M. Gaston Tissandier,
le courageux compagnon des deux martyrs de leur dévouement à la science, MM. Sivel et
Crocé-Spinelli, morts le 15 avril 1875, dans la mémorable ascension aéronautique que nous
avons mentionnée dans le chapitre consacré aux ballons.

« M. Richard Nelson écrit au journal anglais *Nature* une lettre intéressante où il parle de certaines pierres musicales qui se rencontrent assez fréquemment aux environs de Kendale, ville voisine de Lancastre, dans le Westmoreland. En me promenant aux environs de Kendale, dit cet observateur, à travers les monts et les rochers, il m'est souvent arrivé de ramasser certains cailloux que l'on appelle ici « les pierres musicales ». Elles sont généralement plates, usées par le temps, et offrent des formes particulières ; quand on les frappe d'un morceau de fer ou d'une autre pierre, elles rendent un son musical, bien différent du bruit sourd que produirait un caillou ordinaire. Les sons obtenus sont généralement assez analogues, mais je connais des personnes qui possèdent huit de ces pierres, qui, frappées successivement, produisent une octave, très nette, très distincte. — Nous nous rappelons, ajoute le recueil français, avoir vu à Paris, dans une fête publique, un physicien en plein vent qui jouait des airs de musique, en frappant d'une tige de fer de gros silex pendus à des fils de soie. Les sons obtenus étaient limpides et purs : les pierres siliceuses avaient des formes très irrégulières. » Ces espèces d'harmonica n'ont rien de mystérieux : la sonorité de ces pierres est due certainement à l'homogénéité et à l'élasticité de l'espèce minérale qui les constitue. Voici un fait que nous nous expliquons moins, ce qui tient peut-être au défaut de clarté de la description : « Un musicien distingué, M. A. Elwart, a eu l'idée de frapper de la paume de la main la vasque de pierre qui est dans la cour d'honneur de l'Institut. Il a reconnu que cette vasque rend un son musical qui correspond avec une extrême précision à *l'accord parfait majeur* de fa naturel. » Qu'un son soit à l'unisson de celui que les musiciens appellent le *fa*, fort bien, mais qu'à lui seul il forme un accord parfait, c'est ce qui nous paraît bizarre et ce que le rédacteur de la *Nature* n'explique point.

Enfin voici encore, d'après le même recueil, un fait assez curieux, observé par le capitaine Palmer, sur les flancs du

Gebel-Nagus, colline sablonneuse voisine du Sinaï. « L'étendue de la pente sablonneuse s'élève jusqu'à 60 mètres de haut. Le sable paraît différer peu de celui du désert environnant; ses grains, assez forts, sont des débris de quartz. Ils sont de même nature que les rochers des environs, friables, ayant la cassure jaunâtre, ils sont brûlés du soleil. Ce sable est si homogène et si propre qu'il suffit du passage d'un homme, d'une bête de somme ou du vent pour provoquer sur cette pente, inclinée environ à 29°, le départ d'une traînée. Quelquefois aussi l'excès de chaleur combiné avec la pluie détermine une séparation de la croûte superficielle avec les particules sablonneuses. Quand le mouvement du sable acquiert une certaine importance, il se forme de petites ondulations de sept ou huit centimètres de hauteur, que l'on pourrait comparer avec quelque exactitude à de l'huile ou à un liquide épais qui coulerait sur une glace avec des courbes et des festons variés. On entend alors un bruit singulier; léger au début, il augmente avec la rapidité de progression du sable, jusqu'à ce qu'atteignant son maximum d'intensité, il soit perceptible à distance. Il dure pendant tout le temps que le sable glisse sur la pente.

« Ce son est difficile à décrire; il n'est ni métallique ni vibratoire[1]; il ressemblerait plutôt aux notes les plus aiguës d'une harpe éolienne, ou bien encore au grincement produit par un bouchon que l'on promène dûrement sur un verre mouillé; on pourrait aussi le comparer au bruit de l'air chassé rapidement d'un flacon vide; tantôt il produit à l'oreille du voyageur l'effet du tonnerre éloigné, tantôt celui des sons graves du violoncelle. Le capitaine Palmer aurait observé que les couches superficielles étaient plus propres à la sonorité que les couches sous-jacentes. Le sable, à la température d'environ 40° centigrades, est d'autant plus mobile que la sécheresse détermine le glissement; si le mouvement du sable se produit

---

1. Nous ne comprenons pas bien ce qu'entend le narrateur par ces expressions *ni métallique ni vibratoire*, tout son étant nécessairement vibratoire.

quand il y a un peu d'humidité à sa surface, le bruit est insensible. »

En somme, nous voyons ici un phénomène acoustique analogue à celui de la roue dentée de Savart, c'est-à-dire une
multitude de chocs, successifs dans le premier cas, à la fois
simultanés et successifs dans le second, déterminant la production d'un son musical. Le choc est plus net, les grains plus
élastiques, quand le sable est sec : cela se conçoit ; ce que

Fig. 323. — Statues de Memnon.

l'observateur ne dit point et qu'il eût été curieux de savoir, c'est
si le son variait de hauteur comme il variait d'intensité, à
mesure que croissait la rapidité de descente d'une traînée.

Une ancienne tradition affirme qu'au lever du soleil, quand
les premiers rayons de l'astre venaient frapper la statue colos-
sale de Memnon, dans la Thèbes d'Égypte (fig. 323), des sons
harmonieux émanaient de la bouche divine du prince, phénomène qui semblait miraculeux pour les foules. Des débris de
la statue subsistent encore, et nous ignorons s'ils sont encore
doués de cette propriété singulière. Il n'y aurait rien d'impos-

sible à la réalité du phénomène en lui-même. On vient de voir que certaines pierres ont une sonorité assez grande pour être appelées *pierres musicales;* d'ailleurs, on conçoit que l'élévation inégale de température des diverses parties du bloc de granit détermine, au lever du soleil, des dilatations partielles et qu'il en résulte des mouvements moléculaires semblables à ceux de l'instrument de Trevelyan. C'est ainsi que certains poêles de fonte, chauffés très inégalement dans leurs diverses parties, rendent par moments des sons très distincts. On a émis aussi l'opinion que l'air contenu dans des fentes de la pierre, chauffé par les rayons solaires, peut entrer en vibrations, reproduisant ainsi le phénomène des flammes chantantes. Mais avant de disserter sur la cause probable du fait, il serait important d'être assuré de sa réalité.

§ 4. FLAMMES SONORES OU CHANTANTES. — FLAMMES SENSIBLES.

Qu'est-ce qu'une flamme? C'est l'incandescence d'une veine gazeuse qui se dégage d'un corps à une température très élevée. On voit tout de suite, par là, l'analogie qu'il y a entre ce phénomène et celui de l'écoulement d'une veine ou d'un jet liquide. Le premier mouvement est accompagné de vibrations qui naissent au sein du liquide et, se communiquant à l'air ambiant, le font vibrer lui-même et produisent des sons. On pouvait donc prévoir que des vibrations semblables se produiraient au sein des flammes; il restait à constater leur manifestation comme vibrations sonores.

Certains faits, très familiers, montrent bien que la flamme est accompagnée généralement de bruits. Ainsi, dans une cheminée où le tirage est très vif, on entend une suite de bruits cadencés, qui cessent si la flamme cesse; si le rideau de la cheminée est baissé, le son devient plus intense, comme dans les ouvertures très petites des poêles; c'est que le courant d'air, plus prononcé, active la flamme : alors on entend un

onflement sonore qui prend à un certain degré le caractère
'un son musical.

« Si l'on passe rapidement dans l'air, dit Tyndall, une bougie
rûlant tranquillement, on obtient une bande de lumière den-
elée, tandis qu'un son presque musical, entendu en même
emps, annonce le caractère rhythmique du mouvement. Si
'un autre côté on souffle sur la flamme d'une bougie sans
éteindre, le bruit produit par son agitation indique aussi une
gitation rhythmique. »

Tout cela était connu ; mais les sons qui accompagnent les
ammes n'ont commencé à être étudiés scientifiquement que
epuis l'expérience à laquelle on a donné le nom d'*harmonica
himique* : c'est la production d'un son musical par le déga-
ement d'un jet d'hydrogène enflammé qu'on recouvre d'un
ibe d'une certaine longueur (fig. 324). D'après Tyndall, c'est
u docteur Higgins qu'est due la première observation, en 1777,
e ce singulier phénomène. Depuis, Chladni, de la Rive, Fara-
ay, Wheatstone, Rijke, Sondhaus, Kundt, et enfin Schaffgotsch
t Tyndall, ont fait sur ce sujet des recherches dont nous
llons donner un résumé sommaire.

Prenons d'abord l'expérience fondamentale, celle qui con-
ste à introduire une flamme à l'intérieur d'un tube de verre
ong et large, par exemple, de façon qu'on puisse voir les mou-
ements subis par le jet gazeux. Aussitôt que la flamme, jus-
u'alors calme, immobile, a pénétré à l'intérieur du tube, on
a voit diminuer de longueur, puis reprendre sa dimension
remière, se rétrécir de nouveau, et ces mouvements d'oscilla-
on deviennent de plus en plus rapides. Tout à coup, un son
ontinu, d'une intensité soutenue, d'un caractère nettement
usical, se fait entendre[1]. Alors la flamme semble être rede-
enue aussi tranquille qu'avant son introduction dans le tube.

---

1. Avec l'appareil de Rijke (fig. 325), on obtient dans un tube de verre un son dont l'ori-
ne a une certaine analogie avec celle du son d'une flamme chantante. Ce son se produit
and on a porté au rouge une sorte de fin treillis métallique fixé dans le tube au tiers de sa
uteur, et qu'on a retiré la flamme d'alcool à l'aide de laquelle l'élévation de température a
é produite. Quand le treillis se refroidit, le son s'éteint.

On dirait qu'après avoir, par ses vibrations propres, donné naissance aux vibrations de la colonne d'air, elle a cessé elle-même son mouvement. Mais il n'en est rien ; en réalité, elle vibre toujours : seulement la rapidité de ses oscillations est telle, que l'œil ne perçoit qu'une sensation continue. On prouve aisément qu'il en est ainsi. Le moyen le plus simple est de regarder la flamme, soit à l'œil nu, soit avec une lorgnette, en donnant à la tête un mouvement de va-et-vient horizontal. On peut aussi examiner l'image de la flamme à l'aide d'un miroir tournant (selon la méthode de Wheatstone). Dans les deux cas, si la

Fig. 324. — Flamme chantante.

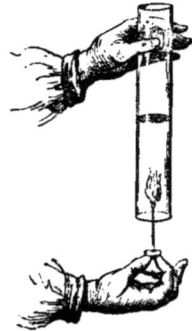

Fig. 525. — Appareil de Rijke.

flamme était immobile et conservait une longueur constante, l'œil aurait la sensation d'une bande lumineuse continue, de même hauteur que la flamme ; c'est ainsi qu'elle apparaît dans un air tranquille. Il n'en est pas de même lorsque le son retentit dans le tube ; alors on voit une série de flammes sé-parées par des intervalles obscurs, puis, dans ces intervalles mêmes, des flammes plus petites et plus pâles. « Chaque image, dit Tyndall, se compose d'une pointe jaune portée par une base du bleu le plus riche. » Il est donc évident que les vibrations du gaz se manifestent par une série d'extinctions et de ravive-ments de la flamme, ou du moins, si l'extinction n'est pas complète, comme le prouvent les lueurs plus petites des intervalles obscurs, par des changements périodiques de hauteur et d'éclat. Quelquefois il n'est pas possible de voir aucun trait lumineux entre deux images consécutives.

Si l'on enfonce la flamme outre mesure dans le tube, ses agitations prennent une amplitude plus grande, et alors l'air, refoulant la flamme à l'intérieur du tube, finit par l'éteindre. Il arrive alors quelquefois, avec l'extinction de la flamme, une violente explosion pareille à un coup de pistolet[1]. L'explication de ce dernier phénomène est d'ailleurs aisée à comprendre. « Supposons, en effet, dit M. Maurat, que, dans la première partie d'une vibration, l'air rentre dans l'intérieur du bec en repoussant devant lui la flamme, mais sans la refroidir assez pour l'éteindre ; pendant la seconde moitié de la même vibration, ce n'est pas du gaz pur, mais bien un mélange de gaz et d'air qui sortira du tube, et son inflammation devra produire une détonation véritable[2]. »

Les expériences qu'on vient de décrire montrent donc que les flammes peuvent jouer le même rôle que les courants d'air ou de liquide à l'aide desquels on ébranle les tuyaux sonores ; par elles-mêmes, elles suppléent aux embouchures de flûte et aux anches, sans lesquelles les vibrations ne seraient point pro-

---

1. Avec un tube de 4ᵐ,50 de longueur et 1 décimètre de diamètre, et un grand bec à gaz de Bunsen à pomme d'arrosoir, Tyndall obtenait un son d'une telle intensité, qu'il ébranlait le parquet et les meubles de la salle d'expériences, et, ajoute le célèbre professeur, « mes auditeurs eux-mêmes sur leurs sièges ».

2. « Remarquons à ce sujet, dit le même savant, que le mélange d'air et de gaz se fait toujours plus ou moins complètement dans une flamme quelconque, même brûlant à l'air libre. Il n'a pas lieu seulement à la surface, mais dans une région très étendue, puisqu'elle comprend toute la partie éclairante. S'il ne se produit pas d'explosion, c'est qu'un équilibre s'établit entre l'arrivée du gaz et l'afflux de l'air extérieur, de sorte que les mêmes points de l'espace sont le siège d'un phénomène de combustion qui ne varie pas sensiblement d'un instant à l'autre. Il n'en est pas de même dès que le courant gazeux vibre fortement. Les vitesses, alternativement de sens contraires, dont sont alors animés le gaz et l'air environnant, favorisent beaucoup leur mélange. La combustion devient donc intermittente et instantanée, c'est-à-dire qu'elle se fait par une série de petites explosions. La dernière d'entre elles, celle qui produit l'extinction de la flamme, doit être pour cela même d'une intensité exceptionnelle, puisqu'elle est immédiatement suivie d'une diminution considérable du volume de la veine gazeuse, conséquence de son refroidissement subit. »

duites. On a donc eu raison de les nommer *flammes sonores*
ou *chantantes*. Seulement, isolées, elles ne produiraient pas
une vibration assez intense pour être perçue par l'oreille, et le
tube dont elles sont surmontées est indispensable pour renforcer
le son et le rendre sensible.

La hauteur d'un son émis par un tuyau sonore dépend, nous
le verrons bientôt, de la longueur du tuyau. Même chose arrive
pour les flammes sonores. Si, après avoir pris l'unisson de la
note musicale qu'on obtient avec un tuyau d'une longueur donnée, de 1 mètre par exemple, on fait résonner la même flamme
dans un tuyau de 2 mètres, le nouveau son est précisément
l'octave grave du précédent. Avec des tuyaux plus courts, on
obtiendrait des sons plus aigus. Tyndall, dans ses charmantes
expériences sur les flammes sonores, avait disposé une série
de huit tubes, dont les longueurs étaient calculées de manière
à donner, en résonnant, les sons d'une gamme, de l'octave
grave à l'octave aiguë. A l'aide d'un tuyau mobile ou d'un curseur en papier dont il surmontait l'un de ces tubes, il influait
à volonté sur la hauteur du son, qui devenait plus grave quand
le curseur montait, c'est-à-dire allongeait le tube, plus aigu
quand le curseur descendait.

Mais si l'on compare les sons des flammes chantantes à ceux
que donnent les tuyaux d'orgue de même longueur, on trouve
ceux-ci plus graves. La raison en est simple : la présence des
flammes élève la température des colonnes d'air mises en vibration, et l'on sait que le nombre des vibrations croît avec la
vitesse du son et par conséquent avec la température, pour une
même longueur d'onde.

Du reste, la hauteur du son dépend aussi des diminutions de
la flamme : « En diminuant la quantité de gaz, dit Tyndall, je
fais cesser le son que la flamme rend actuellement. Mais, après
un moment de silence, la flamme rend un nouveau son qui est
précisément l'octave du premier. Le premier était le son fondamental du tube qui entoure la flamme, le second est le premier
harmonique de ce même tube. » Voici, d'après le même physi-

cien, une autre manière de montrer l'influence des dimensions
des flammes sur la hauteur des sons qu'elles produisent. On
fait rendre le même son à deux flammes, puis, en tournant un
peu le robinet du gaz, on modifie légèrement la dimension de
l'une des flammes. Au même instant l'unisson est troublé, des
battements se font entendre. Ou encore, on prend un tube de
verre de 2 mètres de longueur, qu'on fait résonner au moyen
d'une grande flamme d'hydrogène. On lui substitue un tube de
longueur moitié moindre : on n'entend plus le son musical.
« La flamme est trop grande, dit Tyndall, pour pouvoir s'accommoder aux périodes de vibration du tube plus court. Mais dès
qu'on diminue la hauteur de la flamme, elle rend un son intense, à l'octave du son du premier tube. Enlevons le tube
court, et recouvrons de nouveau la flamme avec un tube long.
Ce long tube rend, non plus le son fondamental qui lui est
propre, mais celui du tube plus court. Pour s'accommoder aux
périodes vibratoires de la flamme raccourcie, la longue colonne
d'air se divise comme dans un tuyau d'orgue ouvert qui rend
son premier harmonique. On peut faire varier les dimensions
de la flamme, de manière à obtenir, avec ce même tube, une
série de notes dont les vitesses de vibration sont dans le rapport
des nombres 1 : 2 : 3 : 4 : 5, c'est-à-dire le ton fondamental
et ses quatre premiers harmoniques. »

§ 5. FLAMMES SENSIBLES.

Nous avons vu que la forme d'une veine liquide qui s'écoule
est modifiée dès que les vibrations dont elle est la cause sont
susceptibles de donner naissance à un son ; de plus, la même
modification s'observe si, dans le voisinage de la veine, on produit un son dont la hauteur soit presque égale à celle du son
qu'elle rendrait seule. Il y a là une sensibilité qu'on retrouve
dans les flammes chantantes. C'est à M. Schaffgotsch qu'est due
la première observation de ce dernier phénomène. Ayant sur-

monté une flamme de gaz d'un tube de faible longueur, cet expérimentateur remarqua que, si l'on émettait un son, soit à l'unisson, soit à l'octave supérieure de la note donnée par sa flamme sonore, celle-ci se mettait à s'agiter, à vibrer ; elle s'éteignait même, quand le son émis atteignait un certain degré d'intensité. Quelle est la cause de cette agitation singulière ?

Un autre fait, simultanément découvert par Schaffgotsch et par Tyndall, est celui-ci. Étant donnée une flamme encore silencieuse au sein du tube, si l'on élève convenablement le son de la voix, la flamme se met à chanter. Elle s'interrompt si la note sensible est interrompue, elle recommence en chantant à l'unisson si la voix reprend elle-même son chant. Voici, d'après Tyndall, les conditions de l'expérience : « Je recouvre, dit-il, cette flamme d'un tube de 30 centimètres de longueur, de manière qu'elle soit à 3 ou 4 centimètres de distance de l'extrémité inférieure. L'émission de la note convenable fait trembler la flamme, mais ne la fait pas chanter. Je baisse le tube de sorte que la distance de la flamme à l'extrémité inférieure soit de 7 centimètres, et à l'instant même son chant fait explosion. Entre ces deux positions, il en est une troisième, telle, que la flamme qu'on y place ne rompt pas le silence spontanément, mais telle aussi que, quand la flamme a été excitée et comme amorcée par la voix, elle chante et continue indéfiniment à chanter. »

Cette sensibilité des flammes, qui, outre le nom de *flammes sonores* ou *chantantes*, leur a fait donner aussi celui de *flammes sensibles*, cette faculté de subir les mouvements vibratoires d'une certaine périodicité et de résonner à l'unisson des voix qui parlent dans leur voisinage, permet, pour ainsi dire, de les faire servir à l'analyse des sons composés.

Les flammes nues, c'est-à-dire brûlant à l'air libre sans être surmontées d'un tube, subissent la même influence et manifestent la même sensibilité : c'est au professeur Leconte qu'est due la première observation de ce fait nouveau. Tyndall et

Barrett ont fait sur ce curieux sujet les expériences les plus variées. Bornons-nous à en citer quelques-unes.

Faisons d'abord observer que toutes les flammes nues ne sont pas des flammes sensibles. Leconte avait déjà remarqué que la flamme des becs de gaz sur laquelle portèrent ses observations ne se mettait à vibrer que lorsque la pression croissante l'amenait au point où elle est prête à ronfler. « Voici une bougie allumée, dit Tyndall : nous pourrons, sans l'émouvoir, crier, claquer des mains, faire retentir ce sifflet, battre cette enclume à coups de marteau, ou faire éclater un mélange explosif d'oxygène et d'hydrogène. Quoique, dans chacun de ces cas, des ondes sonores très énergiques traversent l'air, la bougie est absolument insensible au son. Il n'y a dans sa flamme aucun mouvement. Mais avec ce petit chalumeau je lance contre la flamme de la bougie un mince courant d'air, qui produit un commencement de frémissement, en même temps qu'il diminue l'éclat de la flamme. Et maintenant, dès que je fais retentir le sifflet, la flamme saute visiblement. »

Fig. 326. — Influence du son sur les flammes.

La flamme en forme de queue de poisson d'un bec de gaz ordinaire étant insensible à tous les sons émis dans son voisinage, il suffit de tourner le robinet et d'augmenter la pression pour qu'elle s'agite aussitôt sous l'influence d'un coup de sifflet : sa forme en éventail se change alors en une flamme à six ou sept langues séparées (fig. 326).

Les flammes les plus sensibles doivent avoir une assez grande hauteur, de 25 à 30 et jusqu'à 45 centimètres ; mais d'ailleurs, selon les circonstances, tantôt une flamme est allongée, tantôt elle est raccourcie par les vibrations sonores. Tyndall prend deux flammes, l'une longue, droite et fumeuse, l'autre courte, bifurquée et brillante. Le même coup de sifflet opère une trans-

formation singulière.: la première flamme est pour ainsi dire
changée en la seconde, et réciproquement (fig. 327).

Terminons ce sujet par la mention de deux autres expériences remarquables, que le célèbre physicien anglais a repro-
duites dans ses intéressantes conférences sur le son.

« La plus merveilleuse, dit-il, des flammes observées jusqu'ici est actuellement sous vos yeux. Elle sort de l'orifice
unique d'un bec en stéatite, et s'élève à la hauteur de 60 cen-

Fig. 327. — Flammes sensibles.

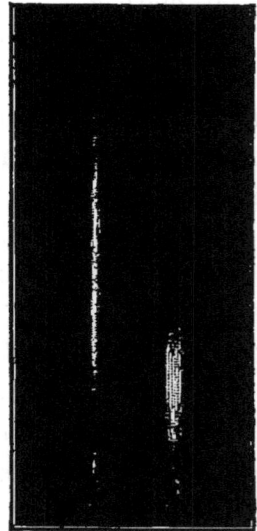

Fig. 328. — Flamme sensible ;
expérience de Tyndall.

timètres. Le coup le plus léger, frappé sur une enclume placée
à une grande distance, la réduit à 17 centimètres. Les chocs
d'un trousseau de clefs l'agitent violemment, et vous entendez
ses ronflements énergiques. A la distance de 20 mètres, faisons tomber une pièce de 50 centimes sur quelques gros sous
tenus dans la main : ce choc si léger abat la flamme. Je ne puis
pas marcher sur le plancher sans l'agiter. Les craquements de
mes bottes la mettent en commotion violente. Le chiffonnement
ou la déchirure d'un morceau de papier, le frôlement d'une
étoffe de soie, produisent le même effet. Une goutte de pluie

qui tombe la réveille en sursaut. On a placé près d'elle une montre ; aucun de vous ne peut en entendre le tic-tac ; voyez cependant quel effet il exerce sur la flamme : chaque battement l'écrase ; si on remonte le mouvement, c'est pour la flamme un effroyable tumulte. Le chant d'un moineau perché très loin suffit à l'abattre ; la note du grillon produirait sans doute le même effet. Placé à 30 mètres de distance, j'ai chuchoté, et aussitôt la flamme s'est raccourcie en ronflant (fig. 328). »

Voilà pour la sensibilité extrême de certaines flammes brûlant à l'air libre. Voyons maintenant quel triage elles permettent de faire des notes prédominantes dans les sons composés, jouant ainsi le rôle des flammes manométriques de Kœnig et des résonnateurs d'Helmholtz (dont il sera question plus loin).

Considérant une flamme longue, droite, brillante, que le plus léger bruit réduit au tiers de sa longueur et dont l'éclat tombe en même temps à celui d'une lueur pâle à peine perceptible, Tyndall la nomme la *flamme aux voyelles*. En effet, les différentes voyelles sont loin d'affecter de la même façon sa sensibilité. Ce n'est pas au son fondamental de chaque voyelle, mais à l'harmonique prédominant qui en constitue le timbre, que la flamme en question est sensible. « J'articule d'une voix forte et sonore la diphtongue *ou*, la flamme ne bouge pas ; je prononce la voyelle *o*, la flamme tremble ; j'articule *é*, la flamme est fortement affectée. Je prononce successivement les mots *boot* (pr. *bout'*), *boat* (pr. bôt'), *beat* (bit') ; le premier reste sans réponse, la flamme s'ébranle au second, mais le troisième produit sur elle une commotion violente. Le son *ah!* est encore beaucoup plus puissant... Cette flamme est particulièrement sensible à l'articulation de la consonne sifflante *s*. Que dans cet auditoire la personne la plus éloignée me fasse le plaisir de siffler, ou de prononcer *hiss*, ou répéter le vers : *Pour qui sont ces serpents qui sifflent sur vos têtes*, la flamme lui fera sur-le-champ un accueil sympathique. Le sifflement comprend les éléments les plus aptes à agir énergiquement sur elle... Je pose enfin sur cette table cette boîte à musique, et je lui fais jouer son air. La flamme se comporte comme un être sensible, faisant un léger salut à certains sons, et accueillant les autres avec une courtoisie profonde. » (*Le Son*, VI.)

§ 6. INFLUENCE DU MOUVEMENT SUR LA HAUTEUR DU SON.

Dans un mémoire publié en 1842 *Sur les couleurs des étoiles doubles*, Doppler étudia le premier l'influence que le mouvement peut avoir sur la sensation d'un observateur, quand la source des ondes sonores ou lumineuses s'approche ou s'éloigne de lui par le fait de ce mouvement. Il examinait les deux cas où tantôt c'est l'observateur qui est immobile, la source se déplaçant dans sa propre direction, tantôt c'est l'observateur qui se meut dans la direction de la source, cette dernière restant fixe.

Sa conclusion était, en ne considérant pour le moment que les ondes sonores, que la hauteur d'un son s'élève dès que diminue la distance du corps sonore et de l'observateur ; qu'elle s'abaisse au contraire, si la distance augmente.

Il est aisé de se rendre compte de cette variation de la tonalité d'un son avec le mouvement du corps sonore ou de l'observateur, variation qui n'est en un certain sens qu'apparente, puisque, par hypothèse, le corps sonore ne cesse d'effectuer le même nombre de vibrations par seconde.

Prenons un exemple propre à faire saisir l'explication du phénomène prévu par Doppler.

Supposons l'observateur immobile en O (fig. 329), la source sonore en S. Admettons que la vitesse du son soit en ce moment de 340 mètres par seconde, et que la source marche vers O avec une vitesse dix fois moindre, ou à raison de 34 mètres par seconde. Au bout d'une seconde, la première onde sonore, partie de S, aura franchi la distance SA égale à 340 mètres, et le corps sonore sera venu lui-même en S', à 34 mètres de son point de départ. Pour fixer les idées, imaginons encore qu'il

effectue 80 vibrations par seconde. Il aura donc envoyé devant
lui 80 ondes sonores, et la dernière, celle qui sera en retard
sur toutes les autres, partira de S' au début de la deuxième seconde. Mais, pour arriver en A, elle n'aura plus alors à franchir
que la distance S'A, qui n'est que les 9/10 de la distance SA.
Elle y arrivera donc en 9/10 de seconde, de sorte qu'en 9/10
de seconde le point A aura reçu 80 ondes sonores, puisque
toutes les ondes émanées de la source y auront successivement
effectué leur passage. La même chose arrivera aux secondes
suivantes, et il est bien clair que ce que nous disons ici du point
A peut s'appliquer à tout autre point de la direction, dès lors à
l'observateur lui-même, en O.

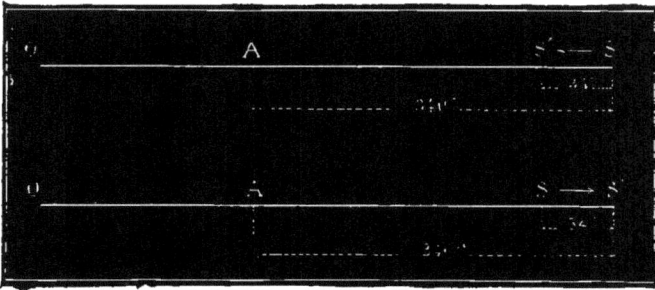

Fig. 329. — Influence du mouvement sur la hauteur du son.

Ainsi la tonalité ou hauteur du son se trouvera augmentée,
dans le rapport du nombre des vibrations que la source émet en
un temps représenté par 10 à celui qu'elle émet dans le temps 9.
Au lieu de 80, ce sera ici $\frac{80 \times 10}{9} = 88^v,88$. D'une manière
générale, l'accroissement du nombre des vibrations se mesure
par le rapport entre la vitesse de la source sonore d'une part, et
la différence de cette vitesse avec la vitesse du son d'autre part[1].

Il est facile de comprendre que si le corps sonore s'éloigne
de l'observateur, le nombre des vibrations reçues de ce dernier
diminuera au contraire, et cela (pour l'exemple choisi) dans le

1. n étant le nombre des vibrations du corps sonore immobile, v la vitesse du son,

rapport de 10 à 11. Le son lui semblera baissé de hauteur ou de tonalité, comme si la source, au lieu de 80 vibrations, n'en effectuait plus que 72,72.

Si maintenant on suppose que, la source sonore restant immobile, ce soit l'observateur lui-même qui se meuve dans sa direction, il en doit résulter des phénomènes tout semblables, comme il serait aisé de s'en rendre compte en reprenant le raisonnement qui précède. Il y a toutefois cette différence : le taux de l'accroissement de tonalité, au cas où l'observateur s'approche de la source, se mesurera par le rapport qui indiquait plus haut la diminution de hauteur, et réciproquement. Au lieu de 80 vibrations, l'observateur en recevrait 87,27 dans le premier cas, et seulement 71,11 dans le second[1].

Ce qui précède suffira, pensons-nous, pour montrer comment le mouvement soit de la source sonore, soit de l'observateur, peut avoir de l'influence sur la hauteur du son, sur sa tonalité. Mais il nous reste à dire quelques mots des expériences qui ont été imaginées pour vérifier ces prévisions de la théorie.

Dès 1845, M. Buys Ballot faisait en Hollande une série d'expériences sur le chemin de fer d'Utrecht à Maarsen ; le son était produit par le sifflet d'une locomotive, et des musiciens à l'oreille exercée, placés sur la voie, en avant et en arrière, appréciaient les variations de hauteur du son, à mesure que la locomotive s'approchait ou s'éloignait avec une vitesse déterminée. En 1876, M. Vogel a repris des expériences analogues.

v' celle du corps sonore s'approchant de l'observateur, n' le nombre des vibrations reçues par ce dernier, on a :

$$n' = \frac{nv}{v - v'}.$$ L'accroissement est donc $\dfrac{nv'}{v - v'}$.

Si le corps sonore s'éloigne, on a

$$n' = \frac{nv}{v + v'},$$ et la diminution est $\dfrac{nv'}{v + v'}$.

1. En un mot, les formules deviendraient :

$$n' = \frac{n(v + v')}{v}$$ pour l'observateur qui s'approche,

$$n' = \frac{n(v - v')}{v'}$$ pour l'observateur qui s'éloigne.

M. Fizeau en 1848 et M. Mach en 1860 ont établi des appareils ayant pour objet la constatation des phénomènes décrits par Doppler.

Une autre méthode de vérification a été imaginée par M. Kœnig. Elle consiste à faire vibrer simultanément deux diapasons accordés de façon à donner un certain nombre de battements par seconde. On les place d'abord l'un à côté de l'autre, puis on approche le plus grave de l'oreille d'à peu près la distance d'une longueur d'onde. On constate qu'il y a un battement de moins par seconde. Il y en aurait eu un de plus, si l'on eût rapproché le plus aigu des diapasons. M. Schüngel a fait en 1872 de nombreuses expériences par cette méthode.

Toutes ces expériences ont réussi à mettre en évidence les phénomènes que Doppler avait étudiés le premier dans son mémoire. Mais il restait toujours des incertitudes sur la conformité des formules de ce savant avec les résultats obtenus par les divers physiciens que nous avons cités. M. Georges Quesneville a repris dernièrement l'étude complète de cette question intéressante. Ses expériences, basées sur la méthode des battements, ont été effectuées à l'aide d'un appareil de son invention qui permettait, grâce à l'inscription graphique des résultats, une exactitude plus rigoureuse. Nous ne pouvons entrer dans la description détaillée de ses observations, mais nous renvoyons à son mémoire le lecteur désireux de faire une étude approfondie de la question [1].

---

1. *De l'influence du mouvement sur la hauteur du son*, thèse pour le doctorat ès sciences physiques, etc., par M. Georges Quesneville. Paris, 1879.

CHAPITRE VII

LOIS DES VIBRATIONS SONORES DANS LES CORDES, LES TUYAUX ET LES PLAQUES

§ 1. VIBRATIONS DES CORDES ÉLASTIQUES.

La musique est aujourd'hui un art si répandu, que tout le monde connaît le mécanisme des instruments à cordes, celui du violon, par exemple.

Quatre cordes d'inégale grosseur et de différentes natures sont tendues à l'aide de chevilles entre deux points fixes et rendent, quand on les pince ou qu'on les frotte transversalement avec un archet, des sons de diverses hauteurs. Les sons rendus par les cordes *à vide* (c'est-à-dire vibrant dans toute leur longueur) doivent avoir entre eux certains rapports de hauteur, dont nous parlerons bientôt. Quand ce rapport est détruit, l'instrument n'est pas accordé. Que fait alors le musicien? Il tend plus ou moins, en serrant ou en desserrant les chevilles, celles des cordes qui ne rendent pas les sons voulus : s'il les tend davantage, le son devient plus aigu ; plus grave au contraire, s'il les détend. Mais quatre sons seraient insuffisants pour rendre les notes variées d'un morceau de musique. L'exécutant en multiplie à volonté le nombre, en plaçant les doigts de la main gauche sur tel ou tel point de chacune des cordes. En agissant ainsi, il réduit à des longueurs variées les parties de ces cordes que l'archet met en vibration.

Ces faits montrent qu'il existe certains rapports entre les

hauteurs des différents sons donnés par l'instrument, et les longueurs, grosseurs, tensions et natures des cordes; comme ces hauteurs dépendent elles-mêmes du nombre des vibrations exécutées, il en résulte nécessairement que ce nombre est lié par certaines lois aux éléments énumérés plus haut. Les plus importantes de ces lois avaient été entrevues par les anciens philosophes, et notamment par les Pythagoriciens. Mais c'est aux géomètres du siècle dernier, parmi lesquels nous citerons les noms illustres des Taylor, Bernoulli, d'Alembert, Euler et Lagrange, qu'on en doit la démonstration complète, déduite de la pure théorie. L'expérience a confirmé l'exactitude du calcul.

Ce sont ces lois que nous allons maintenant chercher à faire

Fig. 330. — Sonomètre.

comprendre. Aujourd'hui, on les vérifie aisément à l'aide d'un instrument particulier, le *sonomètre*, auquel on joint l'un ou l'autre des appareils qui servent à compter les nombres de vibrations des sons. Le sonomètre ou monocorde (fig. 330) est formé d'une caisse en sapin destinée à renforcer les sons; au-dessus de cette caisse une ou plusieurs cordes sont fixées à leurs extrémités par des pinces en fer, et tendues par des poids qui servent à mesurer les tensions de chacune d'elles. Une règle divisée, fixée au-dessous des cordes, sert à évaluer les longueurs des parties vibrantes, longueurs qu'on fait varier à volonté à l'aide d'un chevalet mobile circulant le long de la règle et au-dessous des cordes.

Considérons une corde quelconque, corde de boyaux ou corde

métallique. Tendons-la par un poids suffisant pour que, pincée
ou frottée par un archet, elle rende un son parfaitement pur et
dont la hauteur soit appréciable à l'oreille. Sa longueur totale
mesurée à l'aide de la règle est, je suppose, de 1^m,20, et le son
qu'elle rend correspond, vérification faite avec la sirène, à
440 vibrations par seconde. Plaçons le chevalet mobile successivement à la moitié, au 1/3, au 1/4, au 1/12 de la longueur
totale ; et dans chacune des positions successives, faisons
vibrer la portion la plus courte de la corde. En évaluant les
divers sons obtenus, nous trouverons par seconde les nombres
suivants de vibrations : 880, 1320, 1760 et 5280.

Il suffit maintenant de mettre en regard les nombres qui
mesurent les différentes longueurs de la corde et ceux qui indiquent les nombres de vibrations, pour apercevoir la loi :

Longueur de la corde. . . $\left\{ \begin{array}{c} \\ \text{ou} \end{array} \right.$	120	60	40	30	10
	1	$\frac{1}{2}$	$\frac{1}{3}$	$\frac{1}{4}$	$\frac{1}{12}$
Nombre de vibrations. . . $\left\{ \begin{array}{c} \\ \text{ou} \end{array} \right.$	440	880	1320	1760	5280
	1	2	3	4	12

N'est-il pas évident par cette expérience que les nombres de
vibrations vont en croissant, de manière que leurs rapports
sont précisément inverses de ceux que forment entre elles les
longueurs des cordes?

Telle est la première loi des cordes vibrantes.

Maintenant, sans faire varier la longueur, si l'on tend la
même corde par des poids différents, et que l'on compare les
sons obtenus, on trouvera que, pour des nombres de vibrations doubles, triples, quadruples, etc., les tensions des cordes
doivent être 4, 9, 16, etc., fois plus considérables. Les nombres
de vibrations suivant l'ordre des nombres simples, les poids ou
tensions suivent l'ordre des carrés de ces nombres.

Les cordes sont de forme cylindrique. Faisons varier le diamètre de ces cylindres, et comparons les sons produits par
deux cordes de même nature, tendues par des poids égaux et
d'égale longueur, mais de diamètres différents. Cette comparaison sera facile à l'aide du sonomètre. On trouve alors que les

nombres de vibrations de ces sons décroissent quand les diamètres des cordes augmentent, et deviennent précisément 2, 3, 4..., fois moindres, quand les diamètres sont 2, 3, 4.... fois plus grands.

C'est la troisième loi des vibrations transversales des cordes vibrantes.

Il en est une quatrième, qu'on peut vérifier comme les autres à l'aide du sonomètre, et qui est relative à la densité de la substance dont la corde vibrante est formée. Deux cordes, l'une de fer, l'autre de platine, de même longueur et de même diamètre, sont tendues sur l'appareil à l'aide de poids égaux. Les sons qu'elles vont rendre seront d'autant plus graves que la densité est plus grande, de sorte que la corde de fer donnera le son le plus aigu, la corde de platine le moins élevé; l'oreille suffira pour juger de ces différences.

Or, si l'on évalue les nombres exacts de vibrations qui correspondent aux deux sons obtenus, on trouvera :

> Pour le fer 1640
> Pour le platine. 1000

Il ne s'agit point ici, bien entendu, des nombres mêmes, mais de leurs rapports. Or, si l'on multiplie chacun de ces nombres par lui-même, si l'on en fait le carré, l'on trouve 2 689 000 et 1 000 000, qui expriment précisément, en ordre inverse, les densités des métaux, le platine et le fer. La densité du fer est 7,8, celle du platine 21,04, et ces densités sont entre elles comme 1,00 est à 2,69. Telle est la loi : toutes choses égales, les carrés des nombres de vibrations sont en raison inverse des densités des matières dont les cordes vibrantes sont formées.

Dans tout ce qui précède, il ne s'agit que des vibrations transversales des cordes, c'est-à-dire des sons qui résultent soit du pincement, soit du frottement à l'aide d'un archet. Une corde frottée dans le sens de sa longueur, par exemple avec un morceau d'étoffe enduit de colophane, rend aussi un son, mais ce son est beaucoup plus aigu, de sorte que le nombre des vibra-

tions longitudinales surpasse toujours celui des vibrations
transversales.

Ne quittons pas les cordes vibrantes sans faire mention d'un
phénomène d'un grand intérêt : nous voulons parler de la formation des *nœuds* et des *ventres* sonores, et des sons particuliers
que les musiciens et les physiciens nomment *sons harmoniques*.
Considérons une corde tendue sur le sonomètre, ou sur un
instrument de musique quelconque. Fixons, en le touchant du
doigt, son point milieu, et, avec l'archet, ébranlons l'une des

Fig. 331. — Sons harmoniques, production de l'octave.

moitiés : le son produit sera, comme on doit s'y attendre, plus aigu
que le son fondamental, le nombre des vibrations ayant doublé.
Musicalement parlant, c'est l'*octave* du son fondamental. Mais,
chose remarquable, les deux moitiés de la corde vibrent ensemble, ce dont on peut s'assurer de deux façons : d'abord en
mettant à cheval sur le milieu de la moitié restée libre de petits
cavaliers de papier qui sautillent et tombent dès que le son se
produit ; puis, en constatant à l'œil l'existence d'un renflement
sur les deux moitiés de la corde (fig. 331). En retirant le doigt
sans abandonner le mouvement de l'archet, on remarque même

que le son persiste, ainsi que le partage de la corde en deux
parties qui vibrent simultanément.

Faisons une seconde expérience, et plaçons maintenant le
doigt au tiers de la corde, en attaquant toujours avec l'archet
la partie la moins longue (fig. 332). Le son est encore plus
aigu ; et l'on voit la corde totale se subdiviser en trois parties
égales, vibrant séparément, ce que l'on constate en plaçant des
cavaliers aux points de division, ainsi qu'au milieu de chaque
tiers de la corde. Les premiers restent immobiles, les autres

Fig. 332. — Sons harmoniques : nœuds et ventres d'une corde vibrante.

sont projetés, ce qui indique l'existence de points immobiles ou
de *nœuds*, et de parties vibrantes dont le milieu est ce qu'on
nomme un *ventre*. Sur un fond noir, les nœuds et les ventres
sonores se distinguent fort bien. Les premiers montrent la corde
blanche réduite à son épaisseur propre ; les autres laissent voir
des renflements semblables à ceux que nous avons signalés au
milieu d'une corde vibrant dans sa totalité.

Une corde peut ainsi se partager en 2, 3, 4, 5.... parties
égales, et les sons de plus en plus aigus qu'elle rend alors sont
des *sons harmoniques*. Les oreilles exercées parviennent à dis-

tinguer quelques-uns des sons harmoniques qui se produisent simultanément avec le son fondamental d'une corde à vide : ce qui fait voir que le partage de la corde en parties vibrantes a lieu alors même que la fixation d'un point n'en est pas la cause déterminante. Nous verrons plus tard quel est le degré qu'occupent ces différents sons dans l'échelle musicale. Étudiées à l'aide de la méthode graphique, les vibrations sonores qui

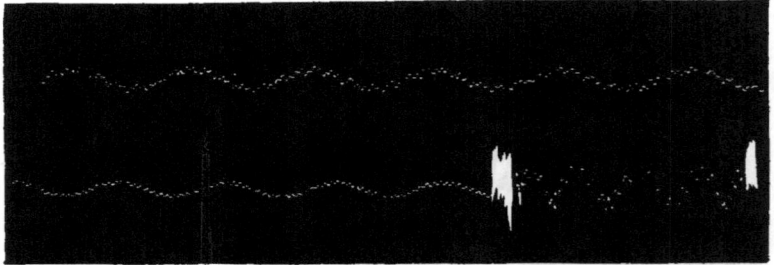

Fig. 535. — Épreuve graphique de vibrations composées; sons harmoniques.

engendrent les sons harmoniques montrent bien qu'il s'agit là de sons composés dont les vibrations simples se superposent (fig. 333). Les nœuds et les ventres sonores ne sont pas particuliers aux cordes vibrantes : nous allons les retrouver dans les colonnes d'air qui vibrent à l'intérieur des tuyaux; nous les observerons encore dans les plaques et dans les membranes.

§ 2. LOIS DES VIBRATIONS DANS LES TUYAUX SONORES.

Les instruments de musique dits *instruments à vent* sont formés de tuyaux solides, tantôt prismatiques, tantôt cylindriques, les uns de forme rectiligne, les autres plus ou moins contournés. La colonne d'air que ces tuyaux renferment est mise en vibration par une embouchure, dont la forme et la disposition varient selon les instruments. Nous aurons l'occasion d'en décrire les principaux genres, quand nous traiterons des applications de l'Acoustique aux arts. Mais pour connaître les lois générales qui régissent les vibrations des colonnes gazeuses contenues dans les tuyaux, nous nous bornerons ici à considérer les tuyaux droits en forme de prismes ou de cylindres, tels qu'ils existent dans les orgues.

Les figures 334 et 335 représentent la vue extérieure et la coupe ou la vue intérieure de deux tuyaux de ce genre. On voit,

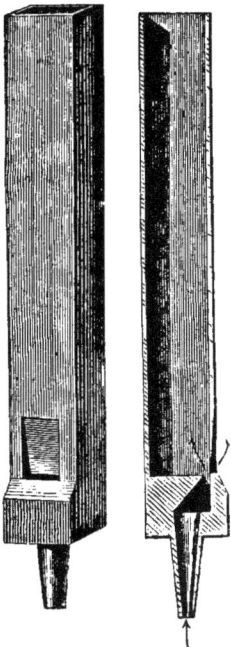

Fig. 334. — Tuyaux sonores prismatiques à embouchures de flûte.

Fig. 335. — Tuyaux sonores cylindriques à embouchures de flûte.

à la partie inférieure de chacun d'eux, le conduit par où pénètre l'air donné par une soufflerie : le courant entre d'abord dans une boîte, puis il s'échappe par une fente qu'on nomme la *lumière* et vient se briser contre l'arête d'une plaque taillée en biseau. Une partie du courant s'échappe par la bouche à l'extérieur du tuyau ; l'autre partie pénètre au contraire dans l'intérieur. Cette rupture du courant donne lieu à une série de condensations et de dilatations qui se propagent dans la colonne gazeuse. L'air

de cette colonne entre en vibration et produit un son continu
dont la hauteur, comme on va voir, varie suivant certaines lois.
L'embouchure qu'on vient de décrire est celle.qu'on nomme
embouchure de flûte. L'expérience prouve que si l'on substitue
aux mêmes tuyaux des embouchures de formes différentes (par
exemple, les embouchures à anches, battantes ou libres, que
nous décrirons plus loin), on ne fait que modifier le timbre du
son, sans changer sa hauteur. Cette hauteur ne dépend pas
non plus de la substance, bois, ivoire, métal, verre, etc., qui
compose le tuyau, d'où il faut conclure que le son résulte
uniquement des vibrations de la colonne d'air.

Fig. 336. — Loi des vibrations dans les tuyaux semblables.

C'est au père Mersenne et à Daniel Bernoulli que l'acoustique est redevable de la découverte des lois qui régissent les
vibrations des tuyaux sonores. Nous allons indiquer succinctement les plus simples de ces lois.

Le premier de ces savants a fait voir que, si l'on compare les
sons rendus par deux tuyaux semblables de dimensions différentes, c'est-à-dire dont l'un a toutes ses dimensions doubles,
triples, etc., de celles de l'autre, dans tous les sens, les nombres
de vibrations du premier seront 2, 3... fois moindres que les
vibrations de l'autre. Ainsi le plus petit des tuyaux représentés
dans la figure 336 donnera deux fois autant de vibrations que
l'autre, le son qu'il rendra sera l'octave du son du plus grand
tuyau. La découverte de cette loi est due au père Mersenne.

Les tuyaux sonores sont tantôt ouverts, tantôt fermés à leur partie supérieure. Mais la loi que nous allons énoncer s'applique à la fois aux tuyaux fermés et aux tuyaux ouverts, pourvu que leur longueur soit grande comparativement à leurs autres dimensions. Il faut d'abord observer que chaque tuyau peut rendre plusieurs sons, d'autant plus aigus ou élevés que la

Fig. 557. — Mersenne.

vitesse du courant d'air est plus grande. Le plus grave de ces sons est ce qu'on nomme le *son fondamental;* les autres en sont les *harmoniques,* et l'on trouve que, pour les obtenir, il suffit de forcer progressivement le courant d'air. Enfin, quand on fait résonner des tuyaux de longueurs différentes, on reconnaît que les plus longs donnent les sons fondamentaux les plus graves, de telle sorte que les nombres de vibrations sont précisément en raison inverse des longueurs. Par exemple, pendant

que le plus petit des quatre tuyaux représentés dans la
figure 338 donne 12 vibrations, les trois autres en donnent dans
le même temps 6, 4 et 3, c'est-à-dire 2, 3, 4 fois moins, les
longueurs étant au contraire 2, 3, 4 fois plus grandes. Je le
répète, cette loi est applicable aux tuyaux ouverts comme aux
tuyaux fermés.

Fig. 538. — Loi des vibrations des tuyaux sonores de longueurs différentes.

Mais, pour de mêmes longueurs, le son fondamental d'un
tuyau fermé est différent du son fondamental donné par un
tuyau ouvert. Les vibrations de la colonne d'air y sont deux
fois moins nombreuses, ce qui revient à dire que le son fondamental d'un tuyau fermé est le même que celui d'un tuyau
ouvert de longueur double.

Il nous reste à dire quelle est la succession des sons harmoniques dans les uns et dans les autres. C'est à Bernoulli qu'est due la découverte des lois qui régissent les sons harmoniques des tuyaux ouverts ou fermés.

On produit ces sons en plaçant, sur la soufflerie représentée dans la figure 338, des tuyaux dont la longueur est grande relativement aux dimensions transversales (fig. 339). Si l'on ouvre graduellement le robinet adapté à chacun d'eux, on entend d'abord le son fondamental, puis successivement les divers harmoniques.

En rangeant ces sons dans l'ordre du plus grave au plus aigu, à partir du son fondamental, on trouve que, dans les tuyaux ouverts, les nombres de vibrations croissent suivant la série des nombres entiers, 1, 2, 5, 4, 5, 6... etc. Dans les tuyaux fermés, ces nombres croissent suivant la série des nombres impairs 1, 5, 5, 7... etc. Il résulte de là que, si l'on prend trois tuyaux, l'un ouvert de longueur double des deux autres, et que, de ceux-ci, l'un soit ouvert, l'autre fermé,

Fig. 339. — Lois de Bernoulli sur les sons harmoniques des tuyaux.

les sons successifs du premier seront représentés par la série des nombres naturels :

$$1 \quad 2 \quad 5 \quad 4 \quad 5 \quad 6 \quad 7 \quad 8 \qquad ..$$

et les sons des deux autres par les séries :

Tuyau ouvert... 2 ... 4 ... 6 ... 8 ...
   — fermé 1 ... 5 ... 5 ... 7 ...

c'est-à-dire que les sons du grand tuyau ouvert seront reproduits alternativement par les deux tuyaux de longueur moitié moindre.

Terminons l'étude des phénomènes que présentent les tuyaux sonores, en disant que les colonnes gazeuses qui vibrent à l'intérieur de ces instruments se partagent, comme les cordes vibrantes, en parties immobiles ou nœuds, et en parties vibrantes ou ventres. L'existence de ces tranches diverses est rendue manifeste de diverses façons. La plus simple consiste à descendre à l'aide d'un fil une membrane tendue à l'intérieur du tuyau, et à examiner comment se comportent les grains de sable dont on l'a saupoudrée. Ces grains sautillent sous l'impulsion des vibrations, quand la membrane est à la hauteur d'un ventre, comme dans toute l'étendue de la colonne vibrante ; ils restent au contraire immobiles, quand la position de la membrane coïncide avec celle d'un nœud.

Du reste, la théorie a résolu complètement tous les problèmes relatifs à cet ordre de phénomènes, et les expériences des physiciens, toujours un peu moins précises que ne l'exigerait l'analyse mathématique, à cause des circonstances complexes où ils les effectuent, ne sont que des vérifications des lois trouvées par l'analyse. Pour nous, qui tenons surtout à décrire les faits curieux de chaque partie de la physique, nous devons nous borner aux notions indispensables à l'intelligence de ces faits et des applications qu'en ont su faire l'industrie et les arts.

§ 5. VIBRATIONS SONORES DES VERGES ET DES PLAQUES.

Les *verges sonores* sont des tiges cylindriques de bois, de métal, de verre ou d'autres substances élastiques, qu'on peut faire vibrer, en les frottant longitudinalement soit avec un morceau de drap saupoudré de colophane (fig. 340), soit avec une étoffe mouillée. Elles rendent alors des sons purs et continus dont la hauteur, pour une même substance, dépend de la longueur de la tige. A l'aide d'un étau, ou avec les doigts, on pince la verge dont on veut étudier le son, soit à l'une de ses extrémités, soit au milieu, soit en un point intermédiaire de la longueur. La verge est donc libre à ses deux bouts, ou libre seulement à l'un de ses bouts. Or, si l'on compare le son que rend une verge fixée à l'une de ses extrémités, avec celui que rend la même verge ou une verge de même longueur et de même substance fixée en son point milieu, on trouve que le premier est plus grave que le second : les vibrations sont, dans celui-ci, deux fois plus nombreuses.

Si l'on fait vibrer des verges de longueurs différentes, de même section et de même substance, fixées de la même manière, l'expérience montre que les sons sont d'autant plus aigus que les tiges sont plus courtes. Les nombres de vibrations de ces sons varient en proportion inverse des longueurs. Les vibrations des verges sont donc soumises aux mêmes lois que celles des tuyaux sonores, et l'on trouve que, si les verges libres aux deux bouts sont assimilables aux tuyaux ouverts, les verges fixées par un bout correspondent aux tuyaux fermés. Comme un tuyau, une même verge fait entendre, outre le son

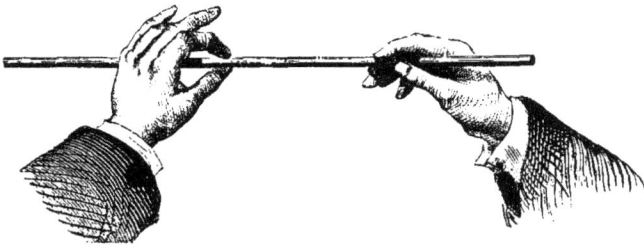

Fig. 540. — Vibrations longitudinales des verges.

grave fondamental, des sons harmoniques dont les séries ascendantes suivent aussi les mêmes lois que les sons des tuyaux ouverts et fermés.

Les phénomènes qui résultent des vibrations sonores dans les corps de formes variées seraient inépuisables. Bornons-nous encore à signaler ceux qui se produisent dans les plaques et dans les membranes.

Si l'on découpe dans des feuilles minces de bois ou de métal bien homogène des plaques carrées, circulaires ou polygonales, puis qu'on les fixe solidement à un pied par leur centre de figure, on parvient à faire rendre à ces plaques des sons extrêmement variés, en frottant leurs bords avec un archet, et en appuyant un ou deux doigts sur tels ou tels points de leur contour (fig. 542). Chladni et Savart, dont les noms se retrouvent

dans toutes les recherches modernes qui ont eu le son pour
objet, ont multiplié les expériences sur les plaques de formes,
d'épaisseurs et de surfaces diverses. Le phénomène sur lequel ils
ont le plus appelé l'attention, c'est le partage de la surface des
plaques en parties vibrantes et en parties immobiles. Ces der-

Fig. 341. — Chladni.

nières, n'étant autre chose qu'une série continue de nœuds, ont
été nommées pour cela *lignes nodales*.

Pour reconnaître et étudier les positions et les formes de
ces lignes, ces deux savants saupoudraient la surface de sable
sec et fin. Aussitôt que la plaque entre en vibration, les particules de sable se mettent en mouvement. Elles fuient toutes les
parties vibrantes, et se réfugient tout le long des lignes nodales,
en dessinant de la sorte tous leurs contours.

Ces lignes sont si nombreuses et parfois si compliquées, elles
·arient tellement pour une même plaque avec les sons divers
 ue cette plaque peut rendre, que Savart a dû employer un pro-
édé particulier pour les recueillir. Au lieu de sable, il em-
·loyait de la poudre de tournesol gommée, et, à l'aide d'un
·apier humide appliqué sur la plaque, il obtenait l'impression
·e chaque figure. Nous reproduisons ici, dans les figures 543
·t 344, une série de lignes nodales obtenues par Savart et par
·hladni, et nous ferons remarquer que les figures où ces lignes

Fig. 542. — Mise en vibration d'une plaque.

 ont le plus multipliées correspondent aux sons les plus aigus :
·e qui revient à dire que, à mesure que le son s'élève, l'étendue
·les parties vibrantes diminue.

Dans les plaques carrées, les lignes nodales affectent deux
·lirections principales, les unes parallèles aux diagonales, les
·utres parallèles aux côtés de la plaque (fig. 543).

Dans les plaques circulaires (fig. 544), les lignes nodales se
·lisposent soit en rayons, soit en cercles concentriques. Les
·loches de cristal, les timbres, les parois sonores se divisent
·emblablement en parties vibrantes et en lignes nodales, comme
·n a pu le voir dans l'expérience du verre rempli d'eau que

représente la figure 302. La figure 345 montre deux modes de

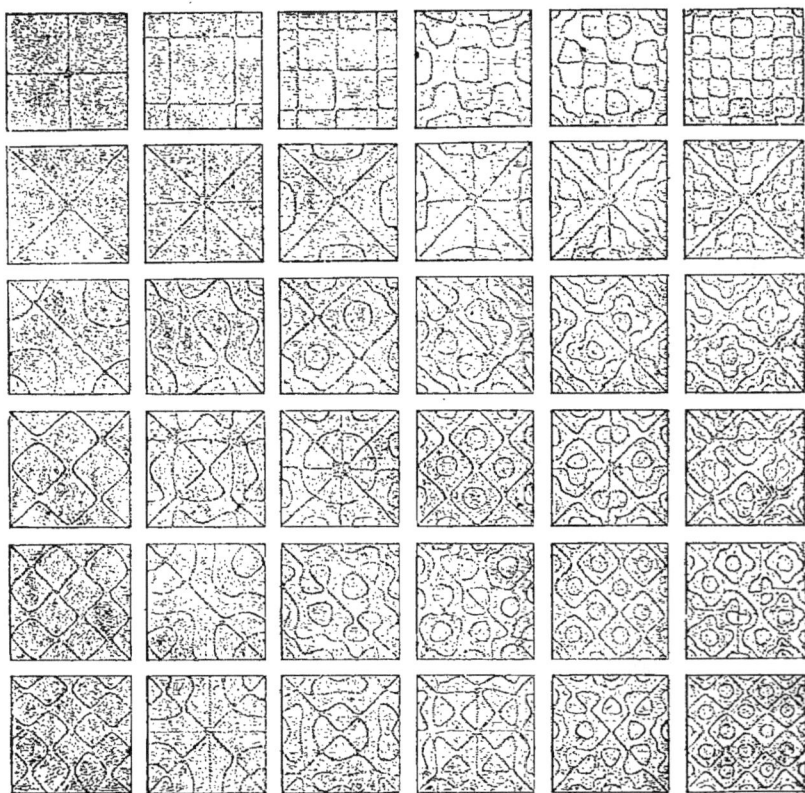

Fig. 343. — Lignes nodales des plaques vibrantes de forme carrée.

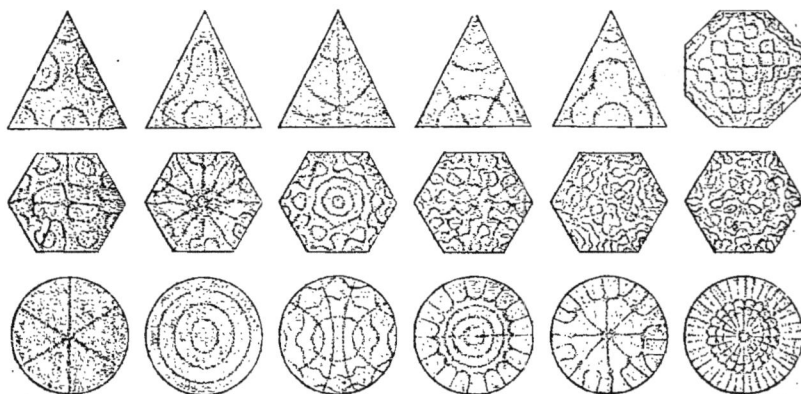

Fig. 344. — Lignes nodales des plaques circulaires ou polygonales.

vibration d'une cloche, et la façon dont elle se divise en quatre ou six parties vibrantes, séparées par autant de nœuds. Le premier mode s'obtient en touchant la cloche en deux points éloignés d'un quart de cercle ; l'archet s'applique alors à 45 degrés d'un des nœuds. Le son résultant est le plus grave : c'est le son fondamental de la cloche. L'autre mode s'obtient en plaçant l'archet en un point éloigné de 90 degrés du nœud que l'on forme par l'attouchement. La cloche se diviserait encore en 8, 10, 12 parties vibrantes. Il en est de même des membranes tendues sur des cadres, et que l'on fait vibrer en les approchant d'un autre corps sonore, par exemple d'un timbre qui résonne. Les vibrations se communiquent par l'air à la mem-

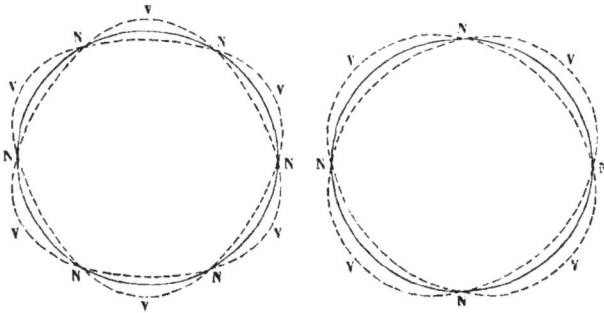

Fig. 345. — Nœuds et ventres d'une cloche vibrante.

brane, et le sable dont celle-ci est recouverte dessine des lignes nodales.

On a reconnu que, dans le cas où deux plaques de même substance et de figure semblable, mais d'épaisseurs différentes, donnent les mêmes lignes nodales, les sons produits varient avec l'épaisseur, si la surface est la même, c'est-à-dire que les nombres de vibrations sont proportionnels aux épaisseurs. Si c'est l'épaisseur qui reste constante, les nombres de vibrations sont en raison inverse des surfaces.

On ne connaît point encore la loi suivant laquelle se succèdent les sons produits par une même plaque, quand les figures formées par les lignes nodales changent. On sait seulement que le son le plus grave, rendu par une plaque carrée fixée à son centre, résonne quand les lignes nodales sont deux parallèles aux côtés et passant par le centre : c'est le dessin de la première plaque (en haut et à droite) de la figure 343. Quand ces deux lignes nodales forment les deux diagonales du carré (2ᵉ plaque de la même ligne, fig. 343), le son est la quinte du premier son, de celui qu'on peut appeler le son fondamental.

CHAPITRE VIII

ACOUSTIQUE MUSICALE

§ 1. DES SONS EMPLOYÉS EN MUSIQUE, ÉCHELLE MUSICALE.

La perception des sons musicaux a, pour l'ouïe humaine, des limites qu'on a cherché à déterminer par l'expérience, ainsi que nous l'avons dit dans un précédent chapitre. 32 vibrations simples par seconde, voilà pour la limite des sons graves; celle des sons aigus va jusqu'à 73 000 vibrations[1]. Entre ces limites extrêmes, l'échelle des sons est évidemment continue, de sorte qu'il y a une infinité de sons ayant une hauteur différente, appréciable à l'oreille, et passant du grave à l'aigu ou de l'aigu au grave par degrés insensibles.

C'est en les combinant par voie de succession ou de simultanéité, d'après des règles déterminées de temps, de hauteur,

---

1. Le son qui est produit par 32 ou 33 vibrations simples par seconde, est le plus grave de ceux que donnent les grandes orgues : il correspond à ut_{-2}. Dans les instruments d'orchestre, la contre-basse donne ut_{-1}, soit 66 vibrations simples. Les pianos actuels vont du la_{-2} (55 vibrations) à l'ut_6 (8448 vibrations). La petite flûte a pour son le plus élevé le $ré_6$, donnant 9504 vibrations. Enfin les limites de la voix humaine sont comprises entre le fa_{-1} des *basses-tailles*, et l'ut_6 des *soprani*. C'est donc entre les limites de 32 et 9500 vibrations que se trouvent compris les sons réellement employés en musique; et encore les plus graves et les plus aigus, que nous venons d'indiquer, ne produisent-ils que des sensations fort peu agréables à l'oreille; ils sont très peu usités. « Les sons d'un bon emploi en musique, dit Helmholtz, et dont la hauteur peut être appréciée d'une manière précise, sont compris entre 40 et 4000 (80 et 8000) vibrations, dans une étendue de 7 octaves. » Despretz avait fait fabriquer par un constructeur, M. Marloye, une série de diapasons dont le plus élevé était le $ré_{10}$ ($ut_1 = 128$) : il exécutait donc 73 700 vibrations. Mais l'oreille était douloureusement affectée par l'audition de ce son extrême, qui dépasse si considérablement la limite des vrais sons musicaux.

d'intensité, de timbre, que le musicien arrive à produire les effets qui constituent une œuvre musicale.

Dans toute œuvre musicale, on peut considérer les sons, soit dans leur succession, soit dans leur combinaison ou simultanéité. Le mouvement des sons successifs, avec leurs variations de hauteur, de durée, avec l'accentuation ou le rhythme, est ce qui forme la *mélodie*. La combinaison des sons, leur mélange simultané, qui donne lieu à une succession de consonnances et de dissonnances ou d'accords, réglée par certaines lois, constitue l'*harmonie*.

Un chant, exécuté par un seul instrument ou une seule voix, est nécessairement une simple mélodie ; et il en est encore ainsi quand plusieurs voix ou plusieurs instruments exécutent simultanément le chant en question, si dans toute l'étendue du morceau tous les exécutants restent à l'*unisson*. Le mélange des instruments et des voix ne change pas, dans ce cas, le caractère mélodique du morceau musical ; tout au plus en accroît-il la puissance et en varie-t-il les timbres ; cette simultanéité n'est pas harmonie.

A l'origine, la musique ne connaissait pas d'autres combinaisons : elle était *homophone*, selon l'expression employée par Helmholtz. « Chez tous les peuples, dit-il, la musique a été originairement à une seule partie. Nous la trouvons encore à cet état chez les Chinois, les Hindous, les Arabes, les Turcs et les Grecs modernes, quoique ces peuples soient en possession d'un système musical très perfectionné sur certains points. La musique de l'ancienne civilisation grecque, sauf peut-être quelques ornements, cadences ou intermèdes exécutés par les instruments, était absolument homophone ; tout au plus les voix s'accompagnaient-elles à l'octave. »

C'est au moyen âge, dans la musique sacrée, que l'association de parties distinctes, d'abord très peu compliquée, puis progressivement plus savante, donna naissance à la musique harmonique. La mélodie, dans un morceau musical, est seulement alors la partie principale, dont les parties secondaires forment l'accompagnement : souvent même l'idée mélodique passe d'une voix ou d'un instrument à l'autre et se trouve tellement enchevêtrée au milieu de toutes les parties concertantes, qu'il est difficile de démêler le chant de l'accompagnement, la mélodie de l'harmonie.

Mais dans tous les cas, qu'il s'agisse de sons musicaux successifs ou de sons simultanés, il y a, entre les hauteurs de ces sons, des rapports déterminés qui limitent, entre deux intervalles quelconques, les hauteurs relatives des sons employés.

Ces sons, considérés dans leur succession du grave à l'aigu ou de l'aigu au grave, forment donc une échelle discontinue, une *gamme* selon l'expression consacrée, ou une suite de gammes, dont il nous reste à exposer le caractère commun ou la loi.

C'est dans cette série que puisent les musiciens pour composer leurs mélodies et les accords qui les accompagnent, en se réglant sur certaines lois qui sont du domaine de l'art ou, si l'on veut, de la science musicale, mais auxquelles l'acoustique reste étrangère. On a souvent comparé les sons aux couleurs dont se servent les peintres pour rendre les objets naturels que représentent leurs tableaux ; et il y a en effet, entre les couleurs et les sons, cette analogie que les uns et les autres procèdent par degrés : on peut faire une gamme des couleurs comme on a une gamme des sons. Il y a cependant cette différence, c'est que, dans la nature comme dans la peinture, qui en est à un certain degré une imitation, les couleurs et leurs nuances infinies sont susceptibles d'être employées dans le même tableau. Il n'en est pas de même dans une œuvre musicale : là, le nombre des éléments ou des sons est limité ; la discontinuité est obligée, et quand une nuance succède à une autre pour la variété de la mélodie ou de l'harmonie, c'est par degrés déterminés et non d'une manière continue qu'a lieu le passage d'une tonalité ou d'un mode à un autre mode ou à une autre tonalité.

Ce qui peut paraître obscur dans ce qui précède aux lecteurs non familiarisés avec les principes de la musique, va s'éclaircir quand nous aurons donné quelques définitions et posé quelques règles.

Commençons par exposer la loi de succession et par indiquer le rapport numérique des sons qui constituent les échelles musicales connues sous le nom commun de *gammes*, et qui forment la base physique de la musique moderne[1].

§ 2. LA GAMME.

On donne le nom de *gamme* à une série de sept sons qui se succèdent en procédant du grave à l'aigu ou de l'aigu au grave, et qui sont compris entre deux sons extrêmes offrant ce caractère, que le plus aigu est produit par le double du nombre des vibrations du plus grave. Le son le plus aigu étant le huitième de la série, on dit que les deux sons extrêmes sont l'*octave* l'un de l'autre : l'un est l'octave grave, l'autre l'octave aigu.

Si maintenant on part de ce huitième son, considéré comme le point de départ d'une série semblable à la première, et si l'on a soin de composer cette nouvelle série de sons ayant entre eux les mêmes rapports de hauteur que les sept premiers, on remarquera que l'impression laissée dans l'oreille par leur succession offre la plus grande analogie avec celle qui provient de l'audition des sons de la première gamme[2]. Une mélodie, formée d'une suite de sons pris dans la première série, conserve le même caractère si on la chante ou si on la joue à l'aide des sons de même ordre pris dans la seconde série. Il en serait de même, si l'on formait de la même manière une ou plusieurs

---

1. La gamme a subi, depuis Pythagore jusqu'au moyen âge et jusqu'au dix-septième siècle, des modifications de composition, de dénominations et de forme, dont l'histoire serait trop longue et sortirait d'ailleurs du cadre de cet ouvrage. L'ensemble des sons qui formaient la gamme des Grecs comprenait vingt notes, ou deux octaves plus une sixte majeure. Ces notes (la première exceptée) étaient désignées par les lettres A B C D E F G a b c d e f g aa bb cc dd ee. Lorsque Guy d'Arezzo, au onzième siècle, remania l'échelle musicale usitée, il rétablit une corde ou une note au grave et la désigna par la lettre grecque Γ, γαμμα : de là vint le nom de *gamme*, qui s'est conservé jusqu'à nos jours.

2. L'analogie est si grande que, pour peu que la différence des timbres y prête, l'oreille peut s'y tromper et croire à l'identité absolue.

gammes plus aiguës ou plus graves que celles dont nous venons
de parler.

Une échelle musicale de ce genre, formée de gammes consécutives, est indéfinie, ou, du moins, n'a d'autres limites que
celles de la perceptibilité des sons.

Avant de donner les *intervalles* qui séparent les sons successifs de la gamme, ou, ce qui revient au même, les rapports
des nombres de vibrations qui correspondent à chacun d'eux,
faisons remarquer que le son d'où l'on part pour former une
gamme est nécessairement arbitraire, de sorte qu'il y a un nombre
infini d'échelles musicales semblables, mises par la nature à la
disposition des musiciens. Mais, dans la pratique musicale, on
a senti le besoin de prendre conventionnellement un point de
départ fixe : ce qui a conduit à donner aux sons de la gamme
des noms particuliers. S'il ne s'était agi que du chant, ou de la
musique exécutée par la voix humaine, une convention de ce
genre eût été moins nécessaire ; car la voix est un organe assez
flexible pour émettre à volonté des sons à un degré quelconque
d'acuité ou de gravité, entre ses limites naturelles. Mais la
musique moderne comporte l'emploi simultané du chant et des
instruments musicaux ; souvent aussi, dans les symphonies et
la musique concertante, les instruments sont les seuls exécutants d'une œuvre musicale. Or il est un certain nombre de
ces instruments qui sont construits de façon à donner des sons
fixes, d'une hauteur déterminée, et se trouvent dès lors les régulateurs des sons émis par les autres instruments et par les voix.
C'est là ce qui a nécessité l'adoption d'un son normal, d'une
hauteur déterminée et constante, produit par un nombre connu
de vibrations, auquel on est convenu de comparer tous les
autres sons musicaux, et qui sert pour ainsi dire de base à
toutes les gammes musicales. Une fois qu'il est bien entendu
que cette convention est tout arbitraire, que le nombre des
gammes naturelles est illimité, il n'y a plus aucun inconvénient à l'adopter, du moins pour la musique instrumentale.

Voici les noms[1] qu'on donne aux divers sons qui composent une gamme, en passant du son le plus grave au plus aigu :

ut   ré   mi   fa   sol   la   si

D'après ce que nous avons dit de la façon dont se forment les gammes plus élevées ou plus graves, et de l'analogie, sinon de l'identité, qui existe entre les sons des unes et des autres, on comprend qu'on a dû donner les mêmes noms aux sons des gammes successives. Les physiciens les distinguent les uns des autres, en faisant suivre les noms des sons d'indices numériques marquant l'ordre de hauteur des gammes. Les deux gammes, l'une immédiatement plus grave, l'autre plus aiguë que la gamme servant de point de départ, à laquelle on donne l'indice 1 (parfois 0), s'écriront donc ainsi :

$$ut_{-1} \quad ré_{-1} \quad mi_{-1} \quad fa_{-1} \quad sol_{-1} \quad la_{-1} \quad si_{-1}$$
$$ut_{0} \quad ré_{0} \quad mi_{0} \quad fa_{0} \quad sol_{0} \quad la_{0} \quad si_{0}$$
$$ut_{1} \quad ré_{1} \quad mi_{1} \quad fa_{1} \quad sol_{1} \quad la_{1} \quad si_{1}$$
$$ut_{2} \quad ré_{2} \quad mi_{3} \quad fa_{2} \quad sol_{2} \quad la_{2} \quad si_{2}$$

Il résulte aussi de la constitution des gammes successives que

---

1. On a vu, dans la note de la page 702, que la coutume des anciens était de représenter les notes par des lettres; c'est encore le système adopté en Angleterre et en Allemagne, où les sept notes de la gamme sont les lettres : C D E F G A B. En Italie et en France, on emploie les noms *ut*, *ré mi*, etc., dont voici l'origine. C'est un moine bénédictin, Guiddo d'Arezzo ou encore Guy l'Arétin, qui choisit ces syllabes empruntées à une hymne latine qu'on chantait dans les églises en l'honneur de saint Jean, et dont voici les paroles et la musique, notées dans le système du plain-chant :

Ut que-ant la-xis *Re*sonare fibris *Mi* - ra gesto-rum*Fa*muli tu-

orum, *Sol*-ve pollu-ti *La*bi-i re-a-tum, Sancte Io-an-nes.

Longtemps on se borna au nom de ces six notes; la septième, le *si*, n'avait aucune dénomination. Elle correspondait à la lettre *b*, qu'on écrivait tantôt sous la forme d'un *b carré*, tantôt sous celle d'un *b* rond ou *mol*, selon que le morceau était en ut ou en fa majeur. D'où les noms de *bécarre* ou de *bémol*, dont on verra plus loin le sens général. C'est seulement en 1684 que le français Lemaire donna le nom de *si* à la septième note ou sensible du ton d'ut.

Tout le monde sait qu'en solfiant on substitue à la syllabe *ut*, qui manque de sonorité, la syllabe *do*, qui se fait mieux entendre.

les sons de même nom sont à l'octave les uns des autres, tout comme les sons extrêmes de chaque gamme. Ainsi ut_0, $ré_0$, mi_0, sont les octaves aigus de ut_{-1}, $ré_{-1}$ mi_{-1}... et les octaves graves de ut_1, $ré_1$, mi_1.

Avant d'aller plus loin, rappelons-nous les lois des vibrations des cordes et des tuyaux, et nous comprendrons que si l'on a tendu une série de sept cordes, de façon à leur faire rendre les sept sons de la gamme, on obtiendra les sept sons de la gamme aiguë, à l'octave de la première, en divisant toutes les cordes en deux parties égales. Si, au lieu de cordes, on avait pris sept tuyaux ouverts ou fermés donnant la gamme par leurs sons fondamentaux, il faudrait prendre sept tuyaux de longueurs moitié moindres pour obtenir la gamme immédiatement plus aiguë, sept tuyaux de longueurs doubles pour obtenir les sons de la gamme immédiatement plus grave.

Si l'on compare chacun des sept sons d'une même gamme au son le plus grave, à celui qui forme ce que l'on appelle la *tonique*, sous le rapport de leurs hauteurs, on a autant d'*intervalles* différents, dont voici les noms :

De ut à ut . . . . *unisson.*
ut à ré . . . . *seconde.*
ut à mi. . . . . *tierce.*
ut à fa . . . . *quarte.*
ut à sol. . . . . *quinte.*
ut à la . . . . *sixte.*
ut à si . . . . *septième.*
Et enfin de ut à ut_2. . . . . *octave.*

L'intervalle musical a pour définition, en physique, le rapport des nombres de vibrations des sons dont il est formé. L'unisson et l'octave sont les seuls dont nous ayons donné la valeur : 1 ou $\frac{1}{1}$ mesure l'intervalle de l'unisson ; 2 ou $\frac{2}{1}$ mesure l'octave. Il nous reste à dire quels sont les nombres mesurant les autres intervalles.

Voici ces nombres, tels qu'ils sont adoptés aujourd'hui par la majorité des physiciens :

ut — ut	unisson	$= 1$
ré — ut	seconde	$= \frac{9}{8}$
mi — ut	tierce	$= \frac{5}{4}$
fa — ut	quarte	$= \frac{4}{3}$
sol — ut	quinte	$= \frac{3}{2}$
la — ut	sixte	$= \frac{5}{3}$
si — ut	septième	$\frac{15}{8}$
ut_2 — ut	octave	2

Il est facile, à l'aide de ce tableau, de calculer les intervalles consécutifs des sons de la gamme, ou les rapports des nombres de vibrations de deux sons qui se suivent dans la série. Les voici :

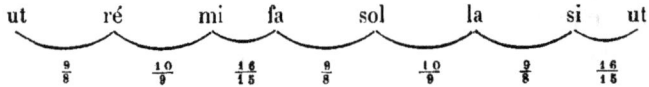

ut	ré	mi	fa	sol	la	si	ut
	$\frac{9}{8}$	$\frac{10}{9}$	$\frac{16}{15}$	$\frac{9}{8}$	$\frac{10}{9}$	$\frac{9}{8}$	$\frac{16}{15}$

On voit que ces intervalles ne sont pas égaux entre eux : il y en a de trois ordres de grandeur; trois intervalles, ut-ré, fa-sol, la-si, égaux chacun à $\frac{9}{8}$, sont les plus grands de tous; deux autres, ré-mi et sol-la, valent $\frac{10}{9}$, de sorte qu'en les réduisant à un dénominateur commun avec les premiers, on trouve **81** et **80** pour les nombres entiers qui les représenteraient respectivement; bien qu'inégaux entre eux, ils se nomment en musique des *secondes majeures*, et les deux plus petits $\frac{16}{15}$ sont des *secondes mineures*. Bien que les secondes majeures ne soient pas égales, on est convenu de les confondre sous la même dénomination [1], et l'on dit qu'une gamme se compose des intervalles successifs suivants :

Une seconde majeure,
Une seconde majeure,
Une seconde mineure,
Une seconde majeure,
Une seconde majeure,
Une seconde majeure,
Une seconde mineure.

La gamme ainsi formée se nomme *gamme majeure*, pour la

[1]. Les physiciens appellent *ton majeur* et *ton mineur* les deux intervalles de seconde, $\frac{9}{8}$ et $\frac{10}{9}$, et ils réservent à la seconde mineure mi-fa, si-ut, le nom de *demi-ton*.

distinguer d'une gamme formée d'intervalles se succédant dans un autre ordre, qu'on nomme *gamme mineure*.

L'échelle musicale ainsi formée ne peut suffire au compositeur, dont les mélodies, renfermées dans un cadre étroit, auraient un caractère de *monotonie* incompatible avec la variété des impressions qu'il veut produire. Pour accroître ses ressources, il passe, dans le même morceau, d'une gamme dans une autre, et c'est à ces transitions, dont les règles sont du ressort de l'art musical, qu'on donne le nom de *modulations*. Les nouvelles gammes ne diffèrent pas complètement de la première, de celle qu'on est convenu d'appeler la gamme naturelle. Certains sons se trouvent seuls modifiés, et d'ailleurs l'ordre de succession et les rapports de hauteur des sons de la nouvelle gamme restent les mêmes que dans la première.

Écrivons la succession de deux gammes consécutives, à l'octave l'une de l'autre, et ayant pour tonique commune le son *ut* :

ut ré mi fa sol la si ut ré mi fa sol la si ut

Il est facile de voir que, par une simple substitution des deux intervalles qui séparent le *mi* du *sol*, c'est-à-dire en faisant suivre le *mi* d'une seconde majeure et précéder le *sol* d'une seconde mineure, on aura une gamme nouvelle présentant la même série d'intervalles que la première, mais commençant par le son *sol* au lieu de commencer par le son *ut*. Il n'y a, pour cela, qu'à substituer au *fa* une nouvelle note plus élevée, qu'on nomme *fa dièze*, et qu'on écrit fa ♯ [1]. Voici cette gamme :

ut ré mi fa♯ *sol la si ut ré mi fa♯* sol la si ut

gamme de *sol majeur*.

---

1. La hauteur du fa ♯ devrait être telle que le rapport du nombre de ses vibrations à celui du sol fût le même que pour le si comparé à l'ut, c'est-à-dire égal au rapport des nombres 15 et 16. Il faudrait pour cela multiplier le fa $= \frac{4}{3}$ par la fraction $\frac{135}{128}$, ce qui donnerait $\frac{45}{32}$. L'intervalle du mi au fa ♯ serait alors aussi $\frac{9}{8}$ comme celui du la au si dans la gamme d'ut majeur. Les physiciens *dièsent* le fa en le multipliant par $\frac{25}{24}$.

On voit en effet que les deux premiers intervalles de cette nouvelle gamme sont deux secondes majeures, sol-la, la-si, et qu'ils sont suivis d'une seconde mineure, si-ut; qu'ensuite viennent trois secondes majeures ut-ré, ré-mi et mi-fa♯; enfin que la gamme se trouve terminée par une seconde mineure fa♯-sol. Le nouveau son aurait dû recevoir un nom entièrement nouveau; on le distingue du *fa*, qu'il remplace, par le nom de *fa dièze* : on dit que le *fa* naturel a été *diézé*. Partant de la gamme de sol, et dièzant l'*ut*, on aurait une nouvelle gamme majeure commençant par *ré*, et ainsi de suite, ce qui met à la disposition du musicien sept gammes majeures, procédant par dièzes, c'est-à-dire par la substitution successive aux sons primitifs de sons plus élevés, ou de secondes majeures aux secondes mineures.

On peut encore obtenir une suite de gammes majeures en partant de la gamme d'*ut*; il suffit pour cela d'intervertir l'ordre des deux intervalles *la-si, si-ut*, en remplaçant le *si* par un son plus bas auquel on donne le nom de *si bémol*, et qu'on écrit si ♭[1]. On a de la sorte la succession :

ut ré mi *fa sol la si* ♭ *ut ré mi* fa sol la si♭ ut

gamme de *fa naturel majeur*.

Procédant sur cette gamme nouvelle comme sur la première, on aurait une suite de gammes majeures, dans lesquelles un nombre de plus en plus grand des sons primitifs seraient *bémolisés*.

Voici le tableau complet des gammes majeures obtenues par ces artifices :

1. Pour bémoliser le si, il faudrait multiplier sa valeur $\frac{15}{8}$ par $\frac{128}{135}$, et alors l'intervalle si♭-ut serait, comme dans la gamme type d'ut majeur, $\frac{15}{16}$, ou celui de la sensible à la tonique. Les physiciens bémolisent une note en la multipliant par le rapport $\frac{24}{25}$. Nous ne faisons que signaler ces différences, parce qu'il faudrait une longue exposition et une discussion plus longue encore pour montrer quelles raisons on donne pour et contre ces deux manières de concevoir la constitution des gammes successives.

GAMME D'*UT NATUREL MAJEUR.*

TOUTES LES NOTES DE CETTE GAMME SONT NATURELLES.

	dièzes.			bémols.
Gammes de sol	1		Gammes de fa	1
ré	2		si ♭	2
la	3		mi ♭	3
mi	4		la ♭	4
si	5		ré ♭	5
fa ♯	6		sol ♭	6
ut ♯	7		ut ♭	7

La série des sons dièzés successivement est celle-ci : fa, ut, sol, ré, la, mi, si. Celle des sons bémolisés est précisément inverse : si, mi, la, ré, sol, ut, fa.

Comme l'exposé complet des règles qui servent à former toutes ces échelles musicales sortirait du cadre de cet ouvrage, bornons-nous à dire que les musiciens emploient aussi des *gammes mineures*, présentant cette particularité que l'ordre des intervalles ascendants diffère de celui des intervalles descendants.

GAMME DE *LA MINEUR.*

Intervalles ascendants.	Intervalles descendants.
la₁	la₂
. . . . . . seconde majeure.	. . . . . . seconde majeure.
si	sol ♮
. . . . . . seconde mineure.	. . . . . . seconde majeure.
ut	fa ♮
. . . . . . seconde majeure.	. . . . . . seconde mineure.
ré	mi
. . . . . . seconde majeure.	. . . . . . seconde majeure.
mi	ré
. . . . . . seconde majeure.	. . . . . . seconde majeure.
fa ♯	ut
. . . . . . seconde majeure.	. . . . . . seconde mineure.
sol ♯	si
. . . . . . seconde mineure.	. . . . . . seconde majeure.
la₂	la₁

Dans la gamme mineure que nous donnons ici pour type, on voit que les deux sons *fa* ♯ et *sol* ♯ de la gamme ascendante sont remplacés par les deux sons *fa*, *sol* dans la gamme descendante : c'est ce que les musiciens indiquent en affectant le symbole de chacun de ces deux sons du signe ♮, qu'on énonce *bécarre* et qui exprime le retour des deux sons dièzés à leur état primitif ou naturel. Le même signe indique aussi un changement de même genre dans un son d'abord bémolisé.

Le premier son d'une gamme détermine le ton du morceau musical où cette gamme est employée et, pour cette raison, il reçoit le nom de *tonique*. Ainsi, on dit le ton d'ut, le ton de sol…. Les physiciens et les musiciens ont eu, selon nous, le tort d'employer ce mot *ton* pour désigner les intervalles de seconde majeure et de seconde mineure, et d'introduire ainsi une confusion de mots qui peut engendrer la confusion dans les idées.

Dans le système de gammes que nous venons d'exposer très sommairement, lorsqu'on vient à moduler, c'est-à-dire à passer d'un ton dans un autre (d'ut majeur en sol par le changement de fa en fa ♯, ou en fa par le changement de si en si♭, etc.), les notes de la gamme nouvelle conservent les noms qu'elles avaient dans la gamme primitive, bien qu'en réalité elles en diffèrent nécessairement. Cela n'a point d'inconvénient dans la musique vocale, ni même dans l'instrumentale, lorsqu'il ne s'agit pas d'instruments à sons fixes : l'exécutant, s'il a la voix et l'oreille juste, sait modifier, comme il convient, les notes nouvelles : les sentiment de la tonalité l'y oblige. Il n'en est plus de même pour les instruments à sons fixes. La différence entre les sons justes et les sons faux étant très petite, l'oreille s'accoutume à cette pratique forcée.

En outre, en théorie, les bémols et les dièzes de deux notes consécutives, ne sont pas des sons identiques. Ainsi le ré ♭ diffère de l'ut ♯. Cependant les instruments à sons fixes, le piano par exemple, les identifient. La gamme, sur ces instruments, n'est donc pas la gamme naturelle.

Les musiciens et les physiciens à leur suite admettent donc ce qu'on nomme la *gamme tempérée :* les sons y procèdent d'un son à son octave par degrés égaux, en confondant le dièze d'une note avec le bémol de la note immédiatement supérieure. Les nombres de vibrations qui leur correspondent forment une progression géométrique dont la raison est égale à $\sqrt[12]{2}$.

§ 3. DES PRINCIPES CONSTITUTIFS DE LA GAMME; GAMME DES PHYSICIENS ET GAMME PYTHAGORICIENNE.

L'histoire de toutes les transformations qu'a subies la gamme depuis Pythagore jusqu'à nous, c'est-à-dire dans l'antiquité, au moyen âge et dans les temps modernes, est trop compliquée pour que nous essayions d'en donner ici même un résumé. Mais le fait que la série musicale a varié, que les oreilles des Grecs se plaisaient à des intervalles que notre musique moderne éprouve, joint à cet autre fait qu'aujourd'hui même les gammes adoptées par les peuples qu'on nomme civilisés sont bien différentes de celles qu'on emploie dans la musique persane, chinoise, japonaise ou tartare, paraît prouver évidemment que la gamme a une origine en grande partie conventionnelle. Elle n'est basée absolument ni sur des lois purement physiques, ni sur des convenances purement physiologiques. Elle est le produit d'une combinaison de ces deux sortes de lois, que les habitudes, l'éducation de l'oreille ont peu à peu modifiées [1].

Cette question de l'origine de la gamme a été longuement et est encore discutée, et l'accord n'est fait ni entre les physiciens ni entre les musiciens. Les nombres que nous avons donnés plus haut pour exprimer les divers intervalles des gammes majeure et mineure constituent dans leur ensemble la *gamme des physiciens;* mais il y en a d'autres qui, sans différer beaucoup des premiers, forment une gamme différente, à laquelle on donne le nom de *gamme des pythagoriciens.*

---

1. Telle est, à peu de chose près, l'opinion d'Helmholtz, qui admet que « le système des gammes, des modes et de leur enchaînement harmonique ne repose pas sur des lois naturelles invariables, mais qu'il est, au contraire, la conséquence des principes esthétiques qui ont varié avec le développement progressif de l'humanité et qui varieront encore ».

Voyons en quoi diffèrent et en quoi se ressemblent ces deux séries.

La gamme des physiciens ne nous semble pas avoir d'autre principe que celui-ci : deux sons forment une succession mélodique ou un accord agréable, quand leurs nombres de vibrations sont dans le rapport le plus simple possible. En représentant la tonique ou le premier degré de l'échelle par 1, c'est en combinant 1 avec les nombres les plus simples 1, 2, 3, 4, 5.... (c'est-à-dire avec la succession des harmoniques du son fondamental) qu'on obtiendra les intervalles les plus agréables : $\frac{1}{1}$ ou l'unisson, $\frac{2}{1}$ ou l'octave, $\frac{3}{1}$ la douzième, qui, ramenée à l'octave inférieure, donne la quinte, etc., etc. Ainsi se trouverait naturellement constituée la gamme. Mais, outre que le principe posé nous semble pour le moins arbitraire, on arrive ainsi à des conséquences qui sont loin d'être d'accord entre elles, non plus que d'accord avec la pratique musicale[1]. Ce n'est pas le lieu d'entrer dans cette discussion. Bornons-nous à comparer les deux systèmes de gamme.

Le principe de la gamme des pythagoriciens est celui-ci : les nombres qui représentent l'octave et la quinte étant 2 et $\frac{3}{2}$, comme dans la première, tous les autres intervalles se forment de ceux-ci en procédant par quintes successives. Ainsi la quinte du *sol* sera $\frac{3}{2} \times \frac{3}{2}$ ou $\frac{9}{4}$: c'est le *ré₂*. Donc le *ré₁* est représenté par $\frac{9}{8}$. Du *ré* on passe au *la* qui en est la quinte ; puis au *mi* qui est la quinte du *la*, et ainsi de suite. La gamme qui résulte de ce mode de formation diffère numériquement de celle des physiciens, comme on va en juger par le tableau suivant :

---

1. Le principe esthétique qui considère la beauté ou l'agrément, en architecture, dans les autres arts et en musique, comme des éléments liés à la simplicité des rapports numériques, est adopté généralement par les mathématiciens et les physiciens ; mais il n'a jamais été, que nous sachions, sérieusement discuté, et nous aurions, pour notre part, bien des objections à y faire. Pour n'en donner qu'un exemple, qui ne voit qu'il faudrait regarder l'octave comme la plus agréable des consonnances (nous ne disons rien de l'unisson, qui n'est pas à proprement parler un accord)? Puis viendraient la quinte, la quarte, la tierce majeure, etc. — Or quel est le musicien aux oreilles duquel la tierce majeure ou même la tierce mineure ne produise un effet plus harmonieux que la quarte ?

DEGRÉS DE LA GAMME OU INTERVALLES	GAMME DES PHYSICIENS	GAMME DES PYTHAGORICIENS
ut$_1$ ou unisson	1	1
ré ou seconde majeure.	$\dfrac{9}{8}$	$\dfrac{9}{8}$
mi ou tierce majeure	$\dfrac{5}{4}$	$\dfrac{81}{64}$
fa ou quarte.	$\dfrac{4}{3}$	$\dfrac{4}{3}$
sol ou quinte.	$\dfrac{3}{2}$	$\dfrac{3}{2}$
la ou sixte.	$\dfrac{5}{3}$	$\dfrac{27}{16}$
si ou septième.	$\dfrac{15}{8}$	$\dfrac{243}{128}$
ut$_2$ ou octave	2	2

Comme on voit, sur huit intervalles, cinq sont identiques dans les deux gammes; les intervalles différents sont représentés par des nombres moins simples dans la gamme pythagoricienne, qui a, d'un autre côté, l'avantage de ne procéder que par des successions de secondes majeures et de secondes mineures respectivement égales entre elles. Tandis que la succession des sons est représentée dans la gamme des physiciens par les nombres :

$$\frac{9}{8} \quad \frac{10}{9} \quad \frac{16}{15} \quad \frac{9}{8} \quad \frac{10}{9} \quad \frac{9}{8} \quad \frac{16}{15}\ .$$

dans la gamme pythagoricienne on a la suite beaucoup plus régulière :

$$\frac{9}{8} \quad \frac{9}{8} \quad \frac{256}{243} \quad \frac{9}{8} \quad \frac{9}{8} \quad \frac{9}{8} \quad \frac{256}{243}$$

En tout cas, les différences sont d'un ordre très faible; le rapport du *ton majeur* $\frac{9}{8}$ au *ton mineur* $\frac{10}{9}$ est égal à $\frac{81}{80}$. C'est-à-dire que l'excès de hauteur du premier intervalle sur le second est marqué par l'excès d'une seule vibration sur 80 vibrations : c'est ce qu'on nomme un *comma*. La même différence existe entre les intervalles de la seconde mineure $\frac{16}{15}$ dans la gamme des physiciens et de la seconde mineure $\frac{256}{243}$ dans la gamme des pythagoriciens. Théoriquement, chacune des deux échelles musicales ainsi constituées peut être justifiée sous certains rapports et attaquée sous certains autres. Il ne nous appartient pas de décider[1].

Quant à la gamme dite *tempérée*, ce n'est qu'un compromis, non entre les deux autres, mais entre la gamme vraie, quelle que soit celle qu'on adopte, et la malheureuse nécessité où l'on s'est trouvé d'identifier les dièzes et les bémols, afin de rendre plus simples les instruments à sons fixes. Ce n'est, à vrai dire, qu'une fausse gamme.

§ 4. ÉTUDE OPTIQUE DES SONS ET DES INTERVALLES MUSICAUX.

Nous avons décrit diverses méthodes permettant de compter le nombre des vibrations exécutées par un corps sonore, au moment où ce corps rend un son déterminé : la sirène, la roue dentée, le vibroscope ou phonautographe sont les appareils employés dans ce but. Dans le dernier de ces instruments, les vibrations elles-mêmes s'inscrivent sur une surface et l'on peut aisément constater leur amplitude et leur nombre : c'est la méthode graphique de l'étude des sons.

Il y a dix-huit ans, un physicien français, M. Lissajous, eut l'idée d'étudier à l'aide de l'œil les mouvements vibratoires des corps sonores et de substituer ainsi à l'oreille l'organe de la vue pour l'appréciation des rapports des sons : de là le nom de *méthode optique*, donné au procédé qu'il employa et que nous

---

1. MM. Cornu et Mercadier, qui ont fait avec soin une longue suite d'expériences comparatives sur ces deux gammes, sont arrivés à cette conclusion que chacune d'elles a sa raison d'être dans la musique moderne : l'une, la gamme pythagoricienne, serait exigée pour les intervalles mélodiques, tandis que dans les intervalles harmoniques il faudrait employer la gamme des physiciens. Mais comment concilier cette double exigence, la grande majorité des compositions musicales modernes faisant un égal usage de la mélodie et de l'harmonie ?

allons brièvement décrire. A l'aide de la méthode optique, un
sourd pourrait donc se livrer à des recherches sur la hauteur
comparée des sons.

« Il n'est personne d'entre nous, disait M. Lissajous dans une
leçon où il exposait cette nouvelle méthode, qui n'ait, dans son
enfance, au risque d'incendier la maison paternelle, plongé

Fig. 346. — Diapason et sa caisse de résonnance.

une baguette dans le foyer, pour l'agiter ensuite et suivre avec
la curiosité naturelle au jeune âge ces lignes brillantes produites par l'extrémité embrasée comme par un pinceau magique dont la trace fugitive s'effacerait en un instant. Telle est
l'expérience qui a servi de base à la méthode optique. »

Un diapason est, comme on sait, un petit instrument formé
d'une double verge métallique dont les branches réunies en fer
à cheval sont supportées par une colonne cylindrique servant

de pied (fig. 346). A l'aide d'un morceau de bois ou de métal plus gros que l'intervalle des extrémités des branches, on écarte les deux lames élastiques et leurs oscillations produisent un son dont la hauteur dépend de la forme et des dimensions de l'instrument; les physiciens font aussi vibrer le diapason en frottant l'une des branches avec un archet. C'est à l'aide d'un diapason qu'on règle le ton des instruments ou celui des voix dans les orchestres et les théâtres : en France, le diapason normal est celui qui produit le second *la* du violon, dont le nombre des vibrations simples est de 870 par seconde.

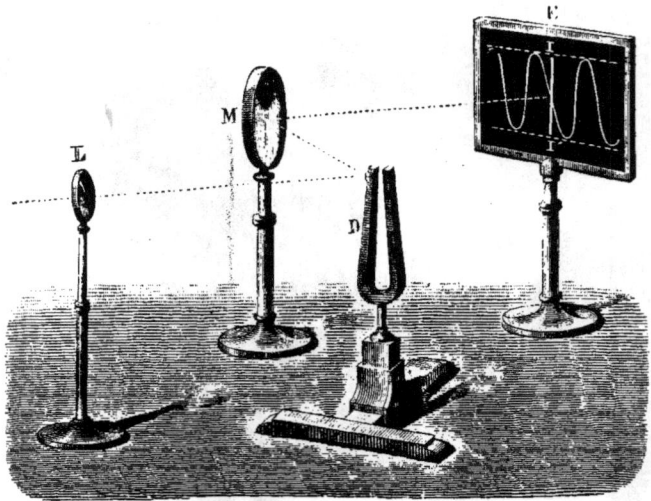

Fig. 347. — Méthode optique de M. Lissajous : projection des vibrations sonores.

Pour rendre visibles les vibrations d'un diapason, M. Lissajous fixe sur la surface convexe, à l'extrémité d'une des branches, un petit miroir métallique. L'autre branche porte un contre-poids nécessaire pour régulariser le mouvement vibratoire. « Regardons dans ce miroir, dit-il, l'image réfléchie d'une bougie placée à quelques mètres de distance, puis faisons vibrer le diapason. Nous voyons aussitôt l'image s'allonger dans le sens de la longueur des branches. Faisons tourner alors le diapason autour de son axe, l'apparence change, et nous voyons dans le miroir une ligne brillante et sinueuse dont les ondulations accusent par leur forme même l'amplitude plus ou moins grande du mouvement vibratoire. »

En se servant d'un second miroir M qui renvoie l'image sur un écran E, on rend le phénomène visible dans toute l'étendue d'un amphithéâtre (fig. 347). Quand le diapason vibre sans tourner, la ligne lumineuse I I' est verticale ; dès qu'il est soumis aux mouvements de rotation, cette ligne se transforme en une courbe dont chaque sinuosité correspond à une vibration. Dans ce cas, on prend une source de lumière plus vive, celle du

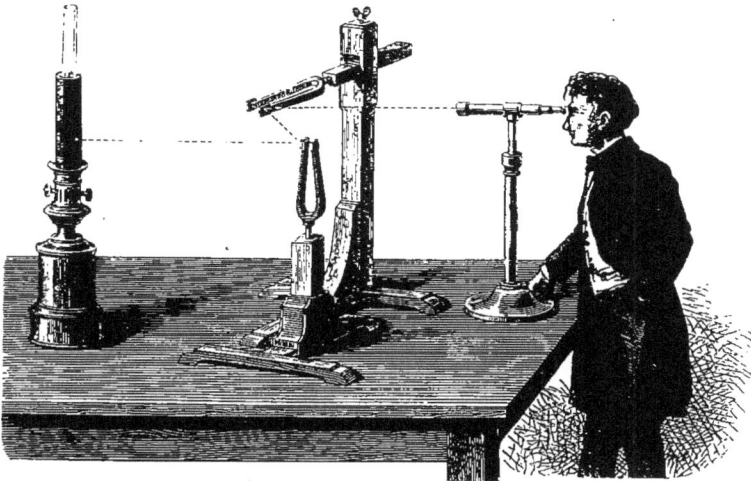

Fig. 348. — Étude optique des mouvements vibratoires par la méthode de M. Lissajous.

soleil ou la lumière électrique ; on la projette sur le miroir du diapason à l'aide d'une lentille convergente L, et c'est le second miroir M qu'on fait tourner autour d'un axe vertical pour obtenir la transformation de l'image rectiligne en une courbe sinueuse.

Il ne s'agit jusqu'ici que de rendre visibles les vibrations d'un corps sonore unique. Voici maintenant comment, par la même méthode, M. Lissajous est parvenu à apprécier la hauteur comparative de deux sons, à mesurer le rapport des nombres de vibrations qui correspondent à chacun d'eux. On prend deux diapasons, tous deux armés de miroirs (fig. 348) ; mais, tandis

que l'axe de l'un est vertical, l'autre est placé horizontalement
de manière à mettre les deux miroirs en regard. Un faisceau
de lumière émané d'une petite ouverture tombe sur l'un des
miroirs, où il se réfléchit, va frapper le miroir du second
diapason, qui le renvoie lui-même dans l'axe d'une lunette;
l'observateur peut suivre ainsi les mouvements de l'image qui
se réduit à un point, tant que les deux diapasons restent en
repos.

Vient-on à faire vibrer le diapason vertical, aussitôt le mouvement de va-et-vient de l'image donne, au lieu d'un point,
une ligne lumineuse, allongée dans le sens vertical. Si, pendant que le diapason vertical est au repos, on ébranle le diapason horizontal, l'image s'allonge dans le sens horizontal.
Enfin, si l'on fait vibrer à la fois les deux diapasons, l'image
se trouvant animée de deux mouvements simultanés, l'un
dans le sens horizontal, l'autre dans le sens vertical, décrira
une courbe lumineuse, et la forme de cette courbe dépendra
du rapport qui existe entre les durées des deux systèmes de
vibrations, de l'amplitude des oscillations et enfin de la durée qui sépare les commencements de deux vibrations consécutives exécutées par l'un et l'autre diapasons : c'est cette
dernière durée qui constitue ce qu'on nomme la *différence de
phase*.

M. Lissajous a déterminé de la sorte les courbes lumineuses
que donnent des diapasons accordés de manière à produire les
intervalles de la gamme, telle qu'elle est adoptée par les physiciens. Si les deux diapasons sonnent à l'*unisson*, le rapport des
nombres de vibrations est 1 : c'est-à-dire que les vibrations
effectuées en des temps égaux sont en même nombre. La différence de phase est-elle nulle, les vibrations commencent en
même temps dans les deux diapasons; il en résulte une ligne
droite lumineuse oblique, la diagonale d'un rectangle dont les
côtés ont une longueur qui varie avec l'amplitude des vibrations
simultanées. Cette ligne droite se change en une ellipse ou
ovale, quand la différence de phase n'est pas nulle. La figure 349

montre les courbes que donnent des différences de phases égales
à $\frac{1}{8}$, $\frac{1}{4}$, $\frac{3}{8}$ et $\frac{1}{2}$. Elles se reproduisent, mais en sens inverse, si les
différences sont $\frac{5}{8}$, $\frac{3}{4}$, $\frac{7}{8}$ et 1.

Deux diapasons qui résonnent à l'*octave* l'un de l'autre

Fig. 549. — Courbes optiques représentant les vibrations combinées de deux diapasons
à l'unisson.

donnent une série de courbes représentées dans la figure 350,
et qui montrent bien que l'un des diapasons exécute une vibration dans le sens horizontal, tandis que l'autre en fait deux dans
le sens vertical. Si les nombres de vibrations sont dans les rap-

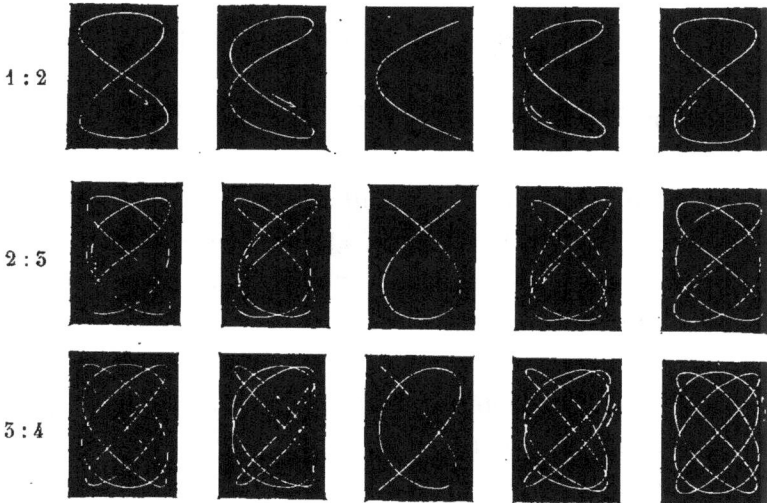

Fig. 350. — Courbes optiques : l'octave, la quinte et la quarte.

ports 3 : 2, 4 : 3, 5 : 4, 5 : 3, 9 : 8 et 15 : 8, les diapasons sont
accordés aux intervalles de quinte, de quarte, de sixte, de
seconde majeure et de septième. On peut voir (fig. 350) les
courbes optiques obtenues dans les cas de l'octave, de la

quarte et de la quinte, avec les variations de forme qui proviennent des différences de phases. A l'inspection de ces courbes, on peut compter le nombre des excursions faites par le point lumineux dans le sens vertical, et comme elles s'effectuent les unes et les autres dans le même temps, on a par cela même le rapport numérique des deux sons.

Quand l'accord des diapasons est rigoureux, la même courbe persiste sur l'écran pendant toute la durée de leur résonnance simultanée, et elle finit par se réduire à un point. Si au contraire l'accord n'est point tout à fait exact, si, par exemple, l'octave n'est pas parfaite, l'effet est le même que s'il y avait un changement continu dans la différence de phase, et la courbe passe insensiblement par toutes les formes indiquées dans la figure. Le temps qu'elle met à accomplir le cercle entier de ces transformations étant noté, on en conclut qu'il y a une différence d'une vibration sur le diapason grave, de deux vibrations sur le diapason aigu, relativement au nombre qu'eût donné l'octave juste.

Cette méthode est si précise, que la plus faible différence est accusée. Ainsi, supposons d'abord deux diapasons à l'unisson. La courbe optique sera, selon la différence de phase, une de celles que représente la figure 349, et elle persistera pendant toute la durée des vibrations. Qu'on vienne à chauffer légèrement la branche d'un des diapasons, il en résulte un abaissement du son : l'unisson est altéré, et aussitôt l'on voit se produire sur l'écran la variation de forme de la courbe optique qui accuse la cessation de l'accord.

La méthode optique permet, non seulement de déterminer les rapports des nombres de vibrations, mais aussi de compter le nombre absolu de vibrations qui correspond à un son donné. Ayant ainsi construit un diapason qui donne le *la* normal adopté par les orchestres, il a été facile ensuite de se servir de ce type pour construire des diapasons résonnant à l'unisson. La figure 351 représente la disposition de l'appareil employé pour cette vérification ; le diapason normal est muni d'une lentille

objectif *f*; un oculaire *g* placé au-dessus forme avec cette lentille un microscope à l'aide duquel on peut suivre l'image d'un
trait *m* tracé sur la branche du diapason à vérifier D. En mettant simultanément les deux diapasons en vibration, on verra
aussitôt s'ils sont ou non à l'unisson, ainsi que nous venons de
le dire plus haut.

M. Lissajous a appliqué sa méthode à l'étude des cordes

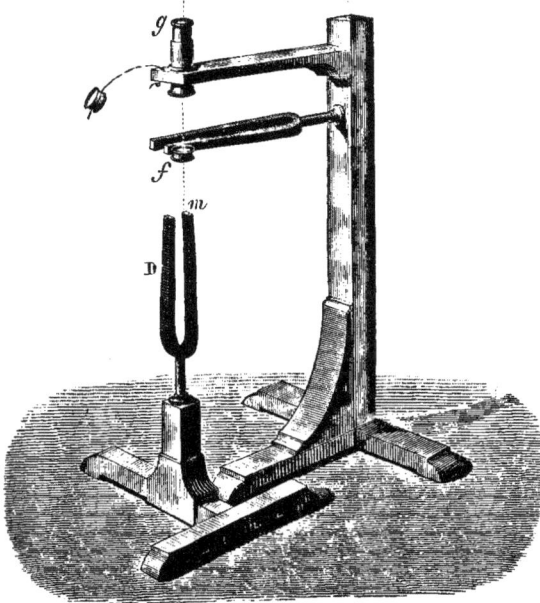

Fig. 351. — Appareil de M. Lissajous pour la vérification des diapasons accordés à l'unisson du diapason normal.

vibrantes, et même à celle des sons propagés par l'air. Pour
cela, il éclaire la corde en un de ses points par la projection
d'un faisceau lumineux étroit ; il reçoit les mouvements de l'air
sur une membrane à la surface de laquelle il fixe une petite
perle brillante [1].

Nous avons oublié de dire que si, dans toutes ces expériences, les courbes tracées par les points lumineux sont visibles

1. Ce moyen de rendre visibles les mouvements vibratoires était employé depuis longtemps p r M. Wheatstone.

à la fois dans tous leurs points, cela tient à ce qu'une évolution entière est terminée avant que la persistance de l'impression de la lumière sur la rétine ait cessé : comme la durée de cette persistance est d'environ un dixième de seconde, cela suppose que tel est, au maximum, le temps employé par l'image du point pour parcourir la sinuosité entière de la courbe.

Telle est, en résumé, la méthode originale employée par M. Lissajous pour rendre sensibles à la vue les mouvements vibratoires des corps sonores et les plus délicates particularités ·de ces mouvements. On voit par cet aperçu que nous avions raison de dire qu'une personne privée de la faculté d'entendre pourrait comparer des sons avec une précision plus grande que ne le ferait, par l'audition seule, l'oreille la plus sensible.

Dans ces derniers temps, un savant acousticien de Paris, M. Kœnig, a imaginé un autre procédé, aussi très ingénieux, pour étudier les vibrations des colonnes gazeuses dans les tuyaux. Nous allons essayer d'en donner une idée.

Fig. 552. — Tuyau ouvert à flammes manométriques.

L'une des parois d'un tuyau sonore (fig. 552) est percée d'un certain nombre d'ouvertures, de trois par exemple, correspondant au nœud du son fondamental et aux deux nœuds de son octave ; chacune de ces ouvertures est fermée par une capsule d'où sort un bec et qui communique avec un tube amenant du gaz d'éclairage dans la capsule et dans le bec. La partie de la capsule qui se trouve à l'intérieur du tuyau sonore, au sein de la colonne gazeuse vibrante, est en caoutchouc ; elle est légèrement gonflée par le carbure d'hydrogène. Elle est donc éminemment élastique et cède à la moindre augmentation de pression. Supposons le bec de gaz allumé : si la pression intérieure de l'air du tuyau s'accroît, la membrane en caoutchouc est comprimée, de sorte que la capacité de la capsule diminue, et la flamme s'allonge ; elle se raccourcit au contraire si, la pression venant à diminuer, la capacité intérieure de la capsule augmente. On le voit, le bec de gaz est un véritable manomètre, indicateur des changements de pression : aussi M. Kœnig a-t-il donné aux flammes qui se dégagent des capsules le nom de flammes *manométriques*.

Imaginons maintenant que le tuyau sonore soit adapté à une soufflerie et qu'on mette en vibration l'air qu'il renferme. Nous savons qu'alors la colonne gazeuse entre en vibration, qu'elle est alternativement condensée et dilatée par la propagation des ondes sonores. Si le son rendu par le tuyau est le son fondamental, c'est au milieu de la colonne gazeuse qu'il se forme un nœud : en ce point, la dilatation et la compression de l'air atteignent leur maximum. Ces condensations et dilatations successives se transmettent alors à la capsule manométrique du milieu, dont la flamme s'allonge et se raccourcit alternativement, exécutant une série de mouvements qui accusent l'état vibratoire du corps sonore. Si l'on fait rendre au tuyau l'octave du son fondamental, il y aura un ventre vis-à-vis de la capsule du milieu et un nœud à chacune des deux autres. Aussi verra-t-on les flammes extrêmes très agitées, tandis que celle du milieu restera immobile. Ces phénomènes sont aisés à expliquer.

Nous savons, en effet, que, dans les tuyaux sonores, la colonne gazeuse vibrante se divise en parties séparées par des nœuds, et dont les points milieux sont des ventres de vibration. En chaque nœud, l'air est en repos, mais sa densité est alternativement maximum et minimum. Chaque ventre, au contraire, est le point où la vitesse d'ébranlement est la plus grande possible, tandis que la densité de l'air y reste invariable. Or, comme ce sont les variations de densité qui déterminent les variations de pression et que celles-ci se transmettent aux flammes par les membranes des capsules, il en résulte que les flammes manométriques sont très agitées lorsqu'elles se trouvent en face des nœuds, tandis qu'elles restent en repos si elles correspondent à un ventre de la colonne vibrante. La méthode de M. Kœnig permet de constater l'existence de ces divers états : en donnant aux flammes une faible dimension, l'agitation qu'elles subissent vis-à-vis des nœuds les fait éteindre, tandis qu'elles restent allumées en face des ventres.

Pour rendre plus sensibles les allongements et les raccourcissements de la flamme, M. Kœnig emploie un mode de projection semblable à celui que M. Lissajous a adopté pour la méthode optique. Il place un miroir à côté du bec d'où jaillit la flamme, et lui imprime un mouvement de rotation à l'aide

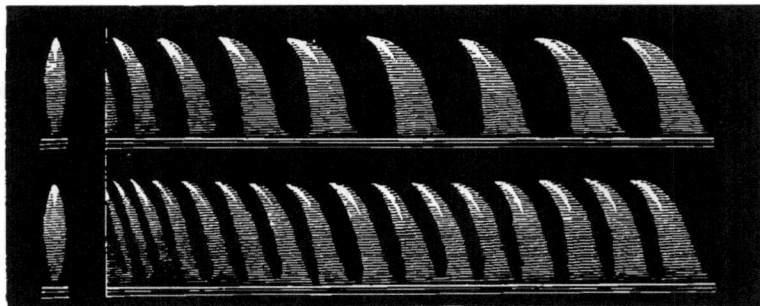

Fig. 353. — Flammes manométriques du son fondamental d'un tuyau et de son octave aiguë.

d'une roue d'angle et d'une manivelle (fig. 354). Aussitôt que le tuyau résonne, le miroir tournant laisse voir une succession de flammes séparées par des intervalles obscurs, ou une bande lumineuse à bords dentelés. En plaçant une lentille convergente entre le bec et le miroir tournant, on projette une image nette et brillante sur un écran, où l'on peut alors étudier toutes les particularités du phénomène.

Ainsi, dans les deux expériences que nous avons décrites plus haut, où le tuyau rend successivement le son fondamental et son octave, le changement de hauteur dont il s'agit se manifeste immédiatement dans les flammes manométriques, ainsi que le marque la figure 353, où la série supérieure représente l'effet produit par les vibrations du son fondamental, tandis que la série inférieure provient du son qui en est l'octave aiguë. Le nombre des flammes est double dans le second cas.

On obtiendrait le même résultat en adaptant à la soufflerie deux tuyaux différents résonnant à l'octave l'un de l'autre ; chacun d'eux est muni d'une capsule manométrique, et les

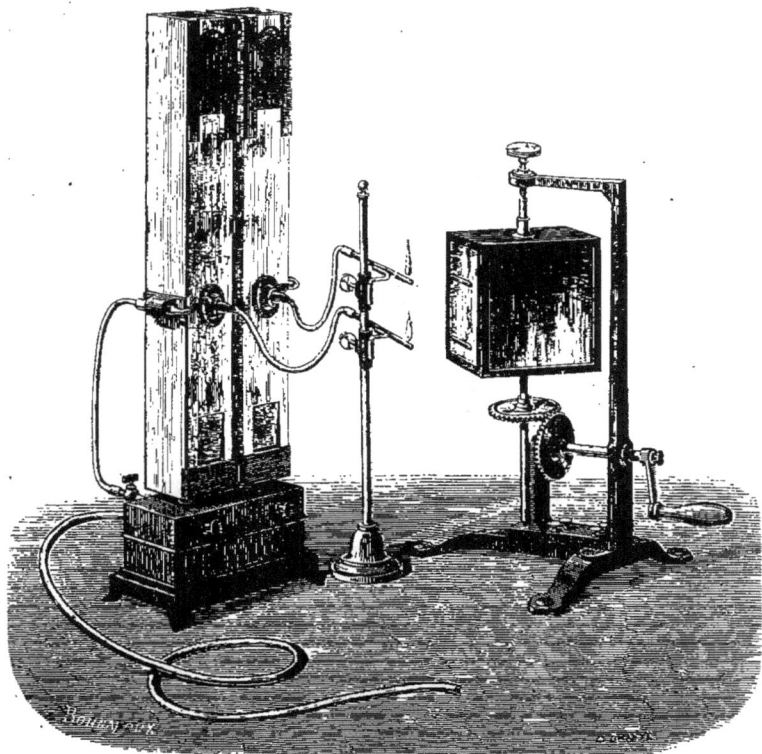

Fig. 554. — Appareil de M. Kœnig pour la comparaison des mouvements vibratoires de deux tuyaux sonores.

flammes réfléchies sur le même miroir tournant donnent les deux séries que nous venons de représenter.

Pour comparer les hauteurs des sons de tuyaux résonnant à des intervalles différents, M. Kœnig emploie encore une autre méthode. Il fait passer le gaz dont la combustion donne les flammes, d'une capsule à l'autre, mais il n'allume qu'un seul des deux becs. En faisant alors résonner simultanément les deux tuyaux, la même flamme se trouve alors agitée par les deux systèmes d'ondes sonores, et l'on voit se succéder sur l'écran des flammes alternativement grandes et petites (fig. 355 et 356), et dont le nombre dépend de l'intervalle mu-

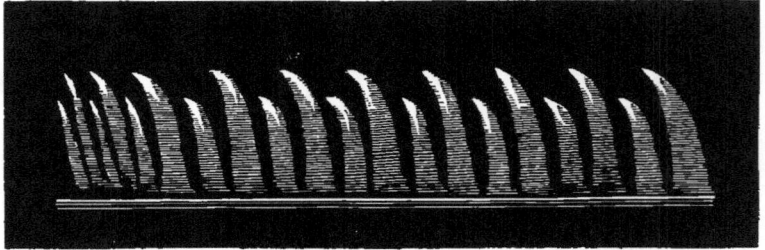

Fig. 355. — Flammes manométriques données simultanément par deux tuyaux à l'octave.

sical des sons. « Cette disposition, dit M. Kœnig, est même préférable à la première, chaque fois que le rapport entre les deux tuyaux n'est pas tout à fait simple. Par exemple, pour les tuyaux *ut* et *mi* (tierce), l'observation de quatre images correspondant

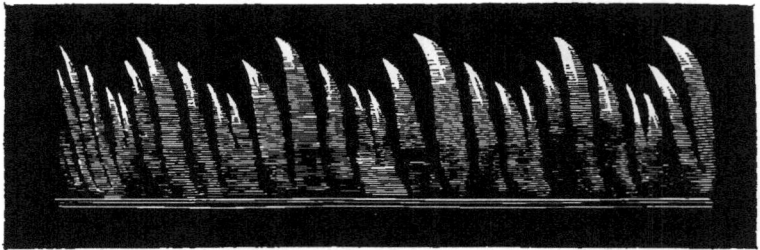

Fig. 356. — Flammes manométriques de deux tuyaux à la tierce.

à cinq devient déjà difficile; mais la succession d'images qui, par groupes de cinq, s'allongent et se raccourcissent, et qu'on obtient dans le miroir tournant par la seconde disposition (fig. 356), n'est pas d'une apparence très compliquée. »

§ 5. TIMBRE DES SONS MUSICAUX.

Nous avons vu que, parmi les qualités d'un son musical, il en est une qui permet de différencier les sons ayant même hauteur et même intensité. Le *la* d'un violon n'a pas du tout le même caractère que le *la* d'une flûte, d'un piano, ou que le *la* émis par une voix humaine ; bien plus, sur le même instrument, un son ne résonne pas de la même manière si la façon de le produire change : ainsi le *la* obtenu par la corde du violon vibrant dans toute sa longueur n'est pas identique au *la* qu'on obtient avec le quatrième doigt pinçant la corde de *ré*. Enfin les voix humaines se distinguent les unes des autres, comme chacun de nous peut en faire à chaque instant l'expérience, alors même qu'elles émettent des sons de même intensité et de même hauteur.

Cette qualité particulière des sons est ce qu'on nomme le *timbre*.

On n'a eu longtemps sur la cause de cette modification des sons que des idées vagues. Voici ce que Rousseau en disait, en 1775, dans l'*Encyclopédie* (art. Son) :

« Quant à la différence qui se trouve encore entre les sons par la qualité du timbre, il est évident qu'elle ne tient ni au degré de gravité, ni même à celui de force. Un hautbois aura beau se mettre exactement à l'unisson d'une flûte, il aura beau radoucir le son au même degré, le son de la flûte aura toujours je ne sais quoi de doux et de moelleux, celui du hautbois je ne sais quoi de sec et d'aigre, qui empêchera qu'on ne puisse jamais les confondre. Que dirons-nous des différents timbres des voix de même force et de même portée? Chacun est juge de la variété prodigieuse qui s'y trouve. Cependant personne que je sache n'a encore examiné cette partie, qui peut-être, aussi bien que les autres, se trouvera avoir des difficultés : car la qualité de timbre ne peut dépendre, ni du nombre des vibrations qui font le degré du grave à l'aigu, ni de la grandeur ou de la force de ces mêmes vibrations qui fait le degré du fort au faible. Il faudra donc trouver dans les corps sonores une troisième modification différente de ces deux, pour expliquer cette dernière propriété, ce qui ne me paraît pas une chose trop aisée. »

D'une communication faite à l'Académie des sciences, il y a quelques années (1875), il résulte que Monge avait conçu, sinon la théorie du timbre, telle que les expériences du physicien allemand Helmholtz l'ont établie tout récemment, du moins le principe sur lequel repose cette théorie. Voici le texte dans lequel se trouve mentionnée cette opinion de l'illustre géomètre français : « ... J'ai ouï dire à M. Monge, de l'Académie des sciences, que ce qui déterminait tel ou tel timbre, ce ne devait être que tel ou tel ordre et tel ou tel nombre de vibrations des aliquotes de la corde qui produit un son de ce timbre-là ;... il ajoutait que, si l'on pouvait parvenir à supprimer les vibrations des aliquotes, toutes les cordes sonores, de quelques différentes matières qu'elles fussent, auraient sûrement le même timbre [1]. »

En 1817, Biot reproduisait en d'autres termes l'hypothèse de Monge (qui avait dû être, en 1794, son professeur à l'École polytechnique, récemment fondée). Il disait dans son *Précis élémentaire de physique expérimentale* :

« Tous les corps vibrants font entendre à la fois une série infinie de sons d'un intensité graduellement décroissante. Ce phénomène est pareil à celui des sons harmoniques des cordes, mais la loi de la série des harmoniques est différente pour les différentes formes de corps. Ne serait-ce pas cette différence qui produirait le caractère particulier du son produit par chaque forme de corps, ce qu'on appelle le *timbre*, et qui fait, par exemple, que le son d'une corde et celui d'un vase ne produisent pas en nous la même sensation? Ne serait-ce pas la dégradation d'intensité des harmoniques de chaque série, qui nous y ferait trouver agréables des accords que nous ne supporterions pas s'ils étaient produits par des sons égaux ; et le timbre particulier de chaque substance, du bois et du métal, par

---

1. Cité par M. Résal, comme extrait d'un opuscule de Suremain-Missery, ancien officier d'artillerie, membre de l'Académie des sciences de Dijon, opuscule intitulé : *Théorie acoustico-musicale*, 1793.

exemple, ne viendrait-il pas de l'excès d'intensité donné à tel ou tel harmonique[1]? »

§ 6. LES SONS HARMONIQUES ET LE TIMBRE.

Nous avons eu déjà plusieurs fois l'occasion de parler des sons harmoniques et de les définir. La nouvelle théorie du timbre exige que nous entrions à cet égard dans quelques détails.

Lorsqu'on écoute attentivement le son produit par une corde vibrante, on ne tarde pas à reconnaître que ce son n'est pas simple ; outre le son fondamental, dont la hauteur dépend de la longueur, de la grosseur et de la tension de la corde, l'oreille démêle assez aisément un certain nombre d'intonations plus aiguës, d'ailleurs notablement moins intenses que le son fondamental. Supposons que la corde ébranlée soit la plus grave d'un violoncelle ; elle donne le son que les physiciens ont coucoutume de noter ut_1. En même temps qu'elle résonne, on entend très distinctement deux notes, dont la plus grave est le sol_2, c'est-à-dire l'octave de la quinte ou la douzième du son fondamental ; l'autre est le mi_3, double octave de la tierce majeure ou dix-septième. L'octave et la double octave ut_2 et ut_3,

---

1. L'idée que la cause du timbre est dans la concomitance de sons faibles accompagnant le son principal, idée parfaitement exprimée par Monge, puis développée par Biot, a persisté jusqu'aux expériences d'Helmholtz. Ainsi nous voyons M. Daguin, dans son *Traité de physique* (1855, 1re édition), s'exprimer ainsi à cet égard :

« Dans les instruments de musique, le timbre est dû le plus souvent à des sons faibles qui accompagnent celui que l'on cherche à produire seul. Tantôt ces sons concomitants proviennent des parties vibrantes elles-mêmes, qui font ainsi entendre quelques sons à la fois ; d'autres fois le corps vibrant transmet ces vibrations aux autres parties de l'instrument.... Le timbre peut être dû encore à la manière dont varie la vitesse des parties du corps vibrant, pendant qu'il parcourt l'amplitude de chaque vibration. Les courbes qui représentent les ondes sonores peuvent être de forme variable, et l'onde dilatante peut être différente de l'onde condensante ; il peut même se faire qu'il y ait des interruptions entre les ondes successives. »

Ainsi peu à peu se sont précisées les vues des physiciens sur la cause hypothétique du timbre ; mais il restait à en démontrer la réalité par des faits, par l'observation expérimentale : c'est là le mérite qu'a ou M. Helmholtz.

se distinguent aussi, un peu moins facilement toutefois, sans doute parce que le caractère musical de ces sons ressemble plus à celui du son fondamental, et qu'ils se confondent avec lui.

On a donné le nom de *sons harmoniques*, ou simplement d'harmoniques, à ces sons plus faibles dont la plupart des sons musicaux sont accompagnés, et dont la première étude, faite par un physicien français, Sauveur, remonte à l'année 1700. Cette dénomination vient sans doute de ce que les premiers harmoniques observés, notamment ceux que nous venons de dire, forment entre eux et avec le son fondamental des accords consonnants ou des consonnances. Mais on a bientôt constaté que ce ne sont pas les seuls et que la série des harmoniques est beaucoup plus étendue.

Avant de les indiquer, comparons entre eux les nombres de vibrations du son fondamental et de ses harmoniques. En représentant le son le plus grave par 1, la quinte est $\frac{3}{2}$ et par conséquent l'octave de la quinte est 3; la tierce est $\frac{5}{4}$ et sa double octave est 5; enfin l'octave et la double octave du son fondamental seront représentées par les nombres 2 et 4[1]. De sorte que si l'on range par ordre de hauteur, du grave à l'aigu, tous les sons en question, on trouve la série : 1, 2, 3, 4, 5.

Les cordes vibrantes ne sont pas seules accompagnées d'harmoniques; les sons des tuyaux sonores, ceux de la voix humaine sont riches en sons de ce genre, qui du reste ne se distinguent pas tous avec la même facilité, même pour les oreilles exercées : il faut pour les reconnaître des moyens d'analyse particuliers, dont nous parlerons tout à l'heure. Notons seulement que parmi les sons partiels, qui forment les sons composés, il en est qui ne sont pas des sons harmoniques. Les tiges et les plaques métalliques, les cloches de métal ou de verre, les membranes donnent, quand on les fait résonner, des sons

---

1. Cela est vrai pour les intervalles de la gamme des physiciens. La tierce de la gamme pythagoricienne est $\frac{81}{64}$; sa double octave est $\frac{81}{16}$ ou $5\frac{1}{16}$. Sous ce rapport donc, la gamme des physiciens paraît devoir être préférée.

partiels qui ne rentrent point dans la série des harmoniques et qui d'ailleurs, au point de vue musical, impressionnent désagréablement l'oreille.

Quel est donc le caractère physique propre aux harmoniques? En quoi se distinguent-ils des autres sons partiels qu'un corps sonore peut produire? La définition n'est autre que la généralisation du résultat obtenu plus haut : Un son fondamental a pour harmoniques tous les sons dont les nombres de vibrations sont des multiples entiers du nombre des vibrations totales qui mesurent sa hauteur ; ils sont donc représentés par la suite des nombres entiers 1 2 3 4 5 6 7 8 9 10 11, etc. Il est bien entendu d'ailleurs que cette suite est limitée par la perceptibilité des sons. Mais elle est beaucoup plus étendue qu'on ne le croyait d'abord.

Une expérience aussi simple qu'ingénieuse, due à Sauveur, permet d'analyser, en les isolant, les sons harmoniques d'une corde vibrante. Elle est basée sur la loi qui lie les nombres de vibrations aux longueurs des cordes, d'où il résulte que les harmoniques s'obtiennent en divisant la corde donnée en des nombres entiers de parties égales. Quand on met la corde entière en vibration, si, outre le son fondamental, elle produit les harmoniques, c'est donc qu'en réalité elle se divise en parties vibrantes; c'est, comme le dit Sauveur, que « chaque moitié, chaque tiers, chaque quart d'une corde a ses vibrations à part, tandis que se fait la vibration de la corde entière. » Pour reconnaître l'existence de ces subdivisions de la corde, il suffit d'appuyer légèrement au point qui est susceptible de donner le son harmonique qu'on veut obtenir isolément : à la moitié ou au quart de la corde, si l'on veut obtenir la première ou la seconde octave ; au tiers, au cinquième, si l'on veut la douzième ou la dix-septième. En faisant alors vibrer la plus petite partie de la corde, on entend la note voulue; les deux parties vibrent d'ailleurs ensemble, et la plus grande se subdivise, comme il est aisé de le constater si l'on place de petits chevalets de papier aux nœuds et aux ventres; ces derniers tombent, les autres restent seuls. C'est du reste, on se le rappelle, une expérience que nous avons déjà décrite.

Nous avons dit que l'analyse des sons harmoniques par l'oreille était assez difficile, au delà de la douzième et de la dix-septième. Voici à ce sujet quelques détails intéressants donnés par Helmholtz pour faciliter aux observateurs novices les moyens de distinguer ces sons. « Je ferai remarquer, dit-il, à ce propos, que l'éducation musicale de l'oreille n'entraîne pas nécessairement plus de facilité, plus de sûreté dans la perception des sons partiels. Il s'agit plutôt ici d'une certaine puissance d'abstraction de l'esprit, d'un certain empire sur sa propre attention, que des habitudes musicales. Le musicien exercé a cependant ici un avantage essentiel ; il se représente facilement les sons qu'il cherche à entendre, tandis qu'une personne étrangère à la musique est obligée de les faire résonner sans cesse pour les avoir toujours présents à la mémoire. Il faut remarquer d'abord qu'on entend généralement les sons partiels impairs, c'est-à-dire les quintes, les tierces, les septièmes du son fondamental, plus facilement que les sons partiels pairs, qui sont les octaves du son fondamental ou des autres harmoniques ; de même qu'il est plus facile de distinguer dans un accord les quintes et les tierces que les octaves. Le second son partiel, le quatrième et le huitième sont des octaves du son fondamental ; le sixième est l'octave du troisième, de la douzième ; il faut déjà quelque habitude pour les distinguer. Parmi les sons partiels impairs, les plus faciles à entendre sont en général, par ordre d'intensité, le troisième, c'est-à-dire la douzième du son fondamental ou la quinte de l'octave supérieure ; puis le cinquième ou la tierce ; enfin le septième ou la septième mineure, déjà beaucoup plus faible, de la seconde octave. La série des harmoniques est représentée sur la portée par les notes suivantes :

« Dans les commencements, pour observer les harmoniques, il est bon de faire résonner très doucement, avant le son qu'on va analyser, les notes qu'on cherche à entendre, en leur conservant autant que possible un timbre identique à celui de l'ensemble. Le piano et l'harmonium conviennent très bien à ces sortes de recherches, parce que ces deux instruments donnent des harmoniques d'une assez grande intensité. »

Le savant que nous venons de citer s'est beaucoup occupé de l'analyse des sons, et notamment des harmoniques ; c'est sur cette analyse qu'il a basé la théorie du timbre, que nous résumerons bientôt dans ses points essentiels. Nous renvoyons le lecteur à l'ouvrage où il a consigné le résultat de ses recherches [1], mais nous citerons encore ce qu'il dit des harmoniques de la voix : « Il est plus facile de percevoir les harmoniques dans le son des instruments à cordes, de l'harmonium, des registres mordants de l'orgue, que dans celui des instruments à vent ou de la voix humaine ; ici, en effet, il n'est pas aussi facile d'émettre préalablement, avec une faible intensité, l'harmonique dont il s'agit, tout en lui conservant le même timbre. On arrive bientôt cependant, avec quelque exercice, au moyen du son d'un piano, à guider l'oreille vers l'harmonique qu'il faut entendre. Ce sont les sons partiels de la voix humaine qu'il est relativement le plus difficile d'isoler. Cependant Rameau avait déjà distingué les harmoniques de la voix, et cela sans aucun secours artificiel. On peut faire l'expérience de la manière suivante : Faites tenir à une voix de basse la note mi_1 sur la voyelle O ; puis touchez faiblement le si_3 du piano, troisième son partiel du mi_1, et laissez-le s'éteindre en fixant l'attention sur lui. En apparence, le si_3 du piano se prolongera au lieu de s'éteindre, quoique vous abandonniez la touche, parce que l'oreille passe insensiblement du son du piano à l'harmonique correspondant de la voix, et prend ce dernier pour le prolongement du premier. Or, la touche étant abandonnée à elle-

1. *Théorie physiologique de la musique.* Trad. Guéroult.

même, et l'étouffoir étant retombé sur la corde, il est impossible que celle-ci continue de résonner. Si l'on veut faire l'expérience sur le cinquième son partiel du *mi₁*, c'est-à-dire sur le *sol₃*, il vaut mieux que le chanteur donne un A. »

Du reste, c'est au moyen des globes de verre dits *résonnateurs*, dont il va être question tout à l'heure, que l'analyse des harmoniques des sons peut se faire avec le plus de facilité. Avec une série nombreuse de ces appareils dont chacun est construit de manière à renforcer un son d'une hauteur déterminée, on reconnaît la présence des sons partiels qui accompagnent la note fondamentale d'un corps sonore en vibration, et l'on peut voir s'il appartient ou non à la série des sons harmoniques. De la sorte, des sons trop faibles pour être perçus par l'oreille la plus exercée et la plus attentive, se trouvent constatés; mais des expériences répétées de ce genre donnent une grande habitude à celui qui les fait avec soin, et il finit par reconnaître la présence de ces sons harmoniques sans aucun secours.

Voyons maintenant comment de la considération des harmoniques Helmholtz est arrivé à la théorie du timbre. Il s'est d'abord posé cette question : Tous les corps sonores donnent-ils des harmoniques? Non. Il y a aussi des sons qui ne sont produits que par un seul mode de vibration, et qu'on nomme pour cela des *sons simples*. Un diapason qu'on fait vibrer à l'orifice d'un tuyau sonore produit par exemple un son simple, sans mélange; les sons de la flûte, celui de la voyelle *ou* de la voix humaine sont des sons composés, mais qui se rapprochent beaucoup des sons simples, leurs harmoniques ayant une très faible intensité. Helmholtz a remarqué, en premier lieu, que les sons simples diffèrent entre eux d'intensité ou de hauteur, mais qu'ils n'offrent pas de différence sensible de timbre. Quant aux sons composés d'un son fondamental et de sons partiels, mais non harmoniques, leur timbre provient, selon lui, du degré de persistance et de régularité des sons partiels; mais ils sont peu agréables à l'oreille et de peu d'usage en musique : les plaques métalliques, les cloches de verre ou de métal, les membranes donnent des sons de ce genre. Ainsi, premier point établi : les sons simples, dépourvus d'harmoniques, ne se distinguent pas entre eux par leur timbre. Second point : les sons composés, mais n'ayant pas d'harmoniques véritables, ont des timbres fort différents, mais ils sont dépourvus du caractère musical.

Restent donc les sons musicaux proprement dits, composés d'un son fondamental et de sons partiels, harmoniques du premier. Pour ces sons, Helmholtz a démontré que les différences de leurs timbres dépendent à la fois de la présence des sons harmoniques supérieurs et de leur intensité relative ; mais nullement de leurs différences de phases. Voici comment on peut constater expérimentalement l'exactitude de cette théorie du timbre :

Une série de globes creux en cuivre, de diverses grosseurs,

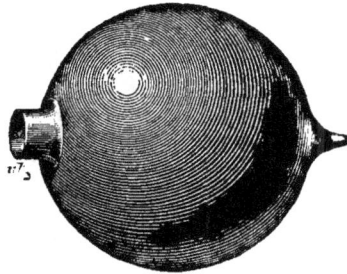

Fig. 357. — Résonnateur de M. Helmholtz.

percés de deux ouvertures d'inégal diamètre, sont construits de telle sorte que dans chacun d'eux la masse d'air intérieure résonne, quand on met en présence de la grande ouverture un corps rendant un son déterminé (fig. 357). Ces globes se nomment des *résonnateurs*. Leur propriété consiste donc à renforcer, par l'entrée en vibration de l'air qu'ils renferment, les sons mêmes pour lesquels ils ont été accordés.

Cela posé, M. Kœnig a construit un appareil formé de huit résonnateurs accordés pour la série des sons harmoniques, 1, 2, 3, 4, 5, 6, etc., par exemple pour les sons ut$_2$ ut$_3$ sol$_3$ ut$_4$ mi$_4$ sol$_4$, etc. La figure 558 montre qu'ils sont fixés sur un support l'un au-dessus de l'autre. Chacun communique par un tube de caoutchouc partant de la petite ouverture, avec une capsule manométrique; les becs de gaz de ces capsules se trouvent rangés parallèlement à un miroir tournant, et l'on peut voir aisément dans la surface de ce miroir, par l'état de repos ou d'agitation des flammes, quels sont les résonnateurs qui entrent en vibration. Quand on fait vibrer un corps sonore, un diapason par exemple, et qu'on le promène devant les ouvertures des résonnateurs, le son est renforcé dès qu'il passe devant celui qui rend le son de même hauteur : la flamme de ce résonnateur apparaît agitée dans le miroir. Si donc on fait en-

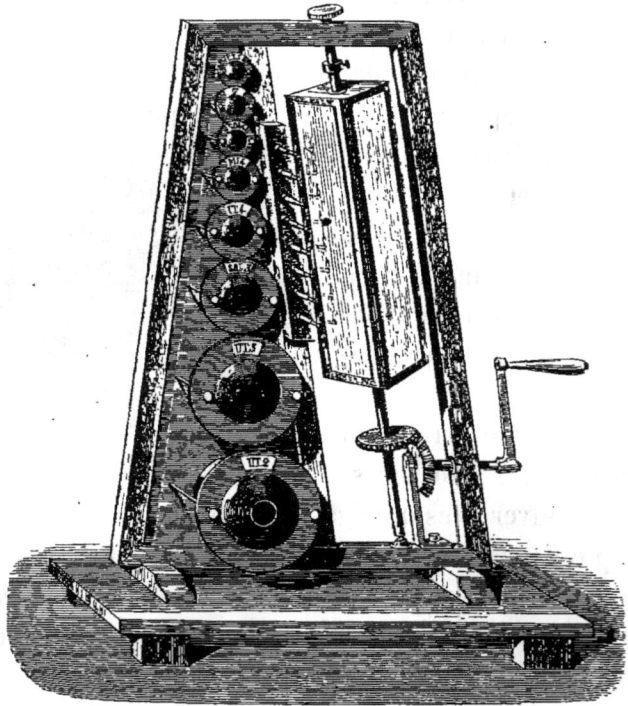

Fig. 358. — Appareil de M. Kœnig pour l'analyse des timbres des sons musicaux.

tendre un son composé, pour étudier les harmoniques de ce son et leur intensité relative, on promènera le corps sonore devant les ouvertures des résonnateurs, et l'on verra certaines flammes agitées, tandis que les autres restent en repos. L'agitation plus ou moins vive permettra de juger de l'intensité comparative des divers harmoniques.

C'est ainsi qu'on peut constater ce fait, qu'une variation dans le timbre d'un son de hauteur donnée résulte de la différence des harmoniques qui le composent et de la prédominance de tel ou tel de ces sons secondaires.

Helmholtz a appliqué cette méthode à l'étude des sons émis par la voix humaine ; il a constaté, au moyen des résonnateurs, l'existence des harmoniques, dont les six ou huit premiers sont nettement perceptibles, mais en offrant des variations d'intensité qui dépendent des diverses positions de la bouche, c'est-à-dire des formes que la cavité buccale affecte en prononçant des voyelles différentes. En un mot, « la hauteur des sons de plus forte résonnance de la bouche dépend seulement de la voyelle pour l'émission de laquelle la bouche est disposée, et change d'une manière assez notable, même pour les petites modifications du timbre de la voyelle, comme en présentent les différents dialectes d'une même langue. En revanche, les sons propres de la cavité de la bouche sont presque indépendants de l'âge et du sexe. » Chaque voyelle a donc un timbre spécial qui résulte de la prédominance d'un son harmonique particulier et de hauteur absolue, de sorte que, sous ce rapport, la voix humaine émet des sons qui se distinguent essentiellement des sons émis par les instruments de musique.

Ainsi, la voyelle A a pour son spécifique ou caractéristique le *si bémol*. Quand nous prononçons le son A, à une hauteur quelconque, c'est le *si bémol* qui est le son dominant, ou de plus forte résonnance, de la cavité buccale : pour la voyelle O, c'est le *si*♭₃. Les voyelles AI, E, I présentent deux sons de résonnance, l'un aigu, l'autre grave. Voici les sons spécifiques correspondants à diverses voyelles. Helmholtz suppose qu'elles sont prononcées par un Allemand du nord, la différence de prononciation pouvant produire des différences dans le timbre :

OU	O	A	AI	E	I	EU	U
*fa*₂	*si b*₃	*si b*₄	ré₄ sol₅	*fa*₃ si b₅	*fa*₂ ré₆	*fa*₃ ut ♭₅	*fa*₂ sol₅

Voici d'ailleurs un mode très simple de vérification du timbre des voyelles. Prenez un diapason donnant le si bémol, et pendant qu'il vibre, tenez-le en avant de votre bouche; puis prononcez tout bas, sans vous entendre vous-même, les deux voyelles A, O, plusieurs fois et successivement répétées. Vous observerez que le son du diapason est renforcé toutes les fois que votre bouche fait le mouvement particulier à la voyelle A, tandis qu'il n'est pas modifié par la voyelle O. Le même phénomène se manifesterait pour deux voyelles quelconques, si l'on employait un diapason à l'unisson avec le son harmonique prédominant de l'une d'elles.

Voilà donc une série de phénomènes, inexpliqués jusqu'ici, dont la production se trouve rattachée aux lois connues des vibrations des corps sonores.

§ 7. INTERFÉRENCES SONORES.

Imaginons que deux ébranlements sonores, émanés de deux sources différentes, se propagent dans le même milieu élastique, dans l'air par exemple. Les vibrations ou ondes aériennes qui en résultent, coexisteront généralement dans le milieu : c'est-à-dire qu'en chaque point et à chaque instant il y aura superposition des petits mouvements qui constituent ces vibrations. Les condensations et dilatations successives se composeront, tantôt s'ajoutant, tantôt se retranchant suivant les lois de la mécanique. Que les deux sons aient la même longueur d'ondulation ou la même hauteur, et aussi la même intensité, et il pourra arriver qu'ils se détruisent : il suffira pour cela que les deux ondes aient des phases opposées, que la demi-onde condensante de l'un coïncide exactement avec la demi-onde dilatante de l'autre. Les deux mouvements se détruisant, le milieu élastique restera en repos dans tous les points où aura lieu cette destruction de mouvements, et, pour un observateur placé précisément en ce point, il en résultera, quoi? du silence.

Voilà donc établi théoriquement ce paradoxe de l'acoustique : *Un son ajouté à un autre son peut donner du silence.*

Le phénomène de destruction ou d'annulation du mouvement sonore, dont la possibilité théorique vient d'être prouvée, est ce qu'on nomme *interférence*, par analogie avec les phénomènes d'interférence lumineuse, dont nous aurons plus tard à faire la description.

Dans la figure 359, on voit la représentation graphique de divers cas d'interférence sonore. Les ondes *aaa*..., *bbb*..., s'ajoutent et produisent l'onde résultante AAA. Les ondes *aaa*....

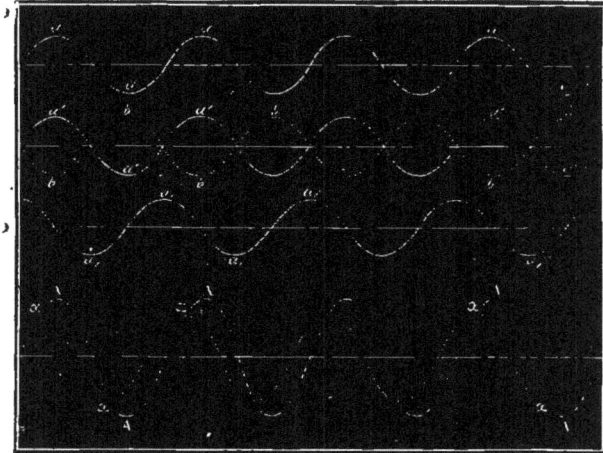

Fig. 359. — Interférence des ondes sonores.

$a_1 a_1 a_1$ se composent en donnant pour onde résultante l'onde $\alpha\alpha\alpha$...; enfin les ondes opposées *aaa*... *bbb*... se détruisent dans tous leurs points; l'onde résultante sera nulle. Il y a interférence complète des sons.

Voilà pour la théorie. Il reste à faire voir comment l'expérience permet de réaliser ces conséquences singulières des principes de l'acoustique. Wheatstone s'est servi, pour prouver l'interférence du son, d'un tuyau sonore à deux branches, bifurquées en forme de deux jambages comme la lettre Y : en disposant les ouvertures au-dessus d'une plaque vibrante qu'il faisait résonner, il obtenait à volonté, soit un renforcement du son produit, soit le silence du tuyau. Il y avait renforcement du son, c'est-à-dire entrée en vibration de la colonne d'air du tuyau, quand les deux ouvertures correspondaient à deux ventres alternes de la plaque, ayant des mouvements de même sens; le tuyau restait silencieux, si les deux ouvertures étaient placées vis-à-vis de deux ventres consécutifs ou doués de mouvements de sens contraire.

Le savant physicien anglais faisait une expérience tout aussi concluante au moyen d'un appareil où les deux tuyaux, placés parallèlement, étaient reliés par un troisième tuyau à angle droit avec les premiers : deux ouvertures percées aux extrémités des tuyaux latéraux se trouvaient en regard l'une de l'autre, si les tuyaux étaient disposés parallèlement. Dans cette position, on interposait entre eux une plaque sonore qu'on mettait en vibration, et ainsi l'ouverture de chaque tuyau se trouvait en regard d'une même région de la plaque, mais l'une était d'un côté, l'autre de l'autre, de sorte que les mouvements vibratoires communiqués à la colonne d'air de l'un des tuyaux étaient exactement opposés à ceux que recevait la colonne de l'autre. Ces deux ondes, se propageant au même instant en sens inverse, se détruisaient, et le son de la plaque s'entendait seul. Mais si l'on faisait alors tourner l'un des tuyaux, de façon qu'une seule des deux ouvertures se trouvât placée en regard de la surface vibrante, l'interférence cessait, le tuyau entrait en vibration; le renforcement du son de la plaque se faisait aussitôt entendre.

Empruntons maintenant à Helmholtz deux autres exemples où a lieu le phénomène d'interférence, c'est-à-dire où le·son se trouve détruit par le son :

« Supposons, dit-il, deux tuyaux d'orgue exactement semblables, accordés à l'unisson, et montés sur le même sommier, tout près l'un de l'autre. Chacun d'eux, isolément frappé par l'air, donne un son intense; mais si l'on fait arriver le vent dans les deux à la fois, le mouvement de l'air est modifié de telle sorte que le courant entre dans l'un des tuyaux pendant qu'il

sort de l'autre ; aussi n'arrive-t-il à l'oreille d'un observateur
éloigné aucun son ; on ne peut entendre alors que le frôlement
de l'air. Le diapason présente également des phénomènes d'interférence qui viennent de ce que les deux branches exécutent
leurs mouvements en sens contraires (fig. 360). Si l'on frappe
un diapason, qu'on l'approche de l'oreille et qu'on le fasse
tourner autour de son axe, on trouve quatre régions où l'on entend
distinctement le son ; dans les quatre régions intermédiaires,
le son devient inappréciable. Les quatre premières (*abcd*) sont
celles où l'une des deux branches, cu bien l'un des deux plans

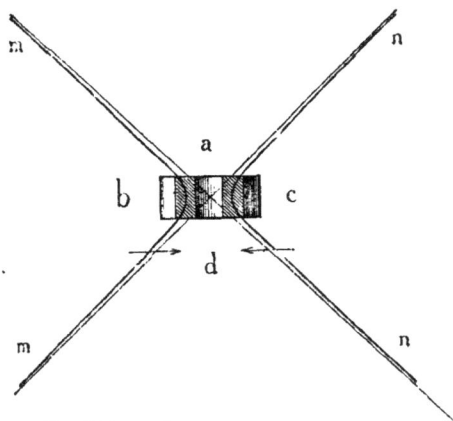

Fig. 360. — Interférence d'un diapason.

latéraux du diapason, vient faire face à l'oreille. Les autres
sont placées dans des positions intermédiaires, à peu près dans
des plans (*mn, mn*) menés, par l'axe du diapason, à 45° sur les
plans des branches. » (*Théorie physiologique de la musique*.)
L'interférence, dans ce dernier cas, a lieu dans tous les points
où les mouvements en sens contraire des deux branches du
diapason qui agissent à la fois sur les mêmes régions de l'air
ambiant s'annulent. La réunion de ces points sur un même plan
perpendiculaire aux branches donne une hyperbole équilatère.
N'est-ce pas à des interférences[1] qu'il faut attribuer les inéga-

1. C'est, en effet, l'opinion de Tyndall, qui attribue les intermittences dont il est ici question au défaut de symétrie de la cloche : « celle-ci, dit-il, vibre plus rapidement dans une
direction que dans l'autre, et la coexistence de ces deux séries en vibration de périodes
différentes produit nécessairement des battements. » (**LE SON**.)

lités d'intensité qu'on constate dans le son d'une cloche mise en branle? Tantôt l'onde arrive à l'oreille avec toute sa force, tantôt elle semble comme annulée; de là ces singulières alternatives qui font croire que la cloche vibrante s'approche ou s'éloigne. Quel que soit le mode de division du corps sonore en parties vibrantes et en lignes nodales, il arrive évidemment que les parties diamétralement opposées agissent sur l'air au même instant en sens contraire, tout comme les branches d'un diapason, et il nous semble fort plausible que l'explication des variations d'intensité du son dans le dernier cas convienne aussi à celui que nous venons de rappeler. Il faut ajouter que, le battant de la cloche ne frappant pas toujours rigoureusement aux mêmes points, il en doit résulter un déplacement des ventres et des lignes nodales de la cloche.

§ 8. BATTEMENTS ET SONS RÉSULTANTS.

Pour que deux ondes sonores puissent se détruire par leur interférence, il faut que les sons qui concourent soient exactement à l'unisson l'un de l'autre et aient la même intensité. Quand la première de ces conditions n'est pas remplie, le concours des deux sons produit encore, dans certains cas, des phénomènes fort intéressants : tels sont les *battements* et les *sons résultants*.

C'est à Sauveur qu'est due la découverte ou, si l'on veut, la première étude scientifique des battements.

Quand deux sons, différant peu de hauteur, résonnent simultanément, l'oreille, outre l'impression particulière de la dissonance qui résulte de leur simultanéité, entend des renforcements et des affaiblissements périodiques. C'est à ces renforcements du son, à ces coups de force, qu'on donne le nom de *battements*. L'expérience et le calcul s'accordent pour faire voir que le nombre des battements, dans un temps donné, dépend à la fois de la hauteur absolue des deux sons et de leur intervalle ; en un mot, le nombre des battements est égal à la différence des nombres de vibrations complètes que les deux sons exécutent dans le temps donné.

Prenons un ou deux exemples. Considérons l'ut grave du violoncelle, effectuant 128 vibrations en une seconde, et faisons résonner en même temps le son, un peu inférieur à l'ut dièze, qui fait 133 vibrations. Le nombre des battements sera de 5 par seconde. Si l'intervalle était plus grand, celui du même ut au ré, le nombre des battements, égal à la différence des nombres 128 et 144, se trouverait égal à 16 par seconde. A l'octave supérieure, il serait double ou égal à 32 ; à l'octave inférieure, au contraire, il ne serait plus que 8. Il n'y aurait plus qu'un battement par seconde, si les deux sons étaient assez rapprochés

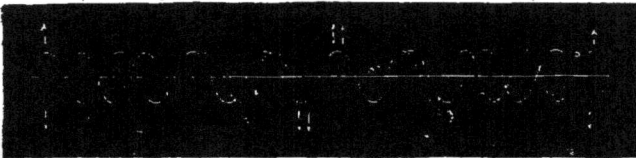

Fig. 361. — Courbes représentatives de deux sons qui donnent des battements.

l'un de l'autre pour qu'il n'y eût qu'une unité de différence entre les nombres de vibrations qu'ils effectuent séparément.

Les battements ne sont autre chose qu'un phénomène d'interférence. Il est facile de s'en rendre compte. Soient deux ondes sonores de périodes peu différentes, dont l'une effectue 8 vibrations complètes, tandis que l'autre, qui correspond à un son plus élevé, en effectue 9 dans le même temps. On pourra les représenter l'une et l'autre par les deux courbes de la figure 361, dont les sinuosités marquent l'état de dilatation ou de condensation de l'air sur le chemin commun des ondes, ou, ce qui revient au même, l'état du mouvement moléculaire dû à leur transmission. En partant d'un point où le mouvement des deux ondes sonores est opposé et où par conséquent leurs effets se détruisent ou se neutralisent, on voit que peu à peu elles se séparent ; au bout de quatre vibrations et demie de la première,

la seconde en aura effectué 4 seulement ; dès lors les phases,
au lieu d'être opposées, seront identiques ; les effets des ondes
concourront, et par suite leur amplitude; l'intensité du son
atteindra un maximum, qui va décroître ensuite dans toute la
moitié inverse de la période commune. Ainsi, à chaque période
de 9 vibrations du premier son et de 8 vibrations du second, il
y aura un affaiblissement et un renforcement, et ainsi de suite.
Dès lors si, dans le cours d'une seconde, le nombre total des
périodes semblables est de 16, c'est-à-dire si le premier son,
le plus grave, fait 128 vibrations complètes, tandis que l'autre
en fait 144, le nombre des renforcements du son ou des battements sera de 16, comme la loi énoncée plus haut le fait
connaître.

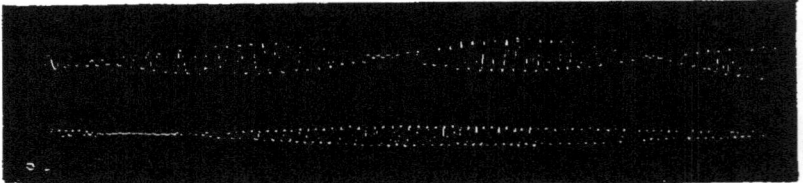

Fig. 362. — Battements produits par deux sons dont l'intervalle est : 1° d'une seconde
mineure; 2° d'un comma.

Les battements peuvent être rendus visibles à l'œil, grâce à
l'emploi des méthodes optiques ou graphiques qui servent à
enregistrer les mouvements vibratoires. Le phonautographe de
Scott, que nous avons déjà décrit plus haut (fig. 320) est un appareil qui remplit fort bien cet objet. Rappelons que c'est un para-
oloïde de révolution coupé à son foyer, où l'on tend une membrane qui vibre sous l'influence des ondulations que reçoit la
surface intérieure du paraboloïde, et que cette surface réfléchit.
Un style très léger, fixé à la membrane, trace sur un cylindre
tournant une courbe sinueuse qui représente les vibrations
aériennes transmises. Telles sont les courbes de la figure 362.
L'une représente les battements de deux sons dont l'intervalle
est celui d'une même note à la même note diésée ; l'autre, ceux
qui naissent du concours de deux sons distants seulement d'un

comma. Dans ces courbes, on voit parfaitement accusées les périodes de renforcement ou d'affaiblissement du son.

On parvient au même résultat au moyen de la méthode optique de M. Lissajous, ou avec les flammes manométriques et les miroirs tournants de M. Kœnig.

Nous avons dit que les battements se produisent surtout quand les sons émis sont presque de même hauteur. Mais ils sont d'autant plus sensibles que les sons approchent plus d'être simples ; c'est ce qui arrive avec les diapasons, les tuyaux fermés ; alors les battements sont séparés par des intervalles de silence presque complet et d'autant plus sensibles. Dans les instruments qui produisent des sons composés, quand, par suite des phénomènes d'interférence, les sons fondamentaux s'annulent, on entend encore résonner les harmoniques, qui eux-mêmes déterminent des battements. Un moyen commode d'obtenir des battements bien distincts, c'est de se servir de deux tuyaux fermés à l'unisson : aussitôt que les tuyaux parlent, on approche le doigt de l'embouchure de l'un d'eux, ce qui produit un abaissement léger de la hauteur du son. A l'instant, les battements s'entendent. On vient de voir que les harmoniques produisent aussi des battements. Voici ce qu'en dit Helmholtz : « Quand deux sons complexes exécutent des battements, les harmoniques en donnent également ; à chaque battement du son fondamental correspondent deux battements du second son élémentaire, trois du troisième, etc. Pour des harmoniques d'une certaine intensité, il serait donc facile de se tromper en comptant les battements, surtout si les coups du son fondamental sont très lents et séparés par des silences d'une ou de deux secondes ; si, dans ces conditions-là, on veut bien apprécier la hauteur des sons qui battent, il est nécessaire de recourir à des résonnateurs. »

Le concours de deux sons très intenses, de hauteurs différentes, donne lieu aussi à un phénomène particulier, à un son qui diffère à la fois de chacun des sons primaires et de leurs harmoniques. Pour évaluer la hauteur de ce son, qu'on nomme *son résultant*, on fait la différence des nombres de vibrations des sons composants. Deux notes à l'octave, dont le rapport des nombres 1 et 2 mesure l'intervalle, produisent un son représenté par 1, c'est-à-dire à l'unisson du plus grave; deux notes à la quinte (rapport 2 à 3) donnent le son résultant 1, octave grave du premier son; à la tierce majeure (rapport 4 à 5), elles produisent le son 1, qui est à la double octave grave du premier son, et ainsi de suite. La loi est, comme on voit, semblable à celle qui donne le nombre des battements, et l'on en avait conclu que les sons résultants n'étaient autre chose que le son engendré par le concours de battements assez rapides pour produire dans l'oreille l'impression d'un son musical. Mais cette théorie n'était pas exacte, ainsi qu'Helmholtz l'a prouvé par l'analyse et par l'expérience. En effet, outre les sons résultants différentiels qu'on vient de définir, ce savant a prouvé qu'il existe des sons résultants dont la hauteur est mesurée par la somme des nombres de vibrations des composants.

C'est un organiste allemand, Sorge, qui a le premier observé les sons résultants, mais c'est au célèbre musicien italien Tartini qu'on doit d'avoir le premier appelé l'attention des savants sur ce curieux phénomène, en 1754.

CHAPITRE IX

L'OUIE ET LA VOIX

§ 1. L'ORGANE DE L'OUÏE CHEZ L'HOMME.

Tous les phénomènes physiques se révèlent à l'homme par les impressions qu'ils produisent sur ses organes. Ce sont d'abord pour lui des sensations, simples ou composées, suivant qu'un ou plusieurs sens concourent à leur production. Ainsi c'est par l'intermédiaire de l'organe de la vue, de l'œil, que nous percevons la lumière, par le toucher que nous avons la sensation de la chaleur ; l'effort que font nos muscles pour soulever un corps pesant, la vue d'une pierre qui tombe, nous révèlent l'existence de la pesanteur ; l'oreille enfin nous donne la sensation du son.

Mais, pour étudier les phénomènes en eux-mêmes, pour trouver les conditions et les lois de leur production, il importe que nous démêlions dans les sensations éprouvées ce qui appartient à nos organes de ce qui leur est étranger, extérieur : à cette condition seulement, la nature propre des phénomènes devient accessible à notre intelligence. A la vérité, cette abstraction n'est jamais complète, puisqu'il n'est pas une observation, pas une expérience qui ne nécessite la présence de l'homme et l'intervention de l'un ou l'autre de ses sens pour constater les résultats. Comment donc parvenons-nous à faire abstraction pour ainsi dire de nous-mêmes dans l'étude des phénomènes physiques? C'est en variant de toutes les manières possibles leurs modes de production, ainsi que les méthodes dont nous nous servons pour les observer; en un mot, c'est par le contrôle mutuel des sensations les unes par les autres que la vérité peu à peu se fait jour et que les phénomènes nous apparaissent dans leur indépendance.

Grâce à l'emploi de ces méthodes, nous savons maintenant ce que c'est que le son : nous savons qu'il consiste en un mouvement particulier des molécules des corps élastiques, solides, liquides ou gazeux. Nous avons constaté l'existence des vibrations sonores et étudié leurs lois. Il nous reste maintenant à savoir comment ces vibrations se communiquent à nos organes, jusqu'au moment où, faisant, pour ainsi dire, partie intégrante de notre être, l'ébranlement qu'elles communiquent à nos nerfs se transforme en une sensation particulière, qui est la sensation du son. L'oreille est l'appareil spécial, chargé, chez l'homme et chez tous les animaux, de recueillir les vibrations sonores et de les transmettre au nerf auditif. Essayons de faire comprendre, d'après les anatomistes, la disposition et le rôle des diverses parties de cet organe.

Tout le monde connaît l'oreille externe, située de chaque côté de la tête et composée de deux parties, le *pavillon* et le *conduit auditif*. Le pavillon A (fig. 363) consiste en une membrane cartilagineuse dont la forme varie selon les individus, mais le plus souvent offre le contour d'un ovale irrégulier aminci à sa partie inférieure. Au centre, un entonnoir arrondi, évasé, la *conque*, forme l'entrée du conduit auditif B, sorte de tube, de tuyau sonore, qui se termine à une certaine profondeur, au point même où commence ce qu'on nomme l'oreille moyenne. Là se trouve, séparé du conduit auditif par une membrane très mince et très délicate C, nommée le *tympan*, une sorte de tambour D, connu sous le nom de *caisse du tympan*. La membrane du tympan est inclinée assez obliquement sur l'axe du conduit auditif, de sorte que sa surface est notablement plus grande que la section droite du conduit, au point de son inser-

tion. La caisse du tympan est percée de quatre ouvertures :
deux sont pratiquées dans la paroi qui fait face à la membrane,
et comme l'une est de forme circulaire, l'autre elliptique, on
les distingue sous les noms de *fenêtre ronde* et de *fenêtre ovale*.

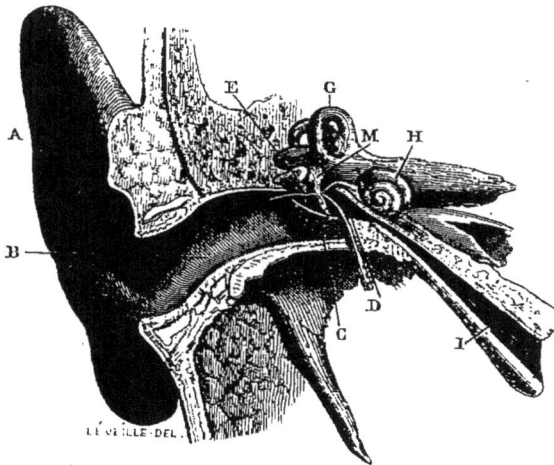

Fig. 363. — L'oreille humaine ; vue intérieure : A, pavillon ; B, conduit auditif ; C, membrane du tympan ; E, enclume ; M, marteau ; H, limaçon ; G, canaux semi-circulaires ; I, trompe d'Eustache.

A la partie inférieure du tympan débouche, par la troisième
ouverture, un canal I, qui fait communiquer l'oreille moyenne
avec l'air extérieur par l'intermédiaire des fosses nasales.
Enfin, une quatrième ouverture se trouve à la
partie supérieure de la caisse. A l'intérieur
du tympan, on voit une suite de petits
os : c'est la *chaîne des osselets*, dont la
figure 364 représente les formes et les positions relatives. L'un, le *marteau* M, s'appuie
d'une part sur la membrane du tympan, de
l'autre sur l'*enclume* E. Les deux autres sont

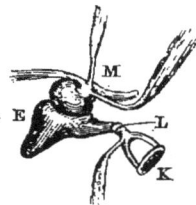

Fig. 364. — Détails de
la caisse du tympan.
Chaîne des osselets.

l'*os lenticulaire* L et l'*étrier* K, ainsi nommés l'un et l'autre
à cause de leur forme. La base de l'étrier est unie avec la
membrane qui sert de cloison à la fenêtre ovale. Deux petits
muscles servent à mouvoir le marteau et l'étrier, et à les

appuyer avec plus ou moins de force contre les membranes voisines.

Derrière la caisse du tympan se trouve l'*oreille interne*, qui paraît la partie la plus essentielle de l'organe de l'ouïe. Aussi est-elle protégée par les parties les plus dures de l'os temporal, celles que les anatomistes nomment le *rocher*. Trois cavités particulières composent l'oreille interne ; ce sont : le *vestibule* au milieu, les *canaux semi-circulaires* G à la partie supérieure et le *limaçon* H à la partie inférieure. Leur ensemble forme le *labyrinthe*, dont l'intérieur est tapissé, dans toute son étendue, d'une membrane que baigne un liquide gélatineux. C'est dans ce liquide que viennent plonger les ramifications du nerf auditif, qui pénètre dans le labyrinthe par un canal osseux nommé *conduit auditif interne*.

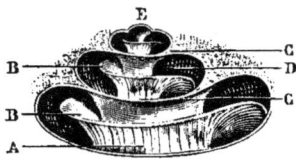

Fig. 365. — Coupe du limaçon.

Telle est la description des principales parties qui constituent l'organe de l'ouïe chez l'homme : dans la série animale descendante, on voit par degrés disparaître l'oreille externe et l'oreille moyenne ; mais, à mesure que l'organe se simplifie, les parties restantes sont plus développées. Il nous reste maintenant à dire quel est le rôle joué par chacune d'entre elles.

Évidemment, le pavillon a pour objet de rassembler et de réfléchir les ondes sonores à l'intérieur du conduit auditif externe. Ce qui le prouve, c'est que les animaux chez lesquels le pavillon est mobile, tournent cette ouverture du côté d'où viennent les sons dès que leur attention est provoquée. L'homme n'a pas cette faculté ; pour obtenir le même résultat, il est obligé de tourner la tête de façon à placer l'orifice du pavillon dans la direction d'où les sons paraissent provenir[1], mais

---

1. Nous éprouvons une assez grande difficulté dans l'appréciation de la direction du son, ou mieux de la direction de la source sonore, dès que la position du corps qui la contient ne nous est pas donnée par la vue. D'après de récentes expériences dues à M. Graham Bell, l'inventeur du téléphone, cette appréciation est plus difficile encore si nous n'écoutons qu'avec une oreille. L'audition *binauriculaire* serait d'après lui nécessaire pour percevoir la

on a observé que les ouïes les plus fines appartiennent aux individus dont le pavillon est le plus écarté du crâne, et tout le monde sait que, pour mieux entendre, il suffit d'agrandir artificiellement la surface réfléchissante de l'oreille externe à l'aide du creux de la main. Le conduit auditif externe transmet, en les renforçant, les vibrations sonores à la membrane du tympan, puis par la chaîne des osselets à l'oreille interne[1]. La trompe d'Eustache, en amenant l'air extérieur dans la caisse du tympan, maintient du côté intérieur de la membrane la même pression qu'à l'extérieur sur la face tournée vers le conduit auditif externe. Quant aux osselets, outre leur fonction de transmettre les vibrations à l'oreille interne plus facilement et plus énergiquement que ne le ferait un corps gazeux, ils servent aussi, selon Savart et Muller, à modérer l'effet des sons trop déchirants ; surtout à tendre la membrane du tympan et celle de la fenêtre ovale et à les rendre ainsi plus sensibles au mouvement vibratoire : c'est ainsi, d'après Muller, qu'une tige solide placée entre deux membranes augmente l'intensité de la transmission sonore. De là la différence qui existe, au point de vue de la sensation, entre les modes d'audition que la langue caractérise par ces mots : *écouter, entendre.* La personne qui ne fait qu'entendre éprouve une sensation moins forte, parce qu'elle ne fait point intervenir l'action de sa volonté. Au contraire, dès qu'elle écoute, elle donne instinctivement l'ordre aux muscles du marteau et de l'étrier d'agir ; les membranes se tendent, le son paraît plus intense et plus distinct. Cette opinion, émise par Bichat, est adoptée par les physiologistes et les

direction des sons, à peu près comme la vision binoculaire est indispensable pour procurer la sensation du relief et pour apprécier la distance des objets.

1. Les parties solides de la tête, les dents, transmettent directement à l'oreille interne les vibrations sonores. C'est ainsi que, si l'on suspend un timbre à un fil tenu entre les dents, et si l'on se bouche préalablement les oreilles, on entend un son grave transmis par le fil, les dents et les os du rocher jusqu'à l'oreille interne. Les sourds dont l'infirmité n'est due qu'à une conformation vicieuse des organes extérieurs, peuvent entendre de cette façon. On citait un Espagnol sourd qui entendait les sons d'une guitare en mettant entre ses dents le manche de l'instrument (Ingrassias, d'après C. Broussais). On a utilisé récemment cette propriété pour construire des appareils à l'usage des sourds : ces appareils, nommés *audiphones,* seront décrits plus loin.

physiciens[1]. Il paraît que le degré de tension de la membrane du tympan varie aussi avec le degré d'acuité ou de gravité des sons à percevoir; pour percevoir les sons aigus, la membrane est plus fortement tendue que s'il s'agit des sons graves.

Nous avons dit plus haut que l'oreille interne est la partie essentielle de l'organe de l'ouïe; et, en effet, il est prouvé par l'observation que la membrane du tympan et les osselets peuvent être perdus sans que la surdité s'ensuive. Il importe toutefois que les deux fenêtres du tympan ne soient pas déchirées, car alors, les liquides qui baignent le nerf auditif venant à s'écouler, les organes de l'oreille interne se dessèchent, perdent leur sensibilité, ainsi que les ramifications du nerf lui-même. En ce cas, il y a surdité absolue. Le nerf auditif distribue ses rameaux en deux branches, dont l'une, celle qui pénètre dans le limaçon, se divise en une multitude de filets très déliés qu'on nomme les *fibres de Corti*, du nom du savant micrographe qui en a fait la découverte. D'après Helmholtz, ces fibres, dont la longueur varie et qui sont au nombre de plus de 5000, vibrent probablement chacune à l'unisson d'un son particulier, de sorte qu'elles forment une série régulière analogue à la gamme musicale. En supposant que 200 d'entre elles soient affectées aux sons situés en dehors des limites musicales, « il reste, dit-il,

---

1. Est-elle à l'abri de toutes les objections? A-t-on prouvé par des expériences que la distinction, si bien établie en fait, entre les deux états physiologiques successifs par lesquels passe une personne qui, ne faisant d'abord qu'entendre, vient ensuite à écouter, est uniquement causée par le passage d'une tension moins forte à une tension plus forte de la membrane du tympan? En tout cas, l'intervention de la volonté peut obtenir mieux que de faire passer l'organe de l'ouïe d'un état presque passif à une activité plus intense : elle détermine, en certains cas, un choix parmi les sensations auditives. Tout le monde en effet a remarqué qu'au milieu du bourdonnement confus de plusieurs conversations qu'on entend parfois sans en écouter aucune, l'oreille peut, sous l'action d'une attention voulue, suivre l'une des conversations partielles qu'elle entend alors distinctement, tandis que les autres voix, sans cesser pour cela de l'affecter, continuent bien d'être *entendues*, mais ne sont plus *écoutées*; ce n'est pas évidemment sur la membrane du tympan, ou du moins sur elle seule, que la volonté a pu agir pour produire ce résultat, puisque alors la membrane mieux tendue, plus sensible, le serait aussi bien pour telle voix que pour telle autre. Les fibres de Corti, dont nous parlons plus loin, ne sont-elles pas aptes à opérer un tel triage? Il nous paraît en tout cas qu'il y a lieu de chercher encore l'explication vraie du phénomène.

2800 fibres pour les sept octaves des instruments de musique, c'est-à-dire 400 pour chaque octave, 33 pour chaque demi-ton, en tous cas assez pour expliquer la distinction des fractions de demi-ton, dans la limite où elle est possible. » Si l'on admet ce rôle des fibres de Corti, on comprend comment le mécanisme des vibrations sonores se transmet jusqu'à l'épanouissement ou à la naissance des nerfs. Simples ou composées, ces vibrations arrivent par le conduit auditif jusqu'à la membrane du tympan; elles se transmettent ensuite par la caisse du tympan, la chaîne des osselets et les membranes des deux fenêtres, ronde et ovale, jusqu'à l'oreille interne. Arrivées en ce point, de vibrations aériennes elles se changent en vibrations de corps liquides et de solides, jusqu'aux fibres de Corti. Là enfin le triage se fait, et chaque vibration simple de hauteur musicale donnée trouve une fibre pour la recevoir. Ainsi s'expliquerait encore la décomposition d'un son composé et de ses harmoniques, comme la sensation simultanée du son fondamental et de l'harmonique prédominant, c'est-à-dire du timbre.

D'après les détails qui précèdent, on voit que la théorie de l'ouïe présente encore des obscurités : mais c'est plutôt aux physiologistes qu'aux physiciens qu'il appartient de les dissiper entièrement[1]. Ce qui est admirable dans cette organisation d'un des sens les plus utiles à la conservation de l'individu, à ses relations avec ses semblables et avec le monde extérieur, et qui est la source des jouissances les plus délicieuses et les plus profondes, c'est sa merveilleuse faculté de percevoir une multitude pour ainsi dire indéfinie de sons. Du reste, la coexistence des vibrations dans l'air et dans les milieux propres à propager le son rend compte de cette propriété de l'oreille, qui ne fait

---

1. L'organe de l'ouïe est à peu près conformé de la même manière chez tous les mammifères; certaines parties seulement sont tantôt plus, tantôt moins développées; chez les oiseaux, c'est toujours sur le même plan qu'est construit l'appareil de l'audition, bien qu'il soit notablement plus simple que le nôtre : il n'y a pas de pavillon, pas de limaçon proprement dit. Il est encore plus simple chez les reptiles et les poissons. On ne connaît pas l'organe de l'ouïe chez les insectes, bien que la fonction existe, puisqu'on sait que ces animaux savent produire des sons à l'aide desquels ils s'appellent à distance. Enfin les mollusques, sauf les céphalopodes supérieurs, n'ont pas de sens auditif.

que transmettre aux nerfs et de là au cerveau les mille modifications des milieux élastiques où nous nous trouvons plongés.

Terminons cette étude des phénomènes du son par une description sommaire de l'organe de la voix chez l'homme, de cet instrument de musique naturel, à l'aide duquel nous communiquons nos idées dans leurs nuances les plus délicates et les plus intimes, instrument si flexible et si complet, que les instruments artificiels les plus perfectionnés n'arrivent point à cette diversité de nuances, de timbres, qui permet à la voix humaine d'exprimer les sentiments et les passions les plus variées.

L'organe de la voix n'est autre chose qu'un instrument à vent, c'est-à-dire un appareil où les sons sont produits par les vibrations plus ou moins rapides de l'air, à son passage par une ouverture de forme particulière plus ou moins resserrée. L'air arrive des poumons par un tube ou canal annulaire N nommé *trachée-artère;* de là il pénètre dans le *larynx* M, où il entre en vibration et produit les sons de la voix, puis dans le *pharynx*, entonnoir qui continue l'arrière-bouche. Le son arrive alors dans les cavités des fosses nasales et de la bouche, qui jouent le rôle de caisses renforçantes et donnent au son un timbre spécial.

La figure 566 montre la conformation intérieure du larynx. C'est, comme on voit, une sorte de boîte cartilagineuse terminée inférieurement par la trachée-artère N, et à la partie supérieure par l'*os hyoïde*, en forme de fer à cheval. Une sorte de soupape mobile, l'épiglotte E, peut en s'abaissant fermer le larynx à sa partie supérieure, empêchant ainsi les aliments d'y pénétrer, ce qui produirait l'extinction de la voix ou la suffocation. Au-dessous de l'épiglotte est la *glotte* K, ouverture comprise entre deux systèmes de replis laissant entre eux une cavité qu'on nomme le *ventricule de la glotte*. Ces replis sont, d'une part, à la partie inférieure de la glotte, les *cordes vocales* I, ainsi nommées parce qu'on croyait d'abord que c'étaient elles qui formaient les sons en vibrant sous l'influence de l'air, comme des cordes sonores frottées par un archet ; puis, au-dessus, les *ligaments supérieurs* H.

Des expériences dues à des physiologistes ont prouvé que les cordes vocales vibrent comme les anches battantes des tuyaux sonores et que les sons ainsi produits sont plus ou moins aigus, selon que la tension plus ou moins forte des cordes vocales modifie la forme et les dimensions de l'ouverture de la glotte. Quand le son arrive dans la bouche, sa hauteur est déterminée ; il ne subit plus d'autres modifications que celles qui en constituent le timbre ou qui forment la voix articulée. Les mou-

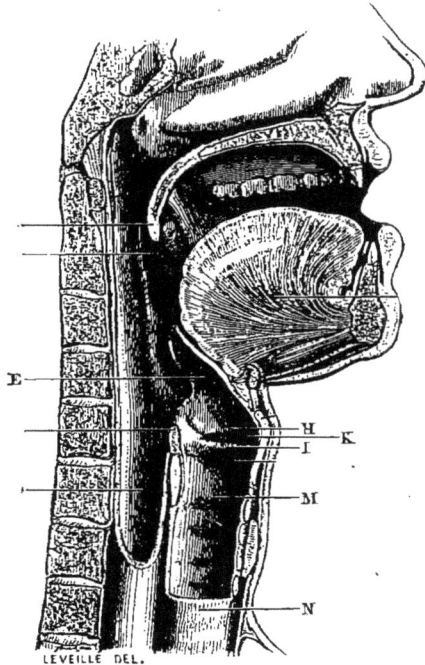

Fig. 566. — Organe de la voix chez l'homme, caisse intérieure du larynx : E, épiglotte ; H, ligaments supérieurs ; I, cordes vocales ; K, glotte ; N, trachée-artère.

vements du pharynx, de la langue et des lèvres servent à produire ces divers changements, dont nous n'avons point ici à nous occuper.

Disons seulement que les voix d'homme, différant des voix de femme et d'enfant par leur gravité, doivent leur caractère aux dimensions plus grandes du larynx et de l'ouverture de la glotte. Le développement rapide de cet organe chez les jeunes gens, vers l'âge de la puberté, est la cause de la transformation qu'on observe alors dans leur voix.

DEUXIÈME PARTIE

ACOUSTIQUE — APPLICATIONS DES PHÉNOMÈNES ET DES LOIS DU SON

CHAPITRE PREMIER

LA TÉLÉPHONIE

§ 1. LES SIGNAUX ACOUSTIQUES DANS LA NAVIGATION ; BOUÉES A CLOCHES. LES TUBES ACOUSTIQUES — LA FEMME INVISIBLE.

L'idée d'employer le son, la voix humaine, les cloches ou d'autres instruments acoustiques pour correspondre à distance est fort ancienne. La portée du son est infiniment moindre sans doute que celle de la lumière, et les signaux lumineux ont fourni un moyen de télégraphie longtemps employé avant que l'électricité vînt porter à la perfection, pour ainsi dire, cet art si précieux, cette application si utile.

Mais la lumière ne se voit point ou se voit mal pendant les temps brumeux, ou au milieu des tempêtes : le son est alors un utile auxiliaire qu'on emploie toujours dans la marine, à l'entrée des ports, dans le voisinage des écueils. « Par les temps de brume, les entrées de port, dit M. Renard, sont signalées par des cloches qu'on sonne à la volée, en observant certains intervalles. Quelques phares possèdent aussi de ces appareils. Aux

États-Unis, où les brouillards sont fréquents et très épais, on n'a pas reculé devant les dépenses qu'exigeait la portée des sons, et l'on a installé sur plusieurs points des cloches pesant jusqu'à 500 kilogrammes et plus, et, sur d'autres, de puissants sifflets alimentés avec de l'air comprimé. » (*Les phares.*) Dans les passes des chenaux, près des bancs ou des rochers, on voit souvent des bouées munies de cloches qui avertissent les marins du danger.

Les cloches des églises, dans les campagnes et dans les villes, sont des signaux téléphoniques qui avertissent à distance les gens pieux des cérémonies et offices du culte, et ceux-ci savent reconnaître, à l'audition des diverses sonneries, quelle est la nature de la cérémonie annoncée. En cas d'incendie, c'est le tocsin qui fait entendre ses sons sinistres et appelle au loin tout le monde au secours. Mais, dans tous ces cas, c'est le son en plein air qu'on emploie, sans aucun procédé spécial pour le propager à distance en lui conservant son intensité première. Les moyens imaginés pour conduire le son à des distances plus grandes que sa portée ordinaire, voilà qui constitue, à proprement parler, ce que nous appelons aujourd'hui la *téléphonie*.

Un de ces moyens, très employé pour les petites distances, consiste à faire en sorte que le son se propage dans des tubes où la masse d'air limitée qu'on ébranle à une extrémité transmet, presque sans en rien perdre, toute la force vive de l'ébranlement sonore. Les *tubes acoustiques* ou *speaking tubes* (comme disent les Anglais) sont d'un usage aujourd'hui très fréquent dans les maisons privées, les ateliers, les usines, les magasins où les divers employés ont besoin de converser d'une pièce à une pièce éloignée, ou d'un étage à un autre étage. On les emploie aussi sur les navires pour la transmission des ordres aux gabiers des hunes, aux mécaniciens et aux chauffeurs des machines. Ce sont ordinairement des tubes cylindriques et flexibles en caoutchouc (fig. 367), que terminent des orifices en os, en ivoire, en forme d'embouchures évasées : un sifflet s'emboîte dans cette embouchure. On souffle d'abord dans le tube pour prévenir, afin que la personne avertie par le son du sifflet, qui est ainsi mis en vibration à l'extrémité opposée, place son oreille à l'orifice du tube. Puis celle-ci répond de la même manière pour indiquer qu'elle a entendu le signal, et la conversation s'échange à voix basse ou moyenne, en ayant soin

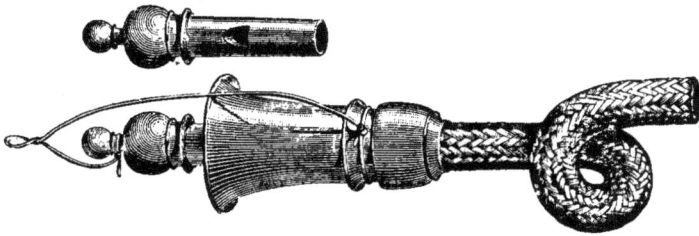

Fig. 567. — Tube acoustique ou *speaking tube*. Embouchure et sifflet.

de placer alternativement la bouche, puis l'oreille au-devant de l'ouverture du cornet.

Les faiseurs de tours, dans les foires, n'ont pas manqué d'utiliser la propriété qu'ont les tubes de transmettre la parole au loin. M. Radau, dans son *Acoustique*, cite plusieurs exemples

Fig. 568. — La femme invisible.

de ces applications amusantes; en voici une que nous lui empruntons :

« La *femme invisible*, qui excita, au commencement de ce siècle, une si grande sensation dans les principales villes du continent, s'explique d'une manière très simple (fig. 568).

L'organe le plus apparent de cette machine était une sphère creuse, munie de quatre appendices en forme de trompettes, et suspendue librement à un support en fil de fer, ou bien au plafond de la chambre, par quatre rubans de soie. Cette sphère était entourée d'une cage en treillis soutenue par quatre piliers, dont l'un était creux et communiquait avec le sol. Le tube acoustique qui le traversait débouchait au milieu de l'une des traverses horizontales supérieures, où il y avait une fente très étroite, à peine perceptible à l'œil, faisant face à l'orifice de l'une de quatre trompes. La voix semblait alors sortir de la sphère. Il est probable que la personne qui se tenait dans la pièce voisine, et qui donnait les réponses, pouvait voir par une fente dans le mur ce qui se passait dans la salle. Les demandes se faisaient en parlant dans l'orifice de l'une de ces trompes. »

§ 2. LE PORTE-VOIX.

On transmet aussi la voix humaine à de grandes distances à l'aide d'un instrument fort usité dans la marine, et auquel on donne le nom de *porte-voix* (fig. 369).

Fig. 369. — Porte-voix.

C'est un tube de forme conique, portant à son extrémité la plus étroite une large embouchure évasée, de manière à s'appliquer sur la bouche, qu'elle enveloppe extérieurement, de sorte que le mouvement des lèvres peut se faire avec facilité au dedans. A l'extrémité opposée est adapté un pavillon dont on tourne l'ouverture dans la direction du point où il s'agit de transmettre le son.

Kircher, dans son grand ouvrage : *Ars magna lucis et umbræ*, et dans sa *Phonurgia*, fait mention d'une sorte de gigantesque porte-voix, qu'il décrit sous le nom de *cor d'Alexandre le Grand* (fig. 570), dont on se servait dans les armées du conquérant pour rappeler les soldats éloignés jusqu'à une centaine de stades. Ce qui est plus certain, c'est que le porte-voix moderne est d'invention récente : c'est à Samuel Moreland (1670) qu'il paraît dû. C'était une espèce de trompette de verre ou de cuivre. Depuis, on a donné toutes les formes, elliptiques, hyperboliques, à ces instruments, et on a essayé d'en formuler la théorie en expliquant le renforcement du son par les réflexions

Fig. 570. — Cor d'Alexandre le Grand, d'après Kircher.

successives des ondes sonores sur les parois intérieures du tube. D'après Lambert, la forme conique évasée a pour effet de rendre les rayons réfléchis parallèles à l'axe au sortir du tuyau, de manière qu'ils se dirigent tous vers le point où doit porter le son. Les surfaces qui tournent leurs convexités vers l'axe seraient, dans ce cas, inutiles. Or Hassenfratz a trouvé, par l'expérience, que de deux porte-voix égaux, l'un muni, l'autre dépourvu de son pavillon, le premier laisse entendre les battements d'une montre placée à l'intérieur à une distance double du second. Ainsi, l'explication est inexacte, ou tout au moins incomplète.

Il est probable que le renforcement du son dans les porte-

voix dépend principalement de la forme de la colonne d'air
ébranlée à l'intérieur, que les parois elles-mêmes et la réflexion
à leur surface ont peu d'influence : ce que confirme encore une
autre expérience d'Hassenfratz, qui avait recouvert ces parois
d'une étoffe de laine, sans affaiblir ni le son ni la portée. L'influence du pavillon n'est point expliquée.

Fig. 571. — Le porte-voix dans la marine marchande.

Les porte-voix en usage dans la marine ont jusqu'à 2 mètres
de longueur, avec un pavillon dont le diamètre atteint 30 centimètres. « En Angleterre, dit M. Radau, on en a fait d'une
longueur de plus de 7 mètres, qui portèrent la parole à une
distance de près de 4 kilomètres ; lorsqu'il s'agit seulement de
faire entendre un son inarticulé, un bon porte-voix s'entend
jusqu'à 5 ou 6 kilomètres. »

Sur les navires, les contre-maîtres se servent de sifflets pour transmettre les ordres aux matelots. On verra plus loin ce petit instrument d'acoustique dont les usages sont si nombreux, et dont les sons peuvent atteindre une si grande intensité quand on les fait produire, comme dans les locomotives, par des jets de vapeur.

§ 3. TRANSMISSION DU SON PAR LES SOLIDES. — TÉLÉPHONIE MUSICALE. TÉLÉPHONE A FICELLES.

Un des savants contemporains de Newton, dont nous avons eu l'occasion de citer le nom en parlant de la gravitation universelle, R. Hooke, eut l'idée, dès 1667, de transmettre le son à distance en utilisant la conductibilité des solides. Voici un passage où l'expérience qu'il fit alors est décrite nettement, bien qu'il n'indique pas la façon dont il disposait son appareil : « En employant un fil tendu, j'ai pu transmettre instantanément le son à une grande distance et avec une vitesse sinon aussi rapide que celle de la lumière, du moins incomparablement plus grande que celle du son dans l'air. Cette transmission peut être effectuée non seulement avec le fil tendu en ligne droite, mais encore quand ce fil présente plusieurs coudes. » Hooke ne dit point non plus si les sons qu'il transmettait ainsi étaient ceux de la voix articulée, ou de simples sons musicaux.

Avant de décrire les téléphones à ficelles, dont l'invention paraît toute récente, et qui semblent la reproduction de l'expérience de R. Hooke, nous devons mentionner la remarquable application que fit Wheatstone de la conductibilité des verges solides pour le son. L'expérience du savant anglais date de 1819 ; nous allons décrire la manière dont elle a été reproduite par Tyndall, dans une de ses intéressantes conférences à la Société royale.

« Dans une salle située au rez-de-chaussée, dit-il, et dont

nous sommes séparés par deux étages, se trouve un piano. À travers les deux plafonds passe un tube de fer-blanc de 6 à 7 centimètres de diamètre, traversé suivant son axe par une longue baguette de sapin, dont une extrémité sort du plancher en avant de cette table. La baguette est entourée d'une bande de caoutchouc de manière à remplir entièrement le tube de fer-blanc ; l'extrémité inférieure de la baguette repose sur la table d'harmonie du piano. Un artiste joue actuellement un morceau de musique, mais vous n'entendez aucun son. Je pose ce violon sur l'extrémité de la baguette, et voici que le violon rend à son tour l'air joué par l'artiste, non par les vibrations de ses cordes, mais par les vibrations du piano. J'enlève le violon, la musique cesse ; je mets à sa place une guitare, et la musique recommence. Au violon et à la guitare, je substitue une table de bois, elle rend à son tour tous les sons du piano. Je soulève assez la baguette pour qu'elle ne soit plus en communication avec le piano, le son s'éteint. Les sons du piano ressemblent tant à ceux de la harpe, qu'il est difficile de se défendre de l'impression que la musique que l'on entend n'est pas celle de ce dernier instrument. Une personne sans éducation croirait bien certainement à l'intervention d'un sorcier dans cette transmission si merveilleuse. »

Ce système de *téléphonie musicale* qui, dans les expériences de Wheatstone comme dans celles de Tyndall, est appliqué à la transmission des sons à faible distance, de 10 à 15 mètres par exemple, pourrait sans doute franchir de la même manière des distances beaucoup plus grandes. Au lieu du bois de sapin, qui est à la vérité très élastique, on pourrait employer des fils métalliques ou autres.

C'est ce que l'on a fait récemment à l'aide d'appareils d'une grande simplicité, qu'on nomme des *téléphones à ficelles*. Imaginez deux tubes cylindriques, ou mieux cylindro-coniques, en carton, en bois, en bronze, dont l'un des bouts est terminé par une membrane en fort papier ou en parchemin : chaque membrane est percée d'un trou qui laisse passer un fil retenu par un nœud. Si deux personnes, prenant chacune l'un des tubes, s'éloignent jusqu'à ce que le fil soit bien tendu, elles pourront à distance converser à voix basse ; celle qui parle aura soin d'approcher de sa bouche l'ouverture évasée du tube, et celle qui écoute, d'appliquer de la même manière l'autre tube à son oreille. Nous avons fait l'expérience, à une distance d'une soixantaine de mètres à l'aide d'une simple ficelle, et elle a fort bien réussi. Mais il paraît que les fils de soie donnent de meil-

Fig. 572. — Téléphone à ficelles.

leurs résultats, et qu'alors on peut entretenir une conversation à voix basse à une distance de 150 mètres.

Divers perfectionnements ont été apportés à ces sortes de jouets scientifiques, qui les rendent utilisables dans des circonstances multiples. Dans le téléphone que nous venons de décrire, le fil doit être tendu en ligne droite entre les interlocuteurs, et cette nécessité limite naturellement la distance. Pour y remédier, M. A. Bréguet a imaginé un système de relais, qui permet l'emploi des coudes, comme l'avait indiqué dès l'origine R. Hooke. M. Bréguet emploie à cet effet comme support du fil à chaque angle, et environ à chaque centaine de mètres, de petits cylindres recouverts d'une membrane, comme les tambours de basque. Les vibrations parties de l'une des extrémités du système se transmettent ainsi de membrane en membrane par l'intermédiaire du fil.

M. du Moncel, dans son ouvrage sur le *Téléphone*[1], mentionne, outre les perfectionnements qui précèdent, diverses expériences qui prouvent que le *téléphone à ficelles* est susceptible d'applications utiles. Par exemple, d'après M. Millar, « en tendant des fils à travers une maison, ces fils étant reliés à des embouchures et à des cornets auriculaires placés dans différentes chambres, on peut correspondre avec toutes ces chambres de la manière la plus facile. » M. Millar emploie pour les disques vibrants, soit du bois, soit du métal, soit de la gutta-percha ayant la forme d'un tambour; au centre de ces disques sont fixés les fils. Il a reconnu que l'intensité des sons augmente avec la grosseur des fils. MM. Heaviside et Nixon ont fait avec le téléphone à ficelles des expériences qui ont prouvé qu'avec un fil bien tendu la parole pouvait être entendue à 250 mètres de distance.

Dans les expériences de téléphonie musicale ou parlante que nous venons de passer en revue, les vibrations sonores sont transmises ou bien directement par l'air, par des colonnes d'air enfermées dans des tuyaux, ou encore par des tiges, verges ou fils de matière solide. Dans tous les cas, les transformations du mouvement vibratoire en ondes aériennes, ou réciproquement, n'ont eu pour agents que les forces moléculaires de l'élasticité, telles que nous les avons rencontrées dans tous les phénomènes sonores étudiés jusqu'ici.

Il n'en est plus ainsi dans les téléphones récemment inventés, tels que ceux de Gray, d'Edison, de Bell, et dans les nombreux appareils, *microphones*, *phonographes*, qui ont vu le jour depuis quelques années, et dont, à bien des égards, le fonctionnement a paru merveilleux. Ce n'est plus, à vrai dire, le son qui se transmet ainsi à distance et même à grande distance : l'agent de transmission est l'électricité, qui communique au son lui-

---

1. *Bibliothèque des merveilles.* Hachette, 1878.

même la double faculté qu'elle possède de se propager à des
distances considérables et pour ainsi dire instantanément. Au
moment où nous écrivons, une invention nouvelle, plus extraordinaire encore, le *photophone*, dû au génie de Bell, vient
d'être portée à la connaissance du monde savant. Dans le photophone, c'est la lumière qui est l'agent principal de la transmission du son, l'électricité, puis l'élasticité n'ayant plus de
rôle à jouer qu'aux stations extrêmes.

On comprend que nous soyons obligé de renvoyer aux Applications de la *Lumière* et de l'*Électricité* (II* et III* volumes du
Monde physique) la description complète et détaillée de ces
inventions nouvelles, dont le principe ne pourrait être parfaitement saisi, si les phénomènes électriques et lumineux sur
lesquels est basée leur construction n'étaient auparavant décrits
et analysés avec soin.

§ 4. AUDIPHONE.

En décrivant l'organe de l'ouïe, nous avons eu l'occasion de
dire que les sons, pour arriver à l'oreille interne et frapper les
nerfs auditifs, pouvaient suivre une autre route que le conduit
externe. Il suffit qu'ils soient transmis par les parties solides
de la tête, les dents, l'os du rocher. D'où il suit que les sourds,
dont l'infirmité est due à une mauvaise conformation des organes extérieurs, peuvent entendre les sons par l'intermédiaire
de conducteurs solides. On n'avait pas encore songé à utiliser
cette propriété bien connue, lorsque, en 1879, un Américain,
M. R.-G. Rhodes, de Chicago, prit une patente pour l'invention
d'un appareil qu'il appela *audiphone*. C'est une sorte d'écran
en caoutchouc durci, dont la figure 573 montre la forme. La
personne qui s'en sert le tient à la main par un manche et applique contre les dents de la mâchoire supérieure l'extrémité recourbée de la lame de l'audiphone. Grâce à cet artifice,
de nombreux sourds-muets sont parvenus à distinguer les

sons musicaux de quelques instruments, et même ceux de la voix articulée. A plus forte raison, le même résultat favorable a pu être constaté pour des personnes atteintes de surdité simple.

Frappé des avantages que des instruments aussi simples pourraient avoir pour l'éducation orale des sourds-muets, un savant ingénieur dont nous avons déjà à plusieurs reprises cité les travaux, M. D. Colladon, a simplifié l'audiphone américain et l'a rendu beaucoup moins coûteux. Voici comment il rend compte de ses expériences : « J'ai fait, dit-il, de très nombreux

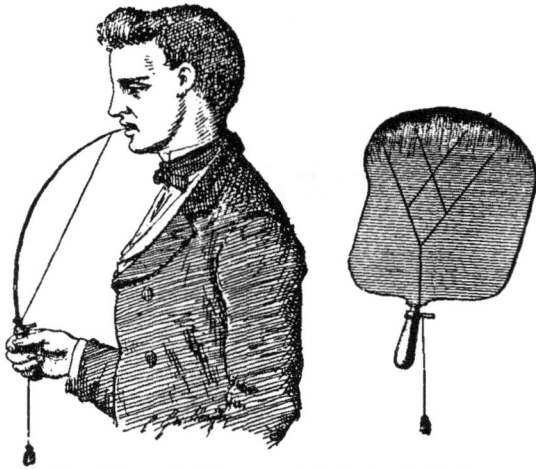

Fig. 373. — Audiphone américain de M. Rhodes.

essais sur des lames minces de natures diverses, métaux, bois, etc. ; enfin, j'ai découvert une variété de carton mince laminé qui donne les mêmes résultats que le caoutchouc durci et qui permettrait d'obtenir à 0 fr. 50 environ, au lieu de 50 francs, des appareils de même puissance acoustique. Les cartons qui m'ont donné ces résultats favorables portent dans le commerce le nom de *cartons à satiner*, ou *cartons d'orties;* ils sont remarquablement compacts, homogènes, élastiques et tenaces ; ils sont aussi très souples, et, pourvu que leur épaisseur ne dépasse pas $0^m,001$, une légère pression de la main qui soutient un disque découpé dans une de ces feuilles de

carton, tandis que son extrémité convexe s'arcboute contre les
dents de la mâchoire supérieure, suffit pour lui donner une
courbure convenable, variable à volonté, sans fatigue pour la
main ou les dents. Ainsi, un simple disque de ce carton, sans
manche, sans cordons ni fixateur de tension, devient un audiphone tout aussi puissant que les appareils de caoutchouc de
l'inventeur américain. On peut rendre la feuille de carton imperméable en imbibant la partie convexe, celle qui appuie
contre les dents, d'un conduit hydrofuge qui résiste à la vapeur
de l'haleine.

« Je me suis assuré que les sons peuvent être transmis aux

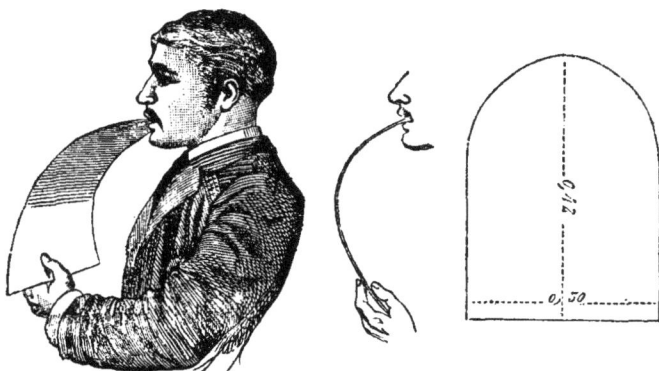

Fig. 374. — Audiphone en carton de M. D. Colladon.

dents supérieures avec la même netteté en se servant d'une
petite touche ou pince en bois dur, de la dimension d'une sourdine de violon ou de violoncelle, munie d'une fente dans laquelle entre à frottement dur l'extrémité supérieure du disque,
et en appuyant cette pince contre les dents supérieures. »

M. Colladon cite ensuite les expériences intéressantes qui
ont été faites à l'aide de l'audiphone américain et du sien
même dans des institutions de sourds-muets du canton de
Genève. Elles ont également bien réussi, et un grand nombre
de sourds-muets qui n'avaient jamais entendu les sons d'un
piano ou d'un autre instrument ont éprouvé une véritable jouissance à l'audition d'airs, de morceaux joués ainsi et entendus

par eux, grâce aux audiphones mis entre leurs mains. On a pu aussi « constater que des paroles prononcées très près de l'audiphone peuvent être perçues par les sourds et muets et même répétées distinctement par eux, pourvu qu'on les ait soumis à une préparation préalable[1] ».

§ 5. TÉLÉPHONIE MUSICALE POUR LA TRANSMISSION DES ORDRES MILITAIRES DANS L'ARMÉE OU DANS LA MARINE.

L'idée d'employer les sons comme moyens de correspondance militaire est sans doute très ancienne. On sait que les Gaulois postaient de distance en distance, à portée de la voix, des vedettes chargées de transmettre des ordres ou de communiquer les nouvelles militaires. Mais il n'y avait là aucun système particulier qui assurât le secret des correspondances, comme dans la *téléphonie musicale* de M. Sudre, dont nous allons donner une idée.

Dès 1817, ce savant conçut l'idée de substituer les sons musicaux au langage ordinaire, en combinant diversement un certain nombre des notes de la gamme, et, dix ans plus tard, il proposait l'adoption de son système pour la transmission des ordres dans l'armée. Seulement, au lieu des sept notes de la gamme, il se borna aux cinq notes *ut, sol, ut, mi, sol,* c'est-à-dire aux sons donnés par le clairon d'ordonnance. Des expériences furent faites, en 1829, au Champ-de-Mars, en 1841 sur la flotte de la Méditerranée, et, en 1850, du Champ-de-Mars à Rueil; elles furent très satisfaisantes. M. Sudre avait réduit les sons à trois notes : *sol, ut, sol.* Plus tard, il réussit à n'employer plus qu'un son unique, de sorte qu'une note de clairon, un coup de tambour, un coup de canon, peuvent être à volonté, et selon les circonstances, employés comme éléments de la *téléphonie militaire.* Un système de correspondance de ce genre fut institué à Sébastopol pendant le siège, et rendit des

1. Voir les *Comptes rendus de l'Académie des sciences,* séance du 19 janvier 1880.

services à l'armée assiégeante, en prévenant la réserve des attaques nocturnes que les Russes dirigeaient contre les lignes des
travailleurs des tranchées.

La téléphonie musicale ne peut rivaliser sans doute ni avec
la télégraphie électrique, ni avec les signaux visuels. Mais il est
des cas où ni l'un ni l'autre de ces systèmes ne peuvent être employés, et où alors elle pourrait être avantageusement adoptée.

§ 6. LES CORNETS ACOUSTIQUES. — LE STÉTHOSCOPE.

Le *cornet acoustique* est un instrument qui a un autre
genre d'intérêt, particulièrement apprécié par les personnes
atteintes de surdité partielle. Il renforce les sons comme
le porte-voix, mais en les condensant à petite distance et
dans l'oreille même de celui qui écoute. Ce n'est plus de la
téléphonie, ce serait plutôt de la *microphonie*,
pour assimiler le rôle de
ces appareils utiles aux
loupes dont se servent les
myopes.

Les cornets acoustiques
sont des tubes coniques,
diversement contournés
(fig. 375), que la personne
sourde tient à la main, en
introduisant la plus petite

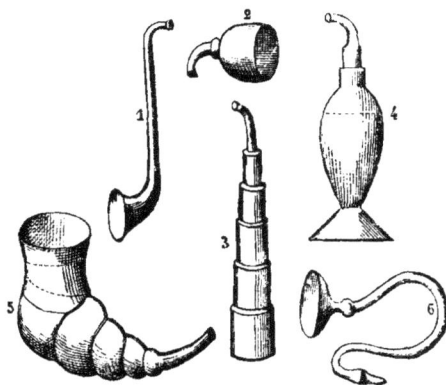

Fig. 375. — Cornets acoustiques.

extrémité dans son oreille, et en tournant le pavillon vers la
bouche de son interlocuteur. On a attribué l'effet de renforcement de ces appareils aux réflexions successives des ondes sonores, qui multiplieraient leur action en arrivant au tympan.
Mais, comme dans le porte-voix, on a reconnu par l'expérience
que l'influence des parois, et, par suite, de la réflexion à leur
surface intérieure, était très faible, sinon nulle. En réalité, l'effet

produit est dû à la diminution progressive des sections ou tranches aériennes qui transmettent le son, et qui, dès lors, le transmettent avec une énergie croissante jusqu'à l'organe. On peut comparer cet effet à celui d'un jet liquide, qui sort par l'orifice d'une lance avec une force bien supérieure à celle qui animerait un filet semblable à l'intérieur d'un corps de pompe.

Le *stéthoscope* est une sorte de cornet acoustique inventé par Laennec, et dont se servent les médecins pour étudier les sons des organes intérieurs du corps, de la poitrine, du cœur, etc. C'est un cylindre de bois, évasé par le bout qu'on applique sur le corps, percé intérieurement d'un canal de quelques millimètres de diamètre, à l'extrémité duquel on applique l'oreille. M. Kœnig a imaginé un nouveau stéthoscope fondé sur la réfraction des ondes sonores. « Il se compose d'une petite capsule hémisphérique, dans laquelle s'enfonce un anneau recouvert de deux membranes en caoutchouc. Une ouverture percée dans l'anneau permet de gonfler par insufflation ces deux membranes, de manière à leur donner la forme d'une lentille. La petite capsule est surmontée, à son sommet, d'un petit tube destiné à recevoir un tuyau en caoutchouc qui doit mettre en communication directe avec l'oreille la masse d'air intérieure. La membrane extérieure, ainsi gonflée, s'applique sur le corps sonore qu'il s'agit d'examiner. Elle se modèle sur la forme de ce corps, en reçoit les vibrations et les communique à la membrane opposée par l'intermédiaire de l'air emprisonné ; la deuxième membrane les communique ensuite au tympan par la masse d'air comprise dans la capsule et le tuyau. On peut fixer cinq tubes à la capsule sans nuire à la netteté avec laquelle les bruits arrivent à l'oreille, et alors cinq personnes peuvent étudier simultanément les sons. »

§ 7. L'ACOUSTIQUE APPLIQUÉE A L'ARCHITECTURE.

Une des plus importantes applications qu'on pourrait et qu'on devrait faire des lois de l'acoustique, est celle qui aurait pour objet la construction et la disposition des grandes salles d'assemblée publique. Sous ce rapport, on a fait d'assez nombreuses tentatives, mais peu ont réussi, et la raison en est sans doute que les architectes qui les ont essayées étaient plus préoccupés de la question d'art que de la question scientifique ; peut-être aussi le manque de connaissances spéciales a-t-il été pour beaucoup dans cet insuccès presque général.

Les salles de réunions publiques peuvent se distinguer en trois catégories, dont les exigences ne sont pas absolument les mêmes au point de vue acoustique. Il y a d'abord les salles de concert, pour lesquelles l'audition claire, distincte, non confuse est l'objet principal : l'orchestre et les points où se placent les chanteurs forment le foyer sonore, d'où divergent toutes les ondes qui doivent aller frapper l'oreille de l'auditeur, partout où il est placé, dans les conditions les meilleures pour que les plus fines nuances de la mélodie lui soient perceptibles sans qu'il cesse de saisir l'harmonie de l'ensemble. Là, la vue peut être sacrifiée à l'oreille, puisqu'il n'y a pas, à proprement parler, de spectacle, et que tout se réduit à l'audition d'un morceau musical. Le hasard a quelquefois réuni ces conditions, et la salle des concerts du Conservatoire, à Paris, en est un exemple, d'après le témoignage général des amateurs et des artistes.

Les salles des théâtres lyriques forment une catégorie intermédiaire entre les salles de concert et celles où il ne s'agit que d'écouter un orateur ou des acteurs. La musique y est encore la principale affaire, mais le problème se complique de la nécessité de laisser bien voir la scène à tous les spectateurs. De plus, le foyer sonore y est double, car il consiste, d'une part dans l'orchestre, de l'autre dans la scène où les chanteurs se. trouvent placées. Les salles de théâtre ordinaire, comique ou dramatique, sont à peu près dans le même cas. Les salles des cours et des assemblées délibérantes forment la troisième espèce de lieux de réunion. Là, la netteté de l'audition est la première et presque la seule difficulté à résoudre, dès que la salle n'est point assez étendue pour que les ondes sonores manquent d'intensité en arrivant à l'auditeur le plus éloigné de la tribune.

En analysant avec soin toutes les causes des défauts que possèdent les salles actuelles, et en tenant compte des lois de la propagation et de la réflexion des ondes sonores, on arriverait sans doute à résoudre les difficultés du problème. La plupart de ces salles pèchent, soit par défaut, soit par excès de sonorité. La forme des murs ou parois de la salle a d'abord une influence prédominante. Souvent la voix et les sons se trouvent absorbés par des masses d'air trop considérables où se perd la force vive des ondes sonores avant qu'elles puissent arriver à l'oreille de l'auditeur. Une trop grande hauteur de plafond, l'étendue trop considérable de la scène et des coulisses, les profondeurs des loges, souvent tendues d'étoffes, de draperies assourdissantes, rendent une salle sourde et peu favorable à la fois à l'émission et à l'audition de la voix des chanteurs ou de l'orateur, comme à celle des sons instrumentaux.

Les salles qui ont une forme telle, qu'il en résulte des centres différents de convergence des ondes réfléchies, ou dont les parois sont composées de substances renvoyant le son avec trop d'éclat, ont un défaut opposé. Elles ont une sonorité exagérée et intempestive, d'ailleurs fort inégale ; elles résonnent, et l'auditeur entend à la fois les sons directs et les sons réfléchis, d'où résulte la confusion s'il s'agit de la parole simple, et la discordance la plus désagréable s'il s'agit de sons musicaux.

Les règles à suivre pour remédier à ces inconvénients graves ne peuvent être générales, ou du moins elles seraient susceptibles de modifications selon les circonstances de leur application. En somme, elles se réduisent à une combinaison des lois très simples de l'acoustique avec les lois de la construction architecturale. Voici ce que dit à cet égard l'auteur d'un opuscule sur *l'Acoustique et l'Optique des réunions publiques*, qui est en même temps un architecte, M. Th. Lachèz. Nous ne citons

que ce qui a trait aux trois catégories de salles que nous avons
eues en vue :

« *Faire entendre des chants ou des sons musicaux.*

« Que la musique ait lieu dans un espace illimité ou clos de
toutes parts, l'auditoire peut très bien ne rien voir dans l'un
et l'autre cas, et percevoir tous les sons sans apercevoir les
instruments qui les produisent. Ainsi placer le lieu où se
produisent les sons dans l'endroit le plus convenable et dans
les circonstances les plus favorables pour que les sons soient
rendus plus perceptibles, plus riches, plus harmonieux, tel
est le but principal et pour ainsi dire unique qu'on doit se
proposer.

« Si l'orchestre est en plein air, l'auditoire doit être groupé
circulairement autour de l'orchestre, afin qu'il se trouve sous
l'extension simple et naturelle des ondes sonores, l'orchestre
étant élevé au-dessus de l'auditoire, afin que le lieu d'ébranlement des ondes se trouve en dehors de la masse d'air occupée
par l'auditoire, et que les sons puissent sortir et s'épandre
facilement. »

L'auteur fait remarquer qu'un plafond parabolique, des cloi-
sons circulaires ou polygonales ne peuvent être établis avantageusement qu'autant que leur distance au foyer sonore sera
assez petite pour qu'il n'y ait pas de résonnance ou de réflexion
intempestive. Pour un amphithéâtre clos de toutes parts, les
dispositions seraient les mêmes ; néanmoins, au lieu de placer
l'orchestre au centre, on peut être obligé de le placer à l'un des
côtés, les chanteurs devant faire face à toutes les parties de
l'auditoire. Quant aux parois limitant l'espace, elles doivent
offrir des plans droits, bien dressés, de nature résistante et
polie : il faut éviter les grandes saillies, les renfoncements ou
ressauts d'ornementation ; les draperies ne doivent être employées que pour amortir l'excès de sonorité de la salle.

« *Faire entendre seulement la parole d'un orateur.*

« Il y a, dans ce cas, sinon nécessité, du moins utilité très
grande, à renfermer l'auditoire et l'orateur dans un espace

limité par des parois ; et, suivant que cet espace sera plus ou moins étendu, la parole sera plus ou moins perceptible à un

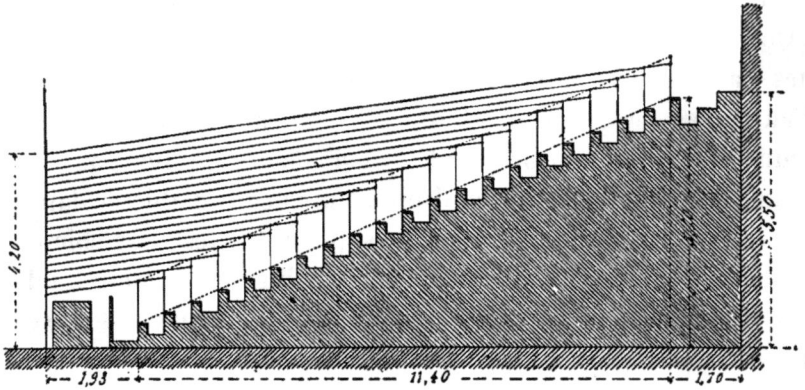

Fig. 376. — Coupe d'un amphithéâtre : gradins en ligne droite.

certain nombre de personnes. Un espace clos a non seulement l'avantage de mettre à l'abri de tout bruit, de tout son étranger

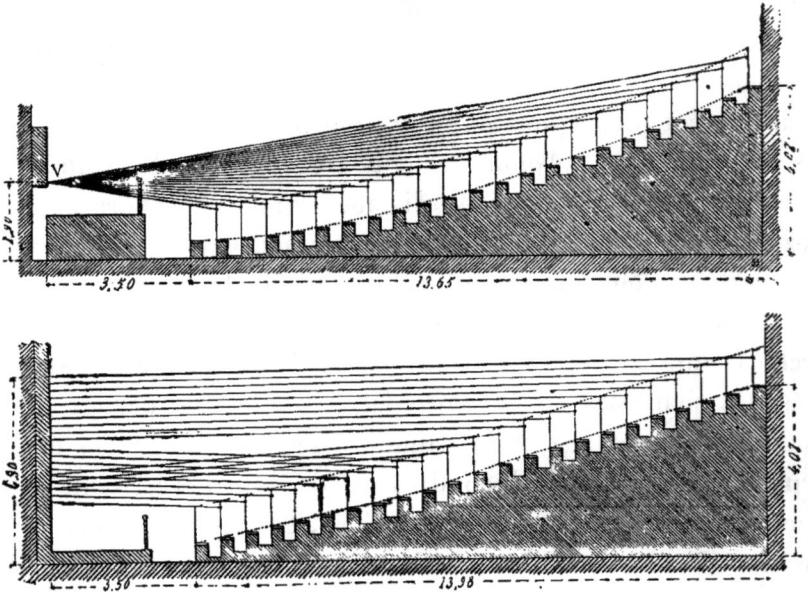

Fig. 377. — Amphithéâtre de l'Observatoire et amphithéâtre à disposition normale, selon M. Lachèz. Gradius en ligne brisée ou courbe.

et des intempéries atmosphériques, mais il doit encore fournir des ressources, soit pour augmenter l'intensité sonore de la voix, soit pour détruire complètement les résonnances qui ont lieu par suite de la répercussion des ondes : les dimensions de l'espace et son volume déterminent les moyens acoustiques à employer. »

La disposition des auditeurs par rapport au foyer sonore est pour beaucoup aussi dans les qualités d'une salle au point de vue acoustique. En général, une série de gradins disposés en arc de cercle par rapport au foyer, orchestre ou tribune, permettant de voir normalement ou du moins de recevoir directement les sons, est ce qu'il y a de préférable, pourvu que la ligne de ces gradins soit doucement inclinée au-dessus du plan horizontal d'où partent les ondes sonores. Les figures 576 et 577 représentent des coupes de salles d'amphithéâtre : dans la première, le profil des gradins s'élève en ligne droite et trop brusquement. Dans les deux autres, la disposition est plus favorable soit à la vue, soit à l'audition, surtout dans celle que M. Lachèz considère comme normale, parce que les ondes sonores, partant du point V où se trouve placé le professeur, vont rencontrer chaque rangée d'auditeurs dans des conditions égales de bonne transmission, et sans qu'aucun obstacle les intercepte même partiellement.

Dans les salles de spectacle, où se trouvent à la fois un orchestre et une scène, et où la vue doit être aussi favorisée que l'ouïe, les conditions du problème sont plus complexes. Elles le sont d'ailleurs d'autant plus, que là l'architecte est encore obligé de compter avec les traditions, les habitudes et la routine,

CHAPITRE II

LES INSTRUMENTS DE MUSIQUE — INSTRUMENTS SIMPLES

Ce serait une étude extrêmement curieuse, mais délicate et difficile, que celle des instruments si variés à l'aide desquels les musiciens exécutent les morceaux de leur art, en considérant chacun de ces instruments au point de vue des lois de l'acoustique musicale. Chez tous les peuples et à tous les âges de l'histoire, et jusque chez les plus arriérées des peuplades sauvages, on trouve de semblables instruments, depuis les ébauches les plus grossières jusqu'aux formes savantes des violons modernes, imités des Stradivarius, des Guarnerius ou des Amati[1], jusqu'aux combinaisons compliquées des grandes orgues des cathédrales. La théorie des instruments de musique est encore en certains points bien obscure, et les praticiens les plus habiles, comme les physiciens les plus savants, ont peine à rendre compte des formes que l'expérience a consacrées. Néanmoins, il est un certain nombre de principes sur lesquels la construction des instruments de musique est basée, et il est intéressant de voir en quoi ces principes se rattachent aux lois des vibrations sonores dans les cloches, les cordes, les tuyaux et les membranes.

C'est ce que nous allons essayer de montrer en passant en

---

1. Habiles luthiers de Crémone, qui se sont occupés principalement de la fabrication du violon et des instruments à cordes et à archet. Les Amati étaient trois frères, dont l'un fut maître de Stradivarius, qui eut lui-même pour élève Guarnerius.

revue les types des instruments dont les sons se trouvent produits par les divers modes de vibration, et qui dès lors peuvent se ranger en un certain nombre de catégories. Nous examinerons ainsi successivement : 1° les *instruments simples, monotones*, qui ne rendent en général qu'un son, tels que les cloches, les timbres, les triangles, les tambours, etc. ; ils sont fondés sur les vibrations des solides de révolution, des plaques ou lames métalliques, ou enfin des membranes ; 2° les *instruments à cordes*, dont la famille innombrable peut se subdiviser en trois branches principales, ayant pour types le violon, la harpe, le piano ; 3° les instruments à vent, qui se divisent aussi, selon le mode de production du son dépendant de l'embouchure, en instruments à embouchures de flûte, à embouchures de cor ou à bocal, à anches battantes ou libres : la flûte, le hautbois, le cor peuvent servir de types à ces trois genres, qui se trouvent résumés tous dans l'orgue, ce magnifique ensemble où toutes les voix instrumentales ont leur expression, et qui à lui seul remplace tout un orchestre.

§ 1. INSTRUMENTS SIMPLES FONDÉS SUR LES VIBRATIONS DES LAMES OU DES PLAQUES.

Les plaques, les verges métalliques de formes diverses vibrent, quand on les soumet à une friction longitudinale ou transversale ou à une percussion quelconque en un de leurs points. Il en résulte des sons qu'on emploie quelquefois dans les orchestres.

Le *triangle* est un instrument de ce dernier genre formé d'une verge cylindrique en acier non trempé, présentant la figure d'un triangle équilatéral ouvert à l'un de ses sommets (fig. 378) : quelquefois on y joint des anneaux métalliques enfilés dans la base. L'exécutant frappe l'un des côtés du triangle en se servant d'une baguette

Fig. 378.—Le triangle.

d'acier. Il résulte de cette percussion une série de sons harmoniques dont la coexistence donne à l'instrument sa sonorité, mais qui ne jouent dans les morceaux de musique aucun rôle au point de vue de l'harmonie ou de la mélodie. Ce n'est qu'un effet singulier, n'offrant de caractère que dans l'ensemble du morceau, dont les sons du triangle accentuent le rhythme.

Le *glass-chorde* ou *harmonica à lames de verre* est un instrument formé d'une série de lames en cristal, dont les dimensions sont calculées de manière qu'elles produisent par la percussion les sons successifs de la gamme avec leurs modulations (fig. 379) : les lames ayant la même épaisseur, les carrés

Fig. 379. — L'harmonica à lames de verre ou glass-chorde.

de leurs longueurs sont en proportion inverse des nombres de vibrations des sons de la gamme. Ces lames sont soutenues dans une caisse renforçante en bois par des cordons horizontaux qui s'appuient sur les lignes nodales correspondant au son fondamental de chacune d'elles. On les frappe avec une sorte de marteau dont la tête est en liège; on peut exécuter ainsi des morceaux assez variés. Les sons ont un timbre cristallin très pur. Les *claque-bois* des nègres sont des harmonicas, dans lesquels le bois remplace le verre et qui n'ont pas de caisse sonore. Enfin, des lames métalliques disposées de la même manière que dans le glass-chorde, et qu'on frappe alternativement ou simultanément avec des marteaux mis en mouvement par un clavier, constituent une sorte de *carillon* qui peut exécuter des airs assez compliqués.

On donne le nom de *boîtes à musique* à des instruments automatiques, dont les sons sont produits par les vibrations de petites

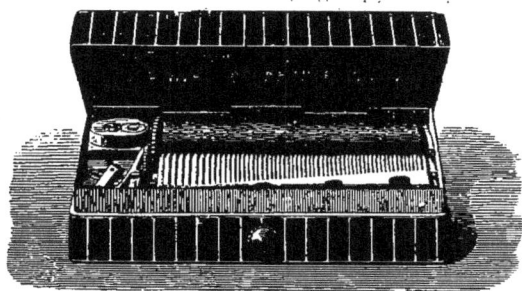

Fig. 380. — Boîte à musique.

lames d'acier ou de cuivre disposées comme les dents d'un peigne (fig. 380) ; les dimensions de ces lames sont calculées de manière à donner les sons de la gamme avec leurs acci-

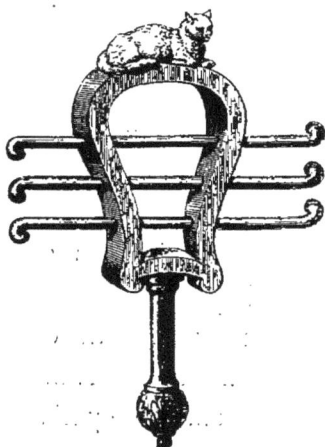

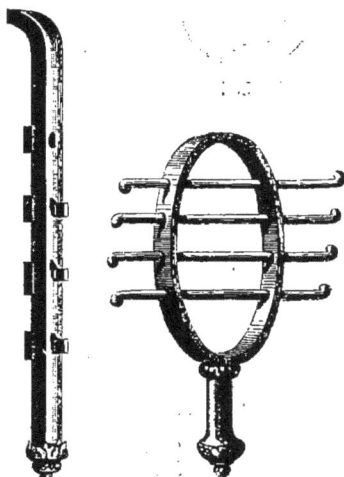

Fig. 381. — Cistre d'Isis.   Fig. 382 et 383. — Cistres des anciens Égyptiens.

dents. Les dents sont ébranlées par de petites chevilles fixées au contour d'un cylindre, qu'un mouvement d'horlogerie fait mouvoir d'une façon uniforme. La boîte dans laquelle ce mécanisme est renfermé donne aux notes émises par ces lames plus de force et de sonorité. L'instrument étant posé sur une table, sa sonorité est encore accrue. On remonte le mouvement à l'aide d'une clef, comme une montre ordinaire. Les cylindres sont notés de façon à pouvoir exécuter à volonté plusieurs airs.

Les figures 381, 382 et 383 représentent des instruments anciens connus sous le nom de *cistres* et usités dans l'antique Égypte. Ils étaient évidemment fondés sur les vibrations des lames et des verges métalliques. La *guimbarde* (fig. 384), dont s'amusent encore les enfants de nos campagnes, et qui remonte probablement à une très haute antiquité, est un instrument qu'on pourrait ranger parmi les cistres. Elle est composée d'une verge d'acier, libre par un bout et soudée par l'autre à un arc doublement recourbé qui se met entre les dents. Faisant

Fig. 384. — La guimbarde.

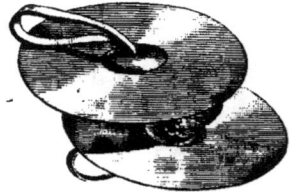

Fig. 385. — Cymbales.

vibrer alors la verge médiane avec la main, on ouvre ou l'on ferme la bouche, de manière à modifier et renforcer les sons qui s'échappent du petit instrument.

Les *cymbales* sont employées dans nos orchestres comme le triangle (fig. 385). Ce sont deux plaques circulaires de bronze, que l'exécutant tient en chaque main à l'aide de cordons, et qu'il frappe l'une contre l'autre en leur imprimant un mouvement de glissement. Au centre de chaque cymbale se trouve une cavité de forme hémisphérique qui joue un rôle dans la production du son : il en résulte un son plus aigu que ceux donnés par les plaques métalliques. C'est ce dont on peut s'assurer en bouchant les deux cavités à l'aide de morceaux de papier : le son aigu ne s'entend plus dans ce cas.

Les sons des *cymbales* ont une certaine analogie avec ceux

d'un instrument chinois qu'on nomme *gong*, *gonggong* ou *tam-tam* (fig. 586). Ce n'est autre chose qu'un disque en bronze d'un assez grand diamètre (depuis 50 centimètres jusqu'à 1 mètre) et entouré d'un bord saillant. On le frappe sur les points voisins de la circonférence à l'aide d'une baguette dont l'extrémité est un tampon recouvert de peau. Les coups répé-

Fig. 586. — Bonzes japonais frappant le gong et jouant des cymbales.

tés du marteau produisent un son extrêmement complexe, d'une sonorité singulière, et qui éclate de temps à autre comme par explosion en sons tantôt aigus, tantôt graves. L'impression causée par ce bizarre instrument est des plus étranges. Les Chinois l'emploient dans les mariages, les enterrements, les fêtes publiques ou religieuses, les visites des mandarins d'un grade élevé.

Les Chinois distinguent les *gongs*, suivant l'intensité de leurs sons, qui dépend surtout du martelage [1], en gongs mâles et gongs femelles. Les bonzes japonais se servent du gong et des cymbales dans leurs cérémonies. Chladni rapporte que « cet instrument a été employé à Copenhague avec succès pour exprimer, dans un *Oratorio*, le tremblement de terre à la mort de Jésus-Christ ».

§ 2. LES CLOCHES ET LES CARILLONS.

Les plaques vibrantes, au lieu d'affecter la forme plane, rectangulaire ou discoïdale, peuvent être aussi contournées en forme de solides de révolution, hémisphériques, ellipsoïdaux, en forme de cloches ou de vases. On a ainsi les timbres et les cloches qui reçoivent les destinations les plus variées.

Les timbres et les cloches sont le plus souvent employés pour servir de signaux, soit dans la vie domestique, soit dans l'industrie, dans les usines, les chemins de fer, sur les navires, etc. On en fabrique de toutes les dimensions, et les sons qu'ils rendent sont, en général, un composé des sons harmoniques que produisent les parties du corps sonore divisées par les lignes nodales. Le son le plus grave ou fondamental est celui qui frappe le plus l'oreille, et le mélange des sons plus aigus donne à la cloche le timbre qui lui est particulier et dont l'oreille, bien qu'elle ne puisse le définir, conserve aisément la mémoire.

Les cloches des églises ont, de temps immémorial, une forme pour ainsi dire traditionnelle, dont les figures 387 et 388 représentent la coupe et l'ensemble. La cloche japonaise dont la figure 389 donne le dessin a, comme on peut le voir, une forme bien différente de celle des cloches d'église européennes.

Dans celles-ci, le profil et les épaisseurs du métal aux diverses hauteurs de la cloche sont calculés de façon que le son le plus

---

1. Voyez les détails relatifs à la fabrication des tamtams dans les *Industries anciennes et modernes de l'empire chinois*, de MM. Stanislas Julien et Champion.

grave produit par la vibration du bord ou de la *panse* soit l'octave grave du son du *cerveau*. Voici ce que Diderot dit sur ce sujet dans l'*Encyclopédie* : « Le diamètre du cerveau n'étant que la moitié de celui de la cloche, sonnera l'octave au-dessus de celle des bords ou extrémités. Le son d'une cloche n'est pas un son simple; c'est un composé des différents sons rendus par les différentes parties de la cloche, entre lesquels les fondamentaux doivent absorber les harmoniques, comme il arrive dans l'orgue : lorsqu'on touche à la fois l'accord parfait *ut mi sol*, on fait résonner *ut, mi, sol*♯, *si, sol, si, ré ;* cependant on n'entend que *ut mi sol*. Le rapport de la hauteur de la *cloche* à

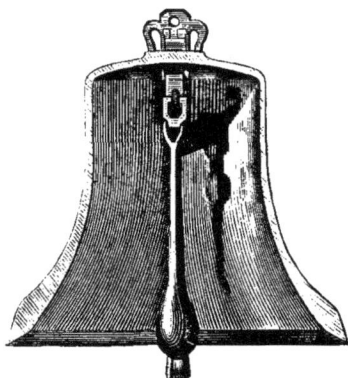

Fig. 387. — Coupe d'une cloche d'église.   Fig. 388. — Vue extérieure.

son diamètre est comme **12** à **15**, ou dans le rapport d'un son fondamental à la tierce majeure ; d'où l'on conclut que le son de la cloche est composé principalement du son de ses extrémités ou bords, comme fondamental, du son du cerveau qui est à son octave, et de celui de la hauteur qui est à la tierce du fondamental. Mais il est évident que ces dimensions ne sont pas les seules qui donnent des tons plus ou moins graves ; il n'y a, sur toute la cloche, aucune circonférence qui ne doive produire un son relatif à son diamètre et à sa distance du sommet de la cloche. »

Du reste, l'illustre encyclopédiste fait ses réserves sur les règles à l'aide desquelles on prétend déterminer le son d'une

cloche par sa forme et par son poids : « Il faudrait, dit-il, faire
entrer en calcul l'élasticité et la cohésion des parties de la matière dont on les fond, deux éléments sur lesquels on ne peut
guère former que des conjectures vagues. » C'est, en définitive,
l'expérience ou l'oreille qui prononce avec le plus de certitude.

Fig. 389. — Cloche japonaise de Kioto.

Les physiciens contemporains admettent que, toutes choses
égales, les vibrations des masses de formes semblables et de
même matière sont en raison inverse des dimensions homologues. C'est sur cette loi qu'on s'est basé pour former, par un
assemblage de timbres ou de cloches de dimensions différentes,
des séries rendant les sons successifs des gammes et de leurs
modulations. La figure 390 représente un instrument ancien

de cette sorte qu'on nommait *sonnantes*, et dont les timbres, frappés avec deux baguettes, étaient fixés sur une caisse qui renforçait leurs sons. C'est une sorte d'harmonica à cloches de métal. L'harmonica de Franklin est formé d'une série de cloches en verre, ou simplement de verres à pied, mais qu'on met en vibration par le frottement en se servant pour cela des doigts mouillés qu'on promène sur les bords des vases. En versant plus ou moins d'eau dans chaque verre, on obtient l'accord aussi exactement qu'on veut.

Il est bien entendu que la plupart des instruments de ce genre

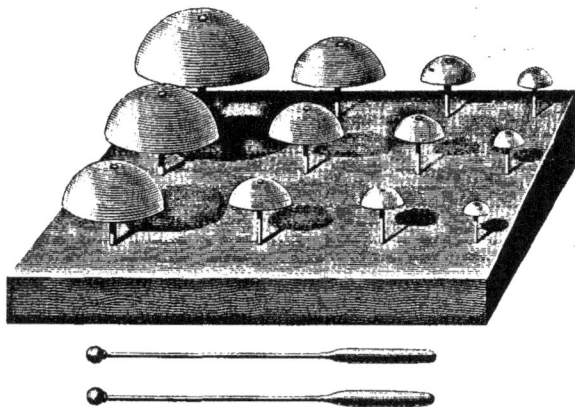

Fig. 590. — Sonnantes.

sont peu usités : ce sont, à vrai dire, des objets de curiosité, intéressants comme applications des lois de l'acoustique musicale.

Les *carillons* des églises ou des beffrois sont des assemblages du même genre que ceux qu'on vient de décrire ; ils sont formés de timbres ou de cloches sur lesquels viennent frapper des marteaux mus, soit automatiquement par les chevilles d'un cylindre, soit directement par les touches d'un clavier sur lequel on joue avec les doigts comme sur l'orgue ou le piano, soit enfin comme dans les carillons primitifs, à l'aide d'un système de pédales que le carillonneur frappait du poing et du pied. Les carillons à clavier constituent un perfectionnement important sur les deux autres systèmes. Tel est le carillon installé récemment dans la tour Saint-Germain-l'Auxerrois et qui se compose de quarante-deux cloches de diverses dimensions (fig. 392).

Dans les villes du Nord, les sonneries des horloges publiques, aux heures ou aux demies, sont précédées d'un avertissement musical, d'un air d'opéra joué par un carillon dont le méca-

Fig. 391. — Carillon ancien ; mécanisme primitif.

nisme est automatique. Les fameux carillons de Bruges, de Dunkerque et d'autres villes du Nord sont constitués par un mécanisme analogue à celui des boîtes à musique ; mais les cylindres en sont énormes, et les dents dont leurs surfaces sont armées soulèvent des marteaux pesants qui frappent sur une série de cloches accordées suivant les notes de la gamme. Le mouvement est donné aux cylindres par des rouages que les horloges

des beffrois détendent à toutes les heures, ou même aux demies
et aux quarts. Pour faire mouvoir ces machines énormes, il
faut des poids moteurs de plusieurs centaines et même de milliers de kilogrammes, portés par des chaînes qui s'enroulent

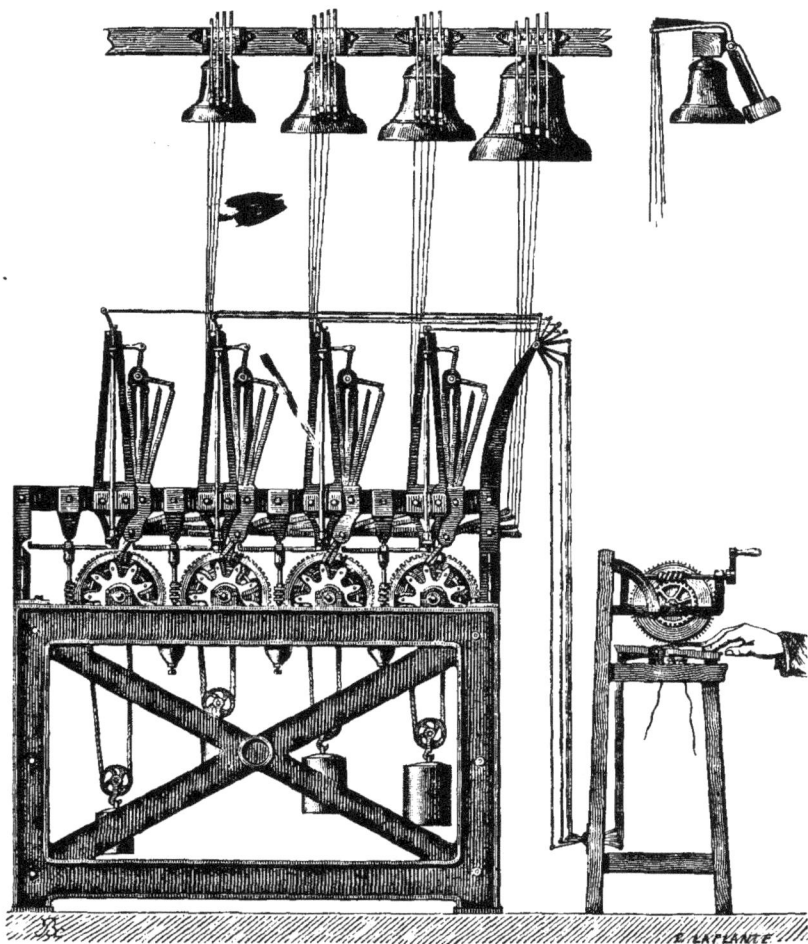

Fig. 392. — Carillon moderne à clavier de Saint-Germain-l'Auxerrois.

sur des tambours au moyen de treuils. Pour les remonter, il
ne faut pas moins de deux ou trois hommes travaillant d'une
demi-heure à trois heures.

Mais ce système ancien de carillons, qui était lui-même un
perfectionnement sur le système primitif de la figure 391, a été

simplifié beaucoup dans le carillon de Saint-Germain-l'Auxerrois que nous venons de citer, et dont un spécimen est représenté dans la figure 592. Cette disposition nouvelle est due à
M. Collin. En voici la description, d'après M. G. Sire, directeur
de l'École d'horlogerie de Besançon :

« Les points principaux de ce nouveau système de carillon
consistent : 1° dans l'emploi d'un rouage spécial pour chaque
cloche et proportionné à sa pesanteur ; 2° dans le déclanchement de ces rouages, qui ont pour mission de lever les marteaux, au nombre de quatre sur chaque cloche, qui s'engagent
l'un après l'autre dans un arrêt où ils restent suspendus, et
d'où le doigt ou l'ergot du cylindre n'a pas d'autre effort à
vaincre, pour faire sonner, qu'un petit frottement pour les
déclancher ; après quoi ils tombent instantanément et répètent
la note assez vivement pour pouvoir jouer au besoin des doubles
et même des triples croches, ce qui est inutile avec les cloches ;
et c'est au moment même où le doigt déclanche le marteau que
le rouage est débrayé pour préparer un nouveau marteau et le
mettre à la disposition du doigt en cas de répétition de notes.
La différence entre les anciens systèmes et celui de M. Collin
consiste donc à ne pas faire lever directement le marteau, mais
à se servir d'un rouage intermédiaire entre le levier et la touche,
ce qui rend l'effort presque nul. »

Il résulte de là qu'on peut employer l'électricité comme moteur ; et, en effet, le carillon de Saint-Germain-l'Auxerrois, outre
un clavier ordinaire, possède un clavier électrique. « Aussi
pourrait-on, dit encore M. Sire, de l'orgue de l'église faire
des répétitions de cloches, ce qui serait d'un effet tout nouveau. »

§ 3. LES TAMBOURS.

Arrivons maintenant aux instruments simples dont les sons
se trouvent obtenus par des vibrations de peaux ou de membranes tendues, et sont ordinairement renforcés par une caisse.

On les connaît généralement sous les noms de *tambours* et de *timbales*.

Le plus simple de ces instruments est ce qu'on nomme le *tambour de basque* (fig. 593), formé d'une membrane tendue sur une caisse cylindrique garnie tout autour de grelots ou de lames sonores. On tient l'instrument d'une main ; de l'autre on le frappe avec le dos de la main, et en glissant sur la surface le pouce et les doigts. Il en résulte à la

Fig. 593. — Tambour de basque.

fois une vibration rhythmée de la membrane et des sons produits par l'agitation des grelots ou des lames.

Le *tambour militaire* est composé d'un corps ou d'une caisse de laiton ou de bois, recouverte aux deux extrémités de deux peaux tendues par des cerceaux, qu'on serre plus ou moins à

Fig. 594. — Tambours militaires européens.

l'aide d'un système de cordes extérieures à la caisse. La peau supérieure, sur laquelle on frappe avec les baguettes, est plus épaisse que la peau inférieure, qui entre en vibration sous l'influence de la masse d'air cylindrique interne. Deux cordes à boyau sont tendues au-dessous du tambour et appliquées contre la peau ; en vibrant, elles frappent la membrane et donnent au son un timbre particulier (fig. 394).

Fig. 395. — Timbales d'orchestre.

On peut construire des tambours dont les sons forment

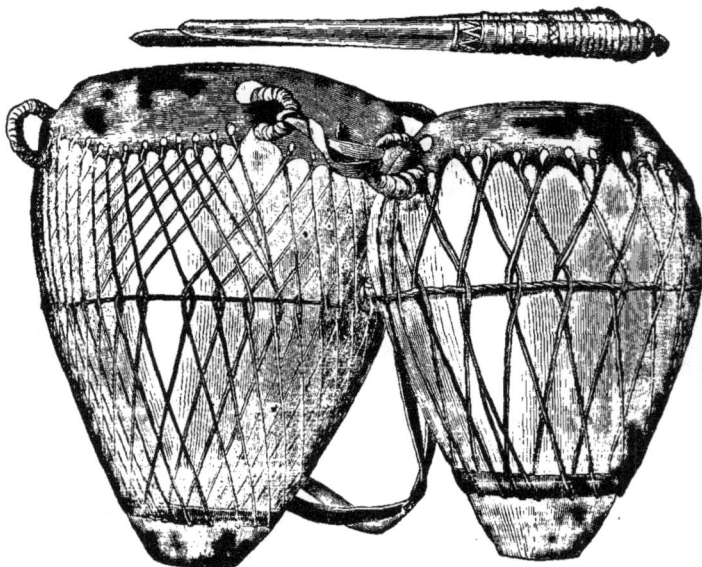

Fig. 596. — Tambours persans.

un accord musical à la tierce, à la quinte, à l'octave. Il suffit pour cela de leur donner des dimensions homologues en raison inverse des nombres 1, $\frac{5}{4}$, $\frac{3}{2}$, 2, c'est-à-dire proportionnels, par exemple, aux nombres 30, 24, 20 et 15. C'est, du reste, la loi des vibrations des colonnes d'air renfermées dans les caisses des tambours.

Fig. 597. — Instruments de musique japonais : le hing-kou.

Les *timbales* (fig. 595) sont des sortes de tambours dont la membrane unique est tendue sur une caisse métallique arrondie par le fond ; elles étaient autrefois d'usage dans la cavalerie. Le timbalier portait ce double tambour de chaque côté derrière le pommeau de la selle de son cheval, et il les frappait à l'aide de baguettes terminées au bout par de petites rosettes, « ce qui leur fait rendre un son plus agréable que si elles étaient frappées d'une baguette de tambour ».

Ces instruments ont été introduits dans nos orchestres, mais on a soin de les accorder à la tierce ou à tout autre intervalle musical, en les construisant de dimensions différentes et en tendant plus ou moins les peaux qui déterminent les vibrations sonores.

Le tambour est un instrument très ancien et, sous des formes diverses, très répandu chez toutes les nations civilisées ou barbares. Le *tambourin*, usité dans les fêtes de village de Provence, est un tambour allongé que le joueur bat d'une main, en s'accompagnant d'une petite flûte, le *galoubet*. Une des formes les plus originales du tambour est celle du tambourin japonais, que représente la figure 397. C'est le *hing-kou*, dont l'exécutant frappe les membranes avec deux baguettes; l'instrument repose sur un double pied, qui empêche les vibrations d'être arrêtées par le sol.

CHAPITRE III

LES INSTRUMENTS A CORDES

§ 1. INSTRUMENTS A CORDES CHEZ LES ANCIENS.

Les instruments à cordes sont connus depuis une époque
ccessivement reculée. David, comme on sait, jouait de la harpe
evant l'arche sacrée des Hébreux, et les sons qu'il en tirait
aient assez mélodieux pour empêcher Saül d'être tourmenté

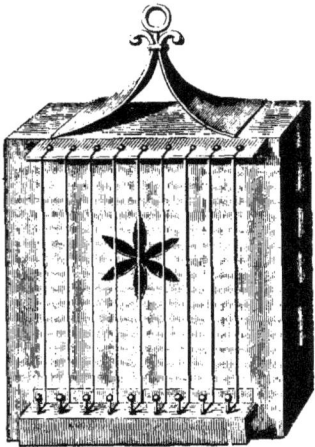

Fig. 598. — Hazur ou ascior des Hébreux.   Fig. 599. — Nebel.

u démon. Cette harpe était-elle le hazur, le kinnor ou le nebel
ue représentent les figures 598, 599, 400 et 401 ?

Toujours est-il qu'il s'agissait d'instruments composés d'une
aisse sonore de bois ou de métal, destinée à renforcer les sons

des cordes tendues sur une de leurs faces. La harpe dont se servait David devait être un instrument portatif, puisqu'il dansait et chantait tout en la faisant résonner.

Les lyres ou cithares des anciens Grecs étaient des instruments analogues à ceux des Hébreux. Quatre, cinq, sept, neuf ou un plus grand nombre de cordes tendues, communiquant leurs vibrations aux supports et aux caisses de formes variées qui les accompagnaient, puis aux masses d'air renfermées dans leurs cavités, tels étaient ces instruments qui servaient princi-

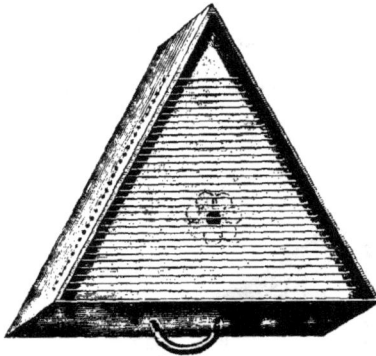

Fig. 400. — Kinnor.

Fig. 401. — Harpe des Hébreux.

palement à accompagner les voix des rapsodes ou des poètes. Les cordes étaient pincées avec les doigts ou frappées avec le *plectrum*, baguette d'ivoire ou de bois poli que le joueur tenait de la main droite.

Quel fut l'inventeur de la lyre? Mercure, Apollon, disent les anciens, qui ne croyaient pas devoir donner une trop noble origine à un art si enchanteur. Orphée n'avait-il pas, en jouant de la lyre, apprivoisé les bêtes farouches, attendri les bois et les rochers, gagné Cerbère et touché jusqu'à l'inexorable Pluton, quand il arracha aux enfers son Eurydice? Mais laissons là la fable, si ingénieuse et si touchante soit-elle, et rappelons seulement que les Grecs étudiaient la lyre, non pas seulement en artistes ou en poètes, mais en physiciens, car ils connaissaient les rapports des intervalles sonores et des longueurs des

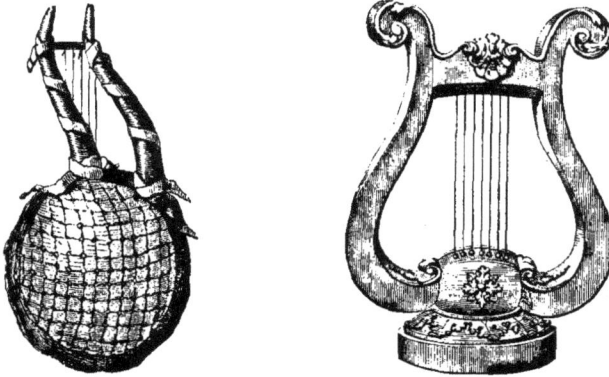

Fig. 402 et 403.   Instruments à cordes des anciens : lyres pentacorde et heptacorde.

cordes, lois dont la découverte remonte chez eux à Pythagore. Revenons aux instruments modernes, dont la construction

Fig. 404 et 405. — Lyres ou cythares des anciens.

est basée sur les vibrations des cordes sonores et qui, comme les anciens, sont des instruments composés, puisque les sons des cordes, trop faibles isolément, s'y trouvent renforcés par des caisses dont l'air et les parois entrent simultanément en vibration.

Nous les diviserons en trois classes, selon le mode de mise en vibration des cordes : dans la première, nous rangerons les instruments à *archet*, dont le type est le *violon;* dans la seconde, nous placerons les instruments dont les cordes sont pincées, soit par les doigts du joueur, soit par un bout de bois ou de plume : le type de cette série est la *harpe* ou la *guitare;* enfin une troisième série sera celle qui comprend les instruments dont les cordes entrent en vibration sous le choc d'un marteau : ce sont les instruments à touches, dont le type est le *piano.*

Il est bien clair qu'une autre classification serait possible, qu'on pourrait distinguer entre les instruments dont les cordes ont des longueurs fixes et ne rendent chacune qu'un son, et ceux dont les cordes peuvent être raccourcies à volonté par l'exécutant et dès lors sont susceptibles de varier, soit d'une façon limitée, soit indéfiniment, les sons qu'on peut en tirer dans un même morceau. On pourrait ranger aussi les instruments à cordes d'après la nature des substances qui les composent, des timbres que leurs sons offrent à l'oreille, etc. Mais ces divers points de vue ne touchent qu'indirectement au sujet que nous avons à traiter. Ce que nous voulons, c'est montrer sur quels principes de l'acoustique musicale est fondée la construction de chaque type d'instrument.

§ 2. LE VIOLON.

Commençons par le plus parfait des instruments de musique, par le violon.

Comme dans la plupart des instruments de musique à cordes, il y a à considérer dans le violon, au point de vue de la production des sons, deux parties principales : l'une est formée du système de cordes qui constitue le corps *sonore* initial, celui qui entre directement en vibration sous l'influence de la percussion, du pincement ou du frottement ; l'autre partie se compose d'une caisse creuse sur laquelle s'appuient les cordes, et qui est

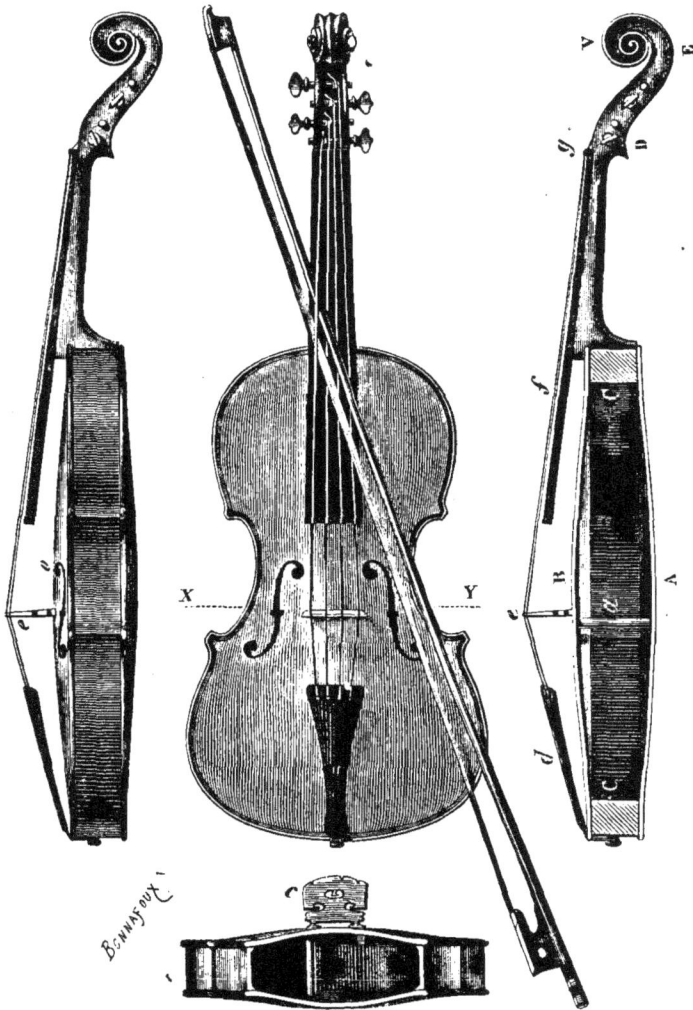

Fig. 406. — Le violon : coupes longitudinale et transversale.
Le violon vue de face et de côté.

destinée à renforcer les sons produits et à leur donner les qualités de force, de douceur, de moelleux et de timbre particulières à l'instrument. Les parois de la caisse et la masse d'air qui s'y trouve renfermée contribuent, chacune dans une certaine mesure, à ce résultat. Décrivons ces deux parties, en insistant sur le rôle qu'elle jouent.

La caisse sonore d'un violon est formée de deux tables à peu près semblables AB, contournées comme le montre la figure 406, et échancrées vers leur milieu, de façon à laisser un libre passage à l'archet dans ses mouvements à droite ou à gauche. La *table inférieure* est faite d'un bois dur et à grain homogène, ordinairement de hêtre, ainsi que les lames latérales ou *éclisses* qui la réunissent sur tout son contour avec la *table supérieure;* celle-ci est faite de bois léger, de sapin ou de cèdre, et elle est renforcée à son milieu et au dedans de la caisse par une bande de bois CC sur laquelle s'épaule le manche du violon.

La table de dessus est percée de chaque côté, à peu près à la hauteur XY de sa partie la plus étroite, de deux ouvertures oo' qu'on nomme les *ouïes*. C'est entre les ouïes que se pose le chevalet, petite pièce de bois à deux pieds, évidée de façon à diminuer sa masse, et destinée à servir d'appui aux cordes. Ces dernières sont attachées, d'une part, à la *queue d*, pièce qui s'accroche par une corde et un bouton à la partie la plus basse des éclisses, et percée de quatre trous où l'on fixe les cordes par un nœud; d'autre part, les cordes vont s'appuyer sur le *sillet g*, d'où elles s'engagent dans la gorge creuse du *sommier* DE et s'enroulent sur les chevilles. Entre le sillet et le chevalet et au-dessous des cordes est la *touche f*, pièce convexe d'ébène qui est collée sur le manche et s'avance au-dessus de la caisse sans la toucher. Enfin, entre les deux tables du violon et à peu près au-dessous du pied droit du chevalet, c'est-à-dire du côté de la chanterelle, est une petite pièce de bois cylindrique *a* qui réunit les tables et qu'on nomme l'*âme*.

Telle est la caisse sonore du violon. Le système des cordes dont nous venons de voir déjà la disposition sur l'instrument, est formé de quatre cordes à boyaux d'égales longueurs, mais de grosseurs inégales. La plus grosse, située à gauche, est une corde filée, c'est-à-dire entourée d'un fil de cuivre argenté, qui donne aux sons qu'elle produit un timbre plus mordant et plus métallique. La plus petite se nomme *chanterelle;* elle est à la droite de la touche ou du chevalet.

En tournant plus ou moins, dans un sens ou dans l'autre, les chevilles autour desquelles s'enroulent les cordes, on leur donne une tension qui fait varier à volonté et graduellement la hauteur du son fondamental, d'après les lois connues des vibrations des cordes sonores. Par ce moyen, on *accorde* l'instrument, c'est-à-dire qu'après avoir pris, avec la seconde corde à gauche, l'unisson du diapason qui sonne le *la* (870 vibrations par seconde), on monte les autres cordes de façon qu'elles donnent les notes suivantes, de quinte en quinte :

4e corde (filée) ou grosse corde.	*sol*
3e corde.	*ré*
2e corde.	*la*
1re corde ou chanterelle.	*mi*

Le violon accordé, on en joue en tenant l'instrument entre le menton et la clavicule gauche et en appuyant le manche sur la main gauche, de façon que les doigts puissent s'appliquer normalement sur les cordes à des distances du sillet qui varient selon la hauteur des sons à produire. La main droite tient l'archet, dont elle frotte, en appuyant avec plus ou moins de force, les cordes voulues, dans une direction toujours parallèle au plan du chevalet, c'est-à-dire perpendiculaire à la longueur même des cordes.

La figure 407 et le tableau de la page suivante indiquent les points où doivent porter les doigts sur chaque corde, pour que celles-ci rendent les sons successifs (avec leurs dièzes et bémols) d'une gamme dont le *sol* le plus grave serait la tonique initiale. Il est bien clair qu'au lieu de passer d'une corde à une autre (ce qui se fait sans changer la main de place, sans *démancher*), on pourrait produire les mêmes sons (du moins les sons plus aigus que le son fondamental de chaque corde) sur une corde unique en avançant la main vers le chevalet et en posant les doigts en des points de plus en plus éloignés du sillet. C'est ce que rend évident l'aspect du diagramme où nous avons figuré ces positions jusqu'au milieu même de chaque corde, point qui correspond à l'octave aiguë du son fondamental de chacune d'elles.

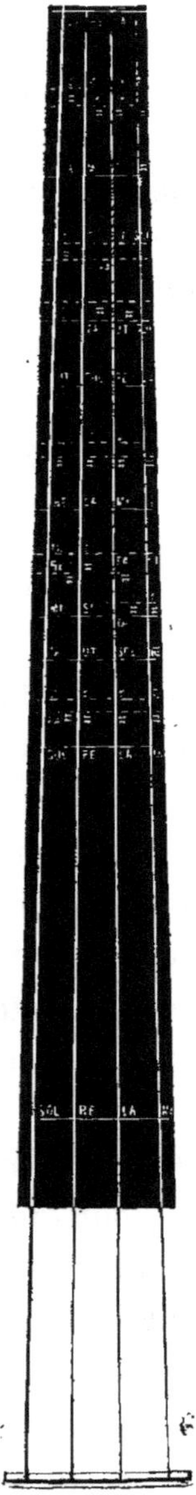

Un mot maintenant sur la façon dont vibre l'instrument quand les cordes sont frappées par l'archet. Cette baguette, munie de crins également tendus et frottés de colophane, ébranle la corde comme ferait une suite rapide de chocs plus ou moins légers, qui, selon qu'on tire ou qu'on pousse l'archet, dérangent la corde à droite ou à gauche de sa position d'équilibre et lui impriment, à chaque très court intervalle où elle est laissée libre, une série d'oscillations dont la rapidité est en rapport avec la longueur de la partie vibrante, avec la tension de la corde et son diamètre. Il résulte de ces sons multiples et isochrones un son unique qui est formé, comme nous le savons, non seulement de la note principale, mais de toutes ses harmoniques.

Si la corde entrait seule en vibration entre ses points d'appui, qui sont, d'un côté le chevalet, de l'autre le sillet ou le doigt jouant le rôle de sillet, le son serait maigre, sans ampleur et sans éclat. Mais, par l'intermédiaire du chevalet, les vibrations de la corde se transmettent à la table de dessus, et de celle-ci, soit par les éclisses, soit par l'âme, à la table inférieure et à tout l'instrument. En outre, la masse d'air contenue entre ces deux tables joue elle-même un rôle important par les vibrations qui lui sont communiquées.

Fig. 407. — Tablature du violon.

Elle agit comme un tuyau renforçant de grande section et de faible profondeur, ce qui explique qu'elle renforce tous les sons émis par l'instrument, bien qu'il y ait

toujours, dans la série indéfinie des sons du violon, certains
d'entre eux qui sonnent avec plus de force et d'ampleur que
les autres.

Les ouïes, comme on voit, sont utiles pour transmettre au
dehors, à l'air extérieur, les vibrations de la masse d'air enfermée dans la caisse. Sans les ouïes, les sons seraient sourds.
Savart, qui a longuement étudié, dans une suite d'expériences
célèbres, le mécanisme du violon, a reconnu que cette masse
d'air doit être d'ailleurs isolée de tous côtés : en perçant des
ouvertures dans les éclisses, le son devenait de plus en plus
maigre à mesure que les ouvertures devenaient plus larges,
et ainsi les vibrations des tables sont séparément insuffisantes.

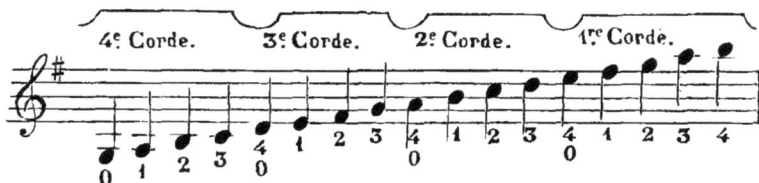

Fig. 408. — Tablature du violon ; doigté pour la première position.

Les parois de la caisse sonore du violon et la masse d'air renfermée vibrent ensemble à l'unisson, ainsi que l'a vérifié Savart.
Néanmoins, prises séparément, les deux tables doivent donner
deux sons différant environ d'une seconde majeure. Plus près
de l'unisson, elles donneraient lieu à des battements ; plus
éloignées, elles auraient de la peine à s'y mettre ensemble.
C'est la table supérieure, du reste, qui vibre avec le plus de
force : voilà pourquoi il importe que le bois dont elle est formée
soit fibreux, élastique et léger. La table inférieure représentant
le fond d'un tuyau bouché n'a besoin de vibrer que faiblement,
et se fait, pour cette raison, d'un bois plus compact, moins
fibreux et plus lourd.

L'âme d'un violon est une pièce essentielle à la sonorité et
aux qualités des sons. Selon Savart, son rôle est de rendre les
vibrations de la table normales. « Pour appuyer cette manière

de voir, il perça les deux tables et fit vibrer les cordes normalement aux tables, en faisant passer l'archet par les ouvertures; alors l'âme devint inutile. » M. Daguin, en rappelant ainsi l'opinion de Savart sur l'âme, la trouve inexacte ou incomplète, et les raisons qu'il donne à l'appui de cette critique nous semblent très justes : « Dans cette explication, dit-il, on ne conçoit pas pourquoi l'âme doit être sous un pied du chevalet et non au milieu. Une seconde colonne sous l'autre pied devrait augmenter l'effet, tandis qu'elle rend le violon sourd. Les éclisses ne devraient-elles pas, d'ailleurs, produire le même effet que l'âme? Il nous semble, d'après ces considérations, que l'on doit expliquer l'effet de l'âme de la manière qui suit : L'âme a pour effet de donner au pied du chevalet un point d'appui, autour duquel il vibre en battant sur la table de son autre pied. Si l'un des pieds n'était pas appuyé sur un point fixe, il se relèverait pendant que l'autre s'abaisserait, parce que les cordes n'agissent pas normalement à la table, puisque l'archet les ébranle très obliquement, ce qui entraîne le chevalet dans un mouvement transversal quand il n'a pas de point fixe. »

Là aussi se trouve la raison pour laquelle le chevalet repose par deux pieds sur la table. Il est évidé parce que, si sa masse était plus forte, les cordes ne pourraient lui communiquer que de faibles vibrations, et la sonorité de l'instrument en serait diminuée. C'est précisément ce qu'on fait dans les passages qu'il s'agit de jouer *pianissimo*, et qu'on note alors *con sordini*. La sourdine augmente la masse du chevalet, tout en communiquant aux sons du violon, plus voilés alors et plus sourds, un timbre particulier, un certain caractère de mélancolie.

Savart, qui a beaucoup étudié les instruments à cordes, a cherché à se rendre compte de l'influence de la forme du violon et de la nature de la substance dont la caisse est construite. Il a construit lui-même un violon trapézoïdal, à tables planes et à contours rectilignes, qui avait d'assez bonnes qualités, au point de vue musical (fig. 409). Mais les violons en verre, en porcelaine, en métal, qu'on a essayés, ne valent rien. Évidemment, la légèreté spécifique des tables, la nature fibreuse du sapin, son élasticité, sont des conditions essentielles pour la régularité et l'ampleur des vibrations. Les luthiers les plus habiles connaissent et appliquent par tradition les règles de l'art : les épaisseurs variables du bois des tables aux différents points de leurs surfaces, la qualité du bois, les proportions relatives de toutes les parties de l'instrument, la monture elle-même, enfin, et surtout, paraît-il, la nature du vernis appliqué à l'extérieur du violon forment une suite de notions acquises par une longue expérience et des tâtonnements nombreux, dont l'ana-lyse scientifique serait très délicate et très difficile.

L'âge des violons, l'usage prolongé entre les mains d'artistes habiles, paraissent jouer un rôle dans leurs qualités : il est possible que l'élasticité des fibres se développe sous l'influence d'un jeu régulier et savant. C'est une opinion que partagent les artistes et à laquelle des physiciens de mérite ont adhéré [1].

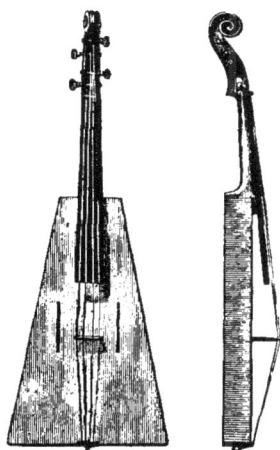

Fig. 409. — Violon trapézoïdal de Savart.

Mais il ne faut pas oublier non plus que la beauté des sons que peut rendre un instrument de ce genre dépend, en majeure partie, du talent de l'artiste entre les mains duquel il se trouve. Presque toute l'habileté de celui-ci, à ce point de vue, réside dans la façon dont son bras droit ou, pour mieux dire, sa main droite sait manier l'archet, dans la netteté et la force avec lesquels les doigts de la main gauche appuient sur les cordes : la pureté des sons, leur force, leur moelleux, les mille expressions variées qu'ils sont susceptibles de rendre, toutes ces qualités merveilleuses dépendent sans

1. Voici celle de Helmholtz : « Une bonne partie de la supériorité des vieux violons pourrait bien résiderdans leur âge même et dans le long usage, ces deux circonstances ne pouvant que favoriser le développement de l'élasticité du bois. » (*Théorie physiologique de la musique,* traduction de M. Georges Guéroult.)

doute de l'excellence de l'instrument dans une certaine mesure ; elles sont, avant tout, dans le talent de l'exécutant : l'expression, le sentiment musical, en se joignant à ces qualités matérielles, constituent le génie des grands violonistes.

§ 3. INSTRUMENTS A ARCHET DE LA FAMILLE DU VIOLON.

Tout ce que nous venons de dire du violon s'applique aux

Fig. 410. — Instruments de la famille du violon : alto, violoncelle ou basse, contre-basse.

instruments de la même famille, instruments de dimensions

variées, mais ayant à peu près la même forme, la même structure extérieure et intérieure, et se jouant, comme le violon, à
l'aide d'un archet, parfois en pinçant les cordes dans les
endroits musicaux marqués d'un *pizzicato*.

Tels sont : l'*alto*, ou viole, qu'on nommait aussi autrefois
alto-viola, qui est un violon de dimensions un peu plus fortes,

Fig. 411. — Violon des Ouadjiji.

accordé à la quinte au-dessous du violon, avec deux cordes
filées et deux cordes simples donnant, comme sons fondamentaux, *ut, sol, ré, la;* le *violoncelle*, beaucoup plus grand que le
violon et l'alto, et qui est monté comme ce dernier, mais à l'octave au-dessous ; il est tenu entre les jambes de l'exécutant, de
sorte que l'archet marche en sens contraire du mouvement de

Fig. 412. — Violon africain.

l'archet dans le violon et dans l'alto, les cordes graves étant à
droite de l'exécutant, au lieu d'être à gauche ; enfin, la *contre-
basse*, encore plus volumineuse et dont les cordes à vide sonnent
à l'octave grave de celles du violoncelle. Autrefois l'alto se
jouait en tenant l'instrument appuyé sur les genoux ou sur une
table et en tirant et poussant l'archet comme dans le violoncelle.

Aujourd'hui, il se tient sous le menton comme le violon lui-même, dont le jeu est entièrement semblable.

Nous ne mentionnons ici que les instruments à cordes et à archet usités dans la musique moderne et européenne. Jadis, les instruments de la famille du violon étaient plus variés, plus nombreux[1].

Fig. 413. — Musiciens persans. Violon et tambour de basque.

On distinguait plusieurs espèces de violes, dont le nombre des cordes était généralement de six; la basse de viole avait sept cordes et la *viola dè bardone* des Italiens n'avait pas moins

1. Les personnes curieuses de l'histoire des instruments trouveront d'intéressants spécimens des instruments anciens dans le musée du Conservatoire de musique, qui s'enrichit tous les jours sous la savante et zélée direction de son conservateur, M. Chouquet.

de quarante-quatre cordes, mais évidemment toutes ces cordes ne pouvaient être touchées par l'archet. L'alto-viola ou quinte et la *viola di gamba* ou basse de viole sont les deux types qui ont subsisté sous les noms, seuls usités aujourd'hui, d'*alto* et de *violoncelle*.

Il nous a paru intéressant de mettre sous les yeux du lecteur quelques types d'instruments analogues au violon pris chez les nations étrangères. Les violons persans et chinois ne paraissent pas construits avec beaucoup plus d'art que ceux des peuplades sauvages d'Afrique, que les violons des Ouadjiji. Ce sont tous de curieux restes, des spécimens de l'enfance de l'art, avec lesquels les instruments des Amati, des Stradivarius, des Vuillaume n'ont de commun que le nom.

§ 4. LA GUITARE. — LA HARPE.

Une autre classe d'instruments à cordes est celle dont la guitare et la harpe sont les types. Les vibrations sonores n'y sont plus produites par le frottement d'un archet, mais par le pincement des doigts, ou par le choc d'un morceau de bois ou de plume ; mais, comme les instruments de la famille du violon, les sons des cordes s'y trouvent renforcés par une caisse sonore, par les vibrations des parois de cette caisse ainsi que de la masse d'air qui s'y trouve renfermée.

Dans la guitare, l'absence de chevalet contribue, avec la manière de faire vibrer les cordes, à enlever aux sons de leur force, de leur sonorité, laquelle est bien inférieure à celle des sons des instruments à archet. Il en résulte aussi un timbre très différent, qui donne aux morceaux joués sur la guitare une teinte de légèreté, de douceur à la fois et de mélancolie. Du reste, c'est un instrument plus propre à l'accompagnement du chant qu'à l'exécution des *soli*.

Le nombre des cordes est variable. Chacune d'elles se touche ou se pince, soit à vide, auquel cas elle produit le son fondamental, soit raccourcie par l'imposition des doigts de la main gauche, qui s'appuie sur des sillets disposés à des distances convenables sur la touche. L'exécutant joue donc toujours juste, si l'instrument est bien accordé; toujours faux, s'il ne l'est pas; et, à ce seul point de vue, on voit de combien la guitare est inférieure au violon. Avec ce dernier instrument, un artiste

Fig. 414. — Instruments de musique chinois, à cordes et à archet.

qui a l'oreille juste corrige, par son doigté, les variations qui se produisent dans la tension des cordes pendant l'exécution d'un morceau. Dans la guitare et dans les instruments où les notes sont déterminées sur les cordes par des sillets fixes, une telle correction est impossible.

Le *luth*, le *théorbe*, la *mandore* et la *mandoline* sont des instruments aujourd'hui à peu près passés de mode, de même

MUSICIENNES JAPONAISES.

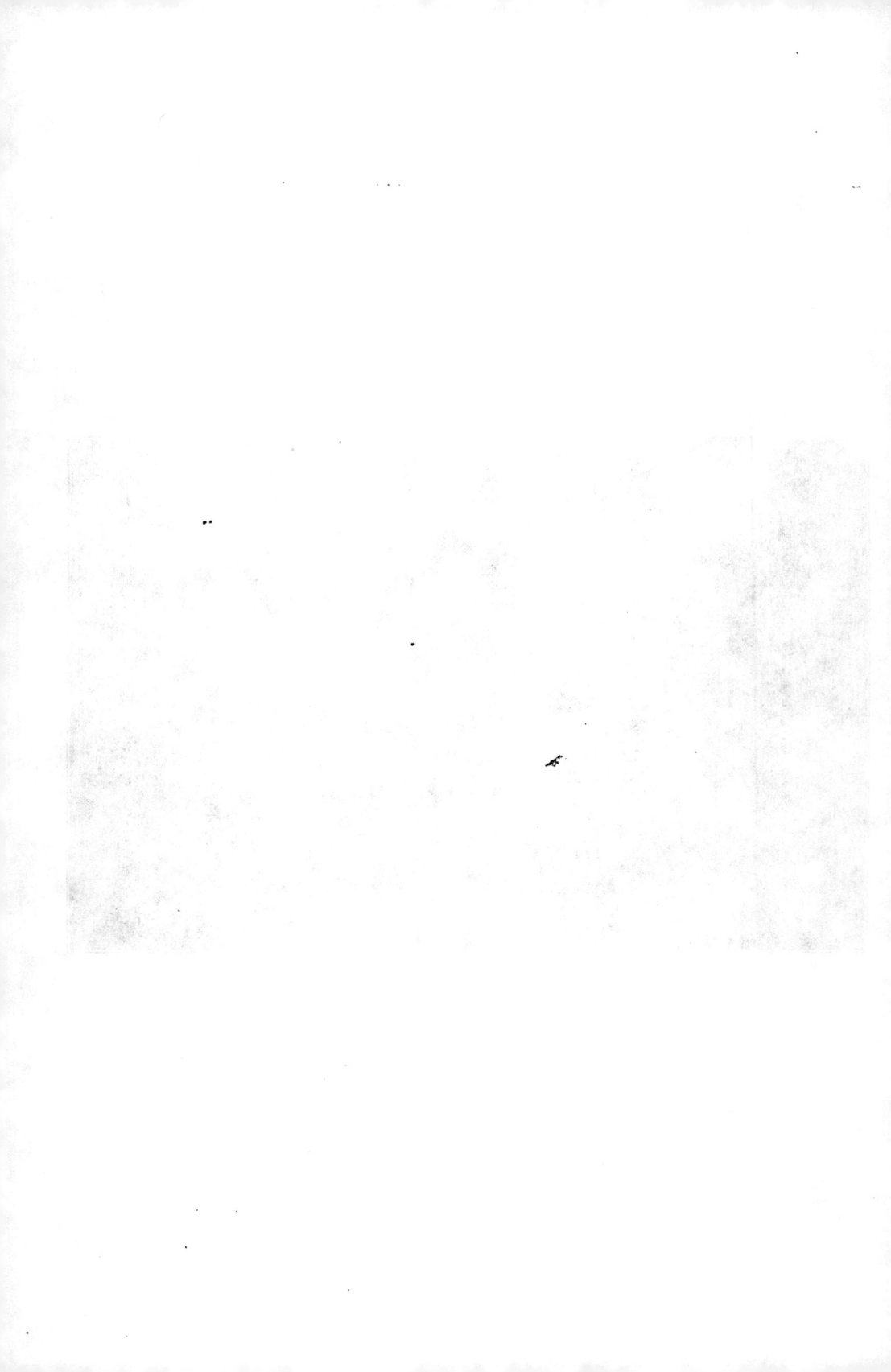

genre que la guitare, dont ils ne diffèrent que par la grosseur, la forme de la caisse sonore, le nombre des cordes, la façon dont celles-ci sont accordées. Ils sont peu ou point usités dans les orchestres; mais les chanteurs des pays méridionaux font un fréquent usage de la guitare et de la mandoline[1].

La *harpe*, dont nous avons constaté plus haut l'ancienneté,

Fig. 415. — La guitare.   Fig. 416. — Le théorbe.

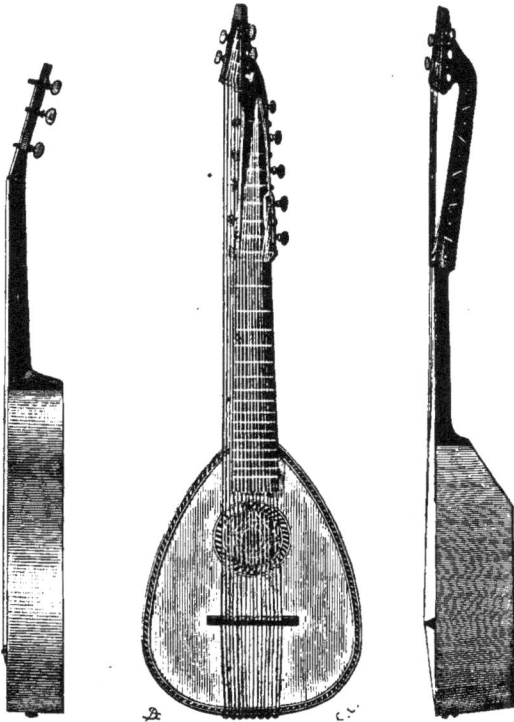

est un instrument à cordes qu'on met en vibration par le pincement des doigts. Sa forme diffère entièrement du violon, de la guitare ou des instruments analogues à ces deux types. Bien qu'elle soit peu usitée aujourd'hui, elle mérite une description spéciale.

1. « On ne peut guère déterminer l'origine de la guitare. Nous tenons cet instrument des Espagnols, chez qui les Maures l'ont vraisemblablement apporté : c'est l'opinion commune en Espagne qu'il est aussi ancien que la harpe. » (*Encyclopédie* de Diderot et d'Alembert.)

Sa construction était jadis fort simple; mais elle a été grandement perfectionnée dans les temps modernes. La harpe se compose aujourd'hui de trois parties, dont chacune correspond aux trois côtés inégaux d'un triangle, comme le montre la planche XXV. La caisse, ou corps sonore, est un assemblage de huit pans de bois assemblés et collés, sur lesquels est posée une table en sapin percée d'un certain nombre d'ouïes en forme de rosaces ou de trèfles. C'est sur cette table que l'on fixe les cordes, à l'aide d'autant de petits boutons : par leur autre extrémité, les cordes sont fixées à la *console* ou au *clavier*, de forme plus ou moins contournée, qui constitue le côté supérieur du triangle. Là, les cordes sont

Fig. 417. — La mandoline.

Fig. 418. — Japonaise jouant du gotto.

enroulées à autant de chevilles qui permettent de leur donner la tension convenable ou d'accorder l'instrument.

LA HARPE.

Dans la partie inférieure de la caisse, ou du pied de la harpe, aboutissent des tringles logées dans le troisième côté du triangle. Chaque tringle correspond, dans le pied, à une pédale sur laquelle le joueur appuie quand il est nécessaire. Par son autre extrémité, la tringle est reliée à des leviers qui agissent, quand

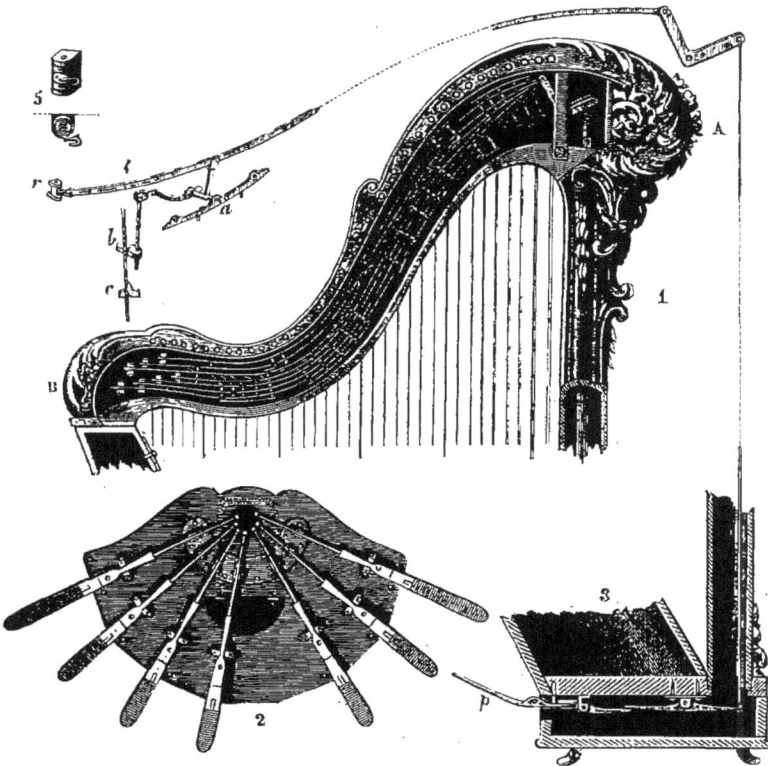

Fig. 419. — Mécanisme de la harpe. Console et pédale : AB, coupe de la console, leviers des pédales, tirants et ressorts ; 2, les pédales ; 3, mécanisme d'une pédale *p* ; tringle ; 4, *a*, arbre pivotant sous l'action du tirant, faisant mouvoir le sabot *b* du crochet et l'appuyant sur le sillet *c* ; 5, ressort servant à ramener les tirants à leur position quand l'action de la pédale cesse.

elle est relevée, sur des crochets extérieurs ; ceux-ci appuient alors toutes les cordes qui sonnent à l'octave les unes des autres contre des sillets, qui les raccourcissent ainsi dans la proportion voulue par les lois des vibrations sonores pour que chaque note se trouve diézée dans toute l'étendue de l'instrument. Le mécanisme en est aisé à saisir à l'aide de la figure 419.

Il y a naturellement sept pédales dans la harpe : trois du côté du pied gauche, servant à *diézer* les notes *si, ut, ré,* et quatre du côté du pied droit pour diézer les notes *mi, fa, sol, la*[1].

Le joueur de harpe tient l'instrument entre les jambes, le corps sonore appuyé à son extrémité supérieure sur l'épaule

Fig. 420. — Harpe galloise ou telyn.

droite, les cordes et les tringles ayant ainsi une position verticale. Il pince les cordes des deux mains, la droite étant plus particulièrement réservée aux notes supérieures, c'est-à-dire aux cordes les plus courtes, la main gauche pinçant les plus

1. Quand on joue sans pédale, le ton est celui de *fa* avec un bémol à la clef. La pédale de *si* haussant tous les *si* ♭ d'une seconde mineure les rend *naturels*, et l'on est alors dans le ton d'*ut naturel majeur*.

grandes cordes, c'est-à-dire les basses. L'étendue de la harpe
était ordinairement de 4 octaves et demie à 5 octaves, données
par 32 ou 35 cordes, depuis le *si* des cordes graves (correspondant au premier *si* de la contre-basse) jusqu'au *la*, qui est à
l'unisson du *la* (à vide) du violon. Mais aujourd'hui les harpes
ont jusqu'à 42 et même 46 cordes, ayant, comme on voit, une
étendue aussi grande que celle des pianos à six octaves. La
beauté, la pureté, l'éclat des sons de cet instrument font regretter
que la vogue l'ait abandonné. On ne voit plus guère la harpe
qu'aux mains des musiciens ambulants, et les harpistes de
talent sont aujourd'hui fort rares.

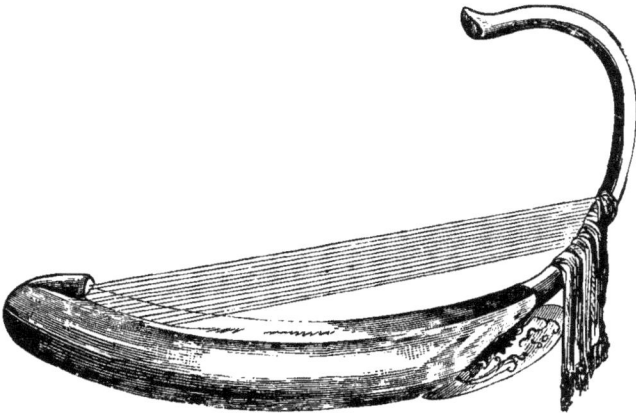

Fig. 421. — Harpe birmane.

De même que la mandoline ou la guitare sont les instruments préférés des peuples méridionaux, de l'Italie ou de
l'Espagne, la harpe est l'instrument national des pays du Nord,
et surtout de l'Irlande. « Les Gallois ont un instrument national qu'on appelle la *telyn* (fig. 420); c'est une harpe qui offre
la particularité d'un triple rang de cordes..... La rangée du
milieu correspond aux touches noires du piano (dièzes et bémols). On joue de la *telyn* sur l'épaule gauche et de la main
gauche. » (*Voyage dans le pays de Galles*, par M. A. Erny.)
On voit, par ce passage, que la harpe galloise est d'une construction beaucoup plus simple que la harpe décrite plus

haut, la rangée de cordes du milieu rendant inutile le mécanisme des pédales, des tringles et des leviers de la console;
mais aussi le plus grand nombre des cordes en rend le doigté
plus compliqué.

§ 5. LE PIANO.

Des instruments à cordes où les vibrations sont déterminées
par le frottement de l'archet ou par le pincement des doigts,
nous passons à ceux dont les cordes sont frappées par des marteaux que mettent en mouvement des *touches*. Tel est le *piano*,

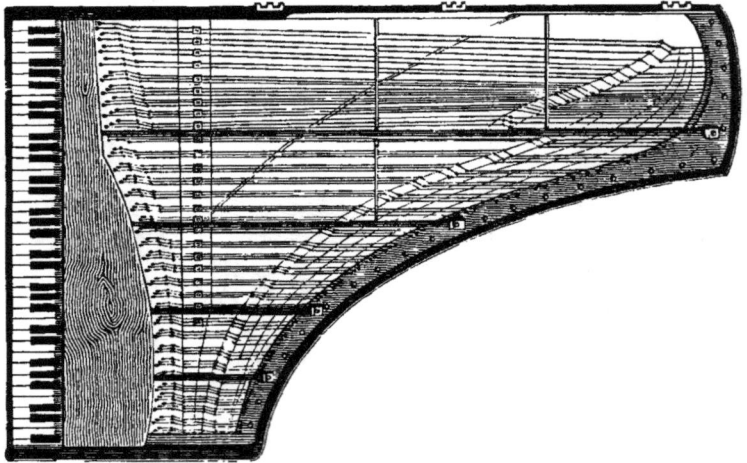

Fig. 422. — Le piano. Caisse sonore. Table d'harmonie et cordes.

aujourd'hui si répandu, et qui, pour les femmes surtout, reste
l'instrument par excellence, étant moins fatigant que la harpe
et plus fécond en ressources musicales, mais non supérieur à
celle-ci pour la beauté des sons.

Il y a trois parties principales à considérer dans le piano : la
caisse sonore, les cordes et le mécanisme des touches et des
marteaux.

La caisse varie de forme, selon la disposition générale de
l'instrument et du clavier, qui peut être horizontale ou verticale,
et, dans le premier cas, longitudinale ou transversale. Cette

disposition n'ayant rien d'essentiel, nous nous bornerons à parler de celle qui est préférée des artistes parce qu'elle est plus favorable à la sonorité : nous décrirons ce qu'on nomme le *piano à queue*, dont la caisse a la forme d'un long triangle, semblable à une harpe posée horizontalement (fig. 422).

La caisse sonore est en bois, ordinairement en chêne, et à l'intérieur de ses parois repose une table mince en sapin, formée de divers morceaux collés et ajustés ensemble : c'est la table d'harmonie, qui joue dans le piano le même rôle que la table supérieure, aussi en sapin, du violon. C'est elle qui reçoit la première l'impression des vibrations sonores excitées dans les cordes, et ce sont ses fibres qui communiquent ces mêmes vibrations à la caisse du piano et surtout à la masse d'air qui y est enfermée.

Au-dessus de la table d'harmonie, et parallèlement à son plan, sont tendues les cordes sur un cadre de fer renforcé de barres, aussi en fer, qui en maintiennent la rigidité et empêchent la déformation qui pourrait résulter de la tension des cordes. Ce sommier est composé d'une série de cordes métalliques dont la longueur et la grosseur sont en rapport avec la hauteur et le volume du son qu'il s'agit de produire. Chaque son est donné par une double corde pour les octaves graves, par une triple corde pour les octaves des sons moyens ou aigus.

Les unes et les autres sont en acier; mais les cordes graves sont des cordes filées, revêtues d'un enroulement de fils de cuivre rouge ou argenté. Ces combinaisons sont, comme on voit, conformes aux lois des vibrations longitudinales des cordes, qui nous ont appris que les nombres de ces vibrations, c'est-à-dire les hauteurs des sons rendus par une corde, sont inversement proportionnels à sa longueur, à son diamètre et à la force qui les tend.

L'instrument est construit de manière à laisser à la libre disposition de l'accordeur un de ces éléments, c'est-à-dire la tension de chaque corde. A l'aide d'un instrument en fer, ou clef, l'accordeur tend chacune des cordes de manière à produire la série des sons de la gamme diatonique et chromatique, ce qui se fait ordinairement par voie de comparaison de quinte en quinte, et exige une grande justesse d'oreille et une certaine habileté, car il faut tenir compte du tempérament[1].

Supposons donc effectuée cette opération indispensable : le piano est accordé et toutes les séries des cordes successives sont tendues, de manière à vibrer à l'unisson des notes qui composent les six à sept octaves de son clavier, avec leurs dièzes et bémols. Comment maintenant met-on chaque corde ou plusieurs cordes à la fois en vibration ?

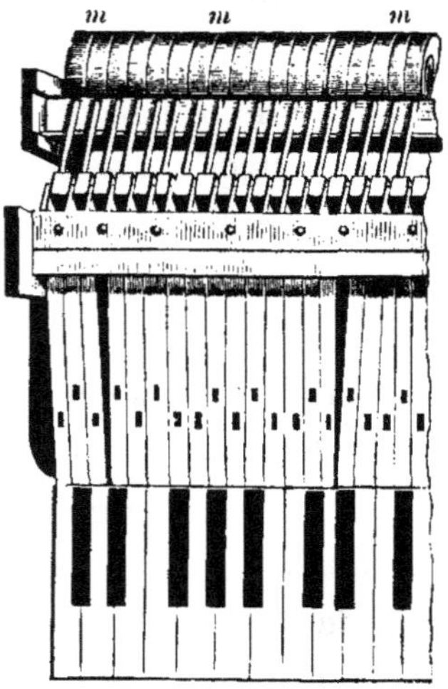

Fig. 425. — Piano. Disposition des touches et des marteaux.

Tout le monde sait que c'est en appuyant les doigts des deux mains sur des touches en ivoire et en ébène disposées horizontalement, et en les tenant abaissées plus ou moins longtemps dans le sens vertical. Mais on ne connaît pas aussi nettement le mécanisme qui produit les vibrations sonores, les arrête ou les prolonge à volonté, les atténue ou leur donne toute leur ampleur. On va voir que ce mécanisme est en réalité fort simple.

Au-dessous des cordes sont disposés autant de marteaux *mmm* qui, dans l'état de repos de chaque touche, restent rangés les uns à côté des autres à une certaine distance de la corde double ou triple qui correspond à chacun d'eux (fig. 425). Vient-

1. Plusieurs tentatives ont été faites pour donner au piano la série entière des sons de la gamme enharmonique, mais nous ne sachions pas qu'elles aient réussi. Cela est fâcheux, parce que, à notre avis du moins, l'infériorité musicale du piano sur les instruments tels que le violon est due en grande partie à cette nécessité du tempérament, qui fait que le piano est un instrument faux, rigoureusement parlant.

La multiplicité des touches n'est point un obstacle suffisant. Ne voyons-nous pas les organistes jouer sur cinq claviers ? Enfin, sans rendre les touches plus nombreuses, ne pourrait-on, par un jeu de pédales, comme dans la harpe, obtenir distinctement les bémols et es dièzes de chaque note ?

on à appuyer sur une touche, c'est-à-dire à abaisser un bras
du levier qui la constitue, l'autre bras se relève : le marteau
correspondant est projeté brusquement dans le sens vertical
et va choquer la corde correspondante, qui entre alors en
vibration sous l'influence de ce choc. Il nous reste à faire voir
comment s'effectue ce mouvement du marteau, comment celui-
ci retombe après le choc sans rebondir et sans faire de bruit.
La figure 424 va nous faire comprendre tout le mécanisme. Sui-
vons, pour cela, la série des effets que provoque le mouvement
d'abaissement de la touche.

Fig. 424. — Piano. Mécanisme des marteaux et des touches.

ab est la corde sonore, AOB la touche mobile autour du point O.
En appuyant en B (ou en B'), le bras du levier OA se relève, fait
lever un échappement G qui va frapper sur l'extrémité *e* du
manche *t* du marteau M. Ce dernier, qui se trouvait placé d'abord
en M prend alors la position du marteau M', et frappe la corde,
qui résonne sous l'influence de la percussion. Mais l'échappement, après avoir élevé le marteau d'une certaine quantité, est
lui-même arrêté par un bouton posé obliquement ; il quitte le
nez de la noix du marteau, qui retombe à sa position primitive
sur un petit chevalet H, qu'on nomme la *chaise*. Celle-ci empêche
le marteau de rebondir et amortit le bruit qu'il pourrait faire.

Ajoutons que les cordes qui forment chaque note et qui sont
frappées ensemble quand le doigt appuie sur une touche, conti-
nueraient à résonner après le choc, si elles n'étaient munies de
petites pièces de bois garnies de feutre EE', nommées *étouffoirs*.
Dès que le doigt appuie sur une touche, l'étouffoir E est sou-

levé par l'intermédiaire de la tige *l*, comme on le voit en E'*l*', et la corde vibre; il reste soulevé si le doigt continue de presser la touche; il retombe, au contraire, et éteint la vibration sonore, dès que le doigt quitte la note.

Il reste à dire par quel mécanisme les pédales permettent tantôt d'accroître, tantôt de diminuer l'intensité du son. L'une d'elles communique, en effet, par un levier avec tout le système des étouffoirs; quand on appuie le pied, une tringle verticale agit sur ce système et tous les étouffoirs se lèvent en même temps; chaque note est ainsi prolongée et donne un son plus intense; de plus, elle communique ses propres vibrations à ses harmoniques, de sorte que la sonorité de l'instrument est considérablement augmentée. Au contraire, si c'est sur l'autre pédale qu'agit l'exécutant, un léger mouvement de gauche à droite est communiqué au clavier; chaque marteau ne frappe plus à la fois qu'une ou deux des trois cordes destinées à former le son, dont l'intensité se trouve ainsi diminuée d'un ou de deux tiers.

Le piano ne remonte pas au delà de la seconde moitié du dix-huitième siècle. Il n'est autre que le *clavecin* perfectionné, instrument originaire d'Italie, d'où il a été importé en France et dans les autres pays d'Europe. Le clavecin avait souvent plusieurs claviers; mais ce qui le distinguait aussi du piano moderne, c'est le mode par lequel les cordes métalliques entraient en vibration. On vient de voir que dans le piano c'est la percussion d'un marteau qui les fait résonner : dans le clavecin, les touches faisaient mouvoir de petites pièces de bois nommées *sautereaux*, qui étaient munies d'une pointe de plume de corbeau. C'est cette pointe qui pinçait les cordes. Aussi les sons du clavecin n'avaient-ils pas le même caractère, le même timbre que ceux du piano; ils étaient plus maigres, plus mordants, moins moelleux, d'une sonorité moins douce et à la fois moins intense. L'*épinette* était une espèce de petit clavecin, n'ayant qu'une corde pour chaque touche et dès lors un seul rang de sautereaux. C'est la forme primitive du clavecin lui-même.

CHAPITRE IV

LES INSTRUMENTS A VENT

Pour distinguer nettement les instruments de musique dont les sons sont produits par les vibrations des cordes, de ceux qu'on nomme instruments à vent, il faut considérer non seulement le mode de production du son, mais aussi la nature du corps dont les vibrations déterminent les qualités musicales du son produit, c'est-à-dire la hauteur, l'intensité et le timbre.

Nous venons de voir que, généralement, dans les *instruments à cordes*, le corps sonore se compose non seulement des cordes vibrantes, mais d'une caisse en bois ou en métal et de la masse d'air qu'elle contient. Or, la corde seule, par sa grosseur, sa longueur, sa tension, la substance dont elle est formée, détermine la hauteur musicale du son et en partie son timbre. La caisse et l'air, qui entrent aussi en vibration quand la corde est frottée, pincée ou percutée, n'interviennent que pour renforcer le son produit, mais sans modifier sa hauteur; ils ont également une grande influence sur le timbre, en donnant la prépondérance à tel ou tel des harmoniques du son fondamental; ils restent sans influence appréciable sur la hauteur musicale.

Dans les *instruments à vent*, que nous allons maintenant décrire, le corps sonore, la masse vibrante est une colonne d'air dont la forme varie avec celle des parois où elle est renfermée : ce sont les variations de dimension et de forme de cette colonne qui causent les variations dans la hauteur musicale des sons produits, et les parois du tuyau n'agissent que pour modifier la sonorité ou l'intensité de ces sons. Le mode de production du son est donc par cela même fort différent de celui qu'on emploie pour les instruments à cordes. C'est ici la colonne d'air qu'il faut faire vibrer : ce à quoi on parvient en imprimant un mouvement vibratoire à une portion de cette colonne, située ordinairement à l'une des extrémités et munie d'un appareil ou embouchure qui rend facile cette mise en vibration. En général, c'est par une insufflation produite par les lèvres de l'exécutant ou par une soufflerie mécanique que les vibrations se produisent et se communiquent à l'air contenu dans l'instrument. De là le nom d'instruments à vent donné à ces instruments de musique.

Les instruments à vent sont très variés de forme, de dimension, de mécanisme : les uns sont construits en bois, d'autres en métal et même en verre ou en cristal. Mais le mode le plus rationnel de classification est celui qui les distingue par l'espèce d'embouchure qui les caractérise. Nous trouverons ainsi les instruments de musique à embouchure *de flûte ;* ce sont ceux qui ont pour types la *flûte* elle-même ou les tuyaux d'orgue qui nous ont servi à étudier les vibrations des colonnes gazeuses et que nous reproduisons ici (fig. 425); puis viendront les instruments à *anches battantes* ou *libres :* la *clarinette*, le *hautbois* sont les deux types principaux de cette série; enfin, les instruments à vent à embouchure à bocal : le *cor d'harmonie*, la *trompette* et la plupart des instruments en cuivre.

Pour résumer cette variété d'instruments musicaux, nous décrirons enfin l'*orgue*, qui est comme la synthèse des instruments à vent, puisqu'on y trouve tous les types, tous les timbres, depuis les sons les plus graves et les plus mordants jusqu'aux sons les plus aigus ou les plus suaves.

§ 1. INSTRUMENTS A EMBOUCHURE DE FLUTE. — LE FLAGEOLET, LA FLUTE, LE FIFRE.

La figure 425 montre en quoi consiste l'embouchure de flûte et comment les vibrations de la colonne d'air sont produites par l'insufflation. Le courant amené par la soufflerie vient frapper les parois taillées en biseau et s'y divise en deux courants, dont l'un agit sur la colonne intérieure et la fait entrer en vibration : le mouvement vibratoire est la suite des compressions et réflexions successives des lames d'air sur l'arête du biseau.

Nous rappellerons que si l'on met en vibration les colonnes

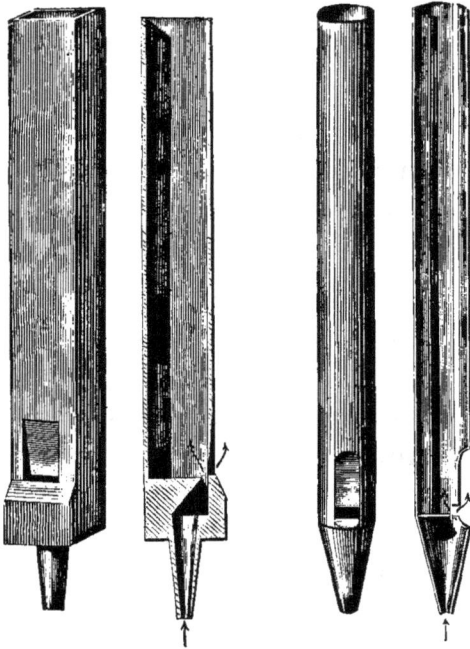

Fig. 425. — Tuyaux d'orgue à embouchure de flûte.

d'air enfermées dans des tuyaux dont la section est faible, relativement à la longueur, les sons produits ont des hauteurs inversement proportionnelles aux longueurs des tuyaux. Cela est vrai pour les tuyaux bouchés — ceux qu'on nomme *bourdons* dans l'orgue — comme pour les tuyaux ouverts. Seulement, dans deux tuyaux de même longueur, le son fondamental est, dans le tuyau ouvert, l'octave supérieur du son fondamental produit par le tuyau fermé. Outre le son fondamental, les tuyaux sonores produisent, quand on donne à la soufflerie une intensité croissante, les sons harmoniques successifs représentés par les nombres 1, 2, 3, 4, etc., dans les tuyaux ouverts, et les harmoniques impairs, 1, 3, 5, du son fondamental dans les tuyaux fermés.

. Ces lois suffisent à l'intelligence des phénomènes d'acoustique musicale que présentent les instruments à vent, et des règles qui ont présidé à la construction de chacun d'eux. La forme et la substance dont les tuyaux sont formés, le mode d'embou-chure et la façon dont cette embouchure est attaquée, ne font que modifier le timbre des sons produits, leur intensité, leur douceur, et enfin ces qualités qui dépendent, pour les trois quarts, de l'habileté de l'artiste, mais que la physique ne saurait analyser.

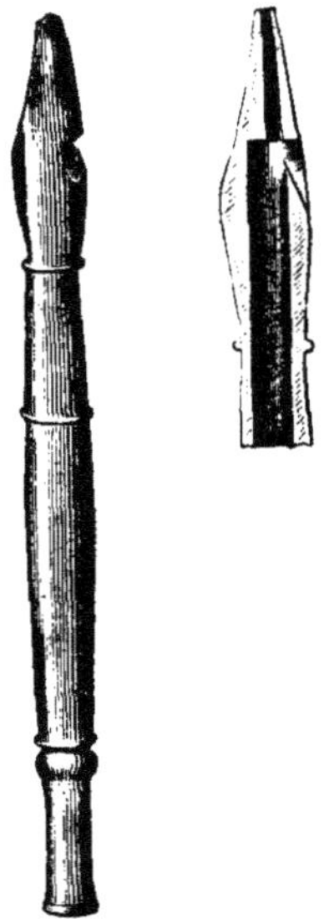

Fig. 426. — Le fla-geolet (coupe de l'embouchure).

Les *sifflets*, les *flageolets*, les *fifres* sont les plus simples des instruments à embouchure de flûte. Dans les deux premiers, un tuyau plus ou moins long est adapté à cette embou-chure, qui ressemble entièrement à celles représentées plus haut, sauf que l'extrémité est taillée de façon à entrer commodément entre les lèvres de celui qui joue de ces instru-ments (fig. 426).

Le tuyau est percé d'un certain nombre de trous, pratiqués en des points qui correspon-dent aux nœuds de la colonne gazeuse intérieure. Quand ces trous sont tous bouchés par les doigts de l'artiste, les sons produits sont le son fondamental et ses harmoniques 2, 3, 4, c'est-à-dire l'octave supérieure, la tierce au-dessus de cette octave, la double octave, etc. En levant successivement les doigts dans un ordre convenable, on obtient les sons intermé-diaires de la gamme naturelle; les dièzes et bémols se produi-sent en ne bouchant les trous qu'à moitié.

Dans la flûte et le fifre, l'embouchure est un trou ovale dont les bords sont taillés en biseau, au devant duquel on souffle avec les lèvres : ce sont celles-ci qui servent de porte-vent. Il y a, de plus, cette différence que le courant d'air déterminant les vibrations a une direction transversale à celle du tuyau.

On fait des flûtes en bois, buis ou ébène, en ivoire, en cristal. Le nombre des trous, des clefs qui servent, soit à les boucher, soit à les ouvrir, varie selon les instruments. La figure 427 en donne deux spécimens. Au dernier siècle, la flûte qu'on nommait *flûte traversière*, pour la distinguer de la flûte à bec (qui est une sorte de flageolet aujourd'hui hors d'usage), était beaucoup plus simple : elle n'avait que sept trous, et son étendue ne dépassait pas trois octaves.

Les fifres sont de petites flûtes à six trous, dont les sons vifs et éclatants se détachent sur l'ensemble du morceau. On les emploie fréquemment dans la musique militaire.

L'invention de la flûte remonte à la plus haute antiquité. On l'a retrouvée, il y a quelques années, sous sa forme la plus simple parmi les débris de l'époque néolithique et de l'âge du renne.

Fig. 427. — La flûte (coupe longitudinale et transversale de l'embouchure).

Chez les Grecs et les Romains, les joueurs de flûte faisaient partie de toutes les fêtes et cérémonies, publiques ou privées, religieuses ou profanes.

Les acteurs, dans les pièces de théâtre, se servaient de doubles flûtes, dont les deux tubes inégaux avaient une commune

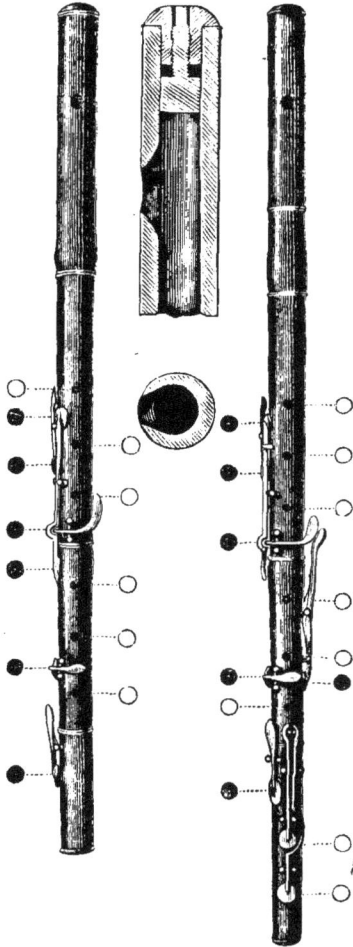

embouchure; l'un rendait les sons graves, l'autre les sons aigus. La *flûte de Pan* ou *syringe* était un instrument formé de sept roseaux de diverses longueurs : en soufflant successivement dans chacun d'eux, on obtenait une série de sons, une sorte de gamme.

§ 2. INSTRUMENTS A VENT A ANCHE. — LA CLARINETTE, LE HAUTBOIS, LE BASSON.

On donne le nom d'*anche* à une lame élastique qu'on dispose à l'ouverture des tuyaux sonores, pour recevoir l'action du courant d'air producteur du son.

Cette lame *ab* (fig. 428) est adaptée au devant de l'ouverture d'une pièce creuse *cd*, en bois ou en métal, qu'on nomme *rigole*. La lame, ou *languette*, ferme la rigole quand elle s'appuie exactement sur ses bords ; elle laisse passage à l'air quand elle n'est pas pressée et qu'elle se tient écartée des bords dans sa position normale. Du reste, une tige métallique *m*, la *rasette*, qu'on peut enfoncer plus ou moins en appuyant sur la baguette *t*, permet d'augmenter ou de diminuer la longueur de la partie libre de la languette. C'est cette partie libre qui, grâce à son élasticité, entre en vibration sous l'influence du vent, et communique ce mouvement vibratoire à la colonne gazeuse du tuyau sonore.

Cette espèce d'anche se nomme *anche battante*.

Dans l'*anche libre* (fig. 429), la languette s'adapte exactement à l'ouverture d'une petite boîte prismatique qui communique avec la bouche du tuyau. Elle peut osciller en dehors et en dedans de cette ouverture, en faisant de part et d'autre des mouvements d'amplitude égale : c'est en cela principalement que l'anche libre diffère de l'anche battante, dont les sons sont plus durs, plus criards.

Qu'est-ce qui, dans l'anche, produit le son ? Ce ne sont pas les vibrations de la substance métallique qui la compose, mais celles que produisent les sorties et rentrées périodiques de l'air. Le nombre des vibrations détermine, il est vrai, la hauteur du son. Il faut donc que l'anche adaptée à un tuyau ait des dimensions convenables et soit formée d'une substance d'une élasticité déterminée pour que ses vibrations soient isochrones avec celles de la colonne d'air du tuyau. La rasette permet d'ailleurs d'obtenir cet unisson. Nous verrons, en parlant des jeux d'orgue, comment on modifie les sons produits par les anches,

Fig. 428. — Anche battante.   Fig. 429. — Anche libre.

en leur adaptant des tuyaux de formes variées qui reçoivent alors le nom de *cornets d'harmonie*.

Un mot, maintenant, des instruments de musique dont les sons sont obtenus à l'aide d'anches de formes un peu différentes des anches adaptées aux tuyaux d'orgue, mais vibrant d'ailleurs de la même manière.

C'est d'abord la *clarinette*, dont l'embouchure est formée par une lame de roseau adaptée à un bec en buis, en ébène ou en ivoire, que l'exécutant fait vibrer en soufflant à l'intérieur de l'étroite ouverture qui les sépare. Ce sont les lèvres du joueur qui, en appuyant avec plus ou moins de force contre les deux côtés du bec de l'instrument, jouent le rôle de la rasette et donnent lieu à un mouvement vibratoire plus ou moins rapide.

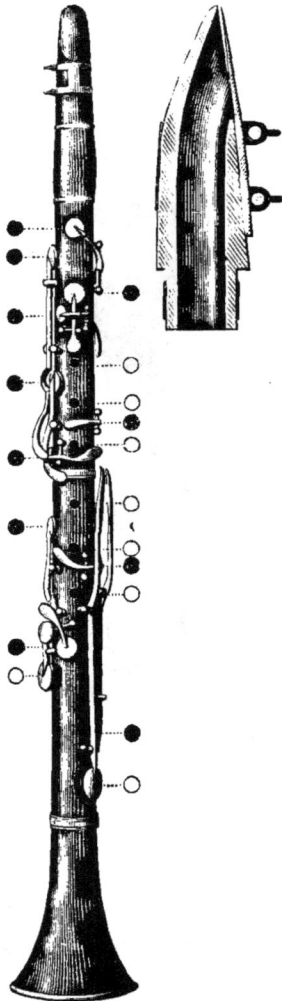

Fig. 430. — La clarinette (coupe de l'embouchure).

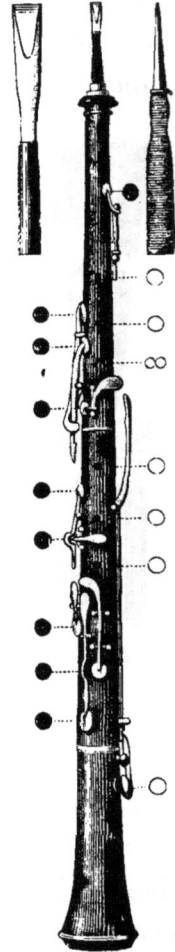

Fig. 431. — Le hautbois (anche vue de face et de côté).

Les sons produits par le tuyau vibrant dans toute sa longueur, c'est-à-dire quand les trous sont bouchés par les doigts, forment la série naturelle des harmoniques des tuyaux ouverts. Comme dans la flûte, on obtient les sons intermédiaires des gammes

liatoniques et chromatiques en ouvrant les trous successivement ou simultanément, soit en levant les doigts, soit en appuyant sur les *clefs* ou soupapes de l'instrument. Le tuyau de
a clarinette est terminé par une sorte de pavillon, d'ailleurs
peu évasé, comme le montre la figure 430.

L'anche du *hautbois* est formée de deux lames de roseau
appliquées l'une contre l'autre par leurs bords et se présentant
leurs concavités. Introduites dans la bouche de l'artiste exécu-
ant, elles vibrent sous l'influence du courant d'air produit par
l'insufflation, et la longueur de la partie vibrante dépend de
a façon dont les lames élastiques sont pressées par les lèvres
fig. 431).

Le *basson* est un instrument du même genre que le hautbois,
mais formé de tuyaux d'un plus grand volume et produisant
des sons qui résonnent à une quinte au-dessous de l'octave
inférieure des sons du hautbois. Le basson joue donc vis-à-
vis du hautbois le rôle que le violoncelle joue vis-à-vis du
violon.

§ 5. INSTRUMENTS A VENT A BOCAL OU A EMBOUCHURE DE COR.

Dans les instruments de musique qu'il nous reste à passer
en revue, l'embouchure est formée simplement d'un tuyau de
forme conique évasée, ou d'un tuyau
terminé par une cavité hémisphérique
qu'on applique contre les lèvres (fig. 432).
C'est le mouvement vibratoire des lèvres
elles-mêmes qui se communique à la
colonne d'air enfermée entre les parois
du tuyau diversement contourné qui constitue le corps sonore de l'instrument.
Ces vibrations peuvent être plus ou moins

Fig. 432. — Embouchure
de cor, ou à bocal.

rapides, selon que l'artiste serre plus ou moins la bouche contre
l'ouverture et que le courant d'air qui en résulte offre une sec-

tion plus ou moins étroite. Il faut une grande habitude pour proportionner exactement les dimensions de cette ouverture, la vitesse et la force du courant à la hauteur des sons qu'on veut

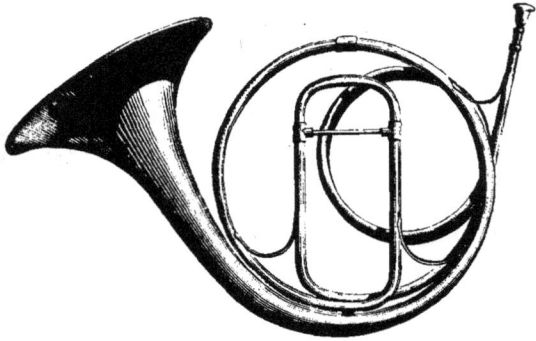

Fig. 433. — Le cor d'harmonie.

obtenir, pour faire vibrer en un mot les lèvres à l'unisson du son fondamental de l'instrument et de ses harmoniques. C'est ce qu'on nomme *posséder l'embouchure*.

Fig. 434. — Trompe de chasse.

Le type des instruments à vent à embouchure de cor est le *cor*, qui est formé d'un tuyau conique contourné en spirale et terminé par une large partie évasée qu'on nomme le *pavillon*. La *trompe de chasse*, la *trompette*, le *clairon* sont des instruments du même genre que le cor, généralement fabriqués en laiton, et qui ne diffèrent les uns des autres que par le volume de la colonne d'air, la forme plus ou moins contournée du tuyau, et enfin les dimensions du pavillon (fig. 433, 434, 435).

Les sons que ces instruments produisent sont les harmoniques naturels du son fondamental; on les obtient comme nous avons dit plus haut. Mais, pour avoir les sons intermédiaires de la gamme, il faut boucher avec la main, fermée d'une façon plus ou moins complète, l'ouverture du pavillon : il est difficile, du reste, d'obtenir de la sorte des sons bien justes et bien purs. L'obstruction de l'ouverture du pavillon leur ôte beaucoup de leur éclat, de leur sonorité.

Aussi a-t-on cherché à augmenter les ressources musicales des instruments en cuivre en modifiant de diverses manières les longueurs du tuyau sonore ou de la colonne d'air mise en vibration. On a percé de trous convenablement placés, munis de clefs qu'on peut fermer ou

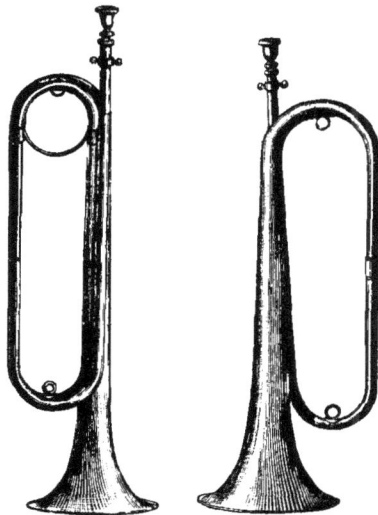

Fig. 435. — Trompette et clairon.

ouvrir à volonté, les parois métalliques des instruments. Tel est l'*ophicléïde* (fig. 436), la basse des instruments en cuivre, et toute la famille des instruments à clefs, les *saxophones*, ainsi nommés du nom du fabricant qui les a inventés ou qui en a amélioré la fabrication.

Un autre genre de modification est celui qu'on trouve dans le *trombone*, sorte de trompette à coulisse formée de deux parties emboîtées l'une dans l'autre, que l'exécutant peut allonger ou rapetisser à volonté par un mouvement rectiligne de la main droite (fig. 437).

Enfin, un troisième mode est celui des instruments à pistons, tels que le *cor*, le *cornet à pistons*, si connus aujourd'hui dans les orchestres, surtout les orchestres militaires (fig. 438).

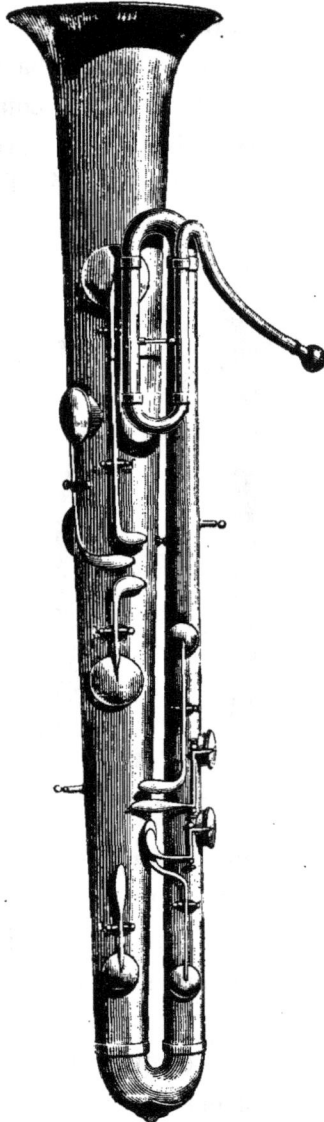

Fig. 436. — Ophicléide.   Fig. 437. — Trombone.

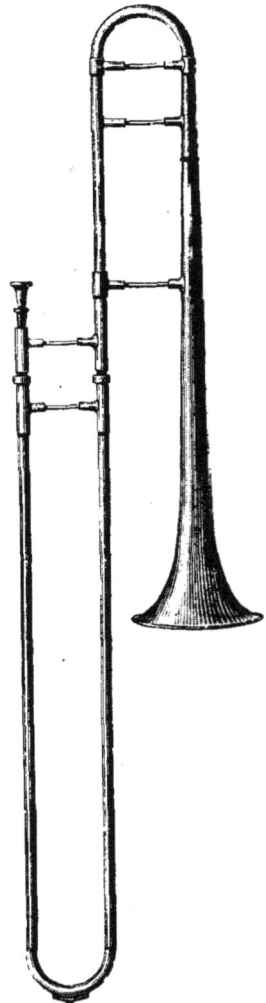

Les pistons ne sont autre chose que des portions de tuyaux au nombre de deux ou trois, qui s'emboîtent à frottement dans des parties cylindriques communiquant avec le tuyau con-

tourné de l'instrument. Ils sont percés latéralement d'ouvertures qui correspondent à des appendices destinés à accroître la
longueur de la colonne vibrante. Suivant
que le piston est abaissé ou levé, les ouvertures en question viennent se placer en face
de celles des appendices, ou se trouvent en
contact avec une partie pleine : la communication se trouve ouverte ou fermée,
comme on peut le voir sur les figures 439
et 440, qui représentent une coupe des
cylindres logeant les pistons et les pistons
eux-mêmes. L'exécutant agit d'ailleurs tantôt
sur un seul, tantôt sur deux, tantôt sur les
trois pistons. Les appendices sont eux-
mêmes formés de pièces mobiles qu'on
peut allonger ou raccourcir dans une certaine mesure. Enfin, la pièce du tuyau de
l'instrument où s'adapte l'embouchure est plus ou moins longue,

Fig. 438. — Le cornet
à pistons.

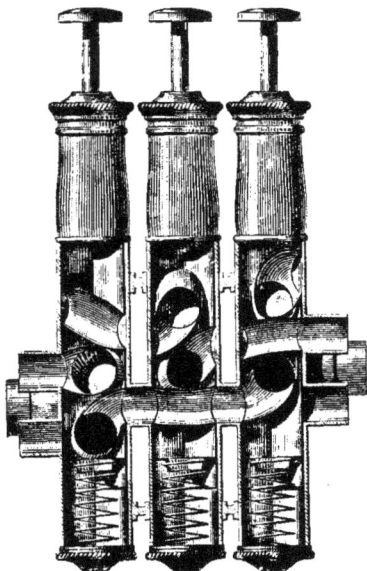

Fig. 439. — Coupe des pistons levés.   Fig. 440. — Pistons abaissés.

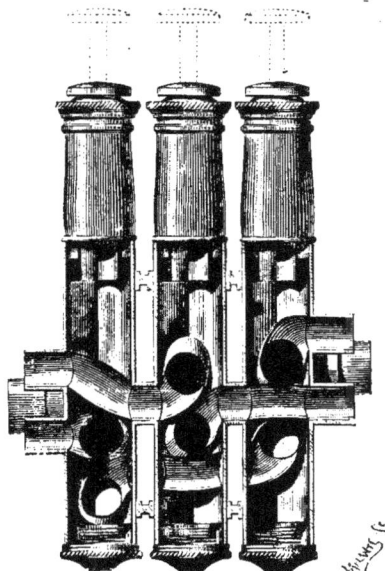

suivant le ton du morceau de musique à exécuter. On peut, de

cette façon, accorder l'instrument avec toute la justesse nécessaire.

Dans tous les instruments à vent que nous venons de passer
en revue, les embouchures, embouchures de flûte, à anche ou
à bocal reçoivent de la bouche ou des lèvres de l'artiste le courant d'air, le vent qui met en vibration la colonne d'air du
tuyau de l'instrument. Avant d'étudier l'orgue, où le courant
dont il s'agit est produit mécaniquement par une soufflerie,
nous devons dire deux mots d'un instrument champêtre où
l'air, dont la pression doit faire vibrer les anches, est emmagasiné dans un réservoir en peau avec lequel communiquent les
embouchures des tuyaux sonores.

C'est la *cornemuse* (fig. 441), qui était déjà connue des anciens Romains sous le nom de *tibia utricularis ;* on ne la trouve
plus guère aujourd'hui que dans quelques cantons reculés de
nos provinces, dans les montagnes de l'Écosse, etc.

En suivant la figure, on comprendra aisément le mécanisme
de l'instrument. A est le sac en peau de mouton qui sert de
réservoir d'air, et que le musicien gonfle en soufflant dans le
porte-vent C : une soupape intérieure s'ouvre de dehors en dedans
et permet à l'air d'entrer, mais non de sortir. BEF sont trois
chalumeaux, espèces de flûtes ou plutôt de hautbois ouverts au
dehors et munis, à leur extrémité intérieure, d'autant d'anches
de roseau. B et F se nomment le *gros* et le *petit bourdon :* ils
résonnent à l'octave l'un de l'autre. Les chalumeaux E et F
sont percés de trous qui permettent d'obtenir des sons
intermédiaires entre les sons fondamentaux et leurs harmoniques.

Quand le musicien a gonflé la cornemuse, qu'il tient em-
brassée entre son corps et son bras gauche, il la presse avec le
coude et force ainsi l'air à s'échapper par les anches, qui vibrent
et font sonner les chalumeaux. Par le jeu des doigts, il obtient

les sons variés dont l'ensemble forme l'air avec son accompagnement. Il a pu d'ailleurs accorder préalablement les chalumeaux, qui sont mobiles dans leurs boîtes et peuvent ainsi être accourcis ou allongés dans une certaine mesure.

La *musette* (fig. 442) est une cornemuse perfectionnée, dont les chalumeaux CD sont munis de clefs comme les instruments que nous avons étudiés plus haut, la flûte, le hautbois, etc., et dont le bourdon E est un cylindre contenant une série de tuyaux auxquels des anches sont adaptées intérieurement.

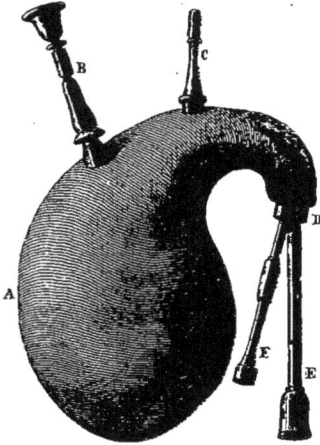

Fig. 441. — Cornemuse.　　　　Fig. 442. — Musette.

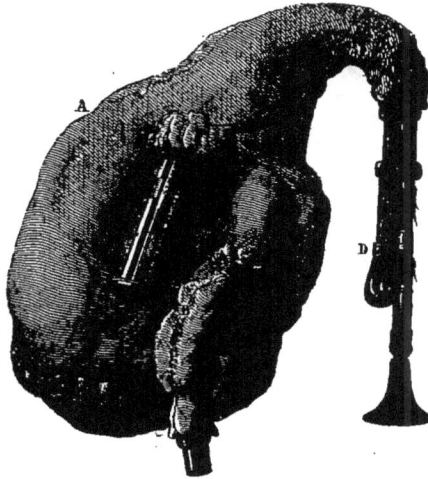

Quelques-uns de ces tuyaux sont doublement courbés, de manière à rendre des sons d'autant plus graves que leur longueur totale est plus grande. Des coulisses, qui font saillie à l'extérieur et qu'on nomme des *layettes*, sont mobiles le long du bourdon et permettent, soit de boucher tout à fait, soit de laisser plus ou moins fermée une fente qui correspond à l'ouverture de chaque tuyau. C'est le bourdon qui fait entendre les accords d'accompagnement dans la musette.

Une autre différence essentielle avec la cornemuse, c'est que le musicien gonfle l'instrument par le porte-vent B, non plus en soufflant avec sa bouche, mais en faisant mouvoir un soufflet (fig. 443) dont la douille s'ajuste avec l'ouverture du porte-vent et que le joueur porte attaché à sa hanche droite.

La musette a eu une grande vogue au dix-septième siècle, à la cour, à la ville comme aux champs ; mais, malgré l'origina-

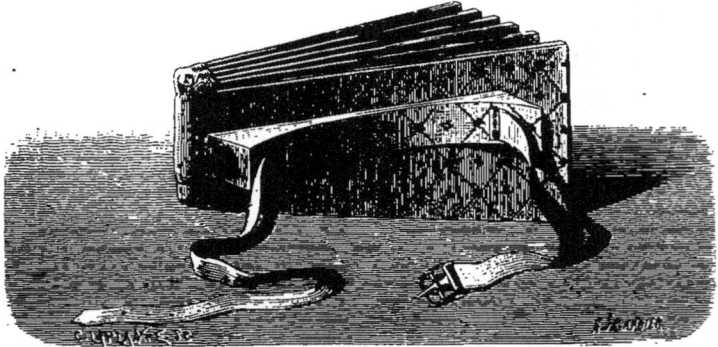

Fig. 443. — Soufflet servant à gonfler la musette.

lité et l'élégance de sa forme et la profusion des ornements dont on la décorait, la mode avait déjà abandonné cet instrument, en somme fort ingrat, quand, à la fin du règne de Louis XIV, le goût de la musique se développa et s'épura. Aujourd'hui, la musette n'est plus qu'un souvenir.

CHAPITRE V

L'ORGUE

L'orgue est le plus puissant, le plus grandiose, le plus complet des instruments. C'est ce qu'indique son nom (ὄργανον, en grec, l'instrument, l'instrument par excellence); mais, à vrai dire, c'est plutôt une réunion d'instruments à vent qu'un instrument particulier. Par la variété de ses timbres, par l'étendue de ses voix, depuis les basses les plus graves jusqu'aux notes les plus aiguës des *soprani*, il constitue à lui seul tout un orchestre.

La date de l'invention de l'orgue est incertaine. La tradition la faisait remonter au huitième siècle, parce que c'est en 757 que le premier orgue a fait son apparition dans les basiliques chrétiennes de l'Occident. Cet instrument avait été, dit-on, envoyé à Pépin le Bref par l'empereur grec Constantin Copronyme, et il fut installé dans une église de Compiègne. Mais, bien avant cette époque, les Romains se servaient d'un orgue connu sous le nom d'*orgue hydraulique*, parce que c'était la pression de l'eau qui produisait le mouvement de l'air dans les tuyaux. Ce n'est guère qu'au cinquième siècle que les soufflets furent substitués au procédé primitif, et que les orgues pneumatiques remplacèrent dans les églises les orgues hydrauliques, dont l'humidité, résultant de l'emploi de l'eau, altérait promptement et détériorait les tuyaux et le mécanisme.

L'orgue est un instrument à vent formé d'une série de tuyaux de grandeurs, de formes et d'embouchures variées, que le vent d'une soufflerie met en vibration successivement ou simultanément. Nous allons décrire sommairement les diverses parties du mécanisme à l'aide duquel l'organiste obtient les effets musicaux propres à ce merveilleux instrument.

La partie purement instrumentale ou musicale de l'orgue comprend un nombre indéterminé de tuyaux sonores qui se rangent par séries, suivant leurs timbres : chaque série se nomme un *jeu*, et les différents tuyaux qui composent un jeu n'ont, comme on voit, de différence que par la hauteur des sons que rend chacun d'eux quand le vent de la soufflerie le fait parler. Un jeu d'orgue est, à proprement dire, l'un des instruments particuliers qui entrent dans la composition du morceau musical à exécuter. Aussi l'organiste fait-il parler plusieurs jeux à la fois, en observant les lois de l'harmonie, au gré de ses propres inspirations ou en suivant celles du compositeur dont il exécute le morceau.

Citons quelques-uns des jeux des orgues tels qu'on les construisait à la fin du siècle dernier, en faisant remarquer que, outre leurs dénominations particulières, on leur en donne encore d'autres basées sur la longueur du plus grand de leurs tuyaux, celui qui donne le son le plus grave. Cette longueur s'exprimait en pieds. Nous trouvons ainsi :

La *montre*, de 16 pieds (on en fait de 8 et de 32), dont les tuyaux sont en étain ;

Le *bourdon*, de 16 pieds, dont les tuyaux de deux à trois octaves sont en bois et bouchés, tandis que les notes de dessus sont données par des tuyaux en plomb ;

La *bombarde*, de 16 pieds, en étain ou en bois ; c'est un jeu d'anche ; les jeux précédents sont à embouchures de flûte ;

Le *prestant* (de 4 pieds) est le premier jeu de l'orgue sur lequel on fait la partition ;

Le *nasard*, qui sonne une quinte au-dessus du prestant ;

La *doublette*, qui est l'octave au-dessus du prestant (de 2 pieds, par conséquent) ;

Le *larigot*, octave au-dessus du nasard, jeu aujourd'hui supprimé.

Viennent ensuite les jeux de *cornet*, de *fourniture*, de *trompette;* puis la *voix humaine*, le *cromorne*, le *clairon*, la *voix angélique*, octave de la voix humaine, etc.

Ces différents jeux sont formés de tuyaux dont les embou-

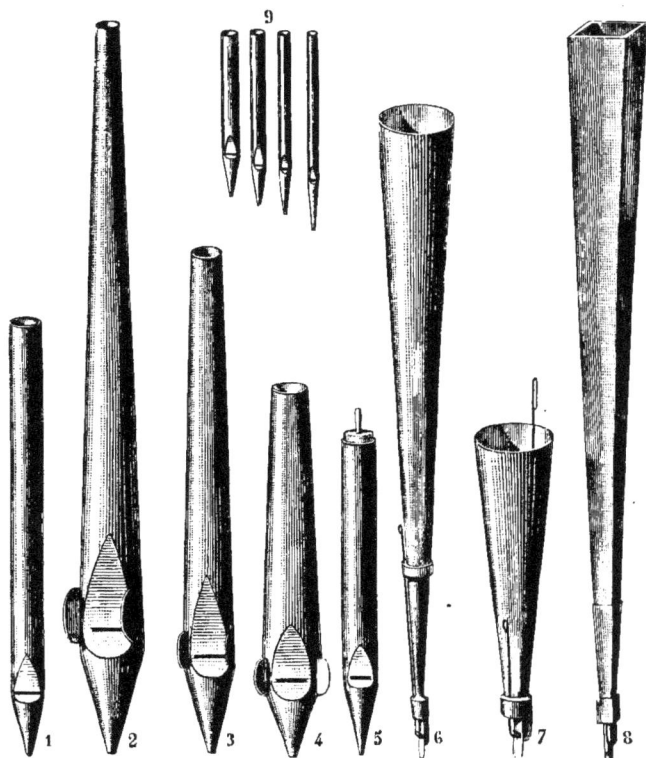

Fig. 444. — Jeux d'orgue : 1, prestant; 2, gros nasard; 3, nasard; 4, cornet; 5, flûte; 6, trompette; 7, voix humaine; 8, bombarde; 9, fourniture.

chures varient, — nous l'avons déjà dit, — dont les longueurs varient, — ces longueurs sont calculées d'après les lois des vibrations sonores des tuyaux ouverts ou fermés, — de plus, dont les formes varient aussi. Les tuyaux en bois sont prismatiques ou en forme de pyramides tronquées à bases carrées; les tuyaux en étain ou en *étoffe*, alliage formé d'une partie de plomb et d'une d'étain, sont de forme cylindrique, ou de forme conique se terminant en pointe, ou enfin de forme conique évasée comme des pavillons. La figure 425 fait voir la forme du bourdon de 16 pieds et celle de la montre de 16 pieds. Dans la figure 444, on peut voir quelles sont les formes des tuyaux de quelques-uns des jeux que nous avons cités plus haut. Il y a des tuyaux ouverts, des tuyaux bouchés totalement, et enfin des tuyaux à cheminée, c'est-à-dire bouchés partiellement. Les tuyaux fermés en bois s'accordent au moyen du tampon garni de cuir qui en bouche l'ouverture supérieure, en enfonçant plus ou moins ce tampon, et en modifiant ainsi la longueur de la colonne vibrante. Les tuyaux en plomb s'accordent le plus souvent à l'aide des *oreilles*, plaques de plomb flexibles soudées de chaque côté de la lumière ; on ouvre ou l'on ferme plus ou moins ces valves mobiles qui augmentent ou diminuent la largeur de la colonne d'air, qui s'échappe de la lumière. Enfin, les tuyaux à anches s'accordent en se servant de la rasette pour allonger ou raccourcir la longueur de la lame métallique vibrante qui est appliquée contre l'ouverture.

Tous ces jeux n'ont pas une égale étendue musicale, ou, ce qui revient au même, ne sont pas formés d'un égal nombre de tuyaux sonnant chacun une des notes de la gamme. C'est ainsi qu'en partant du *prestant*, qui embrasse quatre octaves, deux octaves aiguës et deux octaves graves, on trouve la *flûte*, le *clairon*, la *voix angélique*, qui ont la même étendue que le prestant. Tous les cornets, *grand cornet*, *cornet de récit*, *cornet d'écho* n'embrassent chacun que deux octaves, depuis la première octave au-dessous du ton jusqu'à la première, la deuxième et la troisième au-dessus du ton. La *voix humaine*, le *cromorne*, la *trompette*, le *bourdon* de 8 pieds, donnent quatre octaves, trois graves et une aiguë. La *bombarde*, la *montre* et le *bourdon* de 16 pieds embrassent quatre octaves graves.

Les jeux que nous venons de passer en revue appartiennent aux orgues telles qu'on les construisait à la fin du siècle dernier ; en y joignant 5 jeux de pédale on arrivait, pour un orgue complet, à un ensemble de 30 jeux différents. Le nombre en a été bien augmenté depuis : l'orgue de Harlem, l'un des plus fameux qui existent, a 60 jeux et 5000 tuyaux ; les orgues de Liverpool et d'Ulm ont chacun 100 jeux. Mais le plus complet, sous ce rapport, est sans contredit le grand orgue de Saint-Sulpice, à Paris, où le nombre des jeux s'élève à 100 et celui des tuyaux sonores à 7000.

§ 2. MÉCANISME DE L'ORGUE. — SOUFFLERIE ET PORTE-VENT. — SOMMIERS ET REGISTRES. — CLAVIERS, ABRÉGÉ, PÉDALES.

Maintenant, la partie instrumentale ou purement musicale de l'orgue étant connue, il nous reste à faire voir quelle est la disposition des tuyaux sonores, comment et par quel mécanisme l'exécutant les fait parler successivement ou simultanément, de manière à rendre les effets mélodiques et harmoniques du morceau qu'il joue, comment enfin, à son choix, il emploie tel ou tel jeu.

Pour plus d'ordre et de clarté, décrivons d'abord l'ensemble.

Tous les tuyaux des divers jeux sont rangés verticalement dans une construction de menuiserie, plus ou moins ornée et plus ou moins considérable, qu'on nomme le *fût* ou le *buffet d'orgue*. Le plus souvent, le buffet d'orgue est double et se compose, en avant, d'un petit orgue qu'on nomme le *positif*, et, en arrière, du *grand orgue* (pl. XXVI). C'est entre les deux que se placent les *claviers* que touche l'organiste. On place ordinairement dans les hauteurs du buffet du grand orgue une troisième partie, plus petite que le positif et ayant son sommier, ses jeux : c'est le *récit* qui renferme ceux des jeux de l'orgue les plus appropriés à l'exécution des solos.

Le vent est donné aux tuyaux par une *soufflerie* qu'on meut à bras d'homme et qu'on peut concevoir mû par un système moteur quelconque. L'air, plus ou moins comprimé, passe de la soufflerie dans des canaux ou *porte-vent*, et, de là, dans les gravures des *sommiers*. On entend par *sommiers* les caisses au-dessus desquelles sont disposés les tuyaux des différents jeux. En faisant mouvoir, à l'aide de boutons mis à la disposition de la main de l'organiste, des pièces qu'on nomme *registres*, le vent se trouve en communication avec tel ou tel jeu ; si alors l'exécutant appuie sur les touches des *claviers*, un mécanisme particulier, l'*abrégé*, fait ouvrir des soupapes disposées au-dessous de l'ouverture des tuyaux. Ceux-ci parlent alors en rendant les sons correspondants aux notes ou aux touches des claviers.

Reprenons maintenant chacune des parties de l'orgue que

Fig. 445. — Sommier garni de ses tuyaux.

nous venons de passer en revue, afin que le lecteur puisse se faire une idée claire du fonctionnement de cet immense appareil musical.

ABC (fig. 445) est un *sommier*. Plusieurs séries de tuyaux sonores, TT'T'', sont disposées verticalement au-dessus du sommier par rangées parallèles TT' ; chacune de ces rangées, telle que TT, constitue un jeu. Par leur pied, les ouvertures des tuyaux pénètrent à l'intérieur du sommier, dont la table supérieure se nomme *chape* du sommier. Un peu au-dessus de leurs embouchures, une seconde table, le *faux sommier*, *abd*, les maintient verticaux.

ORGUE DE SAINT-BRIEUC
construit par M. Cavaillé-Coll.

Le vent est amené de la soufflerie par les *porte-vent* à l'intérieur d'une sorte de caisse ABD placée en avant du sommier et à sa partie inférieure : c'est ce qu'on nomme la *laie*. Il nous reste à dire maintenant comment, de la laie, le vent peut passer dans les tuyaux. Pour cela, le dessus du sommier, outre la chape percée de trous où s'emboîtent les tuyaux, comprend une suite de rainures dont chacune court le long des tuyaux d'un même jeu, et qui sont séparées les unes des autres par des barres parallèles qu'on nomme les *registres dormants*. Le fond de ces rainures est percé de trous situés verticalement au-dessous des tuyaux du jeu. Enfin une barre mobile, également percée de trous, peut glisser dans chaque rainure : c'est le *registre* CR, C'R', C"R".... Or, quand le registre est ouvert, c'est-à-dire quand l'organiste a tiré le bouton qui correspond au jeu qu'il veut faire parler, tous les trous du registre se trouvent vis-à-vis de ceux de la chape et des rainures qui répondent au jeu : le vent peut donc arriver à l'ouverture de chaque tuyau. Mais alors il ferait parler à la fois tous les tuyaux d'un même jeu, si une disposition spéciale ne fermait le passage du vent pour tous les tuyaux qui ne correspondent point précisément à la note ou aux notes dont l'exécutant abaisse les touches. Le dessous du sommier est, pour cela, formé de compartiments, de rainures transversales qu'on nomme les *gravures*. Chaque gravure AB (fig. 446) communique avec la laie L qui renferme le vent, par une soupape S, de sorte que si cette soupape est ouverte, le vent pénètre dans la gravure correspondante. Chaque gravure répondant à une même note, c'est-à-dire à tous les tuyaux des divers jeux du sommier susceptibles de rendre cette note, le vent qui vient d'y pénétrer par la soupape ouverte, ne fera parler que le tuyau ou les tuyaux des jeux dont les registres sont ouverts.

Le clavier de l'orgue est semblable à celui du piano, avec cette différence que chaque orgue possède plusieurs claviers. En abaissant une touche avec le doigt, l'organiste fait mouvoir, par l'intermédiaire d'un mécanisme d'ailleurs fort simple qu'on nomme *abrégé*, des tiges ou tringles *d* qui, articulées à un levier coudé, font ouvrir les soupapes et amènent ainsi le vent dans les gravures des sommiers; s'il cesse d'appuyer sur la touche, la soupape se referme sous l'action du ressort *r*. Outre les claviers à touches manœuvrés par les mains de l'exécutant, il y a des claviers de pédales qui correspondent à des jeux particuliers et qui sont mis en mouvement à l'aide des pieds.

Pour résumer, supposons l'organiste assis sur son siège en face des claviers. Les souffleries sont en action, et par conséquent l'air est dans les porte-vent à la pression convenable.

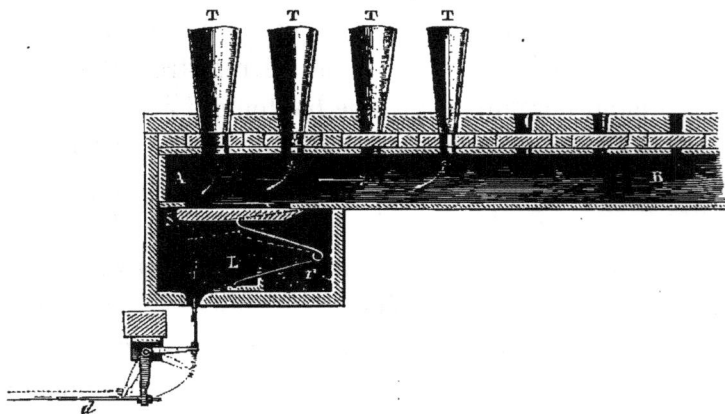

Fig. 446. — Coupe transversale du sommier. Laie et soupape.

L'organiste commence par tirer les jeux dont il veut se servir pour l'exécution du morceau musical qu'il a en vue : c'est ce qu'il fait en tirant les boutons qui sont à sa portée tout autour du clavier. Les barres font mouvoir une série de leviers qui ouvrent les registres correspondants.

Ceci fait, aucun tuyau ne parle encore; bien que les laies des sommiers soient remplies du vent prêt à remplir son office partout où besoin sera. L'organiste pose-t-il les doigts sur l'une des touches d'un des claviers, aussitôt l'une des soupapes de l'intérieur de la laie d'un sommier s'ouvre, le vent pénètre dans la gravure correspondante, et de là dans les tuyaux dont les registres sont ouverts; même chose arrive si, du pied, il abaisse l'une ou l'autre des pédales. A partir de ce moment, l'orgue est en action et les mélodies, comme les accompagnements harmoniques, s'échappent de son sein au gré de l'exécutant.

Nous avons suivi, pour décrire l'orgue et son mécanisme, la construction telle qu'elle était à la fin du siècle dernier et que la décrit, avec les plus minutieux détails, la grande *Encyclopédie* de d'Alembert et Diderot. La raison en est qu'un grand nombre d'orgues existants encore sont faits d'après ce modèle. Mais on conçoit que depuis un siècle les facteurs d'orgues aient réalisé des perfectionnements de détail en rapport avec les progrès de l'industrie et de l'art depuis cette époque.

Le mécanisme de ce merveilleux instrument est devenu plus régulier, plus sûr et il a gagné à la fois en étendue, en puissance et en sonorité. On en pourra juger par quelques détails relatifs à des orgues nouvellement construites en France, et dont les plus remarquables sont sans contredit les orgues de Saint-Denis, celles de Notre-Dame et de Saint-Sulpice, à Paris. Un facteur français, M. Cavaillé-Coll, a particulièrement attaché son nom à ces instruments magnifiques[1].

Un mot d'abord sur la soufflerie. Voici ce que nous lisons à cet égard dans le rapport officiel sur la réception du grand orgue de Notre-Dame :

« La soufflerie se compose d'une grande soufflerie alimentaire, à double réservoir, avec quatre paires de pompes pouvant fournir environ 400 litres d'air par seconde, et d'une soufflerie à forte pression armée de deux paires de pompes fournissant par seconde 200 litres d'air. Outre les quatre grands réservoirs régulateurs placés à proximité des sommiers qu'ils alimentent, on trouve encore dans l'intérieur de l'orgue deux grands réservoirs régulateurs à forte pression ; quatre autres réser-

---

1. Voici, d'après un célèbre organiste contemporain, M. G. Schmitt, les noms des principaux facteurs qui ont contribué au perfectionnement de l'orgue. Ce sont : en France, MM. Erard, Cavaillé-Coll, Barker, d'Allery, Callinet, J. Abbey, Suret et Stein ; en Allemagne, MM. Zuberbier, Walker, Haupt, Hildebrand, Ratzmann, Vorenweg, Engler, Mass et Breidenfeld ; en Angleterre, MM. Hill, Bishop, Telfort, Gray et Davison, Bevington.

voirs régulateurs pour le récit, le grand chœur et les dessus du clavier de positif et de bombarde ; un grand nombre de récipients d'air disséminés dans toute l'étendue de l'orgue, et armés de ressorts pour éviter toute espèce d'altération dans la pression du vent. »

L'utilité de ces différents réservoirs, qui ne contiennent pas moins de 25 000 litres d'air comprimé, se comprendra si l'on songe que tel tuyau ne dépense pas plus d'un centilitre d'air par seconde, tandis que les gros tuyaux de 52 pieds en absorbent chacun 70 litres pendant le même temps.

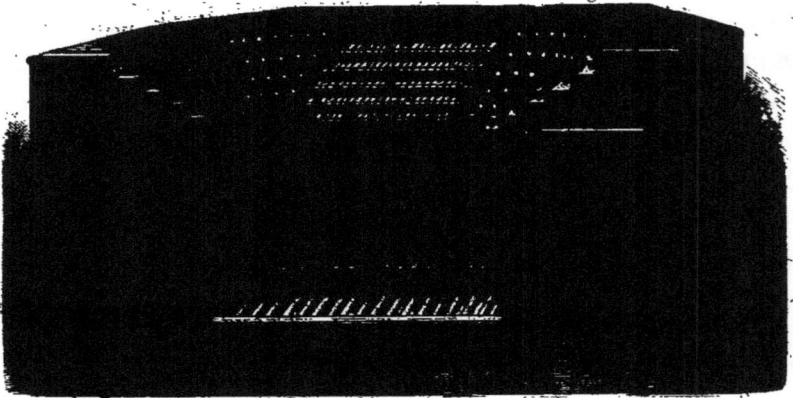

Fig. 447. — Clavier du grand orgue de Notre-Dame de Paris.

Nous avons vu par quel mécanisme simple on communiquait le mouvement des touches du clavier aux soupapes qui correspondent à une série déterminée de tuyaux. Néanmoins la résistance à vaincre était, pour l'organiste, une fatigue que le mécanisme inventé par Barker a beaucoup allégée. Ce mécanisme consiste dans l'emploi d'un soufflet-moteur interposé entre la touche du clavier et la soupape dont il vient d'être question. Ce soufflet, mis en relation avec la soufflerie par un porte-vent et une soupape spéciale sur laquelle agit la touche, se gonfle et exerce un effort suffisant pour vaincre la résistance de la soupape placée dans le sommier, de sorte que l'effort du doigt de l'organiste ne s'exerce plus sur la soupape à large surface, mais sur la petite soupape alimentaire du soufflet-moteur.

M. Cavaillé-Coll a encore perfectionné ce mécanisme, mais il a eu aussi l'heureuse pensée d'en appliquer le principe à la manœuvre des registres, de façon à réduire encore le travail mécanique de l'exécutant, pour accroître d'autant sa part d'attention et d'efforts dans ce qui est du pur domaine de l'art.

Le nombre et la variété des jeux ont été aussi considérablement augmentés dans les orgues récemment construites. L'orgue de Notre-Dame ne comprend pas moins de cinq claviers à main et un clavier de pédale. Voici les nombres de jeux et de tuyaux que fait parler chacun de ces claviers :

Clavier de pédale.	16 jeux et	480 tuyaux.
— du grand chœur.	12 —	672 —
— du grand orgue.	14 —	1088 —
— de bombarde	14 —	945 —
— du positif.	14 —	989 —
— du récit.	16 —	1072 —

Le clavier de pédale s'étend de *ut* à *fa* et comprend 30 notes ; et chacun des claviers à main s'étend de *ut* à *sol* et possède 56 notes : en tout 86 jeux, 5246 tuyaux, plus 12 registres et 22 pédales de combinaison.

L'orgue de Saint-Sulpice, bien que ne l'emportant pas sur celui de Notre-Dame par la perfection de sa facture et par sa puissance, lui est supérieur par le nombre de ses jeux, qui n'est pas moindre de 100, sans compter 10 registres et 20 pédales de combinaison. Il ne renferme pas moins de 7000 tuyaux. Un célèbre organiste allemand, M. A. Hesse, parle en ces termes de l'orgue de Saint-Sulpice :

« Le son de l'orgue plein est gigantesque ; j'ai joué quelques morceaux avec 100 jeux tonnants. L'harmonie est de la plus grande pureté, le vent d'une égalité parfaite. Les 29 jeux d'anches sont beaux et brillants ; ils parlent si promptement qu'on peut exécuter des quadruples croches. La bombarde, de 32 pieds, se compose d'énormes tuyaux en étain avec une très

longue embouchure ; elle parle aussi facilement que les cordes
d'un bon violoncelle. Je dois déclarer que, de tous les instruments que j'ai vus, examinés et touchés, celui de Saint-Sulpice

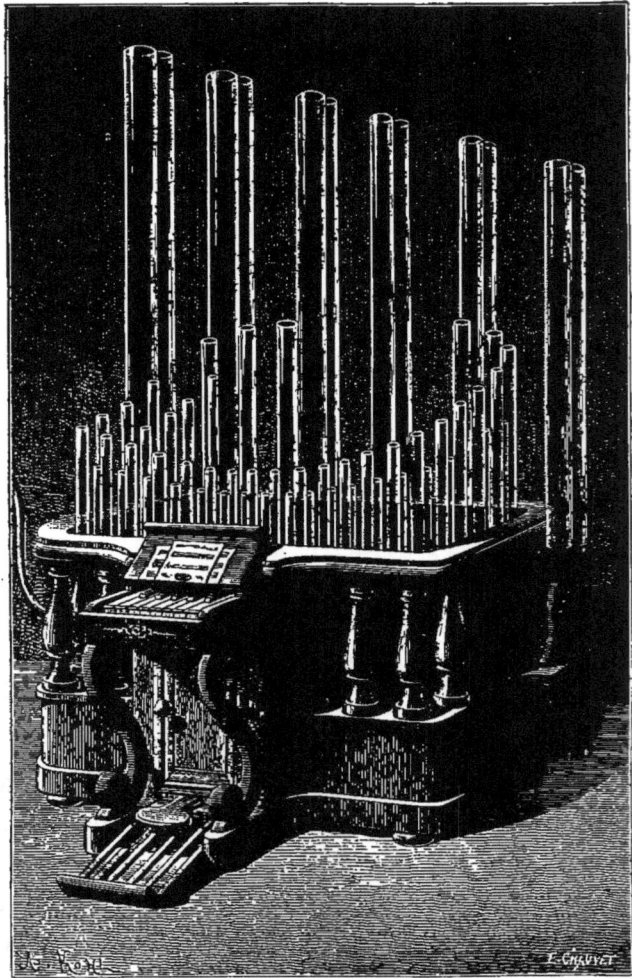

Fig. 448. — Pyrophone de M. F. Kastner.

est le plus parfait, le plus harmonieux, le plus grand et réellement le chef-d'œuvre de la facture d'orgues moderne. »

Les curieuses expériences des flammes chantantes, que nous
avons décrites dans un précédent chapitre, ont suggéré à

M. F. Kastner l'idée de construire un orgue d'un genre tout nouveau, auquel l'inventeur a donné le nom de *pyrophone*.

Dans chacun des tuyaux en verre qui composent ce nouvel instrument de musique se trouvent disposés deux ou plusieurs becs de gaz hydrogène, dont les flammes se confondent lorsque le tuyau est muet. Pour le faire parler, il suffit d'appuyer sur

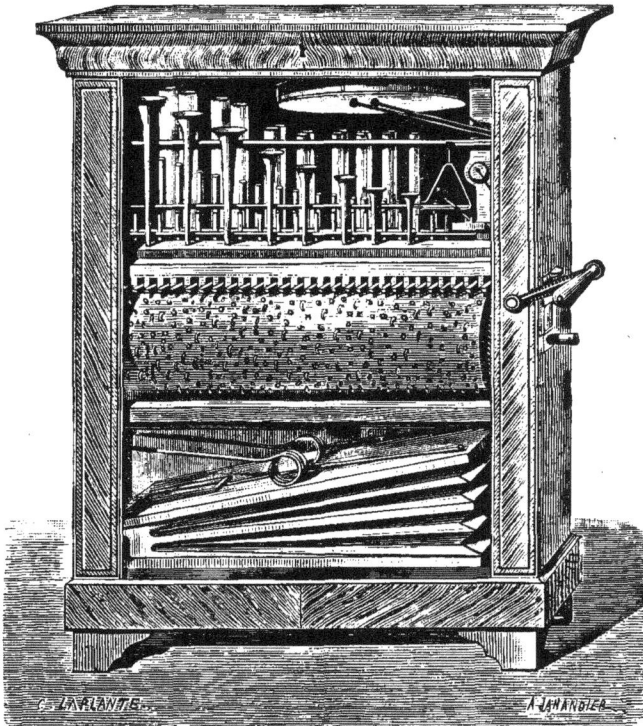

Fig. 449. — Orgue de Barberi, dit vulgairement *orgue de Barbarie*.

la touche correspondante du clavier du pyrophone : par un mécanisme très simple, le mouvement de la touche se communique aux becs, et les flammes qui étaient en contact se séparent. Aussitôt le son se produit ; le tuyau parle. Au contraire, le doigt de l'exécutant cesse-t-il d'appuyer sur la touche, les flammes se rapprochent, et le son cesse immédiatement.

M. Kastner a trouvé par l'expérience que les flammes doivent être placées au tiers de la hauteur de la base inférieure des tubes : cette condition est nécessaire pour que les phénomènes d'interférence donnent lieu à la production, puis à la cessation instantanée du son. Le gaz hydrogène pur avait d'abord paru indispensable pour le fonctionnement du pyrophone; mais des essais nouveaux ont permis d'employer le gaz d'éclairage, à la condition d'augmenter le nombre des flammes de chaque tuyau.

Les sons du pyrophone ont un timbre particulier, qui a de l'analogie avec celui de la voix humaine.

Terminons ce que nous avions à dire des instruments à vent par une simple mention de l'*orgue à cylindre*, connu sous le nom populaire d'*orgue de Barbarie*. Restituons d'abord à cet instrument son nom véritable, qui est celui de son inventeur. Il faut dire : *orgue de Barberi* et non pas de *Barbarie;* Barberi est, en effet, le nom du facteur de Modène qui a imaginé cet instrument automatique. En tournant une manivelle, on fait mouvoir un cylindre muni de cames plus ou moins allongées, qui abaissent les touches d'un clavier. A ces touches correspond un mécanisme qui fait jouer une série de jeux dont les tuyaux, mis en vibration par l'air d'une soufflerie, résonnent et peuvent reproduire ainsi un morceau musical.

Outre les petits orgues portatifs qu'on voit circuler dans les rues, on en exécute ayant de plus grandes dimensions et que l'on traîne sur de petites voitures : c'est un de ces derniers que représente la figure 449. Ces instruments n'ont pas, sans doute, une grande valeur au point de vue de la perfection des sons, et la musique qu'ils jouent n'est pas toujours fort agréable pour les oreilles des dilettanti; mais ils servent à populariser, à la campagne et à la ville, les plus beaux airs des compositeurs : ouvertures, marches d'opéras, symphonies. A ce titre, ils méritaient certainement une mention.

TABLE DES FIGURES ·

PLANCHES EN NOIR ET EN COULEUR

FIGURES INSÉRÉES DANS LE TEXTE

TABLE DES FIGURES.

FIN DE LA TABLE DES FIGURES.

TABLE DES MATIÈRES

LA PESANTEUR
ET LA GRAVITATION UNIVERSELLE

PREMIÈRE PARTIE
LES PHÉNOMÈNES ET LEURS LOIS

LIVRE PREMIER
LA GRAVITATION

LIVRE DEUXIÈME

LA PESANTEUR

DEUXIÈME PARTIE

LES APPLICATIONS DE LA PESANTEUR AUX SCIENCES, A L'INDUSTRIE ET AUX ARTS

LE SON

PREMIÈRE PARTIE

LES PHÉNOMÈNES ET LES LOIS DU SON

DEUXIÈME PARTIE

ACOUSTIQUE — APPLICATIONS DES PHÉNOMÈNES ET DES LOIS DU SON

FIN DE LA TABLE DES MATIÈRES.

472. — Imprimerie A. Lahure, rue de Fleurus, 9, à Paris.

www.ingramcontent.com/pod-product-compliance
Lightning Source LLC
Chambersburg PA
CBHW060715220326
41598CB00020B/2095